中 国 国 家 标 准 汇 编

423

GB 23708～23718

（2009 年制定）

中国标准出版社　编

中 国 标 准 出 版 社

北　京

图书在版编目（CIP）数据

中国国家标准汇编：2009年制定.423：GB 23708～23718/中国标准出版社编.—北京：中国标准出版社，2010

ISBN 978-7-5066-6079-2

Ⅰ.①中…　Ⅱ.①中…　Ⅲ.①国家标准-汇编-中国-2009　Ⅳ.①T-652.1

中国版本图书馆CIP数据核字（2010）第174287号

中国标准出版社出版发行
北京复兴门外三里河北街16号
邮政编码：100045
网址 www.spc.net.cn
电话：68523946　68517548
中国标准出版社秦皇岛印刷厂印刷
各地新华书店经销

*

开本 880×1230　1/16　印张 39　字数 1 181 千字
2010年10月第一版　2010年10月第一次印刷

*

定价　220.00　元

ISBN 978-7-5066-6079-2

出 版 说 明

1.《中国国家标准汇编》是一部大型综合性国家标准全集。自1983年起，按国家标准顺序号以精装本、平装本两种装帧形式陆续分册汇编出版。它在一定程度上反映了我国建国以来标准化事业发展的基本情况和主要成就，是各级标准化管理机构，工矿企事业单位，农林牧副渔系统，科研、设计、教学等部门必不可少的工具书。

2.《中国国家标准汇编》收入我国每年正式发布的全部国家标准，分为"制定"卷和"修订"卷两种编辑版本。

"制定"卷收入上一年度我国发布的、新制定的国家标准，顺延前年度标准编号分成若干分册，封面和书脊上注明"20××年制定"字样及分册号，分册号一直连续。各分册中的标准是按照标准编号顺序连续排列的，如有标准顺序号缺号的，除特殊情况注明外，暂为空号。

"修订"卷收入上一年度我国发布的、修订的国家标准，视篇幅分设若干分册，但与"制定"卷分册号无关联，仅在封面和书脊上注明"20××年修订-1，-2，-3，……"字样。"修订"卷各分册中的标准，仍按标准编号顺序排列（但不连续）；如有遗漏的，均在当年最后一分册中补齐。需提请读者注意的是，个别非顺延前年度标准编号的新制定的国家标准没有收入在"制定"卷中，而是收入在"修订"卷中。

读者配套购买《中国国家标准汇编》"制定"卷和"修订"卷则可收齐上一年度我国制定和修订的全部国家标准。

3. 由于读者需求的变化，自1996年起，《中国国家标准汇编》仅出版精装本。

4. 2009年我国制修订国家标准共3 158项。本分册为"2009年制定"卷第423分册，收入国家标准GB 23708～23718的最新版本。

中国标准出版社
2010年8月

目　　录

ICS 07.040;35.240.70
A 75

中华人民共和国国家标准

GB/T 23708—2009/ISO 19136:2007

地理信息　地理标记语言(GML)

Geographic information—Geography Markup Language (GML)

(ISO 19136:2007,IDT)

2009-05-06 发布　　2009-10-01 实施

中华人民共和国国家质量监督检验检疫总局
中国国家标准化管理委员会　发布

前言

本标准等同采用ISO 19136:2007《地理信息　地理标记语言(GML)》(英文版),并作了如下编辑性修改:

a) 本标准的编写方法执行国家标准GB/T 1.1—2000、GB/T 20000.2—2001的要求。

b) “本国际标准”一词改为“本标准”;

c) 删除了原国际标准的封面和前言;

d) 凡已被我国等同采用的国际标准,在本标准中用国家标准的代号和名称取代相应的国际标准的代号和名称。其余未有等同或等效采用为我国标准的国际标准,在本标准中均被直接引用。

e) 为了便于理解GML应用模式的建立过程,增加了资料性附录NA。

本标准的附录A、附录B、附录D、附录E和附录F是规范性附录,附录C、附录G、附录H、附录I、附录J和附录NA是资料性附录。

本标准由全国地理信息标准化委员会(SAC/TC 230)提出并归口。

本标准起草单位:武汉大学,南京师范大学。

本标准主要起草人:龚健雅、邓跃进、张书亮、高文秀、杜道生。

引 言

国际标准化组织地理信息标准化委员会(ISO/TC 211)研究制定地理信息系列标准(ISO 19100 系列标准)。在本标准制定的同时,ISO 19100 系列标准正在陆续被采用为国家系列标准。本标准中引用的 ISO 19100 系列标准相应地可以采用国家系列标准替代。

地理标记语言是一种以 XML 模式书写的 XML 语法,用于描述应用模式以及传输和存储地理信息。

地理标记语言(GML)中使用的用于现实世界建模的关键概念来自 ISO 19100 系列国际标准和 OpenGIS 的抽象规范。

一个要素是"现实世界中某种现象的一个抽象"(ISO 19101);如果一个要素对应于地球上的一个位置,那么它就是一个地理要素。因此,现实世界的数字表达可以被看作是一组要素的集合。要素的状态由一组属性定义,每个属性可以由一个{名称、类型、值}的三元组来定义。

每个要素的属性个数、属性的名称和类型是由要素的类型来确定的。地理要素是具有几何特征属性的要素。一个要素集是多个要素的集合,其本身也可以视为是一个要素;因此,一个要素集具有要素类型,同时除了具有它所包含的要素的属性外,还具有自己特有的属性。

根据 ISO 19109,一个应用或应用领域的要素类型通常在应用模式中定义。一个 GML 应用模式是一个特定的 XML 模式,可采用以下两种方法之一构建:

——通过采用 ISO 19109 中指定的用 UML 表示应用模式的规则,遵照模式的约束和映射它们到本标准规定的 GML 应用模式的规则;

——通过采用本标准中为了创建一个直接用 XML 模式表示的 GML 应用模式而规定的 GML 应用模式的规则。

本标准支持这两种方法。为了保证正确使用 ISO 19100 系列国际标准中的概念模型框架,所有应用模式的建模应该与 ISO 19109 中的通用要素模型一致。在 ISO 19100 系列中,UML 是推荐的用于概念模式建模的语言。

与 ISO 19118 一致,GML 规定了一些在 ISO 19100 系列标准和开放式 GIS 抽象规范中定义的概念类的 XML 编码。这些概念模型定义包括在:

——ISO/TS 19103 概念模式语言(度量单位、基本类型);

——GB/T 23707 空间模式(几何和拓扑对象);

——GB/T 22022 时间模式(时间几何和拓扑对象,时间参照系);

——ISO 19109 应用模式规则(要素);

——ISO 19111 基于坐标的空间参考(坐标参照系);

——ISO 19123 覆盖几何和函数模式。

目的是提供上述国际标准中规定的概念模型中指定的类型的标准编码(即标准的 XML 实现)。假设每个应用模式独立地编码,并且编码中包括来自如 ISO 19108 中的类型,若没有准确的和完全固定的编码规则,则 XML 编码将是不同的。同时既然每个实现平台都有特定的优缺点,那么将 ISO 19100 系列标准中定义的核心地理信息概念模型的 XML 编码进行标准化是很有必要的,而且这些概念模型在应用模式中也很常用。

在多数情况下,从概念类的映射是直接的,有些情况下,映射是比较复杂的(关于映射的详细描述是本标准的一部分)。

另外,GML 提供了对其他的在 ISO 19100 系列标准和 OpenGIS 抽象规范中尚未建模的概念的

XML 编码，如动态要素，简单观测或值对象。

GML 中预定义的地理要素类型包括覆盖和简单观测。

覆盖是要素的子类型，该要素具有一个考虑时空域的覆盖函数和一组描述均质的 1～n 维对象的数值集合。一个覆盖可以是一个要素，也可以是要素集合，“用于对地球现象间空间关系和空间分布的建模和可视化”(OGC 抽象规范主题 6)。覆盖“作为一个函数，返回其时空域中的任何位置对应的值域中的一个值”(ISO 19123)。

观测是对观测行为进行建模，观测行为通常包括一架相机或一些其他的程序以及一个人或一些其他仪器(莫里安-韦伯斯特字典：“一个认识和记录事实或事件的行为常涉及使用仪器进行度量”)。一个观测被认为是一个具有观测时间和观测值的 GML 要素。

参照系为确定位置、时间或其他描述性的量或质的值提供度量尺度。

坐标参照系由一组通过基准与地球关联的坐标轴组成，基准定义了地球的大小和形状。

时间参照系提供了度量时间和描述时间长度或持续时间的标准单位。

参照系字典提供了在空间或时间几何中使用的参照系的定义。

空间几何是空间要素属性的值。它们指定了进行度量的坐标参照系。几何复形或几何聚合的“父”几何元素为它的组成元素指定坐标参照系。

时间几何是时间要素属性的值。类似于它的空间几何，时间几何指定了进行度量的时间参照系。

空间或时间拓扑用来表示要素间的各种拓扑关系。

度量单位字典提供了物理量如长度、温度、压力的数字度量的定义，以及度量单位间的转换。

地理信息　地理标记语言(GML)

1　范围

地理标记语言(GML)是一种与ISO 19118一致的XML编码,用于传输和存储在ISO 19100系列标准中采用的概念模型框架建模的地理信息,包括地理要素的空间与非空间特性。

本标准定义XML模式(Schema)语法、机制和约定:

——提供用于描述地理空间应用模式的开放的、与商家无关的框架,用于以XML形式传输和存储地理信息;

——允许专用标准支持具有GML框架描述能力的适当子集;

——支持特定领域和信息团体的地理空间应用模式的描述;

——可创建并维护链接的地理应用模式和数据集;

——支持应用模式和数据集的存储和传输;

——提高共享地理应用模式和他们所描述的信息的组织能力。

实现者可决定以GML来存储地理应用模式和信息,或者根据需要从其他存储格式进行转换,而只用GML进行模式和数据的传输。

注:在ISO 19109中与以UML形式描述一致的应用模式是地理信息传输和存储的基础,本标准提供了从该模式到以XML模式表示的GML应用模式进行映射的标准规则,以及与ISO 19109一致的应用模式对具有逻辑结构的数据的XML编码。

2　一致性

2.1　一致性要求

本标准的第7章~第19章规定了XML模式组件,即GML模式,它们将根据第21章应用到GML应用模式中。第20章规定了用于GML应用模式的GML专用标准规范的规则。

只有少数的应用需要GML模式描述的全部能力。因此,本章定义了一组支持不同应用的一致性类,从定义简单要素类型的最小需求到使用GML模式的全部功能。

本标准的多数模式组件实现了ISO 19100系列标准中的概念。因此,本标准定义的一致性类基于相应标准中定义的一致性类。

任何声称与这些一致性类一致的GML应用模式、GML专用标准和软件实现应该通过相应的抽象测试套件的所有测试用例。

任何声称与本标准一致的软件实现应该说明该实现所支持的GML专用标准。GML专用标准应该通过相应的GML专用标准抽象测试套件的所有测试用例。

2.2　对应GML应用模式的一致性类

声称与本标准一致的GML应用模式应该与第7章~第21章中的规则一致,并通过A.1中抽象测试套件的所有相关测试用例。

基于GML应用模式的特点,定义了12个不同的一致性类。表1列出了这些类及抽象测试套件对应的章条。

表 1　对应 GML 应用模式的一致性类

一致性类	抽象测试套件对应的章条
所有的 GML 应用模式	A.1.1
从以 UML 表示的 ISO 19109 应用模式转换到 GML 应用模式	A.1.2
GML 应用模式转换到以 UML 表示的 ISO 19109 应用模式	A.1.3
定义要素和要素集合的 GML 应用模式	A.1.4
定义空间几何的 GML 应用模式	A.1.5
定义空间拓扑的 GML 应用模式	A.1.6
定义时间的 GML 应用模式	A.1.7
定义坐标参照系的 GML 应用模式	A.1.8
定义覆盖的 GML 应用模式	A.1.9
定义观测的 GML 应用模式	A.1.10
定义字典和定义的 GML 应用模式	A.1.11
定义值的 GML 应用模式	A.1.12

2.3　对应 GML 专用标准的一致性类

应用模式需求确定了在 GML 专用标准中应该包含来源于 GML 模式中的 XML 模式组件。声称与本标准一致的 GML 专用标准应该满足 A.2 中的抽象测试套件的要求。

根据特定的 GML 专用标准的不同内容和要求，共分为 31 个一致性类。表 2 列出了这些一致性类及其抽象测试套件对应的章条。

表 2　对应 GML 专用标准的一致性类

一致性类	抽象测试套件对应的章条
所有的 GML 专用标准	A.2.1
几何单形(空间)——0 维	A.2.2.1.1
几何单形(空间)——0/1 维	A.2.2.1.2
几何单形(空间)——0/1/2 维	A.2.2.1.3
几何单形(空间)——0/1/2/3 维	A.2.2.1.4
几何复形(空间)——0/1 维	A.2.3.1.1
几何复形(空间)——0/1/2 维	A.2.3.1.2
几何复形(空间)——0/1/2/3 维	A.2.3.1.3
拓扑复形(空间)——0/1 维	A.2.4.1.1
拓扑复形(空间)——0/1/2 维	A.2.4.1.2
拓扑复形(空间)——0/1/2/3 维	A.2.4.1.3
具有几何实现的拓扑复形(空间)——1 维	A.2.5.1.1
具有几何实现的拓扑复形(空间)——2 维	A.2.5.1.2
具有几何实现的拓扑复形(空间)——3 维	A.2.5.1.3
坐标参照系	A.2.6
两个坐标参照系间的坐标操作	A.2.7

表 2（续）

一致性类	抽象测试套件对应的章条
时间几何——0 维	A.2.8.1
时间几何——0/1 维	A.2.8.2
时间拓扑	A.2.9
时间参照系	A.2.10
动态要素	A.2.11
字典	A.2.12
单位字典	A.2.13
观测	A.2.14
抽象覆盖	A.2.15.1
离散点覆盖	A.2.15.2
离散线覆盖	A.2.15.3
离散面覆盖	A.2.15.4
离散体覆盖	A.2.15.5
格网覆盖	A.2.15.6
连续覆盖	A.2.15.7

对于那些包含 1 维空间几何对象的 GML 专用标准，曲线的实现应该包含“线性”内插方法。对于那些包含 2 维空间几何对象的 GML 专用标准，曲面的实现应该包含“平面的”内插方法。其他的曲线和曲面内插方法是可选的，但是，如果需要实现，则应该遵循包含在本标准中的定义。

注 1：这些一致性类对应于 GB/T 23707—2009 中的第 2 章，GB/T 22022—2008 中的 2.2 和 ISO 19123:2005 中的第 2 章。

注 2：与三个一致性类“几何单形(空间)——0 维”、“几何单形(空间)——0/1 维”、“几何单形(空间)——0/1/2 维(以及一致性类“所有的 GML 专用标准”)”一致的 GML 专用标准与 ISO 19137:2007 定义的空间专用标准一致，并对应于 ISO 19137:2007 的一致性测试：B.1，B.2 和 B.3。

2.4 对应 GML 文档的一致性类

声称与本标准一致的 GML 文档应该与第 7 章～第 21 章中的规则一致，并通过 A.3 中抽象测试套件的所有相关测试用例。

2.5 对应软件实现的一致性类

声称与本标准一致的读写 GML 或 GML 应用模式的软件实现应该通过附录 B 中抽象测试套件描述的所有相关的抽象测试套件。

根据实现的能力，共分为 12 个一致性类。表 3 列出了这些一致性类及其抽象测试套件对应的章条。

表 3 对应软件实现的一致性类

一致性类	抽象测试套件对应的章条
所有的软件实现	B.1
支持远程简单的 Xlinks	B.2.1
支持扩展的 Xlinks	B.2.2
支持可空的特性	B.2.3

表 3（续）

一致性类	抽象测试套件对应的章条
支持度量单位	B.2.4
支持特性的拥有者语义	B.2.5
元数据特性	B.2.6
支持 GML 专用标准的实例验证	B.2.7
写 GML	B.3
读 GML	B.4
写 GML 应用模式	B.5
读 GML 应用模式	B.6

3 规范性引用文件

下列文件中的条款通过本标准的引用而成为本标准的条款。凡是注日期的引用文件，其随后所有的修改单(不包括勘误的内容)或修订版均不适用于本标准。但是，鼓励根据本标准达成协议的各方研究是否可使用这些文件的最新版本。凡是不注日期的引用文件，其最新版本适用于本标准。

GB/T 7408—2005 数据元和交换格式 信息交换 日期和时间表示法(ISO 8601:2000,IDT)

GB/T 18221—2000 信息技术 程序设计语言、环境与系统软件接口 独立于语言的数据类型(idt ISO/IEC 11404:1996)

GB/T 19710—2005 地理信息 元数据(ISO 19115:2003,MOD)

GB/T 22022—2008 地理信息 时间模式(ISO 19108:2002,IDT)

GB/T 23707—2009 地理信息 空间模式(ISO 19107:2003,IDT)

ISO/TS 19103:2005 地理信息 概念模式语言

ISO 19109:2005 地理信息 应用模式规则

ISO 19111:2007 地理信息 基于坐标的空间参照

ISO 19118:2005 地理信息 编码

ISO 19123:2005 地理信息 覆盖几何和函数模式

ISO/TS 19139 地理信息 元数据 XML 模式实现

ISO/IEC 19757-3 文档模式定义语言(DSDL) 第 3 部分:基于规则的验证 模式

ISO 80000-3 物理量和单位 第 3 部分:空间和时间

IETF RFC 2396:1998 统一资源标识符(URI):一般语法

W3C XLink XML 链接语言(XLink)版本 1.0. W3C 推荐(2001)

W3C XML 可扩展标记语言(XML)1.0(第 3 版)W3C 推荐(2004)

W3C XML 命名空间 XML 命名空间. W3C 推荐(1999)

W3C XML 模式 第 1 部分:结构. W3C 推荐(2001)

W3C XML 模式 第 2 部分:数据类型. W3C 推荐(2001)

4 术语、定义、符号及缩略语

4.1 术语和定义

本标准采用以下术语和定义。

4.1.1

应用模式 application schema

一个或多个应用所需数据的概念模式。

[ISO 19101:2002]

4.1.2

关联 association

两个或两个以上类元之间的语义关系，定义了类中实例间的连接。

[ISO/IEC 19501:2005]

4.1.3

属性 attribute

〈XML〉一个元素中包含的名称-值对。

注1：除非特别说明，在本标准中的属性即为 XML 属性。XML 属性的语法是："Attribute::=Name=AttValue"。属性的典型作用是作为 XML 的元素修饰符(如〈Road gml:id="r1"/〉，其中 gml:id 是一个属性)。

4.1.4

边界 boundary

表达一个实体界限的集合。

[GB/T 23707—2009]

4.1.5

子元素 child element

〈XML〉一个元素直接派生的元素。

4.1.6

闭包 closure

拓扑对象或几何对象的内部与边界的并集。

[GB/T 23707—2009]

4.1.7

代码表 codelist

包括每一个允许值代码的值域。

4.1.8

代码空间 codespace

代码、命名、术语或类别的规则或典据。

例：代码空间的例子包括字典、典据、代码表等。

4.1.9

组合曲线 composite curve

曲线的序列，在该序列中，每条曲线(第一条除外)均从前一条曲线的终点开始。

[GB/T 23707—2009]

注：一条组合曲线作为直接位置的集合，具有曲线的所有特性。

4.1.10

组合体 composite solid

沿着共有边界曲面相邻且相连的体的集合。

[GB/T 23707—2009]

注：组合体作为直接位置的集合，具有体的所有特性。

4.1.11

组合曲面 composite surface

沿着共有边界曲线相邻且相连的曲面的集合。

[GB/T 23707—2009]

注：组合曲面作为直接位置的集合，具有曲面的所有特性。

4.1.12

坐标　coordinate

表示 n 维空间中点位置的 n 个系列数之一。

[ISO 19111:2007]

注：在一个坐标参照系中，坐标数值取决于所选单位。

4.1.13

坐标参照系　coordinate reference system

通过基准与对象相关联的坐标系。

[ISO 19111:2007]

4.1.14

坐标系　coordinate system

给点赋予坐标的数学规则集。

[ISO 19111:2007]

4.1.15

坐标元组　coordinate tuple

由有顺序的坐标所构成的元组。

[ISO 19111:2007]

4.1.16

覆盖　coverage

在空间、时间或时空域中，作为任意直接位置的函数，从其值域中返回数值的要素。

[ISO 19123:2005]

4.1.17

曲线　curve

1 维几何单形，表达一条线的连续映像。

[GB/T 23707—2009]

注：曲线的边界是该曲线两个端点的集合。如果曲线是一个圈，则这两个端点相同，并且该曲线(如果拓扑上是闭合的)被认为没有边界。第一个点被称为始点，最后一个点称为终点。曲线的连通性由“一条线的连续映像”条款所保证。拓扑定理认为一个连通集合的连续映像仍然是连通的。

4.1.18

数据类型　data type

允许在值域内对值进行操作的值域的说明。

[ISO/TS 19103:2005]

例：整型、实型、布尔型、字符串、日期(将数据转换成系列编码)。

注：数据类型包括基本的预定义的类型和用户定义的类型。所有数据类型的实例没有标识。

4.1.19

基准　datum

定义坐标系原点位置、比例尺和定向的参数或参数集合。

[ISO 19111:2007]

注：基准可以是大地基准、高程基准、工程基准、影像基准或时间基准。

4.1.20

直接位置　direct position

用坐标参照系中的一组坐标描述的位置。

[GB/T 23707—2009]

4.1.21

域　domain

明确定义的集合。

[ISO /TS 19103:2005]。

注1：一个数学函数可以基于这个集合定义，即：在函数 $f:A\rightarrow B$ 中，A 是函数 f 的域。

注2：在论域中，域指感兴趣的主题或领域。

4.1.22

边　edge

1维拓扑单形。

[GB/T 23707—2009]

4.1.23

元素　element

〈XML〉XML文档中的基本信息项，其中包含子元素、属性和字符数据。

注：源自XML信息集合"每个XML文档包含一个或多个元素，边界通过起始和终止标记界定，若为空元素，则由空元素标记界定。每个元素有类型，该类型由名称，有时称为"通用标识"(GI)来标识，并可能有一组属性规范。每一属性规范有名称和值。

4.1.24

外部　exterior

全域与闭包之间的差。

[GB/T 23707—2009]

4.1.25

拓扑面　face

面

2维拓扑单形。

[GB/T 23707—2009]

注：拓扑面的几何实现是曲面。拓扑面的边界是在该拓扑复形内通过边界关系关联到该拓扑面的有向边的集合。这些有向边的集合可以组成若干环。

4.1.26

要素　feature

现实世界现象的抽象。

[ISO 19101:2002]

注：要素可以类型或实例的形式出现。当仅表达一种含义时，应使用"要素类型"或"要素实例"。

4.1.27

要素关联　feature association

一个要素类型的实例与其他相同或不同要素类型的实例链接的关系。

[ISO 19110:2005]

4.1.28

函数　function

从一个域(源或函数的定义域)中的每个元素到另一个域(目标域或值域)中唯一的元素相关联的规则。

[GB/T 23707—2009]

4.1.29

大地基准　geodetic datum

描述地球2维或3维坐标系关系的基准。

[ISO 19111:2007]

4.1.30

几何对象　geometric object

表达一个几何集的空间对象。

[GB/T 23707—2009]

4.1.31

几何单形　geometric primitive

表示空间中单一、连通、同质元素的几何对象。

[GB/T 23707—2009]

4.1.32

几何集　geometric set

直接位置的集合。

[GB/T 23707—2009]

4.1.33

几何特性　geometry property

〈GML〉GML 要素的特性，描述了要素的某些几何特征。

注：几何特性名称是与要素相边的几何角色。

4.1.34

GML 应用模式　GML application schema

根据本标准中定义的规则以 XML 模式编写的应用模式。

4.1.35

GML 文档　GML document

以 GML 模式中规定的 AbstractFeature、Dictionary 或 TopoComplex 元素之一或这些元素的任何置换组中的元素作为根元素的 XML 文档。

4.1.36

GML 专用标准　GML profile

GML 模式的子集。

4.1.37

GML 模式　GML schema

本标准中规定的在 XML 命名空间"http://schema.opengis.net/gml/3.2"中的模式组件。

4.1.38

格网　grid

由两组或多组曲线的集合组成的网络，曲线集合中的曲线与另一个曲线集合中的曲线按某种算法相交。

[ISO 19123:2005]

注：曲线集合将空间分割成格网单元。

4.1.39

内部　interior

几何对象除边界外的所有直接位置的集合。

[GB/T 23707—2009]

4.1.40

线串　line string

由直线段组成的曲线。

4.1.41

度量 measure

〈GML〉用标(度)量或标量坐标参照系描述的值。

注：当作为名词时，度量是一个物理量的代名词。

4.1.42

被测变值 measurand

遵循量测方法的特定量。

4.1.43

命名空间 namespace

〈XML〉经 URI 引用标识的名称集合，这些名称在 XML 文档中作为元素名称和属性名称[W3C XML Namespaces]。

4.1.44

结点 node

0 维拓扑单形。

[GB/T 23707—2009]

4.1.45

对象 object

具有明确定义的边界与标识，封装了状态与行为的实体。

[GB/T 23707—2009]

注：GML 对象是一个 XML 元素，其类型是从 AbstractGMLType 派生的。

4.1.46

可观察类型 observable type

标示观察结果物理量的数据类型。

4.1.47

点 point

0 维几何单形，表示一个位置。

[GB/T 23707—2009]

注：点的边界是空集。

4.1.48

多边形 polygon

由一个外部边界和 0 个或多个内部边界所定义的平坦曲面。

4.1.49

特性 property

〈GML〉GML 对象的子元素。

注：在 ISO 19109 中，它与要素属性和要素关联角色相对应。如果一个要素的 GML 特性有引用其他要素的 xlink：href 属性，则表明该特性是一个要素关联角色。

4.1.50

物理量 physical quantity

用于定量描述物理现象的量。

[ISO 31-0:1992]

注：在 GML 中，物理量总是使用带有量纲的数或使用标量参考系描述的值。当度量作为名词使用时，与物理量是同义词。

4.1.51

值域　range

当变量在定义域内变化时，函数 f 的所有取值的集合。

4.1.52

校正格网　rectified grid

格网坐标和外部坐标参照系坐标之间存在仿射变换的格网。

[ISO 19123:2005]

4.1.53

模式　schema

模型的形式化描述。

[ISO 19101:2002]

注：一般来说，模式是对象的特征及其与其他对象关系的一种抽象表达。XML 模式表示 XML 对象的属性和元素之间的关系(例如，一个文档或一个文档的一部分)。

4.1.54

模式〈XML 模式〉　schema〈XML schema〉

在同一目标命名空间中模式组件的集合。

例：W3C XML 模式的模式组件是类型、元素、属性、组等。

4.1.55

模式文档〈XML 模式〉　schema document〈XML schema〉

包含模式组件定义和声明的 XML 文档。

注：W3C XML 模式提供了模式信息的 XML 交换格式。单个模式文档提供与单个命名空间有关组件的描述，但是，几个文档可以描述同一模式(即同一目标命名空间)的组件。

4.1.56

语义类型　semantic type

在某一论域内，共享某些共同特征并因此具有给定标识类型名称的对象的种类。

4.1.57

序列　sequence

可以重复的相关项(对象或值)的有限和有序的集合。

[GB/T 23707—2009]

4.1.58

集合　set

不重复的、无顺序的相关项(对象或值)的汇集。

[GB/T 23707—2009]

4.1.59

空间对象　spatial object

用于表达要素空间特征的对象。

[GB/T 23707—2009]

4.1.60

曲面　surface

2 维几何单形，局部表达一个平面区域的连续映像。

注：曲面的边界是定义曲面界限的有向、闭合曲线的集合。与球面或 n-圆环面(具有 n 个贯通孔洞的拓扑球面)同构的曲面没有边界，这样的曲面称为圈。

[GB/T 23707—2009]

4.1.61

标记　tag

〈XML〉在 XML 文档中界定元素内容的置标。

如:〈Road〉

注:一个不用正斜线的标记(如〈Road〉)称为起始标记(开标记),一个使用正斜线的标记(如〈/Road〉)称终止标记(或关标记)。

4.1.62

拓扑对象　topological object

表达在连续变换下不变的空间特征的空间对象。

[GB/T 23707—2009]

4.1.63

元组　tuple

值的有序排列。

注:元组中的值数目是不变的。

4.1.64

UML 应用模式　UML application schema

根据 ISO 19109 标准用 UML 编写的应用模式。

4.1.65

统一资源标识符　Uniform Resource Identifier;URI

资源的唯一标识符,其结构与 IETF RFC 2396 规范一致。

注:一般句法是〈schema〉::〈schema-specific-part〉。带有命名空间的分级句法是〈scheme〉://〈authority〉〈path〉?〈query〉——参见 RFC 2396。

4.2　符号和缩略语

本标准使用如下的符号和缩略语:

CRS　坐标参照系(Coordinate Reference System)

CS　坐标系(Coordinate System)

CSV　以逗号分开的值(Comma Seperated Values)

CT　坐标变换(Coordinate Transformation)

DTD　文档类型定义(Document TypeDefinition)

EPSG　欧洲石油勘探局(European Petroleum Survey Group)

GIS　地理信息系统(Geographic Information System)

GML　地理标记语言(Geography Markup Language)

注:在 ISO 以前的缩写词中,GML 是通用标记语言(Generalized Markup Language)的缩写(这导致产生缩写词 SGML,即 Standard Generalized Markup Language,ISO 8879)。

HTTP　超文本传输协议(Hypertext Transfer Protocol)

IETF　因特网工程任务组(Internet Engineering Task Force)

ISO　国际标准化组织(International Organization for Standardization)

OGC　开放地理空间协会(Open Geospatial Consortium)

RDF　资源描述框架(Resource Description Framework)

RFC　征求意见(Request for Comments)

SMIL　同步多媒体集成语言(Synchronized Multimedia Integration Language)

SOAP　简单对象访问协议(Simple Object Access Protocol)

SVG　可伸缩的矢量图(Scalable Vector Graphics)

UML　统一建模语言(Unified Modeling Language)

URI　统一资源标识符(Uniform Resource Identifier)

URL　统一资源定位符(Uniform Resource Locator)

URN　统一资源名称(Uniform Resource Name)

W3C　万维网联盟(World Wide Web Consortium)

WFS　网络要素服务(Web Feature Service)

XML　可扩展的标记语言(Extensible Markup Language)

XSLT　可扩展的样式语言　转换(eXtensible Stylesheet Language—Transformations)

0D　0 维(Zero Dimensional)

1D　1 维(One Dimensional)

2D　2 维(Two Dimensional)

3D　3 维(Three Dimensional)

5　约定

5.1　XML 命名空间

GML 模式的所有组件在 http://www.opengis.net/gml/3.2 命名空间中描述,使用前缀 gml,或使用本标准中的缺省命名空间。

W3C XLink 推荐中描述的所有组件在 http://www.w3.org/1999/xlink 命名空间中描述,在本标准使用前缀 xlink。

注:两个命名空间中的模式组件所在的 XML 模式文档列在附录 C 中。

5.2　版本

根据 XML 模式推荐,每一个规定 GML 模式组件的模式文档都应该有一个版本属性。版本属性字符串的格式是 x.y.z,其中 x 表示文档的主版本号,y 表示文档的次版本号,z 表示文档缺陷固定的发行版本号。本标准描述的版本是 3.2.1。

注:这是 GML 作为本标准的第一个版本。GML 先前的版本已经由开放地理空间协会(OGC)开发和发布。

5.3　GML 早期版本中的已不赞成使用的部分

动词“不赞成”旨在引起注意:本标准引用此部分的目的是保持与早期版本向后兼容,但是这些内容可能在将来版本中去掉,不再另行说明。

本标准描述或引用的不赞成使用的 GML 组件部分以*斜体*书写。

注 1:本标准由开放地理空间协会作为 GML3.2.1 发布,开放地理空间协会采用的前一个 GML 版本为 3.1.1。

注 2:作为 GML 版本 2.1 一部分的,但在 GML 版本 3.0 中已不赞成使用的所有模式组件已经移去,在本标准中已不再支持。

5.4　UML 标记

本标准中出现的许多图都采用统一建模语言(UML)静态结构图表示。本标准使用的 UML 标记如图 1 所示。

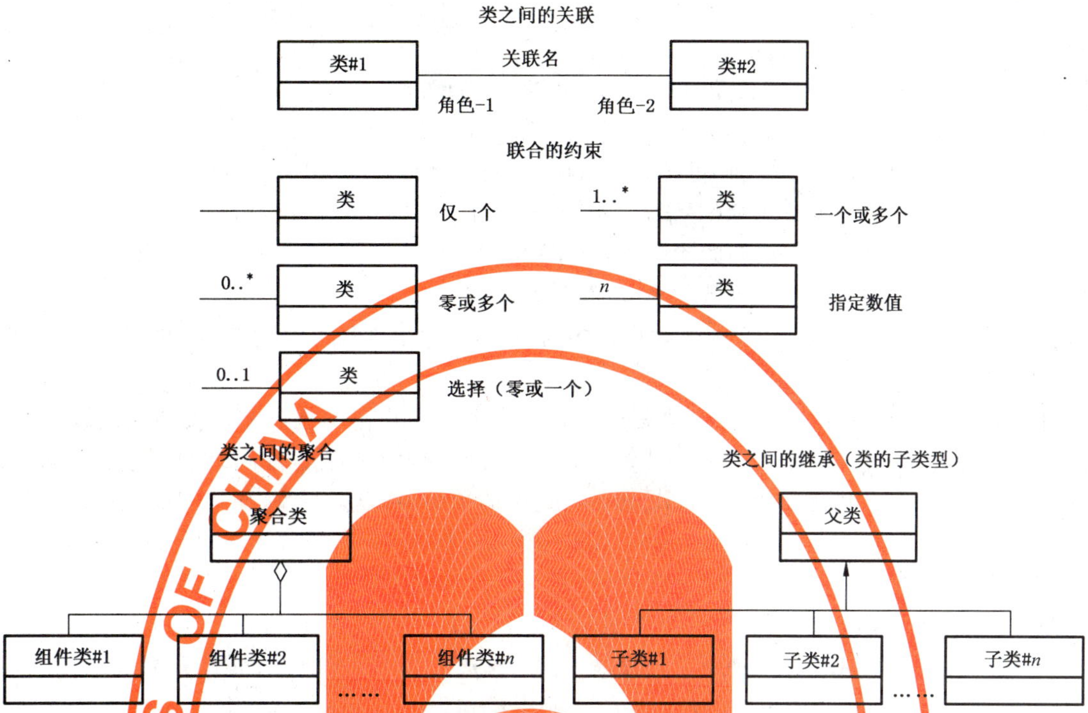

图 1　UML 标记

在本标准中，使用下列 UML 类的构造型：

——〈〈DataType〉〉是没有标识（独立存在，可能产生副作用）的特性集合。一个 DataType 是没有操作的类，其主要目的是保存信息。

——〈〈Union〉〉是一个特性集合，其语义是在任何时候仅能有一个特性出现。

——〈〈FeatureType〉〉是在 ISO 19109 中定义的要素。

——〈〈CodeList〉〉是一个灵活的枚举，它使用字符串表示一系列可能的值。

——〈〈Enumeration〉〉是一个命名的文字型值的有效标识符的固定列表。枚举类型的属性只能从该列表中取值。

——〈〈Abstract〉〉是一个抽象的对象类型（用于增加以斜体书写的格式化类型名称的构造型）。

——〈〈Type〉〉是一个抽象的属性和关联的集合。抽象意味着它的说明中不隐含它们必须作为实例变量被具体地实现。

在本标准中，使用下列标准的数据类型：

——字符串（CharacterString）：字符的序列（通常该数据类型映射为 XML 模式中的“string”）。

——整数（Integer）：整形数（通常该数据类型映射 XML 模式中的“integer”）。

——实数（Real）：浮点数（通常该数据类型映射为 XML 模式中的“double”）。

——布尔（Boolean）：规定“TRUE”或“FALSE”的值（通常该数据类型映射为 XML 中的“boolean”）。

5.5　XML 模式

本标准的正文部分使用 W3C XML 模式语言来描述一致的 GML 数据实例的语法。XML 模式是具有很强描述能力的语言。不熟悉 XML 模式的读者，可进行一般性地阅读，本标准不是 XML 模式的入门读物。但为了充分理解本标准，读者需要具有必要的关于 XML 模式的知识。

6　GML 模式概述

6.1　GML 模式

GML 规定了在 ISO 19100 系列标准和开放 GIS 抽象规范中定义的与这些标准和规范一致的许多

概念类的 XML 编码。

相关的概念模型定义包含在：

——ISO/TS 19103 概念模式语言(度量单位、基本类型)，

——GB/T 23707 空间模式(空间几何和拓扑)，

——GB/T 22022 时间模式(时间几何和拓扑，时间参照系)，

——ISO 19109 应用模式规则(要素)，

——ISO 19111 基于坐标的空间参考(坐标参照系)，

——ISO 19123 覆盖几何和函数的模式(覆盖，格网)。

多数情况下，从概念类到 XML 的映射是直接的，有些情况下这种映射比较复杂。所有这些映射在附录 D 中详细地说明。

另外，GML 提供了在 ISO 19100 系列标准或开放 GIS 抽象规范中还没有建模的其他概念的 XML 编码。例子包括移动对象，简单观测或值对象。相应增加的概念类扩展也在附录 D 中进行了规定。

GML 模式由本标准描述的组件(XML 元素、属性、简单类型、复杂类型、属性组、组等)组成。XML 编码遵循 ISO 19118。

6.2 GML 应用模式

通过扩展或限制 GML 模式中定义的类型，GML 应用模式的设计者可以定义应用领域所需的类型。在应用模式中，如果无需改变便可直接使用 GML 模式中的非抽象元素、属性和类型。

根据 ISO 19109，应用或应用域的要素类型在应用模式中定义。一个 GML 应用模式应该以 XML 模式形式定义，并导入 GML 模式。可以用下列两种方法之一构建应用模式：

——遵循第 21 章中规定的 GML 应用模式规则，直接创建 XML 模式形式的 GML 应用模式；

——遵循 ISO 19109 中规定的 UML 形式的应用模式规则，并服从这些模式的约束条件和将这些模式映射到在本标准的附录 E 中规定的 GML 应用模式的规则。从 ISO 19109 一致的 UML 形式的应用模式到相应的 GML 应用模式的映射是基于一组编码规则的。这些编码规则与 GML 应用模式的规则和 ISO 19118 一致。

这两种方法对于构建 GML 应用模式都是有效的。所有应用模式都应该根据 ISO 19109 中的通用要素模型进行建模。在 ISO 19100 系列标准中，UML 是描述概念模式的推荐语言。

一般推荐使用第二种方法，以保证正确使用 ISO 19100 系列标准的概念建模框架。然而，由于下面的原因，可以使用第一种方法：

——需要增加 GML 应用模式的其他能力，这些能力不能根据附录 E 中规定的编码规则实现。

——只需要 XML 表示，并且应用模式相对简单，因此，使用概念模式语言被认为是多余的。

——在应用中需要比根据附录 E 中规定的编码规则得到的结果更优化或更紧凑的 XML 编码。

注：附录 F 提供了从 GML 应用模式到与 ISO 19109 一致的 UML 形式的应用模式的映射的规则。

在两种情况下，与本标准一致的 GML 应用模式应该直接或依据规范使用所有的可用的 GML 模式组件，并根据 XML 模式规则进行验证。如何产生 GML 应用模式与本标准的一致性需求无关。

6.3 ISO 19100 系列标准与 GML 模式和 GML 应用模式间的关系

本标准采用的方法如图 2 所示。两个主要方面是：

——GML 概念模型的清晰的文档：由 GML 实现的 ISO 19100 系列标准的专用标准以及这个专用标准的扩展形成文档。

——支持以 UML 或 XML 模式形式开发应用模式：为了实现 UML(即与 ISO 19109 一致的 UML 形式的应用模式)和 XML 模式(即 XML 模式形式的 GML 应用模式)这两种方法间的映射，对这两种表示方法中使用的结构进行了限定。这在某种程度上降低了模式的表达，也降低了他们的复杂度，使他们易于实现。

注：从 UML 到 XML 模式的映射在 ISO 19118 附录 A 中讨论了，而相反的映射没有在任何 ISO 19100 系列标准中讨论。

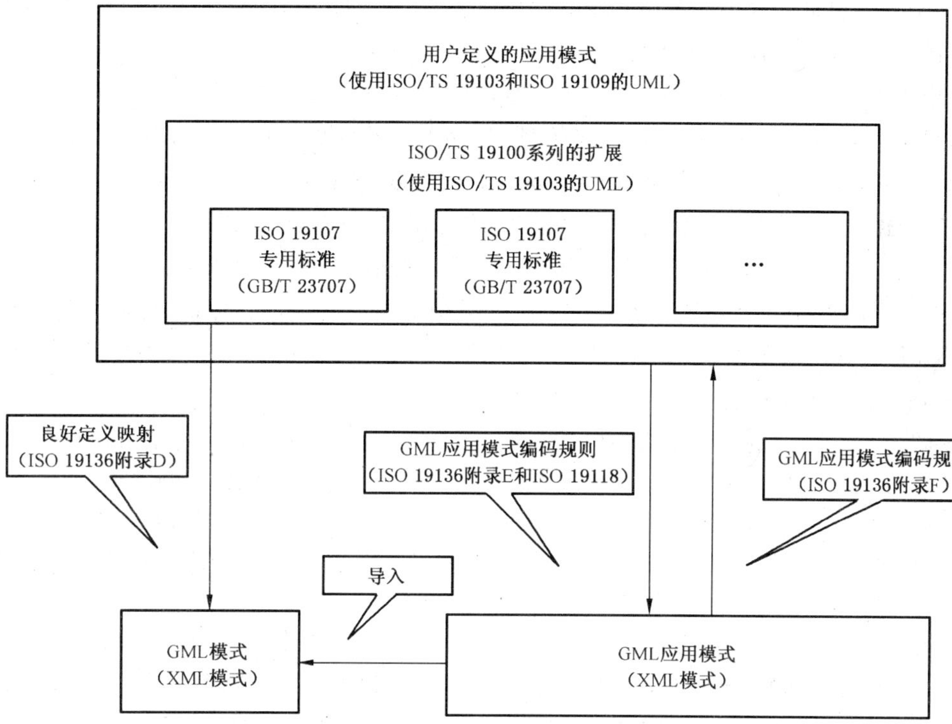

图 2　ISO 19100 系列标准与本标准/GML 间的关系

6.4　本标准的组织

通过 GML 对象类型的层次结构，GML 定义了各种实体，如要素、几何和拓扑等。GML 对象类型与 ISO 19100 系列标准和 OGC 抽象规范中的概念模型的类间的映射列在表 D.2 中。GML 模式的正文根据这些对象类型组织。

7.2 描述了 GML 的基本模式组件。它定义根对象 gml:AbstractObject 和 GML 类层次结构的根 gml:AbstractGML。

8.1 描述了 Xlink 模式。该模式是采用 XML 模式对 XLink 规范的一种 OGC 的实现。它可以在将来的发布中由 W3C 的等效模式取代。

注 1：在本标准中，提供了 xlink 组件的 XML 描述，其目的是便于在基于 XML 模式的环境中行文。规范的定义被赋予了一个 XLink 推荐的非 XML 模式的形式。

8.2 定义了在 GML 模式中使用的一些基本的数据类型的 GML 表达。其中的大部分类型是简单类型或简单内容类型。

第 9 章描述了定义 gml:AbstractFeature 的要素模式组件以及一些派生组件。

第 10 章，10.5.10 和第 11 章描述了定义 gml:AbstractGeometry，gml:AbstractGeometricPrimitive，gml:AbstractGeometricAggregate，gml:GeometricComplex 的几何模式组件以及一些派生组件。

第 12 章描述了定义 gml:IdentifiedObject，gml:AbstractCRS，gml:AbstractCoordinateReferenceSystem 子类型的坐标参照系模式组件以及构建特定坐标参照系所需的元素和类型。

第 13 章描述了定义 gml:AbstractTopology，gml:AbstractTopoPrimitive，gml:TopoComplex 的拓扑模式组件以及一些派生组件。

第 14 章描述了定义 gml:AbstractTimeObject，gml:AbstractTimePrimitive，gml:AbstractTimeGeometricPrimitive，gml:AbstractTimeTopologyPrimitive，gml:AbstractTimeComplex 的用于时间构成的模式组件和派生组件以及定义 gml:DynamicFeature 的模式组件和派生组件。

第 15 章描述了用于定义和字典，包括 gml:Definition 和 gml:Dictionary 的模式组件。

第 16 章描述了用于度量单位构成（gml:UnitDefinition 和派生组件）、度量和值对象（gml:

AbstractValue,gml:AbstractScalarValue,gml:AbstractScalarValueList 和派生组件)的模式组件。

第 17 章描述了表示方向的模式组件。

第 18 章描述了用于简单观测(gml:Observation 和派生组件)的模式组件。

第 19 章描述了用于格网和覆盖的模式组件,它描述了 gml:Grid,gml:AbstractCoverage,gml:AbstractDiscreteCoverage,gml:AbstractContinuousCoverage 和派生组件。

这些章节描述了标准的 GML 模式,并解释它们的内容、结构和依赖关系。

本标准中的 GML 模式表示使用了由 W3C XML 模式提供的 XML 交换格式。对组件集合的描述被组织在模式文档中,每个文档描述了图 2 所示的分类中最相关的组件。然而,尽管本标准中的 GML 模式组件的 XML 表达是规范的,但对这些模式文档的打包不是规范的。第 20 章(专用标准)和附录 G(子集)描述了用于打包 GML 模式组件的 XML 表达的原理和方法。

所有本标准定义和声明的组件使用相同的目标命名空间 http://www.opengis.net/gml/3.2。

注 2:XML 命名空间提供了一种避免在 XML 文档中由于名称冲突引起歧义的机制。所有在单个模式文档中描述的组件属于单一的目标命名空间,但多个模式文档可以描述同一个命名空间中的组件。在 XML 开发团体内,可以为单个应用的一组组件先行指定一个或多个命名空间。为 GML 模式组件指定单个命名空间与模式文档间 GML 组件的 XML 表示的非标准的组织是一致的。

UML 使用包来归类相关的组件。而且,在 ISO 19100 系列标准中,具有式样“AA_”的前缀被用于区分不同包中的类,方法类似于 XML 命名空间。然而,由于以上原因,GML 组件的打包是非标准的,且所有 GML 组件位于同一个命名空间,因此,ISO 19100 系列标准与 GML 中的 XML 命名空间的前缀可能不存在对应关系。

6.5 不赞成使用的和试验的模式组件

试验的、非规范的用于 GML 对象的缺省样式规则的模式组件在附录 H 中描述。

不赞成使用的全局的模式组件(元素、属性、类型)包含在附录 I 中。

7 GML 模式——一般规则和基本模式组件

7.1 GML 模型和语法

7.1.1 GML 实例文档

GML 使用清晰的语法在 XML 文档中实例化与 ISO 19109 中定义的通用要素模型一致的 GML 应用模式。

一个要素被编码成带有该要素类型名称的一个 XML 元素,其他可标识的对象则被编码成带有该对象类型名称的 XML 元素。

每个要素属性和要素关联角色是要素的一个特性,要素的这些特性在一个 XML 元素中被编码。

注 1:XML 中的术语“属性”指 XML 文档中特定的语义组件,因此为避免在描述 XML 编码时的混淆,GML 遵循 RDF(W3C,1999)术语规范,用术语“特性”而不是“属性”或“关联角色”。通用要素模型(ISO 19109)也用术语“特性”作为“属性”,“关联角色”或“操作”的统称。

此外,特性语义(由表示特性的元素名称指定)和特性值(由特性元素的内容给出)是有区别的。一个特性元素可以包含其特性值作为内部编码的内容,或通过一个简单的 XLink 引用其特性值。特性值可以是简单的,也可以是一个要素或者其他的复杂对象。当采用内部编码方式时,一个简单特性值被记录成没有嵌套标记(文本)的值,而一个复杂特性值则表现为一个用 XML 标记的子树(即一个有子结构的 XML 元素)。

注 2:GML 模型可以用在 ISO 19100 系列标准(在 ISO/TS 19103 中定义)中使用的 UML 专用标准直接表示。对此,附录 D 和附录 E 中有详细描述,这里简明扼要地总结如下。

要素表示为:

——在 UML 中,表示为对象,其中要素类型的名称用作对象类的名称。

——在 GML 实例中，表示为 XML 元素，其中要素类型的名称用作元素名称。

要素特性表示为：

——在 UML 中，表示为要素类型类的关联角色和要素类型类的属性，其中特性语义由关联角色名称或属性名称给出。

——在 GML 实例中，表示为要素元素的子元素(称为特性元素)，其中特性的语义由特性元素名称给出。

特性值的类型由下列方式指定：

——在 UML 中，由关联目标的类或属性的数据类型来指定。

——在 GML 中，对于复杂特性值，由包含在特性元素中的对象元素的名称指定；对于简单特性值，由包含无嵌入 XML 标记的文本值的类型指定。

GML 实例文档是一个多层的 XML 文档，在该文档中，表达要素、对象和数值的 XML 元素和表达与它们相关的特性的 XML 元素会交错出现，一个要素、对象或值的功能通常能够通过参照直接包含它的特性元素或引用它的元素的名称来确定。

注 3：这个编码式样有时称为是"对象-特性模型"，自从这个模型的第一个版本被 OGC 采用后，它已经成为 GML 编码模型的基础。尽管在有些情况下这个编码模式在实例文档中增加额外的要素层，但它还是提供了好处：使 GML 实例文档自身是可理解的，提供了可预期的结构，以及在期待 GML 实例文档可以沿用 W3C XML 模式语言的一般用法的同时，避免对 XML 模式的过分依赖。

7.1.2 词汇约定

在 GML 模式中，把一些词汇约定用作元素和复杂类型的名称，有助于人们对 GML 实例和模式的理解。

——对象被实例化为具有首字母大写形式的、概念上有意义的名称的 XML 元素；

——特性被实例化为具有首字母小写形式的名称的 XML 元素；

——抽象元素在它的名称前有前缀"Abstrac"(对象)或"abstract"(特性)；

——XML 模式复杂类型的名称以首字母大写的形式表示，并且以单词"Type"结束；

——抽象的 XML 模式复杂类型的名称前有单词"Abstract"。

强烈推荐在 GML 应用模式中使用这些约定。这些规则只适用于可以区分字母大小写的语言中。

注：首字母大写是一个命名约定，一个名称是由多个词连接形成一个单个的新词，而且组成新词的多个词的首字母大写。首字母小写是指新词的第一个字母小写，便于与首字母大写形式的的名称区分。

7.1.3 GML 语言的 XML 模式定义

GML 模式包含一些 W3C XML 模式组件用于定义类型和声明：

——用于描述带有标识的 GML 对象的 XML 元素；

——用于描述 GML 对象的 GML 特性的 XML 元素；

——满足 GML 特性的 XML 属性。

一个 GML 对象是一个直接或间接从 gml:AbstractGMLType 派生的 XML 元素。通过派生，一个 GML 对象将具有一个 gml:id 属性。

一个 GML 特性将不从 gml:AbstractGMLType 派生，也将不具有 gml:id 属性或者任何其他的 XML 类型 ID 的属性。

一个元素是一个 GML 特性，当且仅当它是一个 GML 对象的子元素。

GML 对象不会作为该对象的直接子元素出现。

因此，元素不能既是 GML 对象，又是 GML 特性。

除了 gml:id 这个 XML 属性外，GML 模式中声明的所有 XML 属性中不定义命名空间。

注：不鼓励在 GML 应用模式中使用额外的 XML 属性。

7.2 GML 基本模式组件

7.2.1 基本模式组件的目标

gmlBase 模式组件建立了 GML 模型与语法，主要包括：

——一个根 XML 类型，所有 GML 对象的 XML 类型都应该从该类型派生；

——GML 特性的一种式样和组件；

——集合和数组的式样以及用于一般集合和数组的组件；

——用于关联 GML 对象和元数据的组件；

——用于构建定义和字典的组件。

注：附录 C 中相应的模式文档可以通过如下独立于地址的名称识别(使用 URN 语法)：

urn:x-ogc:specification:gml:schema-xsd:gmlBase:3.2.1

7.2.2 基本对象

7.2.2.1 抽象对象(AbstractObject)

抽象元素 gml:AbstractObject 声明如下：

〈element name="AbstractObject" abstract="true"/〉

这个元素没有类型定义，因此隐含(根据 W3C XML 模式规则)为 XML 模式的 anyType。它用作 XML 模式置换组的头，该置换组统一了作为 GML 中数据类型使用的复杂内容元素和一些确定的简单内容元素，包括 gml:AbstractGML 置换组。

注：gml:AbstractObject 主要是用作某种聚集式样中的变量，那里必须允许 gml:AbstractGML 置换组中的元素或某种复杂内容或简单内容元素在实例中是有效的。

GML 数据集(也称数据实例或数据文档)由对象元素表示，该对象可以是一个 GML 对象的集合。

7.2.2.2 抽象 GML，抽象 GML 类型(AbstractGML，AbstractGMLType)

表示可标识对象的最基本的组件在模式中描述如下：

```
〈element name="AbstractGML" type="gml:AbstractGMLType" abstract="true"
substitutionGroup="gml:AbstractObject"/〉
〈complexType name="AbstractGMLType" abstract="true"〉
    〈sequence〉
        〈group ref="gml:StandardObjectProperties"/〉
    〈/sequence〉
    〈attribute ref="gml:id" use="required"/〉
〈/complexType〉
〈group name="StandardObjectProperties"〉
    〈sequence〉
        〈element ref="gml:metaDataProperty" minOccurs="0" maxOccurs="unbounded"/〉
        〈element ref="gml:description" minOccurs="0"/〉
        〈element ref="gml:descriptionReference" minOccurs="0"/〉
        〈element ref="gml:identifier" minOccurs="0"/〉
        〈element ref="gml:name" minOccurs="0" maxOccurs="unbounded"/〉
    〈/sequence〉
〈/group〉
```

抽象元素 gml:AbstractGML 的意思是“任意有标识的 GML 对象”，用作 XML 模式置换组的头，可以包括作为有标识的 GML 要素或其他对象的任何元素。它还作为 GML 核心和应用模式中的内容模型中的变量使用。该元素有效地成为了所有 GML 对象的抽象超类。

gml:AbstractGML 和 gml:AbstractGMLType 对表明了用于 GML 模式中的基本式样，即每个

GML 对象类型用一个全局元素声明表示,它有一个关联的 XML 模式类型定义。一个表示 GML 对象的元素的名称指示了这个对象的含义。在 GML 中,一般的元素名称包括:gml:AbstractObject,gml:AbstractGML, gml: AbstractFeature, gml: AbstractValue, gml: AbstractCoverage, gml: AbstractTopology 和 gml:AbstractCRS。本标准也定义了其他表示对象的一般元素。

一个 GML 对象的子 XML 元素和 XML 属性是这个对象的特性。因此,由 gml:AbstractGML 元素表示的对象有 5 个赞成使用的特性:gml:identifier,gml:description,gml:descriptionReference,gml:name 和 gml:id。其描述见 7.2.4。

注:提供 gml:StandardObjectProperties 组的目的是为了方便构建应用模式,特别是当期望通过限制从 gml:AbstractGMLType 和 gml:AbstractFeatureType 派生类型定义时有用。通过限制派生要求所有部分无变化地拷贝到新的类型定义中。包含元素时,对于所有标准的对象特性,使用的方法之一是引用 gml:StandardObjectProperties,如下所示:

〈group ref="gml:StandardObjectProperties"/〉

7.2.3 GML 特性

7.2.3.1 引言

GML 特性(property)可以是一个 GML 对象的任何特征。在 GML 文档或数据流中的元素是一个 GML 特性,当且仅当它是一个 GML 对象元素的子元素。每个特性的含义应由实例化它的元素的名称来指定。

除了从 gml:AbstractGMLType 继承的特性外,GML 对象还可以拥有无限多的特性。特性可以被定义成简单或者复杂的内容。简单内容特性具有 XML 模式简单内容类型,比如标准的特性元素 gml:description 和 gml:name。复杂内容特性具有 XML 模式复杂内容类型。

特性元素可以有两种使用方式:

——内联(inline):特性值是直接表达的,作为特性元素的内容。该方法用于标准的特性 gml:name,也可以用于 gml:description(见 7.2.4.2)。

——引用(by reference):特性值存在其他位置,通过特性元素上的 xlink:href 属性值来标识。该方法可以适用于标准特性 gml:descriptionReference(见 7.2.4.3)。

例:见 8.1 中关于使用 xlink 引用的例子。

注:在 ISO 19109(通用要素模型)和开放 GIS 抽象规范主题 8 中定义的要素关联的角色在一个 GML 应用模式中可以有多种表达方法:

——通过实现关联的、作为导航用的、唯一的角色,即以 XML 编码表示它。这是 GML 模式自身内部的常用表示方法,但有一些例外,如拓扑对象间的边界和余边界关联。

——通过指定参与关联的要素类型中的单个特性。然而在该情况下,关联隐含的一致性约束不能由 XML 模式验证执行。例如该编码样式是用于拓扑对象间的边界和余边界关联角色,见附录 E,见 7.2.3.9。

——通过创建一个关联对象作为 GML 对象。这也允许建模 n-ary 关联和有特性的关联。

——通过使用扩展的 XLinks。这种编码类似于"关联对象"表示法。

7.2.3.2 关联属性组(AssociationAttributeGroup)

XLink 组件是 XML 中支持超文本引用的标准方法。GML 中提供了一个 XML 模式属性组,gml:AssociationAttributeGroup,用来支持以统一的方式使用 Xlinks 作为通过引用指示特性值的方法。属性组定义如下:

```
〈attributeGroup name="AssociationAttributeGroup"〉
    〈attributeGroup ref="xlink:simpleLink"/〉
    〈attribute name="nilReason" type="gml:NilReasonType"/〉
    〈attribute ref="gml:remoteSchema"/〉
〈/attributeGroup〉
```

其中来自 Xlink 的定义如下(见 8.1):

〈attributeGroup name="simpleLink"〉

〈attribute name="type" type="string" fixed="simple" form="qualified"/〉

〈attribute ref="xlink:href"/〉

〈attribute ref="xlink:role"/〉

〈attribute ref="xlink:arcrole"/〉

〈attribute ref="xlink:title"/〉

〈attribute ref="xlink:show"/〉

〈attribute ref="xlink:actuate"/〉

〈/attributeGroup〉

带有 xlink:href 属性的 GML 特性值是通过链接返回的资源。

nilReason 属性可以用在可为空的特性元素，以指示空值的原因。

注：属性组中的所有部分是可选的。

7.2.3.3 抽象关联角色，关联角色类型(abstractAssociationRole，AssociationRoleType)

为支持对具有复杂内容的特性进行编码，GML 模式中提供了特性元素的基本式样，如下：

〈element name="abstractAssociationRole" type="gml:AssociationRoleType" abstract="true"/〉

〈complexType name="AssociationRoleType"〉

〈sequence minOccurs="0"〉

〈any namespace="##any"/〉

〈/sequence〉

〈attributeGroup ref="gml:OwnershipAttributeGroup"/〉

〈attributeGroup ref="gml:AssociationAttributeGroup"/〉

〈/complexType〉

应用该模板应限制在特性元素中出现多个对象，使用该内容模型的特性元素只能有唯一的对象。该类型的实例应该包含有一个表示对象的元素，或作为指向远程对象的指针。

应用该模式定义应用模式特定的特性类型允许下列限制：

——内联对象为特定对象类型；

——编码为“只通过引用”(见 7.2.3.7)；

——编码为“只能内联”(见 7.2.3.8)。

注 1：提供 abstractAssociationRole 声明及其类型定义的目的是为了便于使用，它用作构建应用模式特性元素的模板或式样。对于特定特性而言，没有必要使用从 gml:AssocationType 继承来的 XML 模式类型来创建和 GML 应用模式一致的特性。这与所有可以标识的对象的内容模型必须从 gml:AbstractGMLType 继承以及所有要素必须从 gml:AbstracatFeatureType 继承不同。

注 2：虽然 gml:abstractAssociationRole 是抽象的，但类型 gml:AssociationRoleType 不是，因为同一个类型被可实例化的 gml:member 特性使用(见 7.2.3.10)。同时也要注意，这个特性已不赞成使用。

7.2.3.4 内联或引用

用于特性的内容模型中的 any 元素是可选的。和 AssociationAttributeGroup 中的组件基数(cardinalities)一致意味着该类型的元素拥有一个内容元素或者 xlink 属性。符合该模板的 GML 特性元素可用来以内联或者引用方式附加值。

例：要素的一个有用的特性是“centerOf”。这可用于以内联的方式指定空间位置，如下：

〈gml:centerOf〉

〈gml:Point gml:id="point96" srsName="urn:x-ogc:def:crs:EPSG::4326"〉

〈gml:pos〉-31.936 15.834〈/gml:pos〉

〈/gml:Point〉

〈/gml:centerOf〉

上例中使用了 GML 几何模式(在 10.2 中描述)中定义的 gml:Point 对象。相同的特性元素可以通过引用方式来表示一个位置,如下:

〈gml:centerOf xlink:href="http://my.big.org/locations/point53"/〉

其中"http://my.big.org/location/point53"标识了由指定服务定义的点(一个 gml:Point 元素)。

然而,此模板下的特性元素可以没有内容或属性,或者同时拥有二者,这都是有效的 XML 模式。不可能限制内容和属性同时出现,因此,不能用 W3C XML 模式来限制特性,只能以内联方式或引用方式使用。

注:GML 模式中的多数 GML 对象值特性既可以内联方式编码,也可以引用方式编码。然而,在 GML 专用标准(见第 20 章)中,可以限制只以内联或只以引用方式编码。

7.2.3.5 特性值的所有者

以内联或引用方式编码并不暗示所包含或引用的 GML 对象具有"所有者",也就是说,编码样式不应该暗示任何"深层复制"或"深层删除"语义。为了表示包含的或引用的 GML 对象的所有者,可以在对象-值特性元素上增加 gml:OwnershipAttributeGroup 属性组。如果该属性组不是特性元素内容模型的一部分,则此值没有"所有者"。

gml:OwnershipAttributeGroup 属性组定义如下:

```
〈attributeGroup name="OwnershipAttributeGroup"〉
    〈attribute name="owns" type="boolean"default="false"/〉
〈/attributeGroup〉
```

当属性"owns"的值为"true"时,内联或引用的对象的存在依赖于父对象的存在。

例:如果在实例文档中,特性"hasOwner"表示如下:

```
〈Parcel gml:id="p123"〉
    〈hasOwner xlink:href="urn:x-abc:id:o123"/〉
〈/Parcel〉
```

则引用的对象,如"人",不是由"包裹(Parcel)"要素"所有"的,也就是说,如果"包裹"被删除了,"人"要素不会被删除。然而,如果属性"owns"的值为"true",例如,

```
〈Car gml:id="c123"〉
    〈hasParts owns="true" xlink:href="urn:x-abc:id:x123"/〉
     〈! --… --〉
〈/Car〉
```

则引用的对象由"车(car)"要素"所有",也就是说,如果"车"要素被删除了,则其零部件也将删除。

7.2.3.6 抽象严格关联角色(abstractStrictAssociationRole)

对特性值应该以内联方式嵌入或以 xlink 引用方式指定的限制可以用辅助约束语言 Schematron 来进行精确的描述。抽象的全局元素 gml:abstractAssociationRole 和 gml:abstractStrictAssociationRole 都是 gml:AssociationRoleType,但下面的模式片段展示了如何在元素声明时包含 Schematron 以限制特性只以内联方式或者引用方式,而不是同时使用二者。

```
〈element name="abstractAssociationRole" type="gml:AssociationRoleType" abstract="true"/〉
〈element name="abstractStrictAssociationRole" type="gml:AssociationRoleType" abstract="true"/〉
〈sch:schema xmlns:sch="http://purl.oclc.org/dsdl/schematron" xmlns:gml="http://www.opengis.net/gml/3.2"
xmlns:xlink="http://www.w3.org/1999/xlink" xml:lang="en"〉
    〈sch:title〉Schematron constraints for GML / ISO 19136〈/sch:title〉
    〈sch:ns prefix="sch" uri="http://purl.oclc.org/dsdl/schematron"/〉
```

```
    <sch:ns prefix="gml" uri="http://www.opengis.net/gml/3.2"/>
    <sch:ns prefix="xlink" uri="http://www.w3.org/1999/xlink"/>
    <sch:pattern>
        <sch:rule context="gml:abstractStrictAssociationRole">
            <sch:assert test="not(@xlink:href and (*|text()))">Property element may
            not carry both a reference to an object and contain an object.</sch:assert>
            <sch:assert test="@xlink:href | (*|text())">Property element shall either
            carry a reference to an object or contain an object.</sch:assert>
        </sch:rule>
    </sch:pattern>
</sch:schema>
```

注：一些 XML 验证程序会自动处理 Schematron 约束。否则，Schematron 代码只能看作是对需要进行约束的正式描述。这里包含 Schematron 主要是用来说明应用模式开发者如何在特定目标中应用这种方式。

7.2.3.7 抽象引用，引用类型(**abstractReference，ReferenceType**)

为了支持对使用远程引用值的特性进行编码，提供了下列组件：

```
<element name="abstractReference" type="gml:ReferenceType" abstract="true"/>
<complexType name="ReferenceType">
    <sequence/>
    <attributeGroup ref="gml:OwnershipAttributeGroup"/>
    <attributeGroup ref="gml:AssociationAttributeGroup"/>
</complexType>
```

gml:abstractReferenc 是抽象元素，因此可以用作更多特定元素的置换组的头，这些特定元素通过引用提供一个值。

注：虽然 gml:abstractReference 是抽象的，但 gml:ReferenceType 不是，因为当特性元素是以“只通过引用方式”使用时，该类型在应用模式中也应该可以直接使用。

7.2.3.8 抽象内联特性，内联特性类型(**abstractInlineProperty，InlinePropertyType**)

为了对那些以内联方式确定值的特性进行编码，提供了如下组件：

```
<element name="abstractInlineProperty" type="gml:InlinePropertyType" abstract="true"/>
<complexType name="InlinePropertyType">
    <sequence>
        <any namespace="##any"/>
    </sequence>
    <attributeGroup ref="gml:OwnershipAttributeGroup"/>
</complexType>
```

元素 gml:abstractInlineProperty 是抽象的，因此，可以用作更多特定元素的置换组的头，这些特定元素通过内联方式提供一个值。

7.2.3.9 表示相同关系的特性

如果一个对象特性值是另一个对象，并且那个对象也包含两个对象间关联的特性，那么可以在特性元素的应用程序信息注释中的 gml:reversePropertyName 元素上编码一个反向的特性名称，以说明两个特性间的约束。元素的值应该包含特性元素的限定名称。

```
<element name="reversePropertyName" type="string"/>
```

例：

```
<element name="owner" type="ex:PersonPropertyType" minOccurs="0">
```

〈annotation〉

〈appinfo〉

〈gml:reversePropertyName〉ex:owns〈/gml:reversePropertyName〉

〈/appinfo〉

〈/annotation〉

〈/element〉

…

〈complexType name="PersonPropertyType"〉

〈sequence minOccurs="0"〉

〈element ref="ex:Person"/〉

〈/sequence〉

〈attributeGroup ref="gml:OwnershipAttributeGroup"/〉

〈attributeGroup ref="gml:AssociationAttributeGroup"/〉

〈/complexType〉

7.2.3.10　值对象的特性

值对象，见16.4，是特定的对象，每个特性可以用一个值表示，该值作为对象元素的直接内容，而不需要特性的其他元素。

例：用〈gml:Integer〉5〈/gml:Integer〉替代

〈gml:Integer〉〈gml:value〉5〈/gml:value〉〈/gml:Integer〉。

7.2.4　GML 对象标准特性

7.2.4.1　从抽象 GML 类型(AbstractGMLType)派生

所有 GML 对象的 XML 模式类型都从 gml:AbstractGMLType 直接或间接地派生。这意味着所有的 GML 对象都从 gml:AbstractGMLType 内容模型中的标准特性继承。

7.2.4.2　描述(description)

这个特性值是对象的一个文本描述。gml:description 使用 gml:StringOrRefType(见 I.2.6)作为其内容模型，即它应该包含文本内容。

〈element name="description" type="gml:StringOrRefType"/〉

注：已不赞成使用 gml:description 引用一个外部描述，它已由 gml:descriptionReference 替代(见 7.2.4.3)。

7.2.4.3　描述引用(descriptionReference)

这个特性值是对象的远程文本描述。gml:descriptionReference 特性的 xlink:href 属性引用外部描述。

〈element name="descriptionReference" type="gml:ReferenceType"/〉

7.2.4.4　名称，标识符(name，identifier)

gml:name 特性提供了对对象的一个标识符，通常是一个描述性的名称。

一个对象可以有几个名称，这些名称通常由不同的权威机构确定。gml:name 使用 gml:CodeType 内容模型。名称的 codeSpace 属性(可选属性)指出了确定该特性名称的权威机构。名称可以唯一，也可以不唯一，这需要根据负责维护 codeSpace 的组织的规则来定。通常的用法是每个权威机构有一个名称，因此应用程序可以选择适合的 codeSpace 中的名称。

〈element name="name" type="gml:CodeType"/〉

通常，权威机构会为对象指定一个标识符，以维护对该对象的引用。这些情况下，应该提供 codeSpace。这个标识符通常是全局或在应用域内是唯一的。gml:identifier 是用于标识符的预定义特性。

例：UUIDs 和 URNs 是常用的全局唯一标识符。

〈element name="identifier" type="gml:CodeWithAuthorityType"/〉

7.2.4.5 标识(id)

gml:id 属性支持为表示 GML 对象的 XML 元素提供一个句柄。所有 GML 对象必须有该特性。

〈attribute name="id" type="ID"/〉

该特性是 XML 类型 ID,因此,它在 XML 文档中是唯一的。以 URI 形式表示的代表 GML 对象的外部标识可以使用标准的方法 [IETF RFC 2396]确定。这是通过连接文档的 URI,分隔符"#"片段和 XML 类型 ID 的值来完成的。

7.2.5 GML 对象的集合

7.2.5.1 抽象成员类型(AbstractMemberType)和派生的特性类型

为了创建 GML 对象集合(不是所有成员都是要素),特性类型应该从 gml:AbstractMemberType 扩展派生。

```
〈complexType name="AbstractMemberType" abstract="true"〉
    〈sequence/〉
    〈attributeGroup ref="gml:OwnershipAttributeGroup"/〉
〈/complexType〉
```

派生的特性类型应该遵循 7.2.3 中规定的模板之一,并根据使用时的需要指定集合中对象的个数。

这个抽象的特性类型只用于软件应该能够标识的对象类型,使得这样的一个对象类型的实例能够解释为对象的集合。

例:见 15.2.3 中这样的一个特性类型 gml:DictionaryEntryType。

缺省情况下,这个抽象特性类型不暗示集合中对象的所有者。gml:OwnershipAttributeGroup 的 owns 属性可以用于特性元素实例以插入集合中对象的所有者。一个集合不能拥有一个已经被其他对象拥有的对象。

7.2.5.2 GML 对象集合,聚合属性组(AggregationAttributeGroup)

GML 对象集合是任何在内容模型中具有特性元素的 gml:AbstractObject,其内容模型从 gml:AbstractMemberType 扩展派生。

例:gml:Dictionary 是一个 GML 对象集合,因为在 15.2.3 中指定的 gml:dictionaryEntry 特性的内容模型是从 gml:AbstractMemberType 扩展派生的。

另外,描述 GML 对象集合内容模型的复杂类型可以包含属性组 gml:AggregationAttributeGroup 的引用,以提供关于对象集合语义的其他信息。在应用中,此信息可用于对 GML 对象进行分组,可选地进行对象排序和索引。

```
〈attributeGroup name="AggregationAttributeGroup"〉
    〈attribute name="aggregationType" type="gml:AggregationType"/〉
〈/attributeGroup〉
```

aggregationType 属性的允许值由 gml:AggregationType 定义。关于枚举中各值的含义,见 GB/T 18221—2000 的 8.4。

```
〈simpleType name="AggregationType" final="#all"〉
    〈restriction base="string"〉
        〈enumeration value="set"/〉
        〈enumeration value="bag"/〉
        〈enumeration value="sequence"/〉
        〈enumeration value="array"/〉
        〈enumeration value="record"/〉
        〈enumeration value="table"/〉
```

```
    〈/restriction〉
〈/simpleType〉
```

注 1：如果在应用模式中实现了聚合类型“数组(array)”的集合，则在应用模式中的数组类型需要其他的信息以处理索引。

注 2：如果在应用模式中实现了聚合类型“表(table)”的集合，则在应用模式中的表类型需要其他的信息以增加其域和结构需要的信息。

7.2.6 元数据

为了与 GML 对象关联任何 XML 模式描述的元数据，应该定义一个特性元素，它的内容模型从 gml:AbstractMetadataPropertyType 扩展派生。

这样的特性值应该是元数据。该特性类型的内容模型，即元数据应用模型应该由 GML 应用模式指定。

```
〈complexType name="AbstractMetadataPropertyType" abstract="true"〉
    〈sequence/〉
    〈attributeGroup ref="gml:OwnershipAttributeGroup"/〉
〈/complexType〉
```

从 gml:AbstractMetadataPropertyType 派生的特性类型应该遵循在 7.2.3 中的为 GML 特性类型指定的模板之一。

缺省情况下，抽象的特性类型不暗示元数据的所有者。gml:OwnershipAttributeGroup 的 owns 属性可以用于元数据特性元素实例以插入元数据的所有者。

如果遵循 GB/T 19710—2005 概念模型的元数据在 GML 文档中编码，相应的在 ISO/TS 19139 中指定的实现规范应该在元数据信息中编码。

例 1：假设要素类型“Road”能够关联两个元数据元素，一个数据质量特性“horizontalAbsolutAccuracy”和一个一般的 ISO/TS 19139“metadata”特性。

在应用模式中，这可以通过在复杂特性中打包元数据特性映射为如下内容：

```
〈complexType name="RoadType"〉
    〈complexContent〉
     〈extension base="gml:AbstractFeatureType"〉
       〈sequence〉
          〈! --... --〉
          〈element name="roadMctadata" type－"ex:RoadMetadataPropertyType"/〉
    〈! --... --〉
       〈/sequence〉
     〈/extension〉
   〈/complexContent〉
〈/complexType〉
〈complexType name="RoadMetadataPropertyType"〉
   〈complexContent〉
     〈extension base="gml:AbstractMetadataPropertyType"〉
       〈sequence〉
          〈element ref="ex:RoadMetadata"/〉
       〈/sequence〉
     〈/extension〉
   〈/complexContent〉
```

```
〈/complexType〉
〈complexType name="RoadMetadataType"〉
  〈complexContent〉
    〈extension base="gmx:AbstractObjectMetadata_Type"〉
      〈sequence〉
        〈element name="horizontalAbsoluteAccuracy" minOccurs="0"
        type="gmd:DQ_AbsoluteExternalPositionalAccuracy_PropertyType"/〉
        〈element name="metadata" minOccurs="0" type="gmd:MD_Metadata_PropertyType"/〉
      〈/sequence〉
    〈/extension〉
  〈/complexContent〉
〈/complexType〉
    〈element name="RoadMetadata" type="myAs:RoadMetadataType"
    substitutionGroup="gmx:AbstractObjectMetadata"/〉
```

因此，一条道路(Road)要素的实例可表示如下：

```
〈ex:Road〉
  〈! -- … --〉
  〈ex:roadMetadata〉
  〈ex:RoadMetadata〉
    〈ex:horizontalAbsoluteAccuracy〉
      〈gmd:DQ_AbsoluteExternalPositionalAccuracy〉
        〈! -- TheDQ_Element subelements are notdetailed --〉
      〈/gmd:DQ_AbsoluteExternalPositionalAccuracy〉
    〈/ex:horizontalAbsoluteAccuracy〉
    〈ex:metadata〉
      〈gmd:MD_Metadata〉
        〈! -a full set of ISO/TS 19139 metadata elements --〉
      〈/gmd:MD_Metadata〉
    〈/ex:metadata〉
  〈/ex:RoadMetadata〉
〈/ex:roadMetadata〉
〈! -- … --〉
〈/myAs:Road〉
```

另一个表示作为要素单独的特性的元数据编码如下：

```
〈complexType name="RoadType"〉
  〈complexContent〉
    〈extension base="gml:AbstractFeatureType"〉
      〈sequence〉
        〈! --... --〉
        〈element name="horizontalAbsoluteAccuracy" minOccurs="0"〉
          〈complexType〉
          〈complexContent〉
            〈extension base="gml:AbstractMetadataPropertyType"〉
```

```
                    <sequence>
                      <element ref="gmd:DQ_AbsoluteExternalPositionalAccuracy"/>
                    </sequence>
                  </extension>
      </complexContent>
              </complexType>
            </element>
            <! --... -->
            <element name="metadata" minOccurs="0">
              <complexType>
               <complexContent>
                 <extension base="gml:AbstractMetadataPropertyType">
                   <sequence>
                    <element ref="gmd:MD_Metadata"/>
                   </sequence>
                 </extension>
               </complexContent>
              </complexType>
            </element>
            <! --... -->
          </sequence>
        </extension>
    </complexContent>
</complexType>
```

实例例子如下：

```
<ex:Road>
  <! --... -->
  <ex:horizontalAbsoluteAccuracy>
   <gmd:DQ_AbsoluteExternalPositionalAccuracy>
     <! -- TheDQ_Element subelements are notDetailed here -->
   </gmd:DQ_AbsoluteExternalPositionalAccuracy>
  </ex:horizontalAbsoluteAccuracy>
  <! --... -->
  <ex:metadata>
   <gmd:MD_Metadata>
     <! -a full set of ISO/TS 19139 metadata elements -->
   </gmd:MD_Metadata>
  </ex:metadata>
  <! --... -->
</ex:Road>
```

例 2：假设数据集可以包含都柏林(Dublin)核心元数据。这在应用模式中可以映射如下：

```
<import namespace="http://www.purl.org/dc/terms/"
schemaLocation="http://schemas.opengis.net/csw/2.0.0/rec-dcterms.xsd"/>
```

```
<complexType name="DatasetType">
  <complexContent>
    <extension base="gml:AbstractFeatureType">
      <sequence>
        <!-- ... -->
        <element name="generalMetadata" type="ex:DublinCoreMetadataPropertyType"/>
        <!-- ... -->
      </sequence>
    </extension>
  </complexContent>
</complexType>
<complexType name="GeneralMetadataPropertyType">
  <complexContent>
    <extension base="gml:AbstractMetadataPropertyType">
      <sequence>
        <element ref="ex:DublinCoreMetadata"/>
      </sequence>
    </extension>
  </complexContent>
    </complexType>
<element name="DublinCoreMetadata">
  <complexType name="DublinCoreMetadataType">
    <sequence>
      <group ref="dct:DCMI-terms" xmlns:dct="http://www.purl.org/dc/terms/"/>
    </sequence>
  </complexType>
  </element>
```

实例例子如下：

```
<ex:Dataset>
  <!-- ... -->
  <ex:generalMetadata>
  <ex:DublinCoreMetadata>
    <dc:title>Vector Smart Map Level 0</dc:title>
    <dct:abstract>Vector Map: a general purposedatabasedesign to support GIS
    applications</dct:abstract>
    <dc:publisher>US National Geospatial-Intelligence Agency</dc:publisher>
    <dc:format>VPF</dc:format>
    <dc:coverage>world</dc:coverage>
    <dc:language>en</dc:language>
    <!--...-->
  </ex:DublinCoreMetadata>
  </ex:generalMetadata>
  <!-- ... -->
```

〈/ex:Dataset〉

8 GML 模式——Xlinks 和基本类型

8.1 Xlinks——对象关联和远程特性

标准的 Xlink 规范参见 W3C。

注：一个模式文档 Xlinks. xsd 作为 GML 模式的一部分在附录 C 中提供。

Xlink 组件在 GML 中用于对象间通过引用实现关联。GML 特性元素(见 7.2.3)可以携有 Xlink 属性，它支持引用方式的关联关系的编码，特性元素的名称表明了关联中的目标角色。最重要的 Xlink 组件是：

xlink:href	资源标识，它是关联的目标，以 URI 形式给出。

GML 特性上 Xlink:href 的出现表明特性值将通过链接得到，即 xlink:href 属性值指向的值。根据 Xlink 的术语，带有 xlink:href 属性的 GML 特性有时是指远程特性。

其他 Xlink 组件用来表示更多的语义关系，最有用的包括：

xlink:role	关于目标资源本质的描述，以 URI 形式给出。
xlink:arcrole	描述和当前资源相关的目标资源的角色或者目标，以 URI 形式给出。
xlink:title	对关联或目标资源的描述，以文本形式给出。

关于这些及其他 Xlink 组件的完整定义，包括它们在扩展的 Xlink 关联图中的用法，请参考 Xlink 规范。

URI 引用[URI]可以是绝对或相对的 URI，后面是由"#"号和其他引用信息组成的标识。对于 GML 对象特性和远程关联，这些其他的引用信息可以是下列之一：

——速记(以前称为"裸名(barename)")XPointer[XPointer Framework]，包含 GML 对象的 gml:id 属性值；或

——基于 XPointer [XPointer element()]的 element()主题；或

——基于 XPointer [XPointer xpointer()] 的 xpointer()主题，包含一个选择 GML 对象的 XPath [XPath]表达式，可选的基于 XPointer(s)[XPointer xmlns()]一个或多个用于定义 XPath 表达式的命名空间前缀的 xmlns()主题。

一个不包含绝对的或相对的 URI，但整体地包含片段标识的 URI 指向一个在同一个 GML 文档中的其他地方的 GML 对象。

绝对的或相对的 URI 可以包括由问号("?")和后续的查询语句构成的查询组件组成，该查询语句由资源进行解译。对于 GML 对象特性和远程关联，任何这样的查询都将是对某个服务的一个请求，该请求返回一个 GML 对象。包含这样一个查询的 URI 能否使用片段标识，取决于服务定义的请求语法。

在 GML 模式中，简单的 Xlinks 被专门用来表示 GML 对象的关联角色和表示远程引用的特性值。

例 1：在同一个 GML 文档中引用一个对象元素可以编码如下：

〈myProperty xlink:href="#o1"/〉

例 2：在远程 XML 文档中通过使用对象的 gml:id 值引用一个对象元素可以编码如下：

〈myProperty xlink:href="http://my. big. org/test. xml#o1"/〉

例 3：在远程 XML 文档(或 GML 对象池)中通过使用对象的 gml:identifier 特性值引用一个对象元素可以编码如下：

〈myProperty xlink:href="http://my. big. org/test. xml#element
(//gml:GeodeticCRS[. /gml:identifier[@codeSpace="urn:x-ogc:def:crs:EPSG:6. 3:"]="4326"])"/〉

例4:通过使用统一资源名称引用一个对象元素可以编码如下(说明:需要一个URN分析器以分析URN和访问引用的对象):

```
〈myProperty xlink:href="urn:x-ogc:def:crs:EPSG:6.3:4326"/〉
```

在XML和XML模式规范中定义的IDREF数据类型和unique、key以及keyref元素提供了多种可选的标识和连接机制,用于标识和连接单个XML文档中的ID数据类型和Xlink引用。虽然这些XML组件可用于XML模式,但它们在GML中没有标准的角色,不应该用于表示GML对象的关联角色或远程引用特性值。

8.2 基本类型

8.2.1 概述

W3C XML模式提供了一组内部的"简单"类型,定义用非内部标记的文本格式表达数值的方法。这些类型在W3C XML模式的Part2:2001中描述。因为GML是一种XML编码,用XML模式描述其实例,这些简单类型会尽可能地被用到,特别是用来表示数据类型。W3C XML模式也提供了定义如下类型的方法:

——通过限制和联合内部类型来定义新的简单类型;

——定义具有简单内容,但也有XML属性的复杂类型。

在许多没有适当的内部简单类型可用的情况下,可以用根据XML模式机制派生的简单内容类型来表达GML中的数据类型。

有多个GML组件都用到的一些简单内容类型和基于它们的一些元素在basicTypes模式中定义,这些简单内容类型主要基于需要记录数、量、标志和术语并支持异常和空值的GML组件。

注:基本类型和元素在附录C中的basicTypes模式文档中进行了描述。该模式通过如下与位置无关的名称来标识(使用URN语法):

urn:x-ogc:specification:gml:schema-xsd:basicTypes:3.2.1

8.2.2 与ISO/TS 19103的关系

ISO/TS 19103为ISO 19100系列标准中的概念模式定义了基本类型。正如D.2.2中描述的那样,GML实现了这些基本类型中的一部分。

注:一些ISO/TS 19103基本类型在GML模式的其他模式文档中规定,度量单位在第16章规定,向量在10.1.4.5中规定。

8.2.3 简单类型

8.2.3.1 空值原因类型(NilReasonType)

gml:NilReasonType定义了一个内容模型,允许对无值或其他例外进行解释。

```
〈simpleType name="NilReasonEnumeration"〉
  〈union〉
    〈simpleType〉
      〈restriction base="string"〉
        〈enumeration value="inapplicable"/〉
        〈enumeration value="missing"/〉
        〈enumeration value="template"/〉
        〈enumeration value="unknown"/〉
        〈enumeration value="withheld"/〉
      〈/restriction〉
    〈/simpleType〉
    〈simpleType〉
      〈restriction base="string"〉
```

```
      〈pattern value="other:\w{2,}"/〉
     〈/restriction〉
    〈/simpleType〉
   〈/union〉
  〈/simpleType〉
  〈simpleType name="NilReasonType"〉
   〈union memberTypes="gml:NilReasonEnumeration anyURI"/〉
  〈/simpleType〉
```

gml:NilReasonType 是以下枚举值的联合：

——“inapplicable”：没有值。

——“missing”：对于数据的发送者，正确值还不可用。进一步，正确值有可能不存在。

——“template ”：该值将在以后可用。

——“unknown”：对于数据发送者，正确值不为所知，或者不能计算。然而，正确值可能存在。

——“withheld ”：该值没有暴露。

——“other:”+text ：其他简要的解释，其中 text 是多于两个字符、不包括空格的字符串。

——“anyURI”：指向一个资源，它描述了该值不存在的理由。

特殊的团体组织可以选择为提供的标准值赋予更加详细的语义。另外，URI 方法使得可以为没有值出现的情况提供一个特定的或者多个完整的解释，它可能在别的地方提供，并指明在实例文档中是通过引用使用。

gml:NilReasonType 用于作为下面条款(8.2.3.4，8.2.4.1，8.2.4.2，8.2.4.3)中定义的许多简单内容类型中的联合的一个成员，其中必须允许 NilReasonType 联合中的值作为基本类型的可选值。

8.2.3.2 声明为可为空值的(“**nillable**”)元素

XML 模式属性 nillable 可以包含在模式中的任何元素声明中。

注：缺省情况下，模式属性 nillable 的值为“false”。

例 1：下面的元素声明说明了属性 nillable 的使用：

```
〈element name="amount" type="double" nillable="true"/〉
〈element ref="my:amount" nillable="true"/〉
```

通过声明元素为 nillable(nillable="true")，元素的实例在有些情况下可以省略其内容，其中通过指定 XML 模式实例命名空间中的属性 nil 为值“true”使得空值不是正常的有效模式。

例 2：模式中声明为 nillable="true"的元素在实例文档中可以如下形式出现：

```
〈my:amount〉34.567〈/my:amount〉
〈my:amount xsi:nil="true"/〉
```

声明元素为 nil 是 GB/T 18221—2000 的“Void”数据类型的实现，即表示“对象的出现是语法或语义上需要的，但在给定的实例中没有信息”[GB/T 18221—2000]。

注：这不同于通过属性声明可以多次出现，但设置为可选的元素，如下：

```
〈element name="amount" type="double" minOccurs="0"/〉
```

允许元素在实例中可以整体省略。

有些情况下，需要在应用模式中声明元素为 nillable，这也方便了增加类型为 gml:NilReasonType 的属性。

例 3：应用模式组件

```
 〈element name="amount" nillable="true"〉
 〈complexType〉
  〈simpleContent〉
```

```
      〈extension base="double"〉
        〈attribute name="nilReason" type="gml:NilReasonType"/〉
      〈/extension〉
    〈/simpleContent〉
  〈/complexType〉
〈/element〉
〈element name="money" type=my:NRMeasureType" nillable="true"/〉
〈complexType name="NRMeasureType"〉
  〈simpleContent〉
    〈extension base="decimal"〉
      〈attribute name="uom" type="token" use="required"/〉
      〈attribute name="nilReason" type="gml:NilReasonType"/〉
    〈/extension〉
  〈/simpleContent〉
〈/complexType〉
```

允许在实例中增加其他属性解释值没有出现的原因，如下：

```
〈my:amount xsi:nil="true" nilReason="unknown"/〉
〈my:money xsi:nil="true" nilReason="other:myDaughterSpentIt" uom="AUD"/〉
```

在 GML 模式和 GML 应用模式中，“nillable”和“nilReason”结构可以用于表示 GML 特性的元素（见 7.2.3）。这允许作为 GML 和 GML 应用语言中对象和要素内容一部分的特性声明为任意的，并允许它们在实例文档中没有值出现。

注：简单内容元素和复杂内容元素均可声明为 nillable，因此，这个结构允许 void 值特性使用统一的语法。

8.2.3.3 符号类型(SignType)

gml:SignType 是一个为了方便使用而定义的类型，值为“+”(正)和“-”(负)。

```
〈simpleType name="SignType"〉
  〈restriction base="string"〉
    〈enumeration value="-"/〉
    〈enumeration value="+"/〉
  〈/restriction〉
〈/simpleType〉
```

注：该类型的元素或属性用于很多地方，例如，拓扑对象用“+”表示前进方向，用“-”表示后退方向。

8.2.3.4 布尔或空值原因，双精度或空值原因，整数或空值原因，名称或空值原因，字符串或空值原因(booleanOrNilReason，doubleOrNilReason，integerOrNilReason，NameOrNilReason，stringOrNilReason)

类型 gml:booleanOrNilReason，gml:doubleOrNilReason，gml:integerOrNilReason，gml:NameOrNilReason，gml:stringOrNilReason 是相应的 XML 模式内部简单类型的扩展，允许选择内部简单类型值或为 nil 值说明原因。实现方法如下：

```
〈simpleType name="booleanOrNilReason"〉
  〈union memberTypes="gml:NilReasonEnumeration boolean anyURI"/〉
  〈/simpleType〉
〈simpleType name="doubleOrNilReason"〉
  〈union memberTypes="gml:NilReasonEnumerationdouble anyURI"/〉
〈/simpleType〉
〈simpleType name="integerOrNilReason"〉
```

```
      <union memberTypes="gml:NilReasonEnumeration integer anyURI"/>
    </simpleType>
    <simpleType name="NameOrNilReason">
      <union memberTypes="gml:NilReasonEnumeration Name anyURI"/>
    </simpleType>
    <simpleType name="stringOrNilReason">
      <union memberTypes="gml:NilReasonEnumeration string anyURI"/>
    </simpleType>
```

8.2.3.5 **代码类型,权威代码类型(CodeType,CodeWithAuthorityType)**

gml:CodeType 是用于术语、关键词或名称的一般类型。

```
  <complexType name="CodeType">
   <simpleContent>
     <extension base="string">
      <attribute name="codeSpace" type="anyURI"/>
     </extension>
   </simpleContent>
  </complexType>
```

它为术语增加 XML 属性 codeSpace,其中 codeSpace 属性的值(如果有的话)应为其指明词典、辞典、分类表、权威机构或样式。

例如,gmlBase 模式包含一个使用这个类型的元素声明:

```
<element name="name" type="gml:CodeType"/>
```

因此,相应的元素在实例文档中可以按如下方式出现:

```
<gml:name codeSpace="http://www.ukusa.gov/placenames">St Paul</gml:name>
```

在这个例子中,根据 http://www.ukusa.gov/placenames,"St Paul"是个赋有意义的名称。注意,所有关于这些值的规则,包括唯一性限制,是由负责制定命名空间的权威机构确定的。

派生类型 gml:CodeWithAuthorityType 要求 codeSpace 属性在实例中提供。

```
<complexType name="CodeWithAuthorityType">
    <simpleContent>
        <restriction base="gml:CodeType">
            <attribute name="codeSpace" type="anyURI" use="required"/>
        </restriction>
    </simpleContent>
</complexType>
```

8.2.3.6 **度量类型,度量单位标识(MeasureType,UomIdentifier)**

gml:MeasureType 支持记录一个 XML 模式中编码为 double 值的量,同时还通过 uom(Units Of Measure,度量单位)属性指定了度量单位。uom 属性的值标识了度量的参照系,常是比率或者是间隔范围。

gml:MeasureType 定义如下:

```
  <complexType name="MeasureType">
   <simpleContent>
     <extension base="double">
      <attribute name="uom" type="gml:UomIdentifier" use="required"/>
     </extension>
```

```
    〈/simpleContent〉
〈/complexType〉
```

例:应用模式可以包含一个使用这个类型元素的声明。

```
〈element name="height" type="gml:MeasureType"/〉
```

相应的元素在数据实例文档中可以如下形式出现:

```
〈height uom="m"〉1.4224〈/height〉
〈height uom="http://www.equestrian.org/units/hands"〉14〈/height〉
```

其中,uom 属性值标明度量单位或定义度量单位的资源。

简单类型 gml:UomIdentifier 定义了度量单位标识的语法和值空间。它是如下定义的联合类型:

```
〈simpleType name="UomIdentifier"〉
    〈union memberTypes="gml:UomSymbol gml:UomURI"/〉
〈/simpleType〉
```

这个联合类型的第一个成员 gml:UomSymbol 定义如下:

```
〈simpleType name="UomSymbol"〉
    〈restriction base="string"〉
        〈pattern value="[^: \n\r\t]+"/〉
    〈/restriction〉
〈/simpleType〉
```

该类型指定了至少由一个字符组成的字符串,并且限制了不能包含有字符:":"(冒号)," "(空格),换行,回车,制表符。这允许值使用相应的熟悉的缩写,如"kg","m/s"等。

注:推荐使用"统一度量单位代码(Unified Code of Units of Measure)"(UCUM)(http://aurora.regenstrief.org/UCUM)中规定的作为度量单位标识的符号。它提供了一套符号和用于定义度量单位标识的语法,其度量单位标识是唯一的,且易于支持有限字符集,如 7 位 ASCII 码的键盘输入。ISO 2955 以前对此提供了规范,但在 2001 年撤消了。UCUM 大部分遵循 ISO 2955,并进行了修改以解决歧义问题和其他问题。

联合类型的第二个成员 gml:UomURI 定义如下:

```
〈simpleType name="UomURI"〉
    〈restriction base="anyURI"〉
        〈pattern value="([a-zA-Z][a-zA-Z0-9\-\+\.]*:|\.\./|\./|#).*"/〉
    〈/restriction〉
〈/simpleType〉
```

这个类型限定了 URI 必须以如下序列:"#","./","../"之一,或是后面跟着":"的字符串开头。这些模板保证了支持多数 URI 形式,包括绝对和相对的 URIs,并且 URIs 是简单的分段标识,但不允许相对 URI 形式上是错误的度量单位符号[1)]。

注:为了与该限制一致,可能重写这样的相对 URI(例如,"./m/s")。

在实例文档中,类型为 gml:MeasureType 的元素上的 uom 属性对应地可以有下面的值:

——一个约定的度量单位符号;

——一个到度量单位定义的链接,它没有约定的符号,或希望指明精确或可变的定义。

关于后一个目的的 GML 组件在 16.2 中定义。

8.2.3.7 坐标类型(CoordinatesType)

```
〈complexType name="CoordinatesType"〉
    〈simpleContent〉
        〈extension base="string"〉
```

---

1) 例如,"m/s"。

〈*attribute name*="*decimal*" *type*="*string*"*default*=". "/〉

〈*attribute name*="*cs*" *type*="*string*"*default*=","/〉

〈*attribute name*="*ts*" *type*="*string*"*default*=" "/〉

〈/extension〉

〈/simpleContent〉

〈/complexType〉

该类型已不推荐用于有序数值的元组。

gml:CoordinatesType 是一个文本字符串，用来记录元组数组或坐标。

虽然不能通过对模式的验证来强制字符串的内部结构，但在 GML 以前的版本中提供了一些可选属性以支持对内部结构进行描述。这些属性已不推荐使用。这些特性用作：

decimal 小数点符号(缺省为"."，小圆点)；

cs 用于分隔标记对或坐标串中组的符号(缺省为","，逗号)；

ts 用户分隔标记对或坐标串的符号(缺省为" "，空格)。

由于是基于 XML 模式字符串类型，gml:CoordinatesType 可用于建立元组表或元组数组，包括有混合文字和数字值的元组。

例：〈my:tupleList〉bettong,357.,2.3 skink,140.,0.75 wombat,770.,17.5〈/my:tupleList〉

8.2.4 列表

8.2.4.1 布尔列表，双精度列表，整数列表，名称列表，无冒号名称列表，限定名称列表，布尔或空值原因列表，名称或空值原因列表，双精度或空值原因列表，整数或空值原因列表(booleanList，doubleList，integerList，NameList，NCNameList，QNameList，booleanOrNilReasonList，NameOrNilReasonList，doubleOrNilReasonList，integerOrNilReasonList)

一组用于简单值列表的类型，根据如下的模板定义：

〈simpleType name="booleanList"〉

〈list itemType="boolean"/〉

〈/simpleType〉

〈simpleType name="doubleList"〉

〈list itemType="double"/〉

〈/simpleType〉

〈simpleType name="integerList"〉

〈list itemType="integer"/〉

〈/simpleType〉

〈simpleType name="NameList"〉

〈list itemType="Name"/〉

〈/simpleType〉

〈simpleType name="NCNameList"〉

〈list itemType="NCName"/〉

〈/simpleType〉

〈simpleType name="QNameList"〉

〈list itemType="QName"/〉

〈/simpleType〉

〈simpleType name="booleanOrNilReasonList"〉

〈list itemType="gml:booleanOrNilReason"/〉

〈/simpleType〉

```
<simpleType name="NameOrNilReasonList">
<list itemType="gml:NameOrNilReason"/>
</simpleType>
<simpleType name="doubleOrNilReasonList">
<list itemType="gml:doubleOrNilReason"/>
</simpleType>
<simpleType name="integerOrNilReasonList">
<list itemType="gml:integerOrNilReason"/>
</simpleType>
```

这些类型定义为对应的 XML 模式内部简单类型，或上面章条规定的联合类型的值的列表定义。...OrNilReasonList 类型支持对列表中 nil 值的原因说明。

注 1：定义这些类型的目的是为了便于使用这些类型。有些情况下，这是有用的，如需要定义简单内容类型为这样一个列表和其他简单内容类型的联合。

注 2：有些类型以大写字母开头，有些类型则以小写字母开头。这是因为，为了清楚起见，一些 XML 模式基本类型在 GML 类型中被保留。

注 3：使用这些类型之一的元素将包含以空格分隔的相应类型的成员的列表(关于 XML 列表结构的详细信息见 http://www.w3.org/TR/xmlschema-2/#atomic-vs-list)。

注 4：这里定义的列表类型中没有使用 XML 模式字符串作为数据项。这是因为字符串可以包含内部空格，换行符等(http://www.w3.org/TR/xmlschema-2/#string)。由于空白符其在列表实例中起分隔数据项的作用，这样会造成在识别自身含有空白符的数据项时产生歧义。另一方面，XML 模式名称类型的实例可以不包括空白符(http://www.w3.org/TR/2000/WD-xml-2e-20000814#NT-Name)，因此，它可以在列表内容中安全使用。结果是，一个包含空白符的词汇就不可以在列表实例中出现。

8.2.4.2 代码列表类型，代码或空值原因列表类型(CodeListType，CodeOrNilReasonListType)

提供这两种类型 gml:CodeListType 和 gml:CodeOrNilReasonListType 支持术语列表。模式定义如下：

```
<complexType name="CodeListType">
  <simpleContent>
  <extension base="gml:NameList">
    <attribute name="codeSpace" type="anyURI"/>
  </extension>
  </simpleContent>
  </complexType>
  <complexType name="CodeOrNilReasonListType">
    <simpleContent>
    <extension base="gml:NameOrNilReasonList">
      <attribute name="codeSpace" type="anyURI"/>
    </extension>
    </simpleContent>
  </complexType>
```

gml:CodeListType 的实例元素的值应该根据词典、分类表或者由它的 codeSpace 属性标识的权威机构规则是有效的。

例：应用模式可以包含用这个类型声明的元素。

```
<element name="species" type="gml:CodeListType"/>
```

因此，相应的元素在实例文档中可以按如下方式出现：

```
〈species codeSpace="http://my.big.org/florelegium"〉dryandra banksia hardenbergia lavendar
〈/species〉
```

其中,列表项来自 http://my.big.org/florelegium,它是一个关于鲜花的(假定的)列表。

gml:CodeOrNilReasonListType 的实例元素也可以包括来自 gml:NilReasonType 的内部值。它用于以下情况:当需要一个术语或者分类,但由于某种原因它们的值而不能给出。

8.2.4.3 度量列表类型,度量或空值原因列表类型(MeasureListType,MeasureOrNilReasonListType)

提供这两种类型 gml:MeasureListType 和 gml:MeasureOrNilReasonListType 用于量的列表。模式定义如下:

```
〈complexType name="MeasureListType"〉
 〈simpleContent〉
  〈extension base="gml:doubleList"〉
   〈attribute name="uom" type="gml:UomIdentifier" use="required"/〉
  〈/extension〉
 〈/simpleContent〉
〈/complexType〉

〈complexType name="MeasureOrNilReasonListType"〉
 〈simpleContent〉
  〈extension base="gml:doubleOrNilReasonList"〉
   〈attribute name="uom" type="gml:UomIdentifier" use="required"/〉
  〈/extension〉
 〈/simpleContent〉
 〈/complexType〉
```

例:应用模式可以包含用这个类型声明的元素。

```
〈element name = “heights” type = “gml:MeasureListType”/〉
〈element name = “weights” type = “gml:MeasureOrNullListType”/〉
```

因此,相应的元素在实例文档中可以按如下方式出现:

```
〈heights uom="http://www.iso.org/iso/en/.../units/m"〉1.76 1.85 1.56 1.98〈/heights〉
〈weights uom="http://www.iso.org/iso/en/.../units/kg"〉67.0 73.4 withheld 85.1〈/weights〉
```

在这两个例子中,列表中的所有值用相同的尺度描述。

在第二个例子中,出现描述 nil 值的原因,正常情况下,该度量是需要的,但由于一些原因该值可以不出现。

9 GML 模式——要素模型

9.1 一般概念

GML 要素是用 GML 编码的要素。

例:道路、河流、人口、交通工具、行政边界、事件等。

要素模式提供了创建 GML 要素和要素集合的框架。

注:要素模式文档 feature.xsd(参见附录 C)用下列位置无关的名称标识(使用 URN 语法):

urn:x-ogc:specification:gml:schema-xsd:feature:3.2.1

9.2 与 ISO 19109 的关系

GML 要素模型遵照 ISO 19109:2005 中第 7 章规定的原则。它提供了与 ISO 19109 通用要素模型一致的部分实现。两者之关系在 D.2.6 中将被详细讨论。

注:GML 要素模型中也给出了来自 OGC 抽象规范主题 5 和 10 中要素集合的概念。

9.3 要素

9.3.1 抽象要素类型(AbstractFeatureType)

gml:AbstractFeatureType 定义了基本的要素模型:

```
<complexType name="AbstractFeatureType" abstract="true">
  <complexContent>
    <extension base="gml:AbstractGMLType">
      <sequence>
        <element ref="gml:boundedBy" minOccurs="0"/>
        <element ref="gml:location" minOccurs="0"/>
      </sequence>
    </extension>
  </complexContent>
</complexType>
```

在 gml:AbstractGMLType 定义的内容模型基础上,gml:AbstractFeatureType 增加了两个适用于地理要素的特定特性。

gml:boundedBy 特性值描述了包含整个要素实例的范围,主要用于支持对特定位置的要素进行快速搜索。

gml:location 特性用于描述要素的范围、位置或者相对位置,但是 *gml:location* 并不是 gml:AbstractFeatureType 标准内容模型的一部分。

9.3.2 抽象要素(AbstractFeature)

gml:AbstractFeature 元素声明如下:

```
<element name="AbstrctFeature" type="gml:AbstractFeatureType" abstract="true"
substitutionGroup="gml:AbstractGML"/>
```

这个抽象元素充当了置换组的头,可以包含内容模型从 gml:AbstractFeatureType 继承来的任意元素。在创建内容模型时该元素可以作为一个变量。

gml:AbstractFeature 可以被认为是"任何的 GML 要素",它可以用来定义各种变量或模板,这些变量或模板中 GML 特性值就是"任何要素"。这尤其是在 GML 要素集合(见 9.9)中出现得更多,要素集合中的每个要素都分别包含一个或多个 gml:AbstractFeature。

9.4 标准要素特性

9.4.1 包含范围,边界形状类型,带有时间段的范围,带有时间段的范围类型(boundedBy,BoundingShapeType,EnvelopeWithTimePeriod,EnvelopeWithTimePeriodType)

这个特性描述了包含整个要素的最小边界矩形。其内容模型如下:

```
<element name="boundedBy" type="gml:BoundingShapeType" nillable="true"/>

<complexType name="BoundingShapeType">
    <sequence>
        <choice>
            <element ref="gml:Envelope"/>
            <element ref="gml:Null"/>
        </choice>
    </sequence>
    <attribute name="nilReason" type="gml:NilReasonType"/>
</complexType>
```

gml:Envelope 元素在 10.1.4.6 中定义。

一个 nil 值应该像 8.2.3.2 中描述的一样编码,nilReason 特性可以被用来说明 nil 值的理由。

在 GML 以前的版本中,*gml:Null* 用于表明不需要要素范围或者因为某种原因无法提供要素范围,现在不赞成使用。

注 1:既然 envelope 是简单地由两个对角点的位置来定义的,那么 envelope 的准确范围就依赖于它用的坐标参照系。如果被描述的要素的范围是零,则这两个角点是同一个点,envelope 的大小为零。为了方便由数据提供者提供 gml:boundedBy 特性,这个 envelope 的值通常通过要素的时空特性计算而来,数据提供者有责任保证所有特性值的正确性。

对于时间范围,gml:EnvelopeWithTimePeriod 定义如下:

```
<element name="EnvelopeWithTimePeriod" type="gml:EnvelopeWithTimePeriodType"
substitutionGroup="gml:Envelope"/>
<complexType name="EnvelopeWithTimePeriodType">
    <complexContent>
        <extension base="gml:EnvelopeType">
            <sequence>
                <element name="beginPosition" type="gml:TimePositionType"/>
                <element name="endPosition" type="gml:TimePositionType"/>
            </sequence>
            <attribute name="frame" type="anyURI"default="#ISO-8601"/>
        </extension>
    </complexContent>
</complexType>
```

其中增加了两个时间位置特性 gml:timePosition 和 gml:endPosition,描述了时间的范围。

由于 gml:EnvelopeWithTimePeriod 是属于头为 gml:Envelope 的置换组,因此它可以用在任何 gml:Envelope 有效的地方。

注 2:和所有的从 gml:AbstractGeometryType 继承的几何要素一样,用于定义 gml:Envelope 位置的坐标参照系可以用可选的 XML 特性"srsName"来指定。如果所用的坐标参照系包括时间轴,则 gml:Envelope 可以直接用来描述时空范围。

9.4.2 位置名称,位置参照(locationName,LocationReference)

gml:locationName 特性元素便于用文本形式来描述要素的位置。它定义如下:

```
<element name="locationName" type="gml:CodeType"/>
```

如果位置名字是从控制列表中选择的,那么这个列表应该在 codeSpace 特性中指定。

gml:locationReference 特性元素便于通过 xlink:href 特性来指定要素的位置。定义如下:

```
<element name="LocationReference" type="gml:ReferenceType"/>
```

例:下面的例子展示了 gml:locationName 或 gml:locationReference 在数据实例中的不同形式。

用从控制列表中选择的名称来描述要素的位置:

```
<Feature>
  <gml:LocationName codeSpace=" http://www.icsm.gov.au/icsm/cgna/index.html" >Leede-
  rville</gml:LocationName>
</Feature>
```

用文本字符串描述要素的位置:

```
<Feature>
  <gml:LocationName>Nigel Foster's town of residence</gml:LocationName>
```

〈/Feature〉

由另一个服务给出的要素位置：

〈/Feature〉

〈gml:locationReference

xlink:href="http://www.ga.gov.au/bin/gazm01?placename=leederville&placetype=R&state=WA+"/〉

〈/Feature〉

9.4.3 要素特性类型,要素数组特性类型(FeaturePropertyType,FeatureArrayPropertyType)

这组特性专门用于描述要素之间的关联关系,它们采用 gml:AssociationRoleType 模式定义如下：

```
〈complexType name="FeaturePropertyType"〉
    〈sequence minOccurs="0"〉
        〈element ref="gml:AbstractFeature"/〉
    〈/sequence〉
    〈attributeGroup ref="gml:OwnershipAttributeGroup"/〉
    〈attributeGroup ref="gml:AssociationAttributeGroup"/〉
〈/complexType〉
```

有时候需要定义包含一组其他要素的特性,称为要素数组特性,其类型采用如下内容模型来定义：

```
〈complexType name="FeatureArrayPropertyType"〉
  〈sequence minOccurs="0" maxOccurs="unbounded"〉
   〈element ref="gml:AbstractFeature"/〉
  〈/sequence〉
〈/complexType〉
```

9.5 几何特性

在 GML 应用模式中几何特性的命名是基于特定应用的。特性的名称要能表达其语义,建议采用基于特定应用的名称来为包括几何特性在内的所有特性命名。

对任何要素类型的几何特性的类型没有固定的约束,只要该特性值是一个从 gml:AbstractGeometry 派生的几何对象。

例 1:RadioTower 要素类型有一个 location 特性返回一个点状几何对象来标识它的位置,由另外两个面状几何特性 floorSpace 和 serviceArea 来分别描述它的物理结构和它的服务区域,在该服务区域内用户可以可靠地获得传送服务。

```
〈complexType name="RadioTowerType"〉
 〈complexContent〉
  〈extension base="gml:AbstractFeatureType"〉
   〈sequence〉
    〈element name="location" type="gml:PointPropertyType"/〉
    〈element name="floorSpace" type="gml:SurfacePropertyType"/〉
    〈element name="serviceArea" type="gml:SurfacePropertyType"/〉
    〈! -- … --〉
   〈/sequence〉
  〈/extension〉
 〈/complexContent〉
〈/complexType〉
```

GML 模式中预定义了一些特性类型,它们用于定义几何特性元素的类型,见表 4。

表 4 预定义的几何特性类型

XML 模式特性类型	相应的几何对象类型 (元素名称)
PointPropertyType	Point
CurvePropertyType	AbstractCurve LineString Curve OrientableCurve CompositeCurve
SurfacePropertyType	AbstractSurface Polygon Surface OrientableSurface CompositeSurface
SolidPropertyType	AbstractSolid Solid CompositeSolid
MultiPointPropertyType	MultiPoint
MultiCurvePropertyType	MultiCurve
MultiSurfacePropertyType	MultiSurface
MultiSolidPropertyType	MultiSolid
MultiGeometryPropertyType	MultiGeometry
PointArrayPropertyType	Point(s)
CurveArrayPropertyType	AbstractCurve(s) LineString(s) Curve(s) OrientableCurve(s) CompositeCurve(s)
SurfaceArrayPropertyType	AbstractSurface(s) Polygon(s) Surface(s) OrientableSurface(s) CompositeSurface(s)
SolidArrayPropertyType	AbstractSolid(s) Solid(s) CompositeSolid(s)

9.6 拓扑特性

和几何特性一样，在 GML 应用模式中采用基于应用的名称来为拓扑特性命名。特性的名称应该表达值的语义。

例：StatisticalArea 要素类型可以有一个或多个 boundary 特性和 Surface 特性，前者返回一个

TopoCurve来表达统计区域的边界,后者返回一个 TopoSurface 来表达统计区域本身。

```
<complexType name="StatisticalAreaType">
 <complexContent>
  <extension base="gml:AbstractFeatureType">
   <sequence>
    <element name="boundary" type="gml:TopoCurvePropertyType" maxOccurs=
    "unbounded"/>
    <element name="surface" type="gml:TopoSurfacePropertyType" maxOccurs=
    "unbounded"/>
    <!-- … -->
   </sequence>
  </extension>
 </complexContent>
</complexType>
```

GML 模式包含预定义的用于拓扑特性元素的特性类型,见表 5。前四个特性表示了方向,而其他的则没有。

表 5 预定义的正式的拓扑特性

XML 模式特性类型	相应的拓扑对象类型 (元素名称)
DirectedNodePropertyType	Node
DirectedEdgePropertyType	Edge
DirectedFacePropertyType	Face
DirectedTopoSolidPropertyType	TopoSolid
TopoPointPropertyType	TopoPoint
TopoCurvePropertyType	TopoCurve
TopoSurfacePropertyType	TopoSurface
TopoVolumePropertyType	TopoVolume
TopoComplexMemberType	TopoComplex

9.7 时间特性

和几何特性和拓扑特性一样,时间特性元素也是由应用模式的设计者定义的。

例:一个要素类型 Building 可以有一个 XML 类型为“gml:TimePeriodPropertyType”的 constructionTime 特性,一个 XML 类型为“gml:TimeInstantPropertyType”的 completionTime 特性一个 XML 类型为“duration” 或“gml:TimeIntervalLengthType”的 age 特性。

```
<complexType name="BuildingType">
 <complexContent>
  <extension base="gml:AbstractFeatureType">
   <sequence>
    <element name="constructionTime" type="gml:TimePeriodPropertyType"/>
    <element name="completionTime" type="gml:TimeInstantPropertyType"/>
    <element name="age" type="gml:TimeIntervalLengthType"/>
    <!-- … -->
```

```
        </sequence>
      </extension>
    </complexContent>
  </complexType>
```

表 6 中的类型可直接用于声明特性元素。

表 6　预定义的正式的时间特性类型

XML 模式特性类型	相应的时间对象类型 （元素名称）
TimePrimitivePropertyType	AbstractTimePrimitive, AbstractTimeGeometricPrimitive,TimeInstant,TimePeriod, AbstractTimeTopologyPrimitive,TimeEdge,TimeNode
TimeGeometricPrimitivePropertyType	AbstractTimeGeometricPrimitive,TimeInstant,TimePeriod
TimeInstantPropertyType	TimeInstant
TimePeriod PropertyType	TimePeriod
TimeTopologyPrimitivePropertyType	AbstractTimeTopologyPrimitive,TimeEdge,TimeNode
TimeEdgePropertyType	TimeEdge
TimeNodePropertyType	TimeNode
TimeTopologyComplexPropertyType	TimeTopologyComplex
TimeOrdinalEraPropertyType	TimeOrdinalEra
TimeCalendarPropertyType	TimeCalendar
TimeCalendarEraPropertyType	TimeCalendarEra
TimeClockP ropertyType	TimeCloc
TimePositionType	-(simple type)
xsd:duration	-(simple type)
TimeIntervalLengthType	-(simple type)

上面列出的时间特性类型提供了一个相对全面的组件集合，用于建立具有时间信息的要素和其他对象之间的关联关系。

9.8　定义基于特定应用的要素类型

应用模式中定义的所有特定的要素类型应该作为全局的 XML 元素实现，其内容模型（XML 模式类型）从 gml:AbstractFeatureType 继承，因此，除非在限制派生中对特性进行约束，所有 GML 要素都继承有可选的 gml:boundedBy 特性和标准的 gml:identifier、gml:description、gml:descriptionReference 特性和包括从 gml:AbstractGMLType 继承来的 gml:name 特性。AbstractFeatureType 还从 gml:AbstractGMLType 继承了 gml:id 特性，主要是为了在 GML 中支持数据库标识。

注：不赞成使用的特性已经在继承的特性列表中被忽略。

这个类型继承要求意味着，处理任意 GML 数据的通用软件必须能够遍历 XML 模式继承树，以确认数据流中的某个给定的元素是否是 GML 要素。

一个 GML 要素有一组特性，其中特定的特性集定义了要素类型。特性可以有简单值，使用 XML 模式简单内容类型，也可以有复杂值，它们应该根据在 7.2.3 中描述的模板声明。

在定义要素的应用模式中，应该有一个全局元素声明，它的名称是论域内要素的语义类型。这个全局元素应该是 gml:AbstractFeature 置换组的成员（直接或间接的）。

〈element name="〈〈featureName〉〉" type="〈〈contentModel 〉〉" substitutionGroup="gml:AbstractFeature"/〉

要素的内容模型可以是命名的或匿名的复杂类型。

9.9 要素集合

9.9.1 GML 要素集合

一个 GML 要素集合是一个 GML 要素实例的集合。

GML 要素集合是一个任意的要素，在它的内容模型中有一特性元素，其内容通过对 gml:AbstractFeatureMemberType 扩展继承(见 9.9.2)。

另外，描述 GML 要素集合的内容模型的复杂类型也应该包含对 gml:AggregationAttributeGroup 属性组的引用，以提供在 7.2.5.1 中指定的对象集合的语义附加信息。

例 1：下面的模式组件对一个简单的任意要素集合建模，这个集合叫做 MyFeatures：

```
〈element name="MyFeatures" type="ex:MyFeaturesType" substitutionGroup="gml:AbstractFeature"/〉
〈complexType name="MyFeaturesType"〉
    〈complexContent〉
        〈extension base="gml:AbstractFeatureType"〉
            〈sequence〉
                〈element name="myMember" type="ex:MyFeaturesMemberType"
                    minOccurs="0" maxOccurs="unbounded"/〉
            〈/sequence〉
            〈attributeGroup ref="gml:AggregationAttributeGroup"/〉
        〈/extension〉
    〈/complexContent〉
〈/complexType〉
〈complexType name="MyFeaturesMemberType"〉
    〈complexContent〉
        〈extension base="gml:AbstractFeatureMemberType"〉
            〈sequence minOccurs="0"〉
                〈element ref="gml:AbstractFeature"/〉
            〈/sequence〉
            〈attributeGroup ref="gml:AssociationAttributeGroup"/〉
        〈/extension〉
    〈/complexContent〉
〈/complexType〉
```

下面是一个编码集合的实例示例，该集合具有“set”语义，其中也提供了边界范围：

```
〈MyFeatures aggregationType="set"〉
〈gml:boundedBy〉
        〈gml:Envelope srsName="urn:x-ogc:def:crs:EPSG:6.6:4326"〉
            〈gml:lowerCorner〉50.23 9.23〈/gml:lowerCorner〉
            〈gml:upperCorner〉50.31 9.27〈/gml:upperCorner〉
        〈/gml:Envelope〉
    〈/gml:boundedBy〉
    〈myMember〉
```

```
        <MyFeature gml:id="f1"/>
    </myMember>
    <myMember>
        <MyFeature gml:id="f2"/>
    </myMember>
    <myMember xlink:href="#f3"/>
</MyFeatures>
```

例 2:通常,要素集合会包含一个特定类型的实例。在下面的例子中,要素集合是一个由路段组成的道路。

```
<element name="Road" type="ex:RoadType" substitutionGroup="gml:AbstractFeature"/>
<complexType name="RoadType">
      <complexContent>
         <extension base="gml:AbstractFeatureType">
            <sequence>
                <element name="segment" type="ex:RoadMemberType" minOccurs="0"
                maxOccurs="unbounded"/>
                </sequence>
                <attributeGroup ref="gml:AggregationAttributeGroup"/>
         </extension>
      </complexContent>
</complexType>
<complexType name="RoadMemberType">
    <complexContent>
         <extension base="gml:AbstractFeatureMemberType">
            <sequence minOccurs="0">
                <element ref="ex:RoadSegments"/>
            </sequence>
            <attributeGroup ref="gml:AssociationAttributeGroup"/>
         </extension>
    </complexContent>
</complexType>
```

下面的实例片段编码了由路段组成的有序集合:

<Road gml:id="r1" aggregationType="sequence">
<segment>
<RoadSegment gml:id="s1"/>
</segment>
<segment xlink:href="#s8"/>
<segment>
<RoadSegment gml:id="s4"/>
</segment>
</Road>

9.9.2 抽象要素成员类型(AbstractaFeatureMemberType)和派生的特性类型

为了构建一个 GML 要素集合,特性类型应该从 gml:AbstractFeatureMemberType 扩展继承。

```
<complexType name="AbstractFeatureMemberType" abstract="true">
        <sequence/>
        <attributeGroup ref="gml:OwnershipAttributeGroup"/>
</complexType>
```

派生的特性类型应该遵循在 7.2.3 中指定的模板中的一种，如果需要，可以规定集合中对象的个数。

缺省情况下，这个抽象的特性并不暗示集合中要素的所有者。gml:OwnershipAttributeGroup 的 owns 属性可以作为特性元素实例使用，以说明集合中要素的所有者。一个要素集合不应该拥有一个已经被其他对象拥有的要素。

9.10 要素和要素集合中使用的空间参照系

对于要素或要素集合，gml:boundedBy 特性值常是一个 gml:Envelope。一般情况下，所有从 gml:AbstractGeometryType(见 10.1.3.1)继承的几何元素可以有用可选的 XML 属性 srsName 指明的坐标参照系，它用来定义 gml:Envelope 的位置。

为了便于构建要素和要素集合实例，作为要素的 gml:boundedBy 特性值的 gml:Envelope 的 srsName 属性值应该用于要素的所有特性或集合成员中直接表示的几何，除非这个规则被局部的 srsName 出现而改变。因此，如果要素的几何具有相同的坐标参照系，且它的父要素的 gml:boundedBy 特性指明了该坐标参照系，则不需要在所有几何上都带有 srsName 属性。坐标参照系的继承可以到任意深度的嵌套，只要它不被局部的 srsName 声明重定义，因此，新的坐标参照系被它的子元素依次继承。

如果不遵守这个规则，要素或要素集合的所有几何应该带有 srsName 属性，以使用局部的坐标参照系，即使它们与父元素的坐标参照系相同。

10 GML 模式——几何单形

10.1 一般概念

10.1.1 概述

注 1：GML 几何模型与 GB/T 23707 是一致的。在本标准中更详细地讨论了 GML 几何模型中的类型和元素的基本概念。

这章描述了 GML 规定的几何单形的模式组件。

注 2：相应的几何模式文档，geometryBasic0d1d.xsd，geometryBasic2d.xsd 和 geometryPrimitives.xsd(见附录 C)，通过下列独立于地址的名称(用 URN 语法)识别：

urn:x-ogc::specification:gml:schema-xsd:geometryBasic0d1d:3.2.1

urn:x-ogc:specification:gml:schema-xsd:geometryBasic2d:3.2.1

urn:x-ogc:specification:gml:schema-xsd:geometryPrimitives:3.2.1

任何继承了 gml:AbstractGeometryType 语义的几何元素可被看作是一组直接位置。

所有继承于 gml:AbstractGeometryType 的类都继承了可选的到坐标参照系的关联。所有的直接位置都可直接或间接地同坐标参照系关联。当一些几何元素被聚合到另一个几何元素(例如一个 gml:MultiGeometry 或 gml:GeometricComplex)中时，除非另外指定，这些元素被假定为具有相同的坐标参照系。

几何模型分为几何单形(geometric primitives)、聚合(aggregates)和复形(complexes)。几何单形，也就是 gml:AbstractGeometricPrimitiveType 的子类型的实例，是开放的，就是说它们不包含边界点；曲线(curves)不包含端点，面(surfaces)不包含边界曲线，体(solids)不包含边界面。

10.1.2 与 GB/T 23707 的关系

在第 10 章到第 11 章中规定的 GML 模式中的空间几何组件提供了一个与 GB/T 23707 空间模式

(几何)一致的部分实现。两者间的关系在 D. 2. 3 中详细描述。

在 GML 中实现的 GB/T 23707 几何类型在 GB/T 23707 中规定;在 GB/T 23707 中为这些类型规定的一些附加约束,同样是 GML 模式的空间几何组件的约束。

另外,GML 模式还增补一些空间几何模式组件,并在 D. 3. 5～D. 3. 8 中描述。

10. 1. 3 抽象几何

10. 1. 3. 1 抽象几何类型(AbstractGeometryType)

```
<complexType name="AbstractGeometryType" abstract="true">
    <complexContent>
        <extension base="gml:AbstractGMLType">
            <attributeGroup ref="gml:SRSReferenceGroup"/>
        </extension>
    </complexContent>
</complexType>
```

所有几何元素均直接或间接地由该抽象的超类型派生。一个几何元素应该有一个标识属性("gml:id"),一个名字或多个名称(元素 gml:identifier 和 gml:name)和一个描述(元素 gml:description 和 gml:descriptionReference)[2)]。它可与一空间参照系关联(属性组 gml:SRSReferenceGroup)。

下列规则必须遵守:

——每个几何类型应由该抽象类型派生。

——每个几何元素(即一个几何类型的元素)应该直接或间接地属于 AbstractGeometry 的置换组。

10. 1. 3. 2 空间参照系引用组(SRSReferenceGroup)

```
<attributeGroup name="SRSReferenceGroup">
    <attribute name="srsName" type="anyURI"/>
    <attribute name="srsDimension" type="positiveInteger"/>
    <attributeGroup ref="gml:SRSInformationGroup"/>
</attributeGroup>
```

属性组 SRSReferenceGroup 是一个可选的指向几何使用的坐标参照系(CRS),具有可选的附加信息,当不需要一个更完整的 CRS 定义时可以简化坐标的处理。

一般而言,属性 srsName 指向一个 gml:AbstractCoordinateReferenceSystem (见 12. 2. 3)的 CRS 的实例。对于众知的参照,不需要在 URI 指向的位置存在 CRS 描述。

若没有给出 srsName 属性,则包含该几何元素的更大元素的 CRS 必须指定。

例:几何聚合或要素集合是典型的"更大元素"。

注:名称 srsName 是随意选择的。在 GML 的当前版本,"crsName"可能更合适,然而,在将来的版本中,GML 也可能支持其他类型的空间参照系,如采用地理标识的空间参照系。

可选的属性 srsDimension 是一个位置坐标值的个数。这个维数从坐标参照系派生。当省略 srsName 属性时,这个属性也应该省略。

10. 1. 3. 3 空间参考系统信息组(SRSInformationGroup)

```
<attributeGroup name="SRSInformationGroup">
    <attribute name="axisLabels" type="gml:NCNameList"/>
    <attribute name="uomLabels" type="gml:NCNameList"/>
</attributeGroup>
```

在 gml:SRSInformationGroup 属性组中定义的属性 uomLabels 和 axisLabels 是可选的,当不需要

---

2) 不赞成使用的特性在该列表中已省去。然而,它们仍是有效的内容。

一个更完全的 CRS 定义时,为了简化坐标值的处理,对于 CRS 来说这是附加的和多余的信息。这个信息应该与由 srsName 属性引用的完全的 CRS 定义相同。当包含 srsName 属性时,应该包含 axisLabels 和 uomLabels,或包含其中的一个,或两者都不包含。当不包含 srsName 属性时,两者都应该省去。

属性 axisLabels 是 CRS 的所有轴的标签的顺序列表。当空格和被禁止的字符移去后,gml:axisAbbrev 的值可用于这些轴的标签。当包含 srsName 属性,该(axisLabels)属性是可选的。当不包含 srsName 属性时,该属性也应该省略。

属性 uomLabels 是 CRS 的所有轴的度量单位(uom)标签的顺序列表。当空格和被禁止的字符移去后,在 gml:catalogSymbol 中的字符串值可用于这些轴的 uom 标签。当包含 axisLabels 属性,该(uomLabels)属性是可包含。当不包含 axisLabels 属性时,该属性也应该省略。

10.1.3.4 抽象几何(AbstractGeometry)

〈element name="_Geometry" type="gml:AbstractGeometryType" abstract="true" substitutionGroup="gml:_GML"/〉

gml:AbstractGeometry 元素是所有 GML 几何元素的置换组的抽象头(head)元素。这包括预定义的和用户自定义的几何元素。任何几何元素必须是 gml:AbstractGeometry 的直接或间接的扩充或限制,同时应该直接或间接属于 gml:AbstractGeometry 置换组。

D.2.3.2 中规定了这个 GML 对象对 GB/T 23707 GM_Object 的实现。

10.1.3.5 几何特性类型(GeometryPropertyType)

```
〈complexType name="GeometryPropertyType"〉
        〈sequence minOccurs="0"〉
            〈element ref="gml:AbstractGeometry"/〉
        〈/sequence〉
        〈attributeGroup ref="gml:AssociationAttributeGroup"/〉
        〈attributeGroup ref="gml:OwnershipAttributeGroup"/〉
〈/complexType〉
```

一个几何特性可以是封装在该类型元素中的任意几何元素,也可以是一个由 XLink 引用指定的远程几何元素(这里,远程元素包括位于同一文档不同位置或不同文档中的几何元素)。需要注意的是,应该指定是引用元素还是内联元素,不能两个都是或都不是,见 7.2.3。

如果一个要素有一个以几何元素作为值的特性,则它被称为一个几何特性。这样一个几何特性的一般类型是 gml:GeometryPropertyType,它遵从 7.2.3 中描述的一般规则。

10.1.3.6 几何数组特性类型(GeometryArrayPropertyType)

```
    〈complexType name="GeometryArrayPropertyType"〉
        〈sequence minOccurs="0" maxOccurs="unbounded"〉
            〈element ref="gml:AbstractGeometry"/〉
        〈/sequence〉
        〈attributeGroup ref="gml:OwnershipAttributeGroup"/〉
〈/complexType〉
```

如果一个要素有一个以几何元素数组作为值的特性,则它被称为一个几何数组特性。这样一个几何特性的一般类型是 gml:GeometryArrayPropertyType,它遵从在 7.2.3 中描述的一般规则。

这些元素常内联在数组特性中,不支持通过 XLink 引用多个几何元素或几何元素数组。

例:在 gml:GeometryArrayPropertyType 中的所有元素的类型必须为 gml:AbstractGeometryType(包括从这个抽象的基类型继承的类型),只要是这个元素可直接或间接地替代 gml:AbstractGeometry。

10.1.4 坐标几何、向量和范围

10.1.4.1 直接位置类型，位置(**DirectPositionType，pos**)

```
〈complexType name="DirectPositionType"〉
    〈simpleContent〉
        〈extension base="gml:doubleList"〉
            〈attributeGroup ref="gml:SRSReferenceGroup"/〉
        〈/extension〉
    〈/simpleContent〉
〈/complexType〉
〈element name="pos" type="gml:DirectPositionType"/〉
〈sch:pattern〉
    〈sch:rule context="gml:pos"〉
        〈sch:assert test="not(@srsDimension) or @srsName"〉The presence of adimension attribute implies the presence of the srsName attribute.〈/sch:assert〉
        〈sch:assert test="not(@axisLabels) or @srsName"〉The presence of an axisLabels attribute implies the presence of the srsName attribute.〈/sch:assert〉
        〈sch:assert test="not(@uomLabels) or @srsName"〉The presence of an uomLabels attribute implies the presence of the srsName attribute.〈/sch:assert〉
        〈sch:assert test="(not(@uomLabels) and not(@axisLabels)) or (@uomLabels and @axisLabels)"〉The presence of an uomLabels attribute implies the presence of the axisLabels attribute and vice versa.〈/sch:assert〉
    〈/sch:rule〉
〈/sch:pattern〉
```

直接位置实例给出了在同一坐标参照系(CRS)下位置的坐标。作为数据类型，由于直接位置通常包含在一个更大的带有 CRS 的对象(比如几何元素)中，如果该特定的直接位置与这个更大的元素具有相同的 CRS，则 srsName 属性通常省缺。这种情况下，直接位置的 CRS 隐含与包含它的对象的 CRS 一致。

属性组 gml:SRSReferenceGroup 在 10.1.3.2 中描述。如果没有给出 srsName 属性，CRS 应该在更上一层的几何元素中指定，本几何元素通常是几何对象，如点、曲线等是上一层元素的一部分。

注：只在极少数情况下会期望在直接位置层次指定这个属性。

D.2.3.4 中规定了这些模式组件对 GB/T 23707 DirectPosition 的实现。

10.1.4.2 直接位置列表类型，位置列表(**DirectPositionListType，posList**)

```
〈complexType name="DirectPositionListType"〉
    〈simpleContent〉
        〈extension base="gml:doubleList"〉
            〈attributeGroup ref="gml:SRSReferenceGroup"/〉
            〈attribute name="count" type="positiveInteger"/〉
        〈/extension〉
    〈/simpleContent〉
〈/complexType〉
〈element name="posList"type="gml:DirectPositionListType"/〉
```

gml:PosLists 实例(以及其他具有由 DirectPositionListType 指定的内容模型的实例)给出了相同坐标参照系(CRS)下一系列位置的坐标。

属性组“SRSReferenceGroup”在 10.1.3.2 中描述。如果没有给出 srsName 属性，CRS 应该在更上

一层的几何元素中指定，本几何元素，通常是几何对象，如点、曲线等是上一层元素的一部分。

注：只在极少数情况下会期望在直接位置层次指定属性 srsName。

可选的属性 count 指定了列表中直接位置的个数。如果指定了属性 count，则也应该指定属性 srsDimension。

列表中元素的个数等于坐标参照系的维数（即它是从坐标参照系定义中派生的值）及直接位置的个数。

D.2.3.4 中规定了这些模式组件对 GB/T 23707 中使用直接位置的 GM_PointArray 的实现 。

10.1.4.3 几何位置组(**geometricPositionGroup**)

```
〈group name="geometricPositionGroup"〉
    〈choice〉
        〈element ref="gml:pos"/〉
        〈element ref="gml:pointProperty"/〉
    〈/choice〉
〈/group〉
```

GML 支持两种不同的方式来指定几何位置：通过直接位置（一种数据类型）或通过一个点（一个几何对象）来指定几何位置。

gml:pos 元素是由封装该几何位置的几何单形“所拥有”的位置。

gml:pointProperty 元素包含一个点，它可以是从其他几何元素引用的，或引用在其他地方定义的点（已有点的重用）。

D.2.3.4 中规定了该选择组对 GB/T 23707 GM_Position 的实现。

10.1.4.4 几何位置列表组(**geometricPositionListGroup**)

```
〈group name="geometricPositionListGroup"〉
    〈choice〉
        〈element ref="gml:posList"/〉
        〈group ref="gml:geometricPositionGroup" maxOccurs="unbounded"/〉
    〈/choice〉
〈/group〉
```

GML 支持两种不同的方式来指定几何位置列表：通过几何位置序列（通过重用组定义）或通过直接位置序列（元素 gml:posList）来指定几何位置列表。

如果所有位置是在同一坐标参照系下，gml:posList 元素允许以紧凑方式指定位置的坐标。

D.2.3.4 中规定了该选择组对 GB/T 23707 GM_PointArray 的实现。

注：这个组的定义可用作几何单形定义的模板，而不是直接使用这个组定义。主要的变化一般是在引用的组的个数。例如，一个 LineString 需要至少两个位置。

同时，为了支持不赞成使用的元素，即 gml:coordinates（由 gml:posList 代替）和 gml:pointRep（由 gml:pointProperty 代替），在 GML 中，对于点数组的当前的编码，如曲线段，使用了这个组作为一个模板，并增加了不赞成使用的元素。

10.1.4.5 向量类型，向量(**VectorType，Vector**)

```
〈complexType name="VectorType"〉
 〈simpleContent〉
  〈restriction base="gml:DirectPositionType"/〉
 〈/simpleContent〉
〈/complexType〉
〈element name="vector" type="gml:VectorType"/〉
```

gml:vector 实现 ISO/TS 19103 Vector（见 D.2.3.2 和 ISO/TS 19103:2005,6.5.2.6）。

在一些应用中，可以更改位置组件，用来产生一个单位向量。

注：该定义允许 VectorType 用在合适的其他地方，比如 grids.xsd 中的 offsetVector，并且在合适时可以直接使用向量，比如 direction.xsd 中的 DirectionVector。

10.1.4.6 范围类型，范围（EnvelopeType，Envelope）

```
<complexType name="EnvelopeType">
    <choice>
        <sequence>
            <element name="lowerCorner" type="gml:DirectPositionType"/>
            <element name="upperCorner" type="gml:DirectPositionType"/>
        </sequence>
        <element ref="gml:pos" minOccurs="2" maxOccurs="2"/>
        <element ref="gml:coordinates"/>
    </choice>
    <attributeGroup ref="gml:SRSReferenceGroup"/>
</complexType>
<element name="Envelope" type="gml:EnvelopeType" substitutionGroup="gml:AbstractObject"/>
```

gml:Envelope 执行的是 GB/T 23707 GM_Envelope（见 D.2.3.4 和 GB/T 23707—2009,6.4.3）。

Envelope 用两个对角的位置定义任意维中的范围。第一个直接位置是"lower corner"（包含该范围内所有点每一维上最小值的坐标位置），第二个是"upper corner"（包含该范围内所有点每一维上最大值的坐标位置）。

已经不赞成使用"*coordinates* "和"*pos* "特性，而使用显式地命名的特性"lowerCorner"和"upperCorner"。

注：在不考虑维数的情况下，范围可以明确地用两个坐标位置（坐标点）来表示，假设这些点的顺序是特定的规则固有的。Envelope 通常用最小的边界框或矩形来表示。但是，如果引用的 CRS 是大地 CRS，或用一个椭球、球、极或圆柱坐标系，所有这些术语在 12.4 中说明，这个 Envelope 不总是指最小的矩形边界范围。特别地，这个 Envelope 不是指一个几何的最小的矩形边界范围，该几何对象在规则的坐标轴上一组点具有不连续值。这样的坐标轴包括椭球或球坐标系中的经度和纬度。几何对象将位于椭球或球表面的小范围内，而不能沿椭球或球完全展开。

10.2 抽象的几何单形

10.2.1 抽象几何单形类型，抽象几何单形（AbstractGeometricPrimitiveType，AbstractGeometricPrimitive）

```
<complexType name="AbstractGeometricPrimitiveType" abstract="true">
    <complexContent>
        <extension base="gml:AbstractGeometryType"/>
    </complexContent>
</complexType>
<element name="AbstractGeometricPrimitive" type="gml:AbstractGeometricPrimitive-
Type" abstract="true"
  substitutionGroup="gml:AbstractGeometry"/>
```

gml:AbstractGeometricPrimitiveType 是抽象的几何单形的根类型。几何单形是在该系统中不能再分解成其他元素的几何对象。所有的单形都是以它们的坐标元组的顺序隐含的方向为方向的。

gml:AbstractGeometricPrimitive 元素是所有（包括预定义及用户自定义）几何单形的置换组的抽象的头。

gml:AbstractGeometricPrimitive 实现 GB/T 23707 GM_Primitive（见 D.2.3.3 和 GB/T 23707—2009,6.3.10）。

10.2.2 几何单形特性类型(GeometricPrimitivePropertyType)

```
〈complexType name="GeometricPrimitivePropertyType"〉
    〈sequence minOccurs="0"〉
        〈element ref="gml:AbstractGeometricPrimitive"/〉
    〈/sequence〉
    〈attributeGroup ref="gml:OwnershipAttributeGroup"/〉
    〈attributeGroup ref="gml:AssociationAttributeGroup"/〉
〈/complexType〉
```

一个具有以几何单形为值域的特性,可以是封装在该类型元素中的适当的几何元素,或者是一个由XLink 引用指定的远程几何元素(这里,远程元素包括在同一文档不同地方出现的或不同文档中的几何元素)。需要注意的是,应该指定是引用元素还是内联元素,不能两个都是或都不是。

10.3 几何单形(0 维对象)

10.3.1 点类型,点(PointType,Point)

```
〈complexType name="PointType"〉
    〈complexContent〉
        〈extension base="gml:AbstractGeometricPrimitiveType"〉
            〈sequence〉
                〈choice〉
                    〈element ref="gml:pos"/〉
                    〈element ref="gml:coordinates"/〉
                〈/choice〉
            〈/sequence〉
        〈/extension〉
    〈/complexContent〉
〈/complexType〉
〈element name="Point" type="gml:PointType"
substitutionGroup="gml:AbstractGeometricPrimitive"/〉
```

gml:point 是用单个坐标元组定义的。点的直接位置由 gml:DirectPositionType 类型的 pos 元素指定。gml:Point 实现 GB/T 23707 GM_Point (见 D.2.3.3 和 GB/T 23707—2009,6.3.11)。

元素"*coordinates*"已不赞成使用,而用" pos""元素代替。

10.3.2 点特性类型,点特性(PointPropertyType,pointProperty)

```
〈complexType name="PointPropertyType"〉
    〈sequence minOccurs="0"〉
        〈element ref="gml:Point"/〉
    〈/sequence〉
    〈attributeGroup ref="gml:AssociationAttributeGroup"/〉
    〈attributeGroup ref="gml:OwnershipAttributeGroup"/〉
〈/complexType〉
〈element name="pointProperty" type="gml:PointPropertyType"/〉
```

一个具有以点作为其值域的特性,可以是一个封装在该类型的元素中的适当的几何元素,或者是一个由 XLink 引用指向的远程的几何元素(这里,远程元素包括在同一文档中其他地方的几何元素)。应该指定是引用元素还是内联元素,不能两个都是或都不是。

该特性元素或者通过 XLink 属性引用一个点,或者包含点元素。pointProperty 是预定义特性,当

GML 要素具有特性值可以替代 gml:Point 的特性时，GML 应用模式就可以使用这个预定义特性。

10.3.3 点数组特性类型，点数组特性(PointArrayPropertyType，pointArrayProperty)

```
〈complexType name="PointArrayPropertyType"〉
    〈sequence minOccurs="0" maxOccurs="unbounded"〉
        〈element ref="gml:Point"/〉
    〈/sequence〉
    〈attributeGroup ref="gml:OwnershipAttributeGroup"/〉
〈/complexType〉
〈element name="pointArrayProperty" type="gml:PointArrayPropertyType"/〉
```

gml:PointArrayProperty 是一个点数组的容器。元素通常内联在数组特性中，不支持通过 XLinks 引用多个几何元素或几何元素数组。

该特性元素包含点元素的列表。pointArrayProperty 是预定义的特性，当 GML 要素具有特性值可以替代点的列表的特性时，GML 应用模式就可以使用这个预定义特性。

10.4 几何单形(1 维对象)

10.4.1 抽象曲线类型，抽象曲线(AbstractCurveType，AbstractCurve)

```
〈complexType name="AbstractCurveType" abstract="true"〉
    〈complexContent〉
        〈extension base="gml:AbstractGeometricPrimitiveType"/〉
    〈/complexContent〉
〈/complexType〉
〈element name="AbstractCurve" type="gml:AbstractCurveType" abstract="true"
  substitutionGroup="gml:AbstractGeometricPrimitive"/〉
```

gml:AbstractCurveType 是对曲线的抽象，以支持不同复杂性的曲线。曲线通常被看作是几何单形，也就是说，它是连续的。

gml:AbstractCurve 元素是所有(连续的)曲线元素的置换组的抽象的头。

10.4.2 曲线特性类型，曲线特性(CurvePropertyType，curveProperty)

```
〈complexType name="CurvePropertyType"〉
    〈sequence minOccurs="0"〉
        〈element ref="gml:AbstractCurve"/〉
    〈/sequence〉
    〈attributeGroup ref="gml:AssociationAttributeGroup"/〉
    〈attributeGroup ref="gml:OwnershipAttributeGroup"/〉
〈/complexType〉
〈element name="curveProperty" type="gml:CurvePropertyType"/〉
```

一个具有以曲线作为其值域的特性，它或者是一个在该类型的元素中封装的适当的几何元素，或者是一个由 XLink 引用指向的远程的几何元素(这里，远程包括在同一文档中其他地方的几何元素)的。应该指定是引用元素还是内联元素，不能两个都是或都不是。

该特性元素或者通过 XLink 属性引用一个曲线，或者包含曲线元素。curveProperty 是预定义特性，当 GML 要素具有特性值可以替代 gml:AbstractCurve 的特性时，GML 应用模式就可以使用这个预定义特性。

10.4.3 曲线数组特性类型，曲线数组特性(CurveArrayPropertyType，curveArrayProperty)

```
〈complexType name="CurveArrayPropertyType"〉
    〈sequence minOccurs="0" maxOccurs="unbounded"〉
```

```
            〈element ref="gml:AbstractCurve"/〉
        〈/sequence〉
        〈attributeGroup ref="gml:OwnershipAttributeGroup"/〉
    〈/complexType〉
〈element name="curveArrayProperty" type="gml:CurveArrayPropertyType"/〉
```

它是一个曲线数组的容器。元素通常内联在数组特性中，不支持通过 XLinks 引用多个几何元素或几何元素数组。

该特性元素包含曲线元素的列表。curveArrayProperty 是预定义的特性，当 GML 要素具有特性值可以替代曲线的列表的特性时，GML 应用模式就可以使用这个预定义特性。

10.4.4 直线串类型，直线串(LineStringType，LineString)

```
〈complexType name="LineStringType"〉
    〈complexContent〉
        〈extension base="gml:AbstractCurveType"〉
            〈sequence〉
                〈choice〉
                    〈choice minOccurs="2" maxOccurs="unbounded"〉
                        〈element ref="gml:pos"/〉
                        〈element ref="gml:pointProperty"/〉
                        〈element ref="gml:pointRep"/〉
                    〈/choice〉
                    〈element ref="gml:posList"/〉
                    〈element ref="gml:coordinates"/〉
                〈/choice〉
            〈/sequence〉
        〈/extension〉
    〈/complexContent〉
〈/complexType〉
〈element name="LineString" type="gml:LineStringType" substitutionGroup="gml:AbstractCurve"/〉
```

gml:LineString 是由具有线性内插性质(见 D.3.5)的单个线段组成的特殊曲线。它用两个或多个坐标元组，以及坐标元组间的线性内插性质来定义。

控制点的编码遵循在 10.1.4.4 中描述的模板。列表中直接位置的个数至少两个。

注：GB/T 23707 GM_LineString 由 gml:LineStringSegment 实现。

10.4.5 曲线类型，曲线(CurveType，Curve)

```
〈complexType name="CurveType"〉
    〈complexContent〉
        〈extension base="gml:AbstractCurveType"〉
            〈sequence〉
                〈element ref="gml:segments"/〉
            〈/sequence〉
        〈/extension〉
    〈/complexContent〉
〈/complexType〉
〈element name="Curve" type="gml:CurveType" substitutionGroup="gml:AbstractCurve"/〉
```

gml:Curve 实现 GB/T 23707 GM_Curve（见 D. 2. 3. 3 和 GB/T 23707—2009,6. 3. 16）。

曲线(Curve)是一维几何单形，曲线是连续的、相互连接的，具有在坐标系中度量的长度。

一条曲线是由多个曲线段构成的，在一条曲线内的每一曲线段通过不同的插值方法来确定。在一条曲线内的曲线段是相互连接的，除最后的曲线段外，所有曲线段的终点是下一曲线段的起点。

曲线的方向是正的。

元素 gml:segments 封装了曲线段。

10.4.6 有向曲线类型，有向曲线，基本曲线(OrienttableCurveType，OrientableCurve，baseCurve)

```
〈complexType name="OrientableCurveType"〉
    〈complexContent〉
        〈extension base="gml:AbstractCurveType"〉
                〈sequence〉
                  〈element ref="gml:baseCurve"/〉
                〈/sequence〉
            〈attribute name="orientation" type="gml:SignType"Default="+"/〉
        〈/extension〉
    〈/complexContent〉
〈/complexType〉
〈element name="baseCurve" type="gml:CurvePropertyType"/〉
〈element name = "OrientableCurve" type = "gml: OrientableCurveType" substitutionGroup
="gml:AbstractCurve"/〉
```

gml:OrientableCurve 实现 GB/T 23707 GM_OrientableCurve(见 D. 2. 3. 3 和 GB/T 23707—2009,6. 3. 14)。

gml:OrientableCurve 包含一条曲线和一个 orientation。如果 orientation 为"+"，那么 gml:OrientableCurve 与 gml:baseCurve 一致。如果 orientation 为"−"，那么 gml:OrientableCurve 相对于其他 gml:AbstractCurve 有一个反向参数。

特性 gml:baseCurve 引用或包含基本曲线，也就是说，它通过 XLink 属性引用基本曲线或者包含曲线(curve)元素。曲线元素是可替换 gml:AbstractCurve 的任意元素，基本曲线具有正方向。

注：该定义允许嵌套结构，即一个 gml:OrientableCurve 可以是另一个 gml:OrientableCurve 的基本曲线。

10.4.7 曲线段

10.4.7.1 抽象曲线段类型，抽象曲线段(AbstractCurveSegmentType，AbstractCurveSegment)

```
〈complexType name="AbstractCurveSegmentType" abstract="true"〉
    〈attribute name="numDerivativesAtStart" type="integer"default="0"/〉
    〈attribute name="numDerivativesAtEnd" type="integer"default="0"/〉
    〈attribute name="numDerivativeInterior" type="integer"default="0"/〉
〈/complexType〉
〈element name = " AbstractCurveSegment" type = " gml: AbstractCurveSegmentType" ab-
stract="true" substitutionGroup="gml:AbstractObject"/〉
```

gml:AbstractCurveSegment 实现 GB/T 23707 GM_CurveSegment（见 D. 2. 3. 3 和 GB/T 23707—2009,6. 4. 9）。

曲线段定义了曲线的同构的段。

属性 numDerivativesAtStart，numDerivativesAtEnd 和 numDerivativesInterior 指定了 GB/T 23707—2009,6. 4. 9. 3 中规定的连续性类型。

gml:Abstract CurveSegment 元素是所有曲线段元素，即具有相同插值机制的连续线断的置换组的抽象的头。

一条曲线段的控制点的编码遵循在 10.1.4.4 中描述的模板。

所有的曲线段应该有一个 gml:CurveInterpolationType 类型的属性 interpolation，指定了曲线段使用的插值机制。这个机制使用控制点和控制参数来决定曲线段的位置。

10.4.7.2 曲线段数组特性类型，线段集合(CurveSegmentArrayPropertyType，segments)

```
〈complexType name="CurveSegmentArrayPropertyType"〉
    〈sequence minOccurs="0" maxOccurs="unbounded"〉
        〈element ref="gml:AbstractCurveSegment"/〉
    〈/sequence〉
〈/complexType〉
```

gml:CurveSegmentArrayPropertyType 是曲线段数组的容器。

```
〈element name="segments" type="gml:CurveSegmentArrayPropertyType"/〉
```

这个特性元素包含曲线段的列表。元素的次序是有意义的，并且在处理数组的时候应该保留。

10.4.7.3 曲线内插类型(CurveInterpolation Type)

```
〈simpleType name="CurveInterpolationType"〉
    〈restriction base="string"〉
        〈enumeration value="linear"/〉
        〈enumeration value="geodesic"/〉
        〈enumeration value="circularArc3Points"/〉
        〈enumeration value="circularArc2PointWithBulge"/〉
        〈enumeration value="circularArcCenterPointWithRadius"/〉
        〈enumeration value="elliptical"/〉
        〈enumeration value="clothoid"/〉
        〈enumeration value="conic"/〉
        〈enumeration value="polynomialSpline"/〉
        〈enumeration value="cubicSpline"/〉
        〈enumeration value="rationalSpline"/〉
    〈/restriction〉
〈/simpleType〉
```

gml:CurveInterpolationType 是一个代码表，可用于标识一个应用模式中所用的插值机制。这个类型实现 GB/T 23707 GM_CurveInterpolation (见 D.2.3.4 和 GB/T 23707—2009，6.4.8)。

10.4.7.4 直线串线段类型，直线串线段(LineStringSegmentType，LineStringSegment)

```
〈complexType name="LineStringSegmentType"〉
    〈complexContent〉
        〈extension base="gml:AbstractCurveSegmentType"〉
            〈sequence〉
                〈choice〉
                    〈choice minOccurs="2" maxOccurs="unbounded"〉
                        〈element ref="gml:pos"/〉
                        〈element ref="gml:pointProperty"/〉
                        〈element ref="gml:pointRep"/〉
                    〈/choice〉
                    〈element ref="gml:posList"/〉
                    〈element ref="gml:coordinates"/〉
```

〈/choice〉
〈/sequence〉
〈attribute name="interpolation" type="gml:CurveInterpolationType" fixed="linear"/〉
〈/extension〉
〈/complexContent〉
〈/complexType〉
〈element name="LineStringSegment" type="gml:LineStringSegmentType" substitutionGroup="gml:AbstractCurveSegment"/〉

gml:LineStringSegment 实现 GB/T 23707 GM_LineString (见 D.2.3.4 和 GB/T 23707—2009,6.4.10)。

gml:LineStringSegment 是由两个或多个控制点,包括起点和终点,以及它们间的线性插值方法确定的一条曲线段。

内容模型遵循用于编码曲线段的一般的模板(见 10.4.7)。

10.4.7.5 圆弧串类型,圆弧串(ArcStringType,ArcString)

〈complexType name="ArcStringType"〉
〈complexContent〉
〈extension base="gml:AbstractCurveSegmentType"〉
〈sequence〉
〈choice〉
〈choice minOccurs="3" maxOccurs="unbounded"〉
〈element ref="gml:pos"/〉
〈element ref="gml:pointProperty"/〉
〈element ref="gml:pointRep"/〉
〈/choice〉
〈element ref="gml:posList"/〉
〈element ref="gml:coordinates"/〉
〈/choice〉
〈/sequence〉
〈attribute name="interpolation" type="gml:CurveInterpolationType" fixed="circularArc3Points"/〉
〈attribute name="numArc" type="integer"/〉
〈/extension〉
〈/complexContent〉
〈/complexType〉
〈element name="ArcString" type="gml:ArcStringType" substitutionGroup="gml:AbstractCurveSegment"/〉

gml:ArcString 实现 GB/T 23707 GM_ArcString (见 D.2.3.4 和 GB/T 23707—2009,6.4.14)。

gml:ArcString 是使用三点圆弧插值方法("circularArc3Points")的曲线段。在圆弧串中的圆弧个数可由属性 numArc 显式地指出,控制点的数量应该为 2×numArc + 1。

内容模型遵循用于编码曲线段的一般的模板(见 10.4.7)。

10.4.7.6 圆弧类型,圆弧(ArcType,Arc)

〈complexType name="ArcType"〉

```
        <complexContent>
            <restriction base="gml:ArcStringType">
                <sequence>
                    <choice>
                        <choice minOccurs="3" maxOccurs="3">
                            <element ref="gml:pos"/>
                            <element ref="gml:pointProperty"/>
                            <element ref="gml:pointRep"/>
                        </choice>
                        <element ref="gml:posList"/>
                        <element ref="gml:coordinates"/>
                    </choice>
                </sequence>
                <attribute name="numArc" type="integer" fixed="1"/>
            </restriction>
        </complexContent>
    </complexType>
<element name="Arc" type="gml:ArcType" substitutionGroup="gml:ArcString"/>
```

gml:Arc 实现 GB/T 23707 GM_Arc(见 D.2.3.4 和 GB/T 23707—2009,6.4.15)。

圆弧是仅有一个圆弧单元,即由包括起点和终点在内的三个控制点组成的圆弧串。因为圆弧是由单一的圆弧组成的圆弧串,属性“numArc”的值固定为“1”。

10.4.7.7 圆类型,圆(CircleType,Circle)

```
    <complexType name="CircleType">
        <complexContent>
            <extension base="gml:ArcType"/>
        </complexContent>
    </complexType>
<element name="Circle" type="gml:CircleType" substitutionGroup="gml:Arc"/>
```

gml:Circle 实现 GB/T 23707 GM_Circle(见 D.2.3.4 和 GB/T 23707—2009,6.4.16)。

圆是一个端点重合而形成的简单的闭合环。对明确定义的圆来说,三个控制点应是明确不共线的点。圆弧被简单延伸第三个控制点,直到与第一个控制点重合。

10.4.7.8 凸度表示的圆弧串类型,凸度表示的圆弧串(ArcStringByBulgeType,ArcStringByBulge)

```
    <complexType name="ArcStringByBulgeType">
        <complexContent>
            <extension base="gml:AbstractCurveSegmentType">
                <sequence>
                    <choice>
                        <choice minOccurs="2" maxOccurs="unbounded">
                            <element ref="gml:pos"/>
                            <element ref="gml:pointProperty"/>
                            <element ref="gml:pointRep"/>
                        </choice>
                        <element ref="gml:posList"/>
```

```
                <element ref="gml:coordinates"/>
            </choice>
            <element name="bulge" type="double" maxOccurs="unbounded"/>
            <element name = "normal" type = "gml: VectorType" maxOccurs =
            "unbounded"/>
        </sequence>
        <attribute name="interpolation" type="gml:CurveInterpolationType"
            fixed="circularArc2PointWithBulge"/>
        <attribute name="numArc" type="integer"/>
    </extension>
  </complexContent>
</complexType>
<element name = "ArcStringByBulge" type = "gml: ArcStringByBulgeType" substitution-
Group="gml:AbstractCurveSegment"/>
```

gml:ArcStringByBulge 实现 GB/T 23707 GM_ArcStringByBulge(见 D.2.3.4 和 GB/T 23707—2009,6.4.17)。

这是圆弧的一个变体,曲线的中间点坐标不是直接存储的,而是通过计算得到的。控制点系列由每段圆弧的起点、终点以及 gml:bulge 组成(见 GB/T 23707—2009,6.4.17.2)。gml:normal 是到圆弧的弦的法线向量(垂直的)(见 GB/T 23707—2009,6.4.17.4)。

interpolation 固定为"circularArc2PointWithBulge"。

在圆弧串中,圆弧个数可由属性 numArc 显式地指出,控制点的数量应该为 numArc+1。

内容模型遵循用于编码曲线段的一般的模板(见 10.4.7)。

10.4.7.9 凸度表示的圆弧类型,凸度表示的圆弧(ArcByBulgeType,ArcByBulge)

```
<complexType name="ArcByBulgeType">
    <complexContent>
        <restriction base="gml:ArcStringByBulgeType">
            <sequence>
                <choicc>
                    <choice minOccurs="2" maxOccurs="2">
                        <element ref="gml:pos"/>
                        <element ref="gml:pointProperty"/>
                        <element ref="gml:pointRep"/>
                    </choice>
                    <element ref="gml:posList"/>
                    <element ref="gml:coordinates"/>
                </choice>
                <element name="bulge" type="double"/>
                <element name="normal" type="gml:VectorType"/>
            </sequence>
            <attribute name="numArc" type="integer" fixed="1"/>
        </restriction>
    </complexContent>
</complexType>
```

〈element name="ArcByBulge" type="gml:ArcByBulgeType" substitutionGroup="gml:ArcStringByBulge"/〉

gml:ArcByBulge 实现 GB/T 23707 GM_ArcByBulge(见 D.2.3.4 和 GB/T 23707—2009,6.4.18)。

ArcByBulge 是仅有一个圆弧单元,即两个控制点、一个凸度和一个法向量的圆弧串。

圆弧是由单一的圆弧组成的圆弧串,属性“numArc”的值固定为“1”。

10.4.7.10 圆心表示的圆弧类型,圆心表示的圆弧(ArcByCenterPointType,ArcByCenterPoint)

```
〈complexType name="ArcByCenterPointType"〉
    〈complexContent〉
        〈extension base="gml:AbstractCurveSegmentType"〉
            〈sequence〉
                〈choice〉
                    〈choice〉
                        〈element ref="gml:pos"/〉
                        〈element ref="gml:pointProperty"/〉
                        〈element ref="gml:pointRep"/〉
                    〈/choice〉
                    〈element ref="gml:posList"/〉
                    〈element ref="gml:coordinates"/〉
                〈/choice〉
                〈element name="radius" type="gml:LengthType"/〉
                〈element name="startAngle" type="gml:AngleType" minOccurs="0"/〉
                〈element name="endAngle" type="gml:AngleType" minOccurs="0"/〉
            〈/sequence〉
            〈attribute name="interpolation" type="gml:CurveInterpolationType"
                fixed="circularArcCenterPointWithRadius"/〉
            〈attribute name="numArc" type="integer" use="required" fixed="1"/〉
        〈/extension〉
    〈/complexContent〉
〈/complexType〉
〈element name="ArcByCenterPoint" type="gml:ArcByCenterPointType"
substitutionGroup="gml:AbstractCurveSegment"/〉
```

这是圆弧的一个变体,圆弧上的点坐标不是直接存储的,而是通过计算得到的。控制点是圆弧的圆心,加上半径及起始、终止方向。这种表示方法只能用在2维情况。

元素 gml:radius 指定圆弧的半径。

元素 gml:startAngle 指定圆弧起始的方向。

元素 gml:endAngle 指定圆弧结束的方向。

interpolation 固定为“circularArcCenterPointWithRadius”。

因为该类型常描述单个的圆弧,所以属性“numArc”固定为“1”。

内容模型遵循用于编码曲线段的一般的模板(见 10.4.7)。

10.4.7.11 圆心表示的圆类型,圆心表示的圆(CircleByCenterPointType,CircleByCenterPoint)

```
〈complexType name="CircleByCenterPointType"〉
    〈complexContent〉
        〈restriction base="gml:ArcByCenterPointType"〉
```

```
                <sequence>
                    <choice>
                        <choice>
                            <element ref="gml:pos"/>
                            <element ref="gml:pointProperty"/>
                            <element ref="gml:pointRep"/>
                        </choice>
                        <element ref="gml:posList"/>
                        <element ref="gml:coordinates"/>
                    </choice>
                    <element name="radius" type="gml:LengthType"/>
                </sequence>
            </restriction>
        </complexContent>
    </complexType>
    <element name="CircleByCenterPoint" type="gml:CircleByCenterPointType" substitution-
    Group="gml:ArcByCenterPoint"/>
```

gml:CircleByCenterPoint 是一个起始角和终止角相同以形成整圆的 gml:ArcByCenterPoint。同样，这种表示方法只能用于 2 维情况。

10.4.7.12　三次样条曲线类型，三次样条曲线(CubicSplineType，CubicSpline)

```
    <complexType name="CubicSplineType">
        <complexContent>
            <extension base="gml:AbstractCurveSegmentType">
                <sequence>
                    <choice>
                        <choice minOccurs="2" maxOccurs="unbounded">
                            <element ref="gml:pos"/>
                            <element ref="gml:pointProperty"/>
                            <element ref="gml:pointRep"/>
                        </choice>
                        <element ref="gml:posList"/>
                        <element ref="gml:coordinates"/>
                    </choice>
                    <element name="vectorAtStart" type="gml:VectorType"/>
                    <element name="vectorAtEnd" type="gml:VectorType"/>
                </sequence>
                <attribute name="interpolation" type="gml:CurveInterpolationType"
                fixed="cubicSpline"/>
                <attribute name="degree" type="integer" fixed="3"/>
            </extension>
        </complexContent>
</complexType>
```

gml:CubicSpline 实现 GB/T 23707　GM_CubicSpline(见 D.2.3.4 和 GB/T 23707—2009,6.4.28)。

控制点的数量应该至少 3 个。

gml:vectorAtStart 是样条起始点的单位正切向量。gml:vectorAtEnd 是样条终点的单位正切向量。只有向量的方向可用来确定三次样条的形状，而不是它们的长度。

interpolation 固定为“cubicSpline”。

degree 是该样条插值多项式的阶数，因此，三次样条的阶数固定为“3”。

内容模型遵循用于编码曲线段的一般的模板(见 10.4.7)。

10.4.7.13 B 样条曲线类型，B 样条曲线(BSplineType，BPline)

```
〈complexType name="BSplineType"〉
    〈complexContent〉
        〈extension base="gml:AbstractCurveSegmentType"〉
            〈sequence〉
                〈choice〉
                    〈choice minOccurs="0" maxOccurs="unbounded"〉
                        〈element ref="gml:pos"/〉
                        〈element ref="gml:pointProperty"/〉
                        〈element ref="gml:pointRep"/〉
                    〈/choice〉
                    〈element ref="gml:posList"/〉
                    〈element ref="gml:coordinates"/〉
                〈/choice〉
                〈element name="degree" type="nonNegativeInteger"/〉
                〈element name="knot" type="gml:KnotPropertyType" minOccurs=
                "2" maxOccurs="unbounded"/〉
            〈/sequence〉
            〈attribute name="interpolation" type="gml:CurveInterpolationType" de-
            fault="polynomialSpline"/〉
            〈attribute name="isPolynomial" type="boolean"/〉
            〈attribute name="knotType" type="gml:KnotTypesType"/〉
        〈/extension〉
    〈/complexContent〉
〈/complexType〉
〈element name="BSpline" type="gml:BSplineType" substitutionGroup="gml:AbstractCurveSegment"/〉
```

gml:BSpline 实现 GB/T 23707 GM_BSplineCurve(见 D.2.3.4 和 GB/T 23707—2009，6.4.30)。

B 样条是一个分段参数多项式，或是一个由控制点和在 GB/T 23707—2009 的 6.4.30 中规定的基本函数描述的有理曲线。因此，interpolation 可以是“polynomialSpline”或“rationalSpline”，这取决于插值方法；缺省是“polynomialSpline”。

degree 是用于这个样条内插的多项式的阶数。

gml:knot 是用来定义样条基本函数的节点序列(见 GB/T 23707—2009，6.4.26.2)。

如果是多项式样条，属性 isPolynomial 应该为“true”(见 GB/T 23707—2009，6.4.30.5)。

knotType 给出了用于定义该样条的节点分布类型(见 GB/T 23707—2009，6.4.30.4)。

内容模型遵循用于编码曲线段的一般的模板(见 10.4.7)。

10.4.7.14 节点类型，节点特性类型(KnotType，KnotPropertyType)

```
〈complexType name="KnotType"〉
```

```
    〈sequence〉
        〈element name="value" type="double"/〉
        〈element name="multiplicity" type="nonNegativeInteger"/〉
        〈element name="weight" type="double"/〉
    〈/sequence〉
〈/complexType〉
```

gml:Knot 实现 GB/T 23707 GM_Knot(见 D.2.3.4 和 GB/T 23707—2009,6.4.24)。

节点是一个分段样条曲线的断点。

gml:value 是样条节点的参数值(见 GB/T 23707—2009,6.4.24.2)。

gml:multiplicity 是用在样条定义中节点(具有相同的权重)的个数。

gml:weight 是样条节点的平均权重值。

```
〈complexType name="KnotPropertyType"〉
    〈sequence〉
        〈element name="Knot" type="gml:KnotType"/〉
    〈/sequence〉
〈/complexType〉
```

gml:KnotPropertyType 封装了在一个几何类型中用到的节点。

10.4.7.15 节点类类型(KnotTypeType)

```
〈simpleType name="KnotTypesType"〉
    〈restriction base="string"〉
        〈enumeration value="uniform"/〉
        〈enumeration value="quasiUniform"/〉
        〈enumeration value="piecewiseBezier"/〉
    〈/restriction〉
〈/simpleType〉
```

gml:KnotTypesType 实现 GB/T 23707 GM_KnotType(见 D.2.3.4 和 GB/T 23707—2009,6.4.25)。

这个枚举类型定义了节点类型的值(见 GB/T 23707—2009,6.4.25)。

10.4.7.16 贝塞尔曲线类型,贝塞尔曲线(BeizerType,Bezier)

```
〈complexType name="BezierType"〉
    〈complexContent〉
        〈restriction base="gml:BSplineType"〉
            〈sequence〉
                〈choice〉
                    〈choice minOccurs="0" maxOccurs="unbounded"〉
                        〈element ref="gml:pos"/〉
                        〈element ref="gml:pointProperty"/〉
                        〈element ref="gml:pointRep"/〉
                    〈/choice〉
                    〈element ref="gml:posList"/〉
                    〈element ref="gml:coordinates"/〉
                〈/choice〉
                〈element name="degree" type="nonNegativeInteger"/〉
                〈element name="knot" type="gml:KnotPropertyType" minOccurs=
                "2" maxOccurs="2"/〉
```

```
            〈/sequence〉
                〈attribute name = " interpolation" type = " gml: CurveInterpolationType"
                fixed="polynomialSpline"/〉
                〈attribute name="isPolynomial" type="boolean" fixed="true"/〉
                〈attribute name="knotType" type="gml:KnotTypesType " use="prohibited"/〉
            〈/restriction〉
        〈/complexContent〉
    〈/complexType〉
〈element name="Bezier" type="gml:BezierType" substitutionGroup="gml:BSpline"/〉
```

gml:Bezier 实现 GB/T 23707 GM_Bezier(见 D.2.3.4 和 GB/T 23707—2009,6.4.31)。

贝塞尔(Bezier)曲线是用 Bezier 或 Bernstein 多项式进行插值的多项式样条。它是有两个节点的 B-Spline 的特例。

gml:degree 是用于样条插值的多项式阶数。

gml:knot 是用于定义样条基本函数的节点序列。

interpolation 固定为“polynomialSpline”。

isPolynomial 固定为“true”。

对于贝塞尔曲线片段,不涉及 knotType。

10.4.7.17 偏移曲线类型,偏移曲线(OffsetCurveType,OffsetCurve)

```
〈complexType name="OffsetCurveType"〉
    〈complexContent〉
        〈extension base="gml:AbstractCurveSegmentType"〉
            〈sequence〉
                〈element name="offsetBase" type="gml:CurvePropertyType"/〉
                〈element name="distance" type="gml:LengthType"/〉
                〈element name="refDirection" type="gml:VectorType" minOccurs="0"/〉
            〈/sequence〉
        〈/extension〉
    〈/complexContent〉
〈/complexType〉
〈element name = " OffsetCurve" type = " gml: OffsetCurveType" substitutionGroup = " gml: Ab-
stractCurveSegment"/〉
```

一个偏移曲线是偏离基础曲线一个常数距离的曲线。

gml:OffsetCurve 实现 GB/T 23707 GM_OffsetCurve (见 D.2.3.4 和 GB/T 23707—2009,6.4.23)。

gml:OffsetBase 是一个基础曲线,偏移曲线是在该曲线基础上用 offset 定义的。

gml:distance 和 gml:refDirection 具有在 GB/T 23707—2009,6.4.23 中规定的相同含义。

内容模型遵循用于编码曲线段的一般的模板(见 10.4.7)。

10.4.7.18 仿射变换曲线类型,仿射变换曲线(AffinePlacementType,AffinePlacement)

```
〈complexType name="AffinePlacementType"〉
    〈sequence〉
        〈element name="location" type="gml:DirectPositionType"/〉
        〈element name="refDirection" type="gml:VectorType" maxOccurs="unbounded"/〉
        〈element name="inDimension" type="positiveInteger"/〉
        〈element name="outDimension" type="positiveInteger"/〉
```

```
        〈/sequence〉
    〈/complexType〉
〈element name="AffinePlacement" type="gml:AffinePlacementType" substitutionGroup=
"gml:AbstractObject"/〉
```

gml:AffinePlacement 实现 GB/T 23707 GM_AffinePlacement(见 D.2.3.4 和 GB/T 23707—2009,6.4.21 和 6.4.20.1)。

gml:location,gml:refDirection,gml:inDimension 和 gml:outDimension 具有在 GB/T 23707—2009,6.4.21 中规定的相同含义。

10.4.7.19 回旋曲线类型,回旋曲线(ClothoidType,Clothoid)

```
〈complexType name="ClothoidType"〉
    〈complexContent〉
        〈extension base="gml:AbstractCurveSegmentType"〉
            〈sequence〉
                〈element name="refLocation"〉
                    〈complexType〉
                        〈sequence〉
                            〈element ref="gml:AffinePlacement"/〉
                        〈/sequence〉
                    〈/complexType〉
                〈/element〉
                〈element name="scaleFactor" type="decimal"/〉
                〈element name="startParameter" type="double"/〉
                〈element name="endParameter" type="double"/〉
            〈/sequence〉
            〈attribute name="interpolation" type="gml:CurveInterpolationType"
            fixed="clothoid"/〉
        〈/extension〉
    〈/complexContent〉
〈/complexType〉
〈element name="Clothoid" type="gml:ClothoidType" substitutionGroup="gml:Abstract-
CurveSegment"/〉
```

回旋曲线,或称考纽螺线(Cornu's spiral),是平面曲线,其曲率为长度的固定函数。

gml:Clothoid 实现 GB/T 23707 GM_Clothoid(见 D.2.3.4 和 GB/T 23707—2009,6.4.22)。

gml:refLocation,gml:startParameter,gml:endParameter 和 gml:scaleFactor 具有在 GB/T 23707—2009 的6.4.22 中规定的相同含义。

interpolation 固定为"clothoid"。

内容模型遵循用于编码曲线段的一般的模板(见 10.4.7)。

10.4.7.20 大地线串类型,大地线串(GeodesicStringType,GeodesicString)

```
〈complexType name="GeodesicStringType"〉
    〈complexContent〉
        〈extension base="gml:AbstractCurveSegmentType"〉
            〈choice〉
                〈element ref="gml:posList"/〉
```

```
                〈group ref="gml:geometricPositionGroup" minOccurs="2" maxOccurs="unbounded"/〉
            〈/choice〉
            〈attribute name="interpolation" type="gml:CurveInterpolationType" fixed="geodesic"/〉
        〈/extension〉
    〈/complexContent〉
〈/complexType〉
〈element name="GeodesicString" type="gml:GeodesicStringType" substitutionGroup="gml:AbstractCurveSegment"/〉
```

gml:GeodesicString 实现 GB/T 23707 GM_GeodesicString(见 D.2.3.4 和 GB/T 23707—2009,6.4.12),是一个大地线段的序列。

控制点的个数应该至少是 2 个。

interpolation 固定为“geodesic”。

内容模型遵循用于编码曲线段的一般的模板(见 10.4.7)。

10.4.7.21 大地线类型,大地线(**GeodesicType,Geodesic**)

```
〈complexType name="GeodesicType"〉
    〈complexContent〉
        〈extension base="gml:GeodesicStringType"/〉
    〈/complexContent〉
〈/complexType〉
〈element name="Geodesic" type="gml:GeodesicType" substitutionGroup="gml:GeodesicString"/〉
```

gml:Geodesic 实现 GB/T 23707 GM_Geodesic(见 D.2.3.4 和 GB/T 23707—2009,6.4.13)。

10.5 几何单形(2 维对象)

10.5.1 抽象曲面类型,抽象曲面(**AbstractSurfaceType,AbstractSurface**)

```
〈complexType name="AbstractSurfaceType" abstract="true"〉
    〈complexContent〉
        〈extension base="gml:AbstractGeometricPrimitiveType"/〉
    〈/complexContent〉
〈/complexType〉
〈element name="AbstractSurface" type="gml:AbstractSurfaceType" abstract="true" substitutionGroup="gml:AbstractGeometricPrimitive"/〉
```

gml:AbstractSurfaceType 是对曲面的抽象,以支持不同复杂性的曲面。曲面通常是一个平面的连续区域。

gml:AbstractSurface 元素是所有(连续的)曲面元素的置换组的抽象的头。

10.5.2 曲面特性类型,曲面特性(**SurfacePropertyType,surfaceProperty**)

```
〈complexType name="SurfacePropertyType"〉
    〈sequence minOccurs="0"〉
        〈element ref="gml:AbstractSurface"/〉
    〈/sequence〉
    〈attributeGroup ref="gml:AssociationAttributeGroup"/〉
    〈attributeGroup ref="gml:OwnershipAttributeGroup"/〉
〈/complexType〉
```

〈element name="surfaceProperty" type="gml:SurfacePropertyType"/〉

一个具有以曲面作为其值域的特性，它或者是一个封装在该类型的元素中的适当的几何元素，或者是一个由 XLink 引用指向的远程几何元素(这里，远程元素包括在同一文档中其他地方的几何元素)。应该指定是引用元素还是内联元素，不能两个都是或都不是。

该特性元素或者通过 XLink 属性引用一个曲面或者包含曲面元素。surfaceProperty 是预定义特性，当 GML 要素具有特性值可以替代 AbstractSurface 的特性时，GML 应用模式就可以使用这个预定义特性。

10.5.3 曲面数组特性类型，曲面数组特性(SurfaceArrayPropertyType，surfaceArrayProperty)

```
〈complexType name="SurfaceArrayPropertyType"〉
    〈sequence minOccurs="0" maxOccurs="unbounded"〉
        〈element ref="gml:AbstractSurface"/〉
    〈/sequence〉
    〈attributeGroup ref="gml:OwnershipAttributeGroup"/〉
〈/complexType〉
```

gml:SurfaceArrayPropertyType 是一个曲面数组的容器。元素通常包含在数组特性中，不支持通过 XLinks 引用多个几何元素或几何元素数组。

〈element name="surfaceArrayProperty" type="gml:SurfaceArrayPropertyType"/〉

该特性元素包含曲面元素的列表。surfaceArrayProperty 是预定义的特性，当 GML 要素具有特性值可以替代 AbstracSurfaces 的列表的特性时，GML 应用模式就可以使用这个预定义特性。

10.5.4 多边形类型，多边形(PolygonType，Polygon)

```
〈complexType name="PolygonType"〉
    〈complexContent〉
        〈extension base="gml:AbstractSurfaceType"〉
            〈sequence〉
                〈element ref="gml:exterior" minOccurs="0"/〉
                〈clcmcnt rcf="gml:interior" minOccurs-"0" maxOccurs="unbounded"/〉
            〈/sequence〉
        〈/extension〉
    〈/complexContent〉
〈/complexType〉
```

〈element name="Polygon" type="gml:PolygonType" substitutionGroup="gml:AbstractSurface"/〉

gml:Polygon 是由单个曲面片定义的特殊的曲面(见 D.3.6)。该曲面片的边界是共面的，且多边形的内部使用平面内插方法。

注：GB/T 23707 GM_Polygon 由 gml:PolygonPatch 实现。

元素 gml:exterior 和 gml:interior 描述了多边形的曲面边界，下面将给出其定义。

10.5.5 外部，内部(exterior，interior)

〈element name="exterior" type="gml:AbstractRingPropertyType"/〉

一个由多个环组成的曲面的边界。在正常的 2 维情况下，这些环中的一个用作外部边界以区别于其他环。在一般的流形中，这不总是可能的，因为在这些情况下，所有的边界都作为内部边界列出来，且外部边界为空。

〈element name="interior" type="gml:AbstractRingPropertyType"/〉

一个由多个环组成的曲面的边界。“interior”环将曲面/曲面片从闭合环区域中分开。

10.5.6 抽象环类型,抽象环(AbstractRingType,AbstractRing)

```
<complexType name="AbstractRingType" abstract="true">
    <sequence/>
</complexType>
<element name="AbstractRing" type="gml:AbstractRingType" abstract="true"
substitutionGroup="gml:AbstractObject"/>
```

这是对环的抽象,以支持不同复杂性的曲面边界。

gml:AbstractRing 元素是一个曲面片的所有封闭的边界的置换组的抽象的头。

10.5.7 抽象环特性类型(AbstractRingPropertyType)

```
<complexType name="AbstractRingPropertyType">
    <sequence>
        <element ref="gml:AbstractRing"/>
    </sequence>
</complexType>
```

具有 gml:AbstractRingPropertyType 内容模型的特性,封装了一个环以表示曲面的曲面边界特性。

10.5.8 线性环类型,线性环(LinearRingType,LinearRing)

```
<complexType name="LinearRingType">
    <complexContent>
        <extension base="gml:AbstractRingType">
            <sequence>
                <choice>
                    <choice minOccurs="4" maxOccurs="unbounded">
                        <element ref="gml:pos"/>
                        <element ref="gml:pointProperty"/>
                        <element ref="gml:pointRep"/>
                    </choice>
                    <element ref="gml:posList"/>
                    <element ref="gml:coordinates"/>
                </choice>
            </sequence>
        </extension>
    </complexContent>
</complexType>
<element name="LinearRing" type="gml:LinearRingType" substitutionGroup="gml:AbstractRing"/>
```

gml:LinearRing 是由 4 个或更多个坐标元组,以及它们之间的线性内插定义的;起始坐标和结束坐标必须一致。

控制点编码遵循在 10.1.4.4 中描述的模板。列表中的直接位置的个数必须至少为 4 个。

10.5.9 线性环特性类型(LinearRingPropertyType)

```
<complexType name="LinearRingPropertyType">
    <sequence>
        <element ref="gml:LinearRing"/>
    </sequence>
```

```
    〈/complexType〉
```

具有 gml:LinearRingPropertyType 内容模型的特性，封装了一个线性环以表示曲面边界的组合。

10.5.10　曲面类型，曲面(SurfaceType，Surface)

```
    〈complexType name="SurfaceType"〉
        〈complexContent〉
            〈extension base="gml:AbstractSurfaceType"〉
                〈sequence〉
                    〈element ref="gml:patches"/〉
                〈/sequence〉
            〈/extension〉
        〈/complexContent〉
    〈/complexType〉
〈element name="Surface" type="gml:SurfaceType" substitutionGroup="gml:AbstractSurface"/〉
```

曲面是一个 2 维几何单形，它由一个或多个在 GB/T 23707—2009 的 6.3.17.1 中规定的曲面片组成。这些曲面片是互相连接的。

gml:Surface 实现 GB/T 23707 GM_Surface(见 D.2.3.4 和 GB/T 23707—2009，6.3.17)。

gml:patches 封装了曲面片。

10.5.11　有向曲面类型，有向曲面，基本曲面(OrientableSurfaceType，OrientableSurface，baseSurface)

```
    〈complexType name="OrientableSurfaceType"〉
        〈complexContent〉
            〈extension base="gml:AbstractSurfaceType"〉
                〈sequence〉
                    〈element ref="gml:baseSurface"/〉
                〈/sequence〉
                〈attribute name="orientation" type="gml:SignType" default="+"/〉
            〈/extension〉
        〈/complexContent〉
    〈/complexType〉
    〈element name="baseSurface" type="gml:SurfacePropertyType"/〉
〈element name="OrientableSurface" type="gml:OrientableSurfaceType" substitutionGroup=
"gml:AbstractSurface"/〉
```

gml:OrientableSurface 实现 GB/T 23707 GM_OrientableSurface(见 D.2.3.4 和 GB/T 23707—2009，6.3.15)。

gml:OrientableSurface 由一个曲面及一个方向构成。若 orientation 为“+”，则该 gml:OrientableSurface 与 gml:baseSurface 是一致的。若 orientation 为“-”，则该 gml:OrientableSurface 是对 gml:AbstractSurface 的引用，具有与正常向上的曲面相反的方向，即“曲面顶部”的方向。

特性 gml:baseSurfacereferences 引用或包含基本曲面。特性 gml:baseSurface 通过 XLink 属性引用基本曲面或者包含曲面元素。曲面元素是可以替代 gml:AbstractSurface 的任何元素，基本曲面的方向为正。

注：该定义允许嵌套结构，即 gml:OrientableSurface 可以是另一个 gml:OrientableSurface 的基本曲面。

10.5.11.1　环，环类型，曲线成员(Ring，RingType，curveMember)

```
    〈complexType name="RingType"〉
        〈complexContent〉
```

```
            〈extension base="gml:AbstractRingType"〉
                〈sequence〉
                    〈element ref="gml:curveMember" maxOccurs="unbounded"/〉
                〈/sequence〉
                〈attributeGroup ref="gml:AggregationAttributeGroup"/〉
            〈/extension〉
        〈/complexContent〉
    〈/complexType〉
    〈element name="Ring" type="gml:RingType" substitutionGroup="gml:AbstractRing"/〉
〈element name="curveMember" type="gml:CurvePropertyType"/〉
```

gml:Ring 实现 GB/T 23707 GM_Ring (见 D.2.3.4 和 GB/T 23707—2009,6.3.6)。

环用来表示在 GB/T 23707—2009 的 6.3.6 中规定的曲面边界的一个组成部分。

每个 gml:curveMember 引用或者包含一个曲线,即是可以替换"gml:AbstracCurve 的任意元素。在使用环的地方,曲线描述了面的边界。曲线序列是连续的,并连接成一个圈。

如果提供,aggregationType 属性应该有值"sequence"。

注:该定义允许嵌套结构,即 gml:curveMember 可以是 gml:CompositeCurve,同样,可以将另一个 gml:CompositeCurve 作为一个曲线的成员

10.5.11.2 环特性类型(RingPropertyType)

```
〈complexType name="RingPropertyType"〉
    〈sequence〉
        〈element ref="gml:Ring"/〉
    〈/sequence〉
〈/complexType〉
```

一个具有 gml:RingPropertyType 内容模型的特性,封装了一个环以表示曲面边界的一个组成部分。

10.5.11.3 多面体曲面(PolyhedralSurface)

```
〈element name="PolyhedralSurface" type="gml:SurfaceType" substitutionGroup="gml:Surface"/〉
```

gml:PolyhedralSurface 实现 GB/T 23707 GM_PolyhedralSurface (见 D.2.3.4 和 GB/T 23707—2009,6.4.35)。

一个多面体曲面是一个由沿公共边界曲线连接的多边形面片构成。

gml:patches 封装了多面体曲面的多边形面片。所有的面片应该是多边形面片。

10.5.11.4 三角形曲面(TriangulatedSurface)

```
〈element name="TriangulatedSurface" type="gml:SurfaceType" substitutionGroup="gml:Surface"/〉
```

gml:TriangultedSurface 实现 GB/T 23707 GM_TriangulatedSurface (见 D.2.3.4 和 GB/T 23707—2009,6.4.37)。

三角形曲面是一个仅由三角形组成的多面体曲面。对于三角形是如何获得的没有限定。

gml:patches 封装了三角形曲面的三角形。所有的面片都应该是三角形面片。

10.5.11.5 不规则三角网类型,不规则三角网(TinType,Tin)

```
〈complexType name="TinType"〉
    〈complexContent〉
        〈extension base="gml:TriangulatedSurfaceType"〉
```

```
            〈sequence〉
                〈element name="stopLines" type="gml:LineStringSegmentArray-
                PropertyType" minOccurs="0"
                 maxOccurs="unbounded"/〉
                〈element name="breakLines" type="gml:LineStringSegmentArray-
                PropertyType" minOccurs="0"
                 maxOccurs="unbounded"/〉
                〈element name="maxLength" type="gml:LengthType"/〉
                    〈element name="controlPoint"〉
                      〈complexType〉
                           〈choice〉
                                 〈element ref="gml:posList"/〉
                                〈group ref="gml:geometricPositionGroup" minOccurs="3"
                                 maxOccurs="unbounded"/〉
                           〈/choice〉
                      〈/complexType〉
                〈/element〉
            〈/sequence〉
        〈/extension〉
    〈/complexContent〉
〈/complexType〉
〈element name="Tin" type="gml:TinType" substitutionGroup="gml:TriangulatedSurface"/〉
```

gml:Tin 实现 GB/T 23707 GM_Tin（见 D.2.3.4 和 GB/T 23707—2009,6.4.39）。

一个 tin 是用 Delauny 算法或者类似的算法实现的三角形的曲面，同时顾及到中止线（gml:stopLines）、断裂线（gml:breakLines）和三角形边的最大长度（gml:maxLength）。gml:controlPoint 应该包含一组（三个或更多）位置，用作 TIN 的桩点（TIN 中三角形的顶点）。详见 GB/T 23707—2009 的 6.4.39。

10.5.11.6 直线串线段数组特性类型（LineStringSegmentArrayPropertyType）

```
〈complexType name="LineStringSegmentArrayPropertyType"〉
    〈sequence minOccurs="0" maxOccurs="unbounded"〉
        〈element ref="gml:LineStringSegment"/〉
    〈/sequence〉
〈/complexType〉
```

gml:LineStringSegmentArrayPropertyType 为线串提供了容器。

10.5.12 曲面片

10.5.12.1 抽象曲面片类型，抽象曲面片（AbstractSurfacePatchType，AbstractSurfacePatch）

```
〈complexType name="AbstractSurfacePatchType" abstract="true"/〉
〈element name="AbstractSurfacePatch" type="gml:AbstractSurfacePatchType" abstract="true"/〉
```

一个曲面片定义了组成曲面的同质部分。

gml:AbstractSurfacePatch 实现 GB/T 23707 GM_SurfacePatch（见 D.2.3.4 和 GB/T 23707—2009,6.4.34）。

gml:Abstract SurfacePatch 元素是描述曲面的连续组成部分的所有曲面片元素的置换组的抽象的头。

所有的曲面片应该有一个 interpolation 属性(以从 gml:AbstractSurfacePatchType 派生的类型声明),使用 gml:SurfaceInterpolationType 指定的块的插值机制(见 10.5.12.3)。

10.5.12.2 曲面片数组特性类型,曲面片集合(SurfacePatchArrayPropertyType,patches)

```
<complexType name="SurfacePatchArrayPropertyType">
    <sequence minOccurs="0" maxOccurs="unbounded">
        <element ref="gml:AbstractSurfacePatch"/>
    </sequence>
</complexType>
```

gml:SurfacePatchArrayPropertyType 是一个曲面片序列的容器。

```
<element name="patches" type="gml:SurfacePatchArrayPropertyType"/>
```

gml:patches 特性元素包含曲面片的序列。元素的顺序是有意义的,并且在处理数组的时候应该保留。

10.5.12.3 曲面内插类型(SurfaceInterpolationType)

```
<simpleType name="SurfaceInterpolationType">
    <restriction base="string">
        <enumeration value="none"/>
        <enumeration value="planar"/>
        <enumeration value="spherical"/>
        <enumeration value="elliptical"/>
        <enumeration value="conic"/>
        <enumeration value="tin"/>
        <enumeration value="parametricCurve"/>
        <enumeration value="polynomialSpline"/>
        <enumeration value="rationalSpline"/>
        <enumeration value="triangulatedSpline"/>
    </restriction>
</simpleType>
```

gml:SurfaceInterpolationType 是一个代码的列表,用来标识应用模式中指定的插值机制。这个类型实现 GB/T 23707 GM_SurfaceInterpolation(见 D.2.3.4 和 GB/T 23707—2009,6.4.32)。

10.5.12.4 多边形面片类型,多边形面片(PolygonPatchType,PolygonPatch)

```
<complexType name="PolygonPatchType">
    <complexContent>
        <extension base="gml:AbstractSurfacePatchType">
            <sequence>
                <element ref="gml:exterior" minOccurs="0"/>
                <element ref="gml:interior" minOccurs="0" maxOccurs="unbounded"/>
            </sequence>
            <attribute name="interpolation" type="gml:SurfaceInterpolationType"
            fixed="planar"/>
        </extension>
    </complexContent>
</complexType>
<element name="PolygonPatch" type="gml:PolygonPatchType" substitutionGroup="gml:Ab-
```

stractSurfacePatch"/〉

gml:PolygonPatch 实现 GB/T 23707 GM_Polygon（见 D.2.3.4 和 GB/T 23707—2009,6.4.36）。

gml:PolygonPatch 是一个曲面片,它是由一组边界曲线和这些曲线所在的曲面定义的。这些曲线是共面的,并且该多边形内部使用平面插值(planar interpolation)。

interpolation 固定为“planar”,即插值方法应返回单个平面的点。面片的边界应包含在该平面内。

10.5.12.5 三角形类型,三角形(**TriangleType,Triangle**)

```
〈complexType name="TriangleType"〉
    〈complexContent〉
        〈extension base="gml:AbstractSurfacePatchType"〉
            〈sequence〉
                〈element ref="gml:exterior"/〉
            〈/sequence〉
            〈attribute name="interpolation" type="gml:SurfaceInterpolationType"
            fixed="planar"/〉
        〈/extension〉
    〈/complexContent〉
〈/complexType〉
〈element name="Triangle" type="gml:TriangleType" substitutionGroup="gml:AbstractSurface-
Patch"/〉
```

gml:Triangle 表示一个三角形曲面片,它的外边界是由线性环构成的。需要注意的是,这是一个没有内边界的多边形(子类型)。线性环的点数应该为 4。

环(元素 gml:exterior)应是 gml:LinearRing,且应该构成一个三角形,第一个点与最后一个点的位置应该一致。

interpolation 固定为“planar”,即插值方法应返回单个平面的点。面片的边界应包含在该平面内。

10.5.12.6 矩形类型,矩形(**RectangleType,Rectangle**)

```
〈complexType name="RectangleType"〉
    〈complexContent〉
        〈extension base="gml:AbstractSurfacePatchType"〉
            〈sequence〉
                〈element ref="gml:exterior"/〉
            〈/sequence〉
            〈attribute name="interpolation" type="gml:SurfaceInterpolationType"
            fixed="planar"/〉
        〈/extension〉
    〈/complexContent〉
〈/complexType〉
〈element name="Rectangle" type="gml:RectangleType" substitutionGroup="gml:Abstract-
SurfacePatch"/〉
```

gml:Rectangle 表示一个矩形曲面片,它的外边界是由一线性环构成的。需要注意的是,这是一个没有内边界的多边形(子类型)。线性环的点数必须为 5。

注:概念上,矩形是多边形的一个子类型,通过限制从 gml:PolygonType 派生定义 gml:RectangleType 类型是有问题的,因为在 XML 模式中像这样的限制派生是要避免的。

环(元素 gml:exterior)应为 gml:LinearRing,且应该构成一矩形,第一个点与最后一个点的位置应该一致。

interpolation 固定为“planar”，即插值方法应返回单个平面的点。面片的边界应包含在该平面内。

10.5.12.7 **点格网(PointGrid)**

```
〈group name="PointGrid"〉
    〈sequence〉
        〈element name="rows"〉
            〈complexType〉
                〈sequence〉
                    〈element name="Row" maxOccurs="unbounded"〉
                        〈complexType〉
                            〈group ref="gml:geometricPositionListGroup"/〉
                        〈/complexType〉
                    〈/element〉
                〈/sequence〉
            〈/complexType〉
        〈/element〉
    〈/sequence〉
〈/group〉
```

gml:PointGrid 实现 GB/T 23707 GM_PointGrid（见 D.2.3.4 和 GB/T 23707—2009,6.4.6）。

gml:PointGrid 组包含或者引用被组织到系列或格网中的点或位置。所有的 gml:rows 应该有同样数量的位置(列)。

10.5.12.8 **抽象参数曲线曲面类型，抽象参数曲线曲面(AbstractParametricCurveSurfaceType, AbstractParametricCurveSurface)**

```
〈complexType name="AbstractParametricCurveSurfaceType" abstract="true"〉
    〈complexContent〉
        〈extension base="gml:AbstractSurfacePatchType"〉
            〈attributeGroup ref="gml:AggregationAttributeGroup"/〉
        〈/extension〉
    〈/complexContent〉
〈/complexType〉
〈element name="AbstractParametricCurveSurface" type="gml:AbstractParametricCur-
veSurfaceType" abstract="true"
substitutionGroup="gml:AbstractSurfacePatch"/〉
```

gml:AbstractParametricCurveSurface 实现 GB/T 23707 GM_ParametricCurveSurface（见 D.2.3.4 和 GB/T 23707—2009,6.4.40）。

该元素为基于参数曲面的曲面片提供了一个置换组头。所有的属性都在派生的子类型中指定。所有派生的子类型应该与在 GB/T 23707—2009 的 6.4.40 中规定的约束一致。

如果提供，aggregationType 属性应该具有值“set”。

10.5.12.9 **抽象格网曲面类型，抽象格网曲面(AbstractGriddedSurfaceType, AbstractGriddedSurface)**

```
〈complexType name="AbstractGriddedSurfaceType" abstract="true"〉
    〈complexContent〉
        〈extension base="gml:AbstractParametricCurveSurfaceType"〉
            〈sequence〉
```

```
                〈group ref="gml:PointGrid"/〉
            〈/sequence〉
            〈attribute name="rows" type="integer"/〉
            〈attribute name="columns" type="integer"/〉
        〈/extension〉
    〈/complexContent〉
〈/complexType〉
〈element name="AbstractGriddedSurface" type="gml:AbstractGriddedSurfaceType" abstract="true"
substitutionGroup="gml:AbstractParametricCurveSurface"/〉
```

gml:AbstractGriddedSurface 实现 GB/T 23707 GM_GriddedSurface（见 D.2.3.4 和 GB/T 23707—2009,6.4.41）。

如果提供，参数格网中的行数应该由 rows 给出，列数由 columns 给出。

参数格网由在 gml:PointGrid 组的实例表示。

该元素为了基于格网的曲面片提供了一个置换组头。所有派生的子类型应该与 GB/T 23707—2009 的 6.4.41 中规定的约束一致。

10.5.12.10 圆锥面类型，圆锥面(ConeType,Cone)

```
〈complexType name="ConeType"〉
    〈complexContent〉
        〈extension base="gml:AbstractGriddedSurfaceType"〉
            〈attribute name="horizontalCurveType" type="gml:CurveInterpolationType"
            fixed="circularArc3Points"/〉
            〈attribute name="verticalCurveType" type="gml:CurveInterpolationType"
            fixed="linear"/〉
        〈/extension〉
    〈/complexContent〉
〈/complexType〉
        〈element name="Cone" type="gml:ConeType" substitutionGroup="gml:Abstract-
        GriddedSurface"/〉
```

gml:Cone 实现 GB/T 23707 GM_Cone(见 D.2.3.4 和 GB/T 23707—2009,6.4.42)。

10.5.12.11 圆柱面类型，圆柱面(CylinderType,gmlCylinder)

```
〈complexType name="CylinderType"〉
    〈complexContent〉
        〈extension base="gml:AbstractGriddedSurfaceType"〉
            〈attribute name="horizontalCurveType" type="gml:CurveInterpolationType"
            fixed="circularArc3Points"/〉
            〈attribute name="verticalCurveType" type="gml:CurveInterpolationType"
            fixed="linear"/〉
        〈/extension〉
    〈/complexContent〉
〈/complexType〉
〈element name="Cylinder" type="gml:CylinderType" substitutionGroup="gml:AbstractGrid-
dedSurface"/〉
```

gml:Cylinder 实现 GB/T 23707 GM_Cylinder（见 D.2.3.4 和 GB/T 23707—2009，6.4.43）。

10.5.12.12 球面类型，球面（SphereType，Sphere）

```
<complexType name="SphereType">
    <complexContent>
        <extension base="gml:AbstractGriddedSurfaceType">
            <attribute name="horizontalCurveType" type="gml:CurveInterpolationType"
            fixed="circularArc3Points"/>
            <attribute name="verticalCurveType" type="gml:CurveInterpolationType"
            fixed="circularArc3Points"/>
        </extension>
    </complexContent>
</complexType>
<element name="Sphere" type="gml:SphereType" substitutionGroup="gml:AbstractGridded-
Surface"/>
```

gml:Sphere 实现 GB/T 23707 GM_Sphere（见 D.2.3.4 和 GB/T 23707—2009，6.4.44）。

10.6 几何单形（3 维对象）

10.6.1 抽象体类型，抽象体（AbstractSolidType，AbstractSolid）

```
<complexType name="AbstractSolidType">
    <complexContent>
        <extension base="gml:AbstractGeometricPrimitiveType"/>
    </complexContent>
</complexType>
<element name="AbstractSolid" type="gml:AbstractSolidType" abstract="true"
substitutionGroup="gml:AbstractGeometricPrimitive"/>
```

gml:AbstractSolidTyp 是一个体（solid）的抽象，以支持不同的复杂度的体。一个体常被认为是一个几何单形，即它是连续的。

gml:AbstractSolid 元素是所有（连续的）体元素的置换组的抽象的头。

10.6.2 体特性类型，体特性（SolidPropertyType，solidProperty）

```
<complexType name="SolidPropertyType">
    <sequence minOccurs="0">
        <element ref="gml:AbstractSolid"/>
    </sequence>
    <attributeGroup ref="gml:AssociationAttributeGroup"/>
    <attributeGroup ref="gml:OwnershipAttributeGroup"/>
</complexType>
```

一个具有体作为其值域的特性，它或者是一个封装在该类型的元素中的适当的几何元素，或者是一个由 XLink 引用指向的远程的几何元素（这里，远程元素包括在同一文档中其他地方的几何元素）。应该指定是引用元素还是内联元素，不能两个都是或都不是。

```
<element name="solidProperty" type="gml:SolidPropertyType"/>
```

该特性元素或者通过 XLink 属性引用一个体或者包含体元素。gml:solidProperty 是预定义特性，当 GML 要素具有特性值可以替代 gml:AbstractSolid 的特性时，GML 应用模式就可以使用这个预定义特性。

10.6.3 体数组特性类型,体数组特性(SolidArrayPropertyType,solidArrayProperty)

```
〈complexType name="SolidArrayPropertyType"〉
    〈sequence minOccurs="0" maxOccurs="unbounded"〉
        〈element ref="gml:AbstractSolid"/〉
    〈/sequence〉
    〈attributeGroup ref="gml:OwnershipAttributeGroup"/〉
〈/complexType〉
```

gml:SolidArrayPropertyType 是一个体数组的容器。元素通常包含在数组特性中,不支持通过 XLinks 引用多个几何元素或几何元素数组。

```
〈element name="solidArrayProperty" type="gml:SolidArrayPropertyType"/〉
```

该特性元素包含体元素的列表。solidArrayProperty 是预定义的特性,当 GML 要素具有特性值可以替代 gml:AbstractSolid 的列表的特性时,GML 应用模式就可以使用这个预定义特性。

10.6.4 体类型,体(SolidType,Solid)

```
〈complexType name="SolidType"〉
    〈complexContent〉
        〈extension base="gml:AbstractSolidType"〉
            〈sequence〉
                〈element name="exterior" type="gml:ShellPropertyType" minOccurs="0"/〉
                〈element name="interior" type="gml:ShellPropertyType" minOccurs="0"
                maxOccurs="unbounded"/〉
            〈/sequence〉
        〈/extension〉
    〈/complexContent〉
〈/complexType〉
〈element name="Solid" type="gml:SolidType" substitutionGroup="gml:AbstractSolid"/〉
```

gml:Solid 实现 GB/T 23707 GM_Solid (见 D.2.3.3 和 GB/T 23707—2009,6.3.18)。

体是 3 维几何的基础。体的范围是在 GB/T 23707—2009 的 6.3.18 中规定的边界曲面。gml:exterior 指定了外边界,gml:interior 指定了内边界。

10.6.5 壳类型,壳(ShellType,Shell)

```
〈complexType name="ShellType"〉
    〈sequence〉
        〈element ref="gml:surfaceMember" maxOccurs="unbounded"/〉
    〈/sequence〉
    〈attributeGroup ref="gml:AggregationAttributeGroup"/〉
〈/complexType〉
〈element name="Shell" type="gml:ShellType" substitutionGroup="gml:AbstractObject"/〉
〈element name="surfaceMember" type="gml:SurfacePropertyType"/〉
```

gml:Shell 实现 GB/T 23707 GM_Shell (见 D.2.3.3 和 GB/T 23707—2009,6.3.8)。

壳(shell)表示了在 GB/T 23707—2009 的 6.3.8 中规定的体边界的单个组成部分。

每个 gml:surfaceMember 引用或者包含一个面,即任何可以替代 gml:AbstractSurface 的元素。在壳的结构中,表面描述的是体的边界。

如果提供,aggregationType 属性应该具有值“set”。

注:该定义允许嵌套结构,即 gml:surfaceMember 可以是 gml:CompositeSurface,同样,可以将另一个 gml:CompositeSurfaces 作为一个曲面的成员。

10.6.6 壳特性类型(ShellPropertyType)

```
〈complexType name="ShellPropertyType"〉
    〈sequence〉
        〈element ref="gml:Shell"/〉
    〈/sequence〉
〈/complexType〉
```

具有 gml:ShellPropertyType 内容模型的特性,封装了一个壳,以表达体边界的组成部分。

11 GML 模式——几何复形,几何组合和几何聚合

11.1 概述

这章描述几何复形和几何聚合的几何模式组件。

注:几何模式文档 geometryAggregates. xsd 和 geometryComplexes. xsd (见附录 C)由下列独立于地址的名称(用 URN 语法)识别:

urn:x-ogc:specification:gml:schema-xsd:geometryAggregates:3.2.1

urn:x-ogc:specification:gml:schema-xsd:geometryComplexes:3.2.1

几何聚合(即 gml:AbstractGeometricAggregateType 的子类型的实例)是几何元素的任意聚合。假定它们没有任何额外的内部结构并用于集成指定类型的几何元素。应用模式可以对需要多种几何对象来表达的要素实行聚合。

几何复形(即 gml:GeometricComplexType 的实例)是几何单形的闭集,即它们包含边界。

在 GB/T 23707—2009 的 6.6.1 中几何复形(gml:GeometricComplex)定义为“一组单形几何对象(在同一坐标系内),它们的内部是不连接的。而且,如果单形是在几何复形内,则在复形中存在一组单形,该几何复形中点与点地联合是第一个单形的边界。”

几何组合(gml:CompositeCurve,gml:CompositeSurface 和 gml:CompositeSolid)表示了一个具有潜在核心几何元素的几何复形,该潜在核心几何是同质的单形的联合,可以看作是一个单形和一个复形。关于几何组合的本质详见 GB/T 23707—2009 的 6.1 和 6.6.3。

几何复形和聚合主要用于存在重要的几何元素共享的应用模式中。

11.2 几何复形和几何组合

11.2.1 几何复形

11.2.1.1 几何复形类型,几何复形(GeometricComplexType,GeometricComplex)

```
〈complexType name="GeometricComplexType"〉
    〈complexContent〉
        〈extension base="gml:AbstractGeometryType"〉
            〈sequence〉
                〈element name="element" type="gml:GeometricPrimitivePropertyType"
                maxOccurs="unbounded"/〉
            〈/sequence〉
            〈attributeGroup ref="gml:AggregationAttributeGroup"/〉
        〈/extension〉
    〈/complexContent〉
〈/complexType〉
〈element name="GeometricComplex" type="gml:GeometricComplexType" substitution-
Group="gml:AbstractGeometry"/〉
```

gml:GeometricComplex 实现 GB/T 23707 GM_Complex (见 GB/T 23707—2009,6.6.2 和 6.6.1),

在 D.2.3.6中进行了说明。

gml:element 引用或内联一个几何单形(包含组合几何)。

11.2.1.2 几何复形特性类型(GeometricComplexPropertyType)

```
<complexType name="GeometricComplexPropertyType">
    <sequence minOccurs="0">
        <choice>
            <element ref="gml:GeometricComplex"/>
            <element ref="gml:CompositeCurve"/>
            <element ref="gml:CompositeSurface"/>
            <element ref="gml:CompositeSolid"/>
        </choice>
    </sequence>
    <attributeGroup ref="gml:OwnershipAttributeGroup"/>
    <attributeGroup ref="gml:AssociationAttributeGroup"/>
</complexType>
```

一个具有以几何复形作为其值域的特性,它或者是一个封装在该类型的元素中的适当的几何元素,或者是一个由 XLink 引用指向的远程几何元素(这里,远程元素包括在同一文档中其他地方的几何元素)。应该指定是引用元素还是内联元素,不能两个都是或都不是。

注:允许包含于该特性中(或它引用)的几何元素通过 XML 模式选择元素进行建模,因为组合(概念上的)同时从几何复形和几何单形继承,且已经是 gml:AbstractGeometricPrimitive 置换组的一部分。

11.2.2 几何组合

11.2.2.1 GML 中组合的一般表示

几何组合的成员应该为同质的几何单形的集合,这些几何单形的联合是组合的核心几何。复形应该包括所有成员单形和这些单形的边界上的所有单形,并且直到包含 gml:Points 为止。因此,gml:CompositeCurve ,gml:CompositeSurface 和 gml:CompositeSolid 的"member"特性表示了 gml:GeometricComplex 的 gml:element 特性的子集。

因为 XML 模式不支持 GB/T 23707 中使用"多重继承(multiple inheritance)"的概念来表达 GML 模式中的几何组合的二元性(作为开放的单形和闭合的复形),所以组合只能从 gml:AbstractGeometricPrimitiveType 继承,然而,通过使用特性类型 gml:GeometricComplexPropertyType 中的<choice>元素,组合可以用在任意的期望值是 gml:GeometricComplex 的特性。

11.2.2.2 组合曲线类型,组合曲线(CompositeCurveType,CompositeCurve)

```
<complexType name="CompositeCurveType">
    <complexContent>
        <extension base="gml:AbstractCurveType">
            <sequence>
                <element ref="gml:curveMember" maxOccurs="unbounded"/>
            </sequence>
            <attributeGroup ref="gml:AggregationAttributeGroup"/>
        </extension>
    </complexContent>
</complexType>
<element name="CompositeCurve" type="gml:CompositeCurveType" substitutionGroup=
"gml:AbstractCurve"/>
```

gml:CompositeCurve 实现 GB/T 23707 GM_CompositeCurve（见 GB/T 23707—2009,6.6.5），在 D.2.3.6 中进行说明。

gml:CompositeCurve 由(有向的)曲线序列表示，序列中每条曲线的终点是序列中后续曲线的起点。

gml:curveMember 引用或内联一个在组合曲线中的曲线。

这些曲线是相连的，曲线集合是有序的。因此，如果提供，aggregationType 特性应该有值“sequence”。

注：该定义允许嵌套结构，也就是，gml:CompositeCurve 可以使用其他的 CompositeCurve 作为其曲线成员。

11.2.2.3 组合曲面类型，组合曲面(CompositeSurfaceType，CompositeSurface)

```
<complexType name="CompositeSurfaceType">
    <complexContent>
        <extension base="gml:AbstractSurfaceType">
            <sequence>
                <element ref="gml:surfaceMember" maxOccurs="unbounded"/>
            </sequence>
            <attributeGroup ref="gml:AggregationAttributeGroup"/>
        </extension>
    </complexContent>
</complexType>
        <element name="CompositeSurface" type="gml:CompositeSurfaceType" substitutionGroup="gml:AbstractSurface"/>
```

gml:CompositeSurface 实现 GB/T 23707 GM_CompositeSurface（见 GB/T 23707—2009,6.6.6），在 D.2.3.6 中进行说明。

gml:CompositeSurface 由一组有向面表示。它是具有(单形)曲面的所有几何特性的一种几何类型。本质上，组合曲面是一个面的集合，其中每两个面在公共边界曲线上互连，如果作为一个整体来考虑，它形成一个曲面。

gml:surfaceMember 引用或内联组合曲面的一个曲面。该曲面是连续的。

注：该定义允许嵌套结构，即，CompositeSurface 可以使用另一个 CompositeSurface 作为曲面的成员。

11.2.2.4 组合体类型，组合体(CompositeSolidType，CompositeSolid)

```
<complexType name="CompositeSolidType">
    <complexContent>
        <extension base="gml:AbstractSolidType">
            <sequence>
                <element ref="gml:solidMember" maxOccurs="unbounded"/>
            </sequence>
            <attributeGroup ref="gml:AggregationAttributeGroup"/>
        </extension>
    </complexContent>
</complexType>
<element name="CompositeSolid" type="gml:CompositeSolidType" substitutionGroup="gml:AbstractSolid"/>
```

gml:CompositeSolid 实现 GB/T 23707 GM_CompositeSolid（见 GB/T 23707—2009,6.6.7），在 D.2.3.6 中进行说明。

gml:CompositeSolid 由一组有向曲面表示。它是一个具有(单形)体的所有几何特性的几何类型。本质上,组合体是一个体的集合,其中每两个体在公共边界曲面上互连,如果作为一个整体来考虑,它形成一个体。

gml:solidMember 引用或内联组合体中的一个体。这些体是连续的。

注:该定义允许嵌套结构,即 CompositeSolid 可以使用另一个 CompositeSolid 作为成员。

11.3 几何聚合

11.3.1 没有指定维数的聚合

11.3.1.1 抽象几何聚合类型,抽象几何聚合(**AbstractGeometricAggregateType,AbstractGeometricAggregate**)

```
〈complexType name="AbstractGeometricAggregateType" abstract="true"〉
    〈complexContent〉
        〈extension base="gml:AbstractGeometryType"〉
            〈attributeGroup ref="gml:AggregationAttributeGroup"/〉
        〈/extension〉
    〈/complexContent〉
〈/complexType〉
〈element name="AbstractGeometricAggregate" type="gml:AbstractGeometricAggregateType" abstract="true" substitutionGroup="gml:AbstractGeometry"/〉
```

gml:AbstractGeometricAggregate 实现 GB/T 23707 GM_Aggregate(见 GB/T 23707—2009,6.5.2),在 D.2.3.5 中进行说明。它是所有几何聚合的置换组的抽象的头。

11.3.1.2 多几何类型,多几何,几何成员,几何成员集合(**MultiGeometryType,MultiGeometry,geometryMember,geometryMembers**)

```
〈complexType name="MultiGeometryType"〉
    〈complexContent〉
        〈extension base="gml:AbstractGeometricAggregateType"〉
            〈sequence〉
                〈element ref="gml:geometryMember" minOccurs="0" maxOccurs="unbounded"/〉
                〈element ref="gml:geometryMembers" minOccurs="0"/〉
            〈/sequence〉
        〈/extension〉
    〈/complexContent〉
〈/complexType〉
〈element name="MultiGeometry" type="gml:MultiGeometryType" substitutionGroup="gml:AbstractGeometricAggregate"/〉
```

gml:MultiGeometry 是一个或多个任意类型的 GML 几何对象的集合(见 D.3.8)。

几何聚合成员可以使用“标准”特性(gml:geometryMember)或者数组特性(gml:geometryMembers)指定。在同一集合中,同时使用“标准”特性和数组特性也是有效的。

注:数组特性不能通过 XLinks 引用远程几何元素。

```
〈element name="geometryMember" type="gml:GeometryPropertyType"/〉
```

该特性元素通过 XLink 属性引用几何元素或者包含几何元素。

```
〈element name="geometryMembers" type="gml:GeometryArrayPropertyType"/〉
```

该特性元素包含几何元素的列表。这些元素的顺序是有意义的,并且在处理数组时应保留。

11.3.1.3 多几何特性类型,多几何特性(MultiGeometryPropertyType,MultiGeometryProperty)

```
〈complexType name="MultiGeometryPropertyType"〉
    〈sequence minOccurs="0"〉
        〈element ref="gml:AbstractGeometricAggregate"/〉
    〈/sequence〉
    〈attributeGroup ref="gml:AssociationAttributeGroup"/〉
    〈attributeGroup ref="gml:OwnershipAttributeGroup"/〉
〈/complexType〉
```

一个具有以几何聚合作为其值域的特性,它或者是一个封装在该类型的元素中的适当的几何元素,或者是一个由 XLink 引用指向的远程几何元素(这里,远程元素包括在同一文档中其他地方的几何元素)。应该指定是引用元素还是内联元素,不能两个都是或都不是。

〈element name="multiGeometryProperty" type="gml:MultiGeometryPropertyType"/〉

该特性元素或者通过 XLink 属性引用一个几何聚合或者包含"multigeometry"元素。gml:MultiGeometryProperty 是预定义特性,当 GML 要素具有特性值可以替代 gml:AbstractGeometricAggregate 的特性时,GML 应用模式就可以使用这个预定义特性。

11.3.2 0维聚合

11.3.2.1 多点类型,多点,点成员,点成员集合(MultiPointType,MultiPoint,pointMember,pointMembers)

```
〈complexType name="MultiPointType"〉
    〈complexContent〉
        〈extension base="gml:AbstractGeometricAggregateType"〉
            〈sequence〉
                〈element ref="gml:pointMember" minOccurs="0" maxOccurs="unbounded"/〉
                〈element ref="gml:pointMembers" minOccurs="0"/〉
            〈/sequence〉
        〈/extension〉
    〈/complexContent〉
〈/complexType〉
```

〈element name="MultiPoint" type="gml:MultiPointType" substitutionGroup="gml:AbstractGeometricAggregate"/〉

gml:MultiPoint 实现 GB/T 23707 GM_MultiPoint (见 GB/T 23707—2009,6.5.4),在 D.2.3.5 中规定。

gml:MultiPoint 由一个或多个 gml:Points 组成。

几何聚合的成员可以使用"标准"特性(gml:pointMember)或者数组特性(gml:pointMembers)指定。在同一集合中,同时使用"标准"特性和数组特性也是有效的。

注:数组特性不能通过 XLinks 引用远程几何元素。

〈element name="pointMember" type="gml:PointPropertyType"/〉

该特性元素通过 XLink 属性引用一个点或包含点元素。

〈element name="pointMembers" type="gml:PointArrayPropertyType"/〉

该特性元素包含点元素的列表。元素的顺序是有意义的,并且在处理数组时应保留。

11.3.2.2 多点特性类型,多点特性(MultiPointPropertyType,MultiPointProperty)

```
〈complexType name="MultiPointPropertyType"〉
    〈sequence minOccurs="0"〉
```

```
            〈element ref="gml:MultiPoint"/〉
        〈/sequence〉
        〈attributeGroup ref="gml:AssociationAttributeGroup"/〉
        〈attributeGroup ref="gml:OwnershipAttributeGroup"/〉
    〈/complexType〉
```

一个具有以点的集合作为其值域的特性，它或者是一个封装在该类型的元素中的适当的几何元素，或者是一个由 XLink 引用指向的远程几何元素（这里，远程元素包括在同一文档中其他地方的几何元素）。应该指定是引用元素还是内联元素，不能两个都是或都不是。

```
〈element name="multiPointProperty" type="gml:MultiPointPropertyType"/〉
```

该特性元素或者通过 XLink 属性引用一个点聚合或者包含"multi point"元素。gml:MultiPointProperty 是预定义特性，当 GML 要素具有特性值可以替代 gml:MultiPoint 的特性时，GML 应用模式就可以使用这个预定义特性。

11.3.3 1维聚合

11.3.3.1 多曲线类型，多曲线，曲线成员集合（MultiCurveType，MultiCurve，curveMembers）

```
〈complexType name="MultiCurveType"〉
        〈complexContent〉
            〈extension base="gml:AbstractGeometricAggregateType"〉
                〈sequence〉
                    〈element ref="gml:curveMember" minOccurs="0" maxOccurs=
                    "unbounded"/〉
                    〈element ref="gml:curveMembers" minOccurs="0"/〉
                〈/sequence〉
            〈/extension〉
        〈/complexContent〉
    〈/complexType〉
〈element name="MultiCurve" type="gml:MultiCurveType" substitutionGroup="gml:AbstractGeometricAggregate"/〉
```

gml:MultiCurve 实现 GB/T 23707 GM_MultiCurve（见 GB/T 23707—2009,6.5.5），在 D.2.3.5 中规定。

gml:MultiCurve 由一条或多个 gml:AbstractCurves 定义。

几何聚合的成员可以使用"标准"特性（gml:curveMember）或者数组特性（gml:curveMembers）指定。在同一集合中，同时使用"标准"特性和数组特性也是有效的。

注 1：数组特性不能通过 XLinks 引用远程几何元素。

```
〈element name="curveMembers" type="gml:CurveArrayPropertyType"/〉
```

该特性包含曲线的列表。元素的顺序是有意义的，并且在处理数组时应保持。

注 2：gml:curveMember 已在 10.5.11.1 中声明。

11.3.3.2 多曲线特性类型，多曲线特性（MultiCurvePropertyType，MultiCurveProperty）

```
〈complexType name="MultiCurvePropertyType"〉
    〈sequence minOccurs="0"〉
        〈element ref="gml:MultiCurve"/〉
    〈/sequence〉
    〈attributeGroup ref="gml:AssociationAttributeGroup"/〉
    〈attributeGroup ref="gml:OwnershipAttributeGroup"/〉
```

```
</complexType>
```

一个具有以曲线集合作为其值域的特性,它或者是一个封装在该类型的元素中的适当的几何元素,或者是一个由 XLink 引用指向的远程几何元素(这里,远程元素包括在同一文档中其他地方的几何元素)。应该指定是引用元素还是内联元素,不能两个都是或都不是。

```
<element name="multiCurveProperty" type="gml:MultiCurvePropertyType"/>
```

该特性元素或者通过 XLink 属性引用一个曲线聚合或者包含"multi curve"元素。gml:MultiCurveProperty 是预定义特性,当 GML 要素具有特性值可以替代 gml:MultiCurve 的特性时,GML 应用模式就可以使用这个预定义特性。

11.3.4 2维聚合

11.3.4.1 多曲面类型,多曲面,曲面成员,曲面成员集合(**MultiSurfaceType, MultiSurface, surfaceMember, surfaceMembers**)

```
<complexType name="MultiSurfaceType">
    <complexContent>
        <extension base="gml:AbstractGeometricAggregateType">
            <sequence>
                <element ref="gml:surfaceMember" minOccurs="0" maxOccurs=
                "unbounded"/>
                <element ref="gml:surfaceMembers" minOccurs="0"/>
            </sequence>
        </extension>
    </complexContent>
</complexType>
<element name="MultiSurface" type="gml:MultiSurfaceType" substitutionGroup="gml:
AbstractGeometricAggregate"/>
```

gml:MultiSurface 实现 GB/T 23707 GM_MultiSurface(见 GB/T 23707—2009,6.5.6),在 D.2.3.5 中规定。

gml:MultiSurface 用一个或多个 gml:AbstractSurfaces 定义。

几何聚合的成员可以使用"标准"特性(gml:surfaceMember)或者数组特性(gml:surfaceMembers)指定。在同一集合中,同时使用"标准"特性和数组特性也是有效的。

注:数组特性不能通过 XLinks 引用远程几何元素。

```
<element name="surfaceMember" type="gml:SurfacePropertyType"/>
```

该特性元素通过 XLink 属性引用曲面,或者包含曲面元素。曲面元素是任何可以替代 gml:AbstractSurface 的元素。

```
<element name="surfaceMembers" type="gml:SurfaceArrayPropertyType"/>
```

该特性元素包含曲面元素的列表。元素的顺序是有意义的,并且在处理数组时应保留。

11.3.4.2 多曲面特性类型,多曲面特性(**MultiSurfacePropertyType, MultiSurfaceProperty**)

```
<complexType name="MultiSurfacePropertyType">
    <sequence minOccurs="0">
        <element ref="gml:MultiSurface"/>
    </sequence>
    <attributeGroup ref="gml:AssociationAttributeGroup"/>
    <attributeGroup ref="gml:OwnershipAttributeGroup"/>
</complexType>
```

一个具有以曲面的集合作为其值域的特性，它或者是一个封装在该类型的元素中的适当的几何元素，或者是一个由 XLink 引用指向的远程几何元素(这里，远程元素包括在同一文档中其他地方的几何元素)。应该指定是引用元素还是内联元素，不能两个都是或都不是。

〈element name="multiSurfaceProperty" type="gml:MultiSurfacePropertyType"/〉

该特性元素或者通过 XLink 属性引用一个曲面聚合或者包含"multi surface"元素。gml:multiSurfaceProperty 是预定义特性，当 GML 要素具有特性值可以替代 gml:MultiSurface 的特性时，GML 应用模式就可以使用这个预定义特性。

11.3.5 3 维聚合

11.3.5.1 多体类型，多体，体成员，体成员集合(MultiSolidType，MultiSolid，solidMember，solidMembers)

```
〈complexType name="MultiSolidType"〉
    〈complexContent〉
        〈extension base="gml:AbstractGeometricAggregateType"〉
            〈sequence〉
                〈element ref="gml:solidMember" minOccurs="0" maxOccurs="unbounded"/〉
                〈element ref="gml:solidMembers" minOccurs="0"/〉
            〈/sequence〉
        〈/extension〉
    〈/complexContent〉
〈/complexType〉
〈element name="MultiSolid" type="gml:MultiSolidType" substitutionGroup="gml:AbstractGeometricAggregate"/〉
```

gml:MultiSolid 实现 GB/T 23707 GM_MultiSolid (见 GB/T 23707—2009，6.5.7)，在 D.2.3.5 中规定。

gml:MultiSolid 用一个或多个 gml:AbstractSolids 定义。

几何聚合的成员可以使用"标准"特性(gml:solidMember)或者数组特性(gml:solidMembers)指定。在同一集合中，同时使用"标准"特性和数组特性也是有效的。

注：数组特性不能通过 XLinks 引用远程几何元素。

〈element name="solidMember" type="gml:SolidPropertyType"/〉

该特性元素通过 XLink 属性引用体，或者包含体元素。体元素是任何可以替代 gml:AbstractSolid 的元素。

〈element name="solidMembers" type="gml:SolidArrayPropertyType"/〉

该特性元素包含体元素的列表。元素的顺序是有意义的，并且在处理数组时应保留。

11.3.5.2 多体特性类型，多体特性(MultiSolidPropertyType，MultiSolidProperty)

```
〈complexType name="MultiSolidPropertyType"〉
    〈sequence minOccurs="0"〉
        〈element ref="gml:MultiSolid"/〉
    〈/sequence〉
    〈attributeGroup ref="gml:AssociationAttributeGroup"/〉
    〈attributeGroup ref="gml:OwnershipAttributeGroup"/〉
〈/complexType〉
```

一个具有以体的集合作为其值域的特性，它或者是一个封装在该类型的元素中的适当的几何元素，或者是一个由 XLink 引用指向的远程几何元素(这里，远程元素包括在同一文档中其他地方的几何元素)。应该指定是引用元素还是内联元素,不能两个都是或都不是。

〈element name="multiSolidProperty" type="gml:MultiSolidPropertyType"/〉

该特性元素或者通过 XLink 属性引用一个体聚合或者包含"multi solid"元素。gml:multiSolidProperty 是预定义特性,当 GML 要素具有特性值可以替代 gml:MultiSolid 的特性时,GML 应用模式就可以使用这个预定义特性。

12 GML 模式——坐标参照系模式

12.1 概述

12.1.1 引言

这章描述用于为坐标参照系和坐标操作的定义进行编码的 GML 模式组件,解释组件的内容、结构和依赖性。

12.1.2 与 ISO 19111 的关系

本章定义的模式组件提供了 ISO 19111 中规定的概念模式的完备实现。两者之关系在 D.2.7 中详细讨论。另外,关于时间参照系的组件在 D.3.9 中规定。

在 GML 中实现的 ISO 19111 类型在 ISO 19111 中指定;在 ISO 19111 中为这些类型规定的一些附加约束,同样是 GML 模式组件的约束。

注:相应的 5 个模式文档是 referenceSystems.xsd,coordinateReferenceSystems.xsd,datums.xsd,coordinateSystems.xsd 和 coordinateOperations.xsd。这些模式文档采用与概念模型相似的名称实现 UML 包。

12.1.3 重要的 XML 元素

这些 XML 模式组件用于对坐标参照系(CRS)和坐标操作(包括坐标变换和转换)的定义数据进行编码。这些定义数据包括必需的标识和说明数据。这些模式组件的语义见 ISO 19111。

特定的 XML 编码包括多个可选的顶级 XML 元素(也就是,不只是单个顶级元素可以作为所有 XML 文档的基础)。这些顶级 XML 元素中的大多数是包含标识信息的允许被引用的 GML 对象。可选的顶级 XML 元素包括:

a) 所有具体的 XML 元素,它在以抽象的 XML 元素 SingleCRS 为头的置换组中。这些元素的每一个能够用来转换该类型的坐标参照系的定义。有 8 个这样的具体元素,它们是:

——CompoundCRS;

——GeocentricCRS;

——ProjectedCRS;

——EngineeringCRS;

——ImageCRS;

——VerticalCRS;

——TemporalCRS;

——DerivedCRS。

b) 所有具体的 XML 元素,它可替代抽象的 XML 元素 CoordinateOperation,即:

——ConcatenatedOperation;

——PassThroughOperation;

——Transformation;

——Conversion。

c) 具体的 XML 元素,它可用多个包含数据结构的底层的 XML 元素替代 SingleCRS。这些底层的元素包括所有 5 个具体的元素,它们可替代抽象 XML 元素 Datum ,它们是:

——GeodeticDatum;

——VerticalDatum;

——TemporalDatum;

——EngineeringDatum;

——ImageDatum。

d) 这些底层的 XML 元素也包含了所有的 10 个可替代抽象的 XML 元素 CoordinateSystem 的具体元素,即:

——EllipsoidalCS;

——VerticalCS;

——CartesianCS;

——AffineCS;

——LinearCS;

——PolarCS;

——SphericalCS;

——CylindricalCS;

——TimeCS;

——UserDefinedCS。

e) 具体的 XML 元素,它们用多个包含数据结构的底层元素替代 CoordinateOperation 元素,即:

——OperationMethod;

——OperationParameter;

——OperationParameterGroup;

——ParameterValue;

——ParameterValueGroup。

12.2 参照系

12.2.1 概述

参照系模式组件包含两个逻辑部分,它为下列定义的 XML 编码定义元素和类型:

——标识的对象,被 10 个用于坐标参照系和坐标操作的 GML 对象的类型继承;

——坐标参照系定义的高级部分。

这个模式编码了标识的对象和 ISO 19111 UML 模型的参照系包。

注:参照系模式包含 GML 模式文档 dictionary. xsd 和从 ISO 19139 中导入的 metadataEntitySet. xsd 模式文档。这个模式由以下独立于地址的名称(使用 URN 语法)标识:

urn:x-ogc:specification:gml:schema-xsd:referenceSystems:3. 2. 1

12.2.2 标识对象类型(IdentifiedObjectType)

```
<complexType name="IdentifiedObjectType" abstract="true">
    <complexContent>
        <extension base="gml:DefinitionType"/>
    </complexContent>
</complexType>
```

gml:IdentifiedObjectType 提供了一个与 CRS 关联的对象的标识特性,在 gml:DefinitionType 中,gml:identifierelement 应该是主要的名称,用来标识对象,在 UML 模型中,用“name”属性编码。

零个或多个 gml:name 元素可以是一组无序的“identifiers”,在 UML 模型中,用“identifier”属性编码。每个 gml:name 元素都应该是引用其他地方的对象定义的信息,或者是一个标识,通过该标识,对象可以被引用。

零个或多个另外的 gml:name 元素可以是一组无序“alias”可选名称,通过该名称,与 CRS 关联的对象被标识,在 UML 模型中,用“alias”属性编码。一个对象可以有多个别名,常用在不同的上下文中。

别名的上下文是由它的 codeSpace 属性(可选的)的值来指定。

任何需要的版本信息应该被包含于 gml:identifier 和 gml:name 元素的 codeSpace 属性中。在该用法中,gml:DefinitionType 中的 gml:remarks 元素应该包含对这个对象的评价和信息,包括数据源信息。

12.2.3 抽象的坐标参照系

12.2.3.1 抽象的坐标参照系(AbstractCRS)

```
〈element name="AbstractCRS" type="gml:AbstractCRSType" abstract="true" substitution-
Group="gml:Definition"/〉
〈complexType name="AbstractCRSType" abstract="true"〉
  〈complexContent〉
    〈extension base="gml:IdentifiedObjectType"〉
      〈sequence〉
        〈element ref="gml:domainOfValidity" minOccurs="0" maxOccurs="unbounded"/〉
        〈element ref="gml:scope" maxOccurs="unbounded"/〉
      〈/sequence〉
    〈/extension〉
  〈/complexContent〉
〈/complexType〉
```

gml:AbstractCRS 指定了坐标参照系,它通常是单个的,但是也可能是组合的。在 GML 应用模式中,不可以使用、扩展或限制这个抽象的复杂类型来定义与本标准中的具体的子类型有相同意义的子类型。

12.2.3.2 有效域(domainOfValidity)

```
〈element name="domainOfValidity"〉
    〈complexType〉
        〈sequence minOccurs="0"〉
            〈element ref="gmd:EX_Extent"/〉
        〈/sequence〉
        〈attributeGroup ref="gml:AssociationAttributeGroup"/〉
    〈/complexType〉
〈/element〉
```

通过引用或包含范围(extent)的定义,gml:domainOfValidity 特性实现了 ISO/TS 19139 中编码的 EX_Extent 对象的一个关联角色。

12.2.3.3 范围(scope)

```
〈element name="scope" type="string"/〉
```

gml:scope 特性提供了用法的描述,或对用法限制的描述,在这个范围内,与 CRS 关联的对象是有效的。如果不知道,则输入"not known"。

12.2.3.4 坐标参照系特性类型(CRSPropertyType)

```
〈complexType name="CRSPropertyType"〉
    〈sequence minOccurs="0"〉
        〈element ref="gml:AbstractCRS"/〉
    〈/sequence〉
    〈attributeGroup ref="gml:AssociationAttributeGroup"/〉
〈/complexType〉
```

gml:CRSpropertyType 是一个指向坐标参照系关联角色的特性类型，或者引用或者包含参照系的定义。

12.3 坐标参照系

12.3.1 概述

空间-时间坐标参照系模式组件逻辑上分成两个部分。一部分为抽象的坐标参照系定义的 XML 编码定义了元素和类型。另一个较大的部分为空间-时间坐标参照系的多个具体的类型定义的 XML 编码定义了特定的结构。

这个模式组件为 ISO 19111:2007 的第 8 章和本标准 D.3.9 中的 UML 模型的坐标参照系包进行编码，不包括抽象的“SC_CRS”类。

注：coordinateReferenceSystems 模式文档包含 GML 模式文档 coordinateSystems.xsd，datums.xsd 和 coordinateOperations.xsd。模式文档由以下独立于地址的名称(使用 URN 语法)标识：

urn:x-ogc:specification:gml:schema-xsd:coordinateReferenceSystems:3.2.1

12.3.2 抽象的坐标参照系

12.3.2.1 抽象的单个坐标参照系(AbstractSingleCRS)

```
<element name="AbstractSingleCRS" type="gml:AbstractCRSType" abstract="true"
substitutionGroup="gml:AbstractCRS"/>
```

gml:AbstractSingleCRS 实现了由一个坐标参照系和一个基准组成的坐标参照系(与混合的 CRS 相反)。

12.3.2.2 单个坐标参照系特性类型(SingleCRSPropertyType)

```
<complexType name="SingleCRSPropertyType">
    <sequence minOccurs="0">
<element ref="gml:AbstractSingleCRS"/>
    </sequence>
    <attributeGroup ref="gml:AssociationAttributeGroup"/>
</complexType>
```

gml:SingleCRSPropertyType 是一个指向单个坐标参照系关联角色的特性类型，或者引用或者包含参照系的定义。

12.3.2.3 抽象的一般的派生坐标参照系(AbstractGeneralDerivedCRS)

```
<element name="AbstractGeneralDerivedCRS" type="gml:AbstractGeneralDerivedCRSType"
abstract="true"
substitutionGroup="gml:AbstractSingleCRS"/>
<complexType name="AbstractGeneralDerivedCRSType" abstract="true">
    <complexContent>
        <extension base="gml:AbstractCRSType">
            <sequence>
                <element ref="gml:conversion"/>
            </sequence>
        </extension>
    </complexContent>
</complexType>
```

gml:AbstractGeneralDerivedCRS 是一个坐标参照系，它通过从另一个坐标参照系的坐标转换定义。在 GML 应用模式中不能使用、扩展或限制这个抽象的复杂类型以定义与本标准中具体的子类型有相同意义的具体的子类型。

12.3.2.4 转换(conversion)

〈element name="conversion" type="gml：GeneralConversionPropertyType"/〉

gml：conversion 是一个指向定义派生的 CRS 的坐标转换的关联角色。

12.3.3 具体的坐标参照系

12.3.3.1 混合坐标参照系(CompoundCRS)

〈element name="CompoundCRS" type="gml：CompoundCRSType" substitutionGroup="gml：AbstractCRS"/〉

〈complexType name="CompoundCRSType"〉
　〈complexContent〉
　　〈extension base="gml：AbstractCRSType"〉
　　　〈sequence〉
　　　　〈element ref="gml：componentReferenceSystem" minOccurs="2" maxOccurs="unbounded"/〉
　　　〈/sequence〉
　　　〈attributeGroup ref="gml：AggregationAttributeGroup"/〉
　　〈/extension〉
　〈/complexContent〉
〈/complexType〉

gml：CompoundCRS 是一个坐标参照系，它通过两个或多个坐标参照系描述了点的位置。它关联了 2 个或多个 SingleCRS 实例的非重复的序列。

12.3.3.2 组合参考系(componentReferenceSystem)

〈element name="componentReferenceSystem" type="gml：SingleCRSPropertyType"/〉

gml：componentReferenceSystem 元素是一个关联到包含在混合的坐标参照系中的所有的坐标参照系组件的有序序列。gml：AggregationAttributeGroup 应该被用来指定 gml：componentReferenceSystemproperties 特性是有序的。

12.3.3.3 混合坐标参照系特性类型(CompoundCRSPropertyType)

〈complexType name="CompoundCRSPropertyType"〉
　〈sequence minOccurs="0"〉
　　〈element ref="gml：CompoundCRS"/〉
　〈/sequence〉
　〈attributeGroup ref="gml：AssociationAttributeGroup"/〉
〈/complexType〉

gml：CompoundCRSPropertyType 是一个指向混合坐标参照系关联角色的特性类型。或者引用或者包含参照系定义。

12.3.3.4 大地坐标参照系(GeodeticCRS)

〈element name="GeodeticCRS" type="gml：GeodeticCRSType"
substitutionGroup="gml：AbstractSingleCRS"/〉

〈complexType name="GeodeticCRSType"〉
　〈complexContent〉
　　〈extension base="gml：AbstractCRSType"〉
　　　〈sequence〉
　　　　〈choice〉
　　　　　〈element ref="gml：ellipsoidalCS"/〉

```
                〈element ref="gml:cartesianCS"/〉
                〈element ref="gml:sphericalCS"/〉
            〈/choice〉
            〈element ref="gml:geodeticDatum"/〉
        〈/sequence〉
    〈/extension〉
  〈/complexContent〉
〈/complexType〉
```

gml:GeodeticCRS 是一个基于大地基准的坐标参照系。

12.3.3.5 椭球坐标系(ellipsoidalCS)

〈element name="ellipsoidalCS" type="gml:EllipsoidalCSPropertyType"/〉

gml:ellipsoidalCS 是一个指向这个 CRS 使用的椭球坐标系的关联角色。

12.3.3.6 笛卡尔坐标系(cartesianCS)

〈element name="cartesianCS" type="gml:CartesianCSPropertyType"/〉

gml:cartesianCS 是一个指向这个 CRS 使用的笛卡尔坐标系的关联角色。

12.3.3.7 球坐标系(sphericalCS)

〈element name="sphericalCS" type="gml:SphericalCSPropertyType"/〉

gml:sphericalCS 是一个指向这个 CRS 使用的球坐标系的关联角色。

12.3.3.8 大地基准(geodeticDatum)

〈element name="geodeticDatum" type="gml:GeodeticDatumPropertyType"/〉

gml:geodeticDatum 是一个指向这个 CRS 使用的大地基准的关联角色。

12.3.3.9 大地坐标参照系特性类型(GeodeticCRSPropertyType)

```
〈complexType name="GeodeticCRSPropertyType"〉
    〈sequence minOccurs="0"〉
        〈element ref="gml:GeodeticCRS"/〉
    〈/sequence〉
    〈attributeGroup ref="gml:AssociationAttributeGroup"/〉
〈/complexType〉
```

gml:GeodeticCRSPropertyType 是一个指向大地坐标参照系关联角色的特性类型，或者引用或者包含参照系定义。

12.3.3.10 垂直坐标参照系(VerticalCRS)

〈element name="VerticalCRS" type="gml:VerticalCRSType" substitutionGroup="gml:AbstractSingleCRS"/〉

```
〈complexType name="VerticalCRSType"〉
    〈complexContent〉
        〈extension base="gml:AbstractCRSType"〉
            〈sequence〉
                〈element ref="gml:verticalCS"/〉
                〈element ref="gml:verticalDatum"/〉
            〈/sequence〉
        〈/extension〉
    〈/complexContent〉
〈/complexType〉
```

gml:VerticalCRS 是一个 1 维坐标参照系，用于记录高度或深度。垂直的 CRS 使用重力方向来定义高度或深度的概念，但它与重力的关系可以不是直接的。隐含地，椭球高(h)不能在垂直的坐标参照系中获得。椭球高不能单独存在，只能作为一个在地理 3D 坐标参照系中 3D 坐标元组的一个不可分的部分。

12.3.3.11 垂直坐标系(verticalCS)

〈element name="verticalCS" type="gml:VerticalCSPropertyType"/〉

gml:verticalCS 是一个指向这个 CRS 使用的垂直坐标系的关联角色。

12.3.3.12 垂直基准(verticalDatum)

〈element name="verticalDatum" type="gml:VerticalDatumPropertyType"/〉

gml:verticalDatum 是一个指向这个 CRS 使用的垂直基准的关联角色。

12.3.3.13 垂直坐标参照系特性类型(VerticalCRSPropertyType)

```
〈complexType name="VerticalCRSPropertyType"〉
    〈sequence minOccurs="0"〉
        〈element ref="gml:VerticalCRS"/〉
    〈/sequence〉
    〈attributeGroup ref="gml:AssociationAttributeGroup"/〉
〈/complexType〉
```

gml:VerticalCRSPropertyType 是一个指向垂直坐标参照系关联角色的特性类型，或者引用或者包含参照系定义。

12.3.3.14 投影坐标参照系(ProjectedCRS)

```
〈element name="ProjectedCRS" type="gml:ProjectedCRSType"
substitutionGroup="gml:AbstractGeneralDerivedCRS"/〉
〈complexType name="ProjectedCRSType"〉
    〈complexContent〉
        〈extension base="gml:AbstractGeneralDerivedCRSType"〉
            〈sequence〉
                〈choice〉
                    〈element ref="gml:baseGeodeticCRS"/〉
                    〈element ref="gml:baseGeographicCRS"/〉
                〈/choice〉
                〈element ref="gml:cartesianCS"/〉
            〈/sequence〉
        〈/extension〉
    〈/complexContent〉
〈/complexType〉
```

gml:ProjectedCRS 是一个 2D 坐标参照系，用于在平面上逼近地球形状，但在这样的近似过程中必然产生的变形是可知的，并且可以得到很好的控制。变形改正常用在方向和距离的计算中，以使计算结果与实际野外测量值最接近。

12.3.3.15 基本大地坐标参照系(baseGeodeticCRS)

〈element name="baseGeodeticCRS" type="gml:GeodeticCRSPropertyType"/〉

gml:baseGeodeticCRS 是一个指向这个投影 CRS 使用的大地坐标参照系的关联角色。

12.3.3.16 投影坐标参照系特性类型(ProjectedCRSPropertyType)

〈complexType name="ProjectedCRSPropertyType"〉

```
        〈sequence minOccurs="0"〉
            〈element ref="gml:ProjectedCRS"/〉
        〈/sequence〉
        〈attributeGroup ref="gml:AssociationAttributeGroup"/〉
    〈/complexType〉
```

gml:ProjectedCRSPropertyType 是一个指向投影坐标参照系关联角色的特性类型，或者引用或者包含参照系的定义。

12.3.3.17　派生的坐标参照系（DerivedCRS）

```
    〈element name="DerivedCRS" type="gml:DerivedCRSType"
    substitutionGroup="gml:AbstractGeneralDerivedCRS"/〉
    〈complexType name="DerivedCRSType"〉
        〈complexContent〉
            〈extension base="gml:AbstractGeneralDerivedCRSType"〉
                〈sequence〉
                    〈element ref="gml:baseCRS"/〉
                    〈element ref="gml:derivedCRSType"/〉
                    〈element ref="gml:coordinateSystem"/〉
                〈/sequence〉
            〈/extension〉
        〈/complexContent〉
    〈/complexType〉
```

gml:DerivedCRS 是单一坐标参照系，它根据与另一个坐标参照系，即基础 CRS 的坐标转换来定义。如果这个 DerivedCRS 用于在 ISO 19123:2005 的第 8 章描述的地理校正格网，其基础 CRS 就应该是一个投影 CRS。

12.3.3.18　基本坐标参照系（baseCRS）

```
    〈element name="baseCRS" type="gml:SingleCRSPropertyType"/〉
```

gml:baseCRS 是一个指向这个派生 CRS 使用的坐标参照系的关联角色。

12.3.3.19　派生的坐标参照系类型（derivedCRSType）

```
    〈element name="derivedCRSType" type="gml:CodeWithAuthorityType"/〉
```

gml:derivedCRSType 特性描述了派生的坐标参照系类型。必须的 codcSpacc 属性可以引用一个信息源，它用于说明这个特性值和所有允许的字符串值的意义。

12.3.3.20　坐标系（coordinateSystem）

```
    〈element name="coordinateSystem" type="gml:CoordinateSystemPropertyType"/〉
```

gml:coordinateSystem 是一个指向这个 CRS 使用的坐标系的关联角色。

12.3.3.21　派生的坐标参照系特性类型（DerivedCRSPropertyType）

```
    〈complexType name="DerivedCRSPropertyType"〉
        〈sequence minOccurs="0"〉
            〈element ref="gml:DerivedCRS"/〉
        〈/sequence〉
        〈attributeGroup ref="gml:AssociationAttributeGroup"/〉
    〈/complexType〉
```

gml:DerivedCRSPropertyType 是一个指向非投影的派生的坐标参照系关联角色的特性类型，或者引用或者包含参照系的定义。

12.3.3.22 工程坐标参照系(EngineeringCRS)

```
〈element name="EngineeringCRS" type="gml:EngineeringCRSType"
substitutionGroup="gml:AbstractSingleCRS"/〉
〈complexType name="EngineeringCRSType"〉
    〈complexContent〉
        〈extension base="gml:AbstractCRSType"〉
            〈sequence〉
                〈choice〉
                    〈element ref="gml:affineCS"/〉
                    〈element ref="gml:cartesianCS"/〉
                    〈element ref="gml:cylindricalCS"/〉
                    〈element ref="gml:linearCS"/〉
                    〈element ref="gml:polarCS"/〉
                    〈element ref="gml:sphericalCS"/〉
                    〈element ref="gml:userDefinedCS"/〉
                    〈element ref="gml:coordinateSystem"/〉
                〈/choice〉
                〈element ref="gml:engineeringDatum"/〉
            〈/sequence〉
        〈/extension〉
    〈/complexContent〉
〈/complexType〉
```

gml:EngineeringCRS 是一个基于语境的局部坐标参照系;它包括两大类:

——地固系统,应用于地球表面上的工程活动;

——移动平台上的 CRSs,如地面车辆、轮船、飞机或空间飞行器的坐标参照系,见 ISO 19111:2007 的 8.3。

12.3.3.23 圆柱坐标系(cylindricalCS)

〈element name="cylindricalCS" type="gml:CylindricalCSPropertyType"/〉

gml:cylindricalCS 是一个指向这个 CRS 使用的圆柱坐标参照系的关联角色。

12.3.3.24 线性坐标系(linearCS)

〈element name="linearCS" type="gml:LinearCSPropertyType"/〉

gml:LinearCS 是一个指向这个 CRS 使用的线性坐标参照系的关联角色。

12.3.3.25 极坐标系(polarCS)

〈element name="polarCS" type="gml:PolarCSPropertyType"/〉

gml:polarCS 是一个指向这个 CRS 使用的极坐标参照系的关联角色。

12.3.3.26 自定义坐标系(userDefinedCS)

〈element name="userDefinedCS" type="gml:UserDefinedCSPropertyType"/〉

gml:userDefinedCS 是一个指向这个 CRS 使用的自定义坐标参照系的关联角色。

12.3.3.27 工程基准(engineeringDatum)

〈element name="engineeringDatum" type="gml:EngineeringDatumPropertyType"/〉

gml:engineeringDatum 是一个指向这个 CRS 使用的工程基准的关联角色。

12.3.3.28 工程坐标参照系特性类型(EngineeringCRSPropertyType)

〈complexType name="EngineeringCRSPropertyType"〉

```
    <sequence minOccurs="0">
        <element ref="gml:EngineeringCRS"/>
    </sequence>
    <attributeGroup ref="gml:AssociationAttributeGroup"/>
</complexType>
```

gml:EngineeringCRSPropertyType 是一个指向工程坐标参照系关联角色的特性类型,或者引用或者包含参照系的定义。

12.3.3.29 影像坐标参照系(ImageCRS)

```
<element name="ImageCRS" type="gml:ImageCRSType" substitutionGroup="gml:AbstractSingleCRS"/>
<complexType name="ImageCRSType">
    <complexContent>
        <extension base="gml:AbstractCRSType">
            <sequence>
                <choice>
                    <element ref="gml:cartesianCS"/>
                    <element ref="gml:affineCS"/>
                    <element ref="gml:usesObliqueCartesianCS"/>
                </choice>
                <element ref="gml:imageDatum"/>
            </sequence>
        </extension>
    </complexContent>
</complexType>
```

gml:ImageCRS 是一个应用到影像位置的工程坐标参照系。影像坐标参照系可以作为一个单独的子类型,因为与影像基准关联的定义包含两个与其他工程基准无关的属性。

12.3.3.30 仿射坐标系(affineCS)

```
<element name="affineCS" type="gml:AffineCSPropertyType"/>
```

gml:affineCS 是一个指向这个 CRS 使用的仿射坐标系的关联角色。

12.3.3.31 影像基准(imageDatum)

```
<element name="imageDatum" type="gml:ImageDatumPropertyType"/>
```

gml:imageDatum 是一个指向这个 CRS 使用的影像基准的关联角色。

12.3.3.32 影像坐标参照系特性类型(ImageCRSPropertyType)

```
<complexType name="ImageCRSPropertyType">
    <sequence minOccurs="0">
        <element ref="gml:ImageCRS"/>
    </sequence>
    <attributeGroup ref="gml:AssociationAttributeGroup"/>
</complexType>
```

gml:ImageCRSPropertyType 是一个指向影像坐标参照系关联角色的特性类型,或者引用或者包含参照系的定义。

12.3.3.33 时间坐标参照系(TemporalCRS)

```
<element name="TemporalCRS" type="gml:TemporalCRSType"
```

```
substitutionGroup="gml:AbstractSingleCRS"/〉
〈complexType name="TemporalCRSType"〉
    〈complexContent〉
        〈extension base="gml:AbstractCRSType"〉
            〈sequence〉
                〈choice〉
                    〈element ref="gml:timeCS"/〉
                    〈element ref="gml:usesTemporalCS"/〉
                〈/choice〉
                〈element ref="gml:temporalDatum"/〉
            〈/sequence〉
        〈/extension〉
    〈/complexContent〉
〈/complexType〉
```

gml:TemporalCRS 是一个用于记录时间的 1D 坐标参照系。

12.3.3.34 时间坐标系(**timeCS**)

```
〈element name="timeCS" type="gml:TimeCSPropertyType"/〉
```

gml:timeCS 是一个指向这个 CRS 使用的时间坐标系的关联角色。

12.3.3.35 时间基准(**temporalDatum**)

```
〈element name="temporalDatum" type="gml:TemporalDatumPropertyType"/〉
```

gml:temporalDatum 是一个指向这个 CRS 使用的时间基准的关联角色。

12.3.3.36 时间坐标参照系特性类型(**TemporalCRSPropertyType**)

```
〈complexType name="TemporalCRSPropertyType"〉
    〈sequence minOccurs="0"〉
        〈element ref="gml:TemporalCRS"/〉
    〈/sequence〉
    〈attributeGroup ref="gml:AssociationAttributeGroup"/〉
〈/complexType〉
```

gml:TemporalCRSPropertyType 是一个指向时间坐标参照系关联角色的特性类型,或者引用或者包含参照系的定义。

12.4 坐标系

12.4.1 概述

坐标系模式组件有三个逻辑的部分,它们为下面定义的 XML 编码定义了元素和类型:

——坐标轴;

——抽象的坐标系;

——空间-时间坐标系的多个具体的类型。

这个模式组件为 ISO 19111:2007 的第 9 章和本标准 D.3.9 中的 UML 模型的坐标系包进行编码。

注:coordinateSystems 模式文档包含 GML 模式文档 referenceSystems.xsd。这个模式由以下独立于地址的名称(使用 URN 语法)标识:

urn:opengis:specification:gml:schema-xsd:coordinateSystems:v3.2.1

12.4.2 坐标轴

12.4.2.1 坐标轴(**CoordinateSystemAxis**)

```
〈element name="CoordinateSystemAxis" type="gml:CoordinateSystemAxisType"
```

```
substitutionGroup="gml:Definition"/〉
〈complexType name="CoordinateSystemAxisType"〉
    〈complexContent〉
        〈extension base="gml:IdentifiedObjectType"〉
            〈sequence〉
                〈element ref="gml:axisAbbrev"/〉
                〈element ref="gml:axisDirection"/〉
                〈element ref="gml:minimumValue" minOccurs="0"/〉
                〈element ref="gml:maximumValue" minOccurs="0"/〉
                〈element ref="gml:rangeMeaning" minOccurs="0"/〉
            〈/sequence〉
            〈attribute name="uom" type="gml:UomIdentifier" use="required"/〉
        〈/extension〉
    〈/complexContent〉
〈/complexType〉
```

gml:CoordinateSystemAxis 是一个坐标轴的定义。

12.4.2.2 轴的缩写(axisAbbrev)

〈element name="axisAbbrev" type="gml:CodeType"/〉

gml:axisAbbrev 是用于坐标轴的缩略词;这个缩略词也用于标识坐标元组中的坐标。codeSpace 属性可以引用一个信息源,它提供了更多的关于这个缩略词或一组标准的缩略词的信息。

例:典型的缩写是 *X* 和 *Y*。

12.4.2.3 轴的方向(axisDirection)

〈element name="axisDirection" type="gml:CodeWithAuthorityType"/〉

gml:axisDirection 是坐标轴的方向(或在笛卡尔坐标情况下,坐标轴在原点的方向)。

例:典型的方向有"北"或"南","东"或"西","上"或"下"。

对于任意一组坐标轴,仅可以使用一对的术语。对于地固 CRS,方向常是近似的,用来帮助人们对轴的意义的理解。当用到了大地基准,轴的精确方向根据这个近似方向稍微改正后得到。

注:一个 gml:EngineeringCRS 通常可以包含对这个坐标轴的方向的特别描述。

codeSpace 属性可以引用一个信息源,它提供了更多的关于这个缩略词一或组标准的缩略词的信息。

12.4.2.4 最小值,最大值,值范围的意义(minimumValue,maximumValue,rangeMeaning)

〈element name="minimumValue" type="double"/〉

〈element name="maximumValue" type="double"/〉

gml:minimumValue 和 gml:maximumValue 特性说明坐标轴允许的最小值和最大值,用轴的度量单位表示。一个连续的角度轴,比如经线,它的值在一个圆范围内变化。同样,超越最大最小值的值可以用于特定的目的,比如在一个边界范围内。对于 gml:minimumValue 元素,负无穷大的值是允许的,对于 gml:maximumValue 元素,正无穷大的值是允许的。如果这些元素被忽略了,那么这个值应该是没有指定的。

〈element name="rangeMeaning" type="gml:CodeWithAuthorityType"/〉

gml:rangeMeaning 描述了由 gml:minimumValue 和 gml:maximumValue 指定的轴的值的范围的意义。当 gml:minimumValue 和 gml:maximumValue 同时被忽略时,这个元素也应该被忽略。当 gml:minimumValue 和/或 gml:maximumValue 被包含时,这个元素也应该被包含。如果当 gml:minimumValue 和/或 gml:maximumValue 被包含而这个元素被忽略时,它的意义是没有指定的。

codeSpace 属性引用一个信息源，它提供了关于这个特性值和所有允许的字符串值的意义。

12.4.2.5 度量单位(uom)

uom 属性提供一个坐标轴所用的度量单位的标识。坐标元组中坐标的值应该用这个度量单位来记录，只要这些坐标所在的坐标参照系使用了用这个轴表示的坐标系。

12.4.2.6 坐标轴特性类型(CoordinateSystemAxisPropertyType)

```
〈complexType name="CoordinateSystemAxisPropertyType"〉
    〈sequence minOccurs="0"〉
        〈element ref="gml:CoordinateSystemAxis"/〉
    〈/sequence〉
    〈attributeGroup ref="gml:AssociationAttributeGroup"/〉
〈/complexType〉
```

gml:CoordinateSystemAxisPropertyType 是一个指向坐标轴关联角色的特性类型，或者引用或者包含对轴的定义。

12.4.3 抽象的坐标系

12.4.3.1 抽象的坐标系(AbstractCoordinateSystem)

```
〈element name="AbstractCoordinateSystem" type="gml:AbstractCoordinateSystemType" abstract="true"
 substitutionGroup="gml:Definition"/〉
〈complexType name="AbstractCoordinateSystemType" abstract="true"〉
    〈complexContent〉
        〈extension base="gml:IdentifiedObjectType"〉
            〈sequence〉
                〈element ref="gml:axis" maxOccurs="unbounded"/〉
            〈/sequence〉
            〈attributeGroup ref="gml:AggregationAttributeGroup"/〉
        〈/extension〉
    〈/complexContent〉
〈/complexType〉
```

gml:AbstractCoordinateSystem 是一组不重复的坐标轴，它划分了给定的坐标空间。一个 CS 根据一组数学规则产生，它规定在一个给定的空间中如何表示点的坐标。坐标元组中坐标的值应该以坐标轴的顺序来记录，不能在应用模式中使用、扩展或限制这个抽象的复杂类型以定义与本标准中的具体的子类型有相同意义的具体的子类型。

12.4.3.2 轴(axis)

```
〈element name="axis" type="gml:CoordinateSystemAxisPropertyType"/〉
```

gml:axis 特性是一个指向坐标系中坐标轴的关联角色(有序序列)。坐标元组中坐标的值应该以坐标轴的顺序来记录，只要这些坐标所在的坐标参照系使用了用这个轴表示的坐标系。gml:AggregationAttributeGroup 用来指定轴是有序的。

12.4.3.3 坐标系特性类型(CoordinateSystemPropertyType)

```
〈complexType name="CoordinateSystemPropertyType"〉
    〈sequence minOccurs="0"〉
        〈element ref="gml:AbstractCoordinateSystem"/〉
    〈/sequence〉
    〈attributeGroup ref="gml:AssociationAttributeGroup"/〉
〈/complexType〉
```

gml:CoordinateSystemPropertyType 是一个指向坐标系关联角色的特性类型，或者引用或者包含坐标系的定义。

12.4.4 具体的坐标系

12.4.4.1 椭球坐标系(EllipsoidalCS)

```
〈element name="EllipsoidalCS" type="gml:EllipsoidalCSType"
substitutionGroup="gml:AbstractCoordinateSystem"/〉
〈complexType name="EllipsoidalCSType"〉
    〈complexContent〉
        〈extension base="gml:AbstractCoordinateSystemType"/〉
    〈/complexContent〉
〈/complexType〉
```

gml:EllipsoidalCS 是一个 2D 或 3D 坐标系，其中位置用大地纬度、大地经度和(在 3D 情况下)椭球高确定。一个 EllipsoidalCS 应该有 2 或 3 个 gml:axis 特性元素；关联轴的个数应该与 CS 的维数相同。

12.4.4.2 椭球坐标系特性类型(EllipsoidalCSPropertyType)

```
〈complexType name="EllipsoidalCSPropertyType"〉
    〈sequence minOccurs="0"〉
        〈element ref="gml:EllipsoidalCS"/〉
    〈/sequence〉
    〈attributeGroup ref="gml:AssociationAttributeGroup"/〉
〈/complexType〉
```

gml:EllipsoidalCSPropertyType 是一个指向椭球坐标系关联角色的特性类型，或者引用或者包含坐标系的定义。

12.4.4.3 笛卡尔坐标系(CartesianCS)

```
〈element name="CartesianCS" type="gml:CartesianCSType"
substitutionGroup="gml:AbstractCoordinateSystem"/〉
    〈complexType name="CartesianCSType"〉
    〈complexContent〉
        〈extension base="gml:AbstractCoordinateSystemType"/〉
    〈/complexContent〉
〈/complexType〉
```

gml:CartesianCS 是一个 1D、2D 或 3D 坐标系，在 1D 情况下，它包含单个直线坐标轴。在 2D 或 3D 情况下，给出了相对于正交直线轴的点的位置。在多维情况下，所有的轴都具有相同的度量长度单位。一个 CartesianCS 可以有 1、2 或 3 个 gml:axis 特性元素。

12.4.4.4 笛卡尔坐标系特性类型(CartesianCSPropertyType)

```
〈complexType name="CartesianCSPropertyType"〉
    〈sequence minOccurs="0"〉
        〈element ref="gml:CartesianCS"/〉
    〈/sequence〉
    〈attributeGroup ref="gml:AssociationAttributeGroup"/〉
〈/complexType〉
```

gml:CartesianCSPropertyType 是一个指向笛卡尔坐标系关联角色的特性类型，或者引用或者包含坐标系的定义。

12.4.4.5 垂直坐标系(VerticalCS)

```
<element name="VerticalCS" type="gml:VerticalCSType"
substitutionGroup="gml:AbstractCoordinateSystem"/>
    <complexType name="VerticalCSType">
    <complexContent>
        <extension base="gml:AbstractCoordinateSystemType"/>
    </complexContent>
</complexType>
```

gml:VerticalCS 是一个 1D 坐标系,用于记录点的高度或深度。这样一个坐标系常依赖于地球重力场,也许不严格地说,大气压力是垂直坐标系的基础。一个 VerticalCS 可以有 1 个 gml:axis 特性元素。

12.4.4.6 垂直坐标系特性类型(VerticalCSPropertyType)

```
<complexType name="VerticalCSPropertyType">
    <sequence minOccurs="0">
        <element ref="gml:VerticalCS"/>
    </sequence>
    <attributeGroup ref="gml:AssociationAttributeGroup"/>
</complexType>
```

gml:VerticalCSPropertyType 是一个指向垂直坐标系关联角色的特性元素,或者引用或者包含坐标系的定义。

12.4.4.7 时间坐标系(TimeCS)

```
<element name="TimeCS" type="gml:TimeCSType" substitutionGroup="gml:AbstractCoor-
dinateSystem"/>
<complexType name="TimeCSType">
    <complexContent>
        <extension base="gml:AbstractCoordinateSystemType"/>
    </complexContent>
</complexType>
```

gml:TimeCS 是一个 1D 坐标系,包含一个时间轴,用来从一个指定的时间原点以指定的时间单位描述点的时间位置。一个 TimeCS 可以有 1 个 gml:axis 特性元素。

12.4.4.8 时间坐标系特性类型(TimeCSPropertyType)

```
<complexType name="TimeCSPropertyType">
    <sequence minOccurs="0">
        <element ref="gml:TimeCS"/>
    </sequence>
    <attributeGroup ref="gml:AssociationAttributeGroup"/>
</complexType>
```

gml:TimeCSPropertyType 是一个指向时间坐标系关联角色的特性类型,或者引用或者包含坐标系的定义。

12.4.4.9 线性坐标系(LinearCS)

```
<element name="LinearCS" type="gml:LinearCSType" substitutionGroup="gml:AbstractCo-
ordinateSystem"/>
<complexType name="LinearCSType">
```

```
    〈complexContent〉
        〈extension base="gml:AbstractCoordinateSystemType"/〉
    〈/complexContent〉
〈/complexType〉
```

gml:LinearCS 是一个 1D 坐标系，由在单个轴上的点构成。关联的坐标是沿该轴从指定的原点到这点的距离（有或没有偏移）。一个 LinearCS 可以有 1 个 gml:axis 特性元素。

例：用表示管道的线性要素描述沿管道或管道上的点。

注：gml:LinearCS 只能用于简单的连续的线性系统。特别地，ISO 19133 规定了应用于运输工业中的线性参照系（LRS），但是，本标准没有实现。

12.4.4.10 线性坐标系特性类型（LinearCSPropertyType）

```
〈complexType name="LinearCSPropertyType"〉
    〈sequence minOccurs="0"〉
        〈element ref="gml:LinearCS"/〉
    〈/sequence〉
    〈attributeGroup ref="gml:AssociationAttributeGroup"/〉
〈/complexType〉
```

gml:LinearCSPropertyType 是一个指向线性坐标系关联角色的特性类型，或者引用或者包含坐标系的定义。

12.4.4.11 自定义坐标系（UserDefinedCS）

```
〈element name="UserDefinedCS" type="gml:UserDefinedCSType"
substitutionGroup="gml:AbstractCoordinateSystem"/〉
〈complexType name="UserDefinedCSType"〉
    〈complexContent〉
        〈extension base="gml:AbstractCoordinateSystemType"/〉
    〈/complexContent〉
〈/complexType〉
```

gml:UserDefinedCS 是一个 2D 或 3D 坐标系，由没定义的其他坐标系类型的坐标轴构成。一个 UserDefinedCS 可以有 2 或 3 个 usesAxis 特性元素。特性元素的个数应该与 CS 的维数相同。

例：一个多线性坐标系，它包含一个可以有自身不相交的任意 1D 形状的坐标轴，这个非直线轴加上一个或两个直线轴形成了 2 或 3 维坐标系。典型情况是，这个非直线轴由分段直线或曲线构成。

12.4.4.12 自定义坐标系特性类型（UserDefinedCSPropertyType）

```
〈complexType name="UserDefinedCSPropertyType"〉
    〈sequence minOccurs="0"〉
        〈element ref="gml:UserDefinedCS"/〉
    〈/sequence〉
    〈attributeGroup ref="gml:AssociationAttributeGroup"/〉
〈/complexType〉
```

gml:UserDefinedCSPropertyType 是一个指向用户自定义坐标系关联角色的特性类型，或者引用或者包含坐标系的定义。

12.4.4.13 球面坐标系（SphericalCS）

```
〈element name="SphericalCS" type="gml:SphericalCSType"
substitutionGroup="gml:AbstractCoordinateSystem"/〉
〈complexType name="SphericalCSType"〉
```

〈complexContent〉
〈extension base="gml:AbstractCoordinateSystemType"/〉
〈/complexContent〉
〈/complexType〉

gml:SphericalCS 是一个 3D 坐标系，有一个从原点度量的距离和两个角度坐标。

注：不要与椭球坐标系混淆，后者是基于从球面"退化"而来的椭球的。

一个 SphericalCS 可以有 3 个 gml:axis 特性元素。

12.4.4.14 球面坐标系特性类型(SphericalCSPropertyType)

〈complexType name="SphericalCSPropertyType"〉
〈sequence minOccurs="0"〉
〈element ref="gml:SphericalCS"/〉
〈/sequence〉
〈attributeGroup ref="gml:AssociationAttributeGroup"/〉
〈/complexType〉

gml:SphericalCSPropertyType 是一个指向球面坐标系关联角色的特性类型，或者引用或者包含坐标系的定义。

12.4.4.15 极坐标系(PolarCS)

〈element name="PolarCS" type="gml:PolarCSType" substitutionGroup="gml:AbstractCoordinateSystem"/〉
〈complexType name="PolarCSType"〉
〈complexContent〉
〈extension base="gml:AbstractCoordinateSystemType"/〉
〈/complexContent〉
〈/complexType〉

gml:PolarCS 是一个 2D 坐标系，它的位置由从原点出发的距离和从原点到该点的连线与参考方向间的角度指定。一个 PolarCS 可以有 2 个 gml:axis 特性元素。

12.4.4.16 极坐标系特性类型(PolarCSPropertyType)

〈complexType name="PolarCSPropertyType"〉
〈sequence minOccurs="0"〉
〈element ref="gml:PolarCS"/〉
〈/sequence〉
〈attributeGroup ref="gml:AssociationAttributeGroup"/〉
〈/complexType〉

gml:PolarCSPropertyType 是一个指向极坐标系关联角色的特性类型，或者引用或者包含坐标系的定义。

12.4.4.17 圆柱坐标系(CylindricalCS)

〈element name="CylindricalCS" type="gml:CylindricalCSType"
substitutionGroup="gml:AbstractCoordinateSystem"/〉
〈complexType name="CylindricalCSType"〉
〈complexContent〉
〈extension base="gml:AbstractCoordinateSystemType"/〉
〈/complexContent〉
〈/complexType〉

gml:CylindricalCS 是一个 3D 坐标系，由一个极坐标系加上一个直线坐标轴构成，这个直线轴正交于由极坐标系构成的平面。一个 CylindricalCS 可以有 3 个 gml:axis 特性元素。

12.4.4.18 圆柱坐标系特性类型(CylindricalCSPropertyType)

```
〈complexType name="CylindricalCSPropertyType"〉
    〈sequence minOccurs="0"〉
        〈element ref="gml:CylindricalCS"/〉
〈/sequence〉
    〈attributeGroup ref="gml:AssociationAttributeGroup"/〉
〈/complexType〉
```

gml:CylindricalCSPropertyType 是一个指向圆柱坐标系关联角色的特性类型，或者引用或者包含坐标系的定义。

12.4.4.19 仿射坐标系(AffineCS)

```
〈element name="AffineCS" type="gml:AffineCSType"
substitutionGroup="gml:AbstractCoordinateSystem"/〉
〈complexType name="AffineCSType"〉
    〈complexContent〉
        〈extension base="gml:AbstractCoordinateSystemType"/〉
    〈/complexContent〉
〈/complexType〉
```

gml:AffineCS 是一个 2D 或 3D 坐标系，它的轴是直线的，但不要求是正交的。一个 AffineCS 可以有 2 或 3 个 gml:axis 特性元素。特性元素的数量应该与 CS 的维数相同。

12.4.4.20 仿射坐标系特性类型(AffineCSPropertyType)

```
〈complexType name="AffineCSPropertyType"〉
    〈sequence minOccurs="0"〉
        〈element ref="gml:AffineCS"/〉
    〈/sequence〉
    〈attributeGroup ref="gml:AssociationAttributeGroup"/〉
〈/complexType〉
```

gml:AffineCSPropertyType 是一个指向仿射坐标系关联角色的特性类型，或者引用或者包含坐标系的定义。

12.5 基准

12.5.1 概述

基准模式组件分为三个逻辑部分，它们为如下定义的 XML 编码定义了元素和类型：

——抽象基准；

——大地基准，包括椭球和本初子午线；

——多个具体的空间-时间基准的其他类型。

这些模式组件为 ISO 19111:2007 第 10 章和本标准 D.3.9 的 UML 模型中的基准包进行编码。

注：基准模式文档包含 GML 模式 referenceSystems.xsd。这个模式由以下独立于地址的名称(使用 URN 语法)标识：

urn:x-ogc:specification:gml:schema-xsd:datums:3.2.1

12.5.2 抽象基准

12.5.2.1 抽象基准(AbstractDatum)

```
〈element name="AbstractDatum" type="gml:AbstractDatumType" abstract="true"
```

```
substitutionGroup="gml:Definition"/〉
〈complexType name="AbstractDatumType" abstract="true"〉
    〈complexContent〉
        〈extension base="gml:IdentifiedObjectType"〉
            〈sequence〉
                〈element ref="gml:domainOfValidity" minOccurs="0"/〉
                〈element ref="gml:scope" maxOccurs="unbounded"/〉
                〈element ref="gml:anchorDefinition" minOccurs="0"/〉
                〈element ref="gml:realizationEpoch" minOccurs="0"/〉
            〈/sequence〉
        〈/extension〉
    〈/complexContent〉
〈/complexType〉
```

gml:AbstractDatum 规定了一个坐标系相对于地球的关系，因此创建了一个坐标参照系。基准用一个或一组参数确定坐标参照系的原点位置。每个基准子类型只有与特定类型的坐标系关联。不能在一个 GML 应用模式中使用、扩展或限制这个抽象的复杂类型来定义与本标准中的具体的子类型有相同意义的具体的子类型。

12.5.2.2 标定点定义(anchorDefinition)

```
〈element name="anchorDefinition" type="gml:CodeType"/〉
```

gml:anchorDefinition 是一个对用于标定基准到地球的点的描述，可能包括坐标，也称为原点，特别是用在工程或影像基准中。属性 codeSpace 可以提供了关于这个原点或基准面描述的详细信息。

——对于大地基准，这个点称为原点，传统地，这个点是确定大地水准面与椭球关系的点。在有些情况下，“基础点”可由多个点构成。在这种情况下，定义大地水准面与椭球关系的参数是这些点的平均值，并用基准的定义。

——对于工程基准，锚定点可以是一个物理点，或者是一个具有在其他 CRS 中定义的坐标的点。

——对于影像基准，锚定点常常要么是影像的中心，要么是影像的角点。

——对于时间基准，没有规定属性。时间基准有一个独立的 DateTime 型的时间原点，而不是锚定点。

12.5.2.3 实现时间(realizationEpoch)

```
〈element name="realizationEpoch" type="date"/〉
```

gml:realizationEpoch 是基准定义有效后的时间。详见 ISO 19111:2007 表 32。

12.5.2.4 基准特性类型(DatumPropertyType)

```
〈complexType name="DatumPropertyType"〉
    〈sequence minOccurs="0"〉
        〈element ref="gml:AbstractDatum"/〉
    〈/sequence〉
    〈attributeGroup ref="gml:AssociationAttributeGroup"/〉
〈/complexType〉
```

gml:DatumPropertyType 是一个指向基准关联角色的特性类型，或者引用或者包含基准的定义。

12.5.3 大地基准

12.5.3.1 大地基准(GeodeticDatum)

```
〈element name="GeodeticDatum" type="gml:GeodeticDatumType"
substitutionGroup="gml:AbstractDatum"/〉
```

```
<complexType name="GeodeticDatumType">
    <complexContent>
        <extension base="gml:AbstractDatumType">
            <sequence>
                <element ref="gml:primeMeridian"/>
                <element ref="gml:ellipsoid"/>
            </sequence>
        </extension>
    </complexContent>
</complexType>
```

gml:GeodeticDatum 是一个大地基准，它定义了在一个规定的椭球 3D 空间或以这个椭球（或球面）为中心的笛卡尔坐标系中的精确位置和方向。

12.5.3.2 **本初子午线(primeMeridian)**

```
<element name="primeMeridian" type="gml:PrimeMeridianPropertyType"/>
```

gml:primeMeridian 是一个指向大地基准使用的本初子午线的关联角色。

12.5.3.3 **椭球(ellipsoid)**

```
<element name="ellipsoid" type="gml:EllipsoidPropertyType"/>
```

gml:ellipsoid 是一个指向大地基准使用的椭球的关联角色。

12.5.3.4 **大地基准特性类型(GeodeticDatumPropertyType)**

```
<complexType name="GeodeticDatumPropertyType">
    <sequence minOccurs="0">
        <element ref="gml:GeodeticDatum"/>
    </sequence>
    <attributeGroup ref="gml:AssociationAttributeGroup"/>
</complexType>
```

gml:GeodeticDatumPropertyType 是一个指向大地基准关联角色的特性类型，或者引用或者包含基准的定义。

12.5.3.5 **椭球，主轴半长，第二个定义参数(Ellipsoid，semiMajorAxis，secondDefiningParameter)**

```
<element name="Ellipsoid" type="gml:EllipsoidType" substitutionGroup="gml:Definition"/>
<complexType name="EllipsoidType">
    <complexContent>
        <extension base="gml:IdentifiedObjectType">
            <sequence>
                <element ref="gml:semiMajorAxis"/>
                <element ref="gml:secondDefiningParameter"/>
            </sequence>
</extension>
    </complexContent>
</complexType>
```

gml:Ellipsoid 是一个用来描述地球近似形状的几何图形。在数学上，它是一个以短轴为旋转轴的椭圆形成的面。

```
<element name="semiMajorAxis" type="gml:MeasureType"/>
```

gml:semiMajorAxis 指定了椭球体的主轴的半长。用 MeasureType 限制 uom 引用的度量单位应该是长度单位,如米、英尺。

```
〈element name="secondDefiningParameter"〉
    〈complexType〉
        〈sequence〉
            〈element ref="gml:SecondDefiningParameter"/〉
        〈/sequence〉
    〈/complexType〉
〈/element〉
〈element name="SecondDefiningParameter"〉
    〈complexType〉
        〈choice〉
            〈element name="inverseFlattening" type="gml:MeasureType"/〉
            〈element name="semiMinorAxis" type="gml:LengthType"/〉
            〈element name="isSphere" type="boolean" default="true"/〉
        〈/choice〉
    〈/complexType〉
〈/element〉
```

gml:secondDefiningParameter 是定义椭球形状的第二个参数。一个椭球需要两个参数定义:长半轴和扁率或长半轴和短半轴。当参考体是一个球而不一个椭球,则只要一个参数定义,即球的半径;在这种情况下,长半轴"退化"为球的半径。

gml:inverseFlattening 元素包含椭球体的扁率的倒数,其值是一个比例因子(或比率)。用 gml:LengthType 限制由 uom 属性引用的度量单位应该用于比例因子,比如百分比、千分率、百万分之。

gml:semiMinorAxis 元素包含椭球体的短半轴长,当包含 gml:isSphere 元素时,椭球实际上退化为一个球。这个球完全由长半轴定义,它是球的半径。

12.5.3.6 椭球特性类型(EllipsoidPropertyType)

```
〈complexType name="EllipsoidPropertyType"〉
    〈sequence minOccurs="0"〉
        〈element ref="gml:Ellipsoid"/〉
    〈/sequence〉
    〈attributeGroup ref="gml:AssociationAttributeGroup"/〉
〈/complexType〉
```

gml:EllipsoidPropertyType 是一个指向一个椭球关联角色的特性类型,或者引用或者包含椭球的定义。

12.5.3.7 本初子午线,格林威治经度(PrimeMeridian,greenwichLongitude)

```
〈element name="PrimeMeridian" type="gml:PrimeMeridianType
substitutionGroup="gml:Definition"/〉
〈complexType name="PrimeMeridianType"〉
 〈complexContent〉
   〈extension base="gml:IdentifiedObjectType"〉
      〈sequence〉
          〈element ref="gml:greenwichLongitude"/〉
      〈/sequence〉
   〈/extension〉
```

〈/complexContent〉

〈/complexType〉

gml:PrimeMeridian 定义了确定经度的原点。本初子午线 gml:identifier 的默认值是“格林威治(Greenwich)”。

〈element name="greenwichLongitude" type="gml:AngleType"/〉

gml:greenwichLongitude 是从格林威治子午线起算的本初子午线的经度，向东为正。如果本初子午线“名称”是“Greenwich”，则 greenwichLongitude 的值为 0 度。特性使用 gml:AngleType。

12.5.3.8 本初子午线特性类型(**PrimeMeridianPropertyType**)

〈complexType name="PrimeMeridianPropertyType"〉

〈sequence minOccurs="0"〉

〈element ref="gml:PrimeMeridian"/〉

〈/sequence〉

〈attributeGroup ref="gml:AssociationAttributeGroup"/〉

〈/complexType〉

gml:PrimeMeridianPropertyType 是一个指向一个本初子午线关联角色的特性类型，或者引用或者包含子午线的定义。

12.5.4 其他具体的基准

12.5.4.1 工程基准(**EngineeringDatum**)

〈element name="EngineeringDatum" type="gml:EngineeringDatumType"
substitutionGroup="gml:AbstractDatum"/〉

〈complexType name="EngineeringDatumType"〉

〈complexContent〉

〈extension base="gml:AbstractDatumType"/〉

〈/complexContent〉

〈/complexType〉

gml:EngineeringDatum 定义了工程坐标参照系的原点，用于围绕该原点的区域。原点可以相对于地球固定(如在建筑场地定义一个点)或是一个定义在移动设备(如轮船或卫星)上的点。

12.5.4.2 工程基准特性类型(**EngineeringDatumPropertyType**)

〈complexType name="EngineeringDatumPropertyType"〉

〈sequence minOccurs="0"〉

〈element ref="gml:EngineeringDatum"/〉

〈/sequence〉

〈attributeGroup ref="gml:AssociationAttributeGroup"/〉

〈/complexType〉

gml:EngineeringDatumPropertyType 是一个指向一个工程基准关联角色的特性类型，或者引用或者包含基准的定义。

12.5.4.3 影像基准(**ImageDatum**)

〈element name="ImageDatum" type="gml:ImageDatumType" substitutionGroup="gml:AbstractDatum"/〉

〈complexType name="ImageDatumType"〉

〈complexContent〉

〈extension base="gml:AbstractDatumType"〉

〈sequence〉

```
                〈element ref="gml:pixelInCell"/〉
            〈/sequence〉
        〈/extension〉
    〈/complexContent〉
〈/complexType〉
```

gml:ImageDatum 定义了影像坐标参照系的原点,仅用于局部范围。对影像基准来说,锚定点通常要么是影像的中心要么是影像的角点。更多信息请看 ISO 19111:2007 B.3.5。

12.5.4.4 格网中的像素(**pixelInCell**)

```
〈element name="pixelInCell" type="gml:CodeWithAuthorityType"/〉
```

gml:pixelInCell 是影像格网单元与影像数据属性关联方法的说明。必需的 codeSpace 属性引用一个信息源,提供了用于这个特性值和所有允许的字符串值的意义。

12.5.4.5 影像基准特性类型(**ImageDatumPropertyType**)

```
〈complexType name="ImageDatumPropertyType"〉
    〈sequence minOccurs="0"〉
        〈element ref="gml:ImageDatum"/〉
    〈/sequence〉
    〈attributeGroup ref="gml:AssociationAttributeGroup"/〉
〈/complexType〉
```

gml:ImageDatumPropertyType 是一个指向一个影像基准关联角色的特性类型,或者引用或者包含基准的定义。

12.5.4.6 垂直基准(**VerticalDatum**)

```
〈element name="VerticalDatum" type="gml:VerticalDatumType"
substitutionGroup="gml:AbstractDatum"/〉
〈complexType name="VerticalDatumType"〉
    〈complexContent〉
        〈extension base="gml:AbstractDatumType"/〉
    〈/complexContent〉
〈/complexType〉
```

gml:VerticalDatum 是一个文本描述和/或一组参数,标识了采用特定参考水准面作为零高度面,对于本标准所规定的任何高度类型都包括它相对于地球的位置。

12.5.4.7 垂直基准特性类型(**VerticalDatumPropertyType**)

```
〈complexType name="VerticalDatumPropertyType"〉
    〈sequence minOccurs="0"〉
        〈element ref="gml:VerticalDatum"/〉
    〈/sequence〉
    〈attributeGroup ref="gml:AssociationAttributeGroup"/〉
〈/complexType〉
```

gml:VerticalDatumPropertyType 是一个指向一个垂直基准关联角色的特性类型,或者引用或者包含基准的定义。

12.5.4.8 时间基准,原点(**TemporalDatum,origin**)

```
〈element name="TemporalDatum" type="gml:TemporalDatumType"
substitutionGroup="gml:AbstractDatum"/〉
〈complexType name="TemporalDatumType"〉
```

```
<complexContent>
    <extension base="gml:TemporalDatumBaseType">
        <sequence>
            <element ref="gml:origin"/>
        </sequence>
    </extension>
</complexContent>
</complexType>
<complexType name="TemporalDatumBaseType" abstract="true">
    <complexContent>
        <restriction base="gml:AbstractDatumType">
            <sequence>
                <element ref="gml:metaDataProperty" minOccurs="0" maxOccurs="unbounded"/>
                <element ref="gml:description" minOccurs="0"/>
                <element ref="gml:descriptionReference" minOccurs="0"/>
                <element ref="gml:identifier"/>
                <element ref="gml:name" minOccurs="0" maxOccurs="unbounded"/>
                <element ref="gml:remarks" minOccurs="0"/>
                <element ref="gml:domainOfValidity" minOccurs="0"/>
                <element ref="gml:scope" maxOccurs="unbounded"/>
            </sequence>
            <attribute ref="gml:id" use="required"/>
        </restriction>
    </complexContent>
</complexType>
```

gml:TempporalDatum 定义了时间坐标参照系的原点。这个类型忽略了“anchorDefinition”和“realiaztion”元素，增加了 dateTime 类型的“原点”元素。

TemporalDatumBaseType 部分地定义了时间坐标参照系的原点。这个类型通过移去“anchorDefinition”和“realizationEpoch ”元素限制 AbstractDatumType。

```
<element name="origin" type="dateTime"/>
```

gml:origin 是时间基准的日期和时间原点。

metaDataProperty 元素已不赞成使用，gml:description 元素也基本不赞成使用。

12.5.4.9 时间基准特性类型(TemporalDatumPropertyType)

```
<complexType name="TemporalDatumPropertyType">
    <sequence minOccurs="0">
        <element ref="gml:TemporalDatum"/>
    </sequence>
    <attributeGroup ref="gml:AssociationAttributeGroup"/>
</complexType>
```

gml:TemporalDatumPropertyType 是一个指向一个时间基准关联角色的特性类型，或者引用或者包含基准的定义。

12.6 坐标操作

12.6.1 概述

空间或时间操作模式组件分为5个逻辑部分,为下列定义的XML编码定义了元素和类型:

——多个抽象的坐标操作;

——多个坐标操作,包括变换和转换的具体类型;

——抽象的和具体的参数值和参数值组;

——操作方法;

——抽象的和具体的操作参数和参数值组。

这些模式组件对ISO 19111:2007第11章中的UML模型的坐标操作包进行编码。

注:coordinateOperations模式包括GML模式文档coordinateReferenceSystems.xsd。这个模式文件由以下独立于地址的名称(使用URN语法)标识:

urn:x-ogc:specification:gml:schema-xsd:coordinateOperations:3.2.1

12.6.2 抽象的坐标操作

12.6.2.1 抽象的坐标操作(AbstractCoordinateOperation)

```
<element name="AbstractCoordinateOperation" type="gml:AbstractCoordinateOperationType"
abstract="true"
substitutionGroup="gml:Definition"/>
<complexType name="AbstractCoordinateOperationType" abstract="true">
    <complexContent>
        <extension base="gml:IdentifiedObjectType">
            <sequence>
                <element ref="gml:domainOfValidity" minOccurs="0"/>
                <element ref="gml:scope" maxOccurs="unbounded"/>
                <element ref="gml:operationVersion" minOccurs="0"/>
                <element ref="gml:coordinateOperationAccuracy" minOccurs="0"
                    maxOccurs="unbounded"/>
                <element ref="gml:sourceCRS" minOccurs="0"/>
                <element ref="gml:targetCRS" minOccurs="0"/>
            </sequence>
        </extension>
    </complexContent>
</complexType>
```

gml:AbstractCoordinateOperation是一个变换或转换坐标到另一个坐标参照系的坐标数学操作。大多数坐标操作(从CRS A到CRS B)都唯一地定义了逆操作(从CRS B到CRS A)。在有些情况下,反操作的操作方法算法与正向算法是一致的,但一些操作参数值的符号是反的。在有些情况下,正反向操作需要不同的算法,但使用相同的操作参数值。如果(有些)需要完全不同的参数值,则应该定义不同的坐标操作。

可选的gml:coordinateOperationAccuracy元素提供了一组无序的坐标操作对点位精度影响的估计。

12.6.2.2 操作版本(operationVersion)

```
<element name="operationVersion" type="string"/>
```

gml:operationVersion是坐标变换的版本(例:由于参数的随机性质导致的实例)。对于变换是必需的,对于转换不应该提供。

12.6.2.3 坐标操作精度(coordinateOperationAccuracy)

```
〈element name="coordinateOperationAccuracy"〉
    〈complexType〉
        〈sequence minOccurs="0"〉
            〈element ref="gmd:AbstractDQ_PositionalAccuracy"/〉
        〈/sequence〉
        〈attributeGroup ref="gml:AssociationAttributeGroup"/〉
    〈/complexType〉
〈/element〉
```

gml:coordinateOperationAccuracy 是指向在 ISO/TS 19139 中编码的和 aDQ_PositionalAccuracy 对象的关联角色,要么引用,要么包含位置精度的定义。那个对象包含了点的位置精度对坐标操作的影响的估计。就是说,假设坐标源中没有错误,那么它将给出坐标操作中目标坐标的位置误差估计。

12.6.2.4 原坐标参照系(sourceCRS)

```
〈element name="sourceCRS" type="gml:CRSPropertyType"/〉
```

gml:sourceCRS 是一个指向坐标操作的原 CRS(坐标参照系)的关联角色。

12.6.2.5 目标坐标参照系(targetCRS)

```
〈element name="targetCRS" type="gml:CRSPropertyType"/〉
```

gml:targetCRS 是一个指向坐标操作的目标 CRS(坐标参照系)的关联角色。

12.6.2.6 坐标操作特性类型(CoordinateOperationPropertyType)

```
〈complexType name="CoordinateOperationPropertyType"〉
    〈sequence minOccurs="0"〉
        〈element ref="gml:AbstractCoordinateOperation"/〉
    〈/sequence〉
    〈attributeGroup ref="gml:AssociationAttributeGroup"/〉
〈/complexType〉
```

gml:CoordinateOperationPropertyType 是一个指向一个坐标操作关联角色的特性类型,或者引用或者包含坐标操作的定义。

12.6.2.7 抽象的单个操作(AbstractSingleOperation)

```
〈element name="AbstractSingleOperation" type="gml:AbstractCoordinateOperationType"
abstract="true" substitutionGroup="gml:AbstractCoordinateOperation"/〉
```

gml:AbstractSingleOperation 是单个的(非连续的)坐标操作。

12.6.2.8 单个操作特性类型(SingleOperationPropertyType)

```
〈complexType name="SingleOperationPropertyType"〉
    〈sequence minOccurs="0"〉
        〈element ref="gml:AbstractSingleOperation"/〉
    〈/sequence〉
    〈attributeGroup ref="gml:AssociationAttributeGroup"/〉
〈/complexType〉
```

gml:SingleOperationPropertyType 是一个指向单个操作关联角色的特性类型,或者引用或者包含单个操作的定义。

12.6.2.9 抽象的普通转换(AbstractGeneralConversion)

```
〈element name="AbstractGeneralConversion" type="gml:AbstractGeneralConversionType"
```

```
abstract="true"
 substitutionGroup="gml:AbstractOperation"/>
<complexType name="AbstractGeneralConversionType" abstract="true">
    <complexContent>
        <restriction base="gml:AbstractCoordinateOperationType">
            <sequence>
                <element ref="gml:metaDataProperty" minOccurs="0" maxOccurs=
                "unbounded"/>
                <element ref="gml:description" minOccurs="0"/>
                <element ref="gml:descriptionReference" minOccurs="0"/>
                <element ref="gml:identifier"/>
                <element ref="gml:name" minOccurs="0" maxOccurs="unbounded"/>
                <element ref="gml:remarks" minOccurs="0"/>
                <element ref="gml:domainOfValidity" minOccurs="0"/>
                <element ref="gml:scope" maxOccurs="unbounded"/>
                <element ref="gml:coordinateOperationAccuracy" minOccurs="0"
                    maxOccurs="unbounded"/>
            </sequence>
            <attribute ref="gml:id" use="required"/>
        </restriction>
    </complexContent>
</complexType>
```

gml:AbstractGeneralConversion 是一个关于坐标的抽象操作,不包括基准的改变。坐标转换最好的例子就是地图投影。描述坐标转换的参数是定义的,而不是根据经验求得的。需要注意的是,有些转换不需要参数。gml:operationVersion,gml:sourceCRS 和 gml:targetCRS 在坐标转换中都被忽略。

这个抽象的复杂类型可用于扩展有许多转换实例的众知的操作方法,在 GML 应用模式中,定义了特定于操作方法的元素名称和内容。这个转换使用具有关联的参数值的操作方法。但是,操作方法和参数值是直接关联到具体的子类型的,而不是这个抽象类型。所有从这个类型继承的具体的类型可以通过包含一个引用"OperationMethod"元素的"usesMethod"元素扩展这个类型。类似地,所有从这个类型继承的具体的类型可以通过包含一个或多个使用替代"AbstractGeneralParameterValue"元素的元素类型名为"uses... Value"的元素扩展这个类型。

metaDataProperty 元素已不赞成使用,gml:description 元素也基本不赞成使用。

12.6.2.10 普通转换特性类型(GeneralConversionPropertyType)

```
<complexType name="GeneralConversionPropertyType">
    <sequence minOccurs="0">
        <element ref="gml:AbstractGeneralConversion"/>
    </sequence>
    <attributeGroup ref="gml:AssociationAttributeGroup"/>
</complexType>
```

gml:GeneralConversionPropertyType 是一个指向一个普通转换关联角色的特性类型,或者引用或者包含坐标转换的定义。

12.6.2.11 抽象的普通变换(AbstractGeneralTransformation)

```
<element name="AbstractGeneralTransformation" type="gml:AbstractGeneralTransformationType"
```

```
abstract="true" substitutionGroup="gml:AbstractOperation"/〉
〈complexType name="AbstractGeneralTransformationType" abstract="true"〉
    〈complexContent〉
        〈restriction base="gml:AbstractCoordinateOperationType"〉
            〈sequence〉
                〈element ref="gml:metaDataProperty" minOccurs="0" maxOccurs="un-
                bounded"/〉
                〈element ref="gml:description" minOccurs="0"/〉
                〈element ref="gml:descriptionReference" minOccurs="0"/〉
                〈element ref="gml:identifier"/〉
                〈element ref="gml:name" minOccurs="0" maxOccurs="unbounded"/〉
                〈element ref="gml:remarks" minOccurs="0"/〉
                〈element ref="gml:domainOfValidity" minOccurs="0"/〉
                〈element ref="gml:scope" maxOccurs="unbounded"/〉
                〈element ref="gml:operationVersion"/〉
                〈element ref="gml:coordinateOperationAccuracy" minOccurs="0"
                    maxOccurs="unbounded"/〉
                〈element ref="gml:sourceCRS"/〉
                〈element ref="gml:targetCRS"/〉
            〈/sequence〉
            〈attribute ref="gml:id" use="required"/〉
        〈/restriction〉
    〈/complexContent〉
〈/complexType〉
```

gml:AbstractGeneralTransformation 是一个关于坐标的抽象操作，常包括基准的改变。坐标变换参数是根据两个坐标参照系中一系列点的坐标数据用经验公式求出的。这个计算过程常是“过于确定的”，允许计算变换的误差(或精度)。由于参数的随机性质，相同坐标变换可能有多个(不同)版本。gml:operationVersion，gml:sourceCRS，和 gml:targetCRS 的特性元素在坐标变换中是必需的。

这个抽象的复杂类型可用于扩展有许多变换实例的众知的操作方法，在应用模式中，定义了特定于操作方法的元素名称和内容。这个变换使用具有关联的参数值的操作方法。但是，操作方法和参数值是直接关联到具体的子类型的，而不是这个抽象类型。所有从这个类型继承的具体的类型可以通过包含一个引用“OperationMethod”元素的“usesMethod”元素扩展这个类型。类似地，所有从这个类型继承的具体的类型可以通过包含一个或多个使用替代“AbstractGeneralParameterValue”元素的元素类型名为“uses... Value”的元素扩展这个类型。

metaDataProperty 元素已不赞成使用，*gml:description* 元素也基本不赞成使用。

12.6.2.12 普通变换特性类型(GeneralTransformationPropertyType)

```
〈complexType name="GeneralTransformationPropertyType"〉
    〈sequence minOccurs="0"〉
        〈element ref="gml:AbstractGeneralTransformation"/〉
    〈/sequence〉
    〈attributeGroup ref="gml:AssociationAttributeGroup"/〉
〈/complexType〉
```

gml:GeneralTransformationPropertyType 是一个指向普通变换关联角色的特性类型，或者引用或者包含对普通变换的定义。

12.6.3 具体坐标操作

12.6.3.1 链接操作(ConcatenatedOperation)

```
〈element name="ConcatenatedOperation" type="gml:ConcatenatedOperationType"
substitutionGroup="gml:AbstractCoordinateOperation"/〉
〈complexType name="ConcatenatedOperationType"〉
    〈complexContent〉
        〈extension base="gml:AbstractCoordinateOperationType"〉
            〈sequence〉
                〈element ref="gml:coordOperation" minOccurs="2" maxOccurs="un-
                bounded"/〉
            〈/sequence〉
            〈attributeGroup ref="gml:AggregationAttributeGroup"/〉
        〈/extension〉
    〈/complexContent〉
〈/complexType〉
```

gml:ConcatenatedOperation 是一个有序的两个或多个坐标操作的序列。这个操作序列的限制是，要求第(n+1)步的源坐标参照系与第(n)步的目标坐标参照系一致。第一步的源坐标参照系和最后一步的目标坐标参照系是与这个链接操作关联的源和目标坐标参照系。除了正向操作，如果正向操作唯一地定义了反向操作，则反向操作可以使用上面提到的一个或多个操作步骤。

gml:coordOperation 特性元素是一个到链接操作用到的两个或多个操作关联的有序系列。gml:AggregationAttributeGroup 应该被用来指定 gml:coordOperation 的关联是有序的。

12.6.3.2 坐标操作(CoordOperation)

```
〈element name="coordOperation" type="gml:CoordinateOperationPropertyType"/〉
```

gml:coordOperation 是一个指向坐标操作的关联角色。

12.6.3.3 链接操作特性类型(ConcatenatedOperationPropertyType)

```
〈complexType name="ConcatenatedOperationPropertyType"〉
    〈sequence minOccurs="0"〉
        〈element ref="gml:ConcatenatedOperation"/〉
    〈/sequence〉
    〈attributeGroup ref="gml:AssociationAttributeGroup"/〉
〈/complexType〉
```

gml:ConcatenatedOperationPropertyType 是一个指向链接操作关联角色的特性类型，或者引用或者包含链接操作的定义。

12.6.3.4 穿越操作(PassThroughOperation)

```
〈element name="PassThroughOperation" type="gml:PassThroughOperationType"
substitutionGroup="gml:AbstractSingleOperation"/〉
〈complexType name="PassThroughOperationType"〉
    〈complexContent〉
        〈extension base="gml:AbstractCoordinateOperationType"〉
            〈sequence〉
            〈element ref="gml:modifiedCoordinate" maxOccurs="unbounded"/〉
            〈element ref="gml:coordOperation"/〉
```

```
        〈/sequence〉
        〈attributeGroup ref="gml:AggregationAttributeGroup"/〉
      〈/extension〉
    〈/complexContent〉
〈/complexType〉
```

gml:PassThroughOperation 指定了特定坐标操作需要的一组坐标元组。

gml:modifiedCoordinate 元素是一个有序的正整数系列，定义了受穿越操作影响的坐标在坐标元组中的位置。gml:AggregationAttributeGroup 应该被用来指定 gml:modifiedCoordinate 元素是有序的。

12.6.3.5 修正后的坐标(modifiedCoordinate)

```
〈element name="modifiedCoordinate" type="positiveInteger"/〉
```

gml:modifiedCoordinate 是一个定义坐标元组中位置的正整数。

12.6.3.6 穿越操作特性类型(PassThroughOperationPropertyType)

```
〈complexType name="PassThroughOperationPropertyType"〉
    〈sequence minOccurs="0"〉
        〈element ref="gml:PassThroughOperation"/〉
    〈/sequence〉
    〈attributeGroup ref="gml:AssociationAttributeGroup"/〉
〈/complexType〉
```

gml:PassThroughOperationPropertyType 是一个指向穿越操作关联角色的特性类型，或者引用或者包含穿越操作的定义。

12.6.3.7 转换(Conversion)

```
〈element name="Conversion" type="gml:ConversionType"
substitutionGroup="gml:AbstractGeneralConversion"/〉
〈complexType name="ConversionType"〉
    〈complexContent〉
        〈extension base="gml:AbstractGeneralConversionType"〉
            〈sequence〉
                〈element ref="gml:method"/〉
                〈element ref="gml:parameterValue" minOccurs="0" maxOccurs="un
                bounded"/〉
            〈/sequence〉
        〈/extension〉
    〈/complexContent〉
〈/complexType〉
```

gml:Conversion 是一个关于坐标的具体操作，不包括基准的改变。坐标转换最好的例子就是地图投影。描述坐标转换的参数是定义的，而不是根据经验求得的。需要注意的是，有些转换不需要参数。

这个具体的复杂类型可用于所有的操作方法，而不需要使用 GML 应用模式，其中定义了特定于操作方法的元素名称和内容，特别是只有一个转换实例的方法。

12.6.3.8 方法(method)

```
〈element name="method" type="gml:OperationMethodPropertyType"/〉
```

gml:method 是一个指向坐标操作用到的操作方法的关联角色。

12.6.3.9 参数值(parameterValue)

```
〈element name="parameterValue" type="gml:AbstractGeneralParameterValuePropertyType"/〉
```

gml:parameterValue 是一个指向坐标操作用到的参数值或参数组值的组合关联。

12.6.3.10 转换特性类型(ConversionPropertyType)

```
〈complexType name="ConversionPropertyType"〉
    〈sequence minOccurs="0"〉
        〈element ref="gml:Conversion"/〉
    〈/sequence〉
    〈attributeGroup ref="gml:AssociationAttributeGroup"/〉
〈/complexType〉
```

gml:ConversionPropertyType 是一个指向具体转换关联角色的特性类型，或者引用或者包含转换的定义。

12.6.3.11 变换(Transformation)

```
〈element name="Transformation" type="gml:TransformationType"
substitutionGroup="gml:AbstractGeneralTransformation"/〉
〈complexType name="TransformationType"〉
    〈complexContent〉
        〈extension base="gml:AbstractGeneralTransformationType"〉
            〈sequence〉
                〈element ref="gml:method"/〉
                〈element ref="gml:parameterValue" minOccurs="0" maxOccurs="un-
                bounded"/〉
            〈/sequence〉
        〈/extension〉
    〈/complexContent〉
〈/complexType〉
```

gml:Transformation 是一个由 gml:AbstractGeneralTransformation(12.6.2.11)派生出来的具体的对象元素。

这个具体的复杂类型可用于所有的操作方法，而不需要使用 GML 应用模式，其中定义了特定于操作方法的元素名称和内容，特别是只有一个变换实例的方法。

gml:parameterValue 元素是一个指向转换操作用到的一组参数值的组合关联的有序系列。

12.6.3.12 变换特性类型(TransformationPropertyType)

```
〈complexType name="TransformationPropertyType"〉
    〈sequence minOccurs="0"〉
        〈element ref="gml:Transformation"/〉
    〈/sequence〉
    〈attributeGroup ref="gml:AssociationAttributeGroup"/〉
〈/complexType〉
```

gml:TransformationPropertyType 是一个指向一个变换关联角色的特性类型，或者引用或者包含变换的定义。

12.6.4 参数值和组

12.6.4.1 抽象的一般参数值(AbstractGeneralParameterValue)

```
〈element name="AbstractGeneralParameterValue" type="gml:AbstractGeneralParameterValueType"
```

```
abstract="true" substitutionGroup="gml:AbstractObject"/〉
〈complexType name="AbstractGeneralParameterValueType" abstract="true"〉
    〈sequence/〉
〈/complexType〉
```

gml:AbstractGeneralParameterValue 是一个抽象的参数值或参数值组。

这个抽象的复杂类型可用于扩展和限制具有许多实例的众知的操作方法，在应用模式中定义了特定于操作方法的元素名称和内容。特定的参数值元素直接包含在具体的子类型中，而不是这个抽象类型。所有从这个类型继承的具体的类型可以通过包含一个具有适当类型的“... Value”元素扩展这个类型，它应该是一个 ParameterValueType 允许的元素类型。另外，所有从这个类型继承的具体的类型可以通过包含一个或多个使用替代“OperationParameter”元素的元素类型名为“operationParameter”的元素扩展这个类型。

12.6.4.2 抽象的一般参数值特性类型(AbstractGeneralParameterValuePropertyType)

```
〈complexType name="AbstractGeneralParameterValuePropertyType"〉
    〈sequence〉
        〈element ref="gml:AbstractGeneralParameterValue"/〉
    〈/sequence〉
〈/complexType〉
```

gml:AbstractGeneralParameterValuePropertyType 是一个指向一个或者一组参数值的内联角色，总是包含值。

12.6.4.3 参数值(ParameterValue)

```
〈element name="ParameterValue" type="gml:ParameterValueType"
substitutionGroup="gml:AbstractGeneralParameterValue"/〉
〈complexType name="ParameterValueType"〉
    〈complexContent〉
        〈extension base="gml:AbstractGeneralParameterValueType"〉
            〈sequence〉
                〈choice〉
                    〈element ref="gml:value"/〉
                    〈element ref="gml:dmsAngleValue"/〉
                    〈element ref="gml:stringValue"/〉
                    〈element ref="gml:integerValue"/〉
                    〈element ref="gml:booleanValue"/〉
                    〈element ref="gml:valueList"/〉
                    〈element ref="gml:integerValueList"/〉
                    〈element ref="gml:valueFile"/〉
                〈/choice〉
                〈element ref="gml:operationParameter"/〉
            〈/sequence〉
        〈/extension〉
    〈/complexContent〉
〈/complexType〉
```

gml:ParameterValue 是一个参数值，有序的值系列或对一个参数值文件的引用。这个具体的复杂类型可用于所有的操作方法，不需要使用应用模式，其中定义了特定于操作方法的元素名称和内容，特别是用于只有一个实例的方法。这个复杂类型可使用,扩展或限制具有多个实例的众知的操作方法。

dmsAngleValue 元素已不赞成使用。

12.6.4.4 **值(value)**

```
<element name="value" type="gml:MeasureType"/>
```

gml:value 是一个操作参数的数值,具有关联的度量单位。

12.6.4.5 **字符串值(stringValue)**

```
<element name="stringValue" type="string"/>
```

gml:stringValue 是一个操作参数的字符串值。一个字符串值没有关联的度量单位。

12.6.4.6 **整数值(integerValue)**

```
<element name="integerValue" type="positiveInteger"/>
```

gml:integerValue 是一个操作参数的正整数值,常用于计数。一个正整数值没有关联的度量单位。

12.6.4.7 **布尔值(booleanValue)**

```
<element name="booleanValue" type="boolean"/>
```

gml:booleanValue 是一个操作参数的布尔值。一个布尔值没有关联的度量单位。

12.6.4.8 **值列表(valueList)**

```
<element name="valueList" type="gml:MeasureListType"/>
```

gml:valueList 是一个操作参数表的两个或多个有序的数值表,每个值具有相同的关联的度量单位。这个类型的元素包含以空格分开的双精度值的序列。

12.6.4.9 **整数值列表(integerValueList)**

```
<element name="integerValueList" type="gml:integerList"/>
```

gml:integerValueLis 是一个操作参数表的两个或多个有序的整数值表,常用于计数。这些整数值没有关联的度量单位。这个类型的元素包含以空格分开的整数值的序列。

12.6.4.10 **值文件(valueFile)**

```
<element name="valueFile" type="anyURI"/>
```

gml:valueFile 是一个到文件或文件的一部分的引用,文件中包含了一个或多个参数值。每个数值具有关联的单位。当引用文件的一部分时,这个文件应该包含多个可标识的部分,如一个 XML 编码的文档。而且,引用的文件或文件的一部分还可以引用相同或不同文件的其他部分,就像 XML 文档允许的那样。

12.6.4.11 **操作参数(operationParameter)**

```
<element name="operationParameter" type="gml:OperationParameterPropertyType"/>
```

gml:operationParameter 是一个指向操作参数值的关联角色。

12.6.4.12 **参数值组(ParameterValueGroup)**

```
<element name="ParameterValueGroup" type="gml:ParameterValueGroupType"
substitutionGroup="gml:AbstractGeneralParameterValue"/>
<complexType name="ParameterValueGroupType">
    <complexContent>
        <extension base="gml:AbstractGeneralParameterValueType">
            <sequence>
                <element ref="gml:parameterValue" minOccurs="2" maxOccurs="un-
                bounded"/>
                <element ref="gml:group"/>
            </sequence>
        </extension>
```

```
    〈/complexContent〉
〈/complexType〉
```

gml:ParameterValueGroup 是一个相关参数值的组。如果实例包含一个或多个 parameterValues 的不同值，相同的组可以在转换、变换或高层次的 parameterValueGroup 中重复多次。这个具体的复杂类型可用于所有的操作方法，而不需要使用应用模式，其中定义了特定于操作方法的元素名称和内容。这个复杂类型可被使用，扩展或限制众知的操作方法，特别是只有一个实例的方法。

gml:parameterValue 元素是一个指向组中包含的组值和参数值的组合关联的无序系列。

12.6.4.13 组(**group**)

```
〈element name="group" type="gml:OperationParameterGroupPropertyType"/〉
```

gml:group 是一个指向操作参数组的关联角色，这个元素提供了参数值。

12.6.5 操作方法

12.6.5.1 操作方法(**OperationMethod**)

```
〈element name="OperationMethod" type="gml:OperationMethodType" substitutionGroup=
"gml:Definition"/〉
〈complexType name="OperationMethodType"〉
    〈complexContent〉
        〈extension base="gml:IdentifiedObjectType"〉
            〈sequence〉
                〈choice〉
                    〈element ref="gml:formulaCitation"/〉
                    〈element ref="gml:formula"/〉
                〈/choice〉
                〈element ref="gml:sourceDimensions" minOccurs="0"/〉
                〈element ref="gml:targetDimensions" minOccurs="0"/〉
                〈element ref="gml:parameter" minOccurs="0" maxOccurs="unbounded"/〉
            〈/sequence〉
        〈/extension〉
    〈/complexContent〉
〈/complexType〉
```

gml:OperationMethod 是一个执行坐标操作使用的算法的方法(算法或过程)。大多数操作方法使用多个操作参数，但也有一些坐标转换不需要参数。使用方法的每个坐标操作将值指定到这些参数。

gml:parameter 元素是一个关联到使用这个操作方法的一组操作参数和操作参数组的无序列表。

12.6.5.2 公式，公式引用(**formula**，**formulaCitation**)

```
〈element name="formula" type="gml:CodeType"/〉
```

gml:formula 中有操作方法使用的公式或程序。

Codespace 属性不赞成使用，其特性值应该是一个字符串。

```
〈element name="formulaCitation"〉
    〈complexType〉
        〈sequence minOccurs="0"〉
            〈element ref="gmd:CI_Citation"/〉
        〈/sequence〉
        〈attributeGroup ref="gml:AssociationAttributeGroup"/〉
    〈/complexType〉
```

〈/element〉

gml:formulaCitation 提供了对出版物中给出的坐标操作方法中使用的公式或者程序的引用。

12.6.5.3 原维数(sourceDimensions)

〈element name="sourceDimensions" type="positiveInteger"/〉

gml:sourceDimensions 是操作方法的原 CRS 的维数。

12.6.5.4 目标维数(targetDimensions)

〈element name="targetDimensions" type="positiveInteger"/〉

gml:targetDimensions 是一个操作方法的目标 CRS 的维数。

12.6.5.5 参数(parameter)

〈element name="parameter " type="gml:AbstractGeneralOperationParameterPropertyType"/〉

gml:parameter 是一个指向这个操作方法使用的操作参数或参数组的关联。

12.6.5.6 操作方法特性类型(OperationMethodPropertyType)

```
〈complexType name="OperationMethodPropertyType"〉
    〈sequence minOccurs="0"〉
        〈element ref="gml:OperationMethod"/〉
    〈/sequence〉
    〈attributeGroup ref="gml:AssociationAttributeGroup"/〉
〈/complexType〉
```

gml:OperationMethodPropertyType 是一个指向具体操作方法关联角色的特性类型,或者引用或者包含该方法的定义。

12.6.6 操作参数和组

12.6.6.1 一般操作参数(GeneralOperationParameter)

```
〈element name="AbstractGeneralOperationParameter" type="gml:AbstractGeneralOperation-
ParameterType"
abstract="true" substitutionGroup="gml:Definition"/〉
〈complexType name="AbstractGeneralOperationParameterType" abstract="true"〉
    〈complexContent〉
        〈extension base="gml:IdentifiedObjectType"〉
            〈sequence〉
                〈element ref="gml:minimumOccurs" minOccurs="0"/〉
            〈/sequence〉
        〈/extension〉
    〈/complexContent〉
〈/complexType〉
```

gml:GeneralOperationParameter 是操作方法使用的参数或参数组的抽象定义。

12.6.6.2 最小出现次数(minimumOccurs)

〈element name="minimumOccurs" type="nonNegativeInteger"/〉

gml:minimumOccurs 是参数组或参数需要的值出现的最小次数。如果省略该属性,最小次数为 1。

12.6.6.3 抽象的一般参数特性类型(AbstractGeneralOperationParameterPropertyType)

```
〈complexType name="AbstractGeneralOperationParameterPropertyType"〉
    〈sequence minOccurs="0"〉
        〈element ref="gml:AbstractGeneralOperationParameter"/〉
```

```
        〈/sequence〉
        〈attributeGroup ref="gml:AssociationAttributeGroup"/〉
    〈/complexType〉
```

gml:AbstractGeneralOperationParameterPropertyType 是一个指向操作参数或组的关联角色的特性,或者引用或者包含该参数或组的定义。

12.6.6.4 操作参数(OperationParameter)

```
    〈element name="OperationParameter" type="gml:OperationParameterType"
    substitutionGroup="gml:AbstractGeneralOperationParameter"/〉
    〈complexType name="OperationParameterType"〉
        〈complexContent〉
            〈extension base="gml:AbstractGeneralOperationParameterType"〉
                〈sequence/〉
            〈/extension〉
        〈/complexContent〉
    〈/complexType〉
```

gml:OperationParameter 是操作方法使用的参数的定义。大多数参数值是数值的,但其他类型的参数值也是可以的。这个复杂类型可用于或扩展所有操作方法,不需要定义特定于操作方法的元素名称。

12.6.6.5 操作参数特性类型(OperationParameterPropertyType)

```
    〈complexType name="OperationParameterPropertyType"〉
        〈sequence minOccurs="0"〉
            〈element ref="gml:OperationParameter"/〉
        〈/sequence〉
        〈attributeGroup ref="gml:AssociationAttributeGroup"/〉
    〈/complexType〉
```

gml:OperationParameterPropertyType 是一个指向操作参数关联角色的特性,或者引用或者包含该参数的定义。

12.6.6.6 操作参数组(OperationParameterGroup)

```
    〈element name="OperationParameterGroup" type="gml:OperationParameterGroupType"
    substitutionGroup="gml:AbstractGeneralOperationParameter"/〉
    〈complexType name="OperationParameterGroupTypc"〉
        〈complexContent〉
            〈extension base="gml:AbstractGeneralOperationParameterType"〉
                〈sequence〉
                    〈element ref="gml:maximumOccurs" minOccurs="0"/〉
                    〈element ref="gml:parameter" minOccurs="2" maxOccurs="unbounded"/〉
                〈/sequence〉
            〈/extension〉
        〈/complexContent〉
    〈/complexType〉
```

gml:OperationParameterGroup 是操作方法使用的参数组的定义。这个复杂类型可用于或扩展所有可应用的操作方法,不需要定义特定于操作方法的元素名称。

gml:parameter 元素是一个关联到作为这个组成员的一组操作参数的无序列表。

12.6.6.7 最大出现次数(**maximumOccurs**)

```
<element name="maximumOccurs" type="positiveInteger"/>
```

gml:maximumOccurs 是参数组可以包含的值出现的最大次数。如果省略该属性,最大次数为 1。

12.6.6.8 操作参数组特性类型(**OperationParameterGroupPropertyType**)

```
<complexType name="OperationParameterGroupPropertyType">
    <sequence minOccurs="0">
        <element ref="gml:OperationParameterGroup"/>
    </sequence>
    <attributeGroup ref="gml:AssociationAttributeGroup"/>
</complexType>
```

gml:OperationParameterPropertyType 是一个指向操作参数组关联角色的特性类型,或者引用或者包含该参数组的定义。

13 GML 模式——拓扑

13.1 基本概念

13.1.1 概述

拓扑学是数学的一个分支,它描述对象在连续变形时保持不变的特性。例如,一个圆与椭圆是拓扑等价的,因为其中的一个可以通过拉伸变换成另一个。在地理建模中,拓扑的最重要用途是加速几何计算。拓扑的构建允许通过简单的组合或代数算法来表达对象间的空间关系,用适宜的几何元素实现的拓扑也允许采用一种简单而又清晰的方式表达地理要素之间的共享几何元素。

注 1:GML 拓扑模型和 GB/T 23707 一致。本标准下面的内容详细地讨论了 GML 拓扑模型的类型和元素的基本概念。

本章描述了 GML 规定的拓扑模式组件。

注 2:相应的拓扑模式文档,topology.xsd(见附录 C)由以下的独立于位置的名称标识(使用 URN 语法):

urn:x-ogc:specification:gml:schema-xsd:topology:3.2.1

有 4 种可实例化的单形拓扑对象类,每一类都支持从 0 维到 3 维的空间对象。另外,也支持拓扑复形。

相邻维间的拓扑单形间的(拓扑边界和余边界)关系有很强的对称性。拓扑单形的边界为低一维的有向拓扑单形。每个拓扑单形的余边界由高一维的有向拓扑单形形成。

13.1.2 与 GB/T 23707 的关系

本章规定的 GML 模式的空间拓扑组件提供了与 GB/T 23707 空间模式(拓扑)一致的部分实现。两者的关系在 D.2.3 中详细讨论。

GML 中实现的 GB/T 23707 拓扑类型在 GB/T 23707 中规定。在 GB/T 23707 中为这些类型规定的一些附加约束,同样是 GML 模式的空间几何组件的约束。

另外,在 D.3.10 中描述了 GML 指定的增加的空间拓扑模式组件。

13.2 抽象的拓扑

```
<complexType name="AbstractTopologyType" abstract="true">
  <complexContent>
   <extension base="gml:AbstractGMLType"/>
  </complexContent>
</complexType>
<element name="AbstractTopology" type="gml:AbstractTopologyType" abstract="true"
```

substitutionGroup="gml:AbstractGML"/〉

这个抽象类型是所有拓扑元素(包括拓扑单形和拓扑复形)的根或基本类型,它从 AbstractGMLType 派生,因此可以通过 gml:id 属性识别。

gml:AbstractTopology 实现 GB/T 23707 TP_Object(见 D.2.4.2 和 GB/T 23707—2009,7.2.2)。

13.3 拓扑单形

13.3.1 抽象的拓扑单形

13.3.1.1 抽象拓扑单形(**AbstractTopoPrimitive**)

```
〈complexType name="AbstractTopoPrimitiveType" abstract="true"〉
  〈complexContent〉
   〈extension base="gml:AbstractTopologyType"〉
    〈sequence/〉
   〈/extension〉
  〈/complexContent〉
〈/complexType〉
〈element name="AbstractTopoPrimitive" type="gml:AbstractTopoPrimitiveType " abstract="true" substitutionGroup="gml:AbstractTopology "/〉
```

gml:AbstractTopoPrimitive 实现 GB/T 23707 TP_Primitive(见 D.2.4.3 和 GB/T 23707—2009,7.3.10)。这个抽象类型用作所有拓扑单形的基本类型。拓扑单形是拓扑复形的原子(最小可能的)单位。

每个拓扑单形可以引用余维数为 2 或以上的其他拓扑单形(gml:isolated,在子类型中实现)。

例:面(faces)可以包含相互独立的结点(nodes),体(solids)可以包含相互独立的结点和边。

相反地,结点可以有面作为它的容器,结点和边可以有体作为它的容器(gml:container,在子类型中实现)。

13.3.2 拓扑单形(0 维)

13.3.2.1 结点类型,结点(**NodeType,Node**)

```
〈complexType name="NodeType"〉
  〈complexContent〉
   〈extension base="gml:AbstractTopoPrimitiveType"〉
    〈sequence〉
      〈element name="container" type="gml:FaceOrTopoSolidPropertyType" minOccurs="0"/〉
      〈element ref="gml:directedEdge" minOccurs="0" maxOccurs="unbounded"/〉
      〈element ref="gml:pointProperty" minOccurs="0"/〉
    〈/sequence〉
    〈attributeGroup ref="gml:AggregationAttributeGroup"/〉
   〈/extension〉
  〈/complexContent〉
〈/complexType〉
〈element name="Node" type="gml:NodeType" substitutionGroup="gml:AbstractTopoPrimitive"/〉
```

gml:Node 表示了 0 维单形,实现 GB/T 23707 TP_Node(见 D.2.4.3 和 GB/T 23707—2009,7.3.12)。

gml:container 特性元素实现 GB/T 23707 "Isolated In"关联中同样名称的角色(见 GB/T 23707—2009,7.3.10.4 和 D.2.4.3)。

```
〈complexType name="FaceOrTopoSolidPropertyType"〉
      〈choice minOccurs="0"〉
```

```
        〈element ref="gml:Face"/〉
        〈element ref="gml:TopoSolid"/〉
    〈/choice〉
    〈attributeGroup ref="gml:AssociationAttributeGroup"/〉
    〈attributeGroup ref="gml:OwnershipAttributeGroup"/〉
〈/complexType〉
```

一个结点的可选的余边界(gml:directedEdge)是一组与结点关联的有向边。从一点散发出的边看起来是相反方向点的余边。

在平面拓扑中,gml:directedEdge 应该按顺时针方向的循环序列排列,确保无损的拓扑表示。

如果提供,aggregationType 属性应该有值“sequence”。

一个结点可选地由 0 维几何单形实现(gml:pointProperty)。

13.3.2.2 有向结点类型,有向结点(DirectedNodePropertyType,directedNode)

```
〈element name="directedNode" type="gml:DirectedNodePropertyType"/〉
〈complexType name="DirectedNodePropertyType"〉
    〈sequence minOccurs="0"〉
        〈element ref="gml:Node"/〉
    〈/sequence〉
    〈attribute name="orientation" type="gml:SignType" default="+"/〉
    〈attributeGroup ref="gml:AssociationAttributeGroup"/〉
    〈attributeGroup ref="gml:OwnershipAttributeGroup"/〉
〈/complexType〉
```

gml:DirectedNode 特性元素描述了拓扑边的边界,通过 gml:TopoPoint(见下面的描述)表达支持拓扑点要素。gml:SignType 类型的方向属性表示了结点是如何使用的,如是起结点(“-”)或是终结点(“+”)。

13.3.3 拓扑单形(1 维)

13.3.3.1 边类型,边(EdgeType,Edge)

```
〈complexType name="EdgeType"〉
  〈complexContent〉
    〈extension base="gml:AbstractTopoPrimitiveType"〉
     〈sequence〉
       〈element name="container" type="gml:TopoSolidPropertyType" minOccurs="0"/〉
       〈element ref="gml:directedNode" minOccurs="2" maxOccurs="2"/〉
       〈element ref="gml:directedFace" minOccurs="0" maxOccurs="unbounded"/〉
       〈element ref="gml:curveProperty" minOccurs="0"/〉
     〈/sequence〉
     〈attributeGroup ref="gml:AggregationAttributeGroup"/〉
    〈/extension〉
  〈/complexContent〉
〈/complexType〉
〈element name="Edge" type="gml:EdgeType" substitutionGroup="gml:AbstractTopoPrimi-
tive"/〉
```

gml:Edge 表示了 1 维单形，实现 GB/T 23707TP_Edge(见 D.2.4.3 和 GB/T 23707—2009,7.3.14)。

gml:container 特性元素实现 GB/T 23707 “Isolated In”关联中同样名称的角色(见 GB/T 23707—2009,7.3.10.4 和 D.2.4.3)。

一个边的拓扑边界(gml:directedNode)由一个负向的起结点和一个正向的终结点构成。

一个边可选的余边界(gml:directedFace)是一个有向面的序列，每个面以指定的文档顺序与这个边关联。在 2D 情况下，在边左边的面的方向是“+”；在边右边的面的方向是“−”。

如果提供，aggregationType 属性应该有值“sequence”。

一个边可以由 1 维几何单形(gml:curveProperty)实现。

13.3.3.2 有向边特性类型，有向边(DirectedEdgePropertyType，directedEdge)

```
〈element name="directedEdge" type="gml:DirectedEdgePropertyType"/〉
〈complexType name="DirectedEdgePropertyType"〉
    〈sequence minOccurs="0"〉
        〈element ref="gml:Edge"/〉
    〈/sequence〉
    〈attribute name="orientation" type="gml:SignType" default="+"/〉
    〈attributeGroup ref="gml:AssociationAttributeGroup"/〉
    〈attributeGroup ref="gml:OwnershipAttributeGroup"/〉
〈/complexType〉
```

DirectedEdge 特性元素描述了拓扑面的边界，拓扑结点的余边界和通过 gml:TopoCurve(见下面的描述)表达支持拓扑线要素。gml:SignType 类型的方向属性表示了内联的边是如何使用的，如向前或反向。

13.3.4 拓扑单形(2 维)

13.3.4.1 面类型，面(FaceType，Face)

```
〈complexType name="FaceType"〉
 〈complexContent〉
  〈extension base="gml:AbstractTopoPrimitiveType"〉
   〈sequence〉
     〈element name="isolated" type="gml:NodePropertyType" minOccurs="0" maxOccurs="
     unbounded"/〉
     〈element ref="gml:directedEdge" maxOccurs="unbounded"/〉
     〈element ref="gml:directedTopoSolid" minOccurs="0" maxOccurs="2"/〉
     〈element ref="gml:surfaceProperty" minOccurs="0"/〉
   〈/sequence〉
   〈attributeGroup ref="gml:AggregationAttributeGroup"/〉
   〈attribute name="universal" type="boolean" use="optional" default="false"/〉
  〈/extension〉
 〈/complexContent〉
〈/complexType〉
〈element name="Face" type="gml:FaceType" substitutionGroup="gml:AbstractTopoPrimi-
tive"/〉
```

gml:Face 表示 2 维拓扑单形，实现 GB/T 23707 TP_Face(见 D.2.4.3 和 GB/T 23707—2009,7.3.16)。

gml:isolated 特性元素实现了 GB/T 23707 "Isolated In"关联中同名称的角色(见 GB/T 23707—2009,7.3.10.4 和 D.2.4.3)。

一个面的拓扑边界(gml:directedEdge)由一组有向边组成,如果提供,aggregationType 属性应该有值"sequence"。

注 1:所有与面关联的边,包括悬垂边(dangling edge),都出现在边界中。悬垂边在两边有相同的面。因此,悬垂边在它的边界有两个不同的结点。一个悬垂边可以与面的边界中的其他边共享 0、1 或 2 个边界结点。方向相反的两个 directedEdge 元素引用面的边界中的每一个悬垂边。面的边界中的非悬垂边组成了一个或以上的拓扑环(rings)。每个这样的环由在一个圈中(cycle)相互连接的 directedEdges 组成,并根据它左边的面来定向。

一个面可选的余边界(gml:directedTopoSolid)是一对有向体(solids),它以这个面为边界。在任何几体实现中,正向体是指位于面的负的法方向的体。

一个面可以由 2 维几何单形(gml:surfaceProperty)实现。

如果拓扑表示存在无穷多个面(如欧几里得(Euclidean)平面),gml:Face 应该指示它是否是一个外面(universal face),以确保无损失的拓扑表示。这由可选的布尔类型属性 universal 指定。

注 2:外面通常不是任何元素的一部分,常用来表示数据集的无穷大的部分。它的内部边界(如果不存在外部边界)通常被认为是由数据集表示的地图的外边界。

13.3.4.2 有向面特性类型,有向面(**DirectedFacePropertyType,directedFace**)

```
<element name="directedFace" type="gml:DirectedFacePropertyType"/>
<complexType name="DirectedFacePropertyType">
    <sequence minOccurs="0">
        <element ref="gml:Face"/>
    </sequence>
    <attribute name="orientation" type="gml:SignType" default="+"/>
    <attributeGroup ref="gml:AssociationAttributeGroup"/>
    <attributeGroup ref="gml:OwnershipAttributeGroup"/>
</complexType>
```

gml:DirectedFace 特性元素描述了拓扑体的边界,拓扑边的余边界,并通过 gml:TopoSurface(见下面的描述)表达支持面(surface)要素。gml:SignType 类型的方向属性表示了包含的面是如何使用的,如在几何实现中,相对于面的法方向而言向内或向外。

13.3.5 拓扑单形(3 维)

13.3.5.1 拓扑体类型,拓扑体(**TopoSolidType,TopoSolid**)

```
<complexType name="TopoSolidType">
 <complexContent>
  <extension base="gml:AbstractTopoPrimitiveType">
   <sequence>
    <element name="isolated" type="gml:NodeOrEdgePropertyType" minOccurs="0" max-
    Occurs="unbounded"/>
    <element ref="gml:directedFace" maxOccurs="unbounded"/>
    <element ref="gml:solidProperty" minOccurs="0"/>
   </sequence>
   <attributeGroup ref="gml:AggregationAttributeGroup"/>
   <attribute name="universal" type="boolean" use="optional" default="false"/>
  </extension>
```

〈/complexContent〉

〈/complexType〉

〈element name="TopoSolid" type="gml:TopoSolidType" substitutionGroup="gml:AbstractTopoPrimitive"/〉

gml:TopoSolid 表示 3 维拓扑单形，实现 GB/T 23707 TP_Solid（见 D.2.4.3 和 GB/T 23707—2009,7.3.18）。

gml:isolated 特性元素实现 GB/T 23707 "Isolated In"关联中同样名称的角色（见 GB/T 23707—2009,7.3.10.4 和 D.2.4.3）。

〈complexType name="NodeOrEdgePropertyType"〉

〈choice minOccurs="0"〉

〈element ref="gml:Node"/〉

〈element ref="gml:Edge"/〉

〈/choice〉

〈attributeGroup ref="gml:AssociationAttributeGroup"/〉

〈attributeGroup ref="gml:OwnershipAttributeGroup"/〉

〈/complexType〉

一个体的拓扑边界（gml:directedFace）由一组有向面组成。

注 1：所有与体关联的面，包括悬垂面（dangling face），都应在边界中出现。一个悬垂面在两边有相同的体。两个方向相反的 directedFace 元素引用拓扑体边界中的每个悬垂面。

一个体可以由 3 维的几何单形（gml:solidProperty）实现。

gml:TopoSolid 应该指定是否是外拓扑体，以保证无损失的拓扑表示。这由可选的布尔类型属性 universal 来指定，缺省值是 false。

注 2：外拓扑体通常不是任何元素的一部分，常用来表示数据集的无穷大的部分。它的内部边界（如果不存在外部边界）通常被认为是数据集的外边界。

13.3.5.2 有向拓扑体特性类型，有向拓扑体（DirectedTopoSolidPropertyType，directedTopoSolid）

〈element name="directedTopoSolid" type="gml:DirectedTopoSolidPropertyType"/〉

〈complexType name="DirectedTopoSolidPropertyType"〉

〈sequence minOccurs="0"〉

〈element ref="gml:TopoSolid"/〉

〈/sequence〉

〈attribute name="orientation" type="gml:SignType" default="+"/〉

〈attributeGroup ref="gml:AssociationAttributeGroup"/〉

〈attributeGroup ref="gml:OwnershipAttributeGroup"/〉

〈/complexType〉

gml:directedSolid 特性元素描述了拓扑面的余边界，并且通过 gml:TopoVolume（见下面的描述）表达支持体（volume）要素。gml:SignType 类型的方向属性表示了包含的体在面余边界中如何出现。在一个 TopoVolume 的上下文中，方向属性无意义。

13.4 拓扑集合

13.4.1 拓扑集合（0 维）

13.4.1.1 拓扑点类型，拓扑点（TopoPointType，TopoPoint）

〈complexType name="TopoPointType"〉

〈complexContent〉

〈extension base="gml:AbstractTopologyType"〉

```
            〈sequence〉
                〈element ref="gml:directedNode"/〉
            〈/sequence〉
        〈/extension〉
    〈/complexContent〉
〈/complexType〉
〈element name="TopoPoint" type="gml:TopoPointType"/〉
```

gml:TopoPoint 在点要素中出现，用于表示该元素与其他元素通过共享结点定义的结构和可能的几何关系。

注：gml:directedNode 上的 orientation 在这里没有任何意义。保留它的目的是为了与其他维数相应元素的表示一致，见下面的描述。

13.4.1.2 拓扑点特性类型，拓扑点特性(TopoPointPropertyType，topoPointProperty)

```
〈complexType name="TopoPointPropertyType"〉
    〈sequence〉
        〈element ref="gml:TopoPoint"/〉
    〈/sequence〉
    〈attributeGroup ref="gml:OwnershipAttributeGroup"/〉
〈/complexType〉
〈element name="topoPointProperty" type="gml:TopoPointPropertyType"/〉
```

gml:topoPointProperty 特性元素在要素中使用，以表示其与引用的拓扑点的关系。

13.4.2 拓扑集合(1 维)

13.4.2.1 拓扑曲线类型，拓扑曲线(TopoCurveType，TopoCurve)

```
〈complexType name="TopoCurveType"〉
  〈complexContent〉
    〈extension base="gml:AbstractTopologyType"〉
      〈sequence〉
        〈element ref="gml:directedEdge" maxOccurs="unbounded"/〉
      〈/sequence〉
      〈attributeGroup ref="gml:AggregationAttributeGroup"/〉
    〈/extension〉
  〈/complexContent〉
〈/complexType〉
〈element name="TopoCurve" type="gml:TopoCurveType"/〉
```

gml:TopoCurve 表示了相似的拓扑表达，一序列与几何曲线单形同构的有向边。gml:TopoCurve 的目的是为了在线元素中出现，以表达该元素与其他元素通过共享边定义的结构和可能的几何关系。

如果提供，aggregationType 属性应该有值“sequence”。

13.4.2.2 拓扑曲线特性类型，拓扑曲线特性(TopoCurvePropertyType，topoCurveProperty)

```
〈complexType name="TopoCurvePropertyType"〉
    〈sequence〉
        〈element ref="gml:TopoCurve"/〉
    〈/sequence〉
    〈attributeGroup ref="gml:OwnershipAttributeGroup"/〉
〈/complexType〉
```

```
〈element name="topoCurveProperty" type="gml:TopoCurvePropertyType"/〉
```

gml:topoCurveProperty 特性元素可用在要素中，以表达它们与引用的拓扑边的关系。

13.4.3 拓扑集合(2维)

13.4.3.1 拓扑面类型，拓扑面(**TopoSurfaceType，TopoSurface**)

```
〈complexType name="TopoSurfaceType"〉
  〈complexContent〉
    〈extension base="gml:AbstractTopologyType"〉
      〈sequence〉
        〈element ref="gml:directedFace" maxOccurs="unbounded"/〉
      〈/sequence〉
      〈attributeGroup ref="gml:AggregationAttributeGroup"/〉
    〈/extension〉
  〈/complexContent〉
〈/complexType〉
    〈element name="TopoSurface" type="gml:TopoSurfaceType"/〉
```

gml:TopoSurface 表示了相似的拓扑表达，一组与几何曲面单形同构的有向面。

gml:TopoSurface 的目的是为了在曲面元素中出现，以表达该元素与其他元素通过共享面定义的结构和可能的几何关系。

13.4.3.2 拓扑面特性类型，拓扑面特性(**TopoSurfacePropertyType，topoSurfaceProperty**)

```
〈complexType name="TopoSurfacePropertyType"〉
  〈sequence〉
    〈element ref="gml:TopoSurface"/〉
  〈/sequence〉
  〈attributeGroup ref="gml:OwnershipAttributeGroup"/〉
〈/complexType〉
〈element name="topoSurfaceProperty" type="gml:TopoSurfacePropertyType"/〉
```

gml:topoSurfaceProperty 特性元素可用在要素中，以表达它们与引用的拓扑面的关系。

13.4.4 拓扑集合(3维)

13.4.4.1 拓扑体类型，拓扑体(**TopoVolumeType，TopoVolume**)

```
〈complexType name="TopoVolumeType"〉
  〈complexContent〉
    〈extension base="gml:AbstractTopologyType"〉
      〈sequence〉
        〈element ref="gml:directedTopoSolid" maxOccurs="unbounded"/〉
      〈/sequence〉
      〈attributeGroup ref="gml:AggregationAttributeGroup"/〉
    〈/extension〉
  〈/complexContent〉
〈/complexType〉
〈element name="TopoVolume" type="gml:TopoVolumeType"/〉
```

gml:TopoVolume 表示了相似的拓扑表达，一组与几何体单形同构的有向体。gml:TopoVolume 的目的是为了在体元素中出现，以表达该元素与其他元素通过共享体定义的结构和可能的几何关系。

注：gml:directedNode 上的 orientation 在这里没有任何意义。保留它的目的是为了与其他维数相应元素的表示一致，见上面的描述。

13.4.4.2 拓扑体特性类型，拓扑体特性(TopoVolumePropertyType，topoVolumeProperty)

```
<complexType name="TopoVolumePropertyType">
    <sequence>
        <element ref="gml:TopoVolume"/>
    </sequence>
    <attributeGroup ref="gml:OwnershipAttributeGroup"/>
</complexType>
<element name="topoVolumeProperty" type="gml:TopoVolumePropertyType"/>
```

gml:topoVolumeProgerty 特性元素可用在要素中，以表达它们与引用的拓扑体的关系。

13.5 拓扑复形

13.5.1 拓扑复形类型，拓扑复形(TopoComplexType，TopoComplex)

```
<complexType name="TopoComplexType">
    <complexContent>
        <extension base="gml:AbstractTopologyType">
            <sequence>
                <element ref="gml:maximalComplex"/>
                <element ref="gml:superComplex" minOccurs="0" maxOccurs="unbounded"/>
                <element ref="gml:subComplex" minOccurs="0" maxOccurs="unbounded"/>
                <element ref="gml:topoPrimitiveMember" minOccurs="0" maxOccurs="unbounded"/>
                <element ref="gml:topoPrimitiveMembers" minOccurs="0"/>
            </sequence>
            <attribute name="isMaximal" type="boolean" default="false"/>
            <attributeGroup ref="gml:AggregationAttributeGroup"/>
        </extension>
    </complexContent>
</complexType>
<element name="TopoComplex" type="gml:TopoComplexType" substitutionGroup="gml:AbstractTopology"/>
```

gml:TopoComplex 是一个拓扑单形的集合，实现 GB/T 23707 TP_Complex(见 D.2.4.4 和 GB/T 23707—2009，7.4.2)。

每一个拓扑复形都会引用它的最大的拓扑复形(gml:maximalComplex)和可选地引用子复形或超复形(gml:subComplex，gml:superComplex)。

拓扑复形包含它的拓扑单形和子复形成员。

注：最大的拓扑复形是一个没有超复形的复形。每一个拓扑有且仅有一个最大的拓扑复形。

13.5.2 最大、子和超复形(Maximal，sub-and super-complexes)

```
<element name="subComplex" type="gml:TopoComplexPropertyType"/>
<element name="superComplex" type="gml:TopoComplexPropertyType"/>
<element name="maximalComplex" type="gml:TopoComplexPropertyType"/>
```

特性元素 gml:subComplex，gml:superComplex 和 gml:maximalComplex 提供了拓扑复形之间关系的编码，如上面 gml:TopoComplex 所述。

13.5.3 拓扑单形成员(topoPrimitiveMember)

```
〈element name="topoPrimitiveMember" type="gml:TopoPrimitivePropertyType"/〉
〈complexType name="TopoPrimitivePropertyType"〉
    〈sequence minOccurs="0"〉
        〈element ref="gml:AbstractTopoPrimitive" /〉
    〈/sequence〉
    〈attributeGroup ref="gml:AssociationAttributeGroup"/〉
    〈attributeGroup ref="gml:OwnershipAttributeGroup"/〉
〈/complexType〉
```

gml:topoPrimitiveMember 特性元素编码了拓扑复形和单个拓扑单形间的关系。

13.5.4 拓扑单形成员集(topoPrimitiveMembers)

```
〈element name="topoPrimitiveMembers" type="gml:TopoPrimitiveArrayAssociationType "/〉
〈complexType name="TopoPrimitiveArrayAssociationType"〉
    〈sequence minOccurs="0" maxOccurs="unbounded"〉
        〈element ref="gml:AbstractTopoPrimitive" /〉
    〈/sequence〉
    〈attributeGroup ref="gml:OwnershipAttributeGroup"/〉
〈/complexType〉
```

gml:topoPrimitiveMembers 特性元素编码了拓扑复形和任意个拓扑单形间的关系。

注:因为特性值可以是多个拓扑单形,所以描述拓扑单形的那些元素一般是在内部进行编码的。

13.5.5 拓扑复形特性类型,拓扑复形特性(TopoComplexPropertyType,topoComplexProperty)

```
〈complexType name="TopoComplexPropertyType"〉
    〈sequence minOccurs="0"〉
        〈element ref="gml:TopoComplex" /〉
    〈/sequence〉
    〈attributeGroup ref="gml:AssociationAttributeGroup"/〉
〈/complexType〉
〈element name="topoComplexProperty" type="gml:TopoComplexPropertyType"/〉
```

gml:topoComplexProperty 特性元素编码了 GML 对象和拓扑复形之间的关系。

例:这允许一个要素集合包含或引用另一个拓扑复形,其中它又包含了被其他要素集合引用的拓扑对象。

14 GML 模式——时间信息和动态要素

14.1 基本概念

14.1.1 概述

GML 时间模式包括了描述时间几何和拓扑、时间参照系和地理数据的时间特征的组件,其基本表达模型构成了在 GB/T 22022 中描述的概念模式的专用标准。该基本时空模型力求能够同时提供要素级和属性级的时间信息;也提供对追踪移动对象的基本支持。

有两种类型的尺度用于度量时间,一种是区间尺度(interval),另一种则是顺序尺度(ordinal)。区间尺度是度量时间段的基础,而顺序尺度只能提供时间域上的相对位置信息。

例:地层顺序或者地质时间尺度都属于顺序尺度。

另外两个标准与描述时间对象有关:GB/T 7408—2005 描述了时刻(instants)和时段(time period)的编码,它们表示为有特殊结构和标点符号的文本字符串;GB/T 18221—2000 提供了对时刻的详尽描述，它是针对语言无关的数据类型的一般讨论的一部分。

时间模式涵盖了两个相关的主题，提供了表示时间的时刻、时段、时间拓扑和参照系的基本的模式组件；提供了更专门的用于动态要素的模式组件。时间几何类型的实例用作地理要素的时间特性值。

注：主要的时间模式文档由以下独立于地址的名称标识(用 URN 语法)：

urn:x-ogc:specification:gml:schema-xsd:temporal:3.2.1

时间拓扑模式文档由以下独立于地址的名称标识(用 URN 语法)：

urn:x-ogc:specification:gml:schema-xsd:temporalTopology:3.2.1

时间参照系模式文档由以下独立于地址的名称标识(用 URN 语法)：

urn:x-ogc:specification:gml:schema-xsd:temporalReferenceSystems:3.2.1

表示地理要素随时空变化特性的动态要素模式文档由以下独立于地址的名称标识(用 URN 语法)：

urn:x-ogc:specification:gml:schema-xsd:dynamicFeature:3.2.1

所有模式文档列在附录 C 中。

14.1.2 和 GB/T 22022 的关系

本章中规定的 GML 模式的时间几何和拓扑组件提供了部分与 GB/T 22022 中的时间模式一致的实现。其关系在 D.2.5 进行详细的讨论。

GML 中实现的 GB/T 22022 几何和拓扑类型在 GB/T 22022 中规定。在 GB/T 22022 中为这些类型规定的一些附加约束，同样是 GML 模式的时间几何和拓扑组件的约束。

另外，在 D.3.11 中描述了 GML 特定的增加的时间模式组件。

14.2 时间模式

14.2.1 抽象的时间对象

14.2.1.1 抽象时间对象(AbstractTimeObject)

gml:AbstractTimeObject 实现 GB/T 22022 中的 TM_Object(见 D.2.5.2 和 GB/T 22022—2008，5.2.2)，并用作所有的时间单形和复形的置换组的头。它声明如下：

```
<element name="AbstractTimeObject" type="gml:AbstractTimeObjectType" abstract="true"
substitutionGroup="gml:AbstractGML"/>
```

gml:AbstractTimeObject 可以用在任何 gml:AbstractGML 有效的位置。它的内容模型定义如下：

```
<complexType name="AbstractTimeObjectType" abstract="true">
  <complexContent>
    <extension base="gml:AbstractGMLType"/>
  </complexContent>
</complexType>
```

注：gml:AbstractTimeObject 的内容模型是对 AbstractGMLType 的一个虚扩展。从它继承的类型具有 GML 对象的特性：abstractMetadataProperty，description，descriptionReference，name。

14.2.1.2 抽象时间单形(AbstractTimePrimitive)

gml:AbstractTimePrimitive 实现 GB/T 22022 中的 TM_Primitive(见 D.2.5.2 和 GB/T 22022—2008.5.2.3)，用作所有的几何和拓扑时间单形的置换组的头。它声明如下：

```
<element name="AbstractTimePrimitive" type="gml:AbstractTimePrimitiveType" abstract="true"
substitutionGroup="gml:AbstractTimeObject"/>
```

gml:AbstractTimePrimitive 可以用在任何 gml:AbstractTimeObject 有效的位置。它的内容模型定义如下：

```
<complexType name="AbstractTimePrimitiveType" abstract="true">
  <complexContent>
    <extension base="gml:AbstractTimeObjectType">
```

```
    〈sequence〉
      〈element name="relatedTime" type="gml:RelatedTimeType" minOccurs="0"
      maxOccurs="unbounded"/〉
        〈/sequence〉
    〈/extension〉
  〈/complexContent〉
〈/complexType〉
```

它通过一些属性扩展了一般的时间对象模型，这些属性表明了该时间单形和其他时间单形间的关系。gml:RelatedTimeType 的定义在 14.2.1.4 中提供。

14.2.1.3 时间单形特性类型，有效时间(TimePrimitivePropertyType，validTime)

gml:TimePrimitivePropertyType 提供了一个标准的内容模型，表示了以 gml:AbstractTimePrimitive 为头的置换组的任何成员与其他对象间的关联：

```
〈complexType name="TimePrimitivePropertyType"〉
    〈sequence minOccurs="0"〉
        〈element ref="gml:AbstractTimePrimitive"/〉
    〈/sequence〉
    〈attributeGroup ref="gml:AssociationAttributeGroup"/〉
    〈attributeGroup ref="gml:OwnershipAttributeGroup"/〉
〈/complexType〉
```

gml:validTime 是一个为方便使用提供的元素特性，它声明如下：

```
〈element name="validTime" type="gml:TimePrimitivePropertyType"/〉
```

14.2.1.4 相对时间类型(RelatedTimeType)

gml:RelatedTimeType 提供了一个内容模型，表示了以 gml:AbstractTimePrimitive 为头的置换组中任意成员的相对位置。它用 XML 属性 relativePosition 扩展了一般的 gml:TimePrimitivePropertyType，其值从 Allen(1983)标识的 13 个时间关系集中选择。

```
〈complexType name="RelatedTimeType"〉
  〈complexContent〉
    〈extension base="gml:TimePrimitivePropertyType"〉
    〈attribute name="relativePosition"〉
      〈simpleType〉
        〈restriction base="string"〉
        〈enumeration value="Before"/〉
        〈enumeration value="After"/〉
        〈enumeration value="Begins"/〉
        〈enumeration value="Ends"/〉
        〈enumeration value="During"/〉
        〈enumeration value="Equals"/〉
        〈enumeration value="Contains"/〉
        〈enumeration value="Overlaps"/〉
        〈enumeration value="Meets"/〉
        〈enumeration value="OverlappedBy"/〉
        〈enumeration value="MetBy"/〉
        〈enumeration value="BegunBy"/〉
```

〈enumeration value="EndedBy"/〉

〈/restriction〉

〈/simpleType〉

〈/attribute〉

〈/extension〉

〈/complexContent〉

〈/complexType〉

14.2.1.5 抽象时间复形(AbstractTimeComplex)

gml:AbstractTimeComplex 是一个时间单形的集合,它实现了 GB/T 22022 TM_Complex(见 D.2.5.2 和 GB/T 22022—2008,5.2.2),并作为时间复形的置换组的头。其声明如下:

〈element name="AbstractTimeComplex" type="gml:AbstractTimeComplexType" abstract="true" substitutionGroup="gml:AbstractTimeObject"/〉

gml:AbstractTimeComplex 可以用在任何 gml:AbstractTimeObject 有效的位置。其内容模型定义如下:

〈complexType name="AbstractTimeComplexType" abstract="true"〉

〈complexContent〉

〈extension base="gml:AbstractTimeObjectType"/〉

〈/complexContent〉

〈/complexType〉

注 1:本标准只规定了时间拓扑复形。没有规定时间几何复形。

注 2:本标准不区分时间间线性图和时间非线性图。

14.2.2 时间几何

14.2.2.1 引言

时间几何根据时刻,时段,位置和长度进行描述。

14.2.2.2 抽象时间几何单形(AbstractTimeGeometricPrimitive)

gml:TimeGeometricPrimitive 实现 GB/T 22022 TM_GeometricPrimitive(见 D.2.5.2 和 GB/T 22022—2008,5.2.3),并作为几何时间单形的置换组的头。它声明如下:

〈element name="AbstractTimeGeometricPrimitive" type="gml:AbstractTimeGeometricPrimitiveType" abstract="true" substitutionGroup="gml:AbstractTimePrimitive"/〉

gml:AbstractTimeGeometricPrimitive 可以用在任何 gml:AbstractTimePrimitive 有效的位置。它的内容模型定义如下:

〈complexType name="AbstractTimeGeometricPrimitiveType" abstract="true"〉

〈complexContent〉

〈extension base="gml:AbstractTimePrimitiveType"〉

〈attribute name="frame" type="anyURI" default="#ISO-8601"/〉

〈/extension〉

〈/complexContent〉

〈/complexType〉

时间几何应该通过 frame 属性和一个时间参照系关联,这个属性提供了一个标识参照系描述的 URI 引用。根据 GB/T 22022,UTC 格里历(Gregorian calendar,格里历,阳历,公历)是默认的参照系,但也可以引用其他的参照系。

在时间维上有两个几何单形,即时刻和时段。它们的 GML 组件在下面定义。

14.2.2.3 时刻(TimeInstant)

gml:TimeInstant 实现 GB/T 22022 TM_Instant(见 D.2.5.2 和 GB/T 22022—2008,5.2.3.2),并且作为时间中可标识的位置的 0 维几何单形。它声明如下:

```
〈element name="TimeInstant" type="gml:TimeInstantType"
substitutionGroup="gml:AbstractTimeGeometricPrimitive"/〉
```

gml:TimeInstant 可以用在任何 gml:AbstractTimeGeometricPrimitive 有效的位置。它的内容模型定义如下:

```
〈complexType name="TimeInstantType" final="#all"〉
 〈complexContent〉
  〈extension base="gml:AbstractTimeGeometricPrimitiveType "〉
   〈sequence〉
    〈element ref="gml:timePosition"/〉
   〈/sequence〉
  〈/extension〉
 〈/complexContent〉
〈/complexType〉
```

例:在一个文件实例中,gml:TimeInstant 包含 gml:timePosition 如下:

```
〈gml:TimeInstant gml:id="t11"〉
 〈gml:description〉Abby's birthday〈/gml:description〉
 〈gml:timePosition〉2001-05-23〈/gml:timePosition〉
〈/gml:TimeInstant〉
```

14.2.2.4 时刻特性类型(TimeInstantPropertyType)

gml:TimeInstantPropertyType 是 gml:TimePrimitivePropertyType 的特例,提供了 gml:TimeInstant 和对象的关联。

```
〈complexType name="TimeInstantPropertyType"〉
    〈sequence minOccurs="0"〉
        〈element ref="gml:TimeInstant"/〉
    〈/sequence〉
    〈attributeGroup ref="gml:AssociationAttributeGroup"/〉
    〈attributeGroup ref="gml:OwnershipAttributeGroup"/〉
〈/complexType〉
```

14.2.2.5 时段(TimePeriod)

gml:TimePeriod 实现 GB/T 22022 TM_Period(见 D.2.5.2 和 GB/T 22022—2008,5.2.3.3),并作为时间中可标识的范围的 1 维几何单形。它声明如下:

```
〈element name="TimePeriod" type="gml:TimePeriodType"
substitutionGroup="gml:AbstractTimeGeometricPrimitive"/〉
```

gml:TimePeriod 可以用在任何 gml:AbstractTimeGeometricPrimitive 有效的位置。它的内容模型定义如下:

```
〈complexType name="TimePeriodType"〉
 〈complexContent〉
  〈extension base="gml:AbstractTimeGeometricPrimitiveType"〉
   〈sequence〉
    〈choice〉
```

```
    〈element name="beginPosition" type="gml:TimePositionType"/〉
    〈element name="begin" type="gml:TimeInstantPropertyType"/〉
    〈/choice〉
    〈choice〉
    〈element name="endPosition" type="gml:TimePositionType"/〉
    〈element name="end" type="gml:TimeInstantPropertyType"/〉
    〈/choice〉
    〈group ref="gml:timeLength" minOccurs="0"/〉
   〈/sequence〉
  〈/extension〉
 〈/complexContent〉
〈/complexType〉
```

gml:TimePeriod 的位置由开始和结束对应时刻的时间位置描述。时段的长度等于两个时间位置之间的时间距离。

起始和结束时刻用 gml:TimePositionType(见 14.2.2.7)定义的直接位置描述,它是一个 XML 模式的简单内容类型;或者引用 gml:TimeInstantPropertyType(见 14.2.2.4)定义的时刻标识。

例 1:在 gml:TimePeriod 内,gml:TimeInstant 可直接用来作为起始时刻和结束时刻的值,如下所示:

```
〈gml:TimePeriod gml:id="p22"〉
 〈gml:begin〉
  〈gml:TimeInstant gml:id="t11"〉
   〈gml:timePosition〉2001-05-23〈/gml:timePosition〉
  〈/gml:TimeInstant〉
 〈/gml:begin〉
 〈gml:end〉
  〈gml:TimeInstant gml:id="t12"〉
   〈gml:timePosition〉2001-06-23〈/gml:timePosition〉
  〈/gml:TimeInstant〉
 〈/gml:end〉
〈/gml:TimePeriod〉
```

另一个表示 gml:TimePeriod 范围的方法是用 GML 特性内容来引用一个其他地方描述的时刻,或者用直接位置指定时间范围。

例 2:下面的例子说明了上面两种用法,包括可选的 gml:duration 特性:

```
〈gml:TimePeriod gml:id="p22"〉
 〈gml:begin xlink:href="#t11"/〉
 〈gml:endPosition〉2002-05-23〈/gml:endPosition〉
 〈gml:duration〉P1Y〈/gml:duration〉
〈/gml:TimePeriod〉
```

14.2.2.6 时段特性类型(TimePeriodPropertyType)

gml:TimePeriodPropertyType 是 gml:TimePrimitivePropertyType 的特例,提供了 gml:TimePeriod 和一个对象的关联。

```
〈complexType name="TimePeriodPropertyType"〉
    〈sequence minOccurs="0"〉
```

```
      <element ref="gml:TimePeriod"/>
    </sequence>
    <attributeGroup ref="gml:AssociationAttributeGroup"/>
    <attributeGroup ref="gml:OwnershipAttributeGroup"/>
  </complexType>
```

14.2.2.7 时间位置类型,时间位置(TimePositionType,timePosition)

标识时间位置的方法特定于时间参照系。gml:TimePositionType 支持根据在 GB/T 22022 中描述的子类型对时间位置的描述。它实现 GB/T 22022 TM_Position(见 D.2.5.5 和 GB/T 22022—2008,5.4.2)。

基于日历和时钟的值使用了基于 GB/T 7408—2005 的词汇格式,在 XML 模式部分 2:2001 中描述。一个十进制的值是和坐标系,如 GPS 时间或者 UNIX 时间一起使用的。URI 被用来提供到一个次序参照系的[3]某个纪元(era)的引用。

和许多 ISO 19100 系列标准中作为数据类型的内容模型一样,相应的 GML 组件有简单的内容。然而,内容模型 gml:TimePositionType 分为几步定义(映射到 GB/T 22022 TM_Position 的细节在 D.2.5.5 中描述)。

```
<complexType name="TimePositionType" final="#all">
  <simpleContent>
    <extension base="gml:TimePositionUnion">
     <attribute name="frame" type="anyURI" default="#ISO-8601"/>
     <attribute name="calendarEraName" type="string" />
     <attribute name="indeterminatePosition" type="gml:TimeIndeterminateValueType" />
    </extension>
  </simpleContent>
</complexType>
```

gml:TimePositionType 有三个 XML 属性:

一个时间值应该通过 frame 属性与一个时间参照系关联,该属性提供一个到标识参照系描述的 URI 引用。根据 GB/T 22022,UTC 格里历是默认的参照系,但也可以使用其他的参照系。描述时间参照系的组件在 14.4 中描述,但是,并不要求一定要以这种方式描述参照系,因为引用可以是 URI 标识的对任何资源的引用。

对于使用包含多个纪元的日历时间值,calendarEraName 属性提供了日历纪元的名称。

不精确的时间位置可以通过可选的 indeterminatePosition 属性来表示。它可以从下面定义的枚举中取值:

```
<simpleType name="TimeIndeterminateValueType">
  <restriction base="string">
    <enumeration value="after"/>
    <enumeration value="before"/>
    <enumeration value="now"/>
    <enumeration value="unknown"/>
  </restriction>
</simpleType>
```

3) 如地质时代(epoch)。

这些值的解释如下：

——“unknown”表明对于时间位置没有确定的值与之对应。

——“now”表明指定的值应该用当前的时间位置来替换，无论这个值是否可以访问。

——“before”表明一个准确的时间位置是未知的，但是时间范围可限定在这个指定值之前。

——“after”表明一个准确的时间位置是未知的，但是时间范围可限定在这个指定值之后。

indeterminatePosition 的值可以是：

——单独使用，或者

——为时间位置限定一个特定值[4]。

简单类型 gml:TimePositionUnion 是一个 XML 模式简单类型的联合，它实例化在 GB/T 22022 中描述的时间位置的子类型。

```
〈simpleType name="TimePositionUnion"〉
  〈union memberTypes="gml:CalDate time dateTime anyURI decimal"/〉
〈/simpleType〉
```

可以通过 URI 引用一个次序纪元。可以使用小数值来表示从尺度原点出发的距离[5]。time 用于累积时间的位置(见 GB/T 22022—2008,5.4.4.2)。

最后，支持基于 GB/T 7408—2005 中年、月、日、时、分和秒系统的时间表示的日历和时钟形式，说明如下：

```
〈simpleType name="CalDate"〉
  〈union memberTypes="date gYearMonth gYear"/〉
〈/simpleType〉
```

注 1：XML 模式简单类型 dateTime 除了分数秒以外不允许右切(right-truncation)。这是需要 date,gYear,gYearMonth 的原因。

注 2：根据 GB/T 22022，当使用基于年、月、日的非格里历，应该使用相同的词汇表示方法。根据 XML 模式第 2 部分，如果表示年的值不足 4 位，则应该在前面用 0 补足。

元素 gml:timePosition 声明如下：

```
〈element name="timePosition" type="gml:TimePositionType"/〉
```

这个元素直接用作 gml:TimeInstant 的特性(见 14.2.2.3)，也可以用在应用模式中。

例：以下的例子说明了 gml:timePosition 和该类型的其他元素怎样用于一个数据实例中：

```
〈gml:timePosition〉2002-11-25T13:20:20Z〈/gml:timePosition〉
〈gml:timePosition indeterminatePosition="after"〉1994〈/gml:timePosition〉
〈gml:timePosition indeterminatePosition="now"〉1994-07-10〈/gml:timePosition〉
〈gml:timePosition frame="http://my.big.org/TRS/GPS"〉25876321.01〈/gml:timePosition〉
〈gml:timePosition frame="http://my.big.org/TRS/archaeology"〉http://my.history.org/eras/bronzeAge
〈/gml:timePosition〉
〈gml:timePosition frame="http://my.big.org/TRS/calendars/japanese"
calendarEraName="Meiji"〉0025-03〈/gml:timePosition〉
```

14.2.2.8 时长，持续时间，时间间隔，时间单元类型(timeLength, duration, timeInterval, TimeUnitType)

时间段的长度可以用组 gml:timeLength 描述，它在模式中声明如下：

```
〈group name="timeLength"〉
```

4) 如 2002-12 前，1019624400 后。

5) 如 UNIX 时间，GPS 日历。

```
    〈choice〉
        〈element ref="gml:duration"/〉
        〈element ref="gml:timeInterval"/〉
    〈/choice〉
〈/group〉
```

它的内容模型是两个特性元素的选择(choice)：

〈element name="duration" type="duration"/〉

gml:duration 与 GB/T 7408—2005 时间长度的语法一致，它用 XML 模式的 duration 类型实现。另一个选择是 gml:timeInterval，它与 GB/T 18221—2000 中基于浮点值表示时间长度的方法一致。

```
〈element name="timeInterval" type="gml:TimeIntervalLengthType"/〉
  〈complexType name="TimeIntervalLengthType" final="#all"〉
      〈simpleContent〉
          〈extension base="decimal"〉
              〈attribute name="unit" type="gml:TimeUnitType" use="required"/〉
              〈attribute name="radix" type="positiveInteger"/〉
              〈attribute name="factor" type="integer"/〉
          〈/extension〉
      〈/simpleContent〉
  〈/complexType〉
```

GB/T 18221—2000 语法指定了正整数和适当的基数(radix)及因子(factor)的用法。时间间隔的分辨率等于指定时间单位的 radix^(-factor)。

例：单位="second"，基数="10"，因子="3"规定了毫秒的时间分辨率。

单位值可以从 ISO 31-1:1992 中的时间间隔单位中选择，或者是另外一个适当的单位。GML 用 gml:TimeUnitType 定义了编码：

```
  〈simpleType name="TimeUnitType"〉
  〈union〉
    〈simpleType〉
     〈restriction base="string"〉
      〈enumeration value="year"/〉
      〈enumeration value="month"/〉
      〈enumeration value="day"/〉
      〈enumeration value="hour"/〉
      〈enumeration value="minute"/〉
      〈enumeration value="second"/〉
     〈/restriction〉
    〈/simpleType〉
    〈simpleType〉
     〈restriction base="string"〉
      〈pattern value="other:\w{2,}"/〉
     〈/restriction〉
    〈/simpleType〉
  〈/union〉
  〈/simpleType〉
```

这个联合类型的第二个组成部分提供了一种方法，它用于指定不在枚举的 6 个标准单位中的其他时间单位。

例：为了表达 5 天 14 小时 30 分这样一个时间长度，以下任何一种方式都是可行的：

〈duration〉P5DT14H30M〈/duration〉

〈timeInterval unit="hour" radix="10" factor="0"〉134.5〈/timeInterval〉

〈timeInterval unit="other:week" radix="10" factor="0"〉0.800595〈/timeInterval〉

14.3 时间拓扑模式

14.3.1 引言

时间拓扑根据时间复形、结点、边以及它们之间的连通性进行描述。时间拓扑不直接提供时间位置信息，而是用于描述谱系或历史（如，表达物种进化的家族树，生态圈，土地或建筑物的谱系，或行政边界分割与合并的历史）。本条将时间拓扑定义为 GB/T 22022 中描述的要素时间特征。

14.3.2 时间拓扑对象

14.3.2.1 概述

一个时间拓扑对象是描述要素次序或反映要素时间特征的要素特性次序的时间元素。有两个时间拓扑对象，即单形和复形。

由于时间是 1 维的拓扑空间，时间拓扑单形可以是对应于时刻的时间结点或者是对应于时段的时间边。一个时间结点是发生在某个特定时刻的事件的抽象，该时刻可以是该事件保持一种或多种状态的起点或者终点。一种状态是一个条件，即在某个时间段上一个要素或一个数据集所保持的特征。在本标准中，一个“静态要素”是指在其生命周期具有相同标识的要素。时间边是一个状态的抽象，并且与表示该状态的起点和终点的时间结点有关。但是，时间拓扑单形不直接指定“什么时候”或“多长时间”。在描述不与状态关联的事件时，时间结点可以不是时间边的起点或终点。这样的结点叫作独立结点。

拓扑复形是拓扑单形的集合，其边界操作是封闭的。一个时间拓扑复形是一个由时间结点和时间边组成的连通的非循环有向图。最小的时间拓扑复形是一个时间边和作为它的端点的两个时间结点。

例：一个建筑的生命周期可以描述为一系列的阶段：规划，设计，建造，利用，维护，毁坏。每个阶段可以表示为时间边。每个阶段的边界描述为表示决策事件的时间结点，它终止一个阶段，并开始下一个阶段。因此，一个建筑的生命周期描述为一系列由时间结点连起来的时间边构成的时间拓扑复形。

14.3.2.2 抽象时间拓扑单形(AbstractTimeTopologyPrimitive)

时间拓扑单形隐含要素或要素特性间的次序信息。如果要素具有时间拓扑单形作为它的特性值的话，则要素的时间连接性是可以检查的。通常，即时要素关联时间结点，静态要素关联时间边。要素具有两种模式关联时间拓扑单形：时间结点和时间边的超类型。

gml:TimeTopologyPrimitive 实现 GB/T 22022 TM_TopologicalPrimitive（见 D.2.5.6 和 GB/T 22022—2008，5.2.4.2），并作为时间拓扑单形置换组的头。它在模式中声明如下：

```
〈element name="AbstractTimeTopologyPrimitive" type="gml:AbstractTimeTopologyPrimitiveType"
abstract="true" substitutionGroup="gml:AbstractTimePrimitive"/〉
```

gml:AbstractTimeTopologyPrimitive 可以用在任何 gml:AbstractTimePrimitive 有效的位置。它的内容模型定义如下：

```
〈complexType name="AbstractTimeTopologyPrimitiveType" abstract="true"〉
  〈complexContent〉
    〈extension base="gml:AbstractTimePrimitiveType"〉
      〈sequence〉
        〈element name="complex" type="gml:ReferenceType" minOccurs="0"/〉
      〈/sequence〉
    〈/extension〉
```

```
    </complexContent>
  </complexType>
```

拓扑单形常被连接到一个或多个其他的拓扑单形，因此常是拓扑复形的成员。在GML实例中，它常由元素描述的单形指定，这些元素是描述复形的元素的后代。但是，为了支持在其他上下文中描述的时间拓扑单形，提供了可选的gml:complex特性，它引用父时间拓扑复形。

14.3.2.3 时间拓扑单形特性类型(TimeTopologyPrimitivePropertyType)

gml:TimeTopologyPrimitivePropertyType提供了gml:AbstractTimeTopologyPrimitive与对象的关联。

```
<complexType name="TimeTopologyPrimitivePropertyType">
    <sequence minOccurs="0">
        <element ref="gml:AbstractTimeTopologyPrimitive"/>
    </sequence>
    <attributeGroup ref="gml:AssociationAttributeGroup"/>
    <attributeGroup ref="gml:OwnershipAttributeGroup"/>
</complexType>
```

14.3.2.4 时间拓扑复形(TimeTopologyComplex)

时间拓扑复形应该是由时间拓扑单形，即时间结点和时间边构成的连接的非循环的有向图。因为不能存在一个时间边在边界上没有两个时间结点，因此静态要素应该有来自时间拓扑复形的时间边作为时间特性值，不需要显式地声明。

时间拓扑复形表达了一个线性或非线性图。由一系列时间边构成的时间线性图提供了仅由要素实例的"替代"或要素元素值描述的世系。作为图的起点或终点的时间结点至少与一条时间边连接。时间结点，而不是起点和终点，应该连接到至少两条时间边：一条边是从该点起始的，一条边在该点结束。

gml:TimeTopologyComplex实现GB/T 22022 TM_TopologicalComplex(见D.2.5.6和GB/T 22022—2008,5.2.4.5)，并且声明如下：

```
<element name="TimeTopologyComplex" type="gml:TimeTopologyComplexType"
substitutionGroup="gml:AbstractTimeComplex"/>
```

gml:TimeTopologyComplex可以用在任何gml:Abstract TimeComplex有效的位置。它的内容模型定义如下：

```
  <complexType name="TimeTopologyComplexType" abstract="true">
  <complexContent>
    <extension base="gml:AbstractTimeComplexType">
     <sequence>
      <element name="primitive" type="gml:TimeTopologyPrimitivePropertyType"
      maxOccurs="unbounded"/>
     </sequence>
    </extension>
  </complexContent>
</complexType>
```

时间拓扑复形是一组连接的时间拓扑单形的集合。成员单形用"gml:primitive"特性通过引用或值指定。

14.3.2.5 时间拓扑复形特性类型(TimeTopologyComplexPropertyType)

gml:TimeTopologyComplexPropertyType提供了gml:TimeTopologyComplex与对象的关联：

```
<complexType name="TimeTopologyComplexPropertyType">
```

```
  〈sequence minOccurs="0"〉
      〈element ref="gml:TimeTopologyComplex"/〉
  〈/sequence〉
  〈attributeGroup ref="gml:AssociationAttributeGroup"/〉
  〈attributeGroup ref="gml:OwnershipAttributeGroup"/〉
〈/complexType〉
```

14.3.2.6 时间结点(TimeNode)

时间结点是0维拓扑单形,表示了时间中可标识的结点(相当于空间中的点)。结点可以作为时间边的起点或终点。一个时间结点可以作为几何位置实现,它的值是时刻。

gml:TimeNode 实现 GB/T 22022 TM_Node(见 D.2.5.6 和 GB/T 22022—2008,5.2.4.3),声明如下:

```
〈element name="TimeNode" type="gml:TimeNodeType"
substitutionGroup="gml:AbstractTimeTopologyPrimitive"/〉
```

gml :TimeNode 可以用在任何 gml: AbstractTimeTopologyPrimitive 有效的位置。它的内容模型定义如下:

```
  〈complexType name="TimeNodeType"〉
   〈complexContent〉
    〈extension base="gml:AbstractTimeTopologyPrimitiveType"〉
     〈sequence〉
      〈element name="previousEdge" type="gml:TimeEdgePropertyType" minOccurs="0"
      maxOccurs="unbounded"/〉
      〈element name="nextEdge" type="gml:TimeEdgePropertyType" minOccurs="0" max-
      Occurs="unbounded"/〉
      〈element name="position" type="gml:TimeInstantPropertyType" minOccurs="0"/〉
     〈/sequence〉
    〈/extension〉
   〈/complexContent〉
〈/complexType〉
```

14.3.2.7 时间结点特性类型(TimeNodePropertyType)

gml:TimeNodePropertyType 提供了 gml:TimeNode 与对象的关联:

```
〈complexType name="TimeNodePropertyType"〉
  〈sequence minOccurs="0"〉
      〈element ref="gml:TimeNode"/〉
  〈/sequence〉
  〈attributeGroup ref="gml:AssociationAttributeGroup"/〉
  〈attributeGroup ref="gml:OwnershipAttributeGroup"/〉
〈/complexType〉
```

14.3.2.8 时间边(TimeEdge)

时间边是一维拓扑单形。它是一个从起结点到终结点的开区间。边可以作为值为时段的几何实现。

gml:TimeEdge 实现 GB/T 22022 TM_Edge(见 D.2.5.6 和 GB/T 22022—2008,5.2.4.4),并声明如下:

```
〈element name="TimeEdge" type="gml:TimeEdgeType"
```

substitutionGroup="gml:AbstractTimeTopologyPrimitive"/〉

gml：TimeEdge 可以用在任何 gml：AbstractTimeTopologyPrimitive 有效的位置。它的内容模型定义如下：

```
〈complexType name="TimeEdgeType"〉
 〈complexContent〉
  〈extension base="gml:AbstractTimeTopologyPrimitiveType"〉
   〈sequence〉
    〈element name="start" type="gml:TimeNodePropertyType"/〉
    〈element name="end" type="gml:TimeNodePropertyType"/〉
    〈element name="extent" type="gml:TimePeriodPropertyType" minOccurs="0"/〉
   〈/sequence〉
  〈/extension〉
 〈/complexContent〉
〈/complexType〉
```

14.3.2.9 时间边特性类型(TimeEdgePropertyType)

gml:TimeEdgePropertyType 提供了 gml:TimeEdge 与对象的关联：

```
〈complexType name="TimeEdgePropertyType"〉
    〈sequence minOccurs="0"〉
        〈element ref="gml:TimeEdge"/〉
    〈/sequence〉
    〈attributeGroup ref="gml:AssociationAttributeGroup"/〉
    〈attributeGroup ref="gml:OwnershipAttributeGroup"/〉
〈/complexType〉
```

14.4 时间参照系

14.4.1 概述

时域中的值是相对于一个时间参照系度量的。参照系的一般类型包括日历、次序时间参照系和时间坐标系(从某个时间点起算的时间)。地理信息中主要用到的时间参照系是格里高利历(Gregorian Calendar)和 24 小时局部时间或协调世界时(UTC),但特殊的应用可以使用其他可选的参照系。儒略(Julian)记日系统是具有比现在知道的任何日历更早的原点的时间坐标参照系,在儒略前日历中,原点是公元前 4713 年元月 1 日中午,在不同日历间转换日期是很有用的。

在 GML 中,有 7 个具体的元素用来描述时间参照系:gml:TimeReferenceSystem,gml:TimeCoordinateSystem,gml:TimeCalendar,gml:TimeCalendarEra,gml:TimeClock,gml:TimeOrdinalReferenceSystem 和 gml:TimeOrdinalEra。

14.4.2 基本的时间参照系,时间参照系

就参照系的有效范围而言,一个参照系就是可用的空间和时间范围。用于时间参照系的基本的 GML 元素是 gml:TimeReferenceSystem。它的内容模型通过增加一个 gml:domainOfValidity 特性扩展了 gml:DefinitionType(见 15.2.1),其实现如下：

```
〈element name="TimeReferenceSystem" type="gml:TimeReferenceSystemType"
substitutionGroup="gml:Definition"/〉
```

gml：TimeReferenceSystem 可以用在任何 gml:Definition 有效的位置。它的内容模型定义如下：

```
〈complexType name="TimeReferenceSystemType"〉
 〈complexContent〉
  〈extension base="gml:DefinitionType"〉
```

```
    〈sequence〉
     〈element name="domainOfValidity" type="string"/〉
    〈/sequence〉
   〈/extension〉
  〈/complexContent〉
 〈/complexType〉
```

例:在一个实例文档中,这个元素可以按如下形式出现:

```
〈gml:TimeReferenceSystem gml:id="JulianCalendar"〉
  〈gml:description xlink:href="http://aa.usno.navy.mil/data/docs/JulianDate.html"/〉
  〈gml:name〉Julian Calendar〈/gml:name〉
  〈gml:domainOfValidity〉Western Europe〈/gml:domainOfValidity〉
〈/gml:TimeReferenceSystem〉
```

14.4.3 时间坐标系(TimeCoordinateSystem)

时间坐标系应该基于以单个时间间隔形式定义的连续的间隔尺度。

gml:TimeCoordinateSystem 实现 GB/T 22022 TM_CoordinateSystem(见 D.2.5.9 和 GB/T 22022—2008,5.3.3),有一些例外将在下面说明。它声明如下:

〈element name="TimeCoordinateSystem" type="gml:TimeCoordinateSystemType" substitutionGroup="gml:TimeReferenceSystem"/〉

gml:TimeCoordinateSystem 可以用在任何 gml:TimeReferenceSystem 有效的位置。它的内容模型定义如下:

```
〈complexType name="TimeCoordinateSystemType"〉
 〈complexContent〉
  〈extension base="gml:TimeReferenceSystemType"〉
   〈sequence〉
    〈choice〉
     〈element name="originPosition" type="gml:TimePositionType"/〉
     〈element name="origin" type="gml:TimeInstantPropertyType"/〉
    〈/choice〉
    〈element name="interval" type="gml:TimeIntervalLengthType"/〉
   〈/sequence〉
  〈/extension〉
 〈/complexContent〉
〈/complexType〉
```

与 GB/T 22022 的 TM_CoordinateSystem 的差别是:

——原点用值为直接时间位置(见 14.2.2.7)的 gml:originPosition 特性,或模型为 gml:TimeInstantProperty 的 gml:origin 特性(见 14.2.2.4)指定;它允许更灵活的表示,也支持引用别处的固定值。

——间隔使用在 14.2.2.8 中定义的 gml: TimeIntervalLengthType。

例:在数据实例中,坐标系可能描述如下:

```
〈gml:TimeCoordinateSystem gml:id="Laser36"〉
  〈gml:description〉Time scale used during a laser experiment〈/gml:description〉
  〈gml:name〉Laser timescale 36〈/gml:name〉
  〈gml:domainOfValidity〉Laser laboratory〈/gml:domainOfValidity〉
```

```
    〈gml:origin〉
     〈gml:TimeInstant〉
      〈gml:timePosition〉2002-11-28T12:50:00+08:00〈/gml:timePosition〉
     〈/gml:TimeInstant〉
    〈/gml:origin〉
    〈gml:interval unit="second" radix="10" factor="12"〉1.0〈/gml:interval〉
  〈/gml:TimeCoordinateSystem〉
  〈gml:TimeCoordinateSystem gml:id="geologyMa"〉
    〈gml:name〉Geological time system〈/gml:name〉
    〈gml:domainOfValidity〉Earth〈/gml:domainOfValidity〉
    〈gml:origin〉
     〈gml:TimeInstant〉
      〈gml:description xlink:href="http://www.c14dating.com/agecalc.html"〉Conventional
      origin used for carbon dating. Equivalent to "present" for other radiometric dating tech-
      niques which have much lower precision.〈/gml:description〉
      〈gml:timePosition〉1950〈/gml:timePosition〉
     〈/gml:TimeInstant〉
    〈/gml:origin〉
    〈gml:interval unit="year" radix="10" factor="-6"〉1.0〈/gml:interval〉
  〈/gml:TimeCoordinateSystem〉
```

14.4.4 日历和时钟

14.4.4.1 概述

日历和时钟都基于间隔尺度。日历是离散的时间参照系,它提供了定义分辨每一天的时间位置的基础。时钟提供了定义一天中时间位置的基础。为了完全描述某一天的时间位置,时钟必须与日历一起使用。

日历有各种复杂的内部结构。本模式定义简单的外部日历接口。每个日历提供了一组规则来从一组元素如年、月、日中构成日历日期。在每个日历中,年是相对于一个定义日历纪元参考事件的日期计算的。单个日历可以引用多个日历纪元。

14.4.4.2 时间日历,时间日历纪元(**TimeCalendar,TimeCalendarEra**)

日历是离散的时间参照系,它提供了定义分辨每一天的时间位置的基础。gml:TimeCalendar 实现 GB/T 22022 TM_Calendar(见 D.2.5.8 和 GB/T 22022—2008,5.3.2.3),并声明如下:

```
〈element name="TimeCalendar" type="gml:TimeCalendarType"
substitutionGroup="gml:TimeReferenceSystem"/〉
```

gml:TimeCalendar 可以用在任何 gml:TimeReferenceSystem 有效的位置。它的内容模型定义如下:

```
〈complexType name="TimeCalendarType"〉
 〈complexContent〉
  〈extension base="gml:TimeReferenceSystemType"〉
   〈sequence〉
    〈element name="referenceFrame" type="gml:TimeCalendarEraPropertyType"
    maxOccurs="unbounded"/〉
   〈/sequence〉
  〈/extension〉
```

```
  〈/complexContent〉
 〈/complexType〉
```

gml:TimeCalendar 从 gml:TimeReferenceSystem 继承,并增加了一个特性。

gml:referenceFrame 提供链接到它使用的 gml:TimeCalendarera。gml:TimeCalendar 可以引用多个日历纪元。

ReferenceFrame 元素遵循标准的 GML 特性模型,允许用 gml:TimeCalendarEra 元素的内联描述,或链接到其他地方显式表示的 gml:TimeCalendarEra 的实例化关联。

gml:TimeCalendarEra 实现 GB/T 22022 TM_CalenderEra(见 D.2.5.8 and GB/T 22022—2008,5.3.2.1),并声明如下:

〈element name="TimeCalendarEra" type="gml:TimeCalendarEraType" /〉

它的内容模型定义如下:

```
〈complexType name="TimeCalendarEraType"〉
 〈complexContent〉
  〈extension base="gml:DefinitionType"〉
   〈sequence〉
    〈element name="referenceEvent" type="gml:StringOrRefType"/〉
    〈element name="referenceDate" type="gml:CalDate"/〉
    〈element name="julianReference" type="decimal"/〉
    〈element name="epochOfUse" type="gml:TimePeriodPropertyType"/〉
   〈/sequence〉
  〈/extension〉
 〈/complexContent〉
〈/complexType〉
```

gml:TimeCalendarEra 继承了 gml:DefinitionType(见 15.2.1)的基本特性,并具有如下其他特性:

——referenceEvent:虚构的或历史事件的描述或名称,它定出了日历纪元的基本尺度。它以文本形式给出或链接到其他地方的描述。

——gml:referenceDate:指定 referenceEvent 的日期,表示在给定日历中的日期。在大多数日历中,这个日期是尺度的原点(即第一天),但这并不总是对的。

——gml:julianReference:指定相对于参考日期的儒略日期。儒略日数是个整数;儒略日期是小数值,允许更高的分辨率。日历日期到儒略日期的转换为日历日期间的转换提供了相对简单的基础。

——gml:EpochOfUse:使用的时代,日历纪元用作计算日期的时代。

14.4.4.3 时间日历特性类型,时间日历纪元特性类型(TimeCalendarPropertyType,TimeCalendarEraPropertyType)

gml:TimeCalendarPropertyType 提供了 gml:TimeCalendar 和对象之间的关联:

```
〈complexType name="TimeCalendarPropertyType"〉
    〈sequence minOccurs="0"〉
        〈element ref="gml:TimeCalendar"/〉
    〈/sequence〉
    〈attributeGroup ref="gml:OwnershipAttributeGroup"/〉
    〈attributeGroup ref="gml:AssociationAttributeGroup"/〉
〈/complexType〉
```

gml:TimeCalendarEraPropertyType 提供了 gml:TimeCalendarEra 和对象之间的关联:

```
<complexType name="TimeCalendarEraPropertyType">
    <sequence minOccurs="0">
        <element ref="gml:TimeCalendarEra"/>
    </sequence>
    <attributeGroup ref="gml:OwnershipAttributeGroup"/>
    <attributeGroup ref="gml:AssociationAttributeGroup"/>
</complexType>
```

14.4.4.4 时钟(TimeClock)

时钟提供了定义一天内时间位置的基础。时钟应该和日历一起使用以提供一天内时间位置的完全描述。gml:TimeClock 实现 GB/T 22022 TM_Clock(见 D.2.5.8 和 GB/T 22022—2008,5.3.2.4),并声明如下:

```
<element name="TimeClock" type="gml:TimeClockType"
substitutionGroup="gml:TimeReferenceSystem"/>
```

gml:TimeClock 可以用在任何 gml:TimeReferenceSystem 有效的位置。它的内容模型定义如下:

```
<complexType name="TimeClockType" final="#all">
 <complexContent>
  <extension base="gml:TimeReferenceSystemType">
   <sequence>
    <element name="referenceEvent" type="gml:StringOrRefType"/>
    <element name="referenceTime" type="time"/>
    <element name="utcReference" type="time"/>
    <element name="dateBasis" type="gml:TimeCalendarPropertyType" minOccurs="0"
    maxOccurs="unbounded"/>
   </sequence>
  </extension>
 </complexContent>
</complexType>
```

gml: TimeClock 继承了 gml: TimeReferenceSystemType,并增加了如下特性:

——gml:referenceEvent:事件(如正午或日出)的描述或名称,它定出了时钟基本尺度的位置。

——gml:ReferenceTime:指定关联到参考事件的一天中的时间,表示给定时钟中一天中的时间。参考时间常是时钟尺度的原点。

——gml:utcReference:指定相应于参考时间的 24 时地方时或 UTC 时间。

——gml:dateBasis:包含或引用使用这个时钟的日历。

14.4.4.5 时钟特性类型(TimeClockPropertyType)

gml:TimeClockPropertyType 提供了 gml:TimeClock 和对象的关联:

```
<complexType name="TimeClockPropertyType">
    <sequence minOccurs="0">
        <element ref="gml:TimeClock"/>
    </sequence>
    <attributeGroup ref="gml:OwnershipAttributeGroup"/>
    <attributeGroup ref="gml:AssociationAttributeGroup"/>
</complexType>
```

14.4.5 次序时间参照系

14.4.5.1 概述

在地理信息的一些应用中——如地质和考古学——时间的相对位置比绝对时间或持续时间更准确地知道。事件在时间上的次序可以很好地建立，但它们间间隔的大小不能准确地确定；在这些情况下，使用次序时间参照系是适当的。一个次序时间参照系由一组命名了的时代组成，这些时代可以形成一个层次结构，在层次结构中某一层上次序时代包括一系列连续的更短的次序时代。

一个组成时代不能再分的次序时间参照系是一个限制成线性图的时间拓扑复形。一个部分或全部组成时代可以再分的次序时间参照系是一个具有平行分支限制的时间拓扑复形，每个分支可能仅由单个时间次序纪元和称为“组”的“成员”的时间次序纪元序列成对地构造。这个限制意味着每个时间次序系统中，所有时间次序纪元的相对位置是准确的。

一个给定的时代的起始和终止位置可以校正相对时间尺度。

14.4.5.2 时间次序参照系，时间次序纪元(TimeOrdinalReferenceSystem,TimeOrdinalEra)

gml:TimeOrdinalReferenceSystem 通过增加一个或多个 gml:component 特性到一般的时间参照系模型实现 GB/T 22022 TM_OrdinalReferenceSystem(见 D.2.5.10 和 GB/T 22022—2008,5.3.4)。它声明如下：

```
〈element name="TimeOrdinalReferenceSystem" type="gml:TimeOrdinalReferenceSystemType"
substitutionGroup="gml:TimeReferenceSystem"/〉
```

gml :Abstract TimeOrdinalReferenceSystem 可以用在任何 gml:TimeReferenceSystem 有效的位置。它的内容模型定义如下：

```
〈complexType name="TimeOrdinalReferenceSystemType"〉
 〈complexContent〉
  〈extension base="gml:TimeReferenceSystemType"〉
   〈sequence〉
    〈element name="component" type="gml:TimeOrdinalEraPropertyType" maxOccurs="
    unbounded"/〉
   〈/sequence〉
  〈/extension〉
 〈/complexContent〉
〈/complexType〉
```

gml:TimeOrdinalEra 实现 GB/T 22022 TM_OrdinalEra(见 D.2.5.10 and GB/T 22022—2008,5.3.4)。它的内容模型遵循 gml:TimeEdge(见 14.3.2.8)的模板，从 gml:DefinitionType(见 15.2.1)中继承了标准的特性，并且增加了 gml:start,gml:end 和 gml:extent 特性，一组表示次序的 gml:TimeOrdinalEra 元素的 gml:member 特性，以及指向父纪元的 gml:group 特性，它声明如下：

```
〈complexType name="TimeOrdinalEraType"〉
 〈complexContent〉
  〈extension base="gml:DefinitionType"〉
   〈sequence〉
    〈element name="relatedTime" type="gml:RelatedTimeType" minOccurs="0"
    maxOccurs="unbounded"/〉
    〈element name="start" minOccurs="0" type="gml:TimeNodePropertyType"/〉
    〈element name="end" minOccurs="0" type="gml:TimeNodePropertyType"/〉
    〈element name="extent" type="gml:TimePeriodPropertyType" minOccurs="0"/〉
    〈element name="member" type="gml:TimeOrdinalEraPropertyType" minOccurs="0"
```

```
      maxOccurs="unbounded"/〉
      〈element name="group" type="gml:ReferenceType" minOccurs="0"/〉
     〈/sequence〉
    〈/extension〉
   〈/complexContent〉
  〈/complexType〉
```

gml:TimeOrdinalEra 元素的递归包含允许构建任意深度层次的次序参考模式，因此，位于任意一层次的次序时代包括了一序列更短的连续的次序时代。

例：以下的例子说明了地质时间尺度的一部分，它被描述为一个次序的参照系：

```
〈gml:TimeOrdinalReferenceSystem gml:id="GeologicalTimeScale"〉
 〈gml:description xlink:href="ftp://ftp.iugs.org/pub/iugs/iugs_intstratchart.pdf"/〉
 〈gml:name〉Geological time scale〈/gml:name〉
 〈gml:domainOfValidity〉Earth〈/gml:domainOfValidity〉
 〈! -- Earlier eras omitted --〉
 〈gml:component〉
  〈gml:TimeOrdinalEra gml:id="Cenozoic"〉
   〈gml:name〉Cenozoic Era〈/gml:name〉
   〈gml:start xlink:href="#basePaleocene"/〉
    〈gml:end xlink:href="#now"/〉
   〈gml:member〉
    〈gml:TimeOrdinalEra gml:id="Tertiary"〉
     〈gml:name〉Tertiary Period〈/gml:name〉
     〈gml:start xlink:href="#baseTertiary"/〉
     〈gml:end xlink:href="#basePleistocene"/〉
     〈gml:member〉
      〈gml:TimeOrdinalEra gml:id="Paleogene"〉
       〈gml:name〉Paleogene sub-period〈/gml:name〉
       〈gml:start〉
        〈gml:TimeInstant gml:id="basePaleogene"〉
         〈gml:timePosition frame="#geologyMa"〉65.0〈/gml:timePosition〉
        〈/gml:TimeInstant〉
       〈/gml:start〉
       〈gml:end xlink:href="#baseNeogene"/〉
       〈gml:member〉
        〈gml:TimeOrdinalEra gml:id="Paleocene"〉
         〈gml:name〉Paleocene Epoch〈/gml:name〉
         〈gml:start xlink:href="#basePaleogene"/〉
         〈gml:end xlink:href="#baseEocene"/〉
        〈/gml:TimeOrdinalEra〉
       〈/gml:member〉
       〈gml:member〉
        〈gml:TimeOrdinalEra gml:id="Eocene"〉
         〈gml:name〉Paleocene Epoch〈/gml:name〉
```

```
                    <gml:start >
                      <gml:TimeInstant gml:id="baseEocene">
                        <gml:timePosition frame="#geologyMa">57.8</gml:timePosition>
                      </gml:TimeInstant>
                    </gml:start >
                  <gml:end xlink:href="#baseOligocene"/>
                </gml:TimeOrdinalEra>
              </gml:member>
              <gml:member>
                <gml:TimeOrdinalEra gml:id="Oligocene">
                  <gml:name>Oligocene Epoch</gml:name>
                    <gml:start >
                      <gml:TimeInstant gml:id="baseOligocene">
                        <gml:timePosition frame="#geologyMa">33.7</gml:timePosition>
                      </gml:TimeInstant>
                    </gml:start >
                  <gml:end xlink:href="#baseNeogene"/>
                </gml:TimeOrdinalEra>
              </gml:member>
            </gml:TimeOrdinalEra>
          </gml:member>
      <! -- Neogene sub-period and Quaternerary period omitted -->
        </gml:TimeOrdinalEra>
      </gml:member>
    </gml:TimeOrdinalEra>
  </gml:component>
</gml:TimeOrdinalReferenceSystem>
```

需要注意的是，使用基于不同的起始和终止元素的参考允许将年代间边界位置记录一次后在适当时重用多次，相当于非线性图。所有表示框架“geologyMa”的位置都应该用一个时间坐标系定义（见第12章）。

14.4.5.3 时间次序纪元特性类型(TimeOrdinalEraPropertyType)

gml:TimeOrdinalEraPropertyType 提供了 gml:TimeOrdinalEra 和对象的关联：

```
<complexType name="TimeOrdinalEraPropertyType">
    <sequence minOccurs="0">
        <element ref="gml:TimeOrdinalEra"/>
    </sequence>
    <attributeGroup ref="gml:OwnershipAttributeGroup"/>
    <attributeGroup ref="gml:AssociationAttributeGroup"/>
</complexType>
```

14.5 表示动态要素

14.5.1 概述

有多种类型和关系用来表示地理要素随时间变化的特性。

在一个可理解的时空建模处理中，Langran（见参考文献）区分了三种主要的时间实体：状态

(states)、事件(events)和证据(evidence)。下面章条规定的模式为每种实体定义了元素。概念模型在D.3.11.中说明。

14.5.2 数据源(dataSource)

在 GML 中,evidence 是用一个简单的 gml:dataSource 或 gml:dataSourceReference 特性表示的,它指定了时间数据源:

〈element name="dataSource" type="*gml:StringOrRefType* "/〉

〈element name="dataSourceReference" type="gml:ReferenceType"/〉

gml:datasource 元素的远程链接属性已不赞成使用。为了引用一个远程数据源,使用*gml:datasourceReference* 的远程链接属性。

例:一个观测人员或实地测量的传感器。

14.5.3 动态特性(dynamicProperties)

一个实用的组 gml:dynamicProperties 定义如下:

〈group name="dynamicProperties"〉

〈sequence〉

〈element ref="gml:validTime" minOccurs="0"/〉

〈element ref="gml:history" minOccurs="0"/〉

〈element ref="gml:dataSource" minOccurs="0"/〉

〈element ref="gml:dataSourceReference" minOccurs="0"/〉

〈/sequence〉

〈/group〉

这允许应用模式开发者在一个标准模板的内容模型中包含动态特性。特性 gml:validTime 在14.2.1.3 中说明。其他特性也在 14.5 中的其他地方进行了说明。

14.5.4 动态要素(DynamicFeature)

States 通过要素的时间戳(time-stamp)实例获得。gml:DynamicFeature 实现 D.3.11 中的 DynamicFeature,声明如下:

〈element name="DynamicFeature" type="gml:DynamicFeatureType"
substitutionGroup="gml:AbstractFeature"/〉

内容模型通过 gml:dynamicProperties 模型组扩充了标准的 gml:AbstractFeatureType:

〈complexType name="DynamicFeatureType"〉

〈complexContent〉

〈extension base="gml:AbstractFeatureType"〉

〈group ref="gml:dynamicProperties"/〉

〈/extension〉

〈/complexContent〉

〈/complexType〉

每个时间戳实例表示了要素的一个"快照(snapshot)"。动态要素类常常被扩展,以适应特定的应用。一个动态要素具有时间戳或历史。

注:历史由一组 gml:AbstractTimeSlices 组成,这样的时间片(time slice)可以包含任何随时间可变的特性。例如,我们可以使用这样的机制描述具有随时间变化的特性的要素。

14.5.5 动态要素集合(DynamicFeatureCollection)

gml:DynamicFeatureCollection 实现 D.3.11 中说明的 DynamicFeatureCollection,并声明如下:

〈element name="DynamicFeatureCollection" type="gml:DynamicFeatureCollectionType"
substitutionGroup="gml:DynamicFeature"/〉

内容模型通过 gml:dynamicMembers 特性扩展了 gml:DynamicFeatureType:

```
<complexType name="DynamicFeatureCollectionType">
 <complexContent>
  <extension base="gml:DynamicFeatureType">
   <sequence>
    <element ref="gml:dynamicMembers"/>
   </sequence>
  </extension>
 </complexContent>
</complexType>
<element name="dynamicMembers" type="gml:DynamicFeatureMemberType"/>
<complexType name="DynamicFeatureMemberType">
 <complexContent>
  <extension base="gml:AbstractFeatureMemberType">
   <sequence>
    <element ref="gml:DynamicFeature" minOccurs="0" maxOccurs="unbounded"/>
   </sequence>
   <attributeGroup ref="gml:AssociationAttributeGroup"/>
  </extension>
 </complexContent>
</complexType>
```

DynamicFeatureCollection 是一个具有 gml:validTime 特性(即要素集合的一个快照)的要素集合,或者是具有 gml:history 特性的要素集合。gml:history 特性包含一个或多个 gml:AbstractTimeSlices,每个 gml:TimeSlices 包含要素集合随时间变化的特性。需要注意的是,gml:DynamicFeatureCollection 可以是下列之一:

a) 一个由静态要素成员(不随时间变化的成员)组成的集合,但作为一个集合对象整体的特性随时间变化[6)]。

例 1:一列火车:火车是一个集合。火车的位置和速度是随时间变化的,并可从火车的历史中得到。火车的 featureMembers 是每个机车车箱。每个车箱的特性,如火车中车箱的位置(在这个例子中我们忽略火车的重组)、货物,车箱的构造,类型(如运粮车,运油车等)相对于火车来说是静态的。

b) 一个由动态要素成员(成员为 gml:DynamicFeatures)构成的要素集合,且作为一个集合整体,其特性也随时间变化。

例 2:游艇比赛中的航行船。航行船在比赛中可以消失或重新出现。比赛中包围船的区域(想象一下 Vendée Globe 比赛)是随时间变化的。

注:也存在一个由动态要素成员组成,但作为一个集合整体具有静态特性的要素集合。如在航行船比赛中,我们可以只考虑组织委员会、起点和终点位置。

14.5.6 抽象时间片(AbstractTimeSlice)

为了描述一个 event——在某个时刻发生的行为——GML 提供了 gml:AbstractTimeSlice 元素,声明如下:

```
<element name="AbstractTimeSlice" type="gml:AbstractTimeSliceType" abstract="true"
substitutionGroup="gml:AbstractGML"/>
```

---

6) 例如,由一个历史描述。

```
〈complexType name="AbstractTimeSliceType" abstract="true"〉
 〈complexContent〉
  〈extension base="gml:AbstractGMLType"〉
   〈sequence〉
    〈element ref="gml:validTime"/〉
    〈element ref="gml:dataSource" minOccurs="0"/〉
   〈/sequence〉
  〈/extension〉
 〈/complexContent〉
〈/complexType〉
```

timeslice 封装了一个动态要素随时间变化的特性——它可以被扩展,以表示一个特定要素的时间戳投影。gml:dataSource 特性描述了时间数据是如何获得的。

gml:AbstractTimeSlice 实例是一个 GML 对象,它封装了动态的——或可变的——反映一些变化事件的特性的更新;因此,只包含那些由于一些处理而实际上发生了变化的要素特性。

例 1:假设建筑物的所有关系和名称发生了变化。如果没有其他的建筑物特性发生了改变,则事件将只包含更新的名称。

gml:AbstractTimeSlice 基本上为属性层(attribute-level)的时间戳提供了便利,与此相反的是动态要素实例的对象层(object-level)的时间戳。

因此,时间片可以认为是事件或面向过程的,而快照是状态或面向结构的。一个 timeslice 更具有丰富的因果关系,而快照仅仅描绘了整体的状态。

例 2:一个要素集合可能具有由快照系列表示的"生命周期(life cycle)",如图 3 所示。

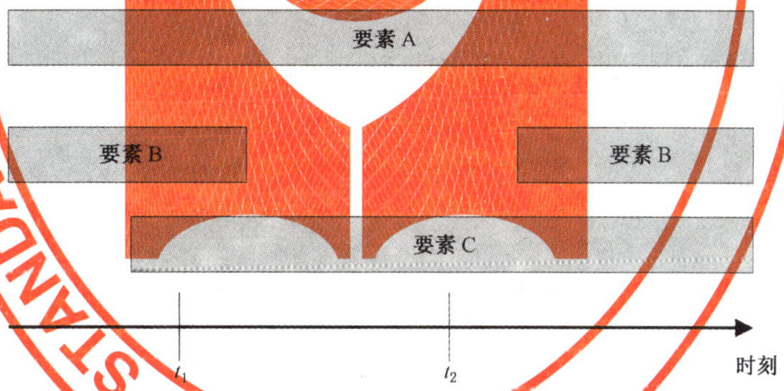

图 3 要素集合的生命周期

在时刻 t_1,要素 A、B、C 都是集合的成员,但在时刻 t_2 仅仅有要素 A 和要素 C 是其成员,检查要素 B 的历史将会发现它的短暂的特性(比如一个建筑被拆除,在一个季节后重建)。

14.5.7 历史(History)

事件的一般系列构成了对象的 gml:history。这个特性元素声明如下:

```
〈element name="history" type="gml:HistoryPropertyType"/〉
〈complexType name="HistoryPropertyType"〉
 〈sequence〉
  〈element ref="gml:AbstractTimeSlice" maxOccurs="unbounded"/〉
 〈/sequence〉
 〈attributeGroup ref="gml:OwnershipAttributeGroup"/〉
〈/complexType〉
```

gml:history 元素包含一组以抽象元素 gml:AbstractTimeSlice 为头的置换组中的元素，表示了感兴趣的随时间变化的特性。动态要素的历史特性将要素实例与封装了要素更新的时间片(即变化事件)系列关联了起来。

注：gml:history 特性用来获得要素随时间变化的特性，它的标识在时间模型的生命周期内是不变的。用这种方法，要素的详细发展过程可以用诸如空间中的运动或者形状的变化来描述。gml:history 特性可能和 14.3 中规定的时间拓扑对象相关。如果不同时间片的有效时间拓扑需要显式地表示，每一个位于动态要素的 gml:history中的 gml:AbstractTimeSlice 都应该对应于时间拓扑模型中的 gml:TimeEdge。在时间拓扑中，时间拓扑复形提供一个框架，可以附加要素的时代或要素，包括动态要素的时间集合。

例：gml:MovingObjectStatus(见 I.7.2)就是一个扩展 gml:AbstractTimeSlice 以获得一定时间内运动对象的状态的例子。这个类型已不赞成使用，以防和将来 ISO 19141 标准(运动要素的模式)不一致。

如果要素表示一个运动对象，如一个地面交通工具或一艘轮船，则 gml:history 特性将由一序列 gml:MovingObjectStatus 元素组成。例如，像旋风这样的动态要素可以有 gml:history 特性，说明如下：

```
〈app:Cyclone gml:id="c1"〉
〈gml:history〉
  〈gml:MovingObjectStatus〉
  〈gml:validTime〉〈gml:TimeInstant〉
    〈gml:timePosition〉2005-11-28T13:00:00Z〈/gml:timePosition〉
   〈/gml:TimeInstant〉〈/gml:validTime〉
   〈gml:location〉〈gml:Point gml:id="p1" srsName="urn:x-ogc:def:crs:EPSG:6.6:4326"〉
    〈gml:pos〉-35 140〈/gml:pos〉
   〈/gml:Point〉〈/gml:location〉
   〈gml:speed uom="#kph"〉12〈/gml:speed〉
   〈gml:bearing〉
    〈gml:CompassPoint〉SE〈/gml:CompassPoint〉
   〈/gml:bearing〉
  〈/gml:MovingObjectStatus〉
  〈gml:MovingObjectStatus〉
   〈gml:validTime〉〈gml:TimeInstant〉
    〈gml:timePosition〉2005-11-28T14:00:00Z〈/gml:timePosition〉
   〈/gml:TimeInstant〉〈/gml:validTIme〉
   〈gml:location〉〈gml:Point〉
    〈gml:pos〉-34.9 140.1〈/gml:pos gml:id="p1" srsName="urn:x-ogc:def:
    crs:EPSG:6.6:4326"〉
   〈/gml:Point〉〈/gml:location〉
   〈gml:speed uom="#kph"〉23〈/gml:speed〉
   〈gml:bearing〉
    〈gml:CompassPoint〉ESE〈/gml:CompassPoint〉
   〈/gml:bearing〉
  〈/gml:MovingObjectStatus〉
 〈/gml:history〉
〈/app:Cyclone〉
```

15 GML 模式——定义和字典

15.1 概述

许多应用需要定义术语，它们用在实例文档中作为某种特性值，或作为以某种方式将特性和标准信息值连接起来的引用信息。度量单位和对可度量现象的描述是两种特例。

用外部权威机构提供的定义将是很方便的。这些可能是已经打包的，用于以各种方式，包括在线或离线进行传播。为此，从 GML 文档中引用这些定义必须要求每个定义的 URI 是可用的。常常选择直接引用这些定义。

另外，获取 XML 中的定义应该是方便的或必需的，这些定义或是内嵌在包含要素的实例文档中，或是作为一个独立的文档。定义可以是从外部源模仿过来的，或是为了局部的目的重新定义的。为了支持这些情况，在 GML 中以下述形式提供了一些简单的组件：

——通用的 gml:Definition，可作为更具体定义的基础；

——通用的 gml:Dictionary，它允许集成一组定义或对定义的引用。

这些组件可以直接使用，但也可以作为 GML 中定义更特定元素的基础，特别是：坐标操作（第 12 章），坐标参照系（第 12 章），基准（第 12 章），时间参照系（第 14 章），度量单位（第 16 章）。

需要注意的是，GML 定义和字典组件对于带有标识的定义实现了一个简单的嵌套层次结构。字典组件提供了术语间复杂关系的描述。然而，GML 字典组件不直接支持为复杂的分类、本体或字典。专业的 XML 工具可满足更复杂的需求。

注：字典模式文档用下面独立于地址的名称来标识（使用 URN 语法）：

urn:x-ogc:specification:gml:schema-xsd:dictionary:3.2.1

15.2 字典模式

15.2.1 定义，定义类型，说明（Definition，DefinitionType，remarks）

基本的 gml:Definition 元素用于说明定义，它可以包含在字典中或由字典引用。它声明如下：

```
<element name="Definition" type="gml:DefinitionType" substitutionGroup="gml:AbstractGML"/>
<complexType name="DefinitionBaseType">
    <complexContent>
        <restriction base="gml:AbstractGMLType">
            <sequence>
                <element ref="gml:metaDataProperty" minOccurs="0" maxOccurs="unbounded"/>
                <element ref="gml:description" minOccurs="0"/>
                <element ref="gml:descriptionReference" minOccurs="0"/>
                <element ref="gml:identifier"/>
                <element ref="gml:name" minOccurs="0" maxOccurs="unbounded"/>
            </sequence>
        <attribute ref="gml:id" use="required"/>
        </restriction>
    </complexContent>
</complexType>
<complexType name="DefinitionType">
    <complexContent>
        <extension base="gml:DefinitionBaseType">
            <sequence>
```

```
            <element ref="gml:remarks" minOccurs="0"/>
        </sequence>
      </extension>
  </complexContent>
</complexType>
<element name="remarks" type="string"/>
```

一般定义的内容模型从 gml:AbstractGMLType 派生。

如果定义只需要用简单的文本字符串描述，则可以用 gml:description 特性元素描述该定义。gml:descriptionReference特性元素用于链接到一个其他地方描述的定义。

gml:identifier 元素提供标志这个定义的标识。这个标识在使用该定义的字典里应唯一。

gml:name 元素提供 0 个或多个术语和定义的同义词。

gml:remarks 元素用于包含附加的文字信息，概念上，这些信息不是定义中的一部分，但对于理解定义是非常有用的。

15.2.2 字典，字典类型(Dictionary,DictionaryType)

多个定义可集成到一个字典或集合中。它在模式中声明如下：

```
<element name="Dictionary" type="gml:DictionaryType" substitutionGroup="gml:Definition"/>
<complexType name="DictionaryType">
 <complexContent>
  <extension base="gml:DefinitionType">
   <choice minOccurs="0" maxOccurs="unbounded">
     <element ref="gml:dictionaryEntry"/>
   <element ref="gml:indirectEntry"/>
   </choice>
   <attributeGroup ref="gml:AggregationAttributeGroup"/>
  </extension>
 </complexContent>
</complexType>
```

字典是定义的非抽象集合。

gml:Dictionary 的内容模型中增加了 gml:dictionaryEntry 和*gml:indirectEntry*（已不赞成使用）特性的列表，这些特性包含或引用定义对象。为了能够引用该集合，需要一个数据库句柄(gml:id 属性)。标准的 gml:identifier,gml:description,gml:descriptionReference 和 gml:name 特性用于引用或包含关于该字典的更详细的信息。gml:description 和 gml:descriptionReference 元素可用于描述该字典。继承的 gml:name 元素可用作该字典的名称。

15.2.3 字典条目，字典条目类型(dictionaryEntry,DictionaryEntryType)

这些元素包含或引用作为字典成员的定义。元素 gml:dictionaryEntry 声明如下：

```
<element name="dictionaryEntry" type="gml:DictionaryEntryType"/>
<complexType name="DictionaryEntryType">
    <complexContent>
        <extension base="gml:AbstractMemberType">
            <sequence minOccurs="0">
                <element ref="gml:Definition"/>
            </sequence>
            <attributeGroup ref="gml:AssociationAttributeGroup"/>
```

```
        〈/extension〉
      〈/complexContent〉
    〈/complexType〉
```

该内容模型遵循标准的 GML 特性模板，因此 gml:dictionaryEntry 可包含或引用单个 gml:Definition。由于 gml:Dictionary 可替代 gml:Definition，因此一个条目的内容本身可以是较低层次的字典。

需要注意的是，如果值由引用提供，则该定义不能有句柄(gml:id)，也不允许在上下文中对这个特定定义的外部引用。当以这种方式使用时，该引用的定义通常在同一 XML 文档的字典中。

15.2.4 使用定义和字典

字典和定义是 GML 对象，因此，可以在独立的 GML 数据实例文档中找到。

在应用模式中，如果需要记录集合中的成员特性使用的定义，可以将 gml:Dictionary 或 gml:Definitions 附加在一个要素集合上，以便记录在集合中的成员特性中使用的定义。

例：下面的例子说明了字典的两个实例：

```
〈gml:Dictionary gml:id="rockTypes"〉
〈gml:description〉A simple dictionary of rock types using components from gmlBase〈/gml:description〉
〈gml:identifier codeSpace="http://www.abc.org/terms"〉Rock Types〈/gml:identifier〉
〈gml:dictionaryEntry〉
 〈gml:Definition gml:id="granite"〉
  〈gml:description〉A igneous rock normally composed of quartz, two feldspars and optional mica〈/gml:description〉
  〈gml:identifier codeSpace="http://www.abc.org/terms"〉Granite〈/gml:identifier〉
 〈/gml:Definition〉
〈/gml:dictionaryEntry〉
  〈gml:dictionaryEntry〉
 〈gml:Definition gml:id="sst"〉
  〈gml:description〉A detrital sedimentary rock normally composed of siliceous grains〈/gml:description〉
  〈gml:identifier codeSpace="http://www.abc.org/terms"〉Sandstone〈/gml:identifier〉
 〈/gml:Definition〉
〈/gml:dictionaryEntry〉
〈gml:dictionaryEntry xlink:href="http://my.big.org/definitions/geology/limestone"/〉
〈/gml:Dictionary〉
〈gml:Dictionary gml:id="AbridgedGMLdictionary"〉
〈gml:description〉Abridged GML dictionary.〈/gml:description〉
〈gml:identifier codeSpace="http://www.opengis.net/gml/3.2"〉GML Dictionary〈/gml:identifier〉
〈gml:dictionaryEntry〉
 〈gml:Definition gml:id="term4.1"〉
  〈gml:description〉conceptual schema for data required by one or more applications〈/gml:description〉
  〈gml:identifier codeSpace="http://www.isotc211.org/19101"〉application schema〈/gml:identifier〉
 〈/gml:Definition〉
```

```
    </gml:dictionaryEntry>
    <gml:dictionaryEntry>
     <gml:Definition gml:id="term4.2">
      <gml:description>application schema written in XML Schema according to the rules specified in ISO 19136</gml:description>
      <gml:identifier codeSpace="http://www.opengis.net/gml/3.2">GML application schema</gml:identifier>
     </gml:Definition>
    </gml:dictionaryEntry>
    <gml:dictionaryEntry>
     <gml:Definition gml:id="term4.3">
      <gml:description>semantic relationship between two or more classifiers that specifies connections among their instances </gml:description>
      <gml:identifer codeSpace="http://www.uml.org/1.3">association</gml:identifier>
     </gml:Definition>
    </gml:dictionaryEntry>
    <gml:dictionaryEntry>
     <gml:Definition gml:id="term4.4">
      <gml:description>name-value pair contained in an element</gml:description>
      <gml:identifer codeSpace="http://www.w3.org/XML/1998/namespace">attribute</gml:identifier>
     </gml:Definition>
    </gml:dictionaryEntry>
    <!-- … -->
  </gml:Dictionary>
```

16 GML 模式——单位、度量和值

16.1 引言

一些 GML 模式组件涉及或需要使用定量数值，这些数值是基于一个参考尺度或度量单位的。在 8.2 中，定义了 gml:MeasureType，gml:MeasureListType 和 gml:MeasureOrNilReasonListType 类型，能够使 GML 特性和对象依据下列模板说明度量单位：

<abc:length uom="m">100</abc:length>

属性 uom 表示“度量单位(unit of measure)”，它的值为简单类型 gml:UomIdentifier(见 8.2.3.6)。

本章描述关于以下主题的模式组件：

——一组定义度量单位的组件；

——一组度量类型；

——用于聚合的结构和度量的列表。

16.2 单位模式

16.2.1 概述

一些 GML 模式组件涉及或需要参考尺度或度量单位。定量数值必须具有单位，这些数值可以是某个覆盖参数值域范围内的要素的特性值或观测结果；用于坐标参照系定义中的度量也需要具有单位。

注：模式文档 units.xsd 定义了支持度量单位定义的组件。附录 C 中给出单位模式；它由下面独立于地址的名称(使用 URN 语法)标识：

urn:x-ogc:specification:gml:schema-xsd:units:3.2.1

基本的单位定义是对在15.2.1中定义的通用gml:Definition元素的扩展。三个专门用于单位定义的元素从它进一步派生得到。

该模型基于单位的SI系统[ISO 1000],它区分了基本单位(Base Units)和派生单位(Derived Units)

——Base Units是一组首选的单位,用于一组正交的基本的量,它们定义了特定系统的单位,不能由其他基本单位的组合派生而来。

——Derived Units是一组用于系统中其他量的首选单位,它可由基本单位的代数组合来定义。

在一些应用领域,常使用惯用单位(Conventional units),它们能够转换成首选的单位,这种转换是通过使用尺度因子或公式进行的,公式中定义了新的尺度与偏移。在一个特定的单位系统中,用于所有数量类型的首选单位集合由基本单位和派生单位组成。

16.2.2 使用单位定义

单位定义可以替换gm:Definition元素,它作为字典模型的一部分声明。仅仅包含单位定义和对单位定义的引用的字典是单位字典。

16.2.3 度量单位,度量单位类型(unitOfMeasure,UnitOfMeasureType)

元素gml:unitOfMeasure是一个引用度量单位的属性元素。它在模式中声明如下:

```
〈element name="unitOfMeasure" type="gml:UnitOfMeasureType"/〉
〈complexType name="UnitOfMeasureType"〉
  〈sequence/〉
  〈attribute name="uom" type="gml:UomIdentifier" use="required"/〉
〈/complexType〉
```

这是一个空元素,它具有一个对度量单位定义(见8.2.3.6)的引用。

例:在数据实例中 该元素的用法如下:

```
〈unitOfMeasure uom="m"/〉
〈unitOfMeasure uom="http://my.standards.org/units/length/metre"/〉
```

16.2.4 单位定义,单位定义类型(UnitDefinition,UnitDefinitionType)

gml:UnitDefinition是度量单位的一般定义。这个一般元素仅仅用于与其他单位或单位系统的之间关系未知的那些单位。它在模式中声明如下:

```
〈element name="UnitDefinition" type="gml:UnitDefinitionType" substitutionGroup="gml:Definition"/〉
〈complexType name="UnitDefinitionType"〉
    〈complexContent〉
        〈extension base="gml:DefinitionType"〉
            〈sequence〉
                〈element ref="gml:quantityType" minOccurs="0"/〉
                〈element ref="gml:quantityTypeReference" minOccurs="0"/〉
                〈element ref="gml:catalogSymbol" minOccurs="0"/〉
            〈/sequence〉
        〈/extension〉
    〈/complexContent〉
〈/complexType〉
```

在gml:UnitDefinition的内容模型中,基于gml:Definition(在15.2.1中描述)增加了三个特性:gml:quantityType,gml:quantityTypeReference和gml:catalogSymbol。

gml:catalogSymbol特性可选地给该单位指定了一个短的符号。当这个单位与其他单位或单位系统的关系未知时,常需要使用这个元素。

16.2.5 物理量类型,物理量类型引用(quantityType,quantityTypeReference)

gml:quantityType 和 gml:quantityTypeReference 特性指明了该单位适用的情况。它们声明如下:

```
〈element name="quantityType" type="gml:StringOrRefType"/〉
〈element name="quantityTypeReference" type="gml:ReferenceType"/〉
```

该元素包含对现象或物理量类型的非正式描述,物理量或者被度量,或者被观测。

例:"长度(length)","角度(angle)","时间(time)","压力(pressure)"或"温度(temperature)"。

当物理量是观测或度量的结果时,该术语被称为观测类型(observable type)或被测量(Measurand)。

已不赞成使用 gml:quantityType 来引用远程的值。而应该使用 gml:quantityTypeReference。

16.2.6 编目符号(catalogSymbol)

catalogSymbol 是为度量单位选择的词汇符号。声明如下:

```
〈element name="catalogSymbol" type="gml:CodeType"/〉
```

gml:codeType 中的 codeSpace 属性标识编目(catalog)符号值的命名空间,并且可以引用外部的编目。gml:codeType 中的 string 值包含在该分类命名空间中唯一的符号值。该符号通常显式地出现在该编目中,但是,它可以是使用特定的单位代数学符号的组合。

例:"cm"符号表示它是"m"符号和"c"前缀的组合。

16.2.7 基本单位,基本单位类型,单位系统(BaseUnit,BaseUnitType,unitsSystem)

基本单位是在特定单位系统中不能从其他基本单位的组合中派生的度量单位。例如,在 SI 单位系统中,基本单位是米(metre),千克(kilogram),秒(second),安培(Ampere),开尔文(Kelvin),摩尔(mole)和坎德拉(candela),分别用于物理量类型长度(length),质量(mass),时间间隔(time interval),电流(electric cuurent),热力学温度(thermodynamic temperature),物质量(amount of substance)和光亮度(luminous intensity)。

这种单位使用 gml:BaseUnit 元素来表达,声明如下:

```
〈element name="BaseUnit" type="gml:BaseUnitType" substitutionGroup="gml:UnitDefinition"/〉
〈complexType name="BaseUnitType"〉
  〈complexContent〉
   〈extension base="gml:UnitDefinitionType"〉
     〈sequence〉
       〈element name="unitsSystem" type="gml:ReferenceType"/〉
     〈/sequence〉
   〈/extension〉
  〈/complexContent〉
〈/complexType〉
```

gml:BaseUnit 通过增加 gml:unitsSystem 特性扩展了一般的 gml:UnitDefinition,它有一个到单位系统的引用,该基本单位应该属于这个单位系统。

16.2.8 派生单位,派生单位类型(DerivedUnit,DerivedUnitType)

派生单位用其他单位的组合来定义。派生单位用于一些不使用基本单位的数量,比如,用于频率的赫兹[hertz(s^{-1})],用于力的牛顿[Newton(kg. m/s^2)]。直接基于基本单位的派生单位通常是首选的用于系统中的非基本的量。如果一个派生单位不是首选的单位,常使用 gml:ConventionalUnit 元素(见 16.2.10)来代替。gml:DerivedUnit 元素声明如下:

```
〈element name="DerivedUnit" type="gml:DerivedUnitType" substitutionGroup="gml:
```

```
UnitDefinition"/〉
〈complexType name="DerivedUnitType"〉
 〈complexContent〉
  〈extension base="gml:UnitDefinitionType"〉
   〈sequence〉
    〈element ref="gml:derivationUnitTerm" maxOccurs="unbounded"/〉
   〈/sequence〉
  〈/extension〉
 〈/complexContent〉
〈/complexType〉
```

gml:DerivedUnit 通过增加特性 gml:derivationUnitTerm 扩展了 gml:UnitDefinition。

16.2.9 派生单位术语,派生单位术语类型(derivationUnitTerm,DerivationUnitTermType)

一组 gml:derivationUnitTerm 元素描述了派生的度量单位。每个元素有一个整型的指数属性。该术语由引用单位的指数幂组成,指数的值由指数属性指定。元素 gml: derivationUnitTerm 声明如下:

```
〈element name="derivationUnitTerm" type="gml:DerivationUnitTermType"/〉
〈complexType name="DerivationUnitTermType"〉
 〈complexContent〉
  〈extension base="gml:UnitOfMeasureType"〉
   〈attribute name="exponent" type="integer"/〉
  〈/extension〉
 〈/complexContent〉
〈/complexType〉
```

该单位术语引用另一个度量单位(uom),并提供了在定义组合单位时应用的整型指数。该指数可以是正数也可以是负数,但不能是零。

16.2.10 惯用单位,惯用单位类型(ConventionalUnit,ConventionalUnitType)

惯用单位既不是基本单位,也不是由在众多应用域中使用的基本单位的直接组合定义的。例如,用于能量的电子伏特(electronVolt),用于长度的英尺(feet)和海里(nautical miles)。在多数情况下,惯用单位与首选单位,包括基本单位或由直接基本单位组合派生的单位之间的转换是已知的,通常是线性的转换关系。gml:ConventionalUnit 元素声明如下:

```
〈element name="ConventionalUnit" type="gml:ConventionalUnitType"
substitutionGroup="gml:UnitDefinition"/〉
〈complexType name="ConventionalUnitType"〉
 〈complexContent〉
  〈extension base="gml:UnitDefinitionType"〉
   〈sequence〉
    〈choice〉
     〈element ref="gml:conversionToPreferredUnit"/〉
     〈element ref="gml:roughConversionToPreferredUnit"/〉
    〈/choice〉
    〈element ref="gml:derivationUnitTerm" minOccurs="0" maxOccurs="unbounded"/〉
   〈/sequence〉
  〈/extension〉
```

```
    </complexContent>
  </complexType>
```

gml:ConventionalUnit 扩展了 gml:UnitDefinition，增加了一个描述物理量到首选单位的转换关系的特性。如果转换关系是精确的，则应该使用元素 gml:conversionToPreferredUnit，如果转换关系是不精确的，则可使用元素 gml:roughConversionToPreferredUnit。这两个元素具有相同的内容模型。ConventionalUnit 还包含了上面定义的 gml: derivationUnitTerm 特性，以允许用户可选地纪录该单位如何从其他的"更原始的(more primitive)"单位派生。

16.2.11 **到首选单位的转换，到首选单位的粗转换，到首选单位的转换类型，公式类型(conversionToPreferredUnit，roughConversionToPreferredUnit，ConversionToPreferredUnitType，FormulaType)**

元素 gml:conversionToPreferredUnit 和 gml:roughConversionToPreferredUnit 给出了物理量类型从惯用单位到首选单位的转换参数。对于一个物理量类型的所有值，首选单位或者是一个基本单位或者是一个选择的派生单位。这些转换在模式中声明如下：

```
<element name="conversionToPreferredUnit" type="gml:ConversionToPreferredUnitType"/>
<element name="roughConversionToPreferredUnit" type="gml:ConversionToPreferredUnitType"/>
<complexType name="ConversionToPreferredUnitType">
 <complexContent>
  <extension base="gml:UnitOfMeasureType">
   <choice>
    <element name="factor" type="double"/>
    <element name="formula" type="gml:FormulaType"/>
   </choice>
  </extension>
 </complexContent>
</complexType>
```

继承来的属性 uom 引用该转换使用的首选单位。对于该物理量类型，其单位到首选单位的转换采用算术(arithmetic)转换(尺度或/和偏移)。其内容模型扩展了 gml:UnitOfMeasureType，包含一个必须的 uom 属性来标识应用该转换物理量类型的首选单位。该转换用通过选择

——gml:factor，它定义了尺度因子，或

——gml:formula，它定义了公式

来指定。通过这个转换，使用惯用度量单位的值能够转换成为使用首选度量单位的值。公式的模型如下：

```
<complexType name="FormulaType">
  <sequence>
  <element name="a" type="double" minOccurs="0"/>
  <element name="b" type="double"/>
  <element name="c" type="double"/>
  <element name="d" type="double" minOccurs="0"/>
  </sequence>
</complexType>
```

这个公式定义了简单公式的参数，通过该公式，使用惯用度量单位的值可以转换为相应的使用首选度量单位的值。formula 元素包含元素 a，b，c，d，它的值为 XML 模式类型 double。这些值用在公式

$y=(a+bx)/(c+dx)$中，其中 x 是使用该单位的值，y 是相应的使用基本单位的值。元素 a 和 b 是任选的，并且如果这些值没有给出，则这些参数的值默认为 0。如果 a 和 d 没有给出值，则该公式等价于具有分子和分母参数的分数。

16.2.12 单位字典的例子〈资料性的〉

该字典包含了对应在 SI 系统[SI]中定义的所有基本单位和派生单位的定义，以及为说明这些组件的用法而选择的惯用单位。

```
〈gml:Dictionary gml:id="unitsDictionary"〉
 〈gml:description〉A dictionary of units of measure〈/gml:description〉
 〈gml:identifier codeSpace="http://www.opengeospatial.org/initiatives/?iid=79"〉OWS
 —1.2 Units〈/gml:identifier〉
 〈gml:dictionaryEntry〉
  〈gml:Dictionary gml:id="SIBaseUnits"〉
   〈gml:description〉The Base Units from the SI units system.〈/gml:description〉
   〈gml:identifier codeSpace="http://www.opengeospatial.org/initiatives/?iid=79"〉OWS
   —1.2 SI Base Units〈/gml:identifier〉
   〈gml:dictionaryEntry〉
    〈gml:BaseUnit gml:id="m"〉
     〈gml:description〉The metre is the length of the path travelled by light in vacuum during a
     time interval of 1/299 792 458 of a second.〈/gml:description〉
     〈gml:identifier codeSpace="http://www.bipm.fr/en/3_SI/base_units.html"〉metre〈/
     gml:identifier〉
     〈gml:name xml:lang="en/US"〉meter〈/gml:name〉
     〈gml:quantityType〉length〈/gml:quantityType〉
     〈gml:catalogSymbol codeSpace="http://www.bipm.fr/en/3_SI/base_units.html"〉m〈/
     gml:catalogSymbol〉
     〈gml:unitsSystem xlink:href="http://www.bipm.fr/en/3_SI"/〉
    〈/gml:BaseUnit〉
   〈/gml:dictionaryEntry〉
   〈! --…--〉
  〈/gml:Dictionary〉
 〈/gml:dictionaryEntry〉
 〈gml:dictionaryEntry〉
  〈gml:Dictionary gml:id="SIDerivedUnits"〉
   〈gml:description〉The Derived Units from the SI units system. These are all derived as a
   product of SI Base Units,
except degrees Celsius in which the conversion formaula to the SI Base Unit (kelvin) involves an
offset.
〈/gml:description〉
   〈gml:identifier codeSpace="http://www.opengeospatial.org/initiatives/?iid=79"〉OWS
   —1.2 SI Derived
Units〈/gml:identifier〉
   〈gml:dictionaryEntry〉
    〈gml:DerivedUnit gml:id="rad"〉
```

```
        〈gml:identifier codeSpace="http://www.bipm.fr/en/3_SI"〉radian〈/gml:identifier〉
        〈gml:quantityType〉plane angle〈/gml:quantityType〉
        〈gml:catalogSymbol codeSpace="http://www.bipm.fr/en/3_SI"〉rad〈/gml:catalogSym-
        bol〉
        〈gml:derivationUnitTerm uom="#m" exponent="1"/〉
        〈gml:derivationUnitTerm uom="#m" exponent="-1"/〉
      〈/gml:DerivedUnit〉
    〈/gml:dictionaryEntry〉
    〈! --…--〉
    〈/gml:Dictionary〉
  〈/gml:dictionaryEntry〉
  〈gml:dictionaryEntry〉
   〈gml:Dictionary gml:id="ConventionalUnitsDictionary"〉
    〈gml:description〉A collection of Conventional Units. These are units of measure which are
    either widely used or
important within a specific community. For most of these there is
1. a known derivation from more primitive units, which may or may not be SI Base Units, or
2. a known conversion to a preferred unit, which may or may not be an SI Base or Derived unit,
through rescaling and
offset,
or both. 〈/gml:description〉
    〈gml:identifier codeSpace="http://www.opengeospatial.org/initiatives/?iid=79"〉OWS
    -1.2 Conventional
units.〈/gml:identifier〉
    〈gml:dictionaryEntry〉
     〈gml:DerivedUnit gml:id="m3"〉
      〈gml:identifier codeSpace="http://www.opengeospatial.org/initiatives/?iid=79"〉
      cubic metre〈/gml:identifier〉
      〈gml:quantityType〉Volume〈/gml:quantityType〉
      〈gml:derivationUnitTerm uom="#m" exponent="3"/〉
     〈/gml:DerivedUnit〉
    〈/gml:dictionaryEntry〉
    〈gml:dictionaryEntry〉
     〈gml:ConventionalUnit gml:id="l"〉
      〈gml:identifier codeSpace="http://www.opengeospatial.org/initiatives/?iid=79"〉litre
      〈/gml:identifier〉
      〈gml:quantityType〉Volume〈/gml:quantityType〉
      〈gml:conversionToPreferredUnit uom="#m3"〉
       〈gml:factor〉0.001〈/gml:factor〉
      〈/gml:conversionToPreferredUnit〉
     〈/gml:ConventionalUnit〉
    〈/gml:dictionaryEntry〉
    〈! --…--〉
```

〈/gml:Dictionary〉

〈/gml:dictionaryEntry〉

〈/gml:Dictionary〉

16.3 度量模式

16.3.1 概述

gml:MeasureType 在 basicTypes 模式中定义。此处定义的度量类型与 ISO/TS 19103 中描述的一组便于使用的度量类型一致。它的 XML 实现基于 XML 模式的简单类型“double”,支持十进制数及科学计数法,并且包含 XML 属性“uom”用于说明数值的度量单位。需要注意的是,不需要使用任何特殊格式来存储数值,并且为了方便,接受该类型元素的应用实例可以选择将数据强制转成其他类型。

注:用于指定的度量类型的模式文档由下面与位置无关的名称来标识(使用 URN 语法):

urn:x-ogc:specification:gml:schema-xsd:measures:3.2.1

16.3.2 度量

它是带有单位的物理量数值,声明如下:

〈element name="measure" type="gml:MeasureType"/〉

见 8.2.3.6 中 gml:MeasureType 的定义。

16.3.3 标量度量类型

定义了一组特定的度量类型,作为 gml:MeasureType 的虚扩展(即别名)。原型定义如下:

```
〈complexType name="LengthType"〉
    〈simpleContent〉
    〈extension base="gml:MeasureType"/〉
    〈/simpleContent〉
〈/complexType〉
```

该内容模型支持描述长度(或距离)量,包括它的单位。被 uom 引用的度量单位应当是长度单位,比如,米(metres)或英尺(feet)。

按照该模板定义的其他度量类型是:gml:ScaleType,gml:GridLengthType,gml:AreaType,gml:VolumeType,gml:SpeedType,gml:TimeType 和 gml:AngleType。

例:在数据实例中,使用这些内容模型的元素可按如下方式出现:

```
〈my:length uom="m"〉1.76〈/my:length〉
〈my:scale uom="#percent"〉20.〈/my:scale〉
〈my:gridLength uom="#pixelSpacing"〉480〈/my:gridLength〉
〈my:gridLength uom="#imageHeight"〉0.00208333333333〈/my:gridLength〉
〈my:area uom="#ha"〉1.76〈/my:area〉
〈my:volume uom="l"〉0.45〈/my:volume〉
〈my:speed uom="#kmph"〉73.0〈/my:speed〉
〈gml:angle uom="#gradians"〉95.〈/gml:angle〉
〈my:time uom="#minutes"〉30.〈/my:time〉
```

注:示例中的最后一个元素具有与定义在第 14 章中定义的 gml:AbstracttimeLength 置换组中的元素相同的功能要求。

16.3.4 角度

gml:angle 元素和它的单位一起,用来记录角度值。它声明如下:

〈element name="angle" type="gml:AngleType"/〉

16.4 值对象模式

16.4.1 引言

在本章中声明的元素基于其他的 GML 模式组件,特别地是以下组件:gml:AbstractTimeObject,

gml:AbstractGeometry 和以下类型:gml:MeasureType,gml:MeasureListType,gml:CodeType,gml:CodeOrNilReasonListType,gml:BooleanOrNilReasonListType,gml:IntegerOrNilReasonList。

在该模式中需要特别提到的是,置换组的头和一个指定的选择组。值对象模式中定义的要素可以用作内容模型定义中的变量,如 Observations,当希望允许出现不同的值类型,并且其中有一些类型具有复杂内容,如数组(array),几何(geometry)和时间对象(time object)时,或者是不需要事先指定实际的值类型时就可以使用值对象模式中定义的置换组和选择组。组的成员包括定量数值、分类值、布尔值、数目、时间和空间数值以及这些值的聚合。

注 1:模式文档 valueObjects.xsd 定义了用于描述了通用值的组件,列在附录 C 中。它由下面的与位置无关的名称来标识(使用 URN 语法):

urn:x-ogc:specification:gml:schema-xsd:valueObjects:3.2.1

注 2:该模式中声明的元素用于值的直接表示。它们的内容模型通常不派生自 gml:AbstractGMLType,并且它们没有标识。

16.4.2 值元素层次

文档中定义的值对象构成了一个层次体系。概念模型在 D.3.15 中说明。

定义下面的关系:

——具体元素 gml:Quantity,gml:Category,gml:Count 和 gml:Boolean 替代抽象元素 gml:AbstractScalarValue。

——具体元素 gml:QuantityList,gml:CategoryList,gml:CountList 和 gml:BooleanList 替代抽象元素 gml:Abstract ScalarValueList。

——具体元素 gml:ValueArray 替代具体元素 gml:CompositeValue。

——抽象元素 gml:AbstractScalarValue 和 gml:AbstractScalarValueList,以及具体元素 gml:CompositeValue,gml:ValueExtent,gml:CategoryExtent,gml:CountExtent 和 gml:QuantityExtent 替代抽象元素 gml:AbstractValue。

——抽象元素 gml:AbstractValue,gml:AbstractTimeObject 和 gml:AbstractGeometry,以及具体元素 gml:Null(已不赞成使用)都在名为 gml:Value 的选择组中,它用于在 gml:CompositeValue 和 gml:ValueExtent 中进行组合。

——需要使用值的模式可以在内容模型中使用的抽象元素 gml:AbstractValue,以允许 gml:AbstractScalarValues,gml:AbstractScalarValueLists,gml:CompositeValue 或 gml:ValueExtent 中的任何一个出现在实例中,或者也允许 gml:AbstractTimeObjects,gml:AbstractGeometrys 和 gml:Nulls(已不赞成使用)出现在命名的组 gml:Value 中。

16.4.3 布尔值,布尔值列表(Boolean,BooleanList)

为了记录一个二值逻辑值或值的列表,使用 XML 模式布尔(boolean)类型;这些元素用下面的模式声明:

```
<element name="Boolean" substitutionGroup="gml:AbstractScalarValue" nillable="true">
    <complexType>
        <simpleContent>
            <extension base="boolean">
                <attribute name="nilReason" type="gml:NilReasonType"/>
            </extension>
        </simpleContent>
    </complexType>
</element>
<element name="BooleanList" type="gml:booleanOrNilReasonList"
```

substitutionGroup="gml:AbstractScalarValueList"/〉

gml:booleanOrNilReasonList 元素在 8.2.4.1 中描述。

例:在实例中可以按如下方法使用:

〈gml:Boolean〉1〈/gml:Boolean〉

〈gml:Boolean〉false〈/gml:Boolean〉

〈gml:Boolean xsi:nil="true" nilReason="missing"/〉

〈gml:BooleanList〉1 missing 0 1 1 http://my.big.org/explanations/theDogAteIt 0 1〈/gml:BooleanList〉

注:这些例子说明了各种布尔值{1,0,true,false}的使用,以及 nilReason 值的原因,如"missing"或一个 URI 可以包含在一个列表中。

16.4.4 分类,分类列表(Category,CategoryList)

用于记录表示分类的术语。这些元素使用下面的模式声明:

```
〈element name="Category" substitutionGroup="gml:AbstractScalarValue" nillable="true"〉
    〈complexType〉
        〈simpleContent〉
            〈extension base="gml:CodeType"〉
                〈attribute name="nilReason" type="gml:NilReasonType"/〉
            〈/extension〉
        〈/simpleContent〉
    〈/complexType〉
〈/element〉
〈element name="CategoryList" type="gml:CodeOrNilReasonListType"
substitutionGroup="gml:AbstractScalarValueList"/〉
```

gml:Category 具有一个可选的 XML 属性 codeSpace,其值是一个 URI,它标识一个字典、编码列表或术语的权威机构。

例:在实例中可以发现下面的实例:

〈gml:Category〉good〈/gml:Category〉

〈gml:Category xsi:nil="true" nilReason="missing"/〉

〈gml:Category codeSpace="http://my.big.org/dictionaries/rocktypes"〉Syenite〈/gml:Category〉

〈gml:CategoryList codeSpace="http://my.big.org/dictionaries/rocktypes"〉Syenite Granite missing Tuff〈/gml:CategoryList〉

〈gml:CategoryList codeSpace="http://my.big.org/species"〉bettong numbat phasogale wallaby possum〈/gml:CategoryList〉

16.4.5 计数,计数列表(Count,CountList)

用于记录表示发生率的整数。这些元素使用下面的模式声明:

```
〈element name="Count" substitutionGroup="gml:AbstractScalarValue" nillable="true"〉
    〈complexType〉
        〈simpleContent〉
            〈extension base="integer"〉
                〈attribute name="nilReason" type="gml:NilReasonType"/〉
            〈/extension〉
        〈/simpleContent〉
    〈/complexType〉
```

〈/element〉

〈element name="CountList" type="gml:integerOrNilReasonList" substitutionGroup="gml:AbstractScalarValueList"/〉

例:在实例中可以发现下面的例子:

〈gml:Count〉513〈/gml:Count〉

〈gml:Count xsi:nil="true" nilReason="missing"/〉

〈gml:CountList〉34 56 2 inapplicable 153〈/gml:CountList〉

16.4.6 量,量列表(**Quantity,QuantityList**)

用于记录具有尺度的数值。元素的内容是一个使用 XML 模式类型 double 的数量,它允许十进制和科学计数法。这些元素使用下面的模式声明:

```
〈element name="Quantity" substitutionGroup="gml:AbstractScalarValue" nillable="true"〉
    〈complexType〉
        〈simpleContent〉
            〈extension base="gml:MeasureType"〉
                〈attribute name="nilReason" type="gml:NilReasonType"/〉
            〈/extension〉
        〈/simpleContent〉
    〈/complexType〉
〈/element〉
〈element name="QuantityList" type="gml:MeasureOrNilReasonListType"
substitutionGroup="gml:AbstractScalarValueList"/〉
```

XML 属性 uom("unit of measure")是必须的,其值是一个 URI,它标识了比率尺度或单位的定义,实际数值应该乘以该尺度,或者是该值出现的间隔或者位置尺度。

例:在实例中可以有下面的例子:

〈gml:Quantity uom="m"〉4.32e-4〈/gml:Quantity〉

〈gml:Quantity xsi:nil="true" nilReason="withheld"/〉

〈gml:QuantityList uom="#C"〉21.37. withheld 25.〈/gml:QuantityList〉

16.4.7 抽象值,抽象尺度,抽象尺度值列表(**AbstractValue,AbstractScalarValue,AbstractScalarValueList**)

gml:AbstractValue 是抽象元素,它作为包含 gml:AbstractScalarValue,gml:AbstractScalarValueList,gml:CompositeValue 和 ValueExtent 的置换组的头,以及置换组中的元素。

gml:AbstractScalarValue 是抽象元素,它作为包含 gml:Boolean,gml:Category,gml:Count 和 gml:Quantity 的置换组的头,以及置换组中的元素。

gml:ScalarValueList 是抽象元素,它作为包含 gml:BooleanList,gml:CategoryList,gml:CountList 和 gml:QuantityList 的置换组的头,以及置换组中的元素。

这些元素使用下面的模式声明:

```
〈element name="AbstractValue" type="anyType" abstract="true"
substitutionGroup="gml:AbstractObject"/〉
〈element name="AbstractScalarValue" type="anyType" abstract="true"
substitutionGroup="gml:AbstractValue"/〉
〈element name="AbstractScalarValueList" type="anyType" abstract="true"
substitutionGroup="gml:AbstractValue"/〉
```

这些元素可以在应用模式中作为变量使用,因此在 XML 实例文档中,它的置换组中的任何成员都可能出现。

16.4.8 **值(Value)**

这是一个非常实用的选择组,它用前面描述的空间和时间对象及度量对象统一了本章中定义的一般的值,因此,其中的任何一个都可以在聚合值中使用。该元素使用下面的模式声明:

```
〈group name="Value"〉
 〈choice〉
  〈element ref="gml:AbstractValue"/〉
  〈element ref="gml:AbstractGeometry"/〉
  〈element ref="gml:AbstractTimeObject"/〉
  〈element ref="gml:Null"/〉
 〈/choice〉
〈/group〉
```

16.4.9 **值特性,值组合,值组合集合(valueProperty,valueComponent,valueComponents)**

这些元素实例化一个引用或包含 Value 或 Values 的 GML 特性。这些元素使用下面的模式声明:

```
〈element name="valueProperty" type="gml:ValuePropertyType"/〉
〈element name="valueComponent" type="gml:ValuePropertyType"/〉
〈complexType name="ValuePropertyType"〉
    〈sequence minOccurs="0"〉
        〈group ref="gml:Value"/〉
    〈/sequence〉
    〈attributeGroup ref="gml:AssociationAttributeGroup"/〉
    〈attributeGroup ref="gml:OwnershipAttributeGroup"/〉
〈/complexType〉
 〈element name="valueComponents" type="gml:ValueArrayPropertyType"/〉
〈complexType name="ValueArrayPropertyType"〉
    〈sequence maxOccurs="unbounded"〉
        〈group ref="gml:Value"/〉
    〈/sequence〉
    〈attributeGroup ref="gml:OwnershipAttributeGroup"/〉
〈/complexType〉
```

需要注意的是,gml:ValuePropertyType 和 gml:ValueArrayPropertyType 都有名称为 gml:Value 的组作为它们的内容。这意味着,在 gml:Value 选择组或选择组成员的置换组中的任何元素,可以作为值特性的内容出现。

gml:valueProperty 元素是一个实用的元素。特别地,在组合过程中要用到 gml:ValueComponent 和 gml:valueComponents 元素。

16.4.10 **组合值(CompositeValue)**

gml:CompositeValue 是由其他值中建立起来的聚合值。它包含 0 个或任意个数的 gml:valueComponent 元素,以及 0 个或一个 gml:valueComponents 特性元素。它可以用于一对紧密的聚集(vectors,tensors)或值的强制集合。该元素使用下面的模式声明:

```
〈element name="CompositeValue" type="gml:CompositeValueType"
substitutionGroup="gml:AbstractValue"/〉
〈complexType name="CompositeValueType"〉
 〈complexContent〉
```

```
    <extension base="gml:AbstractGMLType">
      <sequence>
        <element ref="gml:valueComponent" minOccurs="0" maxOccurs="unbounded"/>
        <element ref="gml:valueComponents" minOccurs="0"/>
      </sequence>
      <attributeGroup ref="gml:AggregationAttributeGroup"/>
    </extension>
  </complexContent>
</complexType>
```

例：在实例中，gml:CompositeValue可以如下例子出现：

```
<gml:CompositeValue>
  <gml:valueComponent>
    <gml:QuantityList uom="#C">21. 37. withheld 25.</gml:QuantityList>
  </gml:valueComponent>
  <gml:valueComponent>
    <gml:Category>good</gml:Category>
  </gml:valueComponent>
  <gml:valueComponent>
    <gml:Count xsi:nil="true" nilReason="missing"/>
  </gml:valueComponent>
  <gml:valueComponents>
    <gml:Point srsName="urn:x-ogc:def:crs:EPSG:6.6:4326"><gml:pos>71. -32.</gml:
    pos></gml:Point>
    <gml:Point srsName="urn:x-ogc:def:crs:EPSG:6.6:4326"><gml:pos>70. -35.</gml:
    pos></gml:Point>
    <gml:Point srsName="urn:x-ogc:def:crs:EPSG:6.6:4326"><gml:pos>74. -37.</gml:
    pos></gml:Point>
  </gml:valueComponents>
</gml:CompositeValue>
<gml:CompositeValue>
  <gml:valueComponents>
    <gml:Point srsName="urn:x-ogc:def:crs:EPSG:6.6:4326"><gml:pos>-67.563
    -13.834</gml:pos></gml:Point>
    <gml:Quantity uom="#km">632.</gml:Quantity>
    <gml:TimeInstant><gml:timePosition>1994-06-09T00:33:16.4</gml:timePosition></gml:
    TimeInstant>
    <gml:Quantity uom="#mom">-1.00</gml:Quantity>
    <gml:Quantity uom="#mom">0.92</gml:Quantity>
    <gml:Quantity uom="#mom">0.09</gml:Quantity>
    <gml:Quantity uom="#mom">-1.69</gml:Quantity
    <gml:Quantity uom="#mom">-0.09</gml:Quantity>
    <gml:Quantity uom="#mom">-0.37</gml:Quantity>
  </gml:valueComponents>
```

```
</gml:CompositeValue>
```

16.4.11 值数组(ValueArray)

值数组用于同质的简单数组和聚合值的数组。

成员值可以是标量,组合,数组或列表。该元素使用下面的模式声明:

```
<element name = "ValueArray" type = "gml:ValueArrayType" substitutionGroup = "gml:CompositeValue"/>
<sch:schema xmlns:sch="http://purl.oclc.org/dsdl/schematron"
xmlns:gml = "http://www.opengis.net/gml/3.2" xmlns:xlink = "http://www.w3.org/1999/xlink" xml:lang="en">
    <sch:title>Schematron constraints for GML / ISO 19136</sch:title>
    <sch:ns prefix="sch" uri="http://purl.oclc.org/dsdl/schematron"/>
    <sch:ns prefix="gml" uri="http://www.opengis.net/gml/3.2"/>
    <sch:pattern>
        <sch:rule context="gml:ValueArray">
            <sch:assert test="not(@codeSpace and @uom)">ValueArray may not carry
            both a reference to a codeSpace and a uom</sch:assert>
        </sch:rule>
    </sch:pattern>
    <sch:pattern>
        <sch:rule context="gml:ValueArray">
            <sch:assert test="count(gml:valueComponent/*) = count(gml:valueComponent/*[name() = name(../../gml:valueComponent[1]/*[1])])">All
            components shall be of the same type</sch:assert>
            <sch:assert test="count(gml:valueComponents/*) = count(gml:valueComponents/*[name() = name(../*[1])])">All components shall be of the
            same type</sch:assert>
        </sch:rule>
    </sch:pattern>
</sch:schema>
<complexType name="ValueArrayType">
<complexContent>
    <extension base="gml:CompositeValueType">
      <attributeGroup ref="gml:referenceSystem"/>
    </extension>
  </complexContent>
</complexType>
<attributeGroup name="referenceSystem">
   <attribute name="codeSpace" type="anyURI" />
   <attribute name="uom" type="gml:UomIdentifier" />
</attributeGroup>
```

ValueArray 具有与 CompositeValue 相同的内容模型,但是,其成员值必须是同质的。元素声明包含一个模式(Schematron)约束,它精确表示(成员值必须是同质的)这种限制。由于成员是同质的,gml:ValueArray 本身可以指定 gml:referenceSystem(uom,codeSpace),并且所有的成员都应该继承它。

例 1:gml:ValueArray 元素在实例中可以如下方式出现。在第一个例子中,一组 Points 是每个 gml:valueComponent 特性值。其中的一个值使用标准的 xlink:href 语法通过引用来提供:

```
〈gml:ValueArray〉
 〈gml:valueComponent〉
  〈gml:Point srsName="urn:x-ogc:def:crs:EPSG:6.6:63266405"〉
   〈gml:pos〉-32. 71.〈/gml:pos〉
  〈/gml:Point〉
 〈/gml:valueComponent〉
 〈gml:valueComponent〉
  〈gml:Point srsName="urn:x-ogc:def:crs:EPSG:6.6:63266405"〉
   〈gml:pos〉-35. 70.〈/gml:pos〉
  〈/gml:Point〉
 〈/gml:valueComponent〉
 〈gml:valueComponent xlink:href="http://my.big.org/locations/points/point456"/〉
〈/gml:ValueArray〉
```

例 2:在第二个例子中,一组量包含在 gml:valueComponents 特性中。其中有一个值是不可用的,以 nil 值表示:

```
〈gml:ValueArray〉
 〈gml:valueComponents〉
  〈gml:Quantity uom="#C"〉21.〈/gml:Quantity〉
  〈gml:Quantity uom="#C"〉37.〈/gml:Quantity〉
  〈gml:Quantity xsi:nil="true" nilReason="missing"/〉
 〈/gml:valueComponents〉
〈/gml:ValueArray〉
```

例 3:需要注意的是,gml:AbstractScalarValueList 通常是首选的用于标量值数组,因为这是一种更有效的编码,上面例子中的信息可以这样表示:

```
〈gml:QuantityList uom="#C"〉21.37.missing〈/gml:QuantityList〉
```

但是,如果组成的值不是标量的,就需要使用清楚的格式。

16.4.12 类型值范围:分类范围,计数范围,量范围(Typed ValueExtents: CategoryExtent, CountExtent, QuantityExtent)

提供了三个元素用于类型值范围:分类,计数及数量。它们的内容模型通过限制相关的标量列表来确定地包含两项,具体定义如下:

```
〈element name="CategoryExtent" type="gml:CategoryExtentType" substitutionGroup="
gml:AbstractValue"/〉
 〈complexType name="CategoryExtentType"〉
  〈simpleContent〉
   〈restriction base="gml:CodeOrNilReasonListType"〉
    〈length value="2"/〉
    〈/restriction〉
  〈/simpleContent〉
 〈/complexType〉
 〈element name="CountExtent" type="gml:CountExtentType"
```

```
substitutionGroup="gml:AbstractValue"/〉
〈simpleType name="CountExtentType"〉
 〈restriction base="gml:integerOrNilReasonList"〉
  〈length value="2"/〉
 〈/restriction〉
〈/simpleType〉
〈element name="QuantityExtent" type="gml:QuantityExtentType"
substitutionGroup="gml:AbstractValue"/〉
〈complexType name="QuantityExtentType"〉
 〈simpleContent〉
  〈restriction base="gml:MeasureOrNilReasonListType"〉
   〈length value="2"/〉
  〈/restriction〉
 〈/simpleContent〉
〈/complexType〉
```

使用该类型的 gml:QuantityExtent 元素或者其他元素包含两个值和一个尺度。

例 1:〈gml:QuantityExtent uom="#mm"〉0.9.5〈/gml:QuantityExtent〉

如果 codeSpace 定义了一组有序的术语，则 gml:CategoryExtentType 的元素是有用的。

例 2:〈my:AgeRange codeSpace = "http://iugg.org/geologicalTimePeriods"〉Cambrian Devonian〈/my:AgeRange〉

任何值的范围可以通过使用 NilReason 值描述一个单闭区间。

例 3:〈gml:CountExtent〉53 inapplicable〈/gml:CountExtent〉描述了从 53 开始的整数。

16.4.13 布尔值特性类型，分类特性类型，计数特性类型，量特性类型（BooleanPropertyType，CategoryPropertyType，CountPropertyType，QuantityPropertyType）

对于内容是 gml:AbstractScalarValue 置换组的特定成员的特性，提供了一组方便使用的类型。它们的定义遵从相同的模式，如 gml:BooleanPropertyType 定义所示：

```
〈complexType name="BooleanPropertyType"〉
 〈sequence minOccurs="0"〉
  〈element ref="gml:Boolean"/〉
 〈/sequence〉
 〈attributeGroup ref="gml:AssociationAttributeGroup"/〉
〈/complexType〉
```

17 GML 模式——方向

17.1 方向模式

方向模式组件为 GML 应用模式开发者提供了描述方向的标准的特性元素，以及可以用来表达 orientation，direction，heading，bearing 或其他表示地理要素方向性质的关联对象。

注：对应的模式文档由下面的与位置无关的名称来标识（使用 URN 语法）：

urn:x-ogc:specification:gml:schema-xsd:direction:3.2.1

17.2 方向，方向特性类型（direction，DirectionPropertyType）

特性 gml:direction 用来作为预定义的特性，用于表示在 GML 应用模式中定义的要素的方向。它声明如下：

```
〈element name="direction" type="gml:DirectionPropertyType"/〉
```

```
<complexType name="DirectionPropertyType">
    <sequence minOccurs="0">
        <choice>
            <element name="DirectionVector" type="gml:DirectionVectorType"/>
            <element name="DirectionDescription" type="gml:DirectionDescriptionType"/>
            <element name="CompassPoint" type="gml:CompassPointEnumeration"/>
            <element name="DirectionKeyword" type="gml:CodeType"/>
            <element name="DirectionString" type="gml:StringOrRefType"/>
        </choice>
    </sequence>
    <attributeGroup ref="gml:OwnershipAttributeGroup"/>
    <attributeGroup ref="gml:AssociationAttributeGroup"/>
</complexType>
```

有两种可选的说明方向的方法:向量或描述,将在下面章条中说明。

17.3 方向向量类型(DirectionVectorType)

方向向量在向量组件中说明如下:

```
<complexType name="DirectionVectorType">
<choice>
  <element ref="gml:vector"/>
  <sequence>
   <element name="horizontalAngle" type="gml:AngleType"/>
   <element name="verticalAngle" type="gml:AngleType"/>
  </sequence>
</choice>
</complexType>
```

gml:vector 元素在 10.1.4.5. 中进行了描述。

例:在数据实例中,它可以如下形式出现:

```
<gml:direction>
  <gml:DirectionVector>
   <gml:vector srsName="#wgs84">0.0 45.0</gml:vector>
  </gml:DirectionVector>
</gml:direction>
```

已不赞成使用角度表示方向,而应该用 gml:vector 来代替。

17.4 方向描述类型(DirectionDescriptionType)

方向描述是通过罗盘点编码,关键字,文本描述或者引用别的描述说明。gml:DirectionDescriptionType 元素声明如下:

```
<complexType name="DirectionDescriptionType">
 <choice>
  <element name="compassPoint" type="gml:CompassPointEnumeration"/>
  <element name="keyword" type="gml:CodeType"/>
  <element name="description" type="string"/>
  <element name="reference" type="gml:ReferenceType"/>
 </choice>
```

```
〈/complexType〉
```

gml:CompassPoint 是一个简单的字符串枚举类型,声明如下:

```
〈simpleType name="CompassPointEnumeration"〉
 〈restriction base="string"〉
  〈enumeration value="N"/〉
  〈enumeration value="NNE"/〉
  〈enumeration value="NE"/〉
  〈enumeration value="ENE"/〉
  〈enumeration value="E"/〉
  〈enumeration value="ESE"/〉
  〈enumeration value="SE"/〉
  〈enumeration value="SSE"/〉
  〈enumeration value="S"/〉
  〈enumeration value="SSW"/〉
  〈enumeration value="SW"/〉
  〈enumeration value="WSW"/〉
  〈enumeration value="W"/〉
  〈enumeration value="WNW"/〉
  〈enumeration value="NW"/〉
  〈enumeration value="NNW"/〉
 〈/restriction〉
〈/simpleType〉
```

这些方向是近似,其精度为 22.5°。因此一般不需要指定参考框架,虽然它可以在 GML 应用语言的定义中详加说明。

例 1:在数据实例中,它可以如下形式出现:

```
〈gml:direction〉
 〈gml:DirectionDescription〉
  〈gml:compassPoint〉WNW〈/gml:compassPoint〉
 〈/gml:DirectionDescription〉
〈/gml:direction〉
```

另外,提供了一些元素来包含基于文本的方向描述。

如果方向是用列表中一个术语来表示,则应该使用 gml:KeyWord,并且该列表使用 codeSpce 属性值。

例 2: 在数据实例中,它可以如下形式出现:

```
〈gml:direction〉
 〈gml:DirectionDescription〉
  〈gml:keyword codeSpace="http://my.big.org/terms/direction"〉onshore〈/gml:keyword〉
 〈/gml:DirectionDescription〉
〈/gml:direction〉
```

如果方向是以文字形式描述,则应该使用 gml:TextDirection 或者 gml:reference,它允许该值在内部包含或指向一个引用。

例 3:在数据实例中,它可以如下形式出现:

```
〈gml:direction〉
```

```
    〈gml:DirectionDescription〉
     〈gml:direction〉Towards the lighthouse〈/gml:direction〉
    〈/gml:DirectionDescription〉
   〈/gml:direction〉
   〈gml:direction〉
    〈gml:DirectionDescription〉
       〈gml:reference xlink:href="http://my.big.org/logbook/20021127/paragraph6"/〉
    〈/gml:DirectionDescription〉
   〈/gml:direction〉
```

18 GML 模式——观测

18.1 观测

GML 观测旨在给观测行为建模，通常有照相机，人或其他形式的仪器。一个观测要素描述了与信息获取事件关联的"元数据(metadata)"，以及观测的结果值。这涵盖了很多种情况，包括旅行者的照片(不是照片本身，而是拍照的行为)。

注：这个模式主要用来描述"简单"的观测。对于科学的，技术的和工程观测及度量的模式，需要开发 GML 应用模式来描述这些观测。例如，可以参考开放的地理空间联盟(Open Geospatial Consortium)的观测和测量规范。

18.2 观测模式

18.2.1 概述

本条描述了两种观测：gml:Observation 和 gml:DirectedObservation。

注：观测在模式文档 observations.xsd 中描述。该模式由下面与位置无关的名称来标识(使用 URN 语法)：

urn:x-ogc:specification:gml:schema-xsd:observation:3.2.1

18.2.2 观测(Observation)

gml:Observation 元素在模式中声明如下：

```
〈element name="Observation" type="gml:ObservationType" substitutionGroup="gml:AbstractFeature"/〉
〈complexType name="ObservationType"〉
 〈complexContent〉
   〈extension base="gml:AbstractFeatureType"〉
    〈sequence〉
     〈element ref="gml:validTime"/〉
     〈element ref="gml:using" minOccurs="0"/〉
     〈element ref="gml:target" minOccurs="0"/〉
     〈element ref="gml:resultOf"/〉
    〈/sequence〉
   〈/extension〉
 〈/complexContent〉
〈/complexType〉
```

这个内容模型是对 gml:AbstractFeatureType 的直接扩展；它自动地具有 gml:identifier，gml:description，gml:descriptionReference，gml:name 和 gml:boundedBy 特性。

gml:validTime 元素在 14.2.1.3 中描述。在这里，它描述了观测的时间。需要注意的是，它可以是一个时刻或一个时段。

例：一些简单观测的例子如下：

```
〈gml:Observation〉
 〈gml:validTime〉
  〈gml:TimeInstant〉
    〈gml:timePosition〉2002-11-12T09:12:00〈/gml:timePosition〉
  〈/gml:TimeInstant〉
 〈/gml:validTime〉
 〈gml:using xlink:href="http://www.my.org/sensors/thermometer4"/〉
 〈gml:target xlink:href="http://www.environment.org/stations/1456"/〉
 〈gml:resultOf〉
  〈gml:Quantity uom="#C"〉18.4〈/gml:Quantity〉
 〈/gml:resultOf〉
〈/gml:Observation〉
〈gml:Observation〉
 〈gml:validTime〉
  〈gml:TimeInstant〉
   〈gml:timePosition〉2002-11-12T09:12:00〈/gml:timePosition〉
  〈/gml:TimeInstant〉
 〈/gml:validTime〉
 〈gml:using xlink:href="http://www.my.org/cameras/leica2"/〉
 〈gml:subject xlink:href="http://www.tourist.org/sights/mountain3"/〉
 〈gml:resultOf xlink:href="http://www.my.org/photos/landscape1.jpg"/〉
〈/gml:Observation〉
〈gml:Observation〉
 〈gml:validTime〉
  〈gml:TimeInstant〉
   〈gml:timePosition〉2002-10-25T11:37:25〈/gml:timePosition〉
  〈/gml:TimeInstant〉
 〈/gml:validTime〉
 〈gml:subject xlink:href="http://www.people.org/kids/abby"/〉
 〈gml:resultOf xlink:href="myDaughtersPortrait.jpg"/〉
〈/gml:Observation〉
```

18.2.3 使用(using)

gml:using 特性包含或引用观测过程(如相机)的描述。它声明如下:

```
〈element name="using" type="gml:ProcedurePropertyType"/〉
〈complexType name="ProcedurePropertyType"〉
〈sequence minOccurs="0"〉
 〈element ref="gml:AbstractFeature"/〉
〈/sequence〉
〈attributeGroup ref="gml:OwnershipAttributeGroup"/〉
〈attributeGroup ref="gml:AssociationAttributeGroup"/〉
〈/complexType〉
```

18.2.4 目标(target)

gml:target 特性包含或引用观测对象的样品(specimen),区域或场地。这个特性元素在模式中声明如下：

```
〈element name="target" type="gml:TargetPropertyType"/〉
〈element name="subject" type="gml:TargetPropertyType " substitutionGroup="gml:target"/〉
〈complexType name="TargetPropertyType"〉
 〈choice minOccurs="0"〉
  〈element ref="gml:AbstractFeature"/〉
  〈element ref="gml:AbstractGeometry"/〉
 〈/choice〉
 〈attributeGroup ref="gml:OwnershipAttributeGroup"/〉
 〈attributeGroup ref="gml:AssociationAttributeGroup"/〉
〈/complexType〉
```

这个特性对遥测，如摄影特别有用，其中，一般的位置特性可以指定用于摄影机的位置，或者是观测场地的位置，因此，这个位置是有歧义的。

gml:subject 元素是一个为了方便使用的 gml:target 的同义词。这是在摄影中常用的术语。

注：gml:Observation 不包括一个预定义的位置特性。如果这个模式开发者想要为观测点（传感器位置）确定一个具体的位置，就要指定位置特性值，如一个点。假设目标有个已知的方向但不确定到观测点的距离（遥感），就应该使用 gml:DirectedObservation。假设相对方向和距离都已知，就应该使用 gml:DirectedObservationAtDistance。

例：一个定义具有观测点位置的观测要素类型的应用可以规定如下：

```
〈element name="ObservationWithSensorLocation" type="app:ObservationWithSensorLocationType"
substitutionGroup="gml:Observation"/〉
 〈complexType name="ObservationWithSensorLocationType"〉
  〈complexContent〉
   〈extension base="gml:ObservationType"〉
    〈sequence〉
     〈element name="positionOfSensor" type="gml:PointPropertyType"/〉
    〈/sequence〉
   〈/extension〉
  〈/complexContent〉
 〈/complexType〉
```

18.2.5 结果(resultOf)

gml:resultOf 特性指明观测的结果。这个值可以是内联的，或引用别处的值。它在模式中声明如下：

```
〈element name="resultOf" type="gml:ResultType"/〉
〈complexType name="ResultType"〉
 〈sequence minOccurs="0"〉
  〈any namespace="##any"/〉
 〈/sequence〉
 〈attributeGroup ref="gml:OwnershipAttributeGroup"/〉
 〈attributeGroup ref="gml:AssociationAttributeGroup"/〉
〈/complexType〉
```

例：带有 gml:DataBlock 的结果特性记录了温度和压力的观测。

```
<gml:DataBlock>
    <gml:rangeParameters>
        <gml:CompositeValue>
            <gml:valueComponents>
                <Temperature uom="urn:x-si:v1999:uom:degreesC">template</Temperature>
                <Pressure uom="urn:x-si:v1999:uom:kPa">template</Pressure>
            </gml:valueComponents>
        </gml:CompositeValue>
    </gml:rangeParameters>
    <gml:tupleList>3,101.2</gml:tupleList>
</gml:DataBlock>
```

18.2.6 方向观测(DirectedObservation)

除增加了 gml:Direction 特性外,gml:DirectedObservation 与观测是一致的。它是获得观测的方向。很明显,这只应用于某种类型的观测,如人的可视化观测,或者是由地面摄影机得到的观测。

```
<element name="DirectedObservation" type="gml:DirectedObservationType"
substitutionGroup="gml:Observation"/>
<complexType name="DirectedObservationType">
 <complexContent>
   <extension base="gml:ObservationType">
    <sequence>
      <element ref="gml:direction"/>
    </sequence>
   </extension>
 </complexContent>
</complexType>
```

例:

```
<gml:DirectedObservation>
  <gml:validTime>
   <gml:TimeInstant>
    <gml:timePosition>2002-11-12T09:12:00</gml:timePosition>
   </gml:TimeInstant>
  </gml:validTime>
  <gml:using xlink:href="http://www.my.org/cameras/leica2"/>
  <gml:target xlink:href="http://www.tourist.org/sights/mountain3"/>
  <gml:resultOf xlink:href="http://www.my.org/photos/landscape1.jpg"/>
  <gml:direction>
   <gml:DirectionVector>
    <gml:vector srsName="urn:x-ogc:def:crs:EPSG:6.3:4326">0.0 45.0</gml:vector>
   </gml:DirectionVector>
  </gml:direction>
</gml:DirectedObservation>
```

18.2.7 带有距离的方向观测(DirectedObservationAtDistance)

gml:DirectedObservationAtDistance 增加了距离特性。它是从观测者到观测对象的距离。很明显,这只应用于某种类型的观测,如人的可视化观测,或者是由地面摄影机得到的观测。

```
<element name="DirectedObservationAtDistance" type="gml:DirectedObservationAtDistanceType" substitutionGroup="gml:DirectedObservation "/>
<complexType name="DirectedObservationAtDistanceType">
 <complexContent>
  <extension base="gml:DirectedObservationType">
   <sequence>
    <element name="distance" type="gml:MeasureType"/>
   </sequence>
  </extension>
 </complexContent>
</complexType>
```

例:

```
<gml:DirectedObservationAtDistance>
 <gml:validTime>
  <gml:TimeInstant>
   <gml:timePosition>2002-11-12T09:12:00</gml:timePosition>
  </gml:TimeInstant>
 </gml:validTime>
 <gml:using xlink:href="http://www.my.org/cameras/leica2"/>
 <gml:subject xlink:href="http://www.tourist.org/sights/mountain3"/>
 <gml:resultOf xlink:href="http://www.my.org/photos/landscape1.jpg"/>
 <gml:direction>
      <gml:DirectionVector>
  <gml:vector srsName="urn:x-ogc:def:crs:EPSG:6.3:4326">0.0 45.0</gml:vector>
  </gml:DirectionVector>
 </gml:direction>
 <gml:distance uom="m">16500.</gml:distance>
</gml:DirectedObservationAtDistance>
```

19 GML 模式——覆盖

19.1 覆盖模型和表示

19.1.1 概述

这一条定义了用于覆盖的 GML 编码,它与 ISO 19123 的概念模型是一致的。

ISO 19123 提供了一个定义:

覆盖支持从时空域到属性值的映射,属性类型对于时空域里的所有地理位置是公共的,时空域由坐标空间中的许多直接位置组成。关于覆盖的实例包括栅格、不规则三角网、点覆盖和多边形覆盖。覆盖作为主要的数据结构用于许多应用领域中,例如遥感、气象学、海洋学、标高、土壤、植被绘图等领域中。

描述覆盖的信息习惯上以下面两种方式中的一种表示:

a) 作为一组离散的位置—值对。

b) 作为时空定义域(多几何对象,格网)的描述和一组值域中值的描述,以及从值域集中指定一个值到定义域的每一个位置的方法或规则(可以是隐含的)。

第一种方法只应用于分割成离散部分的定义域。这种表示在 GML 中可以作为同质的要素集合(也就是所有要素具有相同的特性组)实现,其中要素的位置集合组成了定义域,特性值的集合构成了值域。从定义域到值域的映射是无关紧要的:每个要素的特性被指定到要素的位置上。然而,对于定义域由一个大的位置集合组成的覆盖,这种显式的表示方法显得臃肿。

第二种方法在许多方面更显得灵活。

——因为定义域和值域是同质的集合,因此可以在定义域和值域的任何一个或者同时是两者的表示上更有效。

——值域中的值可以用解析的形式而不是离散的明确的值来表示,其中也涵盖了具有离散的明确的值的情况。

——当属性值在定义域连续变化时,需要一个覆盖定义域的函数形式,能够提供任意位置上对应值域中的值。这个函数常涉及内插操作,并可能使用一个处理模型。

第一种表示方法常用于数据采集阶段,需要同时管理一组与某个位置有关的特性,或者用于数据存储的更新阶段,一次只有一小部分要素被操纵。第二种表示方法更适合于分析,注重的是在一个特定的特性中的时空模式和异常。

第二种方法在整个定义域内使用了函数映射,是 GML 中对覆盖的编码的主要方法。

19.1.2 覆盖的标准描述

一个覆盖是从一个时空定义域到一个值域的映射,后者即为属性值集合。值域可以是一个包含离散列表、整数或浮点数值和多维向量空间的任意集合。覆盖的概念模型描述如图 4 所示。

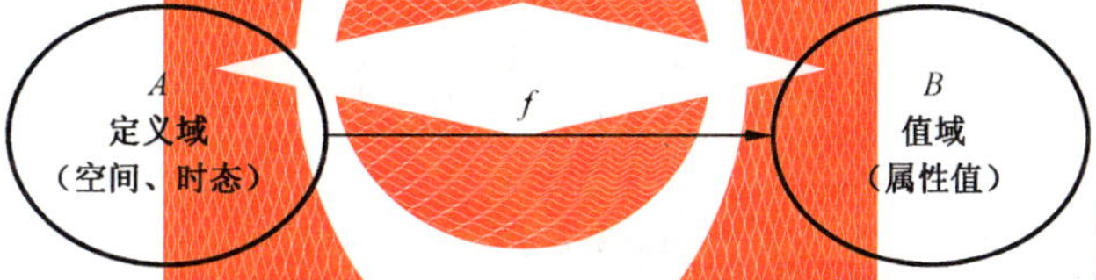

图 4 覆盖的概念模型

覆盖可以看成是覆盖函数 $f: A \rightarrow B$ 的图,即有序对的集合:

$$\{(x, f(x)) \mid x \text{ 属于 } A\}$$

这种观点对于覆盖的 GML 编码尤为适用。对于离散覆盖,定义域 A 被划分成一系列的子集(较典型的是不相交的子集),即 $A = \cup A_i$,并且函数 f 在每个子集 A_i 上都是常数。对于空间域来说,A_i 是几何元素,因此覆盖可以看成是(几何,值)对的集合,其中,值是值域中的一个元素。如果空间域 A 是一个拓扑空间,那么覆盖可以看成是(拓扑,值)对的集合,其中,对中的拓扑元素是一个拓扑 n-链(在 GML 术语中指的是一个 gml:TopoPoint,gml:TopoCurve,gml:TopoSurface 或 gml:TopoSolid)。

19.1.3 GML 中的覆盖

一个覆盖是作为一个 GML 要素实现的,因此,我们可以把一个“温度分布要素”,或一个“遥感影像要素”,或一个“土壤分布要素”看作是一个覆盖。

与任何 GML 对象一样,一个覆盖对象也可以是一个要素的特性值。

例:温度分布可能是一个城市(city)要素(abc:City)的特性,因此,在 GML 中,渥太华(Ottawa)市的描述可表示为(这里,abc:TempratureCoverage 是一个覆盖要素,它是城市(city)要素的特性):

```
〈abc:City gml:id = "Ottawa"〉
    〈abc:population〉500000〈/abc:population〉
    〈abc:temperatureDistribution〉
        〈abc:TemperatureCoverage〉… 〈/abc:TemperatureCoverage〉
    〈/abc:temperatureDistribution〉
〈/abc:City〉
```

注：覆盖在 GML 中有两个模式支持，coverage. xsd 和 grids. xsd。Coverages. xsd 提供了基本的 GML 覆盖模型。Grids. xsd 提供了用于描述格网覆盖的格网几何结构，但它可用于其他应用。

模式文档 grids. xsd 通过如下与位置无关的名称来标识(使用 URN 语法)：

urn:x-ogc:specification:gml:schema-xsd:grids:3.2.1

模式文档 coverage. xsd 通过下列与位置无关的名称来标识(使用 URN 语法)：

urn:x-ogc:specification:gml:schema-xsd:coverage:3.2.1

所有模式文档列在附录 C 中。

19.1.4 与 ISO 19123 的关系

本章中 GML 模式的覆盖组件提供了与 ISO 19123 覆盖模式一致的部分实现。两者之关系在 D.2.11 中详细描述。

GML 中实现的 ISO 19123 覆盖类型在 ISO 19123 中规定；在 ISO 19123 中对这些类型的其他限制同样是对 GML 模式覆盖组件的限制。

19.2 格网模式

19.2.1 概述

几何对象的一个隐含描述方式是其几何属性项不显式地出现在编码中，而是用一种紧凑的方式记录一组参数，利用这组参数，依据某种规则可以生成几何对象。

本条提供了格网几何，它们用于描述格网覆盖和其他的应用。在 GML 中定义了两种格网结构，即 gml:Grid 和 gml:RectifiedGrid。

19.2.2 格网(Grid)

gml:Grid 实现了 ISO 19123 CV_Grid(见 D.2.11 和 ISO 19123:2005,8.3)，定义如下：

```
<element name="Grid" type="gml:GridType" substitutionGroup="gml:AbstractImplicitGe-
ometry"/>
<element name="AbstractImplicitGeometry" type="gml:AbstractGeometryType" abstract=
"true"
substitutionGroup="gml:AbstractGeometry"/>
<complexType name="GridType">
  <complexContent>
    <extension base="gml:AbstractGeometryType">
     <sequence>
      <element name="limits" type="gml:GridLimitsType"/>
      <choice>
          <element name="axisLabels" type="gml:NCNameList"/>
          <element name="axisName" type="string" maxOccurs="unbounded"/>
      </choice>
     </sequence>
     <attribute name="dimension" type="positiveInteger" use="required"/>
    </extension>
  </complexContent>
</complexType>
```

gml:Grid 隐式地定义了未纠正的格网，它是由两组或多组曲线构成的网络，其中每组的成员与其他组的成员以规则的方式相交。在格网中感兴趣的区域用术语 gml:limits 表示，它是一个矩形区域的两个对角的格网坐标。gml:axisLabels 给出了格网的每个轴的标签列表(gml:axisName 已不赞成使用)。gml:dimension 指定了格网的维数。

在 GML 中，gml:limits 元素包含单个 gml:GridEnvelope，遵循如下模式定义：

```
〈complexType name="GridLimitsType"〉
〈sequence〉
      〈element name="GridEnvelope" type="gml:GridEnvelopeType"/〉
〈/sequence〉
〈/complexType〉
〈complexType name="GridEnvelopeType"〉
〈sequence〉
  〈element name="low" type="gml:integerList"/〉
  〈element name="high" type="gml:integerList"/〉
〈/sequence〉
〈/complexType〉
```

gml:low 和 gml:high 元素都是 gml:integerLists 类型，它们是感兴趣区域的“矩形”的两个对角的坐标元组，坐标是相对于格网每个轴的原点的偏移量。

例：下面的例子说明了一个简单的格网。

```
〈gml:Grid dimension="2"〉
 〈gml:limits〉
  〈gml:GridEnvelope〉
   〈gml:low〉0 0〈/gml:low〉
   〈gml:high〉3 3〈/gml:high〉
  〈/gml:GridEnvelope〉
 〈/gml:limits〉
 〈gml:axisLabels〉x y〈/gml:axisLabels〉
〈/gml:Grid〉
```

在这个例子中，格网具有桩位(点)(0,0)，(0,1)，(1,0)，(1,1)直到(3,3)。

当格网点用来表示采样空间(如影像象素)时，格网点表示了采样空间的中心(见 ISO 19123:2005，8.2.2)。

19.2.3 校正格网(RectifiedGrid)

纠正的格网是一类在格网坐标与外部坐标参照系的坐标间存在仿射变换的格网。它是通过指定格网“原点”坐标(在某几何空间中)和指定桩位置(post locations)的向量坐标来进行定义的。

gml:RectifiedGrid 实现了 ISO 19123 CV_RectifiedGrid(见 D.2.11 和 ISO 19123:2005，8.9)，声明如下：

```
〈element name="RectifiedGrid" type="gml:RectifiedGridType" substitutionGroup="gml:Grid"/〉
〈complexType name="RectifiedGridType"〉
  〈complexContent〉
   〈extension base="gml:GridType"〉
    〈sequence〉
     〈element name="origin" type="gml:PointPropertyType"/〉
     〈element name="offsetVector" type="gml:VectorType" maxOccurs="unbounded"/〉
    〈/sequence〉
   〈/extension〉
```

〈/complexContent〉

〈/complexType〉

值得注意的是，格网界限(桩索引)和坐标轴名称特性是从 gml:GridType 继承而来的，并且 gml:RectifiedGrid 增加了一个 gml:origin 特性(包含或引用一个 gml:Point)和一组 gml:offsetVector 特性(指定用 gml:VectorType 作为它的数据类型，见 10.1.4.5 中的描述)。

注：gml:origin 和 gml:offsetVector 特性列表将格网与地理空间位置关联起来，指定了每个轴上象元的偏移量。见 ISO 19123:2005 8.9.6 中关于这些特性的限制列表。

例 1：图 5 显示了纠正的格网的几何。

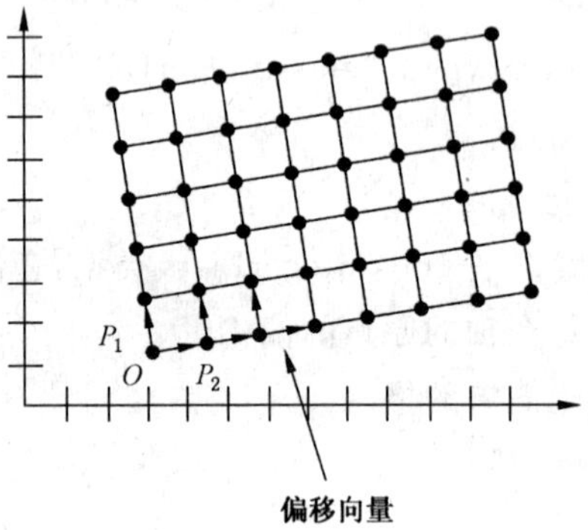

特征点

O　　原点

P_1，P_2　偏移向量

图 5　校正格网几何

例 2：下面是一个 gml:RectifiedGrid 实列的例子：

〈gml:RectifiedGrid dimension="2"〉

〈gml:limits〉

〈gml:GridEnvelope〉

〈gml:low〉1 1〈/gml:low〉

〈gml:high〉4 4〈/gml:high〉

〈/gml:GridEnvelope〉

〈/gml:limits〉

〈gml:axisLabels〉u v〈/gml:axisLabels〉

〈gml:origin〉

〈gml:Point gml:id="palindrome" srsName="urn:x-ogc:def:crs:EPSG:6.6:4326"〉

〈gml:pos〉3 1.1〈/gml:pos〉

〈/gml:Point〉

〈/gml:origin〉

〈gml:offsetVector srsName="urn:x-ogc:def:crs:EPSG:6.6:4329"〉-0.2 1.25〈/gml:offsetVector〉

〈gml:offsetVector srsName="urn:x-ogc:def:crs:EPSG:6.6:4329"〉1.3 0.2〈/gml:offsetVector〉

〈/gml:RectifiedGrid〉

值得注意的是，在这个例子中，校正格网开始于相对原点的偏移量"1　1"(low 特性值)，如图 6 所示。

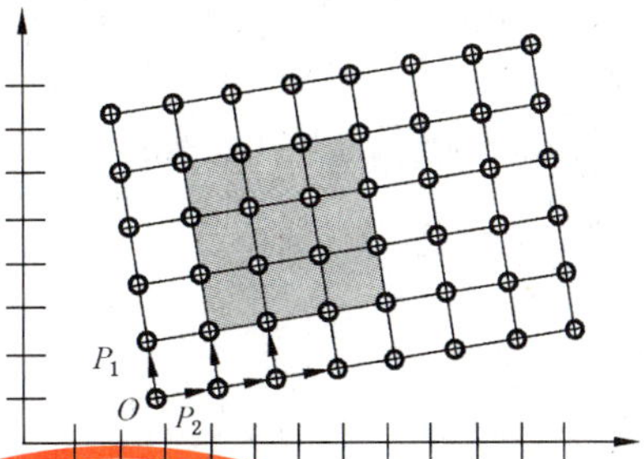

特征点

O　　原点

P_1,P_2　偏移向量

图 6　非零原点的校正格网

19.3　覆盖模式

19.3.1　抽象覆盖类型,抽象覆盖(AbstractCoverageType,AbstractCoverage)

覆盖的根类型是 gml:AbstractCoverageType,它在模式中定义如下:

```
〈complexType name="AbstractCoverageType" abstract="true"〉
 〈complexContent〉
  〈extension base="gml:AbstractFeatureType"〉
   〈sequence〉
    〈element ref="gml:domainSet"/〉
    〈element ref="gml:rangeSet"/〉
   〈/sequence〉
  〈/extension〉
 〈/complexContent〉
〈/complexType〉
```

注:gml:AbstractCoverageType 通过扩展从 AbstractFeatureType 继承,所以任何内容模型从这个类型继承来的覆盖都是一个 GML 要素,并且所有覆盖都强制性地具有 boundedBy 特性。

这个内容模型中可以看到覆盖的基本元素:gml:domainSet 和 gml: rangeSet 特性。gml:domainSet 特性描述了覆盖的定义域。gml:rangeSet 特性描述了覆盖的值域。

抽象元素 gml:AbstractCoverage 实现了 ISO 19123 CV_Coverage(见 D.2.11 和 ISO 19123:2005,5.3),声明如下:

```
〈element name="AbstractCoverage" type="gml:AbstractCoverageType" abstract="true"
substitutionGroup="gml:AbstractFeature"/〉
```

这个元素用作置换组的头,可以包含任何类型从 gml:AbstractCoveragetype 继承来的覆盖。它可以作为内容模型定义中的变量,其中要求任何覆盖是有效的。

19.3.2　离散覆盖类型,抽象离散覆盖(DiscreteCoverageType,AbstractDiscreteCoverage)

离散覆盖由定义域、值域和可选的覆盖函数构成。定义域集由有限的空间或时间几何对象组成。值域集由与定义域中单个时空对象的直接位置关联的数目有限的属性值组成。换句话说,值域中的值与定义域中的每个时空对象是对应的。覆盖函数是从覆盖定义域中每个元素到它的值域中的元素的映射。这个定义与 ISO 19123 是一致的。离散覆盖的基本类型是 DiscreteCoverageType,在模式中定义如下:

```
〈complexType name="DiscreteCoverageType"〉
   〈complexContent〉
```

```
        <extension base="gml:AbstractCoverageType">
            <sequence>
                <element ref="gml:coverageFunction" minOccurs="0"/>
            </sequence>
        </extension>
    </complexContent>
</complexType>
```

coverageFunction 元素描述了图 4 所示的映射"*f*"。

抽象元素 gml:AbstractDiscreteCoverage 实现了 ISO 19123 CV_DiscreteCoverage(见 D.2.11 和 ISO 19123:2005,5.7),声明如下:

```
<element name="AbstractDiscreteCoverage" type="gml:DiscreteCoverageType" abstract="true"
  substitutionGroup="gml:AbstractCoverage"/>
```

这个元素用作置换组的头,可以包含任何离散覆盖。

19.3.3 抽象连续覆盖类型,抽象连续覆盖(AbstractContinuousCoverageType,AbstractContinuousCoverage)

在 ISO 19123 中定义的连续覆盖能够为时空定义域中单个时空对象相同要素属性在不同直接位置返回不同值。连续覆盖的基本类型是 AbstractContinuousCoverageType,在模式中定义如下:

```
<complexType name="AbstractContinuousCoverageType" abstract="true">
    <complexContent>
        <extension base="gml:AbstractCoverageType">
            <sequence>
                <element ref="gml:coverageFunction" minOccurs="0"/>
            </sequence>
        </extension>
    </complexContent>
</complexType>
```

coverageFunction 描述了图 4 所示的映射"*f*"。

抽象元素 gml:Abstract ContinuousCoverage 声明如下:

```
<element name="AbstractContinuousCoverage" type="gml:AbstractContinuousCoverageType"
abstract="true" substitutionGroup="gml:AbstractFeature"/>
```

这个元素用作置换组的头,可以包含任何类型从 gml: AbstractContinuousCoverageType 继承来的连续覆盖。

19.3.4 域集,域集类型(domainSet,DomainSetType)

gml:domainSet 特性元素描述了在覆盖中定义的感兴趣的空间-时间域。它的内容模型由 gml:DomainSetType 给出,定义如下:

```
<element name="domainSet" type="gml:DomainSetType"/>
<complexType name="DomainSetType">
 <sequence minOccurs="0">
   <choice>
    <element ref="gml:AbstractGeometry"/>
    <element ref="gml:AbstractTimeObject"/>
   </choice>
 </sequence>
```

```
  <attributeGroup ref="gml:OwnershipAttributeGroup"/>
  <attributeGroup ref="gml:AssociationAttributeGroup"/>
</complexType>
```

定义域的值是在 gml:AbstractGeometry 和 gml:AbstractTimeObject 两者间的选择。在实例中，这些抽象元素常常被几何复形或时间复形替代，分别表示空间覆盖和时间序列。

注：当定义域是由混合的坐标参照系组成，其中有一个是时间组成部分时，即支持时空定义域，否则，根据 ISO 19100，GML 不支持联合的空间-时间定义域。

gml:AssociationAttributeGroup 的出现意味着 domainSet 符合一般的 GML 特性模型，可以利用 xlink:href 属性指向定义域，作为一种可选的方法来描述内联的定义域。所有者语义通过使用 gml:OwnershipAttributeGroup 给出。

19.3.5 值域集，值域集类型(rangeSet，RangeSetType)

gml:rangeSet 特性元素包含覆盖的值(有时叫做属性值)。它的内容模型由 gml:RangeSetType 给出，定义如下：

```
<element name="rangeSet" type="gml:RangeSetType"/>
<complexType name="RangeSetType">
  <choice>
    <element ref="gml:ValueArray" maxOccurs="unbounded"/>
    <element ref="gml:AbstractScalarValueList" maxOccurs="unbounded"/>
    <element ref="gml:DataBlock"/>
    <element ref="gml:File"/>
  </choice>
</complexType>
```

这个内容模型支持值域的一个结构化描述。描述值域集合的语义信息作为显式值的一部分，包含在一个统一的方法内，或者作为用 gml:DataBlock 和 gml:File 的表示的模板值。

值域中每个组成(或"分支")的值可以编码在 gml:ValueArray 元素或 gml:AbstractScalarValueList 置换组的具体的成员中[7]。这些元素的使用需要满足值-类型是同质的要求。

19.3.6 数据块(DataBlock)

gml:DataBlock 将值域描述为一个文本编码值的块，类似于一个以逗号分隔的值(Comma Separated Value(CSV))表示方法。内容模型如下：

```
<element name="DataBlock" type="gml:DataBlockType" substitutionGroup="gml:AbstractObject"/>
 <complexType name="DataBlockType">
   <sequence>
     <element ref="gml:rangeParameters"/>
     <choice>
       <element ref="gml:tupleList"/>
       <element ref="gml:doubleOrNilReasonTupleList"/>
     </choice>
   </sequence>
 </complexType>
```

值域集合参数化由特性 gml:rangeParameters 描述。

7) 如：gml:CategoryList，gml:QuantityList，见 16.4。

19.3.7 值域参数(rangeParameters)

gml:rangeParameters 特性声明如下:

〈element name="rangeParameters" type="gml:AssociationRoleType"/〉

gml:RangeParameterType 提供了一个描述值域参数的框架。这可以是用合适的记录模式(见 ISO/TS 19103)表示的局部描述,或者是到与一些标准匹配的外部值域描述的链接。特定的内部使用的值域参数可以通过创建基于值对象模式的 GML 应用模式进行定义,如 16.4 中的描述。

19.3.8 元组列表(tupleList)

gml:tupleList 特性声明如下:

〈element name="tupleList" type="gml:CoordinatesType"/〉

gml:CoordinatesType 在 9.1.4.5 中已描述。它由一个坐标元组的列表组成,每个坐标元组由 ts (tuple separator)或元组分隔符(空白符)分隔,元组内的坐标由 cs(coordinate separator)或坐标分隔符(逗号)分隔。

gml:tupleList 编码是有效的“分块-插入(band-interleaved)”。

例:下面是一个在 gml:DataBlock 中记录的一组温度和压力观测对的例子:

```
〈gml:DataBlock〉
    〈gml:rangeParameters〉
        〈gml:CompositeValue〉
            〈gml:valueComponents〉
                〈Temperature uom=" urn: x-si: v1999: uom: degreesC "〉template
                〈/Temperature〉
                〈Pressure uom="urn:x-si:v1999:uom:kPa"〉template〈/Pressure〉
            〈/gml:valueComponents〉
        〈/gml:CompositeValue〉
    〈/gml:rangeParameters〉
    〈gml:tupleList〉3,101.2 5,101.3 7,101.4 11,101.5 13,101.6 17,101.7 19,101.7 23,
    101.8 29,101.9 31,102.0 37,102.1 41,102.2 43,102.3 47,102.4 53,102.5 59,102.6
    〈/gml:tupleList〉
〈/gml:DataBlock〉
```

其中,Temperature 和 Pressure 是用 gml:MeasureOrNilReasonListType 在局部模式中定义的元素。

19.3.9 双精度或空值原因元组列表(doubleOrNilReasonTupleList)

gml:doubleOrNilReasonTupleList 特性声明如下:

〈element name="doubleOrNilReasonTupleList" type="gml:doubleOrNilReasonList"/〉

gml:doubleOrNilReasonList 在 8.2.4.1 中描述。它包含一个 doubleOrNilReason 值的列表,每个值由空格分开。gml:doubleOrNilReason 值被组成元组,列表中每个元组的维数等于值域参数的个数。

例:使用 gml:doubleOrNilReasonTupleList 记录一组温度和压力观测对例子如下,这个例子中的数据在 gml:DataBlock 示例中已经给出:

```
〈gml:DataBlock〉
    〈gml:rangeParameters〉
        〈gml:CompositeValue〉
            〈gml:valueComponents〉
                〈Temperature uom=" urn: x-si: v1999: uom: degreesC "〉template
                〈/Temperature〉
                〈Pressure uom="urn:x-si:v1999:uom:kPa"〉template〈/Pressure〉
```

```
            </gml:valueComponents>
        </gml:CompositeValue>
    </gml:rangeParameters>
    <gml:doubleOrNilReasonTupleList>3 101.2 5 101.3 7 101.4 11 101.5 13 101.6 17
    101.7 19 101.7 23 101.8 29 101.9 31 102.0 37 102.1 41 102.2 43 102.3 47 102.4 53
    102.5 59 102.6</gml:doubleOrNilReasonTupleList>
</gml:DataBlock>
```

19.3.10 文件,文件类型(File,FileType)

为了提高效率,GML 也提供了对任意外部编码中的值域集合进行编码的方法,如一个二进制文件的方法。这种编码是“众所周知的”,但不是必须的。该方式使用 gml:File 元素,声明如下:

```
<element name="File" type="gml:FileType" substitutionGroup="gml:AbstractObject"/>
<complexType name="FileType">
        <sequence>
    <element ref="gml:rangeParameters"/>
    <choice>
     <element name="fileName" type="anyURI"/>
     <element name="fileReference" type="anyURI"/>
    </choice>
    <element name="fileStructure" type="gml:CodeType"/>
    <element name="mimeType" type="anyURI" minOccurs="0"/>
    <element name="compression" type="anyURI" minOccurs="0"/>
  </sequence>
</complexType>
```

在这个覆盖编码的当前版本中,覆盖的值(在值域集合中的属性值)是在一个外部文件中传送的,该外部文件引用了由 gml:FileType 描述的 XML 结构。外部文件通过 anyURI(gml:fileName 特性已不赞成使用)类型 gml:fileReference 特性被引用。这意味着,外部文件可以远程地来自引用的 GML 实例。

例:这支持 http 的引用和 SOAP 附件。

gml:compression 特性通过 anyURI 指向一个压缩算法的定义。这可以是一个可获得的,可计算的定义或者简单地是一个确定的压缩方法的名称。

gml: mimeType 特性指向一个文件 mime 类型的定义。

gml:fileStructure 特性由代码表定义。例如,代码表中各个值可能是交叉存取的记录。还需要注意的是,所有值必须包含在一个文件中。GML 不支持值放在多个文件结构中。

值域集合的语义用上述的 gml:rangeParameters 特性描述。

图 7 描述了引用的文件结构。

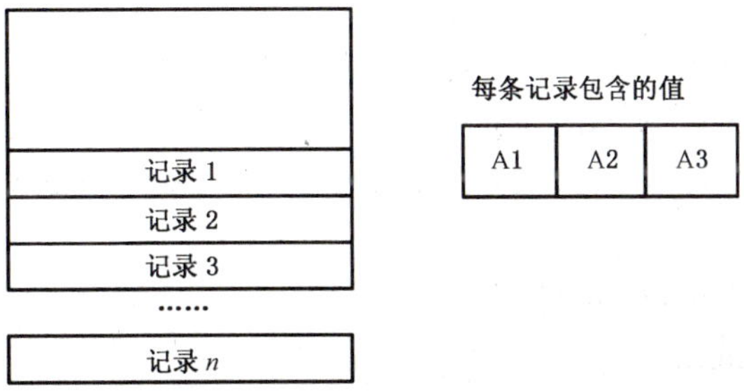

图 7 文件记录结构或覆盖文件

需要注意的是，如果应用了压缩算法，则上述的结构只适用于压缩前或压缩后的文件结构。

需要注意的是，一个记录中的字段与 gml:CompositeValue 的 gml:valueComponents 在文档顺序上是匹配的。

例：一个二进制文件编码如下：

```
〈gml:File〉
    〈gml:rangeParameters〉
        〈gml:CompositeValue〉
      〈gml:valueComponents〉
              〈Temperature uom="urn:x-si:v1999:uom:degreesC"〉template〈/Temperature〉
              〈Pressure uom="urn:x-si:v1999:uom:kPa"〉template〈/Pressure〉
          〈/gml:valueComponents〉
        〈/gml:CompositeValue〉
    〈/gml:rangeParameters〉
    〈gml:fileName〉http://www.somedata.org/temp_pressure.dat〈/gml:fileName〉
    〈gml:fileStructure〉Record Interleaved〈/gml:fileStructure〉
  〈/gml:File〉
```

19.3.11 覆盖函数，覆盖函数类型(coverageFunction，CoverageFunctionType)

该条描述 gml:coverageFunction 特性，也就是从覆盖的定义域到值域的映射“*f*”(见图 4)。覆盖函数的内容模型如下：

```
〈element name="coverageFunction" type="gml:CoverageFunctionType" substitutionGroup="gml:AbstractObject"/〉
〈complexType name="CoverageFunctionType"〉
〈choice〉
  〈element ref="gml:MappingRule"/〉
  〈element ref="gml:CoverageMappingRule"/〉
  〈element ref="gml:GridFunction"/〉
〈/choice〉
〈/complexType〉
```

需要注意的是，CoverageFunction 的值是 gml:MappingRule(已不赞成使用)、gml:CoverageMappingRule 和 gml:GridFunction 之一。

对于格网化的覆盖(包括纠正的格网化的覆盖)，如果省略 gml:coverageFunction，则 gml:startPoint 被假定是 gml:Grid 几何中 gml:low 特性值，gml:sequenceRule 被假定是线性的，gml:axisOrder 特性被假定为“+1 +2”。

例：下面简单的例子较好地说明了这些缺省值：

```
〈AverageTempPressure
xmlns="http://www.opengis.net/app" xmlns:gml="http://www.opengis.net/gml/3.2"
xmlns:xsi="http://www.w3.org/2001/XMLSchema-instance"
xsi:schemaLocation="http://www.opengis.net/app ./CoverageExamples.xsd"〉
    〈gml:domainSet〉
        〈gml:Grid dimension="2"〉
            〈gml:limits〉
                〈gml:GridEnvelope〉
```

```
                    〈gml:low〉0 0〈/gml:low〉
                    〈gml:high〉4 4〈/gml:high〉
                〈/gml:GridEnvelope〉
            〈/gml:limits〉
            〈gml:axisLabels〉x y〈/gml:axisLabels〉
        〈/gml:Grid〉
    〈/gml:domainSet〉
    〈gml:rangeSet〉
        〈gml:DataBlock〉
            〈gml:rangeParameters〉
                〈gml:CompositeValue〉
                    〈gml:valueComponents〉
                        〈Temperature uom="urn:x-si:v1999:uom:degreesC"〉template
                        〈/Temperature〉
                        〈Pressure uom="urn:x-si:v1999:uom:kPa"〉template〈/Pres-
                        sure〉
                    〈/gml:valueComponents〉
                〈/gml:CompositeValue〉
            〈/gml:rangeParameters〉
            〈gml:tupleList〉3,101.2 5,101.3 7,101.4 11,101.5 13,101.6 17,101.7 19,
            101.7 23,101.8 29,101.9 31,102.0 37,102.1 41,102.2 43,102.3 47,102.4 53,
            102.5 59,102.6〈/gml:tupleList〉
        〈/gml:DataBlock〉
    〈/gml:rangeSet〉
〈/AverageTempPressure〉
```

如果没有指定，则函数被假定是以"+1 +2"顺序，从位置(0,0)开始线性扫描。我们从 DataBlock 中可以看出列在表 7 中的映射关系。

表 7 数据块示例

格网位置	数据值
0 0	3,101.2
1 0	5,101.3
2 0	7,101.4
3 0	11,101.5
0 1	13,101.6
1 1	17,101.7
2 1	19,101.7
3 1	23,101.8
0 2	29,101.9
1 2	31,102.0
2 2	37,102.1

表 7（续）

格网位置	数据值
3 2	41,102.2
0 3	43,102.3
1 3	47,102.4
2 3	53,102.5
3 3	59,102.6

19.3.12 覆盖映射规则(CoverageMappingRule)

gml:CoverageMappingRule 提供了覆盖函数的形式化或非形式化的描述，如下：

```
<element name="CoverageMappingRule" type="gml:MappingRuleType"
substitutionGroup="gml:AbstractObject"/>
<complexType name="MappingRuleType" final="#all">
    <choice>
        <element name="ruleDefinition" type="string"/>
        <element name="ruleReference" type="gml:ReferenceType"/>
    </choice>
</complexType>
```

例：MathML 可以用于形式化的描述，非形式化描述可以用任何文本形式。

映射规则可以定义为内部字符串(gml:ruleDefinition)或通过 xlink:href(gml:ruleReference)远程引用。

如果没有指定规则名，则定义域中的成员按文档顺序缺省为“线性的”。

19.3.13 格网函数，格网函数类型(GridFunction,GridFunctionType)

gml:GridFunction 提供了格网几何的显式的映射规则，即定义域应该是一个格网类型的几何。它描述了格网桩(离散点格网覆盖)或格网单元(离散面覆盖)到值域集中值的映射。内容模型如下：

```
<element name="GridFunction" type="gml:GridFunctionType" substitutionGroup="gml:
AbstractObject"/>
  <complexType name="GridFunctionType">
   <sequence>
    <element name="sequenceRule" type="gml:SequenceRuleType" minOccurs="0"/>
    <element name="startPoint" type="gml:integerList" minOccurs="0"/>
   </sequence>
  </complexType>
```

gml:startPoint 是格网中点的索引位置，它被映射到值域集的第一个点(即第一个格网桩的索引位置)。如果省略了 gml:startPoint 特性，则 gml:startPoint 被认为是等于 gml:Grid 几何中 gml:low 的值。映射中接下来的点由 gml:sequenceRule 的值确定。

19.3.14 顺序规则，顺序规则类型，顺序规则枚举(sequenceRule,SequenceRuleType,SequenceRuleEnumeration)

sequenceRule 的内容模型描述如下：

```
<complexType name="SequenceRuleType">
    <simpleContent>
        <extension base="gml:SequenceRuleEnumeration">
            <attribute name="order" type="gml:IncrementOrder"/>
```

```
            〈attribute name="axisOrder" type="gml:AxisDirectionList"/〉
        〈/extension〉
    〈/simpleContent〉
〈/complexType〉
```

gml:SequenceRuleType 从 gml:SequenceRuleEnumeration 继承，增加了一个 axisOrder 属性。gml:SequenceRuleEnumeration 是一个枚举类型，定义如下：

```
〈simpleType name="SequenceRuleEnumeration"〉
  〈restriction base="string"〉
    〈enumeration value="Linear"/〉
    〈enumeration value="Boustrophedonic"/〉
    〈enumeration value="Cantor-diagonal"/〉
    〈enumeration value="Spiral"/〉
    〈enumeration value="Morton"/〉
    〈enumeration value="Hilbert"/〉
  〈/restriction〉
〈/simpleType〉
```

这些规则名在 ISO 19123 中定义。

如果没有指定规则名，则缺省是“Linear”。

axisOrder 属性内容模型如下：

```
〈simpleType name="AxisDirectionList"〉
    〈list itemType="gml:AxisDirection"/〉
〈/simpleType〉
〈simpleType name="AxisDirection"〉
    〈restriction base="string"〉
        〈pattern value="[\+\-][1-9][0-9]*"/〉
    〈/restriction〉
〈/simpleType〉
```

gml:AxisDirection 的值说明了格网轴的递增顺序。

例 1：“+3”表示格网中的点在第 3 个轴上的顺序依次由最低到最高。

gml:AxisDirectionList 中不同的值说明了所有格网轴的递增顺序。每个轴的递增顺序只能，且仅只能定义一次。

例 2：“+1-2 +3”表示第一个轴上的点由最低到最高，第二个轴上的点由最高到最低，第三个轴上的点由最低到最高，第一个轴最先递增，依次是第二个轴和第三个轴。

19.3.15 GML 中特定的覆盖类型

GML 支持所有的在 ISO 19123 中定义的离散覆盖类型。

支持的类型可替代 gml:AbstractCoverageType，包括：

——gml:MultiPointCoverage(CV_DiscretePointCoverage)；

——gml:MultiCurveCoverage(CV_DiscreteCurveCoverage)；

——gml:MultiSurfaceCoverage(CV_DiscreteSurfaceCoverage)；

——gml:MultiSolidCoverage(CV_DiscreteSolidCoverage)；

——gml:GridCoverage(CV_DiscreteGridPointCoverage)；

——gml:RectifiedGridCoverage(CV_DiscreteGridPointCoverage)。

注：具体的连续覆盖类型将在本标准以后的版本中给出。

用户也可使用 gml:AbstractDiscreteCoverageType, gml:AbstractContinuousCoverageType 或从中派生,或使用上面特定的具体的覆盖类型或从中派生构建自己的覆盖类型。

对于以后每一个不同的离散覆盖类型,定义域的几何类型指定了相同的值域集合编码规则。

19.3.16 多点覆盖(**MultiPointCoverage**)

在 gml:MultiPointCoverage 中,定义域集是一个 gml:MultiPoint,它是一个任意分布的几何点的集合。gml:domainSet 中的值应该是 gml:MultiPoint。

```
〈element name="MultiPointCoverage" type="gml:DiscreteCoverageType"
substitutionGroup="gml:AbstractDiscreteCoverage"/〉
```

在 gml:MultiPointCoverage 中,从定义域到值域的映射是直接的。

——对于 gml:DataBlock 编码,gml:MultiPoint 中的点按文档顺序映射到 DataBlock 的元组。

——对于 gml:CompositeValue 编码,gml:MultiPoint 中的点按文档顺序映射到组合值的成员。

——对于 gml:File 编码,gml:MultiPoint 中的点按顺序映射到文件中的记录。

例:使用值编码的 gml:MultiPointCoverage 的实例:

```
〈AverageTempPressure
    xmlns="http://www.opengis.net/app"
    xmlns:gml="http://www.opengis.net/gml/3.2"
    xmlns:xsi="http://www.w3.org/2001/XMLSchema-instance"
    xsi:schemaLocation="http://www.opengis.net/app CoverageExamples.xsd"〉
    〈gml:boundedBy〉
        〈gml:Envelope srsName="urn:x-ogc:def:crs:EPSG:6.6:4326"〉
            〈gml:lowerCorner〉1 1〈/gml:lowerCorner〉
            〈gml:upperCorner〉4 4〈/gml:upperCorner〉
        〈/gml:Envelope〉
    〈/gml:boundedBy〉
    〈gml:domainSet〉
        〈gml:MultiPoint srsName="urn:x-ogc:def:crs:EPSG:6.6:4326"〉
            〈gml:pointMember〉
                〈gml:Point〉
                    〈gml:pos〉1 1〈/gml:pos〉
                〈/gml:Point〉
            〈/gml:pointMember〉
            〈gml:pointMember〉
                〈gml:Point〉
                    〈gml:pos〉2 2〈/gml:pos〉
                〈/gml:Point〉
            〈/gml:pointMember〉
            〈gml:pointMember〉
                〈gml:Point〉
                    〈gml:pos〉3 3〈/gml:pos〉
                〈/gml:Point〉
            〈/gml:pointMember〉
            〈gml:pointMember〉
                〈gml:Point〉
```

```
                    〈gml:pos〉4 4〈/gml:pos〉
                〈/gml:Point〉
            〈/gml:pointMember〉
        〈/gml:MultiPoint〉
    〈/gml:domainSet〉
    〈gml:rangeSet〉
        〈gml:ValueArray〉
            〈gml:valueComponents〉
                〈Temperature uom="urn:x-si:v1999:uom:degreesC"〉3〈/Temperature〉
                〈Temperature uom="urn:x-si:v1999:uom:degreesC"〉5〈/Temperature〉
                〈Temperature uom="urn:x-si:v1999:uom:degreesC"〉7〈/Temperature〉
                〈Temperature uom="urn:x-si:v1999:uom:degreesC"〉11〈/Temperature〉
            〈/gml:valueComponents〉
        〈/gml:ValueArray〉
    〈/gml:rangeSet〉
〈/AverageTempPressure〉
```

19.3.17 多曲线覆盖(MultiCurveCoverage)

在 gml:MultiCurveCoverage 中,定义域是构成 gml: MultiCurve 的曲线元素的集合。覆盖函数映射集合中的每个元素到值域集合中的值。

```
〈element name="MultiCurveCoverage" type="gml:DiscreteCoverageType "
substitutionGroup="gml:AbstractDiscreteCoverage"/〉
```

gml:domainSet 中的值应该是 gml:MultiCurve。

在 gml:MultiCurveCoverage 中,从定义域到值域的映射是直接的。

——对于 gml:DataBlock 编码,gml:MultiCurve 中的曲线按文档顺序映射到 DataBlock 的元组。

——对于 gml:CompositeValue 编码,gml:MultiCurve 中的曲线按文档顺序映射到组合值的成员。

——对于 gml:File 编码,gml:MultiCurve 中的曲线按顺序映射到文件中的记录。

例:使用数据块编码的 gml:MultiCurveCoverage:

```
〈AverageTempPressure
    xmlns="http://www. opengis. net/app"
    xmlns:gml="http://www. opengis. net/gml/3. 2"
    xmlns:xsi="http://www. w3. org/2001/XMLSchema-instance"
    xsi:schemaLocation="http://www. opengis. net/app CoverageExamples. xsd"〉
    〈gml:boundedBy〉
        〈gml:Envelope srsName="urn:x-ogc:def:crs:EPSG:6. 6:4326"〉
            〈gml:lowerCorner〉1. 1 1. 1〈/gml:lowerCorner〉
            〈gml:upperCorner〉5. 5 5. 5〈/gml:upperCorner〉
        〈/gml:Envelope〉
    〈/gml:boundedBy〉
    〈gml:domainSet〉
        〈gml:MultiCurve srsName="urn:x-ogc:def:crs:EPSG:6. 6:4326"〉
            〈gml:curveMember〉
                〈gml:LineString〉
                    〈gml:posList dimension="2"〉1. 1 1. 1 2. 2 2. 2〈/gml:posList〉
```

```
                〈/gml:LineString〉
            〈/gml:curveMember〉
            〈gml:curveMember〉
                〈gml:LineString〉
                    〈gml:posList dimension="2"〉2.2 2.2 3.3 3.3〈/gml:posList〉
                〈/gml:LineString〉
            〈/gml:curveMember〉
            〈gml:curveMember〉
                〈gml:LineString〉
                    〈gml:posList dimension="2"〉3.3 3.3 4.4 4.4〈/gml:posList〉
                〈/gml:LineString〉
            〈/gml:curveMember〉
            〈gml:curveMember〉
                〈gml:LineString〉
                    〈gml:posList dimension="2"〉4.4 4.4 5.5 5.5〈/gml:posList〉
                〈/gml:LineString〉
            〈/gml:curveMember〉
        〈/gml:MultiCurve〉
    〈/gml:domainSet〉
    〈gml:rangeSet〉
        〈gml:DataBlock〉
            〈gml:rangeParameters〉
                〈gml:CompositeValue〉
                    〈gml:valueComponents〉
                        〈Temperature uom="urn:x-si:v1999:uom:degreesC"〉template
                        〈/Temperature〉
                        〈Pressure uom="urn:x-si:v1999:uom:kPa"〉template〈/Pres-
                        sure〉
                    〈/gml:valueComponents〉
                〈/gml:CompositeValue〉
            〈/gml:rangeParameters〉
            〈gml:doubleOrNilReasonTupleList〉3 101.2 5 101.3 7 101.4 11 101.5〈/gml:
            doubleOrNilReasonTupleList〉
        〈/gml:DataBlock〉
    〈/gml:rangeSet〉
〈/AverageTempPressure〉
```

19.3.18 多曲面覆盖(**MultiSurfaceCoverage**)

在 gml:MultiSurfaceCoverage 中,定义域是构成 gml:MultiSurface 的曲面元素的集合。覆盖函数映射集合中的每个元素到值域集合中的值。

```
〈element name="MultiSurfaceCoverage" type="gml:DiscreteCoverageType"
substitutionGroup="gml:AbstractDiscreteCoverage"/〉
```

gml:domainSet 中的值应该是 gml:MultiSurface。

在 gml:MultiSurfaceCoverage 中,从定义域到值域的映射是直接的。

——对于 gml:DataBlock 编码,gml:MultiSurface 中的曲面按文档顺序映射到 DataBlock 的元组。

——对于 gml:CompositeValue 编码,gml:MultiSurface 中的曲面按文档顺序映射到组合值的成员。

——对于 gml:File 编码,gml:MultiSurface 中的曲面按顺序映射到文件中的记录。

例:使用文件编码的 gml:MultiSurfaceCoverage:

```
〈SoilData xmlns="http://www.opengis.net/app" xmlns:gml="http://www.opengis.net/gml/3.2"
xmlns:xsi="http://www.w3.org/2001/XMLSchema-instance" xsi:schemaLocation="http://www.opengis.net/app./CoverageExamples.xsd"〉
    〈gml:boundedBy〉
        〈gml:Envelope srsName="urn:x-ogc:def:crs:EPSG:6.6:4329"〉
            〈gml:lowerCorner〉1 1 1〈/gml:lowerCorner〉
            〈gml:upperCorner〉10 10 2〈/gml:upperCorner〉
        〈/gml:Envelope〉
    〈/gml:boundedBy〉
    〈gml:domainSet〉
        〈gml:MultiSurface srsName="urn:x-ogc:def:crs:EPSG:6.6:4329"〉
            〈gml:surfaceMember〉
                〈gml:Polygon gml:id="p1"〉
                    〈gml:exterior〉
                        〈gml:LinearRing〉
                            〈gml:posList dimension="3"〉1 1 1 1 5 1 5 5 1 5 1 1 1 1 1
                            〈/gml:posList〉
                        〈/gml:LinearRing〉
                    〈/gml:exterior〉
                〈/gml:Polygon〉
            〈/gml:surfaceMember〉
            〈gml:surfaceMember〉
                〈gml:Polygon gml:id="p6"〉
                    〈gml:exterior〉
                        〈gml:LinearRing〉
                            〈gml:posList dimension="3"〉10 1 2 5 1 1 5 5 1 10 5 2 10 1
                            2〈/gml:posList〉
                        〈/gml:LinearRing〉
                    〈/gml:exterior〉
                〈/gml:Polygon〉
            〈/gml:surfaceMember〉
            〈gml:surfaceMember〉
                〈gml:Polygon gml:id="p11"〉
                    〈gml:exterior〉
                        〈gml:LinearRing〉
                            〈gml:posList dimension="3"〉5 5 1 1 5 1 1 10 1 5 10 1 5 5 1
                            〈/gml:posList〉
```

```
                        </gml:LinearRing>
                    </gml:exterior>
                </gml:Polygon>
            </gml:surfaceMember>
            <gml:surfaceMember>
                <gml:Polygon gml:id="p16">
                    <gml:exterior>
                        <gml:LinearRing>
                            <gml:posList dimension="3">10 5 2 5 5 1 5 10 1 10 10 2 10
                            5 2</gml:posList>
                        </gml:LinearRing>
                    </gml:exterior>
                </gml:Polygon>
            </gml:surfaceMember>
        </gml:MultiSurface>
    </gml:domainSet>
    <gml:rangeSet>
        <gml:File>
            <gml:rangeParameters>
                <gml:CompositeValue>
                    <gml:valueComponent>
                        <SoilType
                        codeSpace="http://my.big.org/classifications/soils">template
                        </SoilType>
                    </gml:valueComponent>
                    <gml:valueComponent>
                        <SoilMoisture uom="http://my.big.org/units/percent">tem-
                        plate</SoilMoisture>
                    </gml:valueComponent>
                </gml:CompositeValue>
            </gml:rangeParameters>
            <gml:fileReference>soil.dat</gml:fileReference>
            <gml:fileStructure>Record Interleaved</gml:fileStructure>
        </gml:File>
    </gml:rangeSet>
```

19.3.19 多体覆盖(MultiSolidCoverage)

在 gml:MultiSolidCoverage 中,定义域是构成 gml:MultiSolid 的体元素的集合。覆盖函数映射集合中的每个元素到值域集合中的值。

```
<element name="MultiSolidCoverage" type="gml:DiscreteCoverageType"
substitutionGroup="gml:AbstractDiscreteCoverage"/>
```

gml:domainSet 中的值应该是 gml:MultiSolid。

在 gml:MultiSolidCoverage 中,从定义域到值域的映射是直接的。

——对于 gml:DataBlock 编码,gml:MultiSolid 中的体按文档顺序映射到 DataBlock 的元组。

——对于 gml:CompositeValue 编码,gml:MultiSolid 中的体按文档顺序映射到组合值的成员。

——对于 gml:File 编码,gml:MultiSolid 中的体按顺序映射到文件中的记录。

19.3.20 格网覆盖(GridCoverage)

gml:GridCoverage 是一个离散点覆盖,它的定义域是一个点的几何格网,如图 8 所示。

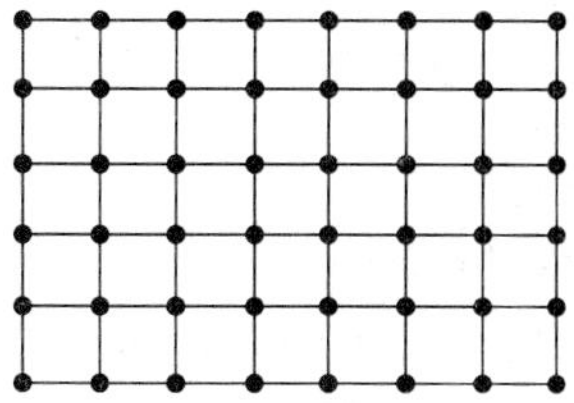

图 8 格网覆盖定义域是一个点的格网

```
〈element name="GridCoverage" type="gml:DiscreteCoverageType"
substitutionGroup="gml:AbstractDiscreteCoverage"/〉
```

需要注意的是,除了 gml:domainSet 的值应该是 gml:Grid 外,gml:GridCoverage 与 gml:MultiPointCoverage 是一致的。

gml:Grid 定义在 19.2.2 中已讨论的 grids.xsd。需要注意的是,简单的格网覆盖没有几何参考,因此没有几何位置指定到格网上的点。这样的几何定位在 19.3.21 讨论的 gml:RectifiedGridCoverage 中介绍。

注:当格网点用于来表示采样空间时,格网点表示采样空间的中心,见 19.2.2。

例:值使用文件编码的 gml:GridCoverage:

```
〈AverageTempPressure〉
    〈gml:domainSet〉
        〈gml:Grid dimension="2"〉
            〈gml:limits〉
                〈gml:GridEnvelope〉
                    〈gml:low〉0 0〈/gml:low〉
                    〈gml:high〉4 4〈/gml:high〉
                〈/gml:GridEnvelope〉
            〈/gml:limits〉
            〈gml:axisLabels〉x y〈/gml:axisLabels〉
        〈/gml:Grid〉
    〈/gml:domainSet〉
    〈gml:rangeSet〉
        〈gml:File〉
            〈gml:rangeParameters〉
                〈gml:CompositeValue〉
                    〈gml:valueComponents〉
                        〈Temperature uom="urn:x-si:v1999:uom:degreesC"〉template
                        〈/Temperature〉
                        〈Pressure uom="urn:x-si:v1999:uom:kPa"〉template〈/Pres-
                        sure〉
                    〈/gml:valueComponents〉
                〈/gml:CompositeValue〉
            〈/gml:rangeParameters〉
```

```
            〈gml:fileReference〉http://www.somedata.org/temp_pressure.dat〈/gml:fileReference〉
            〈gml:fileStructure〉Record Interleaved〈/gml:fileStructure〉
        〈/gml:File〉
    〈/gml:rangeSet〉
〈/AverageTempPressure〉
```

19.3.21 纠正的格网覆盖(RectifiedGridCoverage)

gml:RectifiedGridCoverage 是一个基于纠正的格网的离散点覆盖。除了覆盖的点是有几何参考外,纠正的格网覆盖类似于 19.3.20 描述的格网覆盖。纠正的格网覆盖的定义域是一个在 19.2.3 中定义的 gml:RectifiedGrid 几何。

```
〈element name="RectifiedGridCoverage" type="gml:DiscreteCoverageType"
substitutionGroup="gml:AbstractDiscreteCoverage"/〉
```

gml:domainSet 中的值应该是 gml:RectifiedGrid。

gml:RectifiedGrid 在 19.2.3 中定义。

例:使用 DataBlock 的 gml:RectifiedGridCoverage:

```
〈AveragePressure xmlns="http://www.opengis.net/app" xmlns:gml="http://www.opengis.net/gml/3.2" xmlns:xsi="http://www.w3.org/2001/XMLSchema-instance" xsi:schemaLocation="http://www.opengis.net/app./CoverageExamples.xsd"〉
    〈gml:boundedBy〉
        〈gml:Envelope srsName="urn:x-ogc:def:crs:EPSG:6.6:4329"〉
            〈gml:lowerCorner〉1.2 3.3 2.1〈/gml:lowerCorner〉
            〈gml:upperCorner〉13.6 12.1 15.3〈/gml:upperCorner〉
        〈/gml:Envelope〉
    〈/gml:boundedBy〉
    〈gml:domainSet〉
        〈gml:RectifiedGrid dimension="2"〉
            〈gml:limits〉
                〈gml:GridEnvelope〉
                    〈gml:low〉1 1〈/gml:low〉
                    〈gml:high〉4 4〈/gml:high〉
                〈/gml:GridEnvelope〉
            〈/gml:limits〉
            〈gml:axisLabels〉u v〈/gml:axisLabels〉
            〈gml:origin〉
                〈gml:Point gml:id="palindrome" srsName="urn:x-ogc:def:crs:EPSG:6.6:4329"〉
                    〈gml:pos〉1.2 3.3 2.1〈/gml:pos〉
                〈/gml:Point〉
            〈/gml:origin〉
            〈gml:offsetVector srsName="urn:x-ogc:def:crs:EPSG:6.6:4329"〉1.1 2.2 3.3
            〈/gml:offsetVector〉
            〈gml:offsetVector srsName="urn:x-ogc:def:crs:EPSG:6.6:4329"〉2.0 1.0 0.0
            〈/gml:offsetVector〉
```

```
        〈/gml:RectifiedGrid〉
    〈/gml:domainSet〉
    〈gml:rangeSet〉
        〈gml:DataBlock〉
            〈gml:rangeParameters〉
                〈Pressure uom="urn:x-si:v1999:uom:kPa"〉template〈/Pressure〉
            〈/gml:rangeParameters〉
            〈gml:doubleOrNilReasonTupleList〉101.2 101.3 101.4 101.5 101.6 101.7 101.7
            101.8 101.9 102.0 102.1 102.2 102.3 102.4 102.5 102.6〈/gml:doubleOrNilReason-
            TupleList〉
        〈/gml:DataBlock〉
    〈/gml:rangeSet〉
〈/AveragePressure〉
```

20 专用标准

20.1 GML 专用标准和应用模式

GML 是一个具有丰富表达能力的复杂标准。一般说来，具体应用时可以不使用整个 GML 模式，只需相应地使用与特定需求相关的子集。

我们采用专用标准的如下定义(ISO/IEC TR 10000-1:1998 和 ISO 19106:2004)：

专用标准：为实现特定功能所必需的一个或多个基本标准和/或[专用标准]，以及必要时，从这些基本标准或[专用标准]中所选的类[(类型、属性和元素)]、一致性的子集、可选项和参数的标识的集合。

这是为 OSI 结构体系模型定义的，因此为了将该定义应用于 XML 模式，我们需要将“类”转换成“类型、属性和元素”。可有几种方法实现这种转换，GML 专用标准使用“拷贝和删除”方法。为创建一个专用标准，开发者可从 GML 中拷贝所需应用模式，简单地删除应用模式不需要的全局类型、元素和局部可选内容。

20.2 专用标准的定义

GML 专用标准可通过只使用 GML 的特定子集定义，以提高互操作性，并减少歧义。应用模式可以与这样的专用标准保持一致，以充分利用它提供的与完整的 GML 相同的在互操作性或性能上的优势。可以为包括在其他规范中的应用模式定义这样的专用标准。

有些情况下，减少功能是可接受的，有些情况下操作请求可能强制使用 GML 的一个逻辑子集。例如，不需要处理任何形式的 XLink 属性的应用可制定一个将这些属性排除在外的专用标准；在这种情况下的约束应该是不使用链接。其他情况可能包括允许在内部标记的嵌套级别(即树的深度)上的定义限制，或者仅允许具有同类属性的元素作为一个元素集的成员。在多数情况下，这样的限制可通过新模式体现，其他限制可通过信息通信过程协议体现。

20.3 与应用模式的关系

专用标准可作为应用模式的开始。

例：基于位置的服务专用标准可限制几何类型为在 LBS 应用模式中使用的几何类型，该 LBS 应用模式可加上“PointCircle”、“PointEllipse”和“PointArc”元素，以用于描述移动设备位置误差估计。这些元素与 LIF 的“CIRCLE”、“ELLIPSE”和“ARC”元素对应。

因此，建立这样的应用模式包括两个步骤。专用标准用作 GML 的一种限制，以定义与完整的 GML 一致的，但某些可选内容可能不存在的类型和元素；然后，应用模式将这些类型和元素作为公共基础，通过扩展或包含将它们用在新的类型和元素中。

GML —选择和限制→ GML 专用标准 —扩展和包含→ 应用模式

20.4 专用标准中类型和元素的规则

在 GML 专用标准中，全局专用标准元素必须符合如下规则：

——具有与 GML 中的父元素相同的名称(和命名空间)。

——包含 GML 中父元素的所有必选部分(子元素和属性)。

——不包含 GML 中父元素以外的部分。

——具有与 GML 中父元素相同的属性缺省值。

——在两种模式中命名的元素具有同样的置换组层次。

在 GML 专用标准中，全局类型必须符合如下规则：

——具有与 GML 中的父类型相同的名称(和命名空间)。

——包含 GML 中父类型的所有必选部分(子元素和属性)。

——不包含 GML 中父类型以外的部分。

——具有与 GML 中父类型相同的属性缺省值。

——在两种模式中指定的类型具有同样的派生树。

专用标准的实例文档对于完整的 GML 模式必须是有效的。

采用上述"复制和删除"的方法，开发者可以：

——删除全局元素和全局类型。

——从任何类型或元素中删除可选的子元素。

——把任何类型或元素中的可选子元素或属性设置成必选(如果缺省值存在，它必须被删除，否则模式的合法性会提示有这样的错误：缺省值仅对可选部分有效)。

——限制任何部分的个数。

以上的任何一条均不会影响依据该专用标准编写的，根据完整的 GML 进行测试的文档的有效性。开发者不能：

——从任何类型或元素中删除必选的子元素。

——把必选的部分设置为可选。

——放宽对任何部分的基数限制。

——增加或改变一个缺省值或固定值。

其中最后一条比其他几条略难理解。对专用标准有效的文档应该在完整的 GML 模式中仍然有效，但其解释将会改变。例如，如果一个专用标准设定 UTM 为缺省的坐标参照系，而完整模式设定地心坐标系 WGS84(经度、纬度)为缺省的坐标参照系，此时，当把一个文件从专用标准转换到完整模式时其解释将改变。

20.5 从应用模式中引用 GML 专用标准的规则

GML 应用模式应该在〈import〉元素的 schemaLocation 属性中引用完整的 GML 模式。

与一个或多个 GML 专用标准一致的 GML 应用模式应该为每个专用标准提供应用程序注释元素〈gml:gmlProfileSchema〉，该元素定义在根模式文档〈schema〉元素中，其值是专用标准模式的模式位置。需要注意的是，应用模式可以与多个专用标准一致。

例：

```
〈schema ...〉
    〈annotation〉
        〈appInfo〉
            〈gml:gmlProfileSchema〉http://schemas.opengis.net/gml/3.2.1/profiles/
            gmlSimpleFeatureProfile/1.1.0/gmlsf.xsd〈/gml:gmlProfileSchema〉
            〈gml:gmlProfileSchema〉http://schemas.opengis.net/gml/3.2.1/profiles/
            gmlPointProfile/1.1.0/gmlPoint
```

```
            Profile.xsd</gml:gmlProfileSchema>
        </appInfo>
    </annotation>
    ...
</schema>
```

元素定义为：

```
<element name="gmlProfileSchema" type="anyURI"/>
```

20.6 在应用模式中使用 GML 专用标准的建议

为了使应用模式的专用标准能够在以后进行扩展以包括其他专用标准的 GML 元素，建议如下：

——不在 GML 专用标准中，但在使用 GML 专用标准的应用模式中的全局元素不应具有与 GML 模式中任何元素相同的名称；

——不在 GML 专用标准中，但在使用 GML 专用标准的应用模式中的全局类型不应具有与 GML 模式中任何类型相同的名称。

如果发现一个应用模式的某个类型或元素是被普遍使用的，则上述约定有助于应用模式将这一类型或元素从其自己的命名空间移至 GML 的命名空间。

下列建议可以方便理解专用标准在应用模式中的作用：

——专用标准的元素和类型应该包含在一个与 GML 的文件结构同样的文件结构内。这个文件结构的确切命名约定留给应用模式的作者。

——一个对适当的 GML 模式文件的引用应该放在文件开头部位的注释中。

注：有一个好的方法便于将需要的 GML 组件打包到一个"存根(stub)"模式文档，称为"gmlForApplicationDomain.xsd"。该文档可以由必须的组件拷贝以细密纹理(fine-grained)的方式(见附录 G)组成，或者可以只包括组成标准的 GML 模式文档的子集。根据后一种方法，模式文档 gml.xsd 是包含所有模式的超集。

20.7 GML 专用标准规则总结

总之，专用标准的规则如下：

——GML 的专用标准是 GML 子集的逻辑限制。

——专用标准不应该改变必选的 GML 元素或属性的名称、定义或数据类型。

——定义专用标准的一个或若干个模式必须采用核心"gml"命名空间 http://www.opengis.net/gml/3.2。

——应用模式可以扩展，并使用专用标准的类型，但必须在他自己的命名空间中进行，不能使用 http://www.opengis.net/gml/3.2。

这些规则的功能测试是：

对于使用 GML 专用标准的应用模式，如果 GML 专用标准被完整的 GML 模式取代，那么任何的实例文档对于相同的应用模式都将是有效的。而且，不管使用这两个模式中的哪一个，这个文档的解释应该是相同的。

21 应用模式规则

21.1 GML 对象的实例

21.1.1 GML 文档

一个 XML 文档有唯一的 XML 根元素。GML 文档可以有以下几种元素之一：

——gml:AbstractFeature 或任何直接或间接地属于它的置换组中的元素。

注 1：包括要素集合和覆盖，它们也是要素。

——gml:Dictionary 或任何直接或间接地属于它的置换组中的元素。

注 2：包括坐标参照系和单位字典。

——gml:TopoComplex 或任何直接或间接地属于它的置换组中的元素。

对基于 W3C XML 模式的 XML 文档,标准方法是将在文档中使用的 XML 命名空间声明为该文档的属性,并可以为每个命名空间指定提供组件来源的模式文档的位置。

对于 GML 文档,文档中基本组件的组件来源由 GML 应用模式描述。本章阐述文档类型和相关的应用模式。

需要注意的是,这并不说明所有的元素和属性都必须定义在同一个 GML 应用模式中。引用自 GML 文档中的模式组件可以被包含在多个 GML 应用模式或其他 XML 模式中。

21.1.2 其他 XML 文档中的 GML 对象元素

GML 对象元素也可以出现在非 GML 文档的 XML 文档中。XML 文档应该通过 XML 模式文档的验证,该 XML 模式文档直接或间接地导入 GML 模式,或 GML 专用标准及可选的一个或多个 GML 应用模式。

例:GML 对象元素可以用于网格服务(Web Serveices)的请求和响应消息。

21.2 GML 应用模式

21.2.1 引言

一个 GML 的应用模式是一个符合本章所列规则的 XML 模式,它描述用于定义地理对象的一个或多个类型、地理对象组件或元数据,包括字典和定义。一个 GML 应用模式通过定义和描述词汇术语(见 ISO 19109)为特定论域定义词汇,说明如下:

一个应用模式可以直接引用具体的、全局的 GML 元素(包括组)和属性(包括属性组),它们的名称和内容模型准确地表达了它定义的词汇组件。

例 1:这包括类似 gml:name 或 gml:description 这样的特性元素,类似 gml:Observation,gml:Dictionary,或 gml:Point 这样的对象元素,以及类似 gml:id 这样的属性。

当一个应用模式定义的词汇需要为相同的内容模型包含不同的名称来区别它们的语义角色时,应用模式可以在它自己的命名空间中用 GML 类型声明新的元素和属性。在应用模式中声明的元素将在不同的命名空间中,并可以在一个实例文档中使用。

例 2:gml:EnvelopeType 可以不作改变直接用于元素 xml:Interval 的内容模型。

例 3:gml:LengthType 可以不作改变直接用于元素 ex:height 的内容模型。

例 4:gml:PointPropertyType 可以直接地用于特性元素 ex:representativePoint 的内容模型。

当一个应用模式定义的词汇需要包括另外的、特定定义域的特性组件时,可以在它自己的命名空间中通过扩展 GML 类型派生新的类型。

注:特定应用中的要素类型定义要求要素类型的内容模型从 gml:AbstractFeatureType 派生,通常通过扩展派生。

例 5:在 GML 模式中没有定义的新几何类型,但在应用中需要定义,如椭圆。

如果应用模式定义的词汇需要包括特定版本的 GML 类型时,可以在它自己的命名空间中通过限制 GML 类型派生新的类型。这些限制包括限制它们的特性个数或类型。

例 6:一个应用可能需要禁止在要素类型中使用多个名称。这可以通过限制 gml:AbstractFeatureType 中 gml:name 出现的最大次数为"1",在派生的特定于应用的根要素类型中实现。

一个应用模式可以声明新元素作为置换组的成员,它的头为抽象的或具体的 GML 元素。在应用模式中声明的元素可出现在实例文档中置换组头出现的地方,并与指定的置换组头的内容模型一致。需要注意的是,为了是一个有效的置换组的成员,元素的类型应该有效地从置换组头类型继承。GML 模式中所有的抽象元素只用于作为置换组的头。

例 7:gml:AbstractGML,gml:AbstractFeature,gml:AbstractGeometry,gml :AbstractCoverage 都可以作为应用模式中元素的置换组的头。

一个应用模式可以在它自己的命名空间中用已定义的类型声明新的元素、属性和类型,将特定词汇的名称用在它们的内容模型中。

例 8:特定于应用的数据类型或枚举。

所有的 GML 应用模式都是根据这一章及其子条款中的一般规则,使用 6.5～第 19 章定义的一个或多个 GML 模式组件构建的。

GML 允许派生许多其他类型的元素,如新的度量单位、新几何特性和新几何。这些元素可以打包成独立的模式,即可认为它们从属于本章所述的模式类。任何 GML 应用模式至少应该是在 21.3～21.11 中所列的一个模式类型,或者是一个符合相应模式章条中的规则的模式文档。因此,只要符合 21.2、21.3、21.8 和 21.9 中的规则,即可创建一个定义要素、覆盖和数值的 GML 应用模式。

21.2.2 目标命名空间

应用模式应该声明一个目标命名空间。应用模式在该命名空间中可以灵活地为对象和特性术语定义词汇。它不可以是 GML 命名空间(http://www.opengis.net/gml/3.2)。命名空间标识按习惯是一个由应用模式设计者组织控制的 URL。在应用模式中,目标命名空间用 XML 模式的模式元素属性 targetNamespace 声明。

一个应用模式可以由多个具有相同目标命名空间的模式文档组成。

注:在一个模块化的应用模式中,推荐最顶层的模式文档应该直接或间接地包含其他的模式文档,以避免在附录 J 中讨论的 XML 应用处理上的限制。

21.2.3 导入 GML 模式

GML 应用模式应该导入完整的 GML 模式。它可以标识包含所有 GML 组件的 GML 专用标准,它直接或间接地用来定义在 20.5 中规定的词汇。

GML 模式组件的导入可以通过导入 GML 命名空间中的包含所需要的 GML 模式文档的其他模式间接地实现。

例 1:附录 C 中 gml.xsd 的导入可以满足导入任何这些模式的要求。

〈import namespace="http://www.opengis.net/gml/3.2" schemaLocation="../gml.xsd"/〉

〈import〉元素规定:在导入的 GML 模式文档中描述的组件属于 GML 命名空间 http://www.opengis.net/gml/3.2。为确保导入 XML 模式的有效性,这个命名空间标识应该与导入的模式中指定的目标命名空间一致。

应该提供导入的 GML 模式文档的路径(schemaLocation),可以是该文档的一个本地拷贝,或者是一个指向远程资料库中的模式文档的拷贝的 URI。

例 2:这些资料库如 ISO 网站 http://www.iso.org/ittf/ISO 19136 Schemas 或 OGC 网站 http://schemas.opengis.net/。

注:根据 W3C XML 模式规范,模式地址(schemaLocation)仅仅暗示其物理位置,XML 解析器可以不处理它。

21.2.4 对象类型派生

GML 应用模式声明的对象类型不能违背任何 XML 模式的派生限制,它要求在基本的 GML 类型上有 final 属性,或满足任何其他的 XML 模式规则。

GML 应用模式定义的对象类型的内容模型应该直接从大多数特定的 GML 对象类型派生,GML 对象类型是派生对象类型的内容模型的基础,这样可以保证语义上的一致性和提高类型规范性。

21.2.5 表示对象的元素

GML 应用模式应该为所有对象类型声明一个全局元素,作为 GML 文档中的根元素。

21.2.6 特性类型派生

GML 应用模式定义的用来内联或引用单个 GML 对象的特性类型可以从 gml:AssociationRoleType 派生,或遵从该类型的模板。

GML 应用模式定义的用来内联单个 GML 对象的特性类型可以从 gml:InlinePropertyType 派生,或遵从该类型的模板。

GML 应用模式定义的用来引用单个 GML 对象的特性类型可以从 gml:ReferenceType 派生,或遵从该类型的模板。

应用模式定义的用来包含同类的 GML 对象集合的特性类型可以遵从 gml:InlinePropertyType 的模板,但可以改变〈sequence〉元素中 minOccurs 和 maxOccurs 的值。

注:在过去,特性类型的限制派生对于常用的 XML 解析器是有问题的,GML 模式中已经移去了所有这样的派生实例。也建议在应用模式中避免特性类型的限制派生。

21.2.7 表示特性的元素

在应用模式中,表示 GML 对象特性的元素可以声明为全局元素,也可以在对象内容模型(类型定义)中声明为局部元素。

注:在应用模式中,用局部名称定义的复杂类型内容中的元素将通过另一个命名空间中的限制阻止派生。这些复杂类型适合于那些准备在其命名空间用作"原样"("as is")的元素,并可以声明为 final="restriction"。通过引用全局元素定义的复杂类型的内容中的元素可通过另一个命名空间中的限制支持派生。这些限制包括个数限制和/或用置换组的一个成员替代。这些用于限制派生的复杂类型对于那些跨命名空间的置换组中的元素是合适的"库类型"("library types")。

如果希望特性值在其他地方也可用,该特性元素的类型应该支持引用作为其特性值的 GML 对象(见 21.2.6)。

如果希望特性值用内联(inline)的方式表示,则该特性元素的类型应该支持内联方式,要么具有 XML 模式中的相应的简单类型的简单内容,要么内联作为其特性值的 GML 对象(见 21.2.6)。

如果希望特性值或可在其他地方使用,或用内联方式示,那么该特性元素的类型应该支持这两种方法。在这种情况下,该特性元素的类型应有 gml:AssociationAttributeGroup,其中所有的成员是可选的,且子元素应有 minOccurs="0",以便在实例文档中当该特性元素带有 xlink 属性时可以是空元素(见 7.2.3)。

如果想要防止出现 xlink 属性和内容都存在或二者都不存在的可能性,那么应该在 GML 应用模式元素声明上的〈annotation〉元素中记录一个规范的约束指示。该指示可以是文字描述,或者是使用诸如 Schematron 语言表示的形式化注释。

21.3 定义要素和要素集合的模式

21.3.1 引言

要素和要素集合是 GML 支持的地理空间信息的主要视角,特别地有助于建模现实地理世界,或为地理网络服务定义消息类型。要素用于建模现实世界中的对象或概念,参见第 9 章。

要素应用模式为某一特定的应用领域或用户群定义地理要素和要素集合,这些应用模式必须遵守下面描述的规则。

21.3.2 导入 GML 模式组件

应用模式应该导入 GML 模式,如 21.2.3 中描述的那样。应用模式引用的任何 GML 专用标准应该至少包含 gml:AbstractFeature 元素和该元素使用的所有模式组件。

21.3.3 表示要素的元素

应用模式中的所有地理要素和要素集合应该在该模式中声明为全局元素,即它们应该是 XML 模式〈schema〉元素的直接子元素。

实例化 GML 要素的元素名称应该是它的要素类型,如 ISO 19109 描述的那样。

表示要素的元素可以直接或间接地属于 gml:AbstractFeature 置换组。

表示要素集合的元素可以直接或间接地属于 gml:AbstractFeature 置换组,并在其内容模型中有一个特性元素,它的内容模型从 gml:AbstractFeatureMemberType 扩展派生。

在 GML 应用模式中,对象是现实世界现象的抽象,应该建模为一个要素。所有其他的对象应该建模为 GML 对象,而不是一个要素,即表示对象的元素应该直接或间接地属于 gml:AbstractGML 置换组,但不能直接或间接地属于 gml:AbstractFeature 置换组。

21.3.4 应用要素是要素

应用模式中定义的要素应该符合在第9章描述的表示GML要素的规则,以及符合在第7章描述的规则。

注1:要素元素的名称是该要素的语义类型。

注2:要素元素的子元素通常是描述该要素的特性元素,这样的特性常被编码为子元素。特性不能编码成XML属性。

21.4 定义空间几何的模式

21.4.1 导入GML几何模式组件

应用模式应该导入GML模式,如21.2.3中描述的那样。应用模式引用的任何GML专用标准应该至少包含gml:AbstractGeometry元素和该元素使用的所有模式组件。

注:通常情况下,除gml:AbstractGeometry要求的组件外,还需要其他的几何模式组件。实际上,一些具体的元素和类型,如gml:Point和gml:PointPropertyType常是专用标准的一部分。

21.4.2 用户定义的几何类型和几何特性类型

21.4.2.1 用户定义的几何类型

如果GML缺少用户需要的结构,应用模式开发者可以创建他们自己的几何类型。为此,开发者需要保证这些具体的几何和几何集合类型的对象元素(直接或间接地)属于相应的GML对象元素的置换组gml:AbstractGeometry。

例:下面在应用模式中定义的元素和复杂类型扩展了gml:Point,其中增加了一个方向(用于描绘符号的方向)。

```
    〈element name="PointWithBearing" type="ex:PointWithBearingType" substitutionGroup
="gml:Point"〉
    〈complexType name="PointWithBearingType"〉
        〈complexContent〉
            〈extension base="gml:PointType"〉
                〈sequence〉
                    〈element name="bearing" type="gml:AngleType"/〉
                〈/sequence〉
            〈/extension〉
        〈/complexContent〉
    〈/complexType〉
```

任何用户定义的几何子类型应该无限制地从基本的GML几何类型中继承元素和属性,但为了满足应用需要可以扩展这些基本类型,例如用继承系统和数据集提供更好的互操作性。

应该遵循在第7章,第10章和第11章中描述的规则。

21.4.2.2 用户定义的几何特性类型

进一步,应用模式开发者可以创建他们自己的几何特性类型,它封装了在第10章,10.5.10或第11章中定义的几何类型,或根据21.4.2.1定义的几何类型。开发者应该保证这些特性遵从用于标准特性gml:GeometryPropertyType的模板和用于数组特性gml:GeometryArrayPropertyType的模板。目标类型应该是一个真实的几何对象元素。

几何特性类型可以是对gml:GeometryPropertyType的限制,但这不是必须的。然而,每个几何特性应该遵从这个类型的模板。应用模式可以选择使用内联或引用语义,或限制只选择内联(禁止使用Xlink属性)或只选择引用(禁止在要素中包含几何)。

几何数组特性类型可以是对gml:GeometryArrayPropertyType的限制,但这不是必需的。然而,每个几何特性应该遵从这个类型的模板。数组中的所有几何元素内联在要素中,数组特性只支持内联语义。

例：下面在应用模式中的复杂类型定义为用户定义的几何类型定义了“标准”的特性类型具有相同几何类型的数组特性类型。

```
〈complexType name="MyGeometryPropertyType"〉
    〈sequence〉
        〈element ref="foo:PointWithBearingType" minOccurs="0"/〉
    〈/sequence〉
    〈attributeGroup ref="gml:AssociationAttributeGroup" /〉
    〈attributeGroup ref="gml:OwnershipAttributeGroup" /〉
〈/complexType〉
〈complexType name="MyGeometryArrayPropertyType"〉
    〈sequence〉
        〈element ref="foo:PointWithBearingType" minOccurs="0" maxOccurs=
        "unbounded" /〉
    〈/sequence〉
〈/complexType〉
```

21.5 定义空间拓扑的模式

21.5.1 导入 GML 拓扑模式组件

应用模式应该导入 GML 模式，如 21.2.3 中描述的那样。应用模式引用的任何 GML 专用标准应该至少包含 gml:AbstractTopology 元素和该元素使用的所有模式组件。

注：通常情况下，除 gml:AbstractTopology 要求的组件外，还需要其他的拓扑模式组件。实际上，一些具体的元素和类型，如 gml:Edge 和 gml:DirectedEdgePropertyType 常是专用标准的一部分。

例：下面的例子用附录 C 中的模式文档导入 GML 模式：

```
〈import namespace="http://www.opengis.net/gml/3.2" schemaLocation="../gml.xsd"/〉
```

21.5.2 用户定义的拓扑类型和拓扑特性类型

21.5.2.1 用户定义的拓扑类型

如果 GML 缺少用户需要的结构，应用模式开发者可以创建他们自己的拓扑类型。为此，开发者需要保证这些具体的拓扑类型的对象元素（直接或间接地）属于相应的 GML 对象元素的置换组 gml:AbstractTopology。

任何用户定义的拓扑子类型应该无限制地从基本的 GML 拓扑类型中继承元素和属性，但为了满足应用需要可以扩展这些基本类型，例如用继承系统和数据集提供更好的互操作性。

应该遵循在第 7 章和第 13 章中描述的规则。

21.5.2.2 用户定义的拓扑特性类型

进一步，应用模式开发者可以创建他们自己的拓扑特性类型，它封装了在第 13 章中定义的拓扑类型。开发者应该保证这些特性遵从在 21.2.6 中描述的规则。另外，目标类型应该是一个真实的拓扑结构。

拓扑特性类型可以是对已存在的拓扑特性类型的限制。

拓扑特性类型可以选择使用内联或引用语义，或限制只选择内联（禁止使用 Xlink 属性）或只选择引用（禁止在要素中包含几何约束条件）。

21.6 定义时间的模式

21.6.1 导入 GML 时间模式组件

应用模式应该导入 GML 模式，如 21.2.3 中描述的那样。应用模式引用的任何 GML 专用标准应该至少包含 gml:AbstractTimeObject 元素和该元素使用的所有模式组件。

注：通常情况下，除 gml:AbstractTimeObject 要求的组件外，还需要其他的时间模式组件。实际上，一些具体的元素和类型，如 gml:TimeInstant 和 gml:TimeInstantPropertyType 常是专用标准的一部分。

21.6.2 用户定义的时间类型和时间特性类型

21.6.2.1 用户定义的时间类型

如果 GML 缺少用户需要的结构，应用模式开发者可以创建他们自己的时间类型。为此，开发者需要保证这些具体的时间类型的对象元素(直接或间接地)属于相应的 GML 对象元素的置换组 gml：AbstractTimeObject。

任何用户定义的时间子类型应该无限制地从基本的 GML 时间类型中继承元素和属性，但为了满足应用需要可以扩展这些基本类型，例如用继承系统和数据集提供更好的互操作性。

应该遵循在第 7 章和第 14 章中描述的规则。

21.6.2.2 用户定义的时间特性类型

进一步，应用模式开发者可以创建他们自己的时间特性类型，它封装了在第 14 章中定义的时间类型。开发者应该保证这些特性遵从在 21.2.6 中描述的规则。另外，目标类型应该是一个真实的时间结构。

时间特性类型可以是对已存在的时间特性类型的限制。

时间特性类型可以选择使用内联或引用语义，或限制只选择内联(禁止使用 Xlink 属性)或只选择引用(禁止在要素中包含几何约束条件)。

21.7 定义坐标参照系的模式

21.7.1 引言

有许多在 CRS 模式中定义的具体的 XML 元素可供使用，而不需要应用模式，也不需要进行内容扩展或限制。当需要扩展或在大多数情况下需要限制元素内容时可以使用应用模式。也就是说，定义一个应用模式是为了满足特定的应用或一组应用的需要而扩展和/或限制元素，其目的是：

——增加元素到已存在的元素内容中，以记录关于这个应用需要的其他项数据。

——限制当前内容元素的多重性，以消除应用中不需要的灵活性和可能引起的混淆。

——使用一个不同的元素名，以便在特定的应用模式中更容易理解，主要用于那些需要实例化多次的元素。

——为选择的元素和属性指定的特定内容和内容模板，以提高互操作性。

——指定标准的 XML 或其他被引用或使用的文档，以提高互操作性。

因此，应用模式可以用于 XML 文档内容扩展、限制或者是两者。内容扩展常用于记录应用需要的额外数据。内容限制常用于限制内容，以提高互操作性和当不需要更多的灵活性时为应用减少歧义。对已有具体元素的扩展可以通过扩展这个具体元素来定义。在大多数情况下，对已有具体元素的限制可以通过扩展抽象元素来实现，具体元素通过对抽象元素增加一些不同的、相应的扩展派生。

应用模式可以在 XML 文档中用 XML 元素和它定义的类型指定单个最顶层的元素。这个最顶层的元素是一个具有标识的对象，但这不是必须的。这样的应用模式应导入在第 12 章中规定的 XML 模式组件。

如果需要的话，应用模式可以使用或扩展其他抽象元素来定义其他的具体元素。然而，如果具体元素与已有的具体元素很类似，则不可以使用或扩展其他抽象元素来定义其他元素，一般是扩展或使用已有的具体元素。在大多数情况下，已有的具体元素很大程度上是详尽的。特别地，当已有的具体元素包含一般的元素，如 EngineeringCRS，DerivedCRS，EngineeringDatum，UserDefinedCS，OperationParameter 和 OperationParameterGroup 时这一做法是对的。

Conversion，Transformation，ParameterValue 和 ParameterValueGroup 元素能够用于众知的坐标操作方法，特别是当操作方法只需要这个元素的一个实例时。然而，当一个操作方法需要这个元素的多个实例时，这些元素不可以使用众所周知的坐标操作方法。但是可以为这样的操作方法提供定义了特定操作方法元素名称和内容的应用模式。为了互操作，一个适当的地理空间信息团体应该对这样的应用模式标准化。

注：应用模式的这个用法遵从要素应用模式的模板。

21.7.2 导入 GML 坐标参照系模式组件

应用模式应该导入 GML 模式，如 21.2.3 中描述的那样。应用模式引用的任何 GML 专用标准应该至少包含 gml:AbstractCoordinateReferenceSystem 元素和该元素使用的所有模式组件。

注：通常情况下，除 gml:AbstractCoordinateReferenceSystem 要求的组件外，还需要其他的坐标参照系模式组件。实际上，一些具体元素和类型常是专用标准的一部分。

21.8 定义覆盖的模式

21.8.1 引言

下面的章条定义了构建 GML 覆盖应用模式的规则。覆盖在第 19 章描述。需要注意的是，覆盖也是要素，因此，21.3 中的规则也适用于覆盖。

21.8.2 导入 GML 覆盖模式组件

应用模式应该导入 GML 模式，如 21.2.3 中描述的那样。应用模式引用的任何 GML 专用标准应该至少包含 gml:AbstractCoverage 元素和该元素使用的所有模式组件。

注：通常情况下，除 gml:AbstractCoverage 要求的组件外，还需要其他的覆盖模式组件。实际上，一些具体的元素和类型，如 gml:RectifiedGridCoverage 常是专用标准的一部分。

21.8.3 用户定义的覆盖类型

GML 应用模式的所有地理覆盖应该在该模式中被声明为全局元素，即它们应该是 XML 模式〈schema〉元素的直接子元素。

如果 GML 缺少用户需要的结构，应用模式开发者可以创建他们自己的覆盖类型。为此，开发者需要保证这些具体的覆盖类型的对象元素（直接或间接地）属于相应的 GML 对象元素的置换组 gml:AbstractDiscreteCoverage 或 gml:AbstractContinuousCoverage。

注 1：这些元素间接地属于 gml:AbstractFeature 置换组，因此，满足要素模型的条件。

注 2：本标准提供了具体的覆盖类型 gml:MultiPointCoverage，gml:MultiCurveCoverage，gml:MultiSurfaceCoverage，gml:MultiSolidCoverage，gml:GriddedCoverage 和 gml:RectifiedGridCoverage。应用覆盖也可以从这些类型中的任何一个派生。

任何用户定义的覆盖子类型应该无限制地从基本的 GML 覆盖类型中继承元素和属性，但为了满足应用需要可以扩展这些基本类型，例如用继承系统和数据集提供更好的互操作性。

应该遵循在第 7 章，第 9 章和第 19 章中描述的规则。

21.8.4 值域参数应该替代抽象值(AbstractValue)

覆盖应用模式应该定义所有的值域参数或引入相应的定义。每一个这样的值域参数应该可替代在 16.4 中定义的 gml:AbstractValue。需要注意的是，这允许值域参数可以有大量的类型。进一步需要注意的是，在 16.4 规定的模式组件包括几个抽象的子类型，它们可替代 gml:AbstractValue，包括 gml:AbstractScalarValue 和 gml:AbstractValueList。也提供了具体的标量和值列表类型，以及置换组的头(可替代 gml:AbstractScalarValue 或 gml:AbstractValueList)，包括：

——gml:Category (内容模型由 gml:CodeType 说明)；

——gml:CategoryList (内容模型由 gml:CodeOrNilReasonListType 说明)；

——gml:Quantity (内容模型由 gml:MeasureType 说明)；

——gml:QuantityList (内容模型由 gml:MeasureOrNilReasonListType 说明)；

——gml:Count (内容模型由 gml:CountType 说明)；

——gml:Boolean (内容模型由 gml:BooleanType 说明)。

为了定义一个覆盖应用模式中的值域参数，请参考 16.4。

例：在开发 GML 覆盖时，可以在 19.3 中找到使用值类型的典型例子，并归纳在表 8 中。

表 8 覆盖模式的值域参数

覆　　盖	值域参数	GML 中的定义
温度分布 (气象)	温度	应该从 gml:MeasureOrNilReasonListType 继承,替代在 16.3.2 中定义的 gml:measure
土壤类型分布 (农学)	土壤类型	应该从 gml:Category 继承,替代 gml:Category。引用土壤类型的枚举
多光谱光学影像 (遥感)	每个波段的反射系数	应该从 gml:QuantityTListype 继承,替代 gml:QuantityList
西尼罗河病毒案例分布 (流行病学)	案例数	应该从 gml:integerOrNilReasonList 继承,替代 gml:CountList

21.8.5 覆盖文档

覆盖文档由相应的覆盖模式定义。这个文档的根元素应该是在这个模式中定义的覆盖,或者是在 9.9 中描述的要素集合,其成员为覆盖。

21.9 定义观测的模式

21.9.1 引言

下面的章条描述了如何创建观测应用模式。观测在第 18 章中描述。一个观测应用模式根据下面的规则定义了一个或多个观测类型。

21.9.2 导入 GML 观测模式组件

应用模式应该导入 GML 模式,如 21.2.3 中描述的那样。应用模式引用的任何 GML 专用标准应该至少包含 gml:Observation 元素和该元素使用的所有模式组件。

21.9.3 用户定义的观测类型

GML 应用模式的所有观测应该在该模式中被声明为全局元素,即它们应该是 XML 模式〈schema〉元素的直接子元素。这些全局元素的内容模型应该直接或间接地从 gml:ObservationType 继承。

如果 GML 缺少用户需要的结构,应用模式开发者可以创建他们自己的观测类型。为此,开发者需要保证这些具体的时间类型的对象元素(直接或间接地)属于相应的 GML 对象元素的置换组 gml:Observation。

注 1:这些元素间接地属于 gml:AbstractFeature 置换组,因此,满足要素模型的条件。

注 2:本标准提供了具体的观测类型 gml:Observation,gml:DirectedObservation 和 gml:DirectedObservationAtDistance。应用的观测类型也可以从这些类型中的任何一个派生。

应该遵循在第 7 章,第 9 章和第 18 章中描述的规则。

21.9.4 观测集合

GML 应用模式的所有观测集合应该在该模式中被声明为全局元素,即它们应该是 XML 模式〈schema〉元素的直接子元素。观测集合是在 9.9 中描述的要素集合,其成员是观测。

21.9.5 观测是要素

应用模式中定义的观测应该符合第 9 章和第 7 章中描述的表示 GML 要素的规则。同时参见 21.3.4。

21.9.6 观测集合文档

根据观测集合文档规则(见 21.1),观测集合文档可以引用任何在 GML 应用模式中定义的观测,这些文档可以只定义观测、观测集合或它们的任意组合。

21.10 定义字典和定义的模式

21.10.1 引言

下面的章条描述了如何创建定义应用模式。字典和定义在第 15 章描述。GML 有一组特定的用于度量单位的内部定义,并可作为如何派生特定的定义组件的示例。

定义应用模式根据下面的规则定义一个或多个定义类型。

21.10.2 导入 GML 字典模式组件

应用模式应该导入 GML 模式，如 21.2.3 中描述的那样。应用模式引用的任何 GML 专用标准应该至少包含 gml:Definition 元素和该元素使用的所有模式组件。

21.10.3 用户定义的定义类型

GML 应用模式的所有定义应该在该模式中被声明为全局元素，即它们应该是 XML 模式〈schema〉元素的直接子元素。这些全局元素的内容模型应该直接或间接地从 gml:DefinitionType 继承。

如果 GML 缺少用户需要的结构，应用模式开发者可以创建他们自己的定义类型。为此，开发者需要保证这些具体的定义类型的对象元素（直接或间接地）属于相应的 GML 对象元素的置换组 gml:Definition。

应该遵循在第 7 章和第 15 章中描述的规则。

21.10.4 用户定义的字典类型

GML 应用模式的所有字典应该在该模式中被声明为全局元素，即它们应该是 XML 模式〈schema〉元素的直接子元素。这些全局元素的内容模型应该直接或间接地从 gml:DictionaryType 继承。

如果 GML 缺少用户需要的结构，应用模式开发者可以创建他们自己的字典类型。为此，开发者需要保证这些具体的字典类型的对象元素（直接或间接地）属于相应的 GML 对象元素的置换组 gml:Dictionary。

应该遵循在第 7 章和第 15 章中描述的规则。

21.11 定义值的模式

21.11.1 引言

GML 允许用户定义值类型。这样的值类型可用于表达要素特性类型和 GML 对象的其他类型。用户定义值的基本的根类型在 7.2.2.1 中定义。表示值的另一种形式包含在 16.4 中。它主要用于为观测的 gml:resultOf 参数提供值。

21.11.2 导入 GML 值对象模式组件

应用模式应该导入 GML 模式，如 21.2.3 中描述的那样。应用模式引用的任何 GML 专用标准应该至少包含 gml:Value 组和该元素使用的所有模式组件。

21.11.3 新值类型的构建

新值类型的构建可从表 9 中所列的任何根类型派生（一般通过限制派生）。

表 9 新值类型的构建

内容模型	描 述
gml:MeasrueType	具有度量单位(uom)的数量
gml:CategoryType	分类
gml:CountType	出现、事件等的计数

一些标准的值类型可以在 16.3 中规定的模式组件中找到。

21.12 GML 模式的 GML 专用标准

通常，GML 应用模式只需要 GML 模式的有限的模式组件的子集。建议标识和说明 GML 应用模式需要的 GML 专用标准，见第 20 章。21.3～21.11 包含一些指南，说明如何根据 GML 应用模式类型引入需要的模式组件。

注 1：附录 G 包含一个自动创建 GML 专用标准的方法，它基于 GML 应用模式需要的模式组件的列表。

作为起点，请考虑以下的指导原则：

a) 在建模地理要素的应用模式中，需要 gml:AbstractFeature 和所有该元素需要的模式组件，见第 9 章。

b) 在建模地理要素集合的应用模式中，需要 gml:AbstractFeatureMemberType 和 gml:AggregationAttributeGroup 和所有它们需要的模式组件，见第 7 章。

c) 如果要素具有使用度量单位的特性，需要 gml:MeasureType 和所有特定的子类型，如 gml:LengthType，以及它们需要的所有的模式组件（见第 8 章）。除非应用是在定义用于度量单位字典的度量单位，否则可以不需要 gml:BaseUnit，gml:DerivedUnit 和/或 gml:ConventionalUnit（和它们需要的所有的模式组件，见第 16 章）。

d) 如果应用模式使用了 0 维空间几何，需要 gml:Point（以及它需要的所有的模式组件），见第 10 章。

e) 如果应用模式只使用了具有线性插值性质的简单的 1 维空间几何，需要 gml:LineString（以及它需要的所有的模式组件），见第 10 章。

f) 如果应用模式使用了其他的插值类型，需要 gml:Curve 和任何数目的曲线段，这取决于应用（但至少有一个）。同样，需要这些元素需要的所有的模式组件，见 10.5.10。

g) 如果应用模式只使用了边界具有线性插值性质，且不共享边界元素的简单的 2 维空间几何，只需要 gml:Polygon 和 gml:LineString（以及它需要的所有的模式组件），见 10 章。

h) 如果应用模式使用了其他的插值类型或面片，需要 gml:Surface 和任何数目的曲面片，这取决于应用（但至少有一个）。如果曲面在边界上共享几何单形，还需要 gml:Ring。同样，需要这些元素需要的所有的模式组件，见 10.5.10。

i) 如果应用模式使用了 3 维空间几何，需要 gml:Solid（以及它需要的所有的模式组件），见 10.5.10。

j) 如果要素的空间特性中使用的几何对象为几何单形的集合，只需要在第 11 章描述的几何聚合模式组件。

k) 如果要素的空间特性中使用了几何复形，只需要在第 11 章描述的几何复形和组合模式组件。

l) 如果要素具有拓扑特性，只需要在第 13 章描述的拓扑模式组件。

m) 如果应用需要建立或处理坐标参照系字典条目（以及它们的支持组件），只需要在第 12 章中描述的坐标参照系模式组件。

例 1：本初子午线、大地基准等是需要的支持组件。

n) 如果应用模式涉及与时间有关的要素特性或动态要素，只需要在第 14 章中描述的时间模式。

o) 如果应用中包含建立或处理覆盖，只需要在第 19 章描述的覆盖模式组件。

例 2：遥感影像、航空摄影、土壤分布、数字高程模型是典型的覆盖。

p) 如果应用模式涉及建模观测行为，如照相或测量，只需要在第 18 章中描述的观测模式组件。在后一种情况下，值对象和度量模式组件也常常需要。

q) 如果应用模式需要方向结构，如罗盘方向，只需要在第 17 章中描述的方向模式组件。方向模式被 gml:DirectedObservation 使用。

r) 特性元素用于指定应用或对象特定的元数据应用模式，它的内容模型通过扩展 gml:AbstractMetadataPropertyType 继承，见 7.2.6。

注：在许多应用中，只需要导入附录 C 中的 feature.xsd，因为这自然地导入了简单几何模式和 gmlBase.xsd。关于模式的依赖性和模块化的完整的讨论，见附录 J。

附 录 A
（规范性附录）
GML 应用模式、GML 专用标准以及 GML 文档的抽象测试套件

A.1 GML 应用模式的抽象测试套件

A.1.1 必要的一致性要求测试用例

A.1.1.1 XML 命名空间的使用

a) 测试目的:验证 GML 应用模式中的 XML 命名空间的正确实用。

b) 测试方法:检查应用模式里的所有模式组件都与 XML 命名空间关联,并且确认这个命名空间不是“http://www.opengis.net/gml/3.2”。

c) 引用:本标准 21.2.2。

d) 测试类型:基本测试。

A.1.1.2 一般规则

a) 测试目的:验证 GML 应用模式遵循了构建 GML 应用模式的一般规则。

b) 检测方法:查看应用模式并检查它满足了在 21.2.1 中描述的一般规则。

c) 引用:本标准 21.2.1。

d) 测试类型:能力测试。

A.1.1.3 导入 GML 模式组件

a) 测试目的:验证 GML 应用模式导入了全部 GML 模式并正确地引用了 GML 专用标准。

b) 测试方法:查看应用模式中的导入语句(全部的 GML 模式必须被直接或间接地导入)。另外,如果引用了一个或多个专用标准,检查在 gml:gmlProfileSchema 元素中指定的 XML 模式组件满足 A.2.1 中抽象测试套件的所有必须的一致性要求。

c) 引用:本标准 20.5,21.2.3。

d) 测试类型:能力测试。

A.1.1.4 有效的 XML 模式

a) 测试目的:根据 XML 模式规范验证 GML 应用模式的 XML 文档的有效性。

b) 测试方法:根据 XML 模式规范验证 GML 应用模式的 XML 文档的有效性。这个过程可以用合适的软件工具来验证,或人工检查 XML 模式规范的所有相关定义。

c) 引用:本标准 21.2;XML 模式。

d) 测试类型:能力测试。

A.1.1.5 GML 模型和语法支持

a) 测试目的:验证 GML 应用模式遵循编码对象和特性的规则。

b) 测试方法:检查应用模式。

c) 引用:本标准 7.1,第 21 章。

d) 测试类型:能力测试。

A.1.1.6 对象元素的置换组,类型派生

a) 测试目的:验证 GML 应用模式中的所有对象在正确的置换组中。

b) 测试方法:检查应用模式,所有标识的对象元素都(直接或间接地)在 gml:AbstractGML 置换组中。检查遵循从在 A.1.1.6c)中陈述的基本类型中派生的规则。

c) 引用:本标准 6.2,7.2.2,21.2.4,21.2.5。

d) 测试类型:能力测试。

A.1.1.7 特性元素不是对象元素

a) 测试目的:验证在GML应用模式中所有特性元素都不是对象。

b) 测试方法:检查应用模式,每个对象元素的每个子元素不是直接或间接地位于 gml:AbstractObject 置换组中。

c) 引用:本标准 7.2.2,21.2.5。

d) 测试类型:能力测试。

A.1.1.8 特性元素的内容模型

a) 测试目的:验证在GML应用模式中的所有特性元素的内容模型有效。

b) 测试方法:检查应用模式中的每个对象元素的每个子元素。

c) 引用:本标准 7.2.3,21.2.6,21.2.7。

d) 测试类型:能力测试。

A.1.1.9 元数据和数据质量特性

a) 测试目的:验证所有特性能够标识为一个元数据特性,其值是关于对象的元数据。

b) 测试方法:检查GML应用模式,所有元数据值的特性元素的内容模型是通过扩展从 gml:AbstractMetadataPropertyType 派生的。

c) 引用:本标准 7.2.6。

d) 测试类型:能力测试。

A.1.1.10 空间几何特性

a) 测试目的:验证所有值是一个空间几何对象的特性可以同样地被标识。

b) 测试方法:检查GML应用模式,所有具有几何对象或几何对象集合的特性声明与 9.5 一致。

c) 引用:本标准 9.5。

d) 测试类型:能力测试。

A.1.1.11 空间拓扑特性

a) 测试目的:验证所有值为一个空间拓扑对象的特性可以同样地被标识。

b) 测试方法:检查GML应用模式,所有具有一个拓扑对象或拓扑对象集合的特性声明与 9.6 一致。

c) 引用:本标准 9.6。

d) 测试类型:能力测试。

A.1.1.12 时间特性

a) 测试目的:验证所有值为一个时间对象的特性可以同样地被标识。

b) 测试方法:检查GML应用模式,所有具有一个时间对象或时间对象集合的特性声明与 9.7 一致。

c) 引用:本标准 9.7。

d) 测试类型:能力测试。

A.1.1.13 位置特性

a) 测试目的:验证所有值是一个位置描述或引用的特性可以同样地被标识。

b) 测试方法:检查GML应用模式,所有特性使用特性元素 gml:locationName 或 gml:locationReference,该特性具有基于地理标识的空间参照。

c) 引用:本标准 9.4.2。

d) 测试类型:能力测试。

A.1.1.14 GML对象集合

a) 测试目的:验证所有是GML对象集合的对象可以同样地被标识。

b) 测试方法:检查GML应用模式,其中的对象有一个或多个特性元素,其内容模型扩展为 gml:

AbstractMemberType。适当地也检查 gml:aggregationType 属性是对象元素的一个子结点。

c) 引用:本标准 7.2.5。

d) 测试类型:能力测试。

A.1.1.15 要素元素的置换组

a) 测试目的:验证 GML 应用模式中的所有要素都在正确的置换组中。

b) 测试方法:检查应用模式,所有表示要素的对象元素都(直接或间接地)位于 gml:AbstracFeature 的置换组中。

c) 引用:本标准 9.3。

d) 测试类型:能力测试。

A.1.1.16 GML 要素集合

a) 测试目的:验证所有是 GML 要素集合的要素可以同样地被标识。

b) 测试方法:检查 GML 应用模式,其中要素有一个或多个特性元素,其内容模型扩展 gml:AbstracFeatureMemberType。适当地也检查 gml:aggregationType 属性是对象元素的一个子结点。

c) 引用:本标准 9.9。

d) 测试类型:能力测试。

A.1.2 从 UML 形式的 ISO 19109 应用模式转换到 GML 应用模式的测试用例

A.1.2.1 有效的 ISO 19109 应用模式

a) 测试目的:如果 GML 应用模式是 UML 形式的 ISO 19109 应用模式的映射,验证 UML 应用模式满足 ISO 19109 的要求。

b) 测试方法:检查 UML 应用模式和 ISO 19109 的一致性,检查 UML 应用模式是依照 E.2.1 构建的。

c) 引用:ISO 19109 的第 2 章、附录 A;本标准 E.2.1。

d) 测试类型:能力测试。

A.1.2.2 UML 形式的 ISO 19109 应用模式映射

a) 测试目的:如果 UML 形式的 ISO 19109 应用模式满足 A.1.2 中阐述的要求,那么验证 GML 应用模式正确地从 UML 应用模式中得到。

b) 测试方法:比较两个应用模式的描述,检查从 UML 到 XML 的转换是否与 E.2.4 的转换规则一致。

c) 引用:本标准 E.2.4。

d) 测试类型:能力测试。

A.1.3 从 GML 应用模式转换到 UML 形式的 ISO 19019 应用模式的测试用例

A.1.3.1 有效的 GML 应用模式

a) 测试目的:如果 GML 应用模式被映射成 UML 形式的 ISO 19109 应用模式,那么验证 GML 应用模式被正确地构建。

b) 测试方法:检查构建的 GML 应用模式与 F.2.1 一致。

c) 引用:本标准 F.2.1。

d) 测试类型:能力测试。

A.1.3.2 映射成 UML 形式的 ISO 19109 应用模式

a) 测试目的:如果 GML 应用模式满足 A.1.3 中所阐述的要求,验证 UML 形式的 ISO 19109 应用模式从 GML 应用模式中正确地得到。

b) 测试方法:比较两个应用模式的描述,检查从 XML 模式到 UML 的转换是否与 F.2.3 的转换规则一致。

c) 引用:本标准 F.2.3。

d) 测试类型:能力测试。

A.1.4 定义要素和要素集合的GML应用模式

a) 测试目的:如果GML应用模式定义了要素,验证GML应用模式被正确地构建。

b) 测试方法:检查构建的GML应用模式与21.3一致。

c) 引用:本标准 21.3。

d) 测试类型:能力测试。

A.1.5 定义空间几何的GML应用模式

a) 测试目的:如果GML应用模式定义了空间几何对象,验证GML应用模式被正确地构建。

b) 测试方法:检查构建的GML应用模式与21.4一致。

c) 引用:本标准 21.4。

d) 测试类型:能力测试。

A.1.6 定义空间拓扑的GML应用模式

a) 测试目的:如果GML应用模式定义了空间拓扑对象,验证GML应用模式被正确地构建。

b) 测试方法:检查构建的GML应用模式与21.5一致。

c) 引用:本标准 21.5。

d) 测试类型:能力测试。

A.1.7 定义时间的GML应用模式

a) 测试目的:如果GML应用模式定义了时间对象,验证GML应用模式被正确地构建。

b) 测试方法:检查构建的GML应用模式与21.6一致。

c) 引用:本标准 21.6。

d) 测试类型:能力测试。

A.1.8 定义坐标参照系的GML应用模式

a) 测试目的:如果GML应用模式定义了坐标参照系对象,验证GML应用模式被正确地构建。

b) 测试方法:检查构建的GML应用模式与21.7一致。

c) 引用:本标准 21.7。

d) 测试类型:能力测试。

A.1.9 定义覆盖的GML应用模式

a) 测试目的:如果GML应用模式定义了覆盖要素,验证GML应用模式被正确地创建。

b) 测试方法:检查构建的GML应用模式与21.8一致。

c) 引用:本标准 21.8。

d) 测试类型:能力测试。

A.1.10 定义观测的GML应用模式

a) 测试目的:如果GML应用模式定义了简单的观测要素,验证GML应用模式被正确地构建。

b) 测试方法:检查构建的GML应用模式与21.9一致。

c) 引用:本标准 21.9。

d) 测试类型:能力测试。

A.1.11 定义字典和定义的GML应用模式

a) 测试目的:如果GML应用模式定义了字典和定义对象,验证GML应用模式已被正确构建。

b) 测试方法:检查构建的GML应用模式与21.10一致。

c) 引用:本标准 21.10。

d) 测试类型:能力测试。

A.1.12 定义值的 GML 应用模式

a) 测试目的：如果 GML 应用模式定义了值对象，验证 GML 应用模式被正确地构建。

b) 测试方法：检查构建的 GML 应用模式与 21.11 一致。

c) 引用：本标准 21.11。

d) 测试类型：能力测试。

A.2 GML 专用标准的抽象测试套件

A.2.1 有效的 GML 专用标准

a) 测试目的：根据第 20 章和 21.12 中阐述的规则和指南验证一个专用标准是 GML 专用标准。

b) 测试方法：查看专用标准。

c) 引用：本标准第 20 章，21.12。

d) 测试类型：能力测试。

A.2.2 几何单形(空间)

A.2.2.1 几何单形的数据类型

A.2.2.1.1 0 维几何的数据类型

a) 测试目的：验证 GML 专用标准包含 gml:Point 和 gml:PointPropertyType。如果 GML 专用标准也包括 gml:MultiPoint，验证它包含 gml:MultiPointPropertyType。验证对象元素的所有特性(不赞成使用的特性除外)是专用标准的一部分，maxOccurs 值至少为“1”。

b) 测试方法：查看专用标准。

c) 引用：本标准 10.3，11.3.2。

d) 测试类型：能力测试。

A.2.2.1.2 1 维几何的数据类型

a) 测试目的：验证 GML 专用标准满足 A.2.2.1.1 的所有要求，包括 gml:Curve，gml:LineStringSegment，gml:LineString 和 gml:CurvePropertyType。如果 GML 专用标准也包括 gml:MultiCurve，验证它包含 gml:MultiCurvePropertyType。验证对象元素的所有特性(不赞成使用的特性除外)是专用标准的一部分，maxOccurs 值至少为“1”。

b) 测试方法：查看专用标准。

c) 引用：本标准 A.2.2.1.1，10.4.1，10.4.2，10.4.4，10.4.5，10.4.7，10.4.7.4～10.4.7.21，11.3.3。

d) 测试类型：能力测试。

A.2.2.1.3 2 维几何的数据类型

a) 测试目的：验证 GML 专用标准满足 A.2.2.1.2 的所有要求，包含 gml:Surface，gml:PolygonPatch，gml:Polygon，gml:SurfacePropertyType，gml:LinearRing 和 gml:Ring。如果 GML 同时包含 gml:MultiSurface，验证它包含 gml:MultiSurfacePropertyType。验证对象元素的所有特性(不赞成使用的特性除外)是专用标准的一部分，maxOccurs 值至少为“1”。

b) 测试方法：查看专用标准。

c) 引用：本标准 A.2.2.1.2，10.5.1，10.5.2，10.5.4～10.5.9，10.5.10，10.5.11.1，10.5.12.4～10.5.11.6，11.3.4。

d) 测试类型：能力测试。

A.2.2.1.4 3 维几何的数据类型

a) 测试目的：验证 GML 专用标准满足 A.2.2.1.3 的所有要求，包含 gml:Solid，gml:SolidPropertyType，和 gml:Shell。如果 GML 专用标准也包含 gml:MultiSolid，验证它包含 gml:MultiSolidPropertyType。验证对象元素的所有特性(不赞成使用的特性除外)是专用标准的一部分，maxOccurs 值至少为“1”。

b) 测试方法:查看专用标准。

c) 引用:本标准 A.2.2.1.3,10.6.1,10.6.2,10.6.4～10.6.6,11.3.5。

d) 测试类型:能力测试。

A.2.3 几何复形(空间)

A.2.3.1 几何复形的数据类型

A.2.3.1.1 1维几何复形的数据类型

a) 测试目的:验证 GML 专用标准满足 A.2.2.1.2 的所有要求,gml:CompositeCurve,gml:OrientableCurve,gml:GeometricComplex 和 gml:GeometricComplexPropertyType。验证对象元素的所有特性(不赞成使用的特性除外)是专用标准的一部分,maxOccurs 值至少为“1”。

b) 测试方法:查看专用标准。

c) 引用:本标准 A.2.2.1.2,10.4.6,11.2.1.1,11.2.1.2,11.2.2.1,11.2.2.2。

d) 测试类型:能力测试。

A.2.3.1.2 2维几何复形的数据类型

a) 测试目的:验证 GML 专用标准满足 A.2.2.1.3 和 A.2.3.1.1 的所有要求,包含 gml:CompositeSurface 和 gml:OrientableSurface。验证对象元素的所有特性(不赞成使用的特性除外)是专用标准的一部分,maxOccurs 值至少为“1”。

b) 测试方法:查看专用标准。

c) 引用:本标准 A.2.2.1.3,A.2.3.1.1,10.5.11,11.2.2.3。

d) 测试类型:能力测试。

A.2.3.1.3 3维几何复形的数据类型

a) 测试目的:验证 GML 专用标准满足 A.2.2.1.4 和 A.2.3.1.2 的所有要求,包含 gml:CompositeSolid。验证对象元素的所有特性(不赞成使用的特性除外)是专用标准的一部分,maxOccurs 值至少为“1”。

b) 测试方法:查看专用标准。

c) 引用:本标准 A.2.2.1.4,A.2.3.1.2,11.2.2.4。

d) 测试类型:能力测试。

A.2.4 拓扑复形(空间)

A.2.4.1 拓扑复形的数据类型

A.2.4.1.1 1维拓扑复形的数据类型

a) 测试目的:验证 GML 专用标准包含 gml:TopoComplex,gml:TopoComplexPropertyType,gml:Node,gml:directedNode,gml:Edge,和 gml:directedEdge。验证对象元素的所有特性(不赞成使用的特性除外)是专用标准的一部分,maxOccurs 值至少为“1”,除 gml:Node 中的 gml:pointProperty 和 gml:Edge 中的 gml:curveProperty 外。

b) 测试方法:查看专用标准。

c) 引用:本标准 13.2,13.3.1,13.3.2,13.3.3,13.5。

d) 测试类型:能力测试。

A.2.4.1.2 2维拓扑复形的数据类型

a) 测试目的:验证 GML 专用标准满足 A.2.4.1.1 的所有要求,包含 gml:Face,和 gml:directedFace。验证对象元素的所有特性(不赞成使用的特性除外)是专用标准的一部分,maxOccurs 值至少为“1”,除 gml:Face 中的 gml:surfaceProperty 外。

b) 测试方法:查看专用标准。

c) 引用:本标准 A.2.4.1.1,13.3.4。

d) 测试类型:能力测试。

A.2.4.1.3 3维拓扑复形的数据类型

a) 测试目的:验证GML专用标准满足A.2.4.1.2的所有要求,包含gml:TopoSolid,和gml:directedTopoSolid。验证对象元素的所有特性(不赞成使用的特性除外)是专用标准的一部分,maxOccurs值至少为"1",除gml:TopoSolid中的gml:solidProperty外。

b) 测试方法:查看专用标准。

c) 引用:本标准A.2.4.1.2,13.3.5。

d) 测试类型:能力测试。

A.2.5 具有几何实现的拓扑复形(空间的)

A.2.5.1 具有几何实现的拓扑复形的数据类型

A.2.5.1.1 具有几何实现的1维拓扑复形的数据类型

a) 测试目的:验证GML专用标准满足A.2.2.1.1,A.2.2.1.2和A.2.4.1.1的所有要求。验证它包含特性gml:Node中的gml:pointProperty和gml:Edge中的gml:curveProperty,maxOccurs值至少为"1"。

b) 测试方法:查看专用标准。

c) 引用:本标准A.2.2.1.1,A.2.2.1.2,A.2.4.1.1,13.3.2,13.3.3。

d) 测试类型:能力测试。

A.2.5.1.2 具有几何实现的2维拓扑复形的数据类型

a) 测试目的:验证GML专用标准满足A.2.2.1.3和A.2.4.1.2的所有要求。验证它包含特性gml:Face中的gml:surfaceProperty,maxOccurs值至少为"1"。

b) 测试方法:查看专用标准。

c) 引用:本标准A.2.2.1.3,A.2.4.1.2,13.3.4。

d) 测试类型:能力测试。

A.2.5.1.3 具有几何实现的3维拓扑复形的数据类型

a) 测试目的:验证GML专用标准满足A.2.2.1.4和A.2.4.1.3的所有要求。验证它包含特性gml:TopoSolid中的gml:solidProperty,maxOccurs值至少为"1"。

b) 测试方法:查看专用标准。

c) 引用:本标准A.2.2.1.4,A.2.4.1.3,13.3.5。

d) 测试类型:能力测试。

A.2.6 坐标参照系

a) 测试目的:验证GML专用标准包含了所有在第12章中定义的模式组件,它被标识为必须的,或根据ISO 19111:2007在一定条件下是必需的。

b) 测试方法:查看专用标准。

c) 引用:本标准 第12章,ISO 19111:2007中表1~表52。

d) 测试类型:能力测试。

A.2.7 坐标操作

a) 测试目的:验证GML专用标准包含了所有在12.6中定义的模式组件,它被标识为必须的,或根据ISO 19111:2007在一定条件下是必需的。

b) 测试方法:查看专用标准。

c) 引用:本标准12.6,ISO 19111:2007中表39~表52。

d) 测试类型:能力测试。

A.2.8 时间几何

A.2.8.1 0维几何的数据类型

a) 测试目的:验证一个GML专用标准包含了gml:TimeInstant和gml:TimeInstantProperty-

Type。验证对象元素的所有特性(不赞成使用的特性除外)是专用标准的一部分,maxOccurs值至少为“1”。

b) 测试方法:查看专用标准。

c) 引用:本标准 14.2.1.1,14.2.1.2,14.2.1.4,14.2.2.2,14.2.2.3,14.2.2.4,14.2.2.7。

d) 测试类型:能力测试。

A.2.8.2 1维几何的数据类型

a) 测试目的:验证 GML 专用标准满足 A.2.8.1 的要求,包含 gml:TimePeriod 和 gml:TimePeriodPropertyType。验证对象元素的所有特性(不赞成使用的特性除外)是专用标准的一部分,maxOccurs 值至少为“1”。

b) 测试方法:查看专用标准。

c) 引用:本标准 A.2.8.1,14.2.2.5,14.2.2.6。

d) 测试类型:能力测试。

A.2.9 时间拓扑

a) 测试目的:验证 GML 专用标准满足 A.2.8.2 的要求,包含 gml:TimeNode,gml:TimeNodePropertyType,gml:TimeEdge,gml:TimeEdgePropertyType,gml:TimeTopologyComplex,和 gml:TimeTopologyComplexType。验证对象元素的所有特性(不赞成使用的特性除外)是专用标准的一部分,maxOccurs 值至少为“1”。

b) 测试方法:查看专用标准。

c) 引用:本标准 14.3.2。

d) 测试类型:能力测试。

A.2.10 时间参照系

a) 测试目的:验证 GML 专用标准包含 gml:TimeReferenceSystem 和至少 gml:TimeCoordinateSystem,gml:TimeCalendar,gml:TimeClock,gml:TimeOrdinalReferenceSystem 中的一个。验证对象元素的所有特性(不赞成使用的特性除外)是专用标准的一部分,maxOccurs 值至少为“1”。

b) 测试方法:查看专用标准。

c) 引用:本标准 14.4。

d) 测试类型:能力测试。

A.2.11 动态要素

a) 测试目的:验证 GML 专用标准满足 A.2.8.2 的要求,包含 gml:DynamicFeature,gml:AbstractTimeSlice 和 gml:history。验证对象元素的所有特性(不赞成使用的特性除外)是专用标准的一部分,maxOccurs 值至少为“1”。

b) 测试方法:查看专用标准。

c) 引用:本标准 A.2.8.2,14.5。

d) 测试类型:能力测试。

A.2.12 字典

a) 测试目的:验证 GML 专用标准包含 gml:Dictionary。验证对象元素的所有特性(不赞成使用的特性除外)是专用标准的一部分,maxOccurs 值至少为“1”。

b) 测试方法:查看专用标准。

c) 引用:本标准 第 15 章。

d) 测试类型:能力测试。

A.2.13 单位字典

a) 测试目的:验证 GML 专用标准包含 gml:UnitDictionary,gml:BaseUnit,gml:DerivedUnit,和

gml:ConventionalUnit。验证对象元素的所有特性(不赞成使用的特性除外)是专用标准的一部分,maxOccurs 值至少为"1"。

b) 测试方法:查看专用标准。

c) 引用:本标准 16.2。

d) 测试类型:能力测试。

A.2.14 观测

a) 测试目的:验证一个 GML 专用标准包含 gml:Observation 和 gml:DirectedObservation。验证对象元素的所有特性(不赞成使用的特性除外)是专用标准的一部分,maxOccurs 值至少为"1"。

b) 测试方法:查看专用标准。

c) 引用:本标准 17.1,18.2。

d) 测试类型:能力测试。

A.2.15 覆盖

A.2.15.1 抽象覆盖

a) 测试目的:验证 GML 专用标准包含 gml:AbstractCoverage。验证对象元素的所有特性(不赞成使用的特性除外)是专用标准的一部分,maxOccurs 值至少为"1"。

b) 测试方法:查看专用标准。

c) 引用:本标准 16.4,19.3.1,19.3.4～19.3.21。

d) 测试类型:能力测试。

A.2.15.2 离散点覆盖

a) 测试目的:验证 GML 专用标准满足 A.2.15.1 的要求,包括 gml:MultiPointCoverage。验证对象元素的所有特性(不赞成使用的特性除外)是专用标准的一部分,maxOccurs 值至少为"1"。

b) 测试方法:查看专用标准。

c) 引用:本标准 A.2.15.1,19.3.16。

d) 测试类型:能力测试。

A.2.15.3 离散曲线覆盖

a) 测试目的:验证 GML 专用标准满足 A.2.15.1 的要求,包括 gml:MultiCurveCoverage。验证对象元素的所有特性(不赞成使用的特性除外)是专用标准的一部分,maxOccurs 值至少为"1"。

b) 测试方法:查看专用标准。

c) 引用:本标准 A.2.15.1,19.3.17。

d) 测试类型:能力测试。

A.2.15.4 离散曲面覆盖

a) 测试目的:验证 GML 专用标准满足 A.2.15.1 的要求,包括 gml:MultiSurfaceCoverage。验证对象元素的所有特性(不赞成使用的特性除外)是专用标准的一部分,maxOccurs 值至少为"1"。

b) 测试方法:查看专用标准。

c) 引用:本标准 A.2.15.1,19.3.18。

d) 测试类型:能力测试。

A.2.15.5 离散体覆盖

a) 测试目的:验证 GML 专用标准满足 A.2.15.1 的要求,包括 gml:MultiSurfaceCoverage。验证对象元素的所有特性(不赞成使用的特性除外)是专用标准的一部分,maxOccurs 值至少为"1"。

b) 测试方法:查看专用标准。

c) 引用:本标准 A.2.15.1,19.3.19。

d) 测试类型:能力测试。

A.2.15.6 格网覆盖

a) 测试目的:验证 GML 专用标准满足 A.2.15.1 的要求,包括 gml:GridCoverage 和 gml:RectifiedGridCoverage。验证对象元素的所有特性(不赞成使用的特性除外)是专用标准的一部分,maxOccurs 值至少为"1"。

b) 测试方法:查看专用标准。

c) 引用:本标准 A.2.15.1,19.3.20,19.3.21。

d) 测试类型:能力测试。

A.2.15.7 连续覆盖

a) 测试目的:验证 GML 专用标准满足 A.2.15.1 的要求,包括 gml:AbstractContinuousCoverage。验证对象元素的所有特性(不赞成使用的特性除外)是专用标准的一部分,maxOccurs 值至少为"1"。

b) 测试方法:查看专用标准。

c) 引用:本标准 A.2.15.1,19.3.3。

d) 测试类型:能力测试。

A.3 GML 文档的抽象测试套件

A.3.1 存在一个到可用的 GML 应用模式的引用

a) 测试目的:验证存在一个到 GML 应用模式的引用,可用于 GML 文档。

b) 测试方法:检查表示 GML 应用模式的 XML 模式文件是在 GML 文档的根元素的 xsi:schemaLocation 属性上引用的。

c) 引用:本标准 21.1。

d) 测试类型:基本测试。

A.3.2 存在被引用的 GML 应用模式

a) 测试目的:验证存在可用于 GML 文档的 GML 应用模式。

b) 测试方法:检查在 GML 文档中引用的 GML 应用模式的 XML 模式文件能够被访问,同时检查被引用文件需要直接或间接访问的所有文档都是能够被访问的。

c) 引用:本标准 21.1。

d) 测试类型:基本测试。

A.3.3 引用的 GML 应用模式的一致性

a) 测试目的:验证在 GML 文档中引用的 GML 应用模式与本标准一致。

b) 测试方法:检查应用模式通过所有 A.1 中描述的可用的测试。

c) 引用:本标准 A.1。

d) 测试类型:能力测试。

A.3.4 有效的 XML

a) 测试目的:根据与 GML 应用模式一致的 XML 模式组件验证 GML 文档的有效性。

b) 测试方法:根据引用的 GML 应用模式验证 GML 文档的有效性。这个过程可以用适当的软件工具来验证,或者人工检查所有 XML 模式规范中的相关定义。

c) 引用:本标准 21.1。

d) 测试类型:能力测试。

A.3.5 GML 文档的一致性

a) 测试目的:验证 GML 文档符合所有本标准指定的其他限制。

b) 测试方法：检查满足 A.3.1～A.3.3 的要求，GML 文档满足 A.3.4 的要求，并且符合本标准中所有其他的限制。

c) 引用：本标准第 7 章～第 21 章，特别是 7.2.3.4，10.1.3.2，10.1.3.3，10.1.4.2，16.4.11。

d) 测试类型：能力测试。

附 录 B
（规范性附录）
软件实现的抽象测试套件

B.1 必须的一致性要求测试用例

B.1.1 GML 专用标准

a) 测试目的：验证 GML 专用标准文档可完全由软件实现支持。

b) 测试方法：检查软件实现的文件以验明专用标准，检查专用标准满足 A.1.12 中抽象测试套件的要求，检查软件实现完全支持专用标准和专用标准中与所有模式组件关联的语义。

c) 引用：本标准 A.1.12。

d) 测试类型：能力测试。

B.1.2 支持局部的简单的 Xlinks

a) 测试目的：如果软件实现具有处理 XML 格式的 GML 对象元素的能力，验证一个实现支持对相同 GML 文档的其他对象的引用。

b) 测试方法：检查该实现能够对特性实例进行操作，该实例用 xlink:href 属性（该属性通过一个快捷指针 XPointer）指向同一 XML 文档中的某个资源。

c) 引用：本标准 8.1。

d) 测试类型：能力测试。

B.1.3 要素的坐标参照系（软件实现）

a) 测试目的：如果软件实现具有处理 XML 格式的 GML 对象元素的能力，并且实现的 GML 专用标准包含要素，验证为要素的所有几何对象设置缺省的坐标参照系的机制。

b) 测试方法：检查实现，gm:Envelope 元素的 srsName 属性被用作要素元素内联编码的所有几何对象有缺省的坐标对照系，其中 gm:Envelope 元素是要素的 gml:boundedBy 特性值。

c) 引用：本标准 9.10。

d) 测试类型：能力测试。

B.2 处理 XML 格式的 GML 对象元素的软件实现的可选的一致性需求测试用例

B.2.1 支持远程的简单的 Xlinks

a) 测试目的：验证一个实现支持引用其他对象，包括在相同的 GML 文档中的对象或不同文档中的对象。

b) 测试方法：检查实现能够满足 A.1.1.1 的要求，并能够对特性实例进行操作，该实例该实例用 xlink:href 属性（该属性通过一个快捷指针 XPointer）指向同一 XML 文档之外的某个资源。

c) 引用：本标准 8.1。

d) 测试类型：能力测试。

B.2.2 支持扩展的 Xlinks

a) 测试目的：验证实现支持扩展的 Xlinks。

b) 测试方法：检查实现可以处理扩展的 Xlink 属性。

c) 引用：本标准 8.1。

d) 测试类型：能力测试。

B.2.3 支持可为空的特性

a) 测试目的：验证实现支持可为空（nillable）的特性。

b) 测试方法:检查实现,能够处理具有 xsi:nillable 属性的特性元素声明的 GML 应用模式,能够处理这些元素中具有 xsi:nil 和 gml:nilReason 属性的实例。

c) 引用:本标准 8.2.3.1~8.2.3.2。

d) 测试类型:能力测试。

B.2.4 支持度量单位

a) 测试目的:验证实现能对同类的两个单位进行转换。

b) 测试方法:检查实现,能够处理 8.2.3.6 中规定的 gml:MeasureType 的 uom 属性值,能够使用 16.2 中规定的单位字典转换度量值到同类的另一个单位。

c) 引用:本标准 8.2.3.6,16.2。

d) 测试类型:能力测试。

B.2.5 支持特性的所有者语义

a) 测试目的:验证实现支持"拥有(owns)"属性。

b) 测试方法:如果实现可以从 GML 文档中删除对象,检查如果一个对象被删除,该实现将删除被这个对象的"owns"属性指定的所有对象。

c) 引用:本标准 7.2.3.5。

d) 测试类型:能力测试。

B.2.6 元数据特性

a) 测试目的:验证特性被标识为元数据特性,其特性值是关于对象的元数据。

b) 测试方法:如果特性元素被标识为元数据特性,检查其内容模型是从 gml:AbstractMetadataPropertyType 派生的。

c) 引用:本标准 7.2.6。

d) 测试类型:能力测试。

B.2.7 支持使用 GML 专用标准进行实例验证

a) 测试目的:验证实现能够用 GML 专用标准进行实例验证。

b) 测试方法:如果专用标准是用 gml:gmlProfileSchema 标记从应用模式中引用的,检查实现用 GML 专用标准进行实例验证。

c) 引用:本标准 20.5。

d) 测试类型:能力测试。

B.3 写 GML 的测试实例

B.3.1 序列化能力

a) 测试目的:验证存在实现的序列化操作。

b) 测试方法:查看软件实现和文档,以检查实现具有序列化操作,以 XML 格式写入有效的 GML 对象的实例。

c) 引用:本标准 A.3。

d) 测试类型:基本测试。

B.3.2 序列化的有效性

a) 测试目的:验证序列化操作结果与本标准一致。

b) 测试方法:应用序列化操作写典型的 GML 文档,检查 XML 格式的 GML 对象的有效性。

c) 引用:本标准 A.3。

d) 测试类型:能力测试。

B.4 读 GML 的测试实例

a) 测试目的:验证实现具有从 XML 格式的 GML 对象元素创建实现对象的能力,以及序列化这些实现对象到 XML 格式的 GML 对象，验证操作的有效性。

b) 测试方法：检查创建和序列化对象的一系列操作(见 B.1.2)，产生的结果没有信息损失。

c) 引用：本标准 A.3。

d) 测试类型：能力测试。

B.5 写 GML 应用模式的测试实例

B.5.1 序列化能力

a) 测试目的：验证存在实现的序列化操作。

b) 测试方法：查看软件实现和文档，检查实现使用了序列化操作，以 XML 模式格式写入了 GML 应用模式的有效的实例。

c) 引用：本标准 A.1。

d) 测试类型：基本测试。

B.5.2 序列化的有效性

a) 测试目的：验证序列化操作结果与本标准一致。

b) 测试方法：使用序列化操作创建典型的 GML 应用模式，检查 GML 应用模式与实现的 GML 专用标准和本标准一致。

c) 引用：本标准 A.1,B.1.1。

d) 测试类型：能力测试。

B.6 读 GML 应用模式的测试实例

a) 测试目的：如果实现具有从 XML 格式的 GML 应用模式中创建实现对象和序列化这些实现对象回到 XML 格式的 GML 应用模式的能力，验证操作的有效性。

b) 测试方法：检查创建和序列化对象的一系列操作(见 B.5)，产生的结果没有信息损失。

c) 引用：本标准 A.1,B.5。

d) 测试类型：能力测试。

附 录 C
（资料性附录）
GML 模式

GML 模式的 XML 模式文档从以下 URL 标识的 ISO 网站上在线获得：

http://www.iso.org/ittf/ISO_19136_Schemas

模式组件结构上是模块化的，见附录 J，模式文档如下：

http://www.iso.org/ittf/ISO_19136_Schemas/basicTypes.xsd
http://www.iso.org/ittf/ISO_19136_Schemas/coordinateOperations.xsd
http://www.iso.org/ittf/ISO_19136_Schemas/coordinateReferenceSystems.xsd
http://www.iso.org/ittf/ISO_19136_Schemas/coordinateSystems.xsd
http://www.iso.org/ittf/ISO_19136_Schemas/coverage.xsd
http://www.iso.org/ittf/ISO_19136_Schemas/datums.xsd
http://www.iso.org/ittf/ISO_19136_Schemas/dictionary.xsd
http://www.iso.org/ittf/ISO_19136_Schemas/direction.xsd
http://www.iso.org/ittf/ISO_19136_Schemas/dynamicFeature.xsd
http://www.iso.org/ittf/ISO_19136_Schemas/feature.xsd
http://www.iso.org/ittf/ISO_19136_Schemas/geometryAggregates.xsd
http://www.iso.org/ittf/ISO_19136_Schemas/geometryBasic0d1d.xsd
http://www.iso.org/ittf/ISO_19136_Schemas/geometryBasic2d.xsd
http://www.iso.org/ittf/ISO_19136_Schemas/geometryComplexes.xsd
http://www.iso.org/ittf/ISO_19136_Schemas/geometryPrimitives.xsd
http://www.iso.org/ittf/ISO_19136_Schemas/gml.xsd
http://www.iso.org/ittf/ISO_19136_Schemas/gmlBase.xsd
http://www.iso.org/ittf/ISO_19136_Schemas/grids.xsd
http://www.iso.org/ittf/ISO_19136_Schemas/measures.xsd
http://www.iso.org/ittf/ISO_19136_Schemas/observation.xsd
http://www.iso.org/ittf/ISO_19136_Schemas/referenceSystems.xsd
http://www.iso.org/ittf/ISO_19136_Schemas/temporal.xsd
http://www.iso.org/ittf/ISO_19136_Schemas/temporalReferenceSystems.xsd
http://www.iso.org/ittf/ISO_19136_Schemas/temporalTopology.xsd
http://www.iso.org/ittf/ISO_19136_Schemas/topology.xsd
http://www.iso.org/ittf/ISO_19136_Schemas/units.xsd
http://www.iso.org/ittf/ISO_19136_Schemas/valueObjects.xsd

其他的文档 http://www.iso.org/ittf/ISO_19136_Schemas/defaultStyle.xsd 包含资料性的模式组件。

Xlinks XML 模式文档位于 http://schemas.opengis.net/xlink/xlinks.xsd。

另外的模式资料库是开放地理空间协会的模式网站：

http://schemas.opengis.net/gml/3.2.1/

附 录 D
（规范性附录）
ISO 19100系列标准实现的专用标准和扩展

D.1 总则

ISO 19100系列标准与GML的基本关系在第6章讨论。本附录详细描述了由GML实现的在ISO 19100国际标准中定义的概念模型的专用标准(见D.2)，以及这个专用标准的扩展(见D.3)。

在本标准中，"专用标准(profile)"指一个独立的子集。

D.2 GML所用的ISO 19100系列标准的专用标准

D.2.1 概述

以下章条描述了GML所用的ISO 19100系列标准的专用标准。专用标准的类图描述专用标准与GML模式的关系和映射。

注1：一般地，在附录E中讨论的编码规则也用在GML模式的编码中。然而，因为GML模式大都由手工编辑而成，因此开发了实现环境(XML和XML模式)的更多特定的能力。例如很多预定义的基本类型(简单类型或具有简单内容的复杂类型)，或采用全局元素作为特性以便使其能够被替代(如，为不赞成使用的特性名称定义别名)都是这样的例子。这些例子在以下章条说明，有些例子是简单的，比较容易理解。

只有来自下面讨论的国际标准中的元素是专用标准的一部分，来自其他国际标准的元素不属于本专用标准。

由于GML的本质，专用标准不包括任何类的操作。

另外，没有数据结构的接口类(构造型《Interface》)和与没有数据结构的类的"实现(Realization)"关系都被删去。

而且，关联的可航性(navigability)被限制在GML表示显式的对象特性的方向(GML模式中的大部分关联仅在一个方向上是可导航的)。

注2：这个附录不考虑已不赞成使用的类型、元素和属性。

注3：UML应用模式映射到GML应用模式的一般规则在附录E中定义。

注4：在本附录中，命名空间"xsd:"是指XML模式的命名空间，即http://www.w3.org/2001/xmlschema。命名空间"gml:"是指GML的命名空间，即http://www.opengis.net/GML/3.2。

表D.1提供了ISO 19100系列标准的高层包与本标准中定义GML模式组件的章条的映射(对应关系)，GML模式组件实现了这些包中的类型。

表D.1 ISO 19100系列标准的实现包概况

UML包	UML类前缀	本标准章条	附录D章条
ISO/TS 19103:Basic Types:Units of Measure	—	8.2.3.6,16.2	D.2.2
GB/T 23707:Geometry:Geometric root	GM	10.1.3	D.2.3.2
GB/T 23707:Geometry:Geometric primitive	GM	10.2,10.3,10.4,10.5,10.6	D.2.3.3
GB/T 23707:Geometry:Geometric complex	GM	11.2	D.2.3.6
GB/T 23707:Geometry:Geometric aggregates	GM	11.3	D.2.3.5
GB/T 23707:Geometry:Coordinate geometry	GM	10.1.4	D.2.3.4

表 D.1 （续）

UML 包	UML 类前缀	本标准章条	附录 D 章条
GB/T 23707:Topology:Topology root	TP	13.2	D.2.4.2
GB/T 23707:Topology:Topology primitive	TP	13.3	D.2.4.3
GB/T 23707:Topology:Topology complex	TP	13.5	D.2.4.4
GB/T 22022:Temporal Objects	TM	14.2,14.3	D.2.5.2～D.2.5.6
GB/T 22022:Temporal Reference System	TM	14.4	D.2.5.7
ISO 19111:SC_CoordinateReferenceSystem	SC	12.2,12.3	D.2.7.3
ISO 19111:SC_CoordinateSystem	CS	12.4	D.2.7.4
ISO 19111:SC_Datum	CD	12.5	D.2.7.5
ISO 19111:SC_CoordinateOperation	CC	12.6	D.2.7.6
ISO 19123	CV	19	D.2.11

表 D.2 提供了本标准实现的概念性的 UML 类和关联的 GML 对象元素，XML 模式类型，GML 特性类型之间的映射。

这个表分 4 列。为了提供从 UML 类型(第一列)到 GML 使用的 XML 模式完整的映射，需要三个不同的映射，在其他三个列中说明。这是在通用要素模型到 UML 和到 XML 模式的不同映射的结果，主要因为 XML 模式将 XML 元素和它们的内容模型分开表示。

本表说明如下：

a) 第一列(“UML 类”)列举了来自 ISO 19100 系列中的类，它由 GML 模式实现。

在某些情况下，这一列是空的(“—”)，说明其他列中 GML 内容和类型实现的概念在 ISO 19100系列中说明，但是在 D.3 中有介绍。

b) 第二列(“GML 对象元素”)指定了实现该类型的 GML 对象元素。

这一信息特别在附录 E 中的编码规则的两种情况下使用到：

——当 GML 模式中没有预定义的用于对象元素的特性类型(见第四列)，但在应用模式中需要创建特性类型时；

——当该类型的一个子类型在应用模式中指定，表示该子类型的对象元素需要定义为该类型的对象元素的置换组的一部分时。

如果在 GML 模式中没有对应的对象元素存在，则就用一个空符号(“—”)来表示。

c) 第三列(“GML 类型”)指定 XML 模式类型，它定义了第二列中的 GML 对象元素的内容模型。当第一列中该类型的子类型在应用模式中建模时，这个 xml 模式类型特别用在附录 E 的编码规则中；这种情况下，XML 模式实现将指定 XML 模式的派生类型。

如果在 GML 模式中没有相应的 XML 模式类型存在，就用一个空符号(“—”)来表示。

d) 第四列(“GML 特性类型”)指定了作为 XML 模式类型使用的类型，如果在应用模式中该类型用作一个特性值。这种情况下，本列提供了 XML 模式类型值，它是 GML 模式中那个类型的实现。

例：如果要素类型有一个“GM_Point”类型的特性，则在 XML 模式表示中，相应的 GML 特性元素声明会以 GML:PointPropertyType 作为它的的类型。

对于带构造型〈〈DataType〉〉的类，如果没有提供特性的 XML 模式表示作为在 GML 模式中规定的数据类型，通常不用作要素特性值。

在一些情况下，GML 模式不包含那个类型的预定义特性类型，如果应用模式需要，特性类型需要根据 GML 特性类型规则(见 7.2.3)构建，其中，GML 对象元素在同一行的第二列指定。

如果该值用“组(group)”标明，则这个特性通过引用该单元格中指定的全局组，而不是局部特性元素实现。

表 D.2　ISO 19100 系列标准中实现的类型

UML 类	GML 对象元素	GML 类型	GML 特性类型
GM_Object	gml:AbstractGeometry	gml:AbstractGeometryType	gml:GeometryPropertyType
GM_Primitive	gml:AbstractGeometricPrimitive	gml:AbstractGeometricPrimtiveType	gml:GeometricPrimtivePropertyType
DirectPosition	—	—	gml:DirectPositionType
GM_Position	—	—	gml:geometricPositionGroup (group)
GM_PointArray	—	—	gml:geometricPositionListGroup(group)
GM_Point	gml:Point	gml:PointType	gml:PointPropertyType
GM_Curve	gml:Curve	gml:CurveType	gml:CurvePropertyType
GM_Surface	gml:Surface	gml:SurfaceType	gml:SurfacePropertyType
GM_PolyhedralSurface	gml:PolyhedralSurface	gml:PolyhedralSurfaceType	anonymous property typea
GM_TriangulatedSurface	gml:TriangulatedSurface	gml:TriangulatedSurfaceType	anonymous property type
GM_Tin	gml:Tin	gml:TinType	anonymous property type
GM_Solid	gml:Solid	gml:SolidType	gml:SolidPropertyType
GM_OrientableCurve	gml:OrientableCurve	gml:OrientableCurveType	gml:CurvePropertyType
GM_OrientableSurface	gml:OrientableSurface	gml:OrientableSurfaceType	gml:SurfacePropertyType
GM_Ring	gml:Ring	gml:RingType	—
GM_Shell	gml:Shell	gml:ShellType	—
—	gml:LineString	gml:LineStringType	—
—	gml:Polygon	gml:PolygonType	—
—	gml:LinearRing	gml:LinearRingType	—
GM_CompositePoint	gml:Point	gml:PointType	gml:PointPropertyType
GM_CompositeCurve	gml:CompositeCurve	gml:CompositeCurveType	anonymous property type
GM_CompositeSurface	gml:CompositeSurface	gml:CompositeSurfaceType	anonymous property type
GM_CompositeSolid	gml:CompositeSolid	gml:CompositeSolidType	anonymous property type
GM_Complex	gml:GeometricComplex	gml:GeometricComplexType	gml:GeometricComplexPropertyType
GM_Aggregate	gml:MultiGeometry	gml:MultiGeometryType	gml:MultiGeometryPropertyType
GM_MultiPoint	gml:MultiPoint	gml:MultiPointType	gml:MultiPointPropertyType
GM_MultiCurve	gml:MultiCurve	gml:MultiCurveType	gml:MultiCurvePropertyType
GM_MultiSurface	gml:MultiSurface	gml:MultiSurfaceType	gml:MultiSurfacePropertyType
GM_MultiSolid	gml:MultiSolid	gml:MultiSolidType	gml:MultiSolidPropertyType

表 D.2（续）

UML 类	GML 对象元素	GML 类型	GML 特性类型
GM_MultiPrimitive	gml:MultiGeometry	gml:MultiGeometryType	gml: MultiGeometryPropertyType
GM_CurveSegment	gml:AbstractCurveSegment	gml: AbstractCurveSegmentType	—
GM_Arc	gml:Arc	gml:ArcType	—
GM_ArcByBulge	gml:ArcByBulge	gml:ArcByBulgeType	—
—	gml:ArcByCenterPoint	gml:ArcByCenterPointType	—
GM_ArcString	gml:ArcString	gml:ArcStringType	—
GM_ArcStringByBulge	gml:ArcStringByBulge	gml:ArcStringByBulgeType	—
GM_Bezier	gml:Bezier	gml:BezierType	—
GM_BsplineCurve	gml:BSpline	gml:BSplineType	—
GM_Circle	gml:Circle	gml:CircleType	—
—	gml:CircleByCenterPoint	gml:CircleByCenterPointType	—
GM_Clothoid	gml:Clothoid	gml:ClothoidType	—
GM_CubicSpline	gml:CubicSpline	gml:CubicSplineType	—
GM_GeodesicString	gml:GeodesicString	gml:GeodesicStringType	—
GM_LineString	gml:LineStringSegment	gml:LineStringSegmentType	—
GM_OffsetCurve	gml:OffsetCurve	gml:OffsetCurveType	—
GM_SurfacePatch	gml:AbstractSurfacePatch	gml: AbstractSurfacePatchType	—
GM_GriddedSurface	gml:AbstractGriddedSurface	gml: AbstractGriddedSurfaceType	—
GM_ParametricCurveSurface	gml: AbstractParametricCurveSurface	gml: AbstractParametricCurveSurfaceType	—
GM_Cone	gml:Cone	gml:ConeType	—
GM_Cylinder	gml:Cylinder	gml:CylinderType	—
GM_Geodesic	gml:Geodesic	gml:GeodesicType	—
GM_Polygon	gml:PolygonPatch	gml:PolygonPatchType	—
—	gml:Rectangle	gml:RectangleType	—
GM_Sphere	gml:Sphere	gml:SphereType	—
GM_Triangle	gml:Triangle	gml:TriangleType	—
TP_Object	gml:AbstractTopology	gml:AbstractTopologyType	anonymous property type
TP_Node	gml:Node	gml:NodeType	gml: DirectedNodePropertyType
TP_Edge	gml:Edge	gml:EdgeType	gml: DirectedEdgePropertyType

表 D.2（续）

UML 类	GML 对象元素	GML 类型	GML 特性类型
TP_Face	gml:Face	gml:FaceType	gml:DirectedFacePropertyType
TP_Solid	gml:TopoSolid	gml:TopoSolidType	gml:DirectedTopoSolidPropertyType
TP_DirectedNode	—	—	gml:DirectedNodePropertyType
TP_DirectedEdge	—	—	gml:DirectedEdgePropertyType
TP_DirectedFace	—	—	gml:DirectedFacePropertyType
TP_DirectedSolid	—	—	gml:DirectedTopoSolidPropertyType
TP_Complex	gml:TopoComplex	gml:TopoComplexType	gml:TopoComplexPropertyType
—	gml:TopoPoint	gml:TopoPointType	gml:TopoPointPropertyType
—	gml:TopoCurve	gml:TopoCurveType	gml:TopoCurvePropertyType
—	gml:TopoSurface	gml:TopoSurfaceType	gml:TopoSurfacePropertyType
—	gml:TopoVolume	gml:TopoVolumeType	gml:TopoVolumePropertyType
TM_Object	gml:AbstractTimeObject	gml:AbstractTimeObjectType	*anonymous property type*
TM_Complex	gml:AbstractTimeComplex	gml:AbstractTimeComplexType	*anonymous property type*
TM_GeometricPrimitive	gml:AbstractTimeGeometricPrimtive	gml:AbstractTimeGeometricPrimtiveType	gml:TimeGeometricPrimtivePropertyType
TM_Instant	gml:TimeInstant	gml:TimeInstantType	gml:TimeInstantPropertyType
TM_Period	gml:TimePeriod	gml:TimePeriodType	gml:TimePeriodPropertyType
TM_TopologicalComplex	gml:TimeTopologyComplex	gml:TimeTopologyComplexType	gml:TimeTopologyComplexPropertyType
TM_TopologicalPrimitive	gml:AbstractTimeTopologyPrimtive	gml:AbstractTimeTopologyPrimtiveType	gml:TimeTopologyPrimtivePropertyType
TM_Node	gml:TimeNode	gml:TimeNodeType	gml:TimeNodePropertyType
TM_Edge	gml:TimeEdge	gml:TimeEdgeType	gml:TimeEdgePropertyType

表 D.2(续)

UML 类	GML 对象元素	GML 类型	GML 特性类型
TM_PeriodDuration	—	—	gml: duration (propertyelement), xsd:duration
TM_IntervalLength	—	—	gml: timeInterval (group), gml:TimeIntervalLengthType
TM_Duration	—	—	gml:timeLength(group)
TM_Position	—	—	gml:TimePositionType
TM_IndeterminateValue	—	—	@TimeIndeterminateValue(attribute on TimePositionType)
TM_Coordinate	—	—	xsd:decimal
TM_CalDate	—	—	gml:CalDate
TM_ClockTime	—	—	xsd:time
TM_DateAndTime	—	—	xsd:dateTime
TM_Calendar	gml:TimeCalendar	gml:TimeCalendarType	gml: TimeCalendarPropertyType
TM_CalendarEra	gml:TimeCalendarEra	gml:TimeCalendarEraType	gml: TimeCalendarEraPropertyType
TM_Clock	gml:TimeClock	gml:TimeClockType	gml:TimeClockPropertyType
TM_CoordinateSystem	gml:TimeCoordinateSystem	gml: TimeCoordinateSystemType	*anonymous property type*
TM_OrdinalReferenceSystem	gml: TimeOrdinalReferenceSystem	gml: TimeOrdinalReferenceSystemType	*anonymous property type*
TM_OrdinalEra	gml:TimeOrdinalEra	gml:TimeOrdinalEraType	gml: TimeOrdinalEraPropertyType
SC_CRS	gml:AbstractCRS	gml:AbstractCRSType	gml:CRSPropertyType
SI_LocationInstance	—	—	gml:LocationName
CV_Coverage	gml:AbstractCoverage	gml:AbstractCoverageType	*anonymous property type*
CV_ContinuousCoverage	gml: AbstractContinuousCoverage	gml: AbstractContinuousCoverageType	*anonymous property type*
CV_DiscreteCoverage	gml: AbstractDiscreteCoverage	gml:DiscreteCoverageType	*anonymous property type*
CV_DiscretePointCoverage	gml:MultiPointCoverage	gml: MultiPointCoverageType	*anonymous property type*
CV_DiscreteCurveCoverage	gml:MultiCurveCoverage	gml: MultiCurveCoverageType	*anonymous property type*
CV_DiscreteSurfaceCoverage	gml:MultiSurfaceCoverage	gml: MultiSurfaceCoverageType	*anonymous property type*
CV_DiscreteSolidCoverage	gml:MultiSolidCoverage	gml:MultiSolidCoverageType	*anonymous property type*
CV_DiscreteGridPointCoverage	gml:GridCoverage	gml:GridCoverageType	*anonymous property type*

表 D.2（续）

UML 类	GML 对象元素	GML 类型	GML 特性类型
CharacterString	—	—	xsd:string
Boolean	—	—	xsd:boolean
Real,Number	—	—	xsd:double
Decimal	—	—	xsd:decimal
Date	—	—	xsd:date
Time	—	—	xsd:time
DateTime	—	—	xsd:dateTime
Integer	—	—	xsd: integer, xsd: nonPositiveInteger, xsd: negativeInteger, xsd: nonNegativeInteger, xsd: positiveInteger[b]
Vector	—	—	gml:VectorType
GenericName, LocalName or ScopeName	—	—	gml:CodeType
Length,Distance	—	—	gml:LengthType
Angle	—	—	gml:AngleType
Speed	—	—	gml:SpeedType
Scale	—	—	gml:ScaleType
Area	—	—	gml:AreaType
Volume	—	—	gml:VolumeType
Measure	—	—	gml:MeasureType
Sign	—	—	gml:SignType
UnitOfMeasure	—	—	gml:UnitOfMeasureType

[a] 遵循 GML 特性类型模板的匿名类型。引用的或内联的对象元素同一行中第四列的元素。

[b] 第二列给出了多个值以支持附录 F 中描述的反向映射。

D.2.2 ISO/TS 19103 概念模式语言

在本条中，规定了可直接在 GML 中使用的 ISO/TS 19103 中定义的基本类型。在很多情况下，可以直接使用 XML 模式定义的简单类型。

a) “CharacterString”由 xsd:string 实现。字符编码在构建 XML 文档的过程中定义（XML 文档的默认值是 UTF-8）。

b) “Data”由 xsd:data 实现。

c) “DataTime”由 xsd:dateTime 实现。

d) “time”由 xsd:time 实现。

e) “Real”由 xsd:double 实现。

f) “Decimal”通常由 xsd:decimal 实现。实际应用时，decimal 值在模式中也用 xsd:double 表示。

g) 一般的基本类型“Number”在 GML 模式中通常由 xsd:double 实现。

h) “Integer”由 xsd:integer 实现。

i) “Boolean”由 xsd:boolean 实现。

j) “Measure”由简单类型 gml:MeasureType 实现。类型的值是 xsd:double,uom 标识由 URI 实现,它通常涉及〈gml:UnitDefinition〉元素,或众知的单位。见 8.2.3.6。

“UnitOfMeasure”由 gml:UnitDefinition 实现。

以下“Measure”的子类型由 GML 实现,每一个都具有一个 uom 属性,它指向相应类型的单位定义:

——“Length”→gml:LengthType;

——“Scale”→gml:ScaleType;

——“Area”→gml:AreaType;

——“Volume”→gml:VolumeType;

——“Speed”→gml:SpeedType;

——“Time”→gml:TimeType;

——“Angle”→gml:AngleType。

k) “Vector”由 gml:VectorType 实现。

注:ISO/TS 19103 把向量描述成为“一组有序的叫做坐标的数,它表示了在一个坐标系中的位置”。GML 在这种意义上使用向量,提供了显式地阐述与向量关联的坐标系的能力。

l) “GenericName” 和“LocalName”由 gml:CodeType 实现,其中,名称空间指示符是一个 URI。

m) “ScopedName”由 gml:CodeWithAuthorityType 实现,其中,必须的名称空间指示符是一个 URI。

ISO/TS 19103 规定了所有的“NULL”值是等价的。本标准使用更显式的方法,通过提供一种机制说明了“nil”值的原因。应用中是否使用该附加信息是可选的。

D.2.3 GB/T 23707 空间模式(几何)

D.2.3.1 概述

定义在本附录中的 GML 专用标准的 UML 模型描述了定义在 GB/T 23707 中定义的抽象类型的概念模型。GML 专用标准使用与 GB/T 23707 中一致的类和特性,以较容易地进行两个标准的比较。

注 1:详细信息见 GB/T 23707—2009 的第 2 章。

表 D.3 中列出对 GB/T 23707 的几何包的一些修改。

表 D.3 GB/T 23707 专用标准的描述(几何)

修 改	解 释
GM_Primitive:删除到“interior”的关联	GML 现在不支持
GM_Polygon:删除属性“spanningSurface”	GML 现在不支持
GM_Solid:转换操作“boundary()”为属性	因为 GM_Solid 的边界仅通过“boundary()”访问,因此增加了具有相同名称的一个属性。属性值是定义在 GB/T 23707 中的“boundary()”操作的结果
GM_Complex:关联“Contains”	GML 现在不支持
删除 GM_MultiPrimitive 子类型派生的属性	这些属性可以从对象的数字化表示中派生,因此,多余的信息被忽略掉
GM_CompositePoint:删除	GM_CompositePoint 没有增加任何额外的信息。GB/T 23707增加该类型仅是为了完整性考虑,不希望它用在实例文档中,因此,在 GML 中被忽略掉
GM_PolynomialSpline 修改为抽象的	在 GML 中现在不能实例化,但子类型 GM_CubicSpline 可以

表 D.3（续）

修　　改	解　　释
GM_LineSegment：删除	GML 不支持，而用具有两个控制点的 GM_LineString 代替
GM_CurveBoundary：删除	仅在操作中使用
GM_ComplexBoundary：删除	仅在操作中使用

注 2：GM_OrientableCurve 和 GM_OrientableSurface 是"非抽象的"(和 GB/T 23707 一致)。

D.2.3.2　根几何

图 D.1 和图 D.2 中的 UML 类图描述了"根几何"包的专用标准(和 GB/T 23707—2009 图 5、图 6 比较)。

不同的类到 GML 模式的映射在随后的章条中进行说明，并提供了类层次的详细信息。

"GM_Object"用"AbstractGeometry"对象元素表示，"CRS"角色用"srsName"特性表示。

"AbstractGeometry"元素可有附加特性：可选的"description"元素，0 个或多个的"name"元素，可选的"identifier"元素和必需的"gml:id"属性。后者特别是在支持通过"引用(by reference)"、遵循紧凑的 XPointer 语法重用几何元素中很有用。

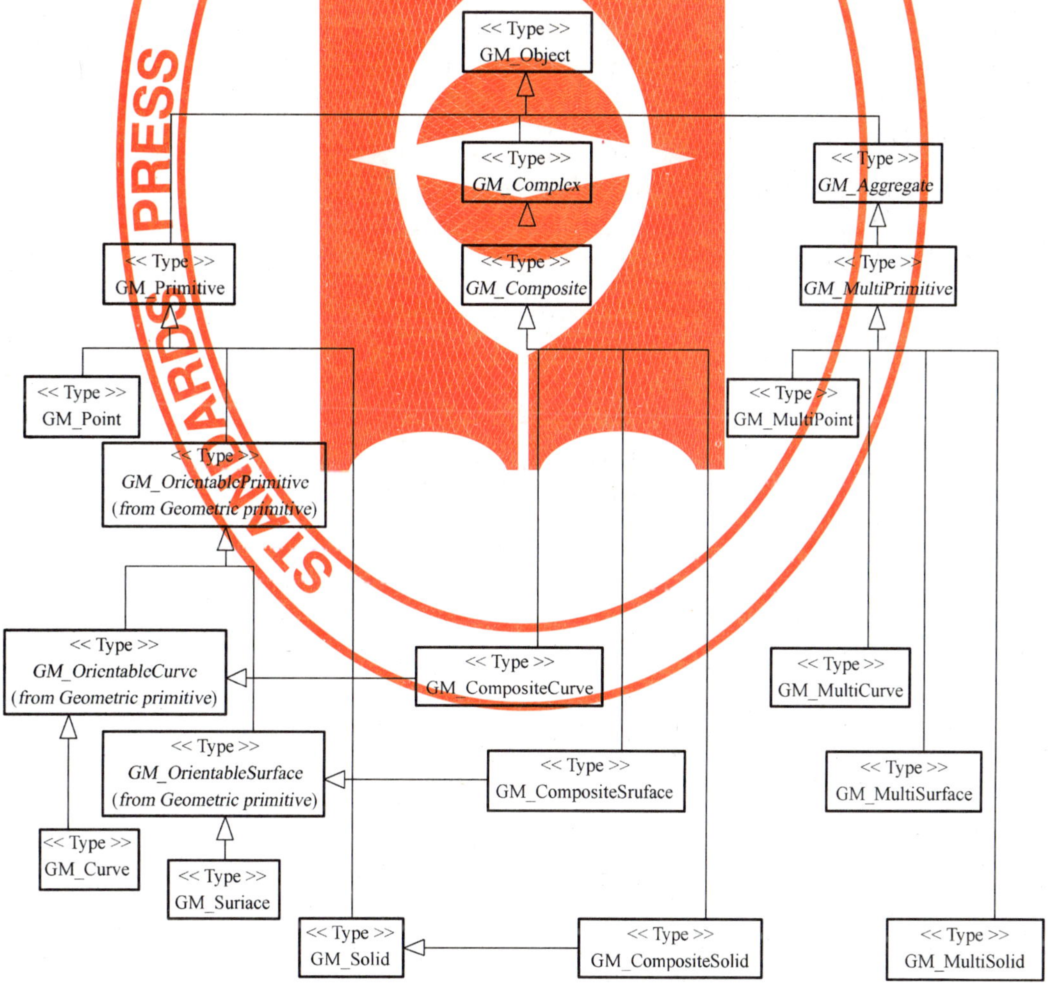

图 D.1　实现的 GM_Object 子类型

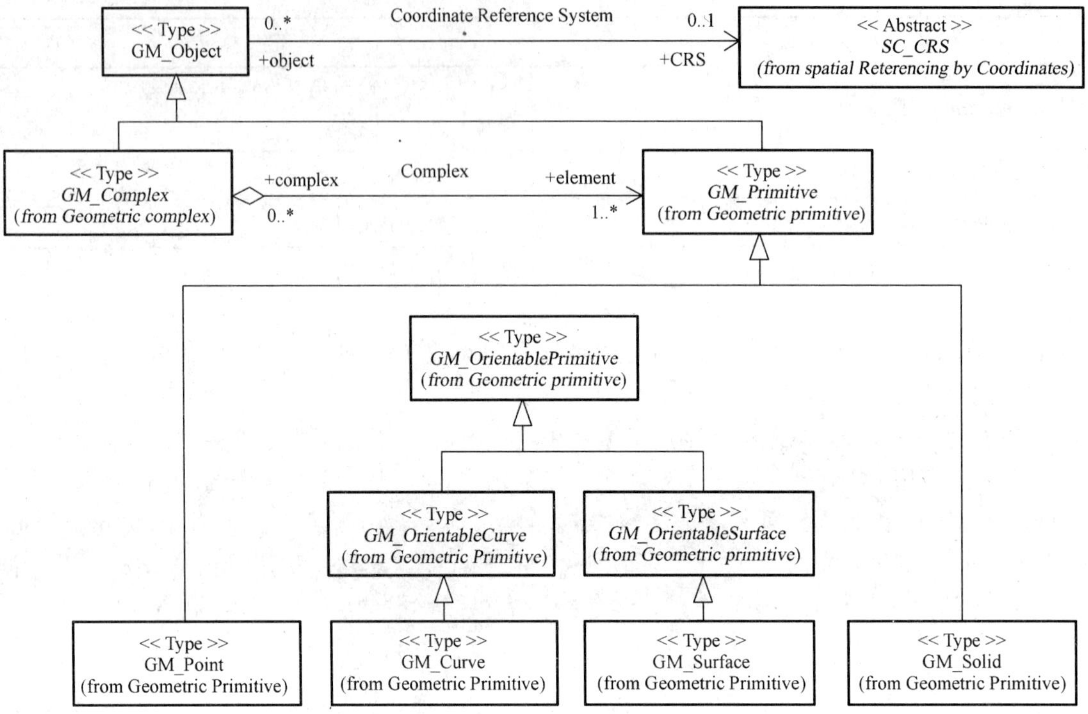

图 D.2 几何单形

D.2.3.3 几何单形

图 D.3～D.9 中的 UML 类阐明了"几何单形"包的专用标准(和 GB/T 23707—2009 图 7～图 13 比较)。

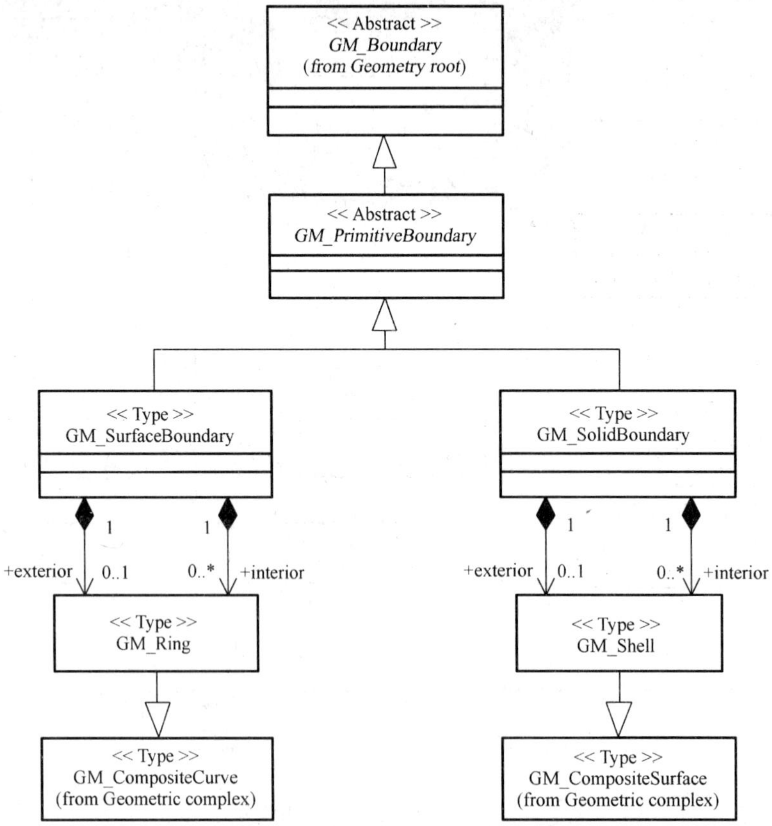

图 D.3 几何单形边界

GML 中不显式地表示 GB/T 23707 的边界类。在 GB/T 23707 中,边界类型一般是操作“boundary()”的返回值。因为所有曲面(块)或体的边界在 GML 中需要显式地表示为特性,因此,在 GML 中定义了“exterior”和“interior”特性直接作为曲面(块)或体的特性。

“GM_Ring”用“Ring”对象元素表示。虽然“Ring”不能代替 GML 中的“CompositeCurve”,但它在结构上与组合曲线等价。

“GM_Shel”用“Shell”对象元素表示。虽然“Shell”不能代替 GML 中的“CompositeSurface”,但它结构上与组合面等价。

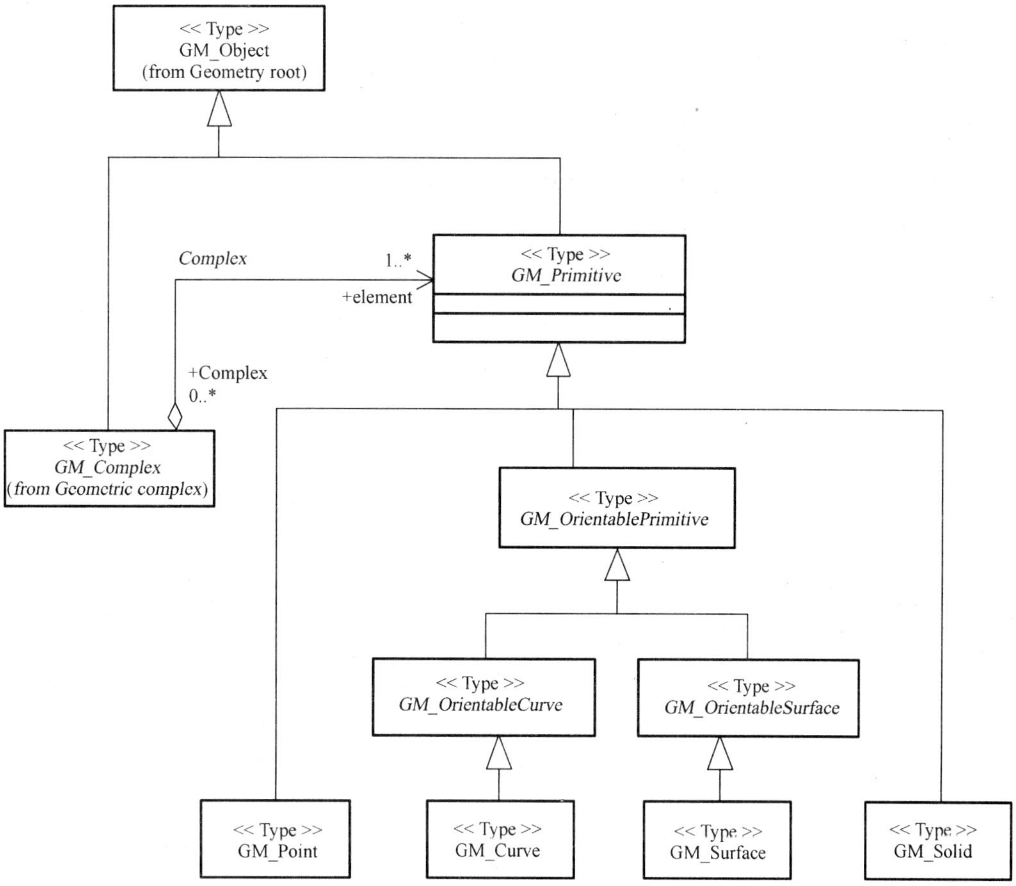

图 D.4 几何单形

“GM_Primitive”用“AbstractGeometricPrimitive”对象元素表示(两者都是抽象的)。“complex”角色在 GML 中不具有可操作性。

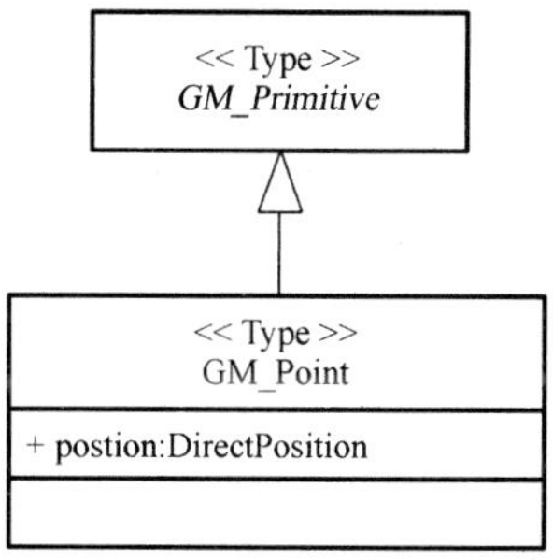

图 D.5 点

“GM_Point”在 GML 中用“Point”对象元素表示。“position”属性用“pos”特性表示(值类型是“DirectPosition”)。

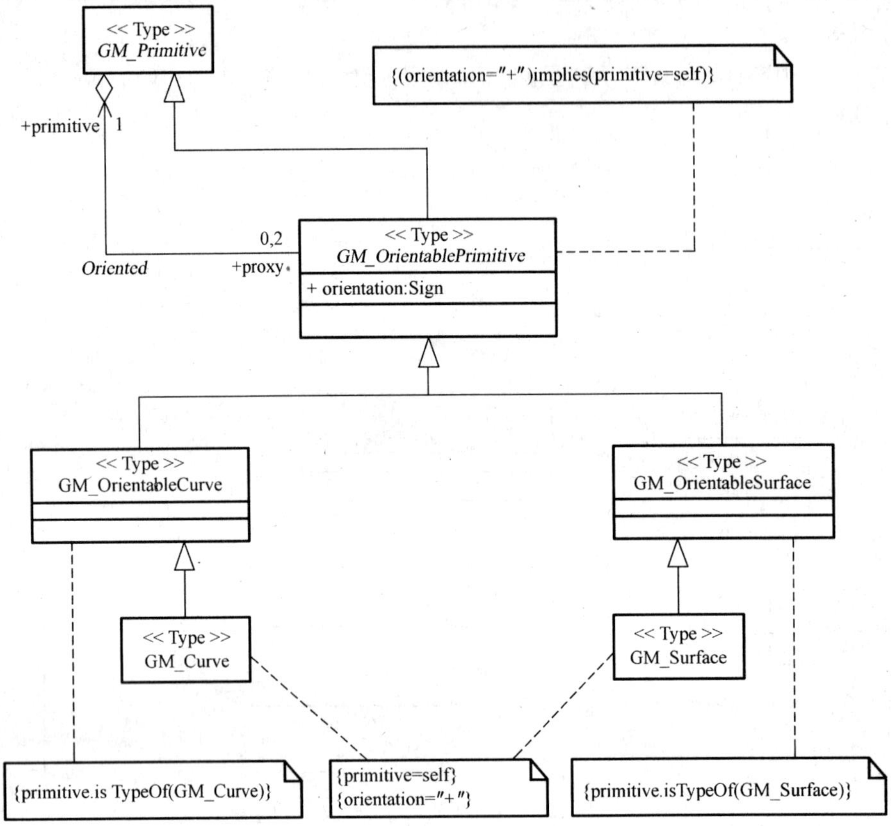

图 D.6 曲线和曲面

“GM_Curve”在 GML 中由“Curve”对象元素表示。方向不是“Curve”的显式的特性,它隐式地固定为“+”。

“GM_OrientableCurve”在 GML 中由“OrientableCurve”对象元素表示。“primitive”角色由“baseCurve”特性表示。

“GM_Surface”在 GML 中由“Surface”对象元素表示。方向不是“Surface”的显式的特性,它隐式地固定为“+”。

“GM_Orientable Surface”在 GML 中由“OrientableSurface”对象元素表示。“primitive”角色由“baseSurface”特性表示。

为了在 GML 中能够使用一般是几何单形组成的“CompositeCurve”,引进了抽象(且没有特性)的对象元素“AbstractCurve”,可用“Curve”,“OrientableCurve”或“CompositeCurve”替代。同样的机制用于曲面和体。因此,“GM_OrientablePrimitive”类不是显式地映射到 GML,然而,因为这种类型不能实例化,因此不施加任何限制。

注:这是因为空间模式使用多重继承来表示组合几何,定义上它可以是几何复形,也可以表示几何单形。因为 XML 模式不支持多重继承(更确切地说是多重类型的派生),在 GML 中引入了抽象对象元素“AbstractCurve”,“AbstractSurface”和“AbstractSolid”,以允许“true”几何单形(例如:“Curve”)和组合几何(例如:“CompositeCurve”)可以在共同的置换组中,尽管两者结构上不同。

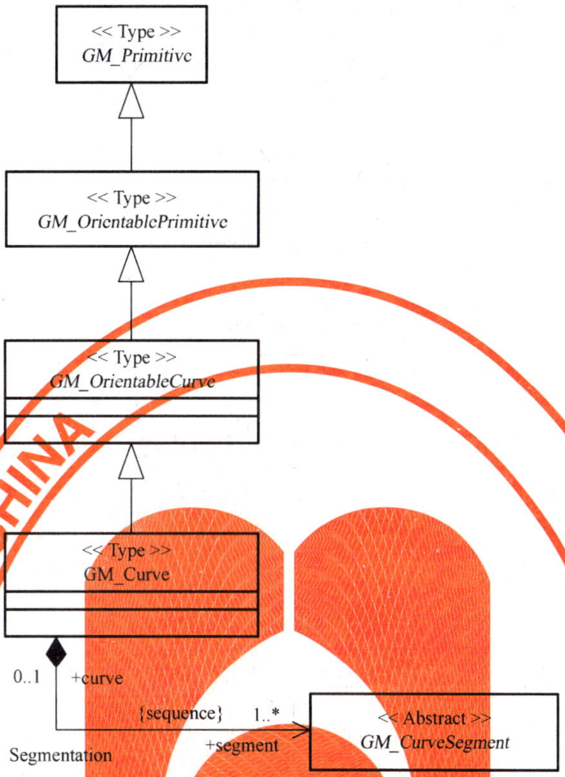

图 D.7 曲线

如上述讨论的,“GM_Curve”在 GML 中由“Curve”对象元素表示。“segment”角色在 GML 中由一个数组特性“segments”表示。

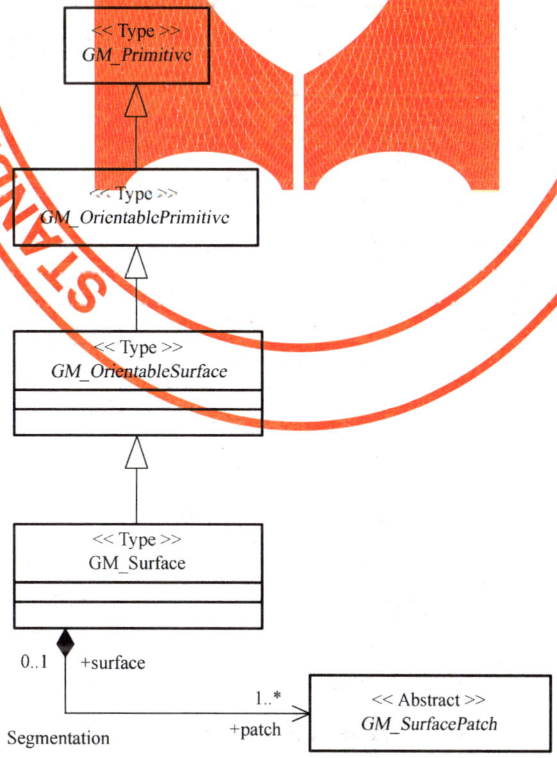

图 D.8 曲面

如上述讨论的,“GM_Surface”在 GML 中由“Surface”对象元素表示。“patch”角色在 GML 中由一个数组特性“patches”表示。

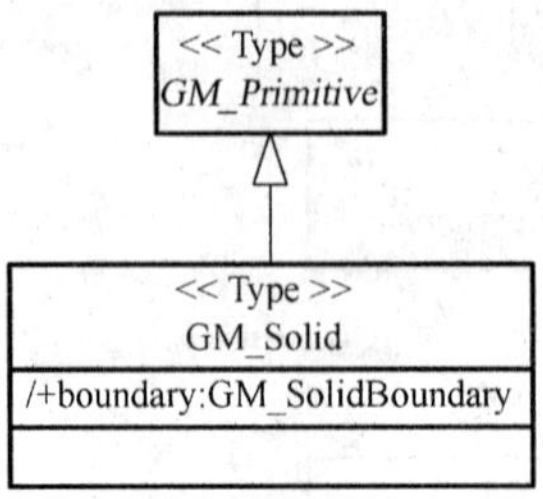

图 D.9 体

“GM_Solid”在 GML 中由“Solid”对象元素表示。体的边界可直接用上面讨论的体的“exterior”和“interior”特性表示。

D.2.3.4 坐标几何

图 D.10～图 D.19 的 UML 类图阐明了“Coordinate Geometry”包的专用标准(与 GB/T 23707—2009 图 14～图 21 比较)。

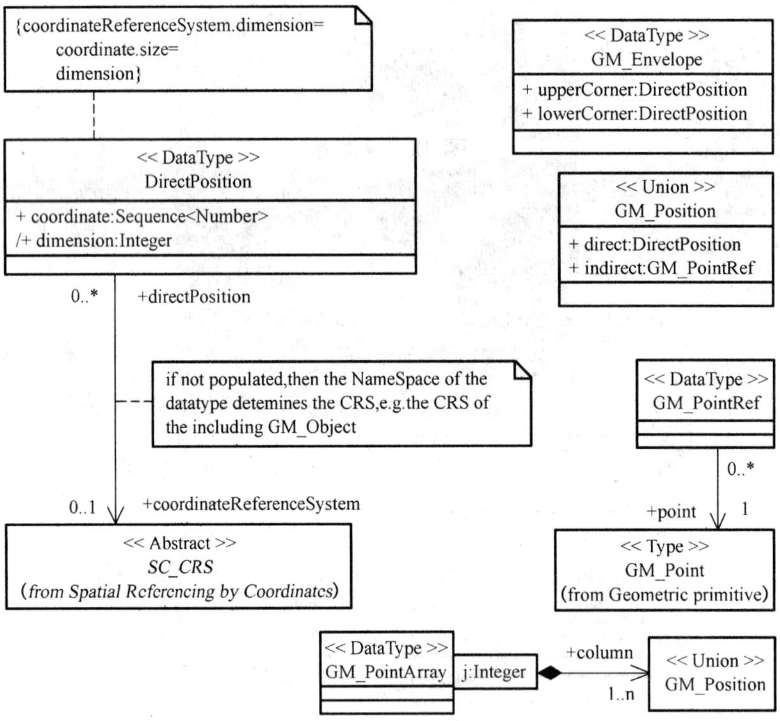

图 D.10 坐标几何

“DirectPosition”在 GML 中被表示为一个具有简单内容的类型,“coordinate”属性映射为双精度数的列表。“coordinateReferenceSystem”角色用“srsName”特性表示,“dimension”用可选的相同名称的特性表示(类型是正整数)。

“GM_Position”映射为在“pos”特性(“DirectPosition”类型)和“pointProperty”特性(它的值是“Point”)之间的选择。“GM_PointArray”被表示为一相似的选择元素,但有合适的最小与最大出现次数。

单一的“GM_Position”或“GM_PointArray”可由“coordinates”特性表示(这个值的类型是“Coordinates"，它是一个具有简单内容的类型，表示了编码为字符串的坐标列表)。

"GM_Envelope"在 GML 中表示为"Envelope"对象元素。两个属性"upperCorner"和"lowerCorner"映射到具有相同名称的特性。"GML:Envelope"中的附加属性"SRSReferenceGroup"用于仅指定一次坐标参照系，通常每个角点(corner)具有相同的坐标参照系。

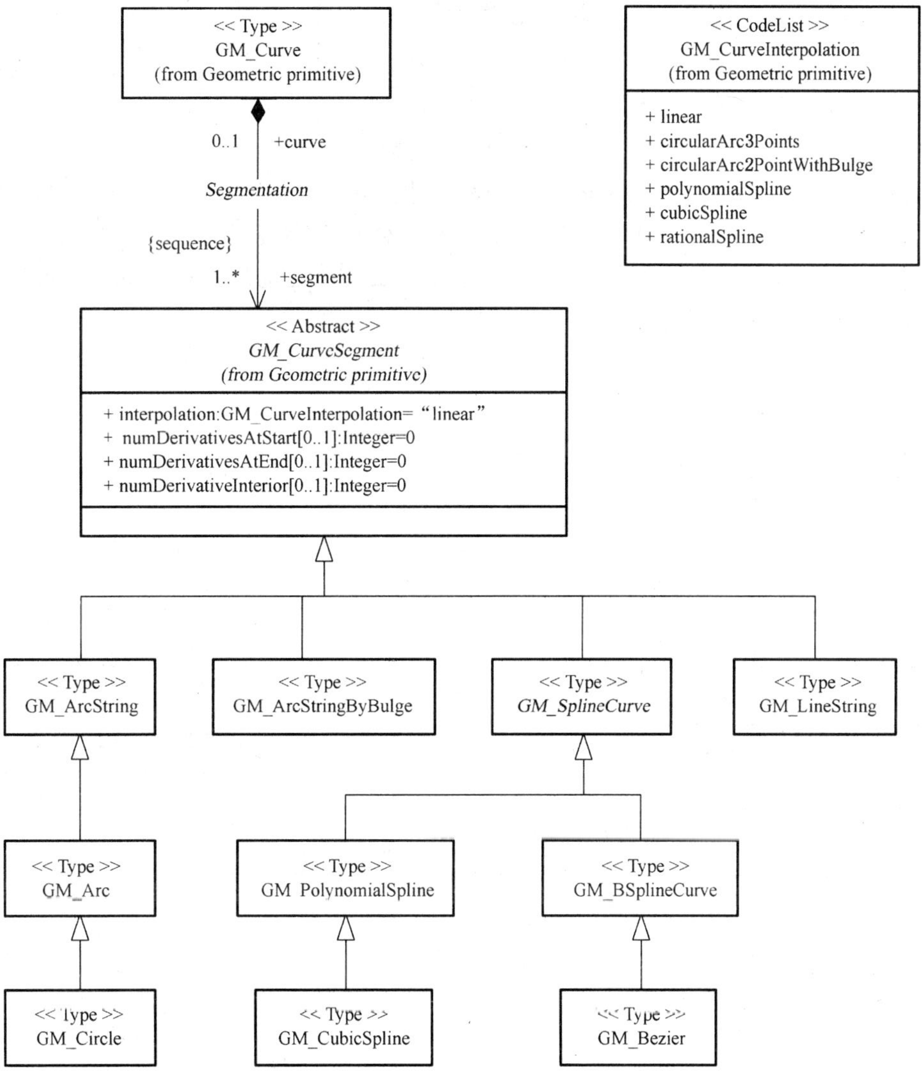

图 D.11 曲线段

"GM_CurveSegment"在 GML 中由"AbstractCurveSegment"对象元素(两者都是抽象的)表示。三个"numDerivatives..."映射到有同样定义的特性。"interpolation"属性在"AbstractCurveSegment"中没有定义，但在实例的子类型中定义(并设置有初始值)。

GML 目前支持 GB/T 23707 中所有定义的曲线段的子集。

"GM_CurveSegment"中大部分子类型具有"controlPoint"属性，此属性在 GML 中用如上所述的选择元素表示(见对 GM_PointArray 表示的讨论)。

代码表"GM_CurveInterpolation"映射到 GML 的一个枚举，即除了在 GML 模式中预定义的值外，不允许有其他的任何值。

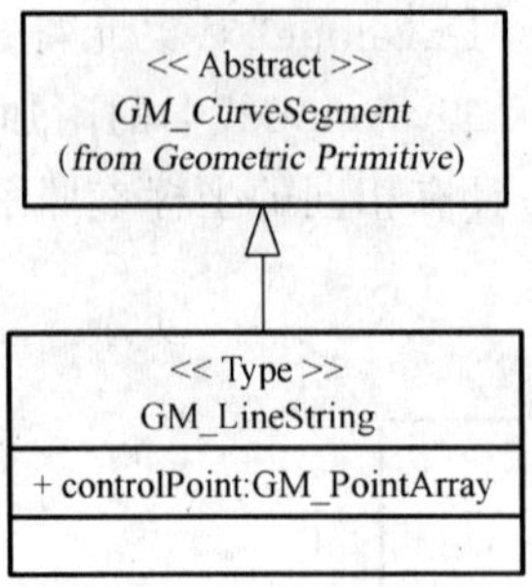

图 D.12　线串

“GM_LineString”由“LineStringSegment”对象元素表示。在 GML 中，“Segment”后缀被加在名称后面，因为名称“LineString”在 GML 中已经保留给另一对象元素(见 D.3.5)。为了保持向后兼容先前的 GML 版本，不可能改变现存元素的名称，即使已不赞成使用先前用过的“LineString”，在实现 GM_LineString 时，也不应该使用相同的名称。

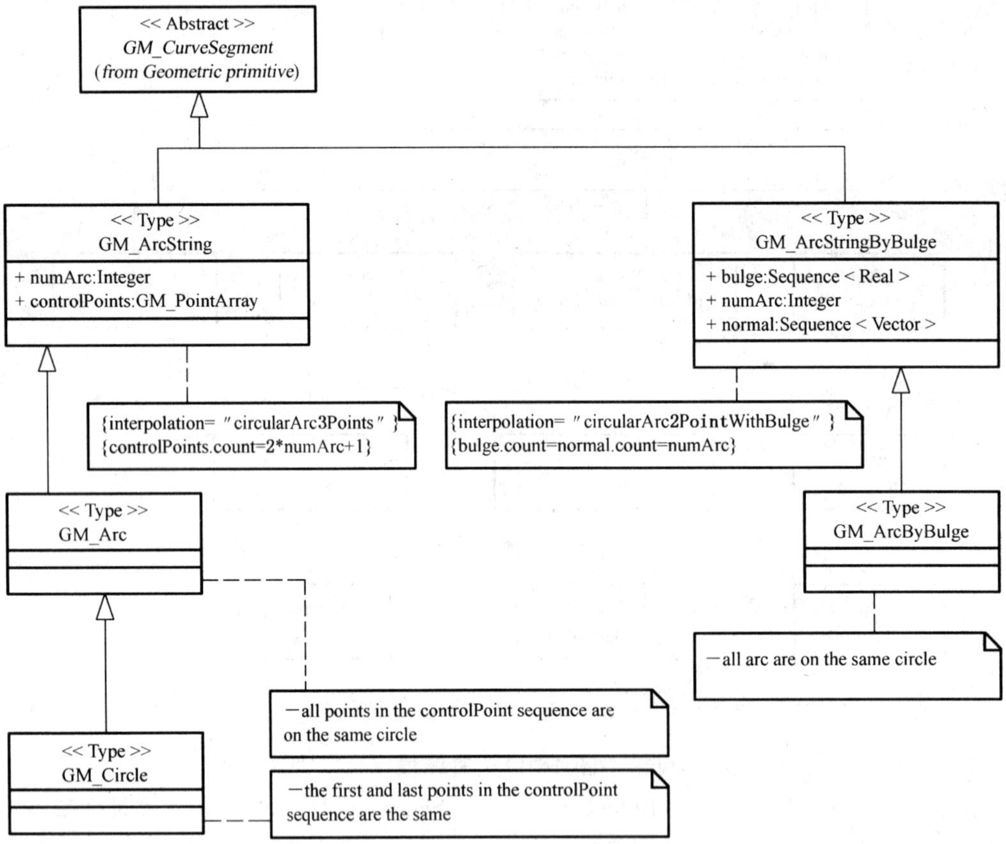

图 D.13　圆弧和圆

曲线段类型映射到 GML 中具有相同名称的对象元素(但没有“GM_”前缀)和相同的特性组。

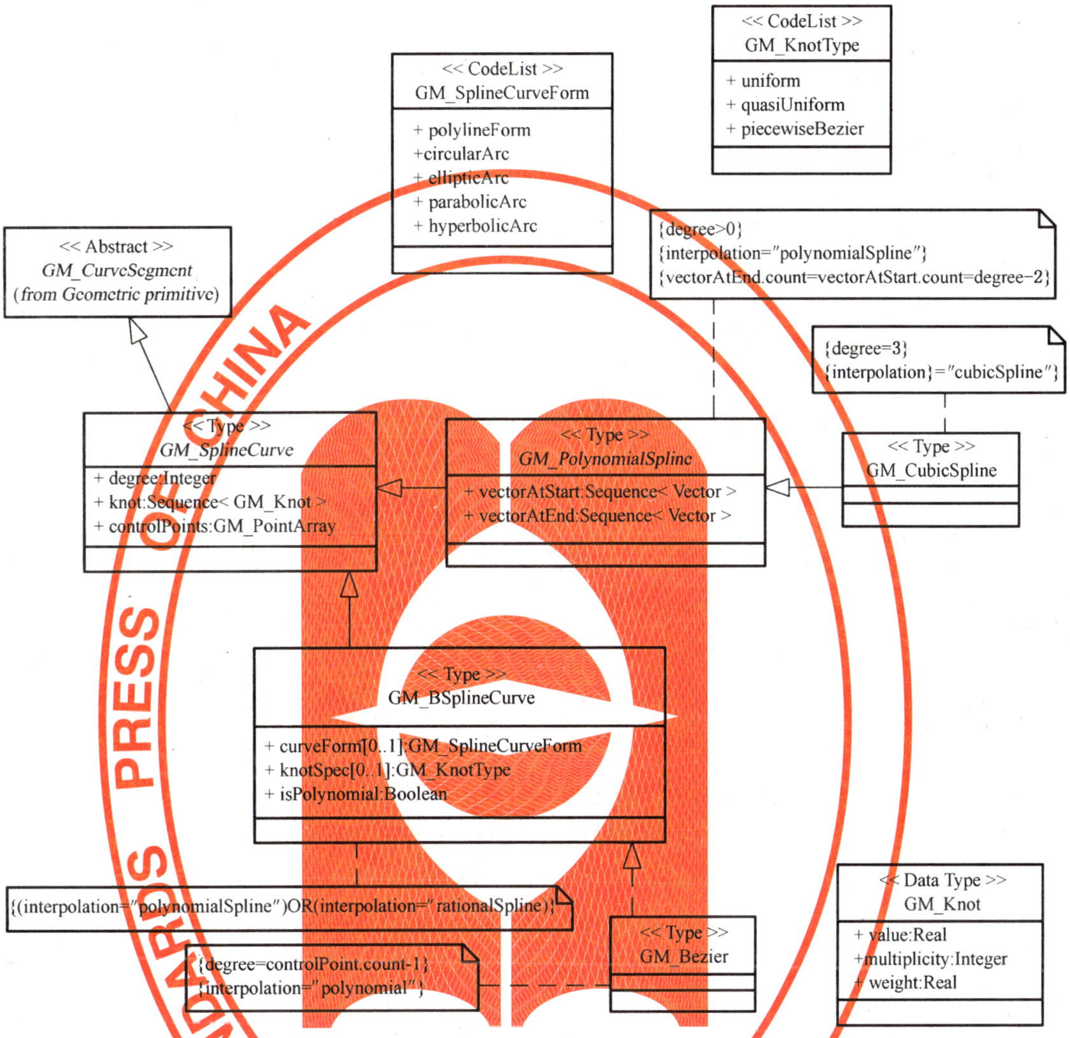

图 D.14　样条曲线

同样，这些曲线段类型映射到 GML 中具有相同名称的对象元素（但没有“GM_”前缀[9]）和相同的特性[10]。在 GML 中，指定的曲线段对象的特性考虑了 OCL 限制。

代码表“GM_KnotType”映射到 GML 的一个枚举，即除了在 GML 模式中预定义的值外，不允许有其他的任何值。

9）然而，“GM_BSplineCurve”由“BSpline”表示，即没有“Curve”后缀。为了保持向后兼容先前的 GML 版本，保留名称“BSpline”。

10）“knotSpec”属性在 GML 中已被更名为“knotType”。

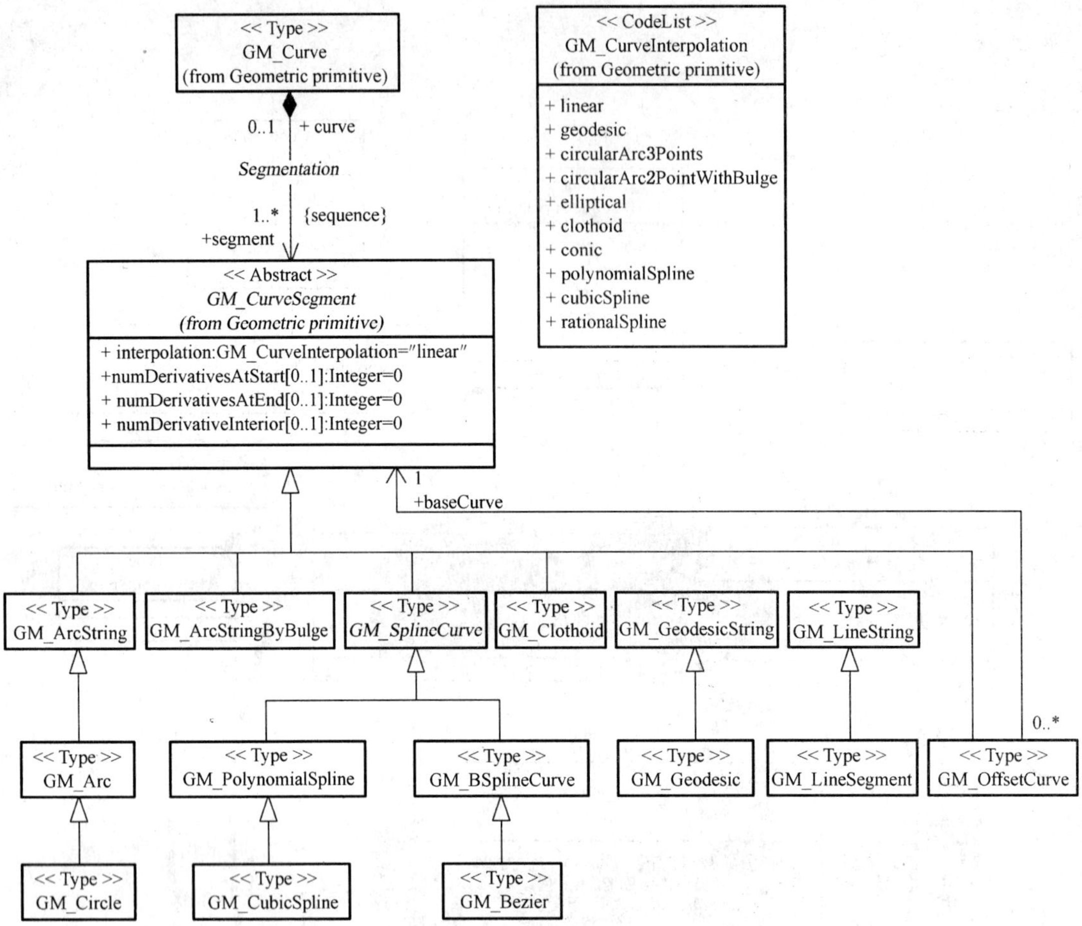

图 D.15 曲线段

“GM_OffsetCurve”类在 GML 中由“OffsetCurve”对象元素表示。该对象具有和类相同的语义解释。baseCurve 特性被重新命名为 offsetBase。

“GM_AffinePlacement”在 GML 中由“AffinePlacement”对象元素表示。

“GM_GeodesicString”在 GML 中由“GeodesicString”对象元素表示。

“GM_Geodesic”在 GML 中由“Geodesic”对象元素表示。

“GM_Clothoid”在 GML 中由“Clothoid”对象元素表示。

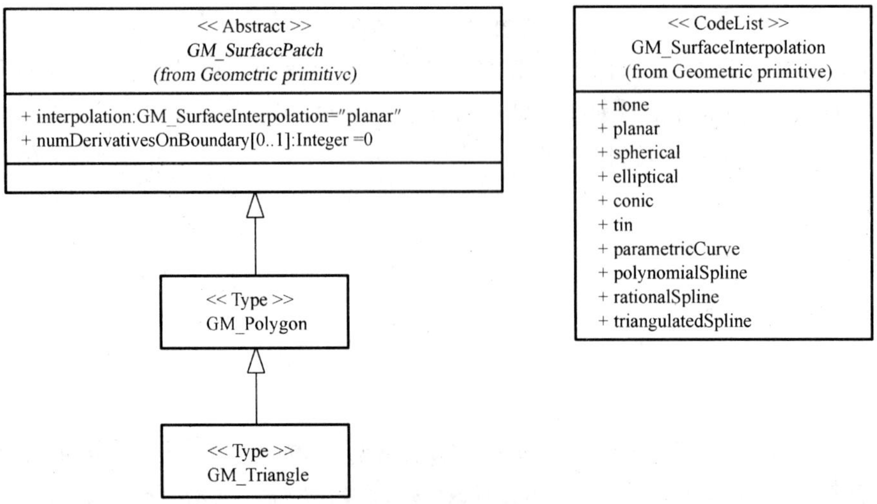

图 D.16 曲面片

“GM_SurfacePatch”在 GML 中由“AbstractSurfacePatch”对象元素表示(两者都是抽象的)。“numDerivativesOnBoundary”属性目前在 GML 中没有显式地映射,因为目前 GML 只支持平面插值。“interpolation”属性在“AbstractSurfacePatch”中没有定义,但在实例的子类型中定义了(并设置了初始值)。

目前 GML 支持 GB/T 23707 中所有定义的曲面类型和曲面片类型的子集。

代码表“GM_SurfaceInterpolation”映射到 GML 的一个枚举,即除了在 GML 模式中预定义的值外,不允许有其他的任何值。

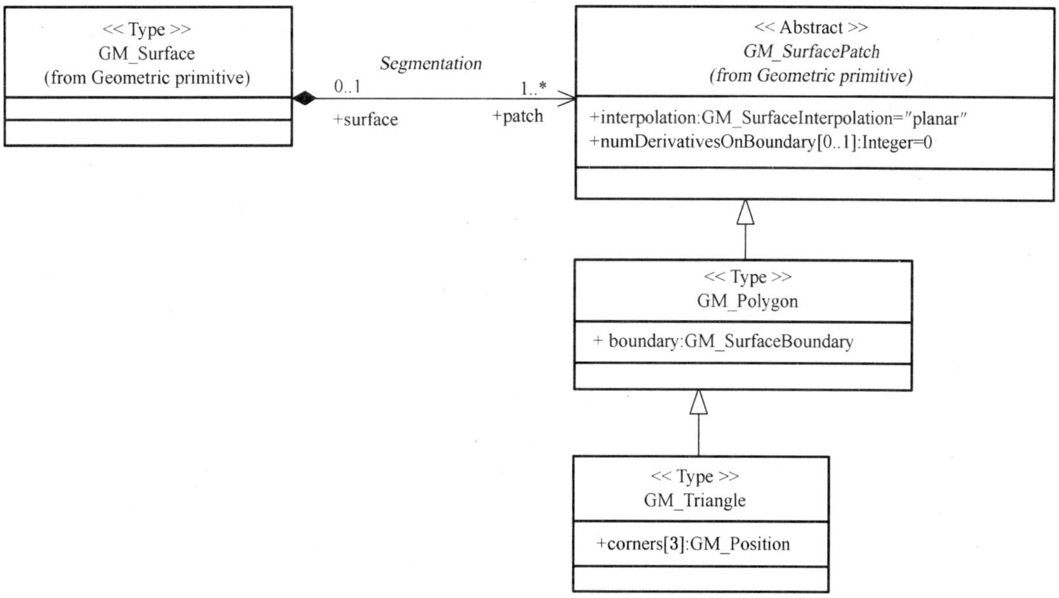

图 D.17 曲面片

“GM_Polygon”用“PolygonPatch”对象元素表示。“boundary”属性直接用“PolygonPatch”的“exterior” 和“interior”特性表示。

在 GML 中,“Patch”后缀被加在名称后面,因为在 GML 中名称“Polygon”已经保留给另一对象元素(见 D.3.6)。为了保持向后兼容先前的 GML 版本,不可能改变现存元素的名称,即使已不赞成使用先前用过的“Polygon”,在实现 GM_Polygon 时,也不应该使用相同的名称。

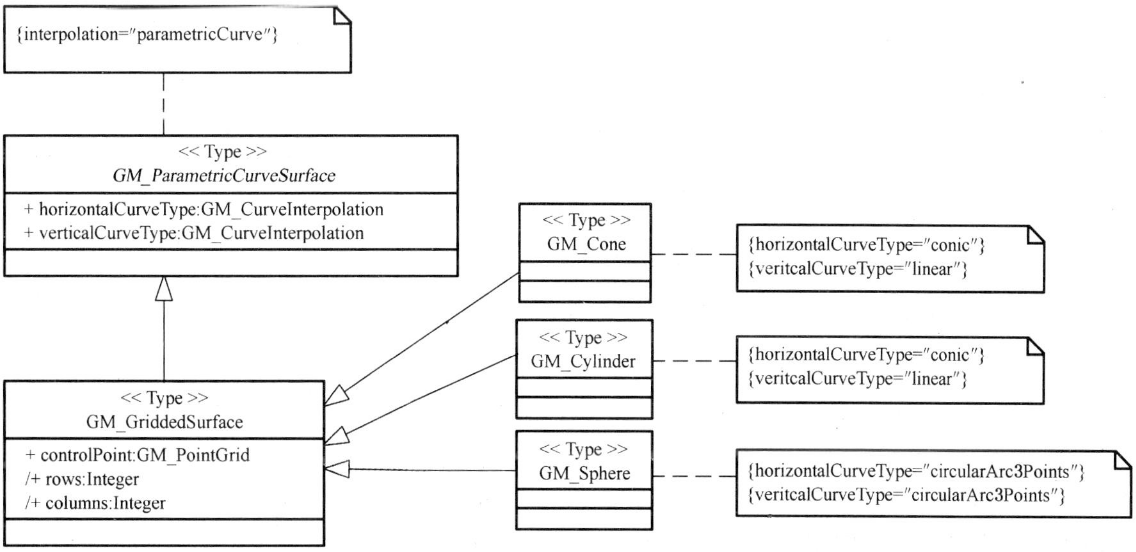

图 D.18 格网曲面片

"GM_PointGrid"在 GML 中由 "PointGrid"组表示。

"GM_ParametricCurveSurface"在 GML 中用"AbstractGriddedSurface"对象元素表示(两者都是抽象的)。

"GM_GriddedSurface"在 GML 中用"AbstractGriddedSurface"对象元素表示(两者都是抽象的)。

"GM_Cone"在 GML 中用 "Cone"对象元素表示。

"GM_Cylinder"在 GML 中用"Cylinder"对象元素表示。

"GM_Sphere"在 GML 中用"Sphere"对象元素表示。

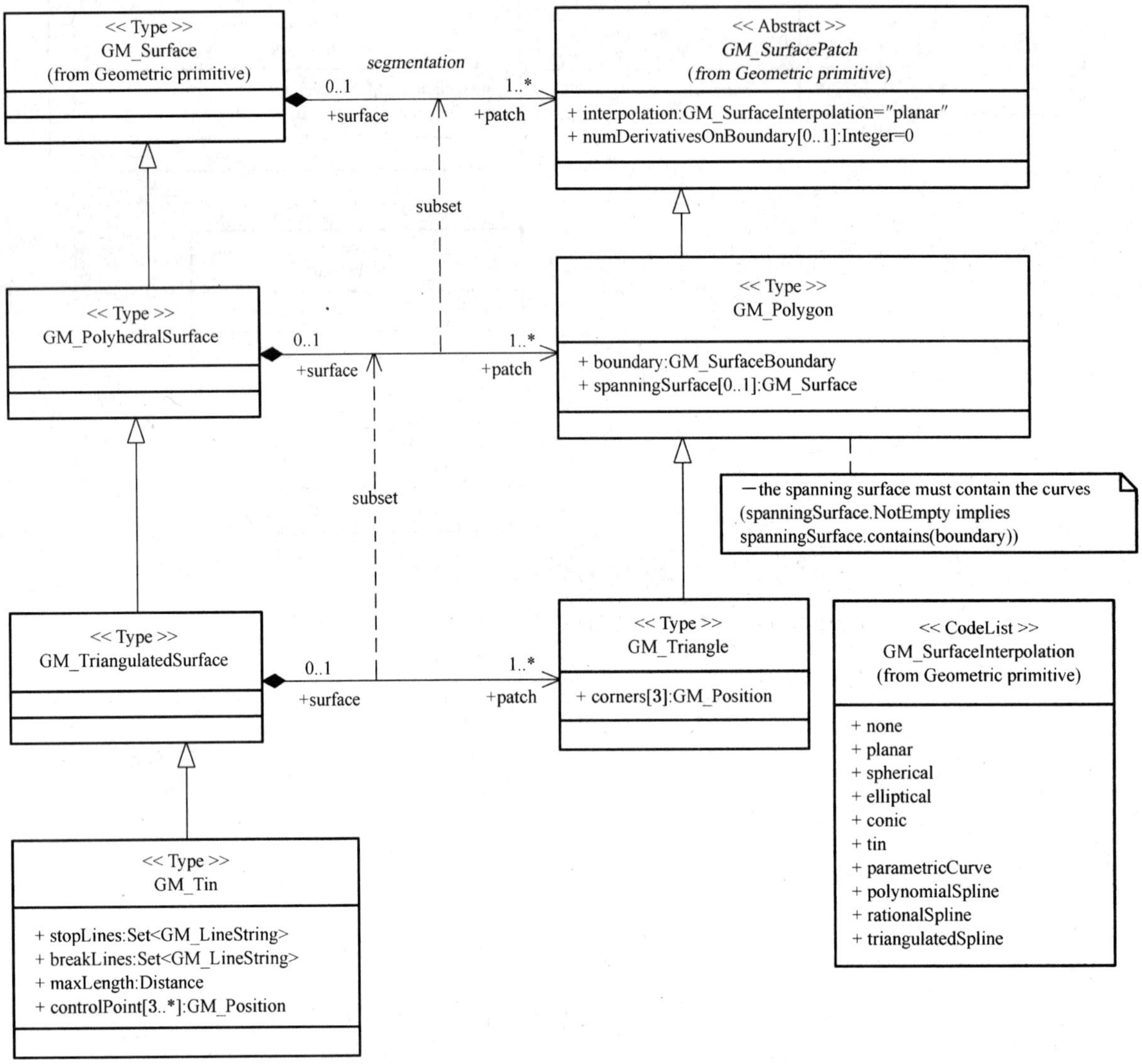

图 D.19 多面的和三角形的曲面

"GM_PolyhedralSurface"在 GML 中用"PolyhedralSurface"对象元素表示。

"GM_TriangulatedSurface"在 GML 中用"TriangulatedSurface"对象元素表示。

"GM_Tin"在 GML 中用"Tin"对象元素表示。

D.2.3.5 几何聚合

图 D.20 中的 UML 类图说明了"Geometry aggregates"包的专用标准(比较 GB/T 23707—2009 图 24)。

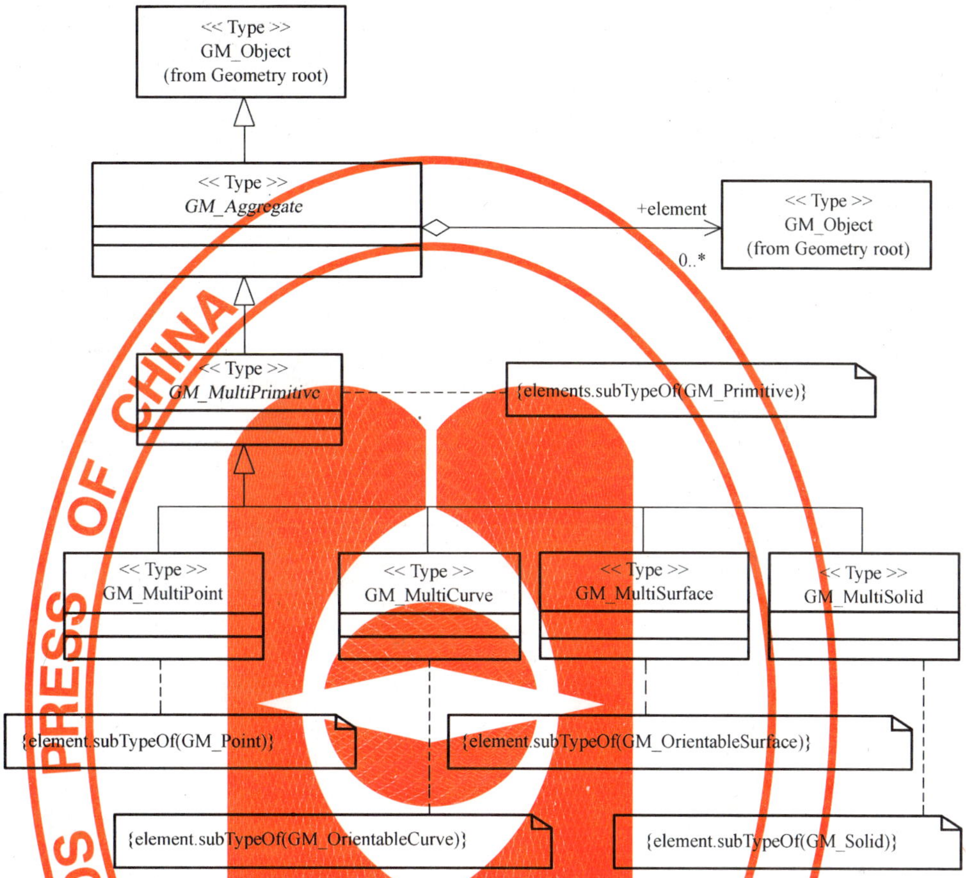

图 D.20 几何聚合

"GM_Aggregate"用"AbstractGeometricAggregate"对象元素表示(两者都是抽象的)。"element"角色在 GML 中由可以实例的子类型实例化。一般模板是定义两个特性,一个是规则的关联特性,另一个是数组关联特性。特性名称分别是"xMember"和"xMembers",其中"x"根据集合中的元素用"point","curve","surface" 或"solid"代替。这表示了用于类型安全的 OCL 限制。

"GM_MultiPoint"在 GML 中由"MultiPoint"对象元素表示。

"GM_MultiCurve"在 GML 中用"MultiCurve"对象元素表示。

"GM_MultiSurface"在 GML 中用"MultiSurface"对象元素表示。

"GM_MultiSolid"在 GML 中用"MultiSolid"对象元素表示。

"GM_MultiPrimitive"在 GML 中不明确地表示。

D.2.3.6 几何复形

图 D.21 和图 D.22 中的 UML 类图说明了"Geometry complex"包的专用标准(比较 GB/T 23707—2009 图 25～图 30)。

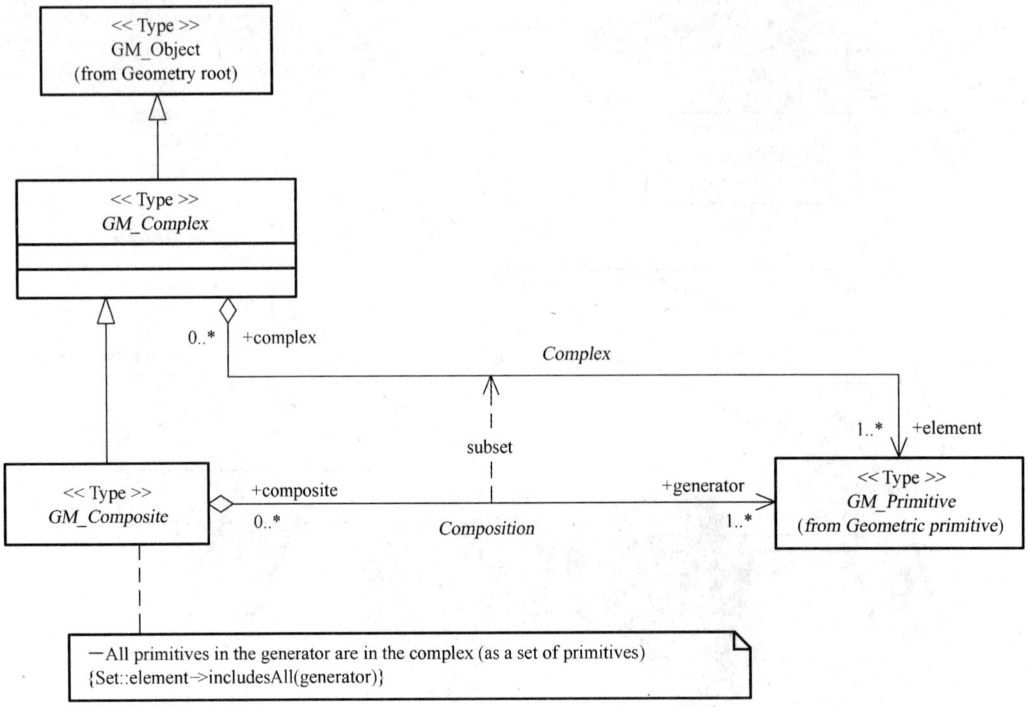

图 D.21　几何组合

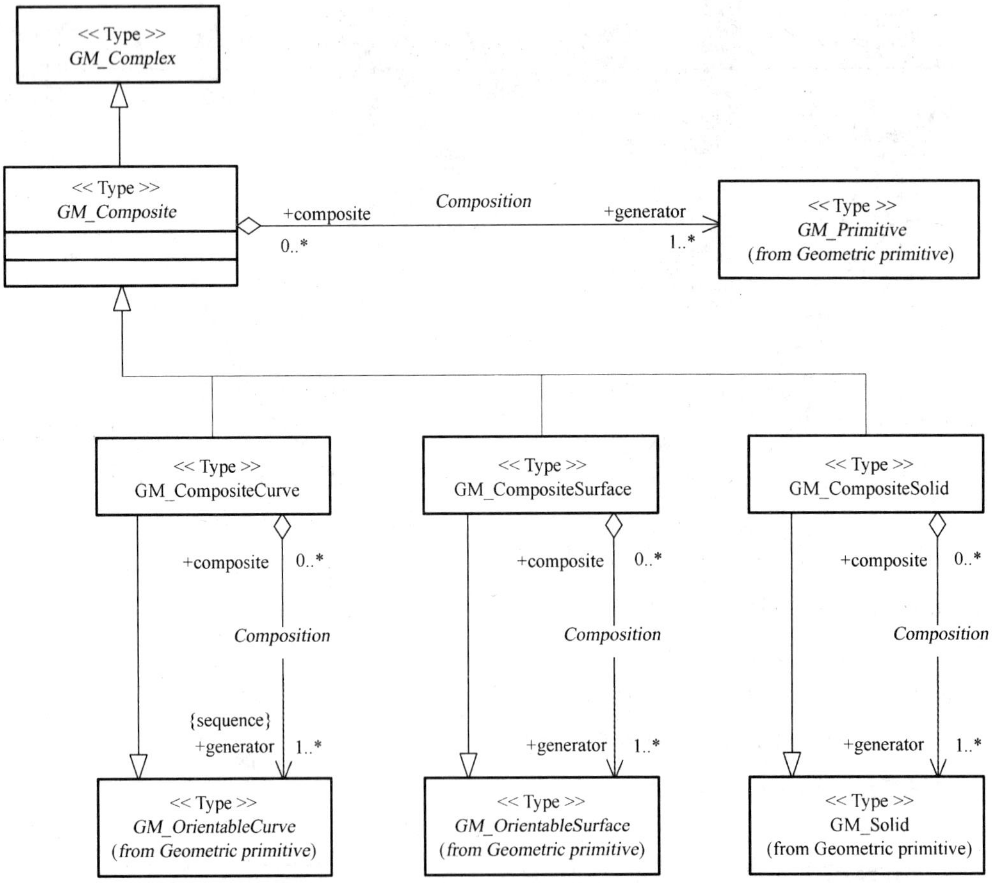

图 D.22　几何组合

“GM_Complex”用“GeometricComplex”对象元素表示。“element”角色映射到 GML 中具有相同名称的特性。

组合几何类型是“GM_Complex”的子类型，这个事实在 GML 中是这样表示的：每一个具有“GeometricComplex”的关联特性也接受一个组合(归功于选择元素“GeometricComplexPropertyType”)。这种到 XML 模式的特定映射是必要的，因为在 XML 模式的派生机制中不支持在 GB/T 23707 中用来表示组合几何的“二元性(dualism)”的多重继承。

“GM_Composite”在 GML 中没有显式地用对象元素表示。然而，子类型“GM_CompositeCurve”，“GM_CompositeSurface”和“GM_CompositeSolid”在 GML 中用具有相同名称的对象元素表示(没有“GM_”前缀)。“generator”角色在 GML 中用这些子类型实例化，关联特性具有“xMember”形式的名称，其中“x”根据集合中的元素由“curve”，“surface”和“solid”替代。

D.2.3.7 一致性

GB/T 23707 专用标准的一致性规则在 GB/T 23707—2009 的第 2 章和附录 A 中描述。考虑在第 2 章中的三个准则，GML 几何涵盖以下几个层次：

数据的复杂性：

——几何单形；

——几何复形。

维数：

——0-维，1-维，2-维和 3-维对象

功能复杂性：

——仅有的数据类型。

因此，GB/T 23707 相关的一致性章条是：

——A.1.1.1～A.1.1.4；

——A.2.1.1～A.2.1.3。

这些一致性章条的条件应该被满足。

需要注意的是，派生的属性被认为是操作，并假设聚合几何派生的属性被处理 GML 实例的应用从数据中派生。

GM_CompositePoint 在 GML 中由“Point”对象元素表示。“generator”关联角色的值是同一个对象，即“Point”对象本身。

D.2.4 GB/T 23707 空间模式(拓扑)

D.2.4.1 概述

表 D.4 中说明了应用于 GB/T 23707 拓扑包的其他变化。

表 D.4 GB/T 23707 专用标准的描述(拓扑)

变化	扩展
TP_Complex：增加“isMaximal()”作为派生的属性	该信息并不是通过 TP_Complex 的预定义数据结构得到。该属性被定义为派生属性，表示定义在 GB/T 23707 中的“isMaximal()”操作的结果
TP_Object 由接口类变成类型类(但没有任何属性)，并且从 TP_Primitive 和 TPComplex 到 TP_Object 的实现关系变成泛化关系	保持 TP_Object 作为不同拓扑子类型的根，使得到 GML 的映射更清楚
删除 TP_Complex 和 GM_Complex 间的可选的“Realization”关联	实现关系可以从拓扑复形中包含的单形的实现中派生
从 TP_Primitive 中删除“maximalComplex”角色	在 GML 中目前不支持
删除 TP_Boundary 和子类型以及 TP_Ring 和 TP_Shell	仅在操作中使用

D.2.4.2 根拓扑

图 D.23 和图 D.24 中的 UML 类图说明了“Topology root”包的专用标准(比较 GB/T 23707—2009 图 32 和图 33)。

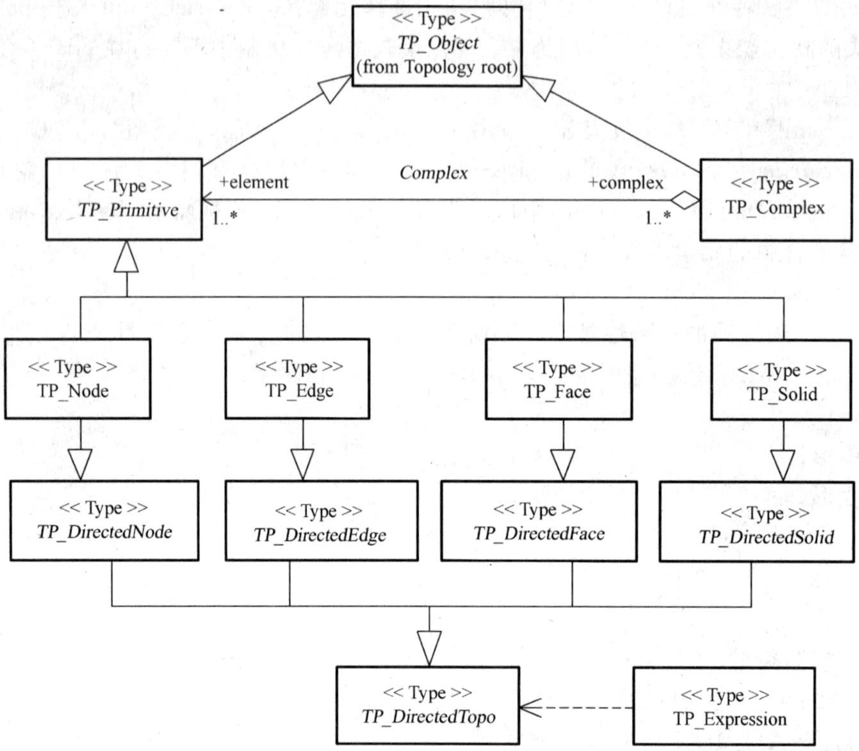

图 D.23 拓扑单形

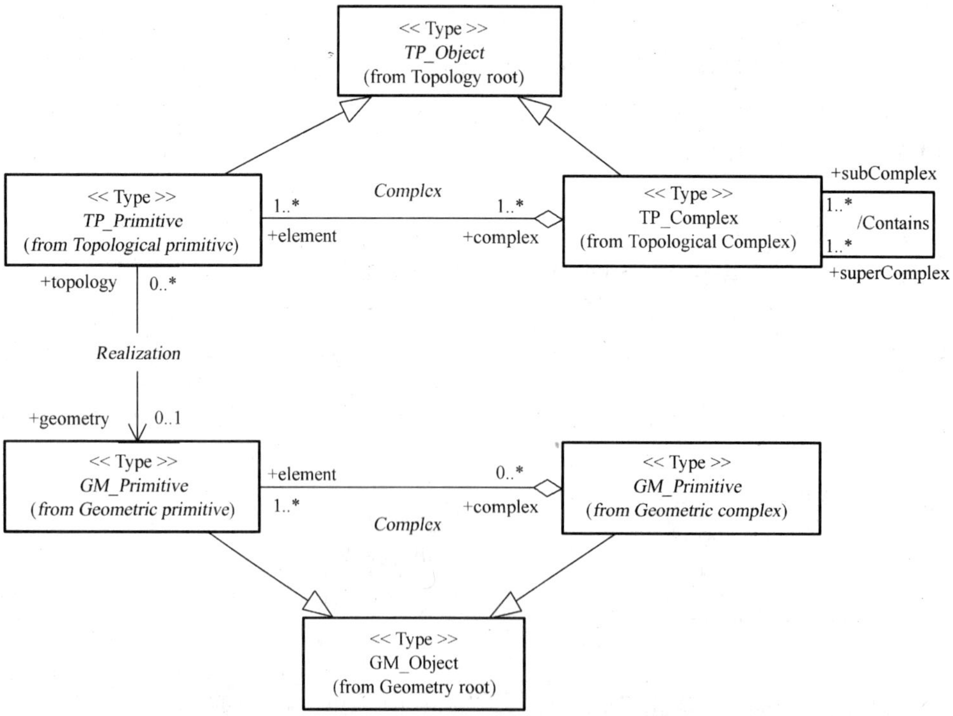

图 D.24 几何和拓扑的关系

不同类到 GML 模式的映射在随后的章条中解释，说明了类层次的详细信息。

“TP_Object”用“AbstractTopology”对象元素表示。“AbstractTopology”元素可以有其他的特性：可选的“description”元素，0 个或多个的“name”元素，可选的“identifier”元素和必须的“gml:id”属性。

D.2.4.3 拓扑单形

图 D.25～图 D.28 中的 UML 类图说明了“Topology root”包的专用标准(比较 GB/T 23707—2009 图 35～图 45)。

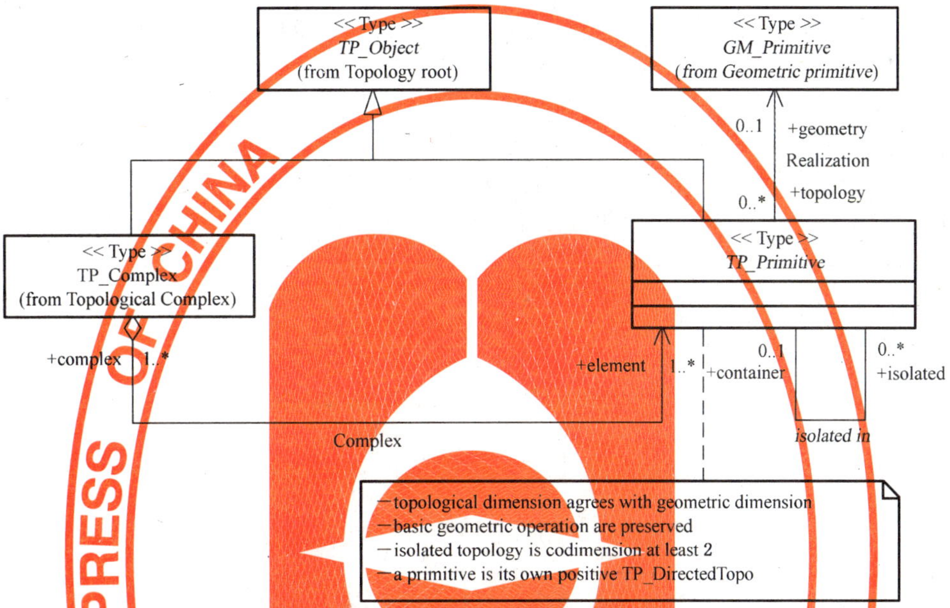

图 D.25 拓扑单形

“TP_Primitive”用“AbstractTopoPrimitive”对象元素表示。

“geometry”角色用实例的子类型实例化。这允许控制几何类型在另一端的关联(维数限制)，分别是：“pointProperty”，“curveProperty”，“surfaceProperty”和“solidProperty”。

“isolated”和“container”角色在“AbstractTopoPrimitive”中表示为特性。

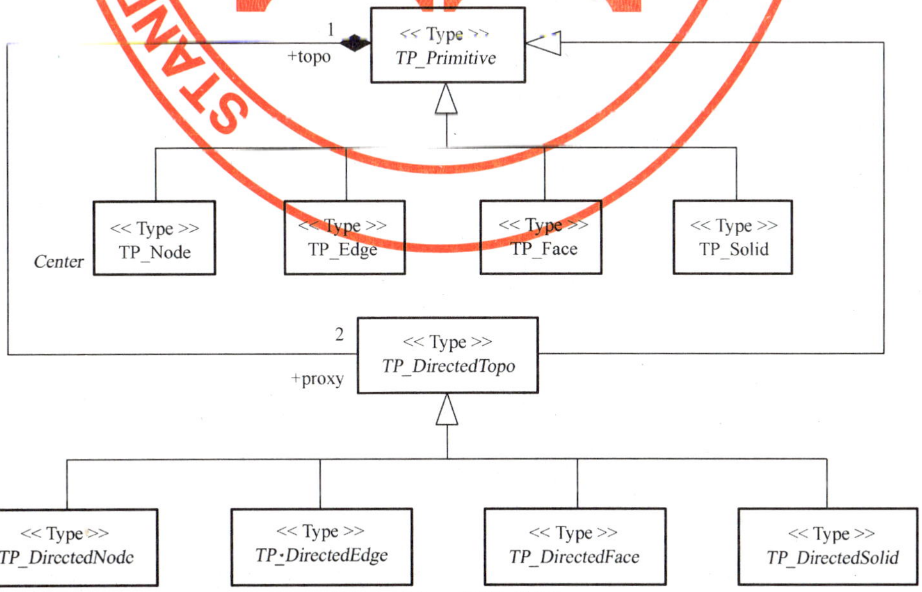

图 D.26 拓扑单形

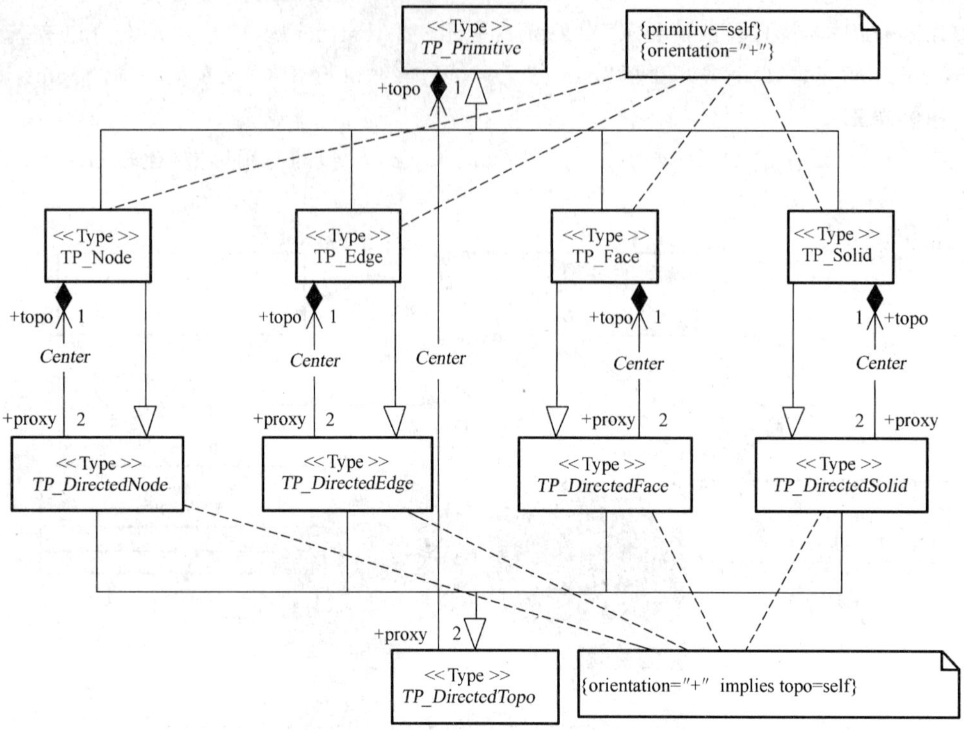

图 D.27 有向的拓扑单形

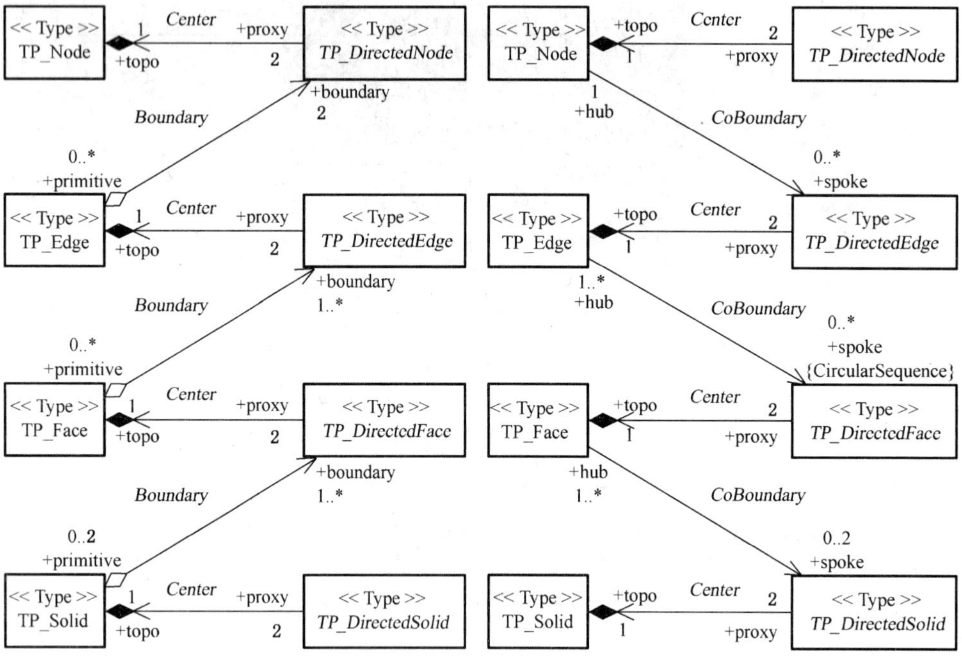

图 D.28 边界和余边界的关系

"TP_Node"在 GML 中用"Node"对象元素表示。

"TP_Edge"在 GML 中用"Edge"对象元素表示。

"TP_Face"在 GML 中用"Face"对象元素表示。

"TP_Solid"在 GML 中用"TopoSolid"对象元素表示(名称"Solid"在 3-维几何单形中已经被使用)。

"TP_DirectedTopo"在 GML 中没有明确地表示，只有实例的子类型。一个显著的不同是尽管有向的拓扑类型被建模式为类型，在 GML 中它们都表示为具有“orientation”属性的特性。

“TP_DirectedNode”在 GML 中用“directedNode”特性元素表示。“topo”角色可直接用“Node”对象元素表示。

“TP_DirectedEdge”在 GML 中用“directedEdge”特性元素表示。“topo”角色可直接用“Edge”对象元素表示。

“TP_DirectedFace”在 GML 中用“directedFace”特性元素表示。“topo”角色直接用“Face”对象元素表示。

“TP_DirectedSolid”在 GML 中用“directedTopoSolid”特性元素表示。“topo”角色直接用“TopoSolid”对象元素表示。

“拓扑”角色的映射已在上面讨论。

“spoke”角色在 GML 中分别用“directed Edge”，“directedFace”和“directedTopoSolid”特性表示。

“boundary”角色在 GML 中分别用“directed Node”，“directedEdge”和“directedFace”表示。

D.2.4.4 拓扑复形

图 D.29 中的 UML 类图说明了“Topology complex”包的专用标准(比较 GB/T 23707—2009 图 46)。

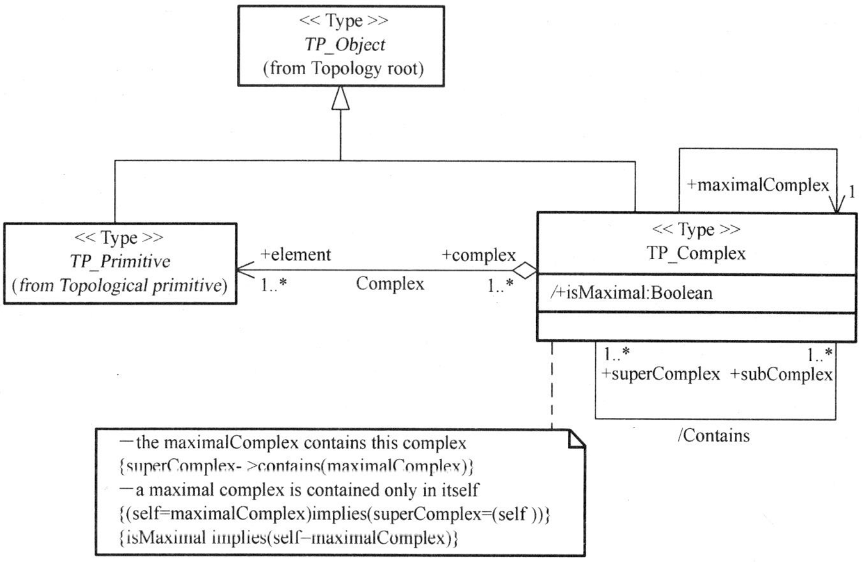

图 D.29 拓扑复形

“TP_Complex”用“TopoComplex”对象元素表示。

“element”角色映射到特性，一个是规则的关联特性“topoPrimitiveMember”，另一个数组关联特性“topoPrimitiveMembers”。

“subComplex”和 “superComplex”角色由具有相同名称的关联特性表示。然而，在 GML 中，两个特性的最少的多重性都为“0”，而不是“1”。这反映了在 GML 实例中这个特性不需要显式地表示(需要注意的是，这是一个派生的关联)。

“maximalComplex”角色在 GML 中用具有相同名称的关联特性表示。

D.2.4.5 一致性

GB/T 23707 专用标准的一致性规则在 GB/T 23707—2009 的第 2 章和附录 A 中描述。考虑在第 2 章中的三个准则，GML 拓扑涵盖以下几个层次：

数据的复杂性：

——拓扑复形；

——具有几何实现的拓扑复形。

维数：

——0-维，1-维，2-维和 3-维对象。

功能复杂性：

——仅有的数据类型。

因此，GB/T 23707 相关的一致性章条是：

——A.3.1.1～A.3.1.3；

——A.4.1.1～A.4.1.3。

这些一致性章条的条件应该被满足。

需要注意的是，TP_Complex 和 GM_Complex 之间的关联“Realization”不是专用标准中显式的一部分，因为拓扑复形的几何实现可以从拓扑单形的几何实现中派生。

D.2.5 GB/T 22022 时间模式

D.2.5.1 概述

GML 时间模式提供了 GB/T 22022—2008 中 5.2～5.4 的实现。

表 D.5 描述了应用到 GB/T 22022 的包的其他变化。

表 D.5 GB/T 22022 专用标准的描述

序号	变　化	解　释
1	*Beginning* 关联和*Ending* 关联被实现为单向的，从 TM_Period 到 TM_Instant	在静态的数据编码中保持双向的指针被认为是不必要的
2	来自 TM_Period 的*Beginning* 关联和*Ending* 关联被实现为一种选择(一个与 TM_Instant 的 UML 关联，或一个 TM_Position 类型的 UML 属性)	当不需要标识的 TM_Instant 时，允许更紧凑地编码相同的信息
3	*Termination* 关联和*Initiation* 关联被实现为单向的，从 TM_Edge 到 TM_Node	在静态的数据编码中保持双向的指针被认为是不必要的
4	*Realization* 关联被实现为单向的，分别从 TM_Instant 和 TM_Period 到 TM_Node 和 TM_Edge	在静态的数据编码中保持双向的指针被认为是不必要的
5	*Basis* 关联被实现为单向的，从 TM_Calendar 到 TM_CalendarEra	在静态的数据编码中保持双向的指针被认为是不必要的
6	TM_OrdinalEra 的*Begin* 和*End* 属性由 TM_Node 关联，角色名*start* 和*end* 代替	历史和地质中的实现是一个次序纪元的终点与事件关联，它的位置可以是不能准确知道的。这与 TM_Node 的位置可以是间接获得的概念一致
7	TM_CoordinateSystem 的*Origin* 属性被实现为一种选择(一个与 TM_Instant 的 UML 关联，或一个 TM_Position 类型的 UML 属性)	允许以外部事件的形式指定原点
8	TM_CoordinateSystem 的*interval* 属性被实现为 TM_IntervalLength	允许准确地和灵活地指定尺度
注：变化 2 使用了〈choice〉结构的优点，它由 XML 模式实现语言提供。这支持更灵活和紧凑地编码同样的信息，而不是机械地由标准的编码规则的应用得到。		

处理要素的时间关系的类在 GB/T 22022—2008 的 5.5 中描述，只有要素连续性(Feature Succession)被直接实现了。和其他关系对应的组件在 GML 应用模式中定义，在这不再讨论。

不同类到 GML 模式的映射在随后的章条中说明，描述了类层次的详细信息。

图 D.30～图 D.34 中的 UML 类图说明了“Temporal Objects”包的专用标准(比较 GB/T 22022—2008 图 2～图 6 和图 11)。

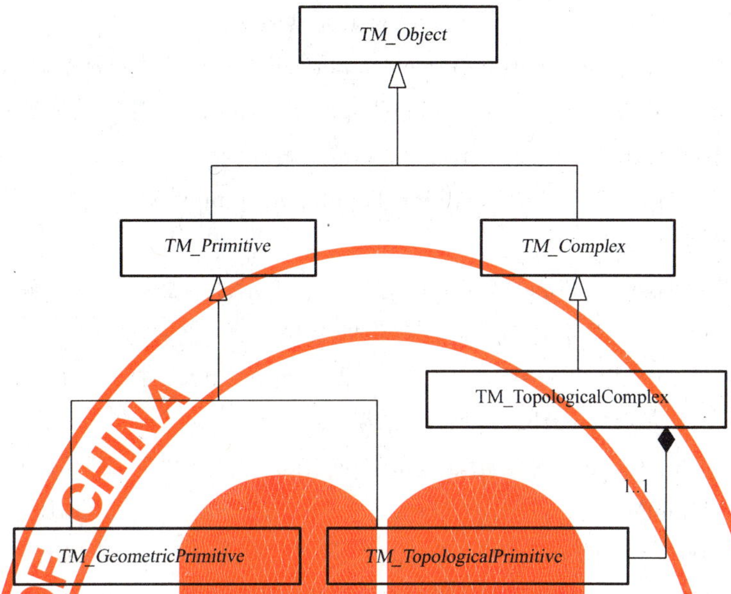

图 D.30　GB/T 22022 中时间对象的主要层次

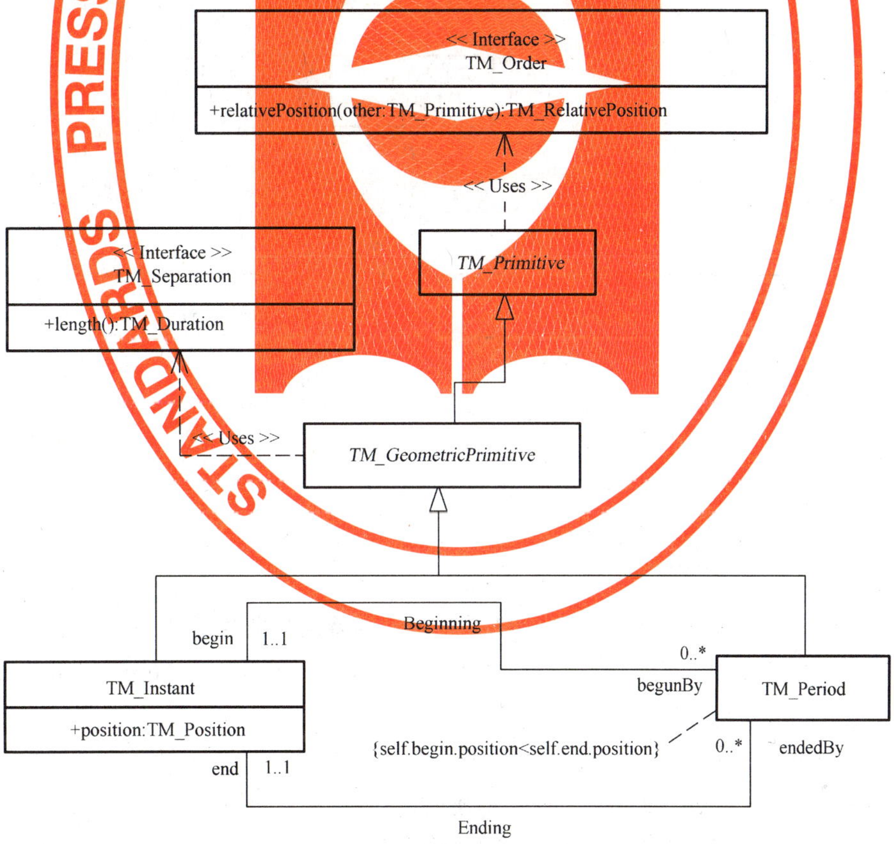

图 D.31　GB/T 22022 对应的时间几何对象专用标准

D.2.5.2　时间对象

“TM_Object”用“AbstractTimeObject”对象元素表示。“AbstractTimeObject”元素可以有其他的特性：可选的“description”元素，0 个或多个的“name”元素；可选的“identifier”元素和必须的“gml:id”属

性。这些特性被所有可替代 AbstractTimeObject 的组件继承。

“TM_Primitive”用 “AbstractTimePrimitive”对象元素表示。

“TM_GeometricPrimitive”用“AbstractTimeGeometricPrimitive”对象元素表示。

“TM_TopologicalPrimitive”用“AbstractTimeTopologyPrimitive”对象元素表示。

“TM_Complex”用“AbstractTimeComplex”对象元素表示。

“TM_TopologicalComplex”用“AbstractTimeTopologyComplex”对象元素表示。

D.2.5.3 具体的时间几何单形

“TM_Primitive”用“AbstractTimePrimitive”对象元素表示。增加了附加的特性“relatedTime”,它表示了“relativePosition(other:TM_Primitive)”操作的结果。

“TM_GeometricPrimitive”用“AbstractTimeGeometricPrimitive”对象元素表示。增加了附加的属性“abstractTimeLength”,表示“length()”操作的结果。

“TM_Instant”用“TimeInstant”对象元素表示,“position”属性用“timePosition”特性表示。

“TM_Period”用“TimePeriod”对象元素表示。“begin”和“end”角色在 GML 中用具有相同名称的关联特性表示。这些关联在 GML 中有如下可选的表示:“end”是一个“endPosition”的选择块,“begin”是一个“beginPosition”的选择块,后者在每一种情况下都有 14.2.2.5 中讨论的简单内容。

D.2.5.4 时间持续

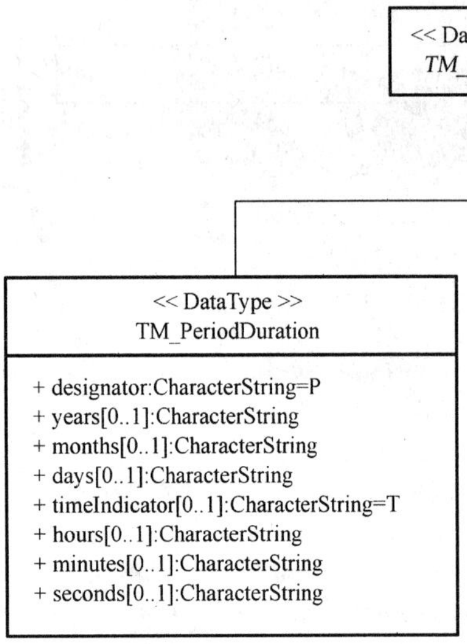

图 D.32 GB/T 22022 表示时间持续的数据类型

GML 特性元素“abstractTimeLength”是抽象的,用“timeInterval”或“duration”元素替代。实现图 D.32 中数据类型的 XML 模式类型如下:

“TM_IntervalLength”使用一个简单的内容类型实现,它是通过在 XML 模式内部类型“decimal”基础上增加 XML 属性“unit”,“radix”和 “factor”构成的。

“TM_PeriodDuration”由 XML 模式内部类型“duration”实现(见 14.2.2.8 的讨论)。XML 模式类型“duration”指定了具有以 GB/T 7408—2005 中描述的词汇形式表示的文本值,它单独实现了 TM_PeriodDuration 类的属性列表。

D.2.5.5 时间位置

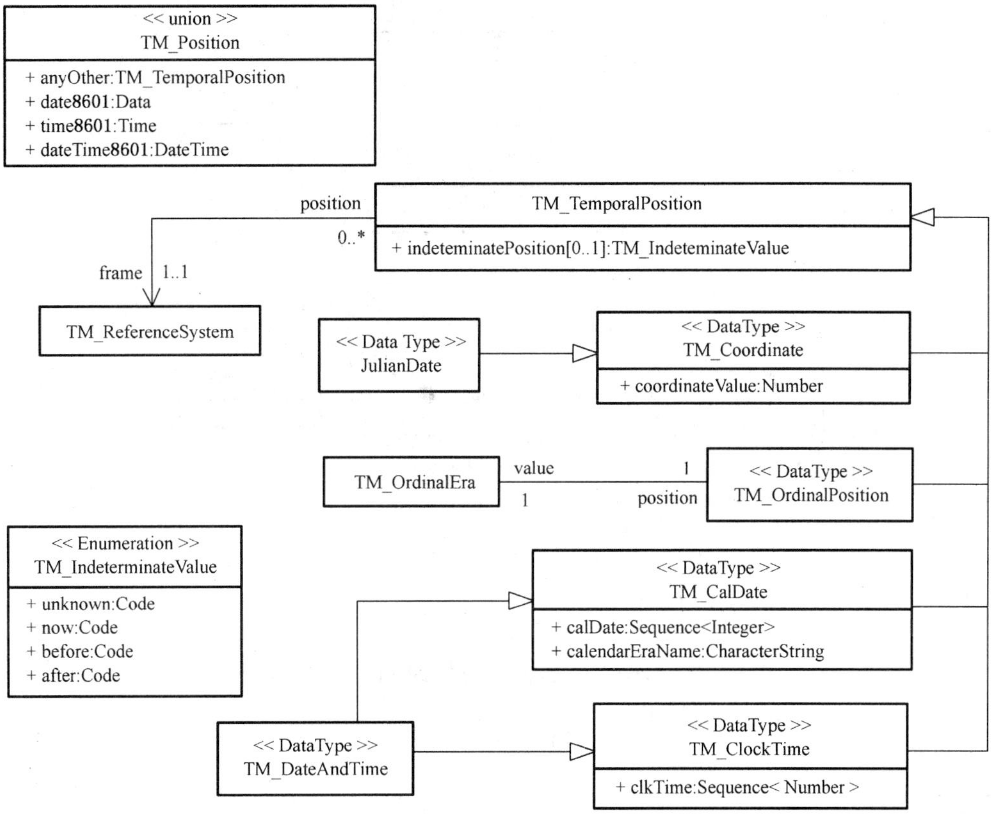

图 D.33　GB/T 22022 时间位置

被表示为 TM_Position 类型的 UML 属性的组件用具有 XML 模式类型 gml:TimePositionType 的 GML 特性表示。这是一个简单的内容类型，关于其派生的详细信息在 14.2.2.5 中描述。图 D.33 中描述的要求如下：

"TM_Coordinate"，它给出了由单个数表示的时间位置，由 XML 模式类型"decimal"实现；

"TM_OrdinalPosition"，它有一个与 TM_OrdinalEra 的关联，由 XML 模式类型"anyURI"实现，它遵循 GML 中使用的模板，其中，关联是通过引用实现的；

"TM_CalDate"，它有一序列日历日期数组成的属性和一时代名称，在 gml:CalDate 中实现，是 XML 模式类型"date"，"gYear"，"gYearMonth"的联合（选择），它的词汇表达遵循 GB/T 7408—2005，并增加了 XML 属性"calendarEraName"；

"TM_ClockTime"，它有一序列描述每天重复发生的时刻的数，由 XML 模式类型"time"实现，它的词汇表示遵循 GB/T 7408—2005；

"TM_DateAndTime"由 XML 模式类型"dateTime"实现，它的词汇表示遵循 GB/T 7408—2005；

TM_Position 中的变量"date8601"，"time8601"和"dateTime8601"由已经介绍过的 XML 模式类型"date"，"time"和"dateTime"实现；

"IndeterminatePosition"由具有相同名称的 XML 属性表示；

"frame"角色由具有相同名称的 XML 属性实现，它的值的类型是"anyURI"，遵循在 GML 中使用的模板，其中关联通过引用实现。

D.2.5.6 时间拓扑

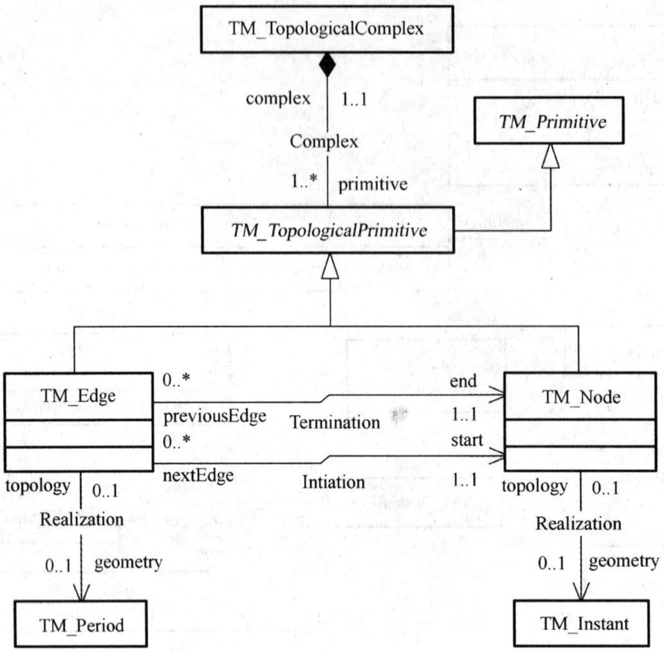

图 D.34 GB/T 22022 对应的时间拓扑专用标准

“TM_TopologicalComplex”用“AbstractTimeTopologyComplex”对象元素表示。“primitive”角色由具有相同名称的特性元素实现。

“TM_TopologicalPrimitive”用“AbstractTimeTopologyPrimitive”对象元素表示。“complex”角色由具有相同名称的特性元素的引用实现，它是可选的。

“TM_Node”用“TimeNode”对象元素实现。“previousEdge”和“nextEdge”角色由 GML 中具有相同名称的特性元素实现。“geometry”角色由“position”特性实现。

“TM_Edge”由“TimeEdge”对象元素实现。“start”和“end”角色在 GML 中由具有相同名称的特性元素实现。“geometry”角色由“extent”特性实现。

D.2.5.7 时间参照系

图 D.35～图 D.38 中的 UML 类图说明了“Temporal Reference Systems”包的专用标准。（比较 GB/T 22022—2008 图 7～图 10）。

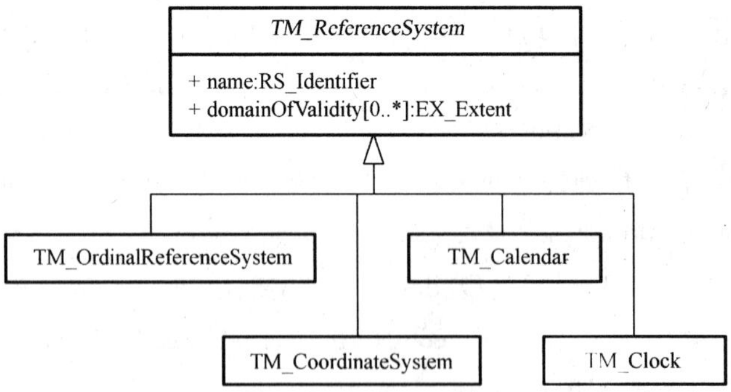

图 D.35 GB/T 22022 中时间参照系的层次

“TM_ReferenceSystem”由“AbstractTimeReferenceSystem”对象元素实现。“AbstractTimeReferenceSystem”元素可以有其他的特性：可选的“description”元素，0 个或多个的“name”元素，可选的“identifier”元素和必需的“gml:id”属性。“domainOfValidity”属性由具有相同名称的 XML 属性实现。它有 XML 模式类型“string”，实现 EX_Extent 的“description”属性（见 GB/T 19710—2005）。

这些特性被所有可以替换 AbstractTimeReferenceSystem 的组件继承。

D.2.5.8　日历和时钟

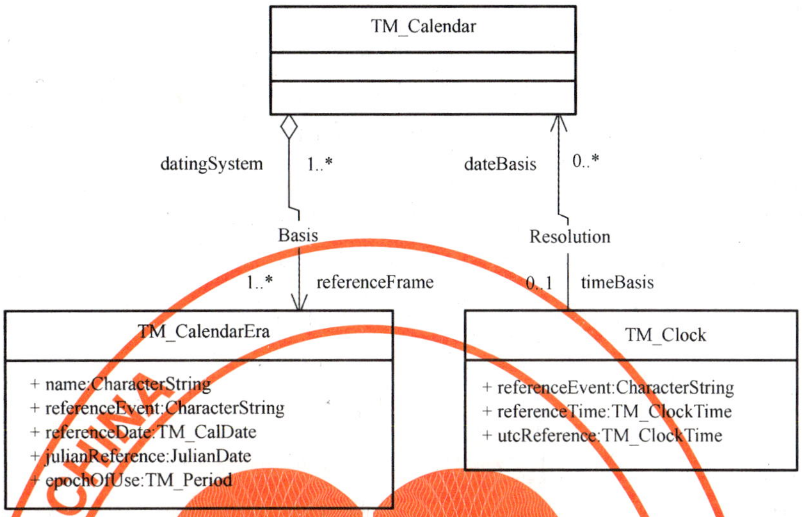

图 D.36　GB/T 22022 日历和时钟模型

"TM_Calendar"用"TimeCalendar"对象元素实现。"referenceFrame"角色由具有相同名称的特性元素实现。

"TM_CalendarEra"用"TimeCalendarEra"对象元素实现。"referenceEvent","referenceDate","julianReference"和"epochOfUse"属性由具有相同名称的特性元素实现。

"TM_Clock"用"TimeClock"对象元素实现。"referenceEvent","referenceTime"和"utcReference"属性由具有相同名称的特性元素实现。"dateBasis"角色由具有相同名称的特性元素实现。

D.2.5.9　时间坐标系

图 D.37　GB/T 22022 时间坐标系模型

"TM_CoordinateSystem"由"TimeCoordinateSystem"对象元素实现。"origin"属性实现为特性元素"origin"的选择,它引用直接编码位置的 TimeInstant 或"originPosition"。"interval"属性由具有相同名称的特性元素实现,使用遵循 GB/T 18221—2000 的 TimeIntervalLengthType。

D.2.5.10　时间次序参照系

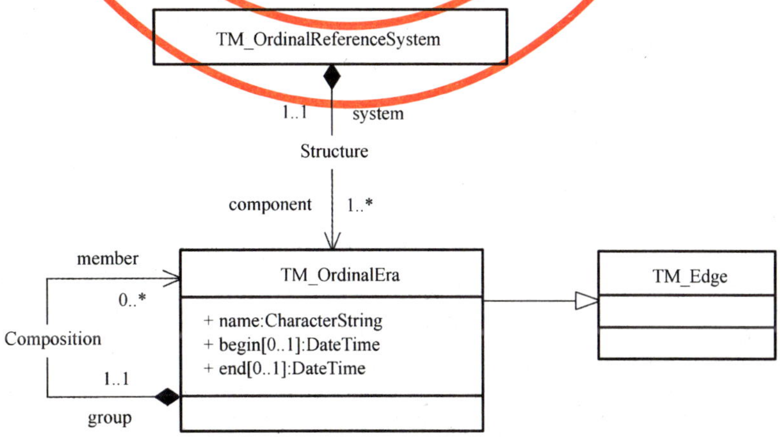

图 D.38　GB/T 22022 对应的时间次序参照系模型

“TM_OrdinalReferenceSystem”用“TimeOrdinalReferenceSystem”对象元素实现。“component”角色由具有相同名称的特性元素实现。

“TM_OrdinalEra”由“TimeOrdinalEra”对象元素实现。“name”,“begin”和“end”属性由从 TimeEdge 继承的“name”,“start”和“end”特性实现。“member”角色由具有相同名称的特性元素实现。“group”角色由具有相同名称的特性元素的引用实现。可选的“description”和必需的“gml:id”属性也从 TimeEdge 中继承。

D.2.5.11 一致性

GB/T 22022 专用标准的一致性规则在 GB/T 22022—2008 的第 2 章和附录 A 中描述。考虑在第 2 章中的准则,GML 作为用于数据传输的应用模式满足 A.1 中的一致性要求。上面规定的专用标准满足这些一致性章条的条件。

D.2.6 ISO 19109 应用模式规则

GML 实现了 ISO 19109 中定义通用要素模型的子集。

另外,GML 实现了一些扩展。通用要素模型仅仅涉及要素类型,然而,应用模式(GML 或 UML 形式)会经常处理其他的信息类型。如数据类型,枚举类型,联合类型等,它们在通用要素模型中没有明确规定。因此,ISO 19109 规定,只有从通用要素模型到应用模式的单向映射是可能的。

类似于 UML,从通用要素模型到以 XML 模式形式描述的 GML 要素模型的映射一般是直接的。

表 D.6 描述了应用到 ISO 19109 中的通用要素模型的变化。

表 D.6 ISO 19109 实现的描述

	变　化	解　释
1	删除 GF_FeatureOperation	不支持操作
2	GF_InheritanceRelation/supertype 的多重性变为“1”	只支持单继承和映射到 XML 模式的置换组机制

关于通用要素模型的元类(metaclass)的一些附加说明如表 D.7 所示。

表 D.7 ISO 19109 实现的说明

	变　化	解　释
1	GF_AssociationType	一般说来,关联角色到关联的组合在 GML 应用模式中不直接表示。 如果两个关联角色的关系在 GML 应用模式中显式地表示,则角色可以通过如下形式交叉引用: ——在 xsd:string 类型的应用信息注释元素 gml:targetElement 中表示目标对象类的限定元素名称 ——在 xsd:string 类型的应用信息注释元素 gml:reverseProperty 中表示相反的关联角色的限定特性名称 ——可选地,在 xsd:string 类型的应用信息注释元素 gml:associationName 中表示关联的名称
2	GF_Constraint	限制可以映射到模式约束,或仅用文档注释表示为一文本

UML 应用模式和 GML 应用模式之间的关系作为附录 E 中的一部分描述,附录 F 处理 ISO 19109 和 GML 应用模式间的映射。

D.2.7 ISO 19111 基于坐标的空间参照

D.2.7.1 概述

GML 实现了 ISO 19111:2007 的全部概念模型。从概念模型到 GML 模式的映射通常是直接的。

在 D.2.7 中仅详细描述了较复杂映射的模式组件。

GML 对象和坐标参照系关联都是指向 gml:AbstractCRS 元素的属性(srsName)实现。

其他的属性定义在相同元素的内容模型中,它提供了关于坐标参照系的更多信息。srsDimension 是坐标参照系定义中的坐标参照系的维数。axisLabels 和 uomLabels 属性是一组标签和度量单位的列表,对应于坐标参照系的不同轴。

D.2.7.2 标识的对象包

对于 GML 实现,IO_IdentifiedObjectBase 和 SC_CRS 类被合并为 IO_IdentifiedObject,以支持 IO_IdentifiedObject 类的较简单的 XML 编码。需要注意的是, SC_CRS 中的"name"属性被映射为 IO_IdentifiedObject 的"name"属性。

IO_IdentifiedObject 类型由 gml:IdentifiedObject 对象元素实现,它的内容模型从 gml:DescriptionType 通过扩展派生。

RS_Identifier 由 gml:CodeType 实现。如果使用,"version [0..1]"属性应该在 gml:CodeType 的 CodeSpace 属性中表示。

例:国际石油和天然气生产者联盟(EPSG)的 EPSG 数据集 6.3 版的坐标参照系"4326"的名称可使用定义在 urn:x-ogc 命名空间中的 URN 表示如下:

〈name codeSpace="urn:x-ogc:def:crs:EPSG:6.3:"〉4326〈/name〉

使用可选的 gml:description 属性以支持允许编码关于每一个 CRS 对象更多的信息。

"name"属性用 gml:identifier 特性实现。

"identifier"属性用 gml:name 特性实现。

"alias"属性也用 gml:name 特性实现。

注:在反向映射中,标识符将是那些带有 codeSpace 的 gml:name,它映射到 RS_Identifier,并且所有其他的标识符将变为别名。

D.2.7.3 坐标参照系包

SC_CRS 类用 gml:AbstractCRS 实现。

到 CS_CoordinateSystem 类的具体的子类的"coordinateSystem"/"...CS"关联角色由 gml:coordinateSystem/GML:...CS 实现,其中,特定的 CS 类型名称替代椭球。

到 CD_Datum 类的具体子类的"datum"关联角色由 gml:...Datum 实现,特定的基准类型名称替代椭球。

注:这种名称的改变是必需的,因为要使用全局名称,否则目标类的类型在 GML 模式中就不能指定。

从 SC_CompoundCRS 类到 SC_SingleCRS 类的"componentReferenceSystem"关联角色由 gml:componentReferenceSystem 特性实现。

从 SC_ProjectedCRS 类到 SC_GeodeticCRS 类的"baseCRS"关联角色由 gml:baseGeodeticCRS 特性实现。

D.2.7.4 坐标系包

除了在 D.2.7.2 和 D.2.7.3 中规定的实现规则外,映射是直接的,但有一个例外,即 CS_CoordinateSystemAxis 的"axisUnitID"属性是由 uom XML 属性实现。

D.2.7.5 基准包

除了在 D.2.7.2 和 D.2.7.3 中规定的实现规则外,映射是直接的,但有一个例外,即 CD_Datum 中特性的顺序在映射到 gml::AbstractDatum 时发生了改变。

D.2.7.6 坐标操作包

CC_Conversion 和 CC_Transformation 类作为独立的抽象的和具体的元素分两步实现。

parameterValue 和来自 CC_Operation 类的方法关联角色由具体的 gml:Conversion 和 gml:

Transformation 元素实现，以减少使用 XML 模式的限制。

CC_CoordinateOperation 中特性的顺序在映射到 gml：AbstractCoordinateOperation 时发生了改变。

从 CC_ConcatenatedOperation 类到 CC_CoordinateOperation 类的“coordOperation”关联角色由 gml：coordOperation 特性实现。

到 CC_GeneralOperationParameter 或 CC_OperationParameter 类的“parameter”关联角色由 gml：generalOperationParameter 或依赖于目标类的 gml：OperationParameter 特性实现。

D.2.8 ISO 19112 基于地理标识的空间参照

GML 不为地名字典提供一个预定义的模式，然而，它为基于地理标识的空间参照提供预定义的特性。

——特性〈gml：locationName〉包含了描述位置的文本。

——特性〈gml：locationReference〉引用了描述位置的文本。

D.2.9 GB/T 19710—2005 元数据

GML 不提供元数据的信息模型，但提供一种机制以包含或引用所有对象元素的元数据。

注：如在 7.2.6 中规定的那样，如果元数据遵循 GB/T 19710—2005 的概念模型，它应在 GML 文档中编码，相应的在 ISO/TS 19139 中规定的 XML 模式应用来编码元数据信息。

D.2.10 ISO 19118 编码

E.2 中描述的编码原则符合 ISO 19118 级别 1。

D.2.11 ISO 19123 覆盖

本附录中定义的 GML 专用标准的 UML 模型描述了定义在 ISO 19123 中抽象类型的概念模型。表 D.8 描述了 GML 覆盖对象和特性名称到 ISO 19123 中相应的类名和属性的映射，以易于与本标准进行比较。

表 D.8 实现 ISO 19123 的描述

ISO 19123 构成	GML 构成
CV_Coverage	AbstractCoverage(AbstractCoverageType)
domainExtent(属性)	boundedBy(特性)
domainElement(角色名称)	domainSet(特性)
rangeElement(角色名称)	rangeSet(特性)
AttributeValues	ValueArray，或 AbstractScalarValueList
CoverageFunction(关联)	coverageFunction(特性)
CV_GridValuesMatrix	GridFunction
sequencingRule(属性)	sequenceRule(特性)
CV_SequenceRule	SequenceRuleType
CV_SequenceType	SequenceRuleNames
scanDirection(属性)	order(属性)
startSequence(属性)	startPoint(特性)
CV_Grid	Grid

表 D.8（续）

ISO 19123 构成	GML 构成
CV_GridEnvelope	GridEnvelope
low(属性)	low(特性)
high(属性)	high(特性)
CV_RectifiedGrid	RectifiedGrid
origin(属性)	origin(特性)
offsetVectors(属性)	(set of)offsetVector(s)(特性)
CV_DiscretePointCoverage	MultiPointCoverage
CV_DiscreteCurveCoverage	MultiCurveCoverage
CV_DiscreteSurfaceCoverage	MultiSurfaceCoverage
CV_DiscreteGridPointCoverage	GridCoverage 或 RectifiedGridCoverage

表 D.9 描述了应用到 ISO 19123 中的覆盖包中的其他变化。

表 D.9　ISO 19123 专用标准的描述

变　化	理　由
删除 CV_ContinuousCoverage 的所有子类	GML 目前不支持
从 CV_Coverage 中删掉坐标参照系关联	在域内用几何或时间对象上的 srsName(或 frame)属性替代。GML 覆盖包允许域对象在不同的坐标参照系(或参考框架)中
删除 CV_CommonPointRule	GML 目前不支持
删除 AttributeValues	用在 GML 的同等对象：ValueArray 或 AbstractScalarValueList 之间选一个替换
删除 CV_GeometryValuePair	GML 覆盖仅为域范围内功能上的观点编码
删除 CV_GridValuesMatrix	格网点和值域值间包含了顺序规则等的映射被包含在一个对象(GridFunction)内，它不从 Grid 继承
CV_GridCell	GML 目前不支持

图 D.39 中的 UML 类图说明了“Coverage root”包的专用标准(比较 ISO 19123:2005 图 2)。

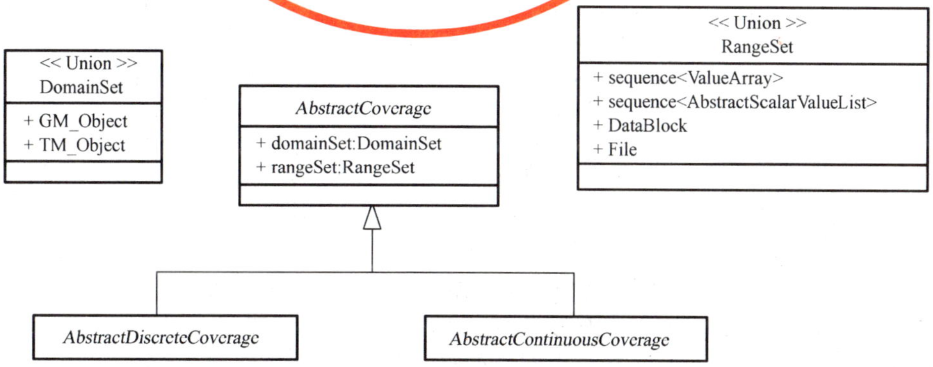

图 D.39　覆盖概览

图 D.40 中的 UML 类图阐明了离散的覆盖(比较 ISO 19123:2005 图 3、图 4、图 5)。

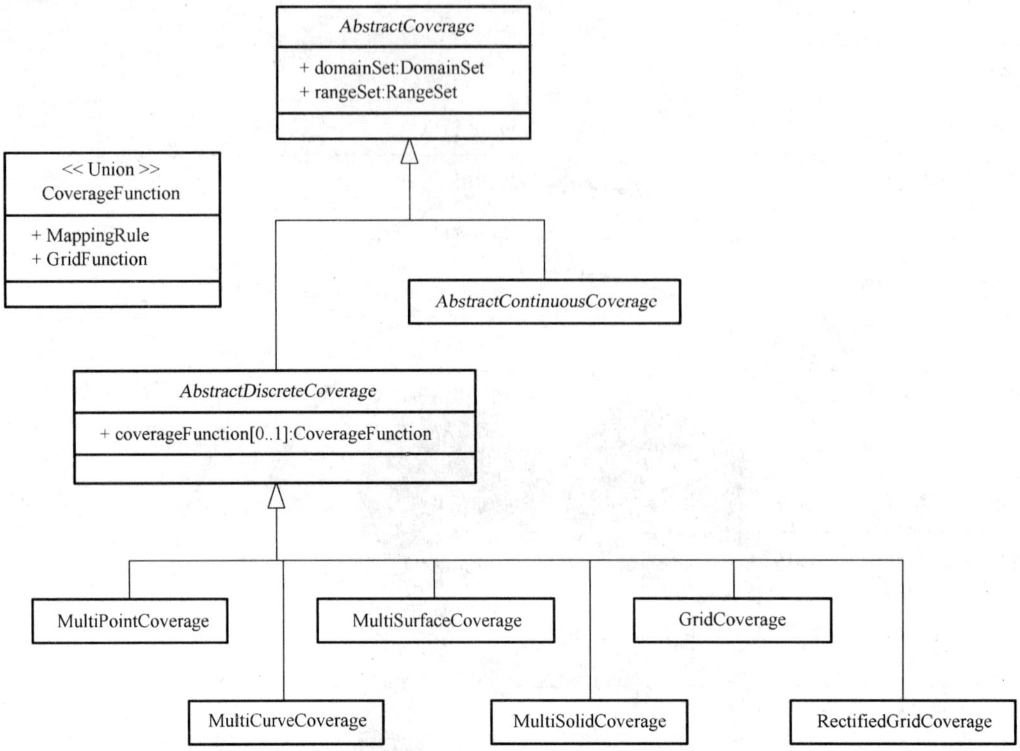

图 D.40　离散覆盖

ISO 19123 专用标准的一致性规则在 ISO 19123:2005 的第 2 章和附录 A 中描述。

下面一致性章条中的条件要满足:

——A.1.1 简单覆盖接口;

——A.1.2 离散覆盖接口;

——A.1.4 四边形格网覆盖接口。

需要注意的是,派生的属性被认为是操作,并假设派生的属性被处理 GML 实例的应用从数据中派生。

D.3　ISO 19100 系列标准的专用标准扩展

D.3.1　概述

以下的章条定义了 GML 的其他部分,这些部分不属于 D.2 中定义的 ISO 19100 系列的专用标准。UML 被用作概念模式语言以根据 ISO/TS 19103 描述其他元素。关于这些其他类的语义的详细信息见第 7 章~第 19 章。

GML 模式组件基于第 7 章~第 19 章的结构从语义进行了分组,并且为每一个组建立了一个包。D.2 中没有描述的其他类在相应的包中定义。这些包是"GML"包的一部分。

D.3.2　"basicTypes"包

除了 ISO/TS 19103 中的类型外,8.2 定义了很多 GML 模式文档需要使用或必需的其他类型。

这些其他类型中的大部分是用于提供表示无类型信息(nilReason)的能力。它基于用户的要求增加到 GML 模式中,因此此概念被认为是通用的(见图 D.41 和图 D.42)。

列表类型只是为了便于使用的类型,以简化 GML 模式的书写。

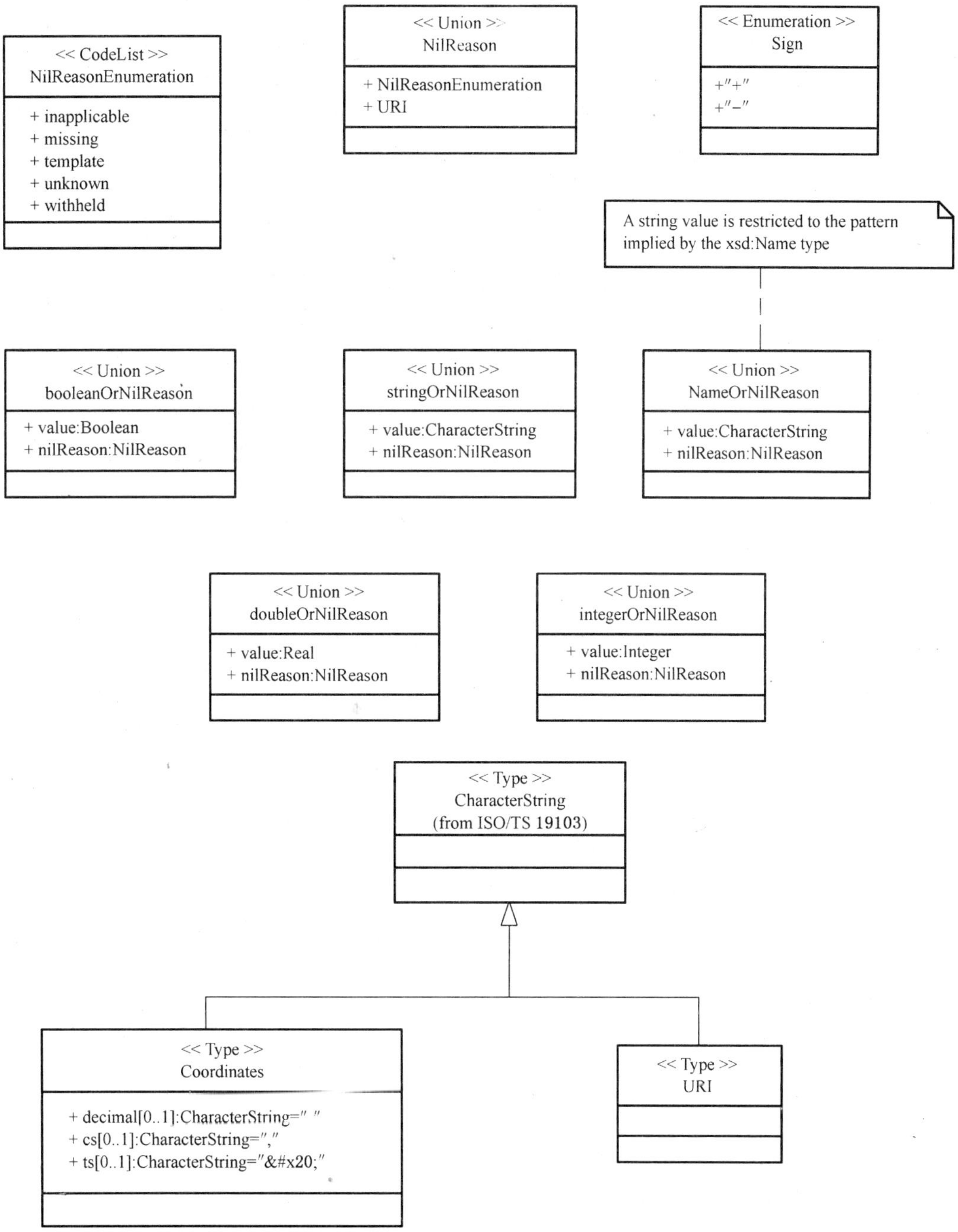

图 D.41　简单类型

D.3.3 “gmlBase”包

除了 ISO/TS 19103 的类型外，7.2 也定义了一些其他新的类型，它们不是用在作为从概念模式到 XML 模式实现的映射的一部分的文档中，而是用在其他的 GML 模式文档中。XML 模式中的对象类型，关联角色等在附录 E 中描述。

gml:AbstractObject，gml:AbstractGML 和 gml:AbstractFeature(见 D.3.4)使一般的概念可以更容易清楚地在应用模式中使用。例如，当特性值为任何要素时，这是必需的和有用的(见图 D.43 和图 D.44)。

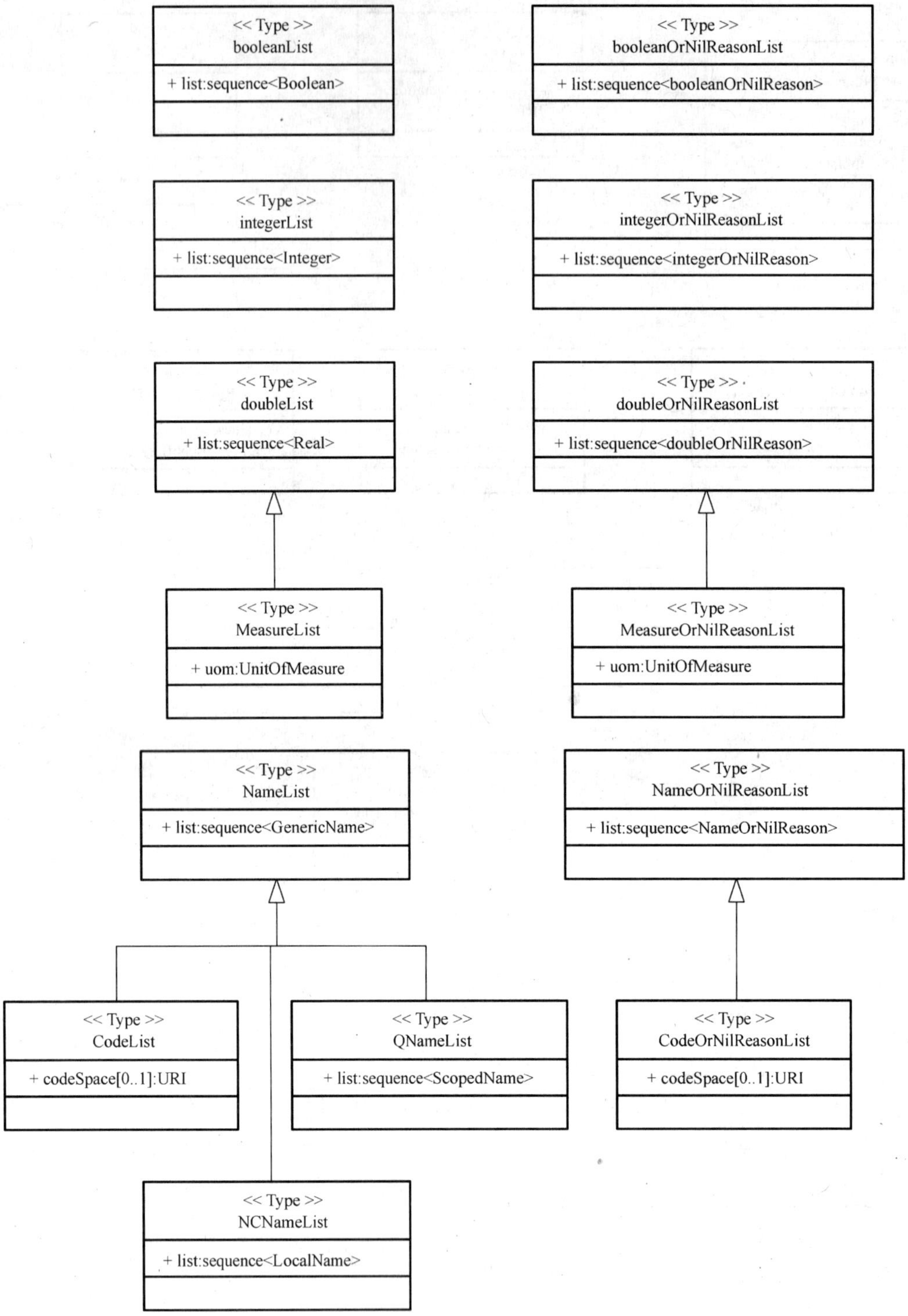

<< Type >>
booleanList
+ list:sequence<Boolean>
<< Type >>
booleanOrNilReasonList
+ list:sequence<booleanOrNilReason>
<< Type >>
integerList
+ list:sequence<Integer>
<< Type >>
integerOrNilReasonList
+ list:sequence<integerOrNilReason>
<< Type >>
doubleList
+ list:sequence<Real>
<< Type >>
doubleOrNilReasonList
+ list:sequence<doubleOrNilReason>
<< Type >>
MeasureList
+ uom:UnitOfMeasure
<< Type >>
MeasureOrNilReasonList
+ uom:UnitOfMeasure
<< Type >>
NameList
+ list:sequence<GenericName>
<< Type >>
NameOrNilReasonList
+ list:sequence<NameOrNilReason>
<< Type >>
CodeList
+ codeSpace[0..1]:URI
<< Type >>
QNameList
+ list:sequence<ScopedName>
<< Type >>
CodeOrNilReasonList
+ codeSpace[0..1]:URI
<< Type >>
NCNameList
+ list:sequence<LocalName>

图 D.42 列表

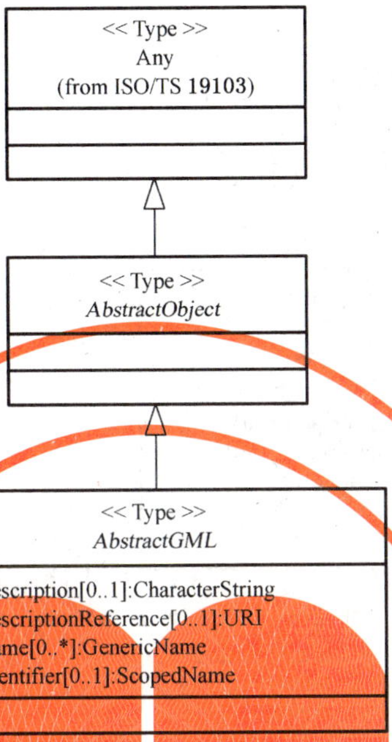

图 D.43 基本类型

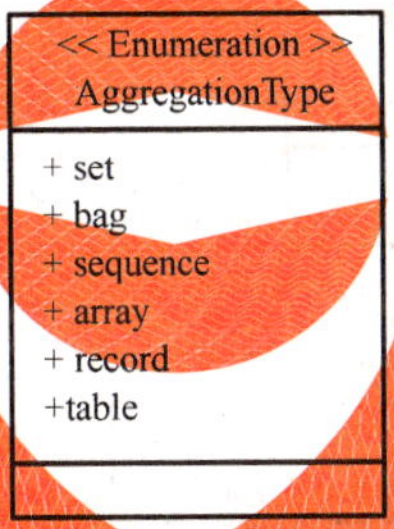

图 D.44 集合的聚合类型

D.3.4 "feature"包

这一条指定了用于第9章中的其他类型。这些类型清楚地说明了要素类型和公共的、预定义的、可选的特性元素，名称、标识、描述以及边界范围的表示(见图D.45)。

D.3.5 "geometryBasic0d1d"包

这一条规定了10.3和10.4中使用的其他类型。

GM_Curve的一些其他子类型被增加到GML中。"LineString"是特殊的曲线，仅由GM_LineString段组成。"LineString"对象元素的XML表示把所有的段连接成一个段，它的控制点表示为"LineString"的直接的特性(见图D.46)。

上面规定的"LineString"类型是一个便于使用的类型，因为在实际中它表示了非常典型的情况。

D.3.6 "geometryBasic2d"包

本条规定了10.4.5中使用的其他类型。

GM_Surface的一些其他子类型被增加到GML中。"Polygon"是由单个GM_Polygon面片构成的特殊曲面。因为仅有一个面片存在，"Polygon"对象元素的XML表示超出了面片的水平面且面片的外部与内部边界特性表示为"Polygon"的直接的特性。

类似地，"LinearRing"是简单环(单个线串表示的GM_Ring)。

正如上述规定的"Polygon"和"LinearRing"类型是便于使用的类型，因为在实际中它表示了非常典型的情况(见图D.47)。

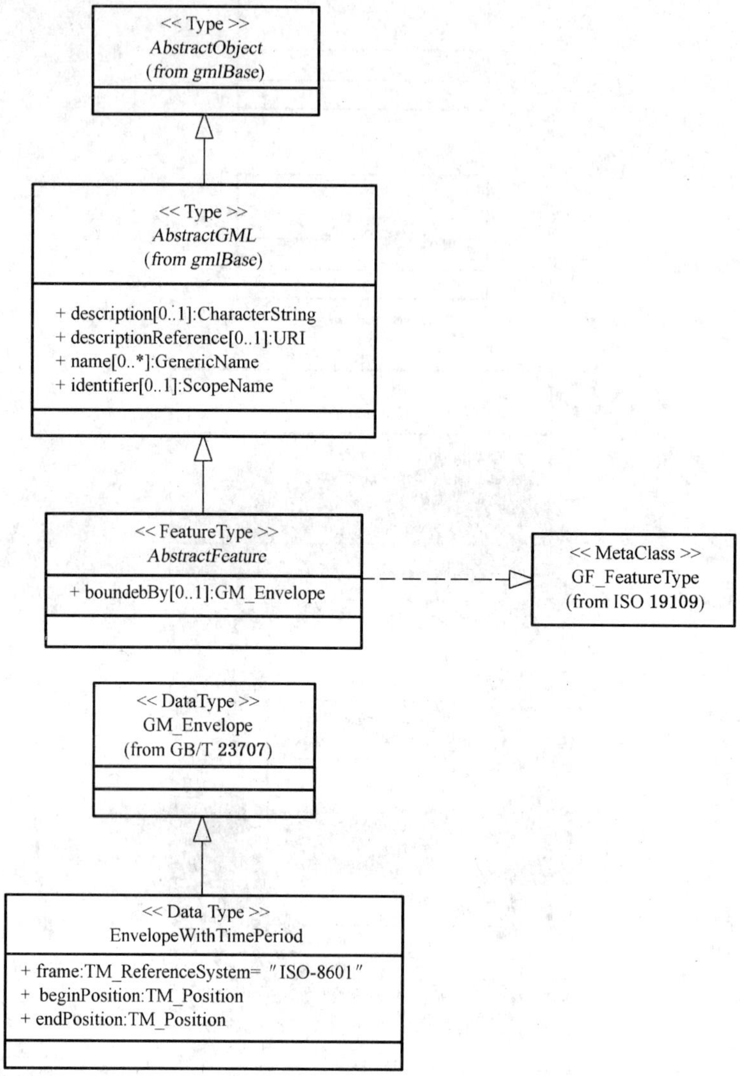

图 D.45 要素

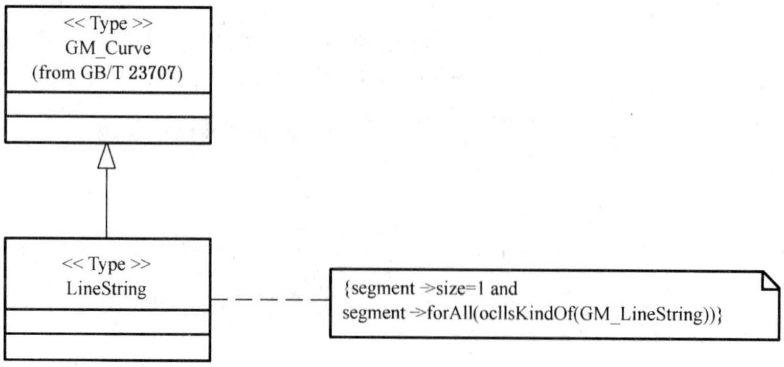

图 D.46 具有单个 GM_LineString 段的 GM_Curve

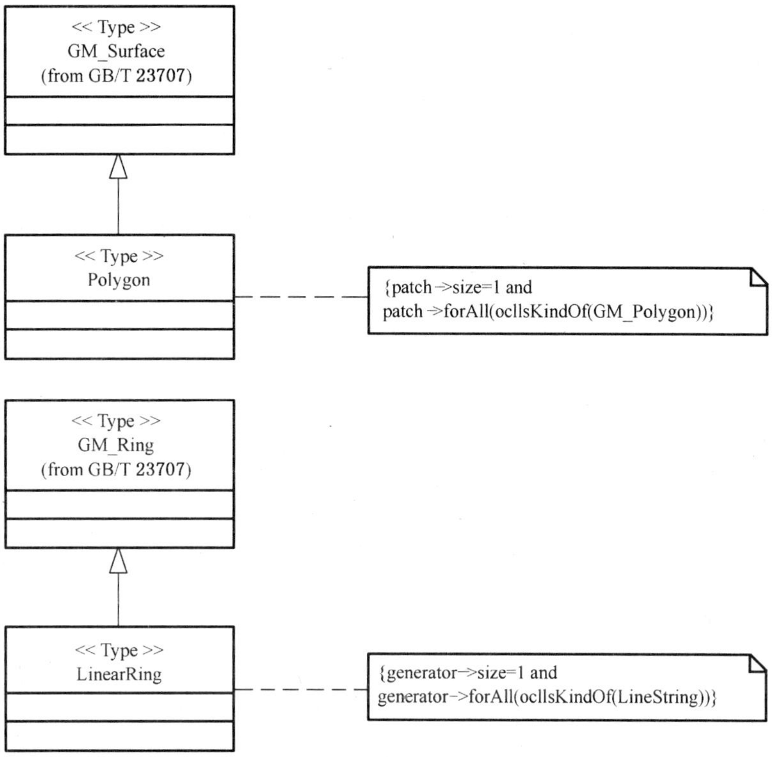

图 D.47　具有单个 GM_Polygon 块的 GM_Surface

D.3.7　"geometryPrimitives"包

本条规定了 10.5.10 使用的其他类型。

曲线段"ArcByCenterPoint"和"CircleByCenterPoint"和曲面片"Rectangle"在 GML 中定义，因为这些圆或弧的表示在应用域中经常使用(见图 D.48)。

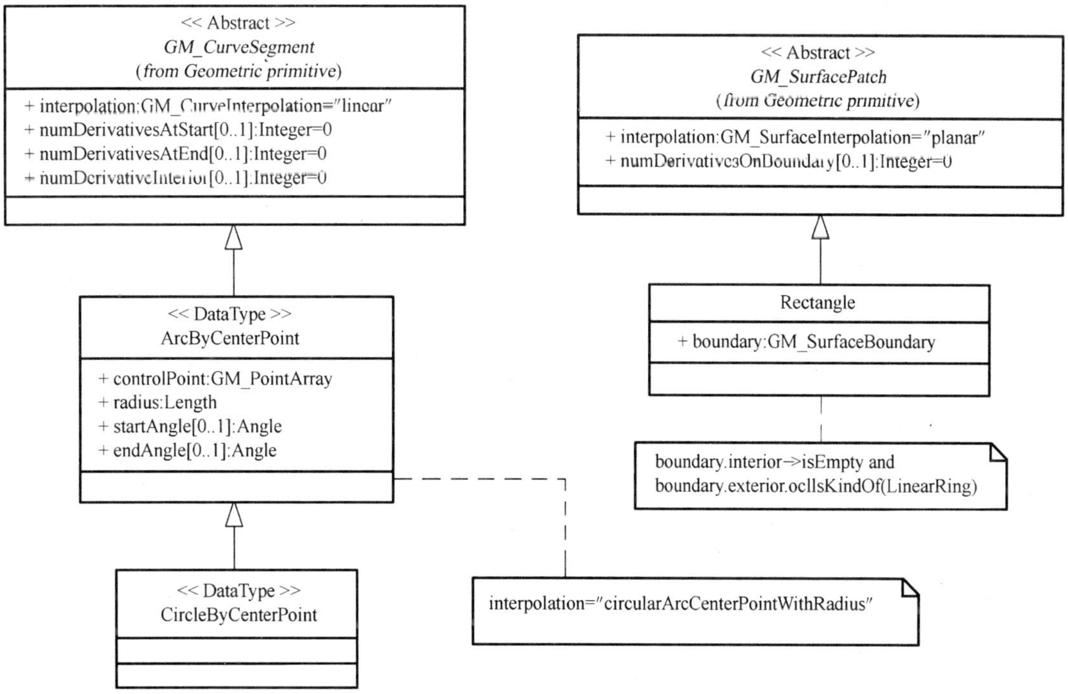

图 D.48　其他曲线段和曲面片

D.3.8 "geometryAggregates"包

本条规定了11.3中使用的其他类型。

GML定义了可实例化的几何聚合,它不受单一维元素"MultiGeometry"的限制。增加这种类型是因为几何对象的集合在应用中会用到,并且常被认为是有用的概念(见图D.49)。

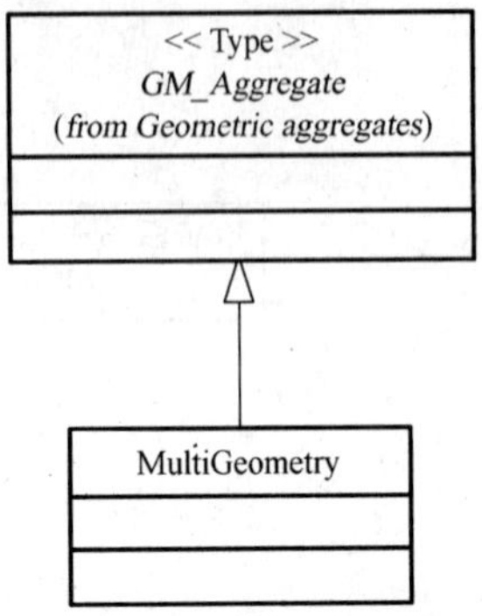

图 D.49 其他几何聚合

D.3.9 "coordinateOperations","coordinateReferenceSystems","coordinateSystems","dataQuality","datums","referenceSystems"包

D.3.9.1 概述

D.3.10规定了时间参照系是其他的坐标参照系子类型,它具有时间基准和时间坐标系。

到实现这些类型(gml:TemporalCRS,gml:TimeCS和gml:TemporalDatum)的GML对象的映射是直接的,遵循D.2.7中描述的规则。

D.3.9.2 "coordinateReferenceSystems"包的UML模式

图D.50描述了与时间CRS相关的坐标参照系包的UML类图。

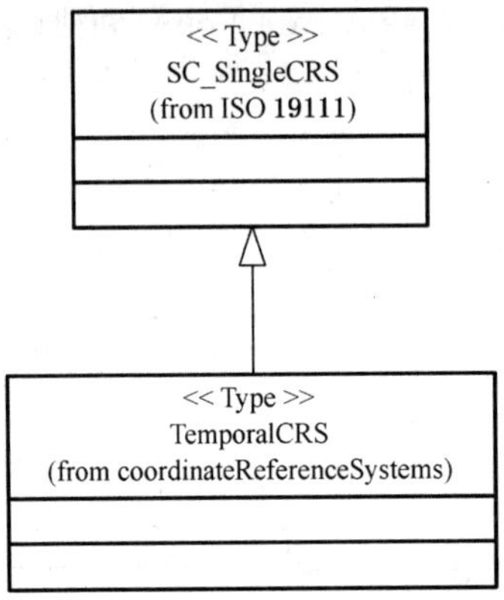

图 D.50 时间 CRS

表 D.10 TemporalCRS 类的定义元素

描述:用于记录时间的1D坐标参照系
原型:(没有) 派生于:SC_SingleCRS 关联角色:到 TemporalDatum[1]的基准 到 CS_TimeCS[1]的坐标系 (从 SC_SingleCRS 继承的关联) 公共属性:从 IO_IdentifiedObjectBase,RS_ReferenceSystem 和 SC_CRS 继承的6个属性

D.3.9.3 "coordinateSystems"包的 UML 模式

时间坐标系是包含一个时间轴的 1 维坐标系，用于描述从一指定的时间原点开始的，用特定时间单位表示的一个点的时间位置。

图 D.51 显示了和时间坐标系相关的坐标系包内的 UML 类图。SC_SingleCRS 和 CS_CoordinateSystem 之间的关联限制在图 D.52 的 UML 类图中描述。

坐标参照系子类型和坐标系子类型之间的关联限制在图 D.52 中的 UML 类图中描述。

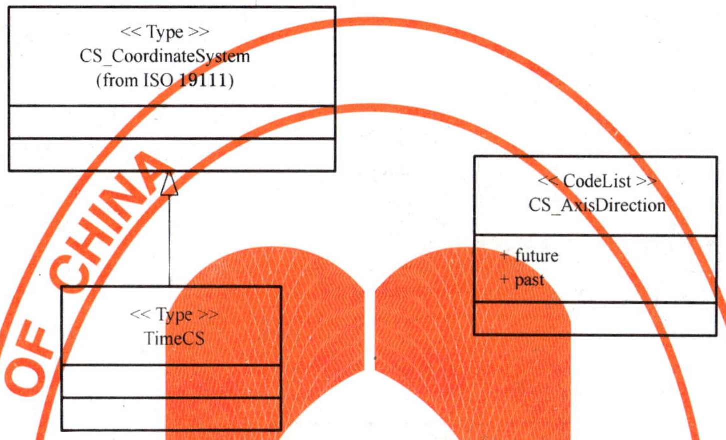

图 D.51 时间 CS

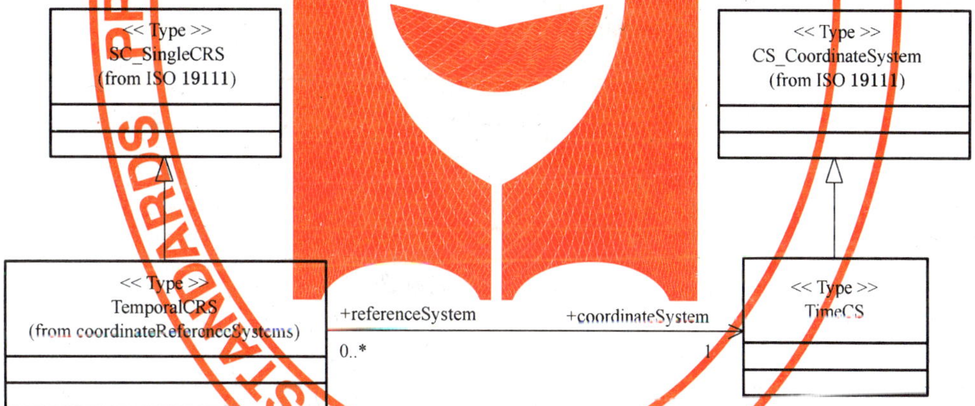

图 D.52 时间 CRS 和时间 CS 间的联合

表 D.11 TimeCS 类的定义要素

描述：包含时间轴的 1 维坐标系，用于描述从一指定的时间原点开始的，用特定时间单位表示的一个点的时间位置。TimeCS 应有一个到轴的关联
原型：(没有) 派生于：CS_CoordinateSystem 关联角色：自 TemporalCRS[1]的 coordinateSystem (从 CS_CoordinateSystem 继承的关联) 公共属性：从 IO_IdentifiedObject 和 IO_IdentifiedObjectBase 继承的 4 个属性

表 D.12　CS_AxisDirection 类的定义要素

描述：对于坐标轴，坐标值增加的正方向					
原型：CodeList 派生于：(没有) 关联角色：(没有) 使用：CS_CoordinateSystemAxis 公共属性：					
属性名	UML 标识	数据类型	职责	最大值出现次数	属性描述
future	future	CharacterString	C	1	指向将来的轴的正方向
past	past	CharacterString	C	1	指向过去的轴的正方向
条件：一个且仅一个列出的属性应该被提供。					

D.3.9.4　"datums"包的 UML 模式

图 D.53 显示了与时间基准相关的基准包的 UML 类图。SC_SingleCRS 和 CD_Datum 的关联限制在图 D.54 的 UML 类图中描述。

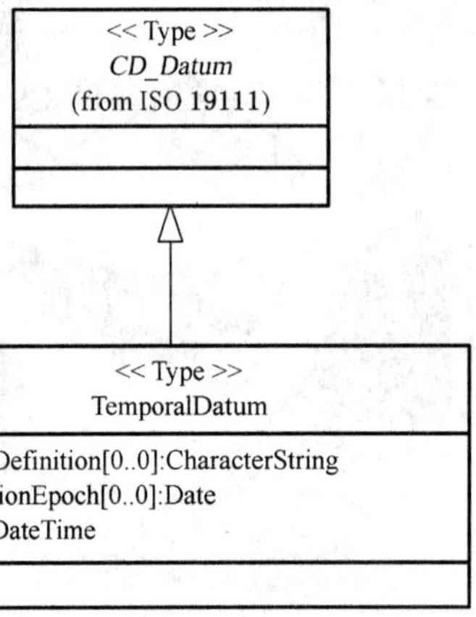

图 D.53　时间基准

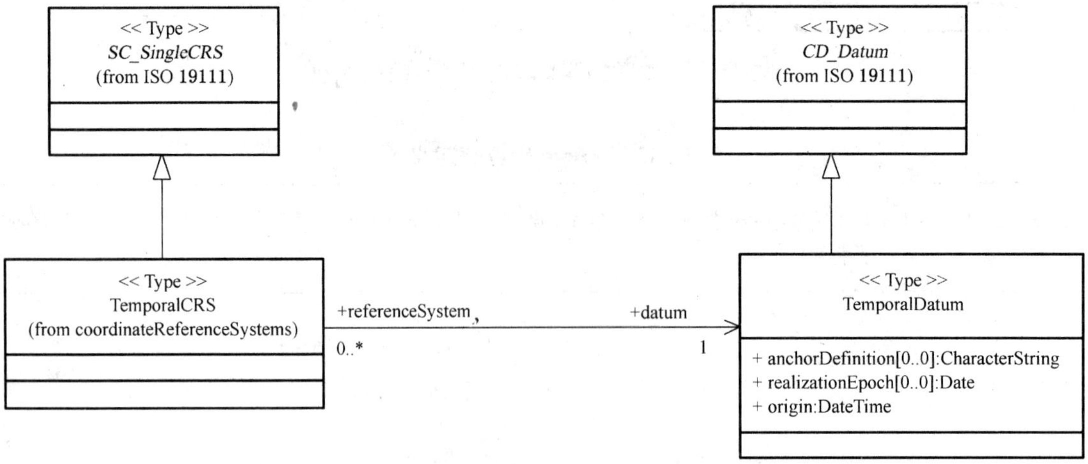

图 D.54　时间 CRS 和时间基准间的关联

表 D.13 TemporalDatum 类的定义要素

描述：定义时间参照系原点的时间基准					
原型：(没有) 派生于：CD_Datum 关联角色：自 TemporalCRS[1]的基准 公共属性：从 CD_Datum，IIO_IdentifiedObject 和 IO_IdentifiedObjectBase 继承的 8 个属性，以及：					
属性名	UML 标识	数据类型	职责	最大出现次数	属性描述
Origin	Origin	DateTime	M	1	时间基准的日期和时间原点
8 个被继承的属性中，以下两个做了修正：					
Anchor definition	anchorDefinition	CharacterString	M	0	本属性在时间数据基准中不使用
Realization epoch	realization Epoch	Date	M	0	本属性在时间基准中不使用

D.3.10 "topology"包

本条规定了第 13 章中用到的其他类型。

GML 定义了几个包含(或引用)直接的拓扑单形的数据类型，每一维表示一个数据类型："TopoPoint"，"TopoCurve"，"TopoSurface" 和 "TopoVolume"。它们都是方便使用的类型，用于应用中的要素特性(见图 D.55)。

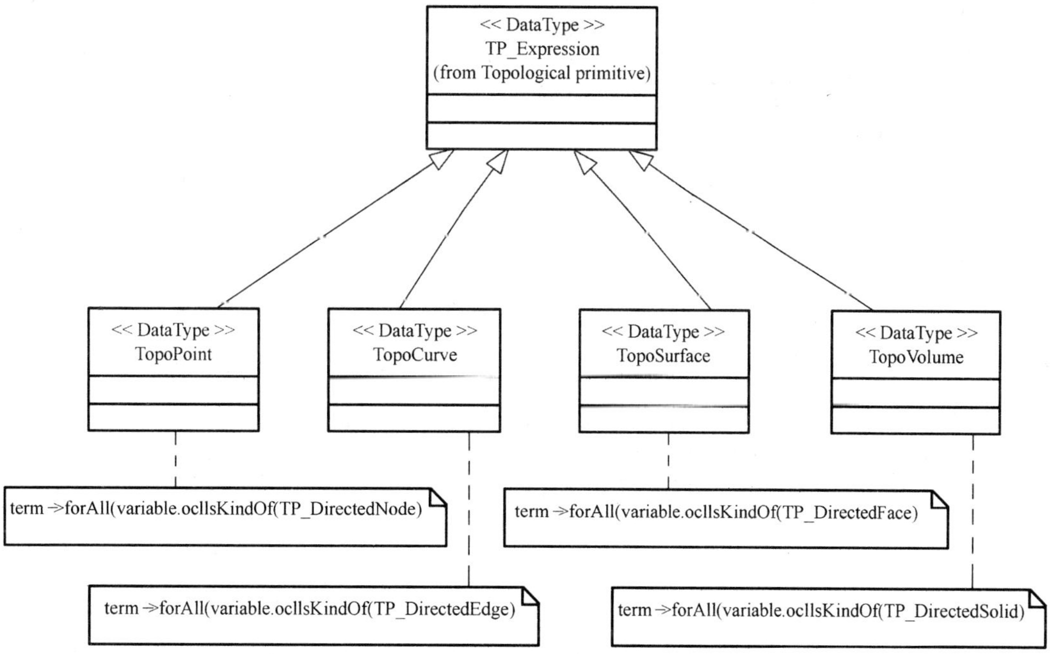

图 D.55 拓扑表示

D.3.11 "dynamicFeature"包

本条规定了 14.5 中用到的其他类型。

在 GML 中增加了动态要素概念，因为表达随时间变化的特性被认为是地理信息的一个基本概念(见图 D.56)。

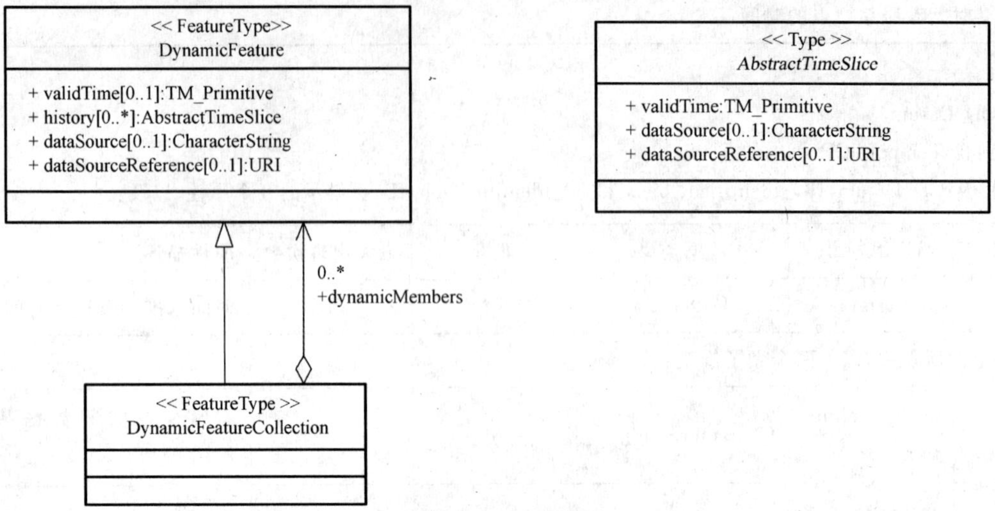

图 D.56 动态要素

D.3.12 "dictionary"包

本条规定了第15章中用到的其他类型。在GML中增加了字典概念,因为编码代码表、单位和坐标参照系字典的能力在处理实例数据和应用模式中是基本的(见图D.57)。

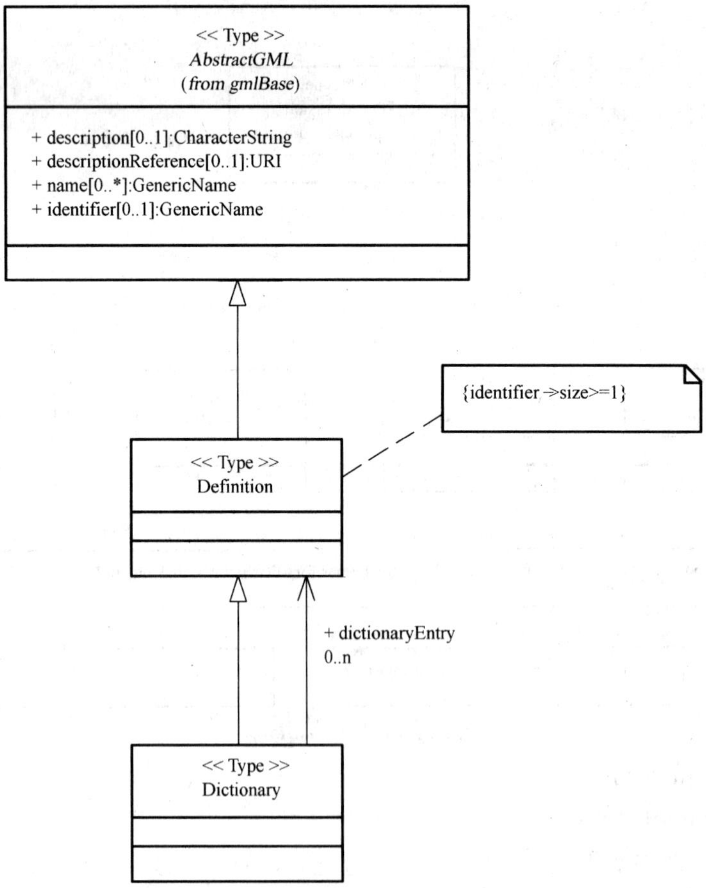

图 D.57 字典

注:"Dictionary"类必须命名为GMLDictionary,以避免与ISO/TS 19103中具有相同名称的类的命名冲突。

D. 3. 13 "units"包

本条规定了 16.2 中用到的其他类型。该模式已经规定为 GML 的一部分，因为 ISO/TS 19103 用到的模型不足以表达关于度量单位的必要的信息(见图 D. 58)。

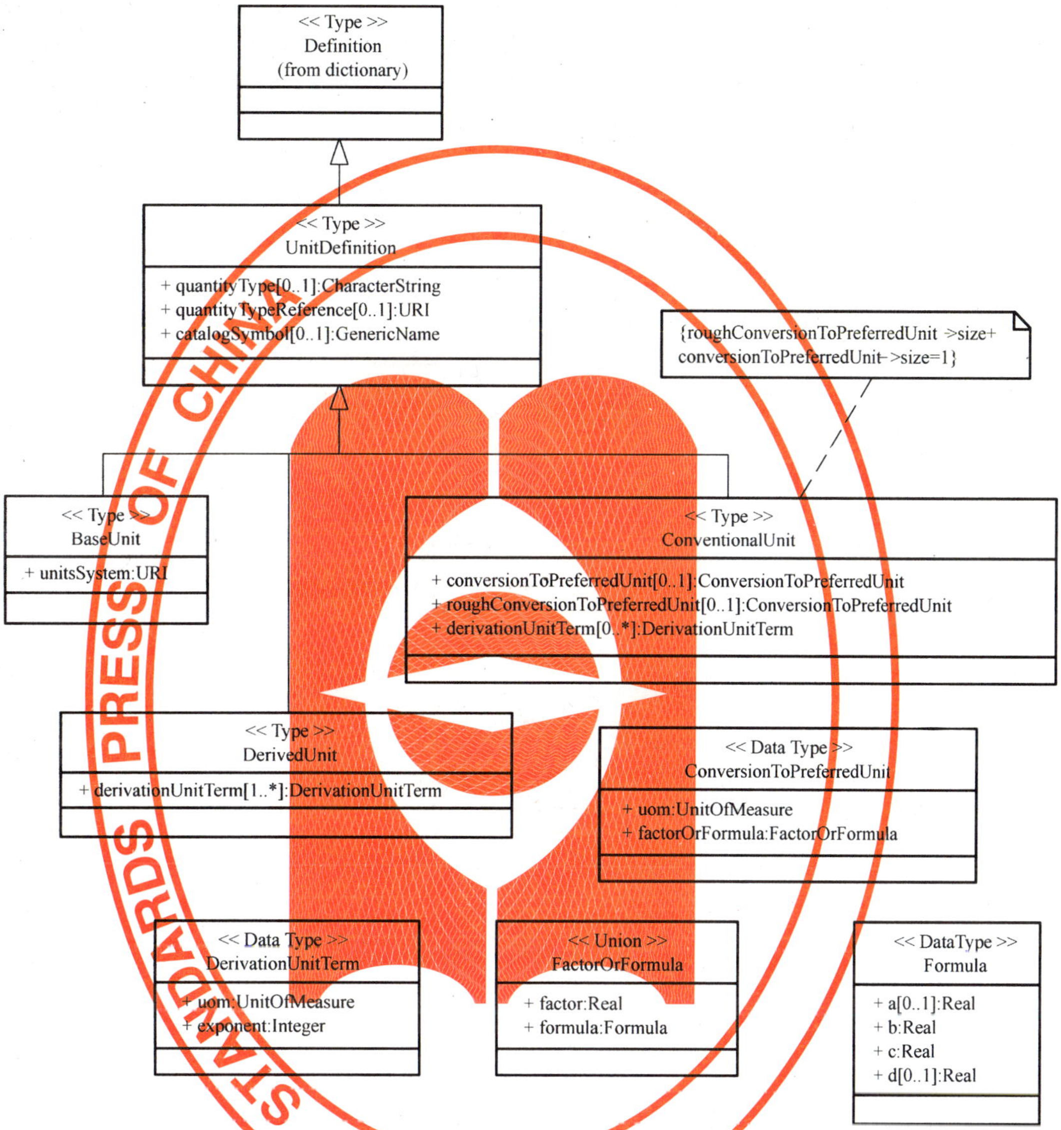

图 D. 58 单位定义

D. 3. 14 "measures"包

本条规定了 16.3 中用到的其他类型。除了 ISO/TS 19103 规定的子类型"Measure"外，另一子类型在上下文中也用到了，因此也要作为 GML 模式的一部分规定(见图 D. 59)。

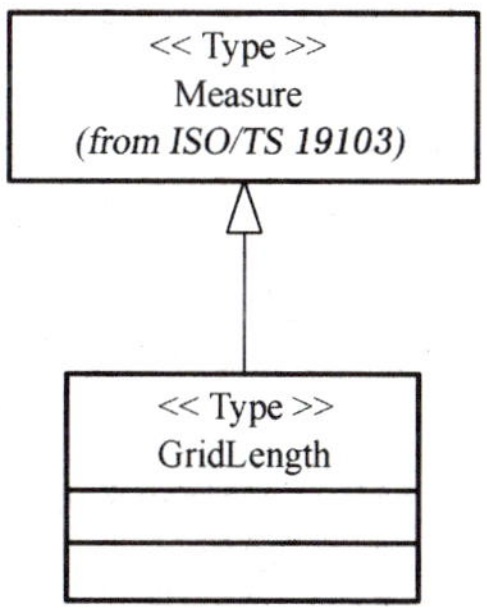

图 D. 59 其他度量

D.3.15 “valueObjects”包

本条规定了 16.4 中用到的其他类型。这些类型在观测模式中用到(见 D.3.17)。

图 D.60～图 D.64 中的 UML 类图阐明了组件的层次结构。UML 的泛化关系用来表明 XML 模式置换组和选择组的成员关系。UML 的组合关系用来指明在 XML 模式类型内容模型的成员关系。

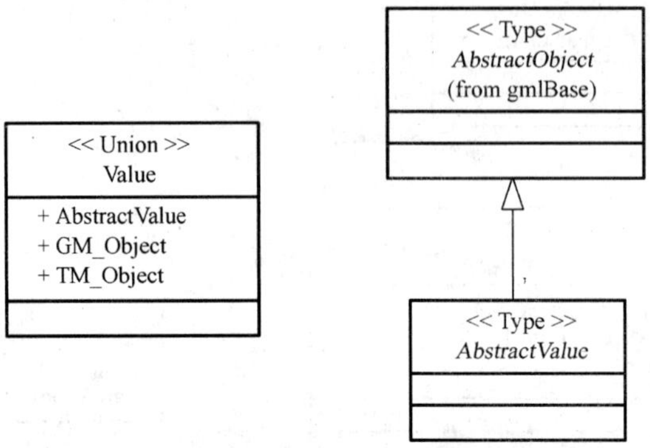

图 D.60 值表示

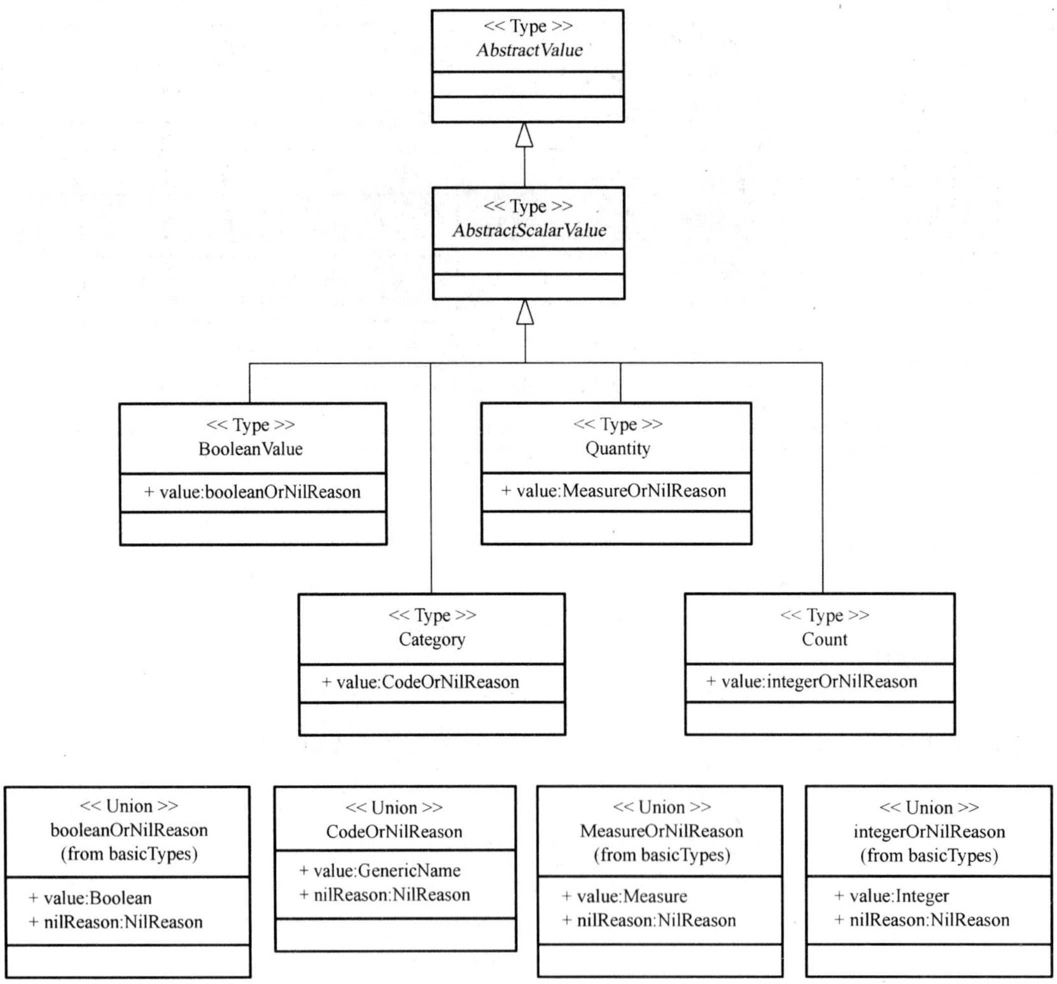

图 D.61 标量值

注：为避免和 ISO/TS 19103 中 Boolean 类的命名冲突，boolean 值对象类命名为 BooleanValue。

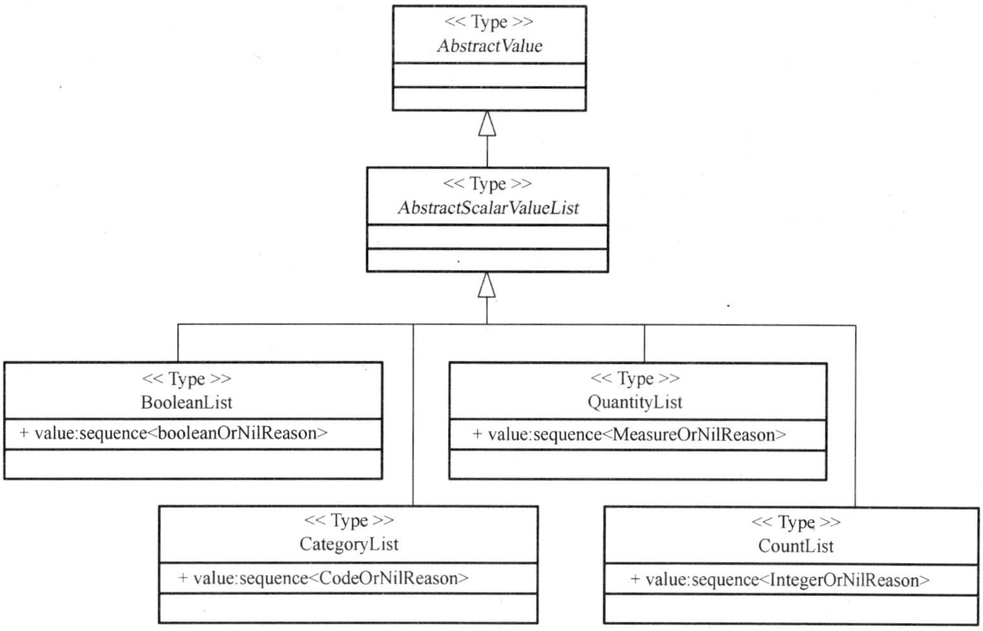

图 D.62 标量值列表

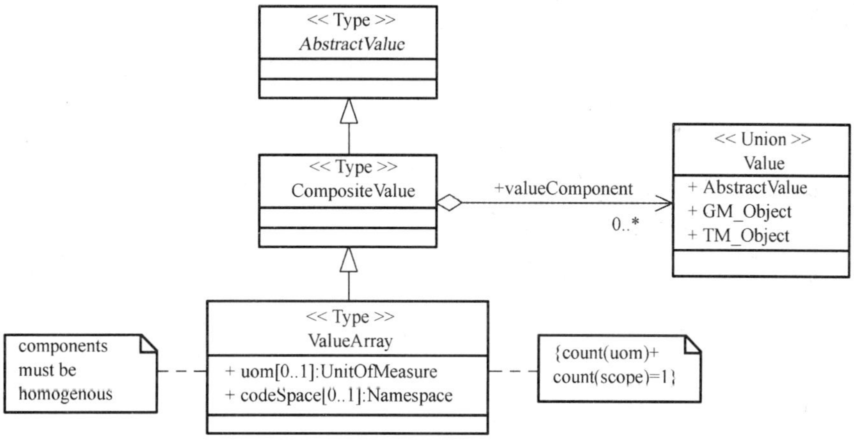

图 D.63 组合值

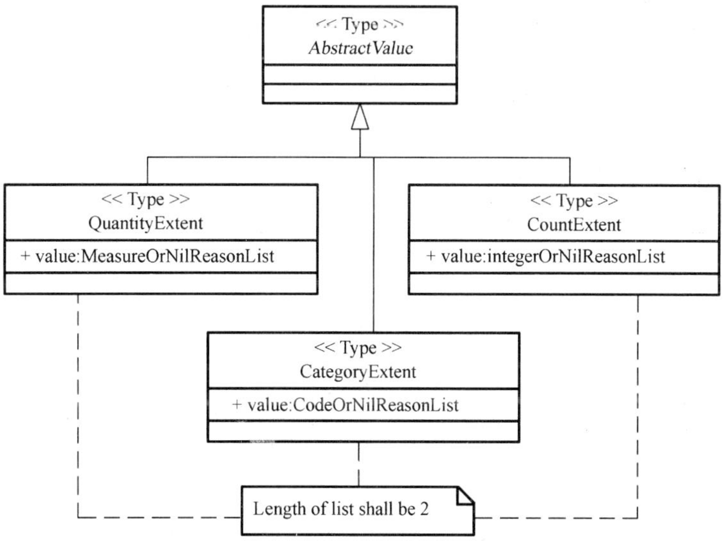

图 D.64 范围

D.3.16 "direction"包

本条规定了第17章用到的其他类型(见图D.65)。这些类型在观测模式中用到(见D.3.17)。

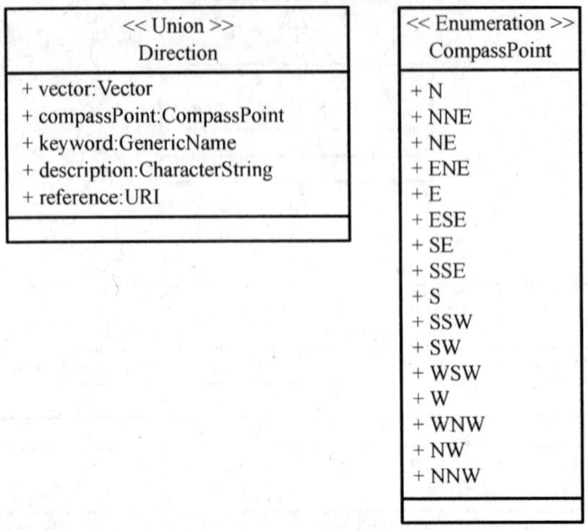

图 D.65 定义

D.3.17 "observation"包

本条规定了第18章用到的其他类型(见图D.66)。

在GML中增加了观测概念,因为观测概念被认为是地理信息的基本概念。

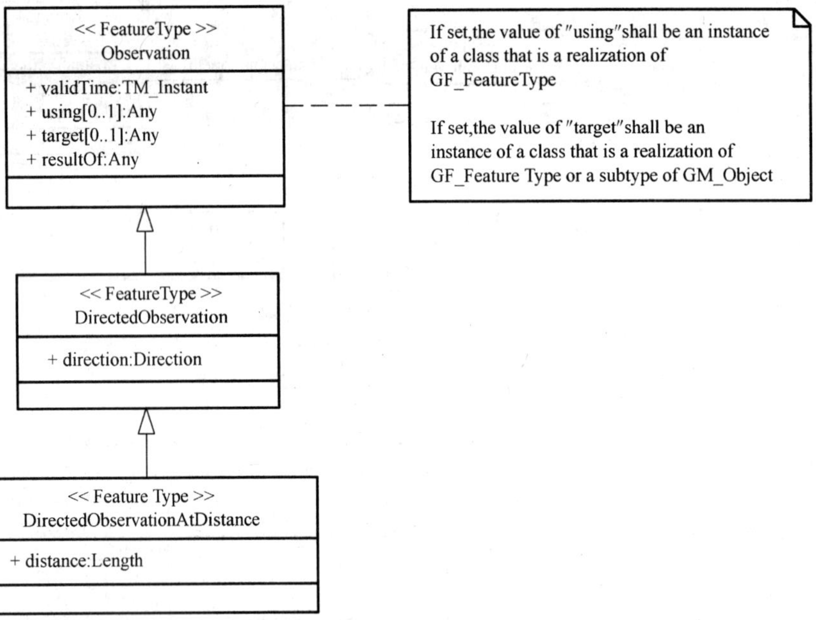

图 D.66 观测

附　录　E
（规范性附录）
UML 应用模式映射到 GML 应用模式的编码规则

E.1　一般概念

从 ISO 19109 一致的 UML 应用模式到相应的 GML 应用模式的映射是基于一套编码规则的。这些编码规则与 GML 应用模式规则一致，并基于 ISO 19118。

这些规则是从第 7 章～第 21 章中描述的 GML 模型和语法规则派生而来，特别是第 7 章。在某些情况下还会用到 ISO 19118:2005 和附录 A 中的编码规则。

本附录列出规则的目的是实现从 ISO 19109 和 ISO/TS 19103 一致的 UML 应用模式到相应的 GML 应用模式的自动映射（根据在第 21 章中定义的规则）。自动映射的结果是产生的 GML 应用模式不能充分利用 XML 和 XML 模式的能力，但将提供一个与 ISO 19100 系列标准一致的 XML 实现，且具有良好定义的、可预知的 XML 语法。

这些规则不要求所有的 GML 应用模式都使用这些规则生成。无论是手写的、自动从 UML 应用模式中派生的或是用其他方法产生的模式，只要遵循在第 21 章中定义的规则，所有模式都是有效的，并与 GML 应用模式是一致的。

模式编码规则的一个基本思路是：应用模式中类的定义被映射为 XML 模式中类型和元素的声明，以便于实例模型中的对象能够映射为 XML 文档中相应的元素结构。

E.2　编码规则

E.2.1　一般的编码要求

E.2.1.1　应用模式

E.2.1.1.1　总论（应用模式，包）

为了使映射的输入有效，UML 应用模式应该与下面所有的规则一致。其他需求见 ISO 19118:2005 A.2.1。

UML 应用模式应该与定义在 ISO 19109 和 ISO/TS 19103 中的规则一致。

UML 应用模式应该由构造型〈〈Application Schema〉〉包表示。该包应该包含（即自身直接或间接地）所有将映射到 GML 应用模式的对象类型的 UML 模型元素。该包可以包含其他的没有构造型〈〈Application Schema〉〉的包，以在应用模式中分组不同的 UML 模型元素。

UML 模型应该是完全的，不包含外部的引用，除非明确规定的例外。预定义的类可以从 ISO 19100 系列标准的标准化模式中导入。GML 模式实现的由 UML 应用使用的 ISO 19100 系列标准的类应该在包中指定名称“ISO 19100”或具有该名称的包的任何子包。

不同包间的依赖性应该明确地说明。具有构造型〈〈import〉〉的允许元素或包间没有指定依赖的元素应该用来表示一个包中的元素与另一个包中的元素的依赖性。所有其他的依赖元素应该忽略，见图 E.1。

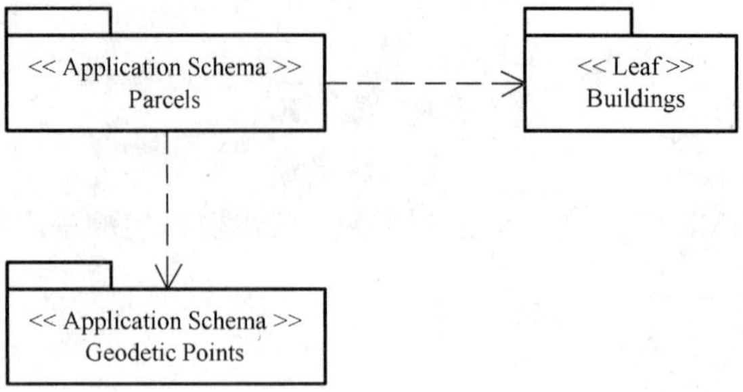

图 E.1 包间的依赖(资料性的)

UML 元素的可见性应该设置为"public"。只有公有的可见的元素应该是应用模式的一部分,用于应用间的数据交换。

UML 模型中元素的文档说明应该以标记值"documentation"存储。

唯一的 XML 命名空间应该与 UML 应用模式关联。当且仅当包表示 UML 应用模式时,应该设置用于目标命名空间 URI 的标记值"targetNamespace"和缩写的"xmlns"。

如果有表示 UML 应用模式包的版本号可用,则应该在标记值"version"中指定。

GML 专用标准可以通过标记值"gmlProfileSchema"与应用模式关联。如果提供,值应该是一个引用 GML 专用标准模式位置的 URL。

如果包应该映射到它自己的 XML 模式文档,则标记值"xsdDocument"应该被设置,提供有效的模式文档的相对文件名。该标记值应该为每一个表示 UML 应用模式的包设置。在 UML 模型中的所有标记值"xsdDocument"应该唯一。

例:"xsdDocument"标记值可以是"GeodeticPoints. xsd"或"schemas/Parcels. xsd"。

E.2.1.1.2 类

相同应用模式中所有的类名应该唯一,并且是一个由 W3C XML Namespaces:1999 定义的"NC-Name"。

要素类型应该建模为具有构造型〈〈Feature〉〉的 UML 类,见图 E.2。

注 1:ISO 19109 和 ISO 19118 附录 A 都没有区分要素类型和对象类型——ISO 19109 只考虑要素类型,而 ISO 19118 附录 A 将所有的要素类型归类为对象类型。然而,在 GML 中这种区分是有意义的,实际中应用模式常常需要的。本附录中的这种区分与 ISO 19118 附录 A 是一致的。

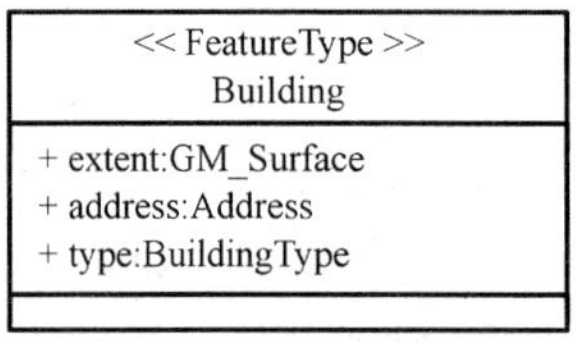

图 E.2 要素类型(资料性的)

对象类型应该建模为没有构造型的 UML 类。对象类型是其实例具有标识的类型,但不是要素类型[11)]。

例:这样的类型示例有:几何,拓扑,参照系。这些类型的实例可以有名称和标识。

具有构造型〈〈Type〉〉的 UML 类可以有 0 个或多个操作(这些没有映射到 GML 应用模式),属性或关联。

构造型〈〈Abstract〉〉不应该在应用模式中使用,因为它的使用可能与正确的 UML 标记不一致,并因此产生误导。

抽象类型的所有可实例化的子类型应该是要素类型,对象类型或数据类型。

枚举应该建模为具有构造型〈〈Enumeration〉〉的 UML 类。

---

11) 对象类型在 ISO 19109:2005 中没有明显地考虑。它们只作为特性类型的值类型出现。

代码表应该建模为具有构造型〈〈CodeList〉〉的 UML 类,见图 E.3。

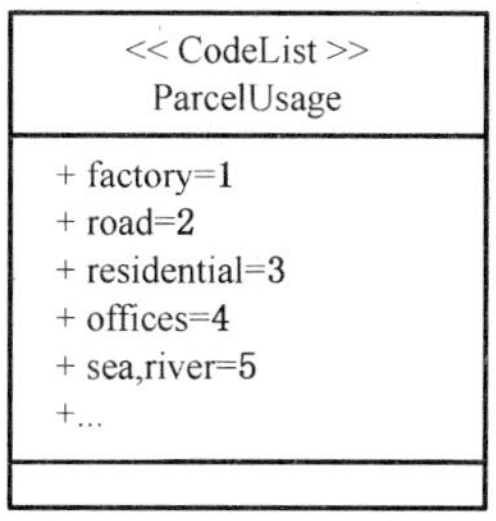

图 E.3 代码表〈资料性的〉

联合应该建模为具有构造型〈〈Union〉〉的 UML 类(在 GB/T 23707 中规定)。

所有其他的数据类型应该建模为具有构造型〈〈DataType〉〉的 UML 类,见图 E.4。

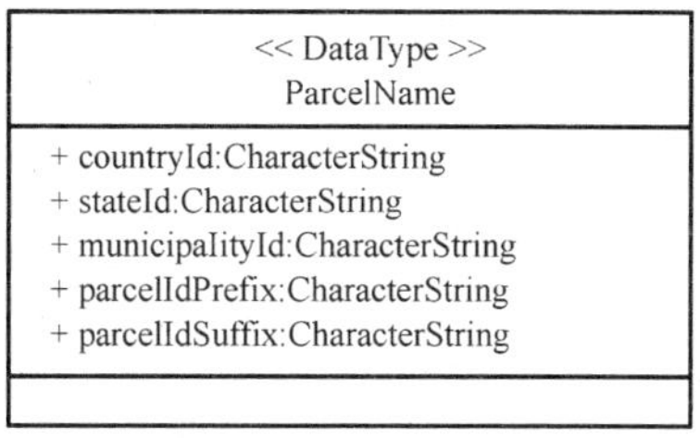

图 E.4 数据类型〈资料性的〉

作为 GML 专用标准的一部分的 ISO 19100 系列标准的 UML 类可以是 UML 应用模式中的子类,这些 UML 类对应的 GML 基本类型提供在表 D.2 的"GML 类型"列中。在这些子类中,可以增加其他的特性,或子类型的特性可以通过限制多重性或值域重新定义。

注 2:虽然支持特性的重新定义,这些重定义的特性将在转换规则中忽略,验证由重定义引入的限制由应用负责。所有具有不是上述提到的构造型的其他构造型可以是 UML 应用模式的一部分,但将被忽略。

注 3:当应用模式引用 ISO 19100 系列的其他标准定义的,由 GML 模式实现的类型时,类的名称应该与那些列在表 D.2 第一列中的名称匹配。

泛化关系仅可以在两个类间规定,它们是:

——两个要素类型;

——两个对象类型;或

——两个数据类型。

两个类间的所有泛化关系不应有构造型。所有有其他构造型的泛化关系都应被忽略。UML 泛化关系的鉴别者特性应该是空的。

如果一个类是另一个类的特化,则这个类只能仅有一个超类型(不支持多重继承)。

所有类都应该有一个指定类的含义的构造型。没有构造型的类被认为是对象类型,见图 E.5。

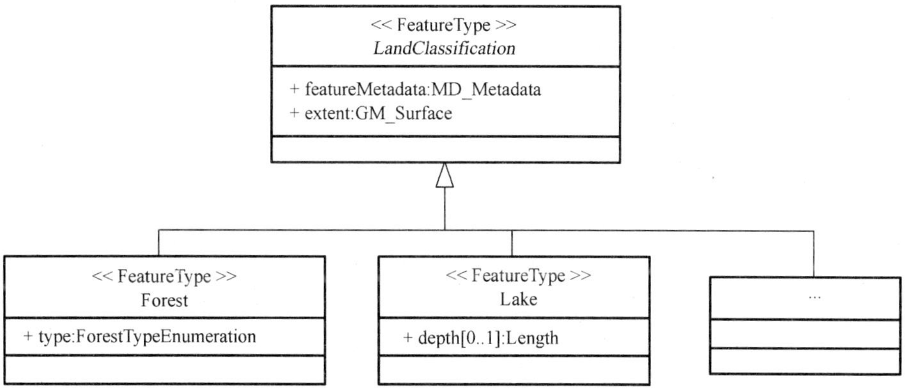

图 E.5 要素类型间的泛化关系〈资料性的〉

E.2.1.1.3 属性

每个抽象类型、要素类型、对象类型、数据类型或联合类型应该有其名称和类型。名称应该是由 W3C XML Namespaces:1999 定义的“NCName”。如果其多重性不是“1”，则应该明确地指定多重性。可以为属性指定数字、字符串或枚举类型的初始值。

类型应是预定义的类型(见 E.2.1.1.5)或 UML 模型中定义的类。

每个枚举类的 UML 属性应该有一个名称。类型信息为空。该属性没有多重性，次序或初始值信息。

每个代码表类的 UML 属性应该有一个名称。类型信息为空。该属性没有多重性或次序信息。可以为代码表的值指定一个初始的代码值。如果该属性省略，其值(即属性名)用作代码。

UML 类的特性是没有顺序的。为了支持从 UML 模型转换到 XML 模式时保持特性的顺序一致，每个属性应该指定标记值“SequenceNumber”(值域：整数)。对于一个类的所有属性和关联端点，这个属性的值应该是唯一的。

E.2.1.1.4 关联和关联端点

每个 UML 关联应该是具有两个关联端点的关联。两个关联端点应该连接到要素、对象或数据类型，可以没有构造型，或具有构造型〈〈association〉〉(否则将忽略整个关联)。

关联不应该包含任何特性。

关联端点的规则是：

——如果关联端点是可操纵的，则它应该同样地标记，且应该有一个角色名称。如果关联端点没有名称，即使它被标记为可操纵的，它也将被忽略。如果提供名称，应该是 W3C XML Namespaces:1999 定义的“NCName”。

——应该明确地指定多重性。

——如果聚合类型不是“none”，则应该明确地指定。

——如果关联端点的目标类是数据类型，则聚合类型应该是“composite”。

图 E.6 显示了两个关联的例子：其中一个关联在两个方向都是可操纵的，另一个是一个聚合，只在一个方向上是可操纵的。

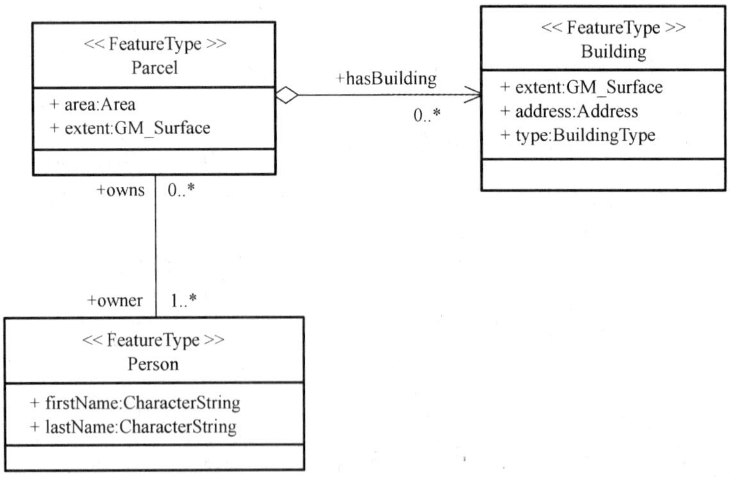

图 E.6 关联〈资料性的〉

UML 类的特性是没有顺序的。为了支持从 UML 模型转换到 XML 模式时保持特性的顺序一致，每个关联端点应该指定标记值“SequenceNumber”(值域：整数)。对于一个类的所有属性和关联端点，这个属性的值应该是唯一的。

E.2.1.1.5 预定义类型

来自 ISO/TS 19103 的列在 E.2.4.4 中的预定义的类型被认为是与 ISO 19118:2005 附录 A 类似的“基本类型”(它们具有规范的 XML 编码)。

E.2.1.1.6 OCL 限制

所有的 OCL 限制应该被忽略。关于这些限制的实例模型的有效性评价是应用处理 GML 实例的任务。

注：可以用模式语言来表示 OCL 限制，并作为表示 GML 应用模式的 XML 模式的一部分。

E.2.1.1.7 其他信息

在编码规则中不使用 UML 应用模式的所有其他信息，它们将被忽略。

E.2.1.2 保留字符和语言

与 XML 一致，“UTF-8”或“UTF-16”应该作为 XML 模式文件(具有相应的保留字符)的字符编码。

E.2.1.3 交换元数据

可以为 GML 实例文档中的要素或要素集合指定交换元数据，通过在应用模式中指定内容模型从“gml:AbstractMetadataProperty”继承来的特性元素实现，这在 E.2.4.11 和 E.2.4.13 中描述。

在 GML 应用模式中没有增加特定的交换元数据的模式。

E.2.1.4 数据集和对象标识

根据 XML 的 ID 机制，唯一的标识用于标识对象。

注：XML ID 机制仅要求这些标识在它们出现的 XML 文档中是唯一的标识。

E.2.1.5 更新机制

在 GML 应用模式中没有为 UML 用模式中定义的要素规定明确的更新机制，并假定有其他的机制可用于更新数据库。

注：一个例子是 OpenGIS® 网络要素服务实现规范的“事务(Transaction)”操作。

E.2.2 输入数据结构

关于输入数据结构的描述见 ISO 19118:2005 的 A.3。

E.2.3 输出数据结构

本编码规则基于 XML Recommendation 1.0 和 XML Linking Language (XLink) Version 1.0。确定交换格式结构的输出数据结构模式应该是一个(组)根据 XML 模式 1.0 和应用模式规则(见第 21 章)有效的 XML 模式。

XML 模式转换规则在下面各条中定义。

E.2.4 转换规则

E.2.4.1 一般概念

模式转换规则定义了 XML 模式文档(XSDs)如何从根据 ISO 19109 以 UML 形式表示的应用模式中派生。在 E.2.4 中定义了一系列一般规则，用来描述如何遵循 E.2.1 中的指导原则进行 UML 模型的映射。

注：在本附录中，命名空间“xsd”用于指 XML 模式的命名空间，即命名空间 http://www.w3.org/2001/XMLSchema，“gml”指 GML 的命名空间，即 http://www.opengis.net/gml/3.2。

这些规则基于 GML 模型和语法，它们在第 7 章～第 21 章(特别是第 7 章、第 9 章和第 21 章)中描述，也基于 ISO 19118:2005 附录 A 中的编码规则。

模式编码规则基于这样的想法：UML 应用模式中的类定义映射到 XML 模式的类型和元素声明，因此，在实例模型中的对象能够映射到 XML 文档中相应的元素结构。

表 E.1 给出了模式编码概要。

表 E.1　模式编码概要

表:UML→GML 应用模式概要	
UML 应用模式	GML 应用模式
包(Package)	一个包对应一个 XML 模式文档(缺省映射)
应用模式(〈〈Application Schema〉〉)	XML 模式文档
数据类型(〈〈DataType〉〉)	全局元素,它的内容模型是全局的 XML 模式复杂类型和特性类型
枚举(〈〈Enumeration〉〉)	具有枚举值的 xsd:string 的限制
代码表(〈〈CodeList〉〉)	枚举和模板(pattern)的联合(缺省映射,另一个映射是对字典的引用)
联合(〈〈Union〉〉)	成员是 GML 对象,或要素,或相应数据类型的对象的选择组
要素类型(〈〈FeatureType〉〉)	全局元素,其内容模型是全局的直接或间接地从 gml:AbstractFeatureType 继承的 XML 模式类型和特性类型
无构造型或〈〈Type〉〉	全局元素,其内容模型是全局的直接或间接地从 gml:AbstractGMLType 继承的 XML 模式类型,特性类型
操作(Operation)	没有编码
属性(Attribute)	局部的 xsd:element,其类型是特性类型(如果类型是复杂类型)或简单类型
关联角色(Association role)	局部的 xsd:element,其类型常是特性类型(只有命名的和可操纵的角色)
一般的 OCL 限制	没有编码

注:〈〈FeatureType〉〉是一个新的构造型,在 ISO/TS 19103 或 ISO 19109 没有,用于指示该类型是 GF_FeatureType 的实现和 AbstracFeature 的特化(specialization)。

属性和关联角色的多重性被映射到〈xsd:element〉声明中的"minOccurs"和"maxOccurs"属性。详细映射规则在下面描述。

对于不同的 UML 模型元素,不同的标记值被用于控制从 UML 到 XML 模式的映射。表 E.2 提供了这些标记值列表。

表 E.2　标记值

UML 模型元素	关联的标记值
包	——documentation ——xsdDocument ——targetNamespace (only 〈〈Application Schema〉〉) ——xmlns (only 〈〈Application Schema〉〉) ——version (only 〈〈Application Schema〉〉) ——gmlProfileSchema (only 〈〈Application Schema〉〉)
类	——documentation ——noPropertyType ——byValuePropertyType ——isCollection ——asDictionary (only 〈〈CodeList〉〉) ——xmlSchemaType (only 〈〈Type〉〉)
属性和关联端点	——documentation ——sequenceNumber ——inlineOrByReference ——isMetadata

E.2.4.2 UML 包

每一个包生成一个 XML 模式，标记值为“xsdDocument”，文件名由标记值指定。

如果为包指定了标记值“xsdDocument”，则模式文档包含所有的从这个包直接拥有的 UML 类中产生的 XML 模式组件。如果包不是 UML 应用模式，则模式文档应该被包含于其他模式文档，它包含拥有那个包的模式组件。

如果没有为包指定标记值“xsdDocument”，则所有模式组件在模式文档中声明，它包含拥有那个包的模式组件。

注：对于所有具有构造型〈〈Application Schema〉〉的包，标记值是必需的，但对于其他包是可选的。

对于每一个模式文档，根元素的“targetNamespace”和“version”属性应该根据表示 UML 应用模式的包中具有相同名称的标记值设置，UML 应用模式在模式文档中拥有模式组件；如果没有指定“version”标记值，应用使用值“unknown”。另外，“xmlns”属性应该为目标命名空间指定作为缩写的“xmlns”标记值的值。

例 1：“http://www.myorg.com/myns”可以是目标命名空间，“myns”可以是模式文档中相应的缩写。

对于具有构造型〈〈Application Schema〉〉的包的每个标记值“gmlProfileSchema”，具有标记值内容的元素〈gml:gmlProfileSchema〉应该在〈schema〉元素的应用程序信息注释中创建，如 20.5 所述。

包之间的依赖性应该用来确定导入必须的其他模式和包含其他的模式文档：

——如果依赖关系的目标包指定的模式组件在那些作为供应包的同一目标命名空间中，则指定目标包的模式组件的模式文档被“包含”。

——否则，包含目标包的表示 UML 应用模式包的模式文档被“导入”。

例 2：映射图 E.1 中的信息导致：

```
〈? xml version="1.0" encoding="UTF-8"?〉
〈schema targetNamespace="http://www.myorg.com/parcels"
xmlns="http://www.w3.org/2001/XMLSchema"
xmlns:gml="http://www.opengis.net/gml/3.2" xmlns:gp="http://www.myorg.com/geodeticPoints"
xmlns:pcl="http://www.myorg.com/parcels" xmlns:iso19115="http://www.isotc211.org/iso19115/"
xmlns:xlink="http://www.w3.org/1999/xlink" elementFormDefault="qualified" version="2003-07-20"〉
    〈include schemaLocation="Buildings.xsd"/〉
    〈import namespace="http://www.myorg.com/geodeticPoints"
    schemaLocation="GeodeticPoints.xsd"/〉
    〈import namespace="http://www.opengis.net/gml/3.2" schemaLocation="base/gml.xsd"/〉
    〈! --... --〉
〈/schema〉
```

E.2.4.3 UML 类(一般规则)

可用于 UML 类的构造型有：无构造型，〈〈FeatureType〉〉，〈〈Type〉〉，〈〈DataType〉〉，〈〈Union〉〉，〈〈CodeList〉〉和〈〈Enumeration〉〉。所有类将映射到相应的类分类中。所有具有其他构造型的 UML 类被忽略。

所有 UML 类应该有 0 或 1 个超类。

所有 UML 类映射到命名的类型。类型的名称后面增加了“Type”。

E.2.4.4 UML 类(基本类型)

来自列在表 D.2 左列(以“CharacterString”开始)的 ISO/TS 19103 的 GML 专用标准的基本类型是预定义的,可以用作与 ISO 19109 一致的应用模式中的属性的数据类型。指定了到 XML 模式(“xsd:”)或 GML(“gml:”)的映射。如果在表格单元中给出了多个名称,则以粗体表示的名称应该用作映射的缺省的类型。

注:在右列中的多个值用来支持附录 F 中的相反的映射。

例:ISO/TS 19103 整型映射到“xsd:integer”。

如果具有构造型〈〈Type〉〉的类具有规范的 XML 模式编码(如,XML 模式),则对应于数据类型的 XML 模式类型名称应该作为标记值“xmlSchemaType”的值给出。

注:在有些情况下,规范的编码可以是遵循标准的 UML 到 GML 编码规则的结构化编码,如,在应用域中基于“simpleContent”的紧凑结构已经众所周知。

E.2.4.5 UML 类(数据类型)

具有构造型〈〈DataType〉〉的 UML 类应该映射到 XML 模式复杂类型。

注:具有其他构造型,即〈〈Enumeration〉〉、〈〈CodeList〉〉和〈〈Union〉〉的数据类型与预定义的基本类型的处理方式不同。见 E.2.4.4,E.2.4.8,E.2.4.9 和 E.2.4.10。

如果类没有超类型,则它在 GML 中是不能派生的类型;否则,它扩展不是(直接或间接地)从 gml:AbstractGMLType 派生的超类型。没有任何属性或可航性关联角色的抽象的超类被忽略。

应该为这些类定义全局的 XML 元素,它们具有合适名称(UML 类的名称),类型(UML 类的名称加上“Type”),抽象性(如果类是抽象的)和超类的置换组(限定的元素名称)或 gml:AbstractObject。

如果类的标记值“noPropertyType”的值不为“true”,则应该为这些类创建有名称的复杂类型(类的名称加上“PropertyType”后缀)。遵循关联特性模板的类型定义在 GML(见 7.2.3)中,但不允许有 Xlink 属性。

例:图 E.4 中的“ParcelName”数据类型可以映射为:

```
〈complexType name="ParcelNameType"〉
    〈sequence〉
        〈element name="countryId" type="string"/〉
        〈element name="stateId" type="string"/〉
        〈element name="municipalityId" type="string"/〉
        〈element name="parcelIdPrefix" type="string"/〉
        〈element name="parcelIdSuffix" type="string" minOccurs="0"/〉
    〈/sequence〉
〈/complexType〉
〈element name="ParcelName" type="ex:ParcelNameType"
substitutionGroup="gml:AbstractObject"/〉
〈complexType name="ParcelNamePropertyType"〉
    〈sequence〉
        〈element ref="ex:ParcelName"/〉
    〈/sequence〉
    〈attributeGroup ref="gml:OwnershipAttributeGroup" /〉
〈/complexType〉
```

E.2.4.6 UML 类(要素类型)

具有构造型〈〈FeatureType〉〉的 UML 类直接或间接地从 gml:AbstractFeatureType 派生。如果类没有超类型,则它直接扩展 gml:AbstractFeatureType;否则,它扩展应该是(直接或间接地)从 gml:

AbstractFeatureType 派生的超类型。

——应该为这些类定义全局的 XML 元素，它们具有合适名称(UML 类的名称)，类型(UML 类的名称加上“Type”)，抽象性(如果类是抽象的)和置换组(超类的名称或 gml:AbstractFeature)。

——如果类有单个关联，它是目标类的聚合或组合，则这关联角色转换到特性元素，类有标记值“isCollection”，它的值为“true”，要素类型的复杂类型上增加了属性组 gml:AggregationAttributeGroup。

——如果类的标记值“noPropertyType”的值不为“true”，则应该为这些类创建有名称的复杂类型(类的名称加上“PropertyType”后缀)。遵循关联特性模板的类型定义在 GML(见 7.2.3)中。

——如果类的标记值“byValuePropertyType”的值不为“true”，则应该为这些类创建有名称的复杂类型(类的名称加上“PropertyByValueType”后缀)。该类型是关联特性模板的专用标准，定义在 GML 中，形式限定为“by value”(见 7.2.3)。

例：图 E.2 中的 Building 可以映射到：

```
〈complexType name="BuildingType"〉
    〈complexContent〉
        〈extension base="gml:AbstractFeatureType"〉
            〈sequence〉
                〈element name="extent" type="gml:SurfacePropertyType"/〉
                〈element name="address" type="pcl:AddressPropertyType"/〉
                〈element name="type" type="pcl:BuildingTypeType"/〉
            〈/sequence〉
        〈/extension〉
    〈/complexContent〉
〈/complexType〉
〈complexType name="BuildingPropertyType"〉
    〈sequence minOccurs="0"〉
        〈element ref="pcl:Building"/〉
    〈/sequence〉
    〈attributeGroup ref="gml:AssociationAttributeGroup"/〉
    〈attributeGroup ref="gml:OwnershipAttributeGroup" /〉
〈/complexType〉
〈complexType name="BuildingPropertyByValueType"〉
    〈sequence〉
        〈element ref="pcl:Building"/〉
    〈/sequence〉
    〈attributeGroup ref="gml:OwnershipAttributeGroup" /〉
〈/complexType〉
〈element name="Building" type="pcl:BuildingType" substitutionGroup="gml:AbstractFeature"/〉
```

E.2.4.7 UML 类(对象类型)

没有构造型或具有构造型〈〈Type〉〉的 UML 类，直接或间接地从 gml:AbstractGMLType 派生。如果类没有超类型，则它直接扩展 gml:AbstractGMLType；否则，它扩展应该是(直接或间接地)从 gml:AbstractGMLType 而不是(直接或间接地)从 gml:AbstractFeatureType 派生的超类型。

——应该为这些类定义全局的 XML 元素，它们具有合适名称(UML 类的名称)，类型(UML 类的名称加上“Type”)，抽象性(如果类是抽象的)和置换组(超类的名称或 AbstractGML)。

——如果类有单个关联，它是目标类的聚合或组合，则这关联角色转换到特性元素，类有标记值“isCollection”，它的值为“true”，对象类型的复杂类型上增加了属性组 gml:AggregationAttributeGroup。

——如果类的标记值“noPropertyType”的值不为“true”，则应该为这些类创建有名称的复杂类型(类的名称加上“PropertyType”后缀)。遵循关联特性模板的类型定义在 GML(见 7.2.3)中。

——如果类的标记值“byValuePropertyType”的值不为“true”，则应该为这些类创建有名称的复杂类型(类的名称加上“PropertyByValueType”后缀)。该类型是关联特性模板的专用标准，定义在 GML 中，形式限定为“by value”(见 7.2.3)。

例：

```
〈element name="Ellipse" type="ex:EllipseType" substitutionGroup="gml:AbstractCurveSegment"/〉
〈complexType name="EllipseType"〉
    〈complexContent〉
        〈extension base="gml:AbstractCurveSegmentType"〉
        〈sequence〉
            〈element name="center" type="gml:DirectPositionType"/〉
            〈element name="semiminor" type="gml:VectorType"/〉
            〈element name="semimajor" type="gml:VectorType"/〉
        〈/sequence〉
        〈/extension〉
    〈/complexContent〉
〈/complexType〉
```

E.2.4.8 UML 类(枚举)

具有构造型〈〈Enumeration〉〉的 UML 类映射到 XML 模式简单类型。基本类型是“string”，值域限定为一组由属性名称和 UML 类名称指定的文本值。

例：

```
〈simpleType name="SignType"〉
    〈restriction base="string"〉
        〈enumeration value="—"/〉
        〈enumeration value="+"/〉
    〈/restriction〉
〈/simpleType〉
```

E.2.4.9 UML 类(代码表)

具有构造型〈〈CodeList〉〉，且标记值“asDictionary”的值不为“true”的 UML 类，其映射应该类似于枚举，但以下几点不同：

——应该增加一个面“〈pattern value='other: \w{2,}'/〉”，以允许除预定义的值外的其他文本值；这些其他值具有前缀“other”。

——如果代码指定为代码表值，则只有代码可以表示为枚举的面。

——编码的代码值应该在程序信息注释中用元素 gml:description 限定，指定枚举值的文本值。

例 1：图 E.3 中的代码表“ParcelUsage”可以表示为：

```
〈simpleType name="ParcelUsageType"〉
    〈union memberTypes="pcl:ParcelUsageEnumerationType pcl: ParcelUsageOtherType"/〉
〈/simpleType〉
〈simpleType name="ParcelUsageEnumerationType"〉
```

```
    〈restriction base="string"〉
        〈enumeration value="1"〉
            〈annotation〉
                〈appinfo〉〈gml:description〉factory〈/gml:description〉〈/appinfo〉
            〈/annotation〉
        〈/enumeration〉
        〈enumeration value="2"〉
            〈annotation〉
                〈appinfo〉〈gml:description〉road〈/gml:description〉〈/appinfo〉
            〈/annotation〉
        〈/enumeration〉
        〈enumeration value="3"〉
            〈annotation〉
                〈appinfo〉〈gml:description〉residential〈/gml:description〉〈/appinfo〉
            〈/annotation〉
        〈/enumeration〉
        〈enumeration value="4"〉
            〈annotation〉
                〈appinfo〉〈gml:description〉offices〈/gml:description〉〈/appinfo〉
            〈/annotation〉
        〈/enumeration〉
        〈enumeration value="5"〉
            〈annotation〉
                〈appinfo〉〈gml:description〉sea,river〈/gml:description〉〈/appinfo〉
            〈/annotation〉
        〈/enumeration〉
    〈/restriction〉
〈/simpleType〉
〈simpleType name="ParcelUsageOtherType"〉
    〈restriction base="string"〉
        〈pattern value="other: \w{2,}"/〉
    〈/restriction〉
〈/simpleType〉
```

另外，如果类有标记值“asDictionary”，其值为“true”，则应该用 gml:Dictionary 表示代码表。

例 2：图 E.3 中的代码表“ParcelUsage”可以在 GML 字典文档中表示为：

```
〈gml:Dictionary gml:id="CodeList" xmlns:gml="http://www.opengis.net/gml/3.2"
xmlns:xsi="http://www.w3.org/2001/XMLSchema-instance"
xsi:schemaLocation="http://www.opengis.net/gml/3.2 gml.xsd"〉
    〈gml:identifier codeSpace="http://www.someorg.de/cl.xml"〉My code lists〈/gml:identifier〉
    〈gml:dictionaryEntry〉
        〈gml:Dictionary gml:id="ParcelUsage"〉
```

```
<gml:identifier
codeSpace="http://www.someorg.de/cl.xml">ParcelUsage</gml:identifier>
<gml:dictionaryEntry>
    <gml:Definition gml:id="ParcelUsage_1">
        <gml:description>factory</gml:description>
        <gml:identifier
        codeSpace="http://www.someorg.de/cl.xml#ParcelUsage">1</
        gml:identifier>
    </gml:Definition>
</gml:dictionaryEntry>
<gml:dictionaryEntry>
    <gml:Definition gml:id="ParcelUsage_2">
        <gml:description>road</gml:description>
        <gml:identifier
        codeSpace="http://www.someorg.de/cl.xml#ParcelUsage">2</
        gml:identifier>
    </gml:Definition>
</gml:dictionaryEntry>
<gml:dictionaryEntry>
    <gml:Definition gml:id="ParcelUsage_3">
        <gml:description>residential</gml:description>
        <gml:identifier
        codeSpace="http://www.someorg.de/cl.xml#ParcelUsage">3</
        gml:identifier>
    </gml:Definition>
</gml:dictionaryEntry>
<gml:dictionaryEntry>
    <gml:Definition gml:id="ParcelUsage_4">
        <gml:description>offices</gml:description>
        <gml:identifier
        codeSpace="http://www.someorg.de/cl.xml#ParcelUsage">4</
        gml:identifier>
    </gml:Definition>
</gml:dictionaryEntry>
<gml:dictionaryEntry>
    <gml:Definition gml:id="ParcelUsage_5">
        <gml:description>sea,river</gml:description>
        <gml:identifier
        codeSpace="http://www.someorg.de/cl.xml#ParcelUsage">5</
        gml:identifier>
    </gml:Definition>
```

```
            〈/gml:dictionaryEntry〉
        〈/gml:Dictionary〉
    〈/gml:dictionaryEntry〉
〈/gml:Dictionary〉
```

在实例文档中，引用可以按以下例子编码(用 gml:CodeType 作为内容模型，见 E.2.4.11)：

```
〈usage codeSpace="http://www.someorg.de/example/cl.xml#ParcelUsage"〉1〈/usage〉
```

codeSpace 属性指向字典，其值是字典条目的名称。

这种在 GML 应用模式中编码代码表的方法也确定了用代码表作为值域的特性元素应该如何编码，见 E.2.4.11。

E.2.4.10 UML 类(联合)

具有构造型〈〈Union〉〉的 UML 类映射到 XML 模式复杂类型。其映射应该类似于数据类型(见 E.2.4.5)，但不用特性的〈xsd:sequence〉，而用〈xsd:choice〉以便在联合的实例中仅指定一个特性。

例：

```
〈complexType name="RemoteResourceType"〉
    〈choice〉
        〈element name="name" type="string"/〉
        〈element name="uri" type="anyURI"/〉
    〈/choice〉
〈/complexType〉
```

E.2.4.11 UML 属性和关联角色

对象或要素类型的 UML 属性或要素类型映射到局部元素，它具有在定义对象或要素类型的内容模型的复杂类型中相同的名称。minOccurs 和 maxOccurs 属性根据在 UML 模型(见 ISO 19118:2005 附录 A 中关于映射的详细信息)中的定义设置。类型依赖于 UML 中特性值的类型。

如果特性值的类型是简单内容，则类型可以直接使用。

例 1:〈element name="count" type="integer"/〉

如果特性值的类型是复杂内容，则应该使用特性类型。特性类型的缺省编码允许对象和要素类型用内联方式或引用方式表示，数据和联合类型用内联方式表示。对于要素和对象类型，表示方法可以使用标记值“inlineOrByReference”限定为是使用内联方式还是使用引用方式，分别用值“inline”或“byReference”表示。如果没有标记值或值为“inlineOrByReference”，则使用缺省的编码。

如果属性或关联角色是元数据特性，则特性应该扩展 gml:AbstractMetadataPropertyType(见 7.2.6)；元数据特性是具有标记值“isMetadata”的值为“true”的特性，其值是一个由 GB/T 19710—2005 定义的类。如果关联角色是聚合或组合的目标端点，则特性应该扩展 gml:AbstractMemberType(见 7.2.5.1)，除非它是一个元数据特性。如果关联角色是组合或对象值属性的目标端点，则特性元素应该增加模式限制，即通过声称 gml:OwnershipAttributeGroup 的 owns 属性为“true”实现。模式限制遵循下面的模板：

```
〈sch:pattern〉
    〈sch:rule context="qualified name of the object element"〉
        〈sch:report test="qualified property name/@owns='true'"〉This property is a composition,values must be owned〈/sch:report〉
    〈/sch:rule〉
〈/sch:pattern〉
```

例 2:对于要素类型 ex:MyFeature 的特性 ex:representativeLocation,它控制描述位置的点对象,可以描述如下:

```
〈element name="representativeLocation" type="gml:PointPropertyType"〉
    〈annotation〉
        〈appinfo〉
            〈sch:pattern"〉
                〈sch:rule context="ex:MyFeature"〉
                    〈sch:report test="ex:representativeLocation/@owns='true'"〉This
                    property is a composition,
                values must be owned〈/sch:report〉
                〈/sch:rule〉
            〈/sch:pattern〉
        〈/appinfo〉
    〈/annotation〉
〈/element〉
```

如果特性已经在应用模式中指定为一个命名的类型(这可以通过查看标记值“noPropertyType”和“byValuePropertyType”确定),模式组件应该被引用;否则,应该在特性元素中定义一个局部的匿名特性类型。

如果编码的特性是一个关联端点,且关联的其他关联端点也在 GML 应用模式中编码,则其他关联端点的特性名称应该在特性元素的应用信息注释的 gml:reversePropertyName 元素中编码。

例 3:通过引用或内联:

```
〈element name="owner" type="ex:PersonPropertyType" minOccurs="0"〉
    〈annotation〉
        〈appinfo〉
            〈gml:reversePropertyName〉ex:owns〈/gml:reversePropertyName〉
        〈/appinfo〉
    〈/annotation〉
〈/element〉
…
〈complexType name="PersonPropertyType"〉
    〈sequence minOccurs="0"〉
        〈element ref="ex:Person"/〉
    〈/sequence〉
    〈attributeGroup ref="gml:AssociationAttributeGroup"/〉
    〈attributeGroup ref="gml:OwnershipAttributeGroup" /〉
〈/complexType〉
```

或

```
〈element name="owner" minOccurs="0"〉
    〈annotation〉
        〈appinfo〉
            〈gml:reversePropertyName〉ex:owns〈/gml:reversePropertyName〉
```

〈/appinfo〉

〈/annotation〉

〈complexType〉

〈sequence minOccurs="0"〉

〈element ref="ex:Person"/〉

〈/sequence〉

〈attributeGroup ref="gml:AssociationAttributeGroup"/〉

〈/complexType〉

〈/element〉

可选地，特性类型可以仅支持一种表示，内联或引用，依赖于标记值“inlineOrByReference”。

例 4：仅用内联方式表示：

〈element name="owner" type="ex:PersonPropertyByValueType" minOccurs="0"/〉

…

〈complexType name="PersonPropertyByValueType"〉

〈sequence〉

〈element ref="ex:Person"/〉

〈/sequence〉

〈/complexType〉

或

〈element name="owner" minOccurs="0"〉

〈complexType〉

〈sequence〉

〈element ref="ex:Person"/〉

〈/sequence〉

〈/complexType〉

〈/element〉

如果只支持引用表示，则特性元素应该用应用信息注释元素 gml:targetElement 加以限定，指定目标类型的限定元素名称。

〈element name="targetElement" type="string"/〉

如果编码的特性是一个关联端点，且关联的其他关联端点也在 GML 应用模式中编码，则其他关联端点的特性名称应该在上面规定的其他应用信息注释元素 gml:reversePropertyName 中编码。

例 5：仅用引用方式表示：

〈element name="owner" type="gml:ReferenceType" minOccurs="0"〉

〈annotation〉

〈appinfo〉

〈gml:targetElement〉ex:Person〈/gml:targetElement〉

〈gml:reversePropertyName〉ex:owns〈/gml:reversePropertyName〉

〈/appinfo〉

〈/annotation〉

〈/element〉

依赖于类的编码、代码表或枚举类型的 UML 属性映射到一个元素，具有字符串值（值域：枚举的值或代码表)或引用相应字典条目的值。在实例中,字典可以是用 codeSpace 属性显式地引用的。表示字典的 URI 的缺省值可以由应用信息注释元素 gml:defaultCodeSpace 提供。

〈element name="defaultCodeSpace" type="anyURI"/〉

例 6:代码表"BuildingType"可以表示为:

〈element name="type" type="ex:BuildingTypeType"/〉

或

〈element name="type" type="gml:CodeType"〉

〈annotation〉

〈appinfo〉

〈gml:defaultCodeSpace〉http://www.someorg.de/example/cl.xml#BuildingType〈/gml:defaultCodeSpace〉

〈/appinfo〉

〈/annotation〉

〈/element〉

如果 UML 属性或 UML 关联角色被重定义(即,子类包含超类型中具有相同名称的属性或关联角色),则该特性不是子类型的内容模型的一部分。应用应该负责声明实例符合概念模型中表达的这种限制。

类的所有属性和关联角色应该以标记值"sequenceNumber"的升序转换。

E.2.4.12 文档

UML 模型中元素的标记值"documentation"映射到 XML 模式文件中的 annotation/documentation 元素。

例:

〈element name="curveProperty" type="gml:CurvePropertyType"〉

〈annotation〉

〈documentation〉This property element either references a curve via the Xlink-attributes or contains the curve element. curveProperty is the predefined property which can be used by GML application schemas whenever a GML feature has a property with a value that is substitutable for AbstractCurve.〈/documentation〉

〈/annotation〉

〈/element〉

E.2.4.13 从 ISO 19100 系列标准中导入类

除了上面定义的规则外,当 UML 应用模式从 ISO 19100 系列标准中导入类时,需要应用下列规则。

由 GML 模式实现的来自 ISO 19100 系列标准的类应该可识别。使用来自 ISO 19100 系列标准的类应该与 ISO 19109 一致。来自 ISO 19100 系列标准的相关的类的映射描述在表 D.2 中。

如果来自 GB/T 19710—2005,并在 ISO/TS 19139 中实现的类应该用于特性的类型,则应该定义扩展 gml:AbstractMetadataPropertyType 的匿名特性类型。封装的对象元素是相应的用于 ISO/TS 19139 中规定的元数据类型的对象元素。

E.2.4.14 从其他有预定义 XML 编码的概念模型中导入类

除了上面定义的规则外,当 UML 应用模式从其他已经规定了标准的 XML 编码的 UML 模型中导入类时,需要应用下列规则。

应该为导入的类指定对表 D.2 的扩展。这个表应该和 UML 应用模式一起发布。

从导入模型的相关类到 XML 模式的映射由该表指定。

E.2.4.15 示例〈资料性的〉

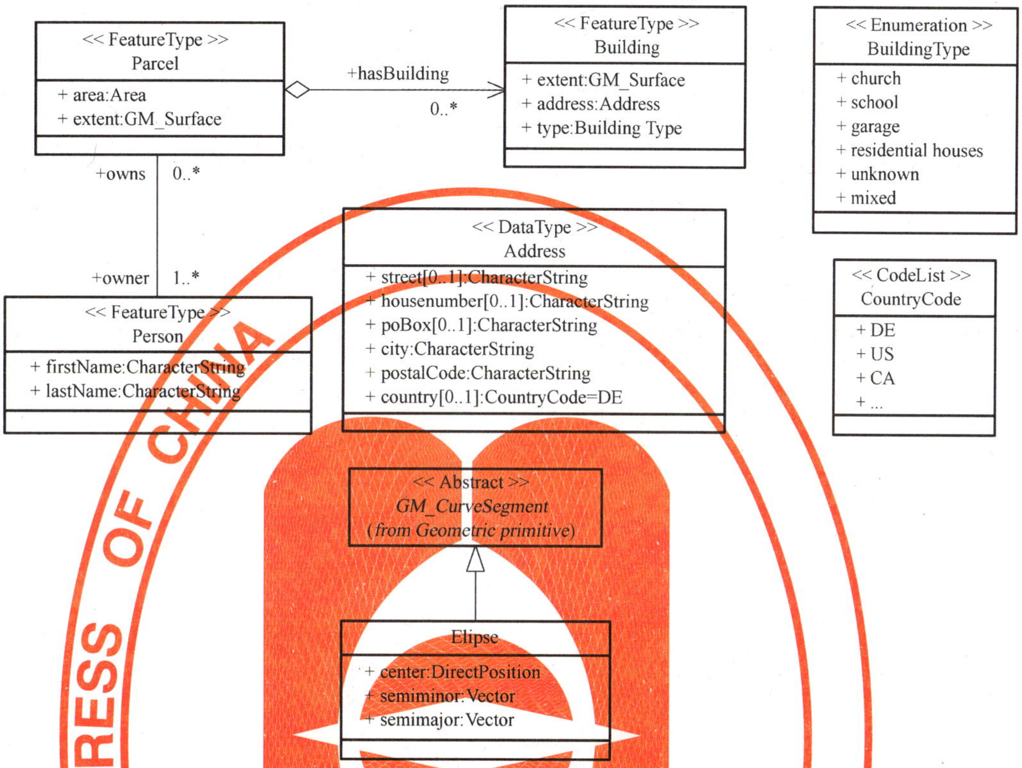

图 E.7 应用模式示例

图 E.7 中显示的应用模式可以编码为：

```
〈? xml version="1.0" encoding="UTF-8"?〉
〈schema targetNamespace="http://www.someorg.de/example"
xmlns="http://www.w3.org/2001/XMLSchema" xmlns:ex="http://www.someorg.de/example"
xmlns:gml="http://www.opengis.net/gml/3.2" elementFormDefault="qualified" version="1.0"〉
    〈! -- ======================================== --〉
    〈import namespace="http://www.opengis.net/gml/3.2" schemaLocation="./gml.xsd"/〉
    〈import namespace="http://www.w3.org/1999/xlink" schemaLocation="./xlinks.xsd"/〉
    〈! -- ======================================== --〉
    〈element name="Parcel" substitutionGroup="gml:AbstractFeature"〉
        〈complexType〉
            〈complexContent〉
                〈extension base="gml:AbstractFeatureType"〉
                    〈sequence〉
                        〈element name="area" type="gml:AreaType"/〉
                        〈element name="extent" type="gml:SurfacePropertyType"/〉
                        〈element name="owner" type="ex:PersonPropertyType"
                        maxOccurs="unbounded"〉
                            〈annotation〉
                                〈appinfo〉〈gml:reverseProperty〉ex:owns〈/gml:re-
                                verseProperty〉〈/appinfo〉
```

```
                    </annotation>
                </element>
                <element name="hasBuilding" type="ex:BuildingPropertyType"
                minOccurs="0"
                    maxOccurs="unbounded"/>
            </sequence>
        </extension>
    </complexContent>
  </complexType>
</element>
<complexType name="ParcelPropertyType">
  <sequence minOccurs="0">
    <element ref="ex:Parcel"/>
  </sequence>
  <attributeGroup ref="gml:AssociationAttributeGroup"/>
  <attributeGroup ref="gml:OwnershipAttributeGroup" />
</complexType>
<!-- ===================================== -->
<element name="Building" substitutionGroup="gml:AbstractFeature">
  <complexType>
    <complexContent>
      <extension base="gml:AbstractFeatureType">
        <sequence>
          <element name="extent" type="gml:SurfacePropertyType"/>
          <element name="address">
            <complexType>
              <sequence>
                <element name="Address"type="ex:AddressType"/>
              </sequence>
            </complexType>
          </element>
          <element name="type" type="ex:BuildingTypeType"/>
        </sequence>
      </extension>
    </complexContent>
  </complexType>
</element>
<complexType name="BuildingPropertyType">
  <sequence minOccurs="0">
    <element ref="ex:Building"/>
  </sequence>
  <attributeGroup ref="gml:AssociationAttributeGroup"/>
  <attributeGroup ref="gml:OwnershipAttributeGroup" />
```

```
</complexType>
<!-- ====================================== -->
<element name="Person" substitutionGroup="gml:AbstractFeature">
    <complexType>
        <complexContent>
            <extension base="gml:AbstractFeatureType">
                <sequence>
                    <element name="firstName" type="string"/>
                    <element name="lastName" type="string"/>
                    <element name="owns" type="ex:ParcelPropertyType"
                    minOccurs="0"
                    maxOccurs="unbounded">
                        <annotation>
                            <appinfo><gml:reverseProperty>ex:owner</gml:re-
                            verseProperty></appinfo>
                        </annotation>
                    </element>
                </sequence>
            </extension>
        </complexContent>
    </complexType>
</element>
<complexType name="PersonPropertyType">
    <sequence minOccurs="0">
        <element ref="ex:Person"/>
    </sequence>
    <attributeGroup ref="gml:AssociationAttributeGroup"/>
    <attributeGroup ref="gml:OwnershipAttributeGroup" />
</complexType>
<!-- ====================================== -->
<complexType name="AddressType">
    <sequence>
        <element name="street" type="string" minOccurs="0"/>
        <element name="housenumber" type="string" minOccurs="0"/>
        <element name="poBox" type="string" minOccurs="0"/>
        <element name="city" type="string"/>
        <element name="postalCode" type="string"/>
        <element name="country" type="ex:CountryCodeType" minOccurs="0"
        default="DE"/>
    </sequence>
</complexType>
<!-- ====================================== -->
<simpleType name="BuildingTypeType">
```

```
        <restriction base="string">
            <enumeration value="church"/>
            <enumeration value="school"/>
            <enumeration value="garage"/>
            <enumeration value="residential houses"/>
            <enumeration value="unknown"/>
            <enumeration value="mixed"/>
        </restriction>
    </simpleType>
    <! -- ===================================== -->
    <simpleType name="CountryCodeType">
        <union memberTypes="ex:CountryCodeEnumerationType ex:CountryCodeOtherType"/>
    </simpleType>
    <simpleType name="CountryCodeEnumerationType">
        <restriction base="string">
            <enumeration value="DE"/>
            <enumeration value="US"/>
            <enumeration value="CA"/>
            <enumeration value="..."/>
        </restriction>
    </simpleType>
    <simpleType name="CountryCodeOtherType">
        <restriction base="string">
            <pattern value="other: \w{2,}"/>
        </restriction>
    </simpleType>
    <! -- ===================================== -->
    <element name="Ellipse" type="ex:EllipseType"
    substitutionGroup="gml:AbstractCurveSegment"/>
    <complexType name="EllipseType">
        <complexContent>
            <extension base="gml:AbstractCurveSegmentType">
                <sequence>
                    <element name="center" type="gml:DirectPositionType"/>
                    <element name="semiminor" type="gml:VectorType"/>
                    <element name="semimajor" type="gml:VectorType"/>
                </sequence>
            </extension>
        </complexContent>
    </complexType>
</schema>
```

附 录 F
（规范性附录）
从 GML 应用模式映射到 UML 应用模式的编码规则

F.1 一般概念

从 GML 应用模式到 ISO 19109 一致的 UML 应用模式的映射是基于一套编码规则的。这些编码规则与第 7 章～第 21 章中描述的 GML 应用模式的规则一致，特别是第 7 章、第 9 章和第 21 章中描述的规则。

在 F.2 中列出规则的目的是实现从 GML 应用模式到 ISO 19109 和 ISO/TS 19103 一致的 UML 应用模式的自动映射。

这些规则不要求所有的 GML 应用模式都满足本附录中的编码要求，所有遵循在第 21 章中定义的规则的模式都是有效的，并且与 GML 应用模式一致。

如果在应用域中需要从 GML 应用模式派生与 ISO 19109 一致的 UML 应用模式，则应该使用本附录。

命名空间缩写“xsd”用于引用 XML 模式的命名空间，它是“http://www.w3.org/2001/XMLSchema”。

命名空间缩写“gml”引用 GML 的 XML 命名空间，它是“http://www.opengis.net/gml/3.2”。

另外，GML 从下列命名空间中引入了定义：

命名空间缩写“xlink”引用 xlinks 的 XML 命名空间，它是“http://www.w3.org/1999/xlink ”。

下文中使用的“GML 命名空间”指的是“gml” 和“xlink”。

F.2 编码规则

F.2.1 一般编码要求

F.2.1.1 概论

模式编码规则基于一个基本思想，即 XML 模式中类型和元素的声明映射为 UML 应用模式中相应的类的定义，以便于 XML 文档中的元素结构可以映射为实例模型中的对象。

F.2.1.2 GML 模式

F.2.1.2.1 概论

为了使映射的输入有效，GML 应用模式应该满足 2.2 中相关的一致性类的要求，至少满足“所有 GML 应用模式”、“GML 应用模式转换成 ISO 19109 的 UML 应用模式”和“定义要素和要素集的 GML 应用模式”的一致性类的要求。

GML 应用模式应该只能有包含在同一个目标命名空间中的定义。

GML 应用模式可以从 XML 命名空间（其他目标命名空间）中导入定义。

GML 应用模式由一个或多个 XML 模式文档组成，如：

——具有唯一名称的文档；

——包含 xsd:include 元素的文档，包含的其他文档具有相同的目标命名空间；

——GML 应用模式目标命名空间的顶层模式文档不能包含在任何其他目标命名空间的模式文档中，但可以直接地或间接地在其中包含所有其他同一目标命名空间的模式文档；

——包含 xsd:import 元素的模式文档，用于其他 XML 命名空间（其他目标命名空间）和包含在这些命名空间中的定义；

——所有包含和导入的模式文档可以通过指定的 URI 访问，它由引用它的 xsd:include 和 xsd:import 元素的 schemaLocation 属性指定；

——验证 XML 的解析器解析包含在模式文档中的定义的依赖性；

——验证 XML 的解析器验证一组模式文档没有错误；

——验证 XML 的解析器验证包含元素和属性的 XML 实例文档，验证 GML 应用模式的目标命名空间中表示的所有定义没有错误。

在 GML 应用模式中包含的定义文档应该在模式定义元素的嵌套的 xsd:annotation 和 xsd:documentation 元素中存储。

如果提供 GML 应用模式的版本，应该包含在目标命名空间中顶层模式的 xsd:schema 元素的 version 属性中。

GML 应用模式中，所有全局类型和元素应该唯一。

GML 应用模式不应该为对象定义匿名类型的元素。

GML 应用模式不应该定义任何 XML 属性或命名组。

GML 应用模式中的每一个复杂类型可以是 GML 对象类型，GML 要素类型，GML 数据类型，或 GML 特性类型。

在 GML 应用模式中，不应该定义具有简单内容的复杂类型。

GML 应用模式中定义的所有类型的名称应该以后缀“Type”结束。

复杂类型名称中的“RestrictionType”后缀应该只用于通过限制继承的抽象类型，它是通过扩展从该类型派生的复杂的基础，具有与限制类型一样的名称，其中“RestrictionType”替换为“Type”。

复杂类型名称中的“PropertyType”后缀应该只用于遵循 GML 的引用或值特性类型模板的可实例化的类型。存在具有相同名称的复杂类型(GML 对象类型或 GML 要素类型)，其中“PropertyType”替换为“Type”。

复杂类型名称中的“PropertyByValueType”后缀应该只用于遵循 GML 的值特性类型模板的可实例化的类型。存在具有相同名称的复杂类型(GML 数据类型，GML 对象类型或 GML 要素类型)，其中“PropertyByValueType”替换为“Type”。

注：这些规则严格限制了可能的 GML 应用模式的形式。

F.2.1.2.2 包含 GML 要素类型的 GML 对象类型

每个定义在 GML 应用模式中的 GML 对象类型应该具有直接地或间接地从 gml:AbstractGMLType 继承的内容模型和 gml:id 属性。

每个定义在 GML 应用模式中的特定的对象类型应该从“http://www.opengis.net/gml/3.2”命名空间中对应的特定(根据语义匹配)的 GML 对象类型中派生，它可能用于定义其内容模型。因此，在 GML 应用模式中定义的用于表示地理要素(GML 要素类型)的 GML 对象类型应该从 gml:AbstractFeatureType 而不是 gml:AbstractGMLType 派生，在 GML 应用模式中定义的用于表示几何点的 GML 对象类型应该从 gml:PointType 而不是 gml:AbstractGeometryType 派生，等等。

在 GML 应用模式中定义的从目标命名空间之外的 GML 对象类型派生的 GML 对象类型应该直接只从列在表 D.2 第三列中的 GML 对象类型派生，其中表的同一行中的第一列提供了 ISO 19100 系列标准中定义的类名或 gml:AbstractGMLType 或 gml:AbstractFeatureType。

抽象的 GML 对象类型的模式定义中应该包含属性“abstract”，值为“true”。

抽象的 GML 对象类型的名称应该以前缀“Abstract”开头。

没有子类型可以定义的 GML 对象类型的模式定义中可以包含属性“final”，其值为“all”。

GML 对象类型的特性可以在 xsd:sequence 元素中指定。

F.2.1.2.3 GML 对象类型的全局元素

在 GML 应用模式中，应该为每个 GML 对象类型定义一个全局的 XML 元素。

该元素的名称应该是 GML 对象类型的名称，其中没有“Type”后缀。

该元素应该有一个 substitutionGroup 属性，其值是全局 XML 元素的名称，该元素类型是 GML 对象类型的基本类型。

F.2.1.2.4 GML 对象类型的缺省特性类型

在 GML 应用模式中，可以为每个定义在 GML 应用模式中的 GML 对象类型定义一个缺省的 GML 特性类型。

GML 特性类型可以使用或直接或间接地从规定在 7.2.3 的一个特性类型继承，或应该根据本条中规定的模板定义。

该特性类型的名称应该是 GML 对象类型的名称，其中“Type”后缀用“PropertyType”代替。

如果 GML 对象类型没有指定缺省的特性类型，应用模式应该使用 gml:ReferenceType 作为 GML 对象类型的缺省的特性类型。

F.2.1.2.5 GML 对象类型的内联特性类型

在 GML 应用模式中，可以为每个定义在 GML 应用模式中的 GML 对象类型定义一个内联特性的缺省的 GML 特性类型。

GML 特性类型可以直接或间接地从 gml:InlinePropertyType 继承，或应该根据 7.2.3.8 中规定的模板定义。不允许在这样的特性中使用 gml:AssociationAttributeGroup。

该特性类型的名称应该是 GML 对象类型的名称，其中“Type”后缀用“PropertyByValueType”代替。

如果 GML 对象类型没有为内联特性指定缺省的特性类型，应用模式应该使用 gml:Association-RoleType 作为 GML 对象类型的内联特性的缺省的特性类型。

F.2.1.2.6 包含 GML 联合类型的 GML 数据类型

在 GML 应用模式中定义的不是直接地或间接地从 gml:AbstractGMLType 派生的复杂数据称为 GML 数据类型。

GML 数据类型的特性可以是下面的形式之一：

——复杂类型的特性及所有它的基本类型的特性在 xsd:sequence 元素中定义，minOccurs 和 maxOccurs 的值为“1”。

——GML 数据类型不是从任何基本类型继承。在这种情况下，特性可以在单个 xsd:sequence 元素中定义，minOccurs 和 maxOccurs 的值为“1”，也可以在单个 xsd:choice 元素中定义，minOccurs 和 maxOccurs 的值为“1”。

复杂类型的内容模型中不应该包含 gml:id 属性。

F.2.1.2.7 GML 数据类型的缺省特性类型

在 GML 应用模式中，可以为每个定义在 GML 应用模式中的 GML 数据类型定义一个内联特性的缺省的 GML 特性类型。

GML 特性类型可以直接或间接地从 gml:InlinePropertyType 继承，或应该根据 7.2.3.8 中规定的模板定义。不允许在这样的特性中使用 gml:AssociationAttributeGroup。

该特性类型的名称应该是 GML 数据类型的名称，其中“Type”后缀用“PropertyByValueType”代替。

如果 GML 数据类型没有为内联特性指定缺省的特性类型，应用模式应该使用 gml:Association-RoleType 作为 GML 数据类型的内联特性的缺省的特性类型。

F.2.1.2.8 枚举

枚举是 GML 模式中定义的简单类型，它仅限制 xsd:enumeration 面(facet)为 xsd:string。

F.2.1.2.9 代码表

代码表 GML 模式中定义的简单类型，它是枚举或简单类型的联合，它仅限制 xsd:pattern 面(facet)为 xsd:string，其值为“other:\w{2,}”。

枚举值可以用应用信息注释(元素 gml:codeListValue)限定,它指定了枚举值是其他枚举值的代码值;关联的枚举值以 gml:codeListValue 元素的文本值形式给出。

F.2.1.2.10 GML 数据类型,枚举和代码表的全局元素

在 GML 应用模式中,没有为枚举或代码表定义全局的 XML 元素。

F.2.1.2.11 预定义的基本类型

在 GML 应用模式中,可以使用列在表 D.2 第四列的 XML 模式和 GML 命名空间中的简单类型,不能使用这些命名空间中的其他简单类型。

F.2.1.2.12 GML 特性

GML 对象,或要素类型(除定义在 GML 命名空间中的特性外),或 GML 数据,或联合类型的每个特性应该表示为单个的局部定义的 xsd:element。局部定义意味着元素的名称和类型应该在元素声明中显式地指定(没有到全局 XML 元素的引用)。元素可以有 minOccurs 和 maxOccurs 值。该元素的名称应该是特性的名称;类型可以是简单类型或特性类型。

F.2.1.2.13 模式约束

忽略所有的模式约束。

F.2.1.2.14 从其他 XML 命名空间中导入元素和类型

如果其他的模式组件被从其他的 XML 模式和 GML 命名空间中导入,则应定义相关的条目扩展表 D.2。

F.2.1.2.15 其他信息

GML 应用模式中的所有其他的信息没有用在编码规则中,并被忽略。

F.2.1.3 保留字符和语言

用于模式的字符编码确定了保留的字符。

F.2.1.4 交换元数据

可以为 GML 实例文档[12]中的要素或要素集合指定交换元数据。在 GML 应用模式中没有增加特定的交换元数据的模式。

F.2.1.5 数据集和对象标识

根据 7.2.4.5 和 XML 的 ID 机制,唯一的 gml:id 标识用于标识 GML 对象。

F.2.1.6 更新机制

在 GML 应用模式中没有为定义的要素定义明显的更新机制。假设有其他的机制用于更新实例数据库。

F.2.1.7 输入数据结构

输入数据结构由 XML Schema 1.0 Part 1:Structures,Part 2:Datatypes W3C Recommendations 和 GML 应用模式规则(见第 21 章)定义。

F.2.2 输出数据结构

关于输出数据结构的描述见 ISO 19118:2005 中 A.3。

F.2.3 转换规则

F.2.3.1 一般概念

以下各条中定义的模式转换规则描述了从遵循描述在 F.2.1 中的 GML 应用模式到与 ISO 19109 和 ISO/TS 19103 中定义的规则一致的 UML 应用模式的映射,使用 ISO 19118:2005 附录 A,特别是描述在 A.3 中的一般实例模型中的编码规则。这些规则也基于当前的描述在第 7 章~第 21 章(特别是第 7 章)的 GML 模型和语法的规则。

12) 通过使用特性元素,它的内容模型从 gml:AbstractMetadataPropertyType 继承,例如,ISO 19115:2003 的 ISO/TS 19139 XML 模式编码。

模式转换规则映射了从(一组)有效的GML应用模式文档(XSDs)到一组UML包。具有构造型〈〈Application Schema〉〉的顶层包被创建以包含所有其他的包。缺省地,GML应用模式中的每个XSD,包括直接地或间接地从XML命名空间(其他目标命名空间)为GML应用模式导入的模式文档对应地创建一个包,但用于GML命名空间的XSDs除外。顶层包直接地或间接地拥有所有从GML应用模式中的对象类型映射的UML模型元素。

GML应用模式的声明可以安排在不同的包结构中,只要顶层包能够保持它的名称和构造型,且所有的模型元素仍然是直接地或间接地属于这个包。

GML应用模式中的类型和元素声明映射到UML应用模式中的类定义,因此,GML的XML文档中的元素结构能够映射到实例模型中的相应的对象。

UML模型应该在名称为"ISO 19100"的包中包含ISO 19100系列标准的可用的标准的包或这个模型的严格的专用标准。

UML模型应该包含由GML应用模式导入的所有其他GML应用模式的UML包。

表F.1给出了一个概要,详细的映射信息在以下各条中说明。

表 F.1 模式编码概要

表:GML→UML应用模式概要	
GML应用模式	UML应用模式
XML应用模式	Package〈〈Application Schema〉〉
XML模式文档{name}XSD	以{name}命名的包
对象和特性类型和用于对象类型的全局元素,其直接或间接地从gml:AbstractFeatureType通过扩展继承	具有构造型〈〈FeatureType〉〉的类
对象和特性类型和用于对象类型的全局元素,其直接或间接地从gml:AbstractGMLType,而不是gml:AbstractFeatureType通过扩展继承	没有构造型的类
数据和特性类型和用于对象类型的全局元素,它不是直接或间接地从gml:AbstractGMLType通过扩展继承的,其内容模型是特性的序列	具有构造型〈〈DataType〉〉的类
具有枚举值的xsd:string的限制	具有构造型〈〈Enumeration〉〉的类
枚举和模板(pattern)的联合	具有构造型〈〈CodeList〉〉的类
数据和特性类型和用于对象类型的全局元素,它不是直接或间接地从gml:AbstractGMLType通过扩展继承的,其内容模型是特性的选择	具有构造型〈〈Union〉〉的类
局部的xsd:element,其类型是简单类型,或具有简单内容的复杂类型,或不是直接或间接地从gml:AbstractGMLType继承的类型	UML属性(Attribute)
局部的xsd:element,其类型包含gml:AssociationAttributeGroup	UML关联角色(Association role)
模式约束	没有编码

属性和关联角色的多重性从局部的xsd:element声明中的"minOccurs"和"maxOccurs"得到。

F.2.3.2 GML模式文档

具有构造型〈〈Application Schema〉〉的顶层包被创建以便包含所有其他为GML应用模式生成的包。

——“targetNamespace”和“xmlns”标记值应用到〈〈Application Schema〉〉包，相应的值是 GML 应用模式的目标命名空间的值。

例：http://www.myorg.com/myns 和 myns。

——“version”标记值应用到〈〈ApplicationSchema〉〉包，缺省值是“1.0”。如果存在 GML 应用模式的顶层模式文档的 xsd:schema 元素的“version”属性，并包含一个非空值，则该值替代缺省的标记值。

——“xsdDocument”标记值设置为 XML 模式文档的相对文件名。

GML 应用模式中的每个输入模式文档缺省地包括直接地或间接地从 XML 命名空间(其他目标命名空间)为 GML 应用模式导入的模式文档对应地创建一个包，但用于 GML 命名空间的 XML 模式文档除外。另外，单个 XML 模式文档可以分成几个 UML 包。

为 GML 应用模式生成的在〈〈ApplicationSchema〉〉包中的包具有与输入模式文档名称对应的名称。

每个输入模式文档中的 xsd:include 和 xsd:import 语句用于确定和设置在〈〈ApplicationSchema〉〉包中生成的包之间的依赖关系。

F.2.3.3 GML 对象类型

每个 GML 对象类型应该映射到一个 UML 类。

如果对象类型直接或间接地从 gml:AbstractFeatureType 继承，则类的构造型是〈〈FeatureType〉〉，否则应该设置为没有构造型。

类的名称应该与 GML 对象类型的全局元素的名称一致。

类应该是抽象的，当且仅当 GML 对象类型是抽象的。

如果 GML 对象类型是从其他 GML 对象类型继承的，则类从相应的超类继承。如果在 GML 应用模式或其他导入的 GML 应用模式中定义了基本类型，则超类是对应于这个 GML 对象类型的类。如果在 GML 命名空间中定义了基本类型，则超类由表 D.2 确定。如果基本类型列在该表格的第三列，则超类是表格中同一行的第一列中的类。

GML 对象类型的 GML 特性应该映射到属性和关联角色，如 F.2.3.9 中描述的。同样，所有 UML 属性和关联角色的标记值“sequenceNumber”在映射时创建，具有唯一的整数值，它是升序的，反映了对象类型的特性序列中的顺序。

F.2.3.4 GML 对象类型(从 GML 模式中导入)

GML 命名空间的列在表 D.2 的左手列中的复杂类型应该映射到预定义的 UML 类，它由 ISO 地理信息标准 GML 专用标准实现，列在表格的第二列。

F.2.3.5 基本类型

GML 命名空间和 XML 模式的列在表 D.2 的右手列中的简单类型应该映射到预定义的 UML 类，它由 ISO 地理信息标准 GML 专用标准实现，列在表格的左手列。

F.2.3.6 GML 数据类型

每个 GML 数据类型应该映射到 UML 类。类的名称应该与 GML 复杂类型的名称一致，但没有“Type”后缀。

如果 GML 数据类型从其他的 GML 数据类型(基本类型)派生，则类从相应的超类继承。

如果 GML 数据类型的特性嵌入在 xsd:sequence 元素中，则类的构造型应该是〈〈DataType〉〉，如果它们嵌入在 xsd:choice 元素中，则类的构造型应该是〈〈Union〉〉。

GML 对象类型的 GML 特性应该映射到属性和关联角色，如 F.2.3.9 中描述的。同样，所有 UML 属性和关联角色的标记值“sequenceNumber”在映射时创建，具有唯一的整数值，它是升序的，反映了对象类型的特性序列中的顺序。

F.2.3.7 枚举

定义在 GML 应用模式中的作为具有枚举值的 xsd:string 的限制的简单类型应该映射到 UML 应用模式中的具有构造型《Enumeration》的类。

类的名称应该是简单类型的名称。

每一个没有 xsd:appInfo 注释，但有子元素 gml:codeListValue 的 xsd:enumeration 面应该映射到以属性名作为值的 UML 属性。

每一个有 xsd:appInfo 注释，有子元素 gml:codeListValue 的 xsd:enumeration 面应该映射到与 gml:codeListValue 元素的值相同名称的 UML 属性的初始值。如果在类中不存在这样的 UML 属性，则忽略面。

F.2.3.8 代码表

定义在 GML 应用模式中的，作为具有值"other:\w{2,}"限制的 xsd:pattern 和枚举的联合的简单类型应该映射到 UML 应用模式中的具有构造型《CodeList》的类。

类的名称应该是简单类型的名称。

每一个没有 xsd:appInfo 注释，但有子元素 gml:codeListValue 的枚举的 xsd:enumeration 面应该映射到以属性名作为值的 UML 属性。

每一个有 xsd:appInfo 注释，有子元素 gml:codeListValue 的枚举的 xsd:enumeration 面应该映射到与 gml:codeListValue 元素的值相同名称的 UML 属性的初始值。如果在类中不存在这样的 UML 属性，则忽略面。

F.2.3.9 GML 特性

如果特性元素的类型：

——是简单类型，或 GML 数据类型的特性类型，该特性应该映射到具有与数据类型对应类型的 UML 属性。

——是一个 GML 对象的特性类型(内联和/或通过引用)，它的内容模型直接或间接地从 gml:AbstractMemberType 派生，则特性应该映射到 UML 聚合到表示目标 GML 对象类型的类的关联角色；如果特性的内容模型包含具有固定值"true"的"owns"属性(通过模式约束)，则 UML 聚合应该改为 UML 组合。

——是一个 GML 对象的特性类型(内联和/或通过引用)，则特性应该映射到 UML 关联到表示目标 GML 对象类型的类的关联角色；如果特性类型只支持通过引用方式，则目标 GML 对象类型应该根据嵌入的 xsd:appInfo 注释确定，它具有子元素 xsd:targetElement 指定目标类型的限定元素名称。标记值"inlineOrByReference"应该设置为"inline"，用于表示只允许特性值的内联编码，应该设置为"byReference"，用于表示只允许通过引用方式编码特性值。

——是一个 GML 对象的特性类型(内联和/或通过引用)，它的内容模型直接或间接地从 gml:AbstractMetadataPropertyType 派生，则 UML 属性或关联角色应该有标记值"isMetadata"，其值为"true"。

UML 属性或关联角色的名称应该是 GML 特性元素的名称。

UML 属性或关联角色的多重性从 GML 特性的 minOccurs 和 maxOccurs 值中得到。

如果特性元素有 xsd:appInfo 注释嵌入，它有子元素 gml:reversePropertyName，则关联角色应该定义为两个类间的关联的一部分，其中另一个关联角色具有与 gml:reversePropertyName 元素的值一致的名称。

F.2.3.10 文档

GML 应用模式中的 XML 模式 xsd:annotation/xsd:documentation 元素映射到 UML 应用模式中的"documentation"标记值。

附　录　G
（资料性附录）
创建 GML 模式子集的指南

G.1　总则

推荐使用自动化的方法创建 GML 模式子集。本附录提供了创建 GML 模式子集工具的一个资料性的 XSLT 参考实现，该工具包括三个样式表（stylesheet），它们分别在 G.2，G.3 和 G.4 中给出。

使用这个工具创建一个 GML 模式子集的步骤如下：

a）用 depends.xslt 转换 gml.xsd，XSLT 处理器会产生 gml.dep。

例 1：使用 Xalan 的命令为：

$ java org.apache.xalan.xslt.Process -IN ../base/gml.xsd -XSL depends.xslt -OUT gml.dep

b）如果使用的 XSLT 处理器不能通过待处理的样式表参数，编辑 gmlSubset.xslt，改变“wanted”参数，以包含特定于命名空间的并希望在 GML 模式子集中得到的全局类型和元素，它们是以逗号分隔的列表（以逗号结尾）。

例 2：例如改变

```
<xsl:param name="wanted">,</xsl:param>
```

为

```
<xsl:param
name="wanted">gml:featureProperty,gml:lineStringProperty,gml:polygonProperty,</xsl:param>
```

c）使用 gmlSubset.xslt 转换 gml.dep，“wanted”参数设置为以逗号分隔的列表（以逗号结尾），以包含特定于命名空间的并希望在 GML 模式子集中得到的全局类型和元素，XSLT 处理器将产生 gmlSubset.xsd，它包含在“wanted”参数中指定的全局元素和类型，以及它们直接或间接地使用的所有全局元素和类型。

d）如果“wanted”列表中包含或依赖于其他命名空间中的属性，生成的 gmlSubset.xsd 将包含名称为“xlink”的命名空间的导入。否则，它是一个独立的与 GML 专用标准要求一致的 GML 模式子集。

G.2　depends.xslt

```
<? xml version="1.0" encoding="UTF-8"?>
<xsl:stylesheet version="1.0"
    xmlns:xsl="http://www.w3.org/1999/XSL/Transform"
    xmlns:xsd="http://www.w3.org/2001/XMLSchema"
    xmlns:xlink="http://www.w3.org/1999/xlink">
    <!-- ===========================================
    This stylesheet is designed to be used on gml.xsd to produce gml.dep
    for use by the gml schema subset utility gmlSubset.xslt to produce a specialised
    gmlSubset.xsd that contains only the specified types and elements, and the types
    and elements on which they depend.
    =============================================-->
    <xsl:output method="xml" encoding="UTF-8" indent="yes"/>
    <xsl:include href="utility.xslt"/>
```

```
〈! -- NEWLINE = &#xA; --〉
〈xsl:param
name="schemas"〉gml.xsd,observation.xsd,dynamicFeature.xsd,coverage.xsd,topology.xsd,defaultStyle.xsd,coordinateReferenceSystems.xsd,feature.xsd,valueObjects.xsd,grids.xsd,geometryComplexes.xsd,datums.xsd,coordinateSystems.xsd,coordinateOperations.xsd,geometryAggregates.xsd,referenceSystems.xsd,dataQuality.xsd,geometryPrimitives.xsd,geometryBasic2d.xsd,direction.xsd,geometryBasic0d1d.xsd,measures.xsd,temporal.xsd,units.xsd,dictionary.xsd,gmlBase.xsd,basicTypes.xsd,〈/xsl:param〉
〈xsl:param name="allSchemas"〉
  〈xsl:call-template name="getUniqueSchemaList"〉
    〈xsl:with-param name="list" select="$schemas"/〉
    〈xsl:with-param name="usePre"〉〈/xsl:with-param〉
  〈/xsl:call-template〉
〈/xsl:param〉
〈xsl:template match="/"〉
  〈xsl:param name="docName"〉gml.xsd〈/xsl:param〉
  〈xsl:param name="top" select="true()"/〉
  〈xsl:param name="tns" select="//xsd:schema/@targetNamespace"/〉
  〈xsl:param name="vers" select="//xsd:schema/@version"/〉
  〈xsl:variable name="ltns"〉
    〈xsl:for-each select="//xsd:schema/namespace::*"〉
      〈xsl:if test="local-name() ! = 'targetNamespace' and string() = $tns"〉
        〈xsl:value-of select="local-name()"/〉
      〈/xsl:if〉
    〈/xsl:for-each〉
  〈/xsl:variable〉
  〈xsl:variable name="tnsp"〉
    〈xsl:choose〉
      〈xsl:when test="$ltns = ''"〉
        〈xsl:call-template name="getTargetNameSpacePrefix"〉
          〈xsl:with-param name="list" select="$tns"/〉
        〈/xsl:call-template〉
      〈/xsl:when〉
      〈xsl:otherwise〉
        〈xsl:value-of select="$ltns"/〉
      〈/xsl:otherwise〉
    〈/xsl:choose〉
  〈/xsl:variable〉
  〈xsl:text〉&#xA;〈/xsl:text〉
  〈xsl:choose〉
    〈xsl:when test="$top"〉
      〈xsl:text disable-output-escaping="yes"〉&lt;depends version="〈/xsl:text〉〈xsl:value-of select="$vers"/〉〈xsl:text disable-output-escaping="yes"〉"&gt;〈/xsl:text〉
```

```
</xsl:when>
<xsl:otherwise>
    <xsl:for-each select="/xsd:schema">
        <xsl:for-each select="xsd:complexType | xsd:group | xsd:simpleType | xsd:
        element | xsd:attribute | xsd:attributeGroup">
            <xsl:variable name="type" select="local-name()"/>
            <xsl:choose>
                <xsl:when test="$type = 'complexType' ">
                    <xsl:call-template name="complexType">
                        <xsl:with-param name="docName" select="$docName"/>
                        <xsl:with-param name="targetNamespace" select="$tnsp"/>
                    </xsl:call-template>
                </xsl:when>
                <xsl:when test="$type = 'group' ">
                    <xsl:call-template name="complexType">
                        <xsl:with-param name="docName" select="$docName"/>
                        <xsl:with-param name="targetNamespace" select="$tnsp"/>
                    </xsl:call-template>
                </xsl:when>
                <xsl:when test="$type = 'simpleType' ">
                    <xsl:call-template name="simpleType">
                        <xsl:with-param name="docName" select="$docName"/>
                        <xsl:with-param name="targetNamespace" select="$tnsp"/>
                    </xsl:call-template>
                </xsl:when>
                <xsl:when test="$type = 'element' ">
                    <xsl:call-template name="globalElement">
                        <xsl:with-param name="docName" select="$docName"/>
                        <xsl:with-param name="targetNamespace" select="$tnsp"/>
                    </xsl:call-template>
                </xsl:when>
                <xsl:when test="$type = 'attribute' ">
                    <xsl:call-template name="globalAtt">
                        <xsl:with-param name="docName" select="$docName"/>
                        <xsl:with-param name="targetNamespace" select="$tnsp"/>
                    </xsl:call-template>
                </xsl:when>
                <xsl:when test="$type = 'attributeGroup' ">
                    <xsl:call-template name="globalAtt">
                        <xsl:with-param name="docName" select="$docName"/>
                        <xsl:with-param name="targetNamespace" select="$tnsp"/>
                    </xsl:call-template>
                </xsl:when>
```

```
                <xsl:otherwise/>
              </xsl:choose>
            </xsl:for-each>
          </xsl:for-each>
        </xsl:otherwise>
      </xsl:choose>
      <xsl:if test="$top">
        <xsl:call-template name="dependSchemas">
          <xsl:with-param name="list" select="$allSchemas"/>
        </xsl:call-template>
        <xsl:text disable-output-escaping="yes">&#xA;&lt;/depends&gt;&#xA;</xsl:text>
      </xsl:if>
    </xsl:template>
    <!-- ==================================== -->
    <xsl:template name="complexType">
      <xsl:param name="docName"/>
      <xsl:param name="targetNamespace"/>
      <xsl:variable name="name" select="@name"/>
      <xsl:if test="$name">
        <xsl:element name="def">
          <xsl:attribute name="name"><xsl:value-of select="$targetNamespace"/>:<xsl:
          value-of select="$name"/></xsl:attribute>
          <xsl:attribute name="doc"><xsl:value-of select="$docName"/></xsl:attribute>
          <xsl:variable name="uses">
            <xsl:apply-templates select="./xsd:complexContent|./xsd:simpleContent"/>
            <xsl:call-template name="EltAndAtt"/>
          </xsl:variable>
          <!-- USES <xsl:value-of select="$uses"/> -->
          <xsl:call-template name="writeUses">
            <xsl:with-param name="list" select="$uses"/>
          </xsl:call-template>
        </xsl:element>
    </xsl:if>
    </xsl:template>
    <!-- ==================================== -->
    <xsl:template match="xsd:complexContent">
      <xsl:for-each select="descendant::xsd:extension">
        <xsl:value-of select="@base"/>
        <xsl:text>?extension|</xsl:text>
      </xsl:for-each>
      <xsl:for-each select="descendant::xsd:restriction">
        <xsl:value-of select="@base"/>
        <xsl:text>?restriction|</xsl:text>
```

```
        </xsl:for-each>
    </xsl:template>
    <!-- ==================================== -->
    <xsl:template match="xsd:simpleContent">
        <xsl:for-each select="descendant::xsd:extension">
            <xsl:value-of select="@base"/>
            <xsl:text>? extension|</xsl:text>
        </xsl:for-each>
        <xsl:for-each select="descendant::xsd:restriction">
            <xsl:value-of select="@base"/>
            <xsl:text>? restriction|</xsl:text>
        </xsl:for-each>
    </xsl:template>
    <!-- ==================================== -->
    <xsl:template name="EltAndAtt">
        <xsl:for-each select="descendant::xsd:element | descendant::xsd:group | descendant::
        xsd:attribute | descendant::xsd:attributeGroup">
            <xsl:variable name="name" select="@type | @ref"/>
            <xsl:if test="$name and contains($name,':')">
                <xsl:value-of select="$name"/>
                <xsl:text>|</xsl:text>
            </xsl:if>
        </xsl:for-each>
    </xsl:template>
    <!-- ==================================== -->
    <xsl:template name="simpleType">
        <xsl:param name="docName"/>
        <xsl:param name="targetNamespace"/>
        <xsl:variable name="name" select="@name"/>
        <xsl:if test="$name">
            <xsl:element name="def">
                <xsl:attribute name="name"><xsl:value-of select="$targetNamespace"/>:<xsl:
                value-of select="$name"/></xsl:attribute>
                <xsl:attribute name="doc"><xsl:value-of select="$docName"/></xsl:attribute>
                <!-- SIMPLE <xsl:copy-of select="."/>-->
                <xsl:variable name="uses">
                    <xsl:for-each select="xsd:union">
                    <!-- UNION <xsl:value-of select="@memberTypes"/> -->
                        <xsl:variable name="members" select="@memberTypes"/>
                        <xsl:if test="$members">
                            <xsl:value-of select="translate($members,' ','|')"/>
                            <xsl:text>|</xsl:text>
                        </xsl:if>
```

```
                </xsl:for-each>
                <xsl:for-each select="xsd:list">
                    <xsl:variable name="items" select="@itemType"/>
                    <xsl:if test="$items">
                        <xsl:value-of select="$items"/>
                        <xsl:text>|</xsl:text>
                    </xsl:if>
                </xsl:for-each>
            </xsl:variable>
            <!-- USES <xsl:value-of select="$uses"/> -->
            <xsl:call-template name="writeUses">
                <xsl:with-param name="list" select="$uses"/>
            </xsl:call-template>
        </xsl:element>
    </xsl:if>
</xsl:template>
<!-- ============================================================ -->
<xsl:template name="globalElement">
    <xsl:param name="docName"/>
    <xsl:param name="targetNamespace"/>
    <xsl:variable name="name" select="@name"/>
    <xsl:if test="$name">
        <xsl:element name="def">
            <xsl:attribute name="name"><xsl:value-of select="$targetNamespace"/>:<xsl:value-of select="$name"/></xsl:attribute>
            <xsl:attribute name="doc"><xsl:value-of select="$docName"/></xsl:attribute>
            <xsl:variable name="uses">
                <xsl:variable name="type" select="@type"/>
                <xsl:if test="$type and contains($type,':')">
                    <xsl:value-of select="$type"/>
                    <xsl:text>|</xsl:text>
                </xsl:if>
                <xsl:variable name="sub" select="@substitutionGroup"/>
                <xsl:if test="$sub">
                    <xsl:value-of select="$sub"/>
                    <xsl:text>|</xsl:text>
                </xsl:if>
            </xsl:variable>
            <!-- USES <xsl:value-of select="$uses"/> -->
            <xsl:call-template name="writeUses">
                <xsl:with-param name="list" select="$uses"/>
            </xsl:call-template>
        </xsl:element>
```

```
        </xsl:if>
    </xsl:template>
    <!-- ======================================== -->
    <xsl:template name="globalAtt">
        <xsl:param name="docName"/>
        <xsl:param name="targetNamespace"/>
        <xsl:variable name="name" select="@name"/>
        <xsl:if test="$name">
            <xsl:element name="def">
                <xsl:attribute name="name"><xsl:value-of select="$targetNamespace"/>:<xsl:
                value-of select="$name"/></xsl:attribute>
                <xsl:attribute name="doc"><xsl:value-of select="$docName"/></xsl:attribute>
                <xsl:variable name="uses">
                    <xsl:variable name="type" select="@type"/>
                    <xsl:if test="$type and contains($type,':')">
                        <xsl:value-of select="$type"/>
                        <xsl:text>|</xsl:text>
                    </xsl:if>
                    <xsl:call-template name="EltAndAtt"/>
                </xsl:variable>
                <!-- USES <xsl:value-of select="$uses"/> -->
                <xsl:call-template name="writeUses">
                    <xsl:with-param name="list" select="$uses"/>
                </xsl:call-template>
            </xsl:element>
        </xsl:if>
    </xsl:template>
    <!-- ======================================== -->
    <xsl:template name="writeUses">
        <xsl:param name="list"/>
        <xsl:if test="$list != ''">
            <xsl:variable name="first" select="substring-before($list,'|')"/>
            <xsl:variable name="eor" select="substring-after($first,'? ')"/>
            <xsl:variable name="use">
                <xsl:choose>
                    <xsl:when test="contains($first,'? ')">
                        <xsl:value-of select="substring-before($first,'? ')"/>
                    </xsl:when>
                    <xsl:otherwise>
                        <xsl:value-of select="$first"/>
                    </xsl:otherwise>
                </xsl:choose>
            </xsl:variable>
```

```
        <xsl:variable name="testp">
            <xsl:value-of select="$use"/>
            <xsl:text>|</xsl:text>
        </xsl:variable>
        <xsl:variable name="testq">
            <xsl:value-of select="$use"/>
            <xsl:text>?</xsl:text>
        </xsl:variable>
        <xsl:variable name="rest" select="substring-after($list,'|')"/>
        <xsl:choose>
            <xsl:when test="contains($rest,$testp)"/>
            <xsl:when test="contains($rest,$testq)"/>
            <xsl:when test="$use = ''"/>
            <xsl:otherwise>
                <xsl:element name="uses">
                    <xsl:attribute name="name"><xsl:value-of select="$use"/></xsl:attribute>
                    <xsl:if test="$eor != ''">
                        <xsl:attribute name="derivation"><xsl:value-of select="$eor"/></
                        xsl:attribute>
                    </xsl:if>
                </xsl:element>
            </xsl:otherwise>
        </xsl:choose>
        <xsl:call-template name="writeUses">
            <xsl:with-param name="list" select="$rest"/>
        </xsl:call-template>
    </xsl:if>
</xsl:template>
<!-- ====================================== -->
<xsl:template name="dependSchemas">
    <xsl:param name="list"/>
    <xsl:if test="$list != ''">
        <xsl:variable name="first" select="substring-before($list,',')"/>
        <xsl:variable name="rest" select="substring-after($list,',')"/>
        <xsl:apply-templates select="document($first,/)">
            <xsl:with-param name="docName" select="$first"/>
            <xsl:with-param name="top" select="false()"/>
        </xsl:apply-templates>
        <xsl:choose>
            <xsl:when test="contains($rest,',')">
                <xsl:call-template name="dependSchemas">
                <xsl:with-param name="list" select="$rest"/>
                </xsl:call-template>
```

```
            </xsl:when>
            <xsl:otherwise/>
        </xsl:choose>
    </xsl:if>
  </xsl:template>
  <!-- ========================================= -->
  <!-- ========================================= -->
</xsl:stylesheet>
```

G. 3 gmlSubset. xslt

```
<xsl:stylesheet version="1.0"
  xmlns:xsl="http://www.w3.org/1999/XSL/Transform"
  xmlns:xsd="http://www.w3.org/2001/XMLSchema"
  xmlns:xlink="http://www.w3.org/1999/xlink">
  <xsl:output method="xml" encoding="UTF-8" indent="yes"/>
  <!-- ==============================================
  This stylesheet is designed to be used on gml. dep (produced from
  gml. xsd by depends. xslt) to produce a specialised gmlSubset. xsd that
  contains only the types and elements specified in the "wanted" parameter,
  and the types and elements on which they depend. Note that the type and
  element items in the "wanted" parameter must include namespace prefixes,
  and that they must be separated by commas,including a trailing comma after
  the last item.
  =============================================-->
  <xsl:include href="utility. xslt"/>
  <xsl:param name="baseUri" select="document('../../base/gml. xsd')"/>
  <!-- sample1 <xsl:param
  name="wanted">gml:featureProperty,gml:lineStringProperty,gml:polygonProperty,</xsl:param> -->
  <!-- sample2 <xsl:param name="wanted">gml:GeodeticCRS,gml:AbstractCoverage,gml:track,</xsl:param> -->
  <!-- sample3 <xsl:param
  name="wanted">gml:AbstractFeatureCollection,gml:ItemStyleDescriptorType,gml:FeatureConstraintType,</xsl:param> -->
  <xsl:param
name="wanted">gml:metaDataProperty,gml:Abstractassociation,gml:members,gml:Array,gml:curveProperty,gml:LineString,gml:LinearRing,gml:exterior,gml:interior,gml:surfaceMember,gml:surfaceProperty,gml:multiSurfaceProperty,gml:directedNode,gml:directedEdge,gml:directedFace,gml:IsolatedProperty,gml:featureProperty,gml:featureMembers,gml:AbstractFeatureCollection,gml:featureMember,gml:BaseStyleDescriptorType,</xsl:param>
  <xsl:template match="/">
    <xsl:variable name="wantedList">
      <xsl:call-template name="getWantedList">
```

```
            <xsl:with-param name="list" select="$wanted"/>
            <xsl:with-param name="from">BEGIN</xsl:with-param>
            <xsl:with-param name="depth">0</xsl:with-param>
        </xsl:call-template>
    </xsl:variable>
    <xsl:variable name="vers" select="//depends/@version"/>
    <schema targetNamespace="http://www.opengis.net/gml/3.2"
    xmlns="http://www.w3.org/2001/XMLSchema" xmlns:sch="http://purl.oclc.org/dsdl/
    schematron"
    xmlns:gml="http://www.opengis.net/gml/3.2" xmlns:xlink="http://www.w3.org/1999/
    xlink"
    elementFormDefault="qualified" version="{$vers}">
        <annotation>
            <documentation>GML Subset schema for <xsl:value-of select="$wanted"/> written
            by gmlSubset.xslt.
            </documentation>
        </annotation>
        <xsl:if test="contains($wantedList,'xlink:')">
            <import namespace="http://www.w3.org/1999/xlink" schemaLocation="../../
            xlink/xlinks.xsd"/>
        </xsl:if>
        <xsl:call-template name="writeWantedList">
            <xsl:with-param name="list" select="$wantedList"/>
        </xsl:call-template>
    </schema>
</xsl:template>
<!-- ====================================== -->
<xsl:template name="getDocName">
    <xsl:param name="wanted"/>
    <xsl:for-each select="//depends/def[@name=$wanted]">
        <xsl:value-of select="@doc"/>
    </xsl:for-each>
</xsl:template>
<!-- ====================================== -->
<xsl:template name="getUses">
    <xsl:param name="wanted"/>
    <xsl:for-each select="//depends/def[@name=$wanted]">
        <xsl:for-each select="uses">
            <xsl:value-of select="@name"/>
            <xsl:text>,</xsl:text>
        </xsl:for-each>
    </xsl:for-each>
</xsl:template>
```

```
<!-- ======================================== -->
<xsl:template name="writeWanted">
    <xsl:param name="wanted"/>
    <xsl:choose>
        <xsl:when test="contains($wanted,'xlink:')">
            <!-- XLINK <xsl:value-of select="$wanted"/> -->
        </xsl:when>
        <xsl:otherwise>
            <!-- OTHER <xsl:value-of select="$wanted"/> -->
            <xsl:variable name="docName">
                <xsl:call-template name="getDocName">
                    <xsl:with-param name="wanted" select="$wanted"/>
                </xsl:call-template>
            </xsl:variable>
            <xsl:variable name="localName">
                <xsl:call-template name="removePrefix">
                    <xsl:with-param name="name" select="$wanted"/>
                    <xsl:with-param name="pre">:</xsl:with-param>
                </xsl:call-template>
            </xsl:variable>
            <xsl:call-template name="Separator"/>
            <xsl:for-each select="document($docName,$baseUri)">
                <xsl:for-each select="//xsd:schema/*[@name = $localName]">
                    <xsl:copy-of select="."/>
                </xsl:for-each>
            </xsl:for-each>
        </xsl:otherwise>
    </xsl:choose>
</xsl:template>
<!-- ======================================== -->
<xsl:template name="writeWantedList">
    <xsl:param name="list"/>
    <xsl:if test="$list != ''">
        <xsl:variable name="first" select="substring-before($list,',')"/>
        <xsl:variable name="rest" select="substring-after($list,',')"/>
        <xsl:call-template name="writeWanted">
            <xsl:with-param name="wanted" select="$first"/>
        </xsl:call-template>
        <xsl:if test="contains($rest,',')">
            <xsl:call-template name="writeWantedList">
            <xsl:with-param name="list" select="$rest"/>
            </xsl:call-template>
        </xsl:if>
```

```
        〈/xsl:if〉
    〈/xsl:template〉
    〈! -- =================================== --〉
    〈xsl:template name="getWantedList"〉
        〈xsl:param name="list"/〉
        〈xsl:param name="seen"/〉
        〈xsl:param name="from"/〉
        〈xsl:param name="depth"/〉
        〈xsl:if test="$list != ''"〉
            〈xsl:variable name="first" select="substring-before($list,',')"/〉
            〈xsl:variable name="firstSep" select="concat($first,',')"/〉
            〈xsl:variable name="rest" select="substring-after($list,',')"/〉
            〈xsl:choose〉
                〈xsl:when test="contains($seen, $firstSep)"〉
                    〈xsl:call-template name="getWantedList"〉
                        〈xsl:with-param name="list" select="$rest"/〉
                        〈xsl:with-param name="seen" select="$seen"/〉
                        〈xsl:with-param name="from"〉REST〈/xsl:with-param〉
                        〈xsl:with-param name="depth" select="$depth + 1"/〉
                    〈/xsl:call-template〉
                〈/xsl:when〉
                〈xsl:otherwise〉
                    〈xsl:value-of select="$firstSep"/〉
                    〈xsl:variable name="usesList"〉
                        〈xsl:call-template name="getUses"〉
                            〈xsl:with-param name="wanted" select="$first"/〉
                        〈/xsl:call-template〉
                    〈/xsl:variable〉
                    〈xsl:variable name="toDo" select="concat($usesList, $rest)"/〉
                    〈xsl:variable name="nowSeen" select="concat($seen, $firstSep)"/〉
                    〈xsl:call-template name="getWantedList"〉
                        〈xsl:with-param name="list" select="$toDo"/〉
                        〈xsl:with-param name="seen" select="$nowSeen"/〉
                        〈xsl:with-param name="from"〉USES〈/xsl:with-param〉
                        〈xsl:with-param name="depth" select="$depth + 1"/〉
                    〈/xsl:call-template〉
                〈/xsl:otherwise〉
            〈/xsl:choose〉
        〈/xsl:if〉
    〈/xsl:template〉
    〈! -- =================================== --〉
〈/xsl:stylesheet〉
```

G.4 utility.xslt

```
<?xml version="1.0" encoding="UTF-8"?>
<xsl:stylesheet version="1.0" xmlns:xsl="http://www.w3.org/1999/XSL/Transform"
xmlns:xsd="http://www.w3.org/2001/XMLSchema">
    <xsl:output method="xml" encoding="UTF-8" indent="yes"/>
    <!-- ================================== -->
    <xsl:template name="getTargetNameSpacePrefix">
        <xsl:param name="list"/>
        <xsl:if test="$list != ''">
            <xsl:variable name="first" select="substring-before($list,'/')"/>
            <xsl:variable name="rest" select="substring-after($list,'/')"/>
            <xsl:choose>
                <xsl:when test="contains($rest,'/')">
                    <xsl:call-template name="getTargetNameSpacePrefix">
                        <xsl:with-param name="list" select="$rest"/>
                    </xsl:call-template>
                </xsl:when>
                <xsl:when test="$rest =''">
                    <xsl:value-of select="$first"/>
                </xsl:when>
                <xsl:otherwise>
                    <xsl:value-of select="$rest"/>
                </xsl:otherwise>
            </xsl:choose>
        </xsl:if>
    </xsl:template>
    <!-- ==================================== -->
    <xsl:template name="getPathPrefix">
        <xsl:param name="file"/>
        <xsl:if test="contains($file,'/')">
            <xsl:variable name="pre" select="substring-before($file,'/')"/>
            <xsl:variable name="suf" select="substring-after($file,'/')"/>
            <xsl:choose>
                <xsl:when test="contains($suf,'/')">
                    <xsl:value-of select="$pre"/><xsl:text>/</xsl:text>
                    <xsl:call-template name="getPathPrefix">
                        <xsl:with-param name="file" select="$suf"/>
                    </xsl:call-template>
                </xsl:when>
                <xsl:otherwise>
                    <xsl:variable name="path">
                        <xsl:call-template name="removeSuffix">
```

```
                    <xsl:with-param name="name" select="$file"/>
                    <xsl:with-param name="suf" select="$suf"/>
                </xsl:call-template>
            </xsl:variable>
            <xsl:value-of select="$path"/>
        </xsl:otherwise>
    </xsl:choose>
  </xsl:if>
</xsl:template>
<!-- ====================================== -->
<xsl:template name="removePrefix">
  <xsl:param name="name"/>
  <xsl:param name="pre"/>
  <xsl:variable name="npName">
    <xsl:choose>
      <xsl:when test="contains($name,$pre)">
        <xsl:value-of select="substring-after($name,$pre)"/>
      </xsl:when>
      <xsl:otherwise>
        <xsl:value-of select="$name"/>
      </xsl:otherwise>
    </xsl:choose>
  </xsl:variable>
  <xsl:value-of select="$npName"/>
</xsl:template>
<!-- ====================================== -->
<xsl:template name="removeSuffix">
  <xsl:param name="name"/>
  <xsl:param name="suf"/>
  <xsl:variable name="nsName">
    <xsl:choose>
      <xsl:when test="contains($name,$suf)">
        <xsl:value-of select="substring-before($name,$suf)"/>
      </xsl:when>
      <xsl:otherwise>
        <xsl:value-of select="$name"/>
      </xsl:otherwise>
    </xsl:choose>
  </xsl:variable>
  <xsl:value-of select="$nsName"/>
</xsl:template>
<!-- ====================================== -->
<xsl:template name="lowerLeading">
```

```
        <xsl:param name="name"/>
        <xsl:variable name="ch1" select="substring($name,1,1)"/>
        <xsl:variable name="lc1"
        select="translate($ch1,'ABCDEFGHIJKLMNOPQRSTUVWXYZ','abcdefghijklmnopqrstuvwxyz')"/>
        <xsl:value-of select="concat($lc1,substring($name,2))"/>
    </xsl:template>
    <!-- ========================================= -->
    <xsl:template name="uniqueList">
        <xsl:param name="list"/>
        <xsl:param name="sep"/>
        <xsl:param name="seen"/>
        <xsl:param name="pre">../base/</xsl:param>
        <xsl:if test="$list != ''">
            <xsl:variable name="first" select="substring-before($list, $sep)"/>
            <xsl:variable name="firstSep" select="concat($first, $sep)"/>
            <xsl:variable name="rest" select="substring-after($list, $sep)"/>
            <xsl:choose>
                <xsl:when test="contains($seen, $firstSep)">
                    <xsl:call-template name="uniqueList">
                        <xsl:with-param name="list" select="$rest"/>
                        <xsl:with-param name="sep" select="$sep"/>
                        <xsl:with-param name="seen" select="$seen"/>
                    </xsl:call-template>
                </xsl:when>
                <xsl:otherwise>
                    <xsl:value-of select="$firstSep"/>
                    <xsl:variable name="nowSeen" select="concat($seen, $firstSep)"/>
                    <xsl:call-template name="uniqueList">
                        <xsl:with-param name="list" select="$rest"/>
                        <xsl:with-param name="sep" select="$sep"/>
                        <xsl:with-param name="seen" select="$nowSeen"/>
                    </xsl:call-template>
                </xsl:otherwise>
            </xsl:choose>
        </xsl:if>
    </xsl:template>
    <!-- ========================================= -->
    <xsl:template name="getIncludedDocs">
        <xsl:param namc="docName"/>
        <xsl:param name="usePre"/>
        <xsl:param name="seenList"/>
        <xsl:param name="sep">,</xsl:param>
        <xsl:value-of select="$docName"/>
```

```
<xsl:text>,</xsl:text>
<xsl:variable name="pathPre">
    <xsl:call-template name="getPathPrefix">
        <xsl:with-param name="file" select="$docName"/>
    </xsl:call-template>
</xsl:variable>
<xsl:variable name="callPathPre">
    <xsl:choose>
        <xsl:when test="$pathPre = '' or $pathPre = './' ">
            <xsl:value-of select="$usePre"/>
        </xsl:when>
        <xsl:otherwise>
            <xsl:value-of select="$pathPre"/>
        </xsl:otherwise>
    </xsl:choose>
</xsl:variable>
<xsl:for-each select="document($docName,/)">
    <xsl:for-each select="//xsd:include | //xsd:import">
        <xsl:variable name="iDoc" select="@schemaLocation"/>
        <xsl:variable name="iPathPre">
            <xsl:call-template name="getPathPrefix">
                <xsl:with-param name="file" select="$iDoc"/>
            </xsl:call-template>
        </xsl:variable>
        <xsl:variable name="iDocSuf">
            <xsl:call-template name="removePrefix">
                <xsl:with-param name="name" select="$iDoc"/>
                <xsl:with-param name="pre" select="$iPathPre"/>
            </xsl:call-template>
        </xsl:variable>
        <xsl:variable name="usePathPre">
            <xsl:choose>
                <xsl:when test="$iPathPre = '' or $iPathPre = './' ">
                    <xsl:value-of select="$callPathPre"/>
                </xsl:when>
                <xsl:otherwise>
                    <xsl:value-of select="$iPathPre"/>
                </xsl:otherwise>
            </xsl:choose>
        </xsl:variable>
        <xsl:variable name="uDoc">
            <xsl:value-of select="concat($usePathPre,$iDocSuf)"/>
        </xsl:variable>
```

```
            <xsl:variable name="uDocSep">
                <xsl:value-of select="concat($uDoc, $sep)"/>
            </xsl:variable>
            <xsl:if test="not(contains($seenList, $uDocSep))">
                <xsl:variable name="seenListPlus" select="concat($seenList, $uDocSep)"/>
                <xsl:call-template name="getIncludedDocs">
                    <xsl:with-param name="docName" select="$uDoc"/>
                    <xsl:with-param name="usePre" select="$usePathPre"/>
                    <xsl:with-param name="seenList" select="$seenListPlus"/>
                </xsl:call-template>
            </xsl:if>
        </xsl:for-each>
    </xsl:for-each>
</xsl:template>
<!-- ========================================== -->
<xsl:template name="getDocumentList">
    <xsl:param name="list"/>
    <xsl:param name="seenList"/>
    <xsl:param name="usePre"/>
    <xsl:if test="$list != ''">
        <xsl:variable name="first" select="substring-before($list,',')"/>
        <xsl:variable name="rest" select="substring-after($list,',')"/>
        <xsl:variable name="included">
            <xsl:call-template name="getIncludedDocs">
                <xsl:with-param name="docName" select="$first"/>
                <xsl:with-param name="usePre" select="$usePre"/>
                <xsl:with-param name="seenList" select="$seenList"/>
            </xsl:call-template>
        </xsl:variable>
        <xsl:value-of select="$included"/>
        <xsl:variable name="seenListIncluded" select="concat($seenList, $included)"/>
        <xsl:if test="contains($rest,',')">
            <xsl:call-template name="getDocumentList">
                <xsl:with-param name="list" select="$rest"/>
                <xsl:with-param name="seenList" select="$seenListIncluded"/>
                <xsl:with-param name="usePre" select="$usePre"/>
            </xsl:call-template>
        </xsl:if>
    </xsl:if>
</xsl:template>
<!-- ========================================== -->
<xsl:template name="getUniqueSchemaList">
    <xsl:param name="list"/>
```

```
        <xsl:param name="usePre"/>
        <xsl:variable name="allSchemas">
            <xsl:call-template name="getDocumentList">
                <xsl:with-param name="list" select="$list"/>
                <xsl:with-param name="usePre" select="$usePre"/>
            </xsl:call-template>
        </xsl:variable>
        <xsl:variable name="uniqueSchemas">
            <xsl:call-template name="uniqueList">
                <xsl:with-param name="list" select="$allSchemas"/>
                <xsl:with-param name="sep">,</xsl:with-param>
            </xsl:call-template>
        </xsl:variable>
        <xsl:value-of select="$uniqueSchemas"/>
    </xsl:template>
    <!-- ================================================================= -->
    <xsl:template name="Separator">
  <xsl:param name="comment" select="'==========='"/>
  <xsl:text>&#xA;</xsl:text>
  <xsl:text disable-output-escaping="yes">
      &lt;!-- ================== </xsl:text><xsl:value-of select="$comment"/><xsl:text disable-output-escaping="yes">======================= --&gt;
  </xsl:text>
    <!-- ================================================================= -->
  </xsl:template>
</xsl:stylesheet>
```

附 录 H
（资料性附录）
缺 省 样 式

H.1 总则

GML中数据内容与其几何表现方式或其他表现方式是严格分离的，因此，GML要素描述不包含任何关于要素表现的信息。

本附录提供了定义各种表现样式规则的模式组件，这些规则应用于利用W3C的可缩放矢量图形(Scalable Vector Graphics,SVG)将一组相关GML数据集中的数据进行图形可视化的过程中。这些表现样式规则有助于创建基于数据元素(包括要素类型名称，专题要素特性或空间要素特性等)的SVG文档。

为GML数据定义表现样式是描绘GML数据所必须的，该缺省样式模式组件提供了一种定义表现样式的方法，然而还存在问题，最为显著的就是必须和现有的更加广泛地被实现的OpenGIS实现规范Styled-Layer Descriptor(SLD)协调一致。修订ISO 19117在这一步中也潜在地需要考虑。另外，在这个过程中还需要考虑其他需要加强的部分，例如，引入样式字典更清晰地把要素与其表现样式信息分离。因此，缺省样式模式组件在本标准中不是标准的。

需要注意的是，在GML命名空间中并不要求一定存在这些样式描述模式组件，但是具备一种标准化的样式描述能力是很重要的。当一个样式模式被广泛接受时，该附录可以被去掉。

本附录中描述的缺省样式模式组件将是一个独立的模型，这个模型可以“插入(plugged-in)”到GML数据集。

例：一个典型的用法就是为一个特定的要素类型提供固定的表达样式。

术语“缺省(default)”意味着和关联的GML数据的关系是松散的，并且指定给某个数据集的样式信息可以被适用也可以会完全被忽略。因此，相关联的缺省样式规则的使用由样式应用程序来决定。

本附录中定义的样式符号在GML对象(例如要素、几何或拓扑)和一个SVG图形表示元素之间是一个很有效的关联。例如，一个样式可以表达：表示道路要素的中心线的gml:Curve的缺省图形表示是一个SVG路径，用特殊的笔画宽度和笔画颜色来表达SVG路径。

缺省样式模式组件也依赖于W3C同步多媒体集成语言(SMIL)模式。

缺省样式和GML数据实例的关系通过gml:defaultStyle特性获得，可以通过将这个特性指定给关联的应用模式中的某个要素类型的方式将该特性指定给一个要素实例。因为，GML是一个基于要素的编码，缺省样式常应用于一个要素、多个要素或要素集合。缺省样式使得基于特性的要素能够用图形表示。

注：缺省模式的概念模型和ISO 19117实现的描述不是本附录的一部分，因为在本标准中它是资料性的。

H.2 顶层的样式元素

H.2.1 概述

GML数据集和样式描述之间的连接通过单一特性gml:defaultStyle建立。这个特性值是gml:Style对象，包含了所有的样式描述。gml:defaultStyle特性必须在应用模式的要素类型定义中指定，以便用来关联要素元素和样式规则。

H.2.2 缺省样式(defaultStyle)

gml:defaultStyle特性是一个定义为全局元素的特性，可以指定到应用模式中定义的任何要素。下面列出了该特性的定义：

```
<element name="defaultStyle" type="gml:DefaultStylePropertyType"/>
<complexType name="DefaultStylePropertyType">
  <sequence minOccurs="0">
  <element ref="gml:AbstractStyle"/>
  </sequence>
  <attribute name="about" type="anyURI"/>
  <attributeGroup ref="gml:AssociationAttributeGroup"/>
</complexType>
```

gml:defaultStyle 特性可以包含一个属性 about。它可以用到要素集合中,以指定要素集合中要素的缺省样式。在这种情况下,gml:defaultStyle 特性附加到集合中(应用模式允许有任意数量这样的特性),每一个都内联或引用样式规则信息。如果使用了 about 属性,则它可以引用任何要素(或要素集合);如果没有使用,要素样式应用到 gml:defaultStyle 特性的父要素,它附加有 about 属性。

该特性可以通过定义要素类型的应用模式包含在要素中。

例:下面的 exp:Road 要素类型的定义中包含了 gml:defaultStyle 特性。

```
<element name="Road" type="exp:RoadType" substitutionGroup="gml:AbstractFeature"/>
<complexType name="RoadType">
  <complexContent>
  <extension base="gml:AbstractFeatureType">
    <sequence>
    <element ref="gml:centerLineOf"/>
    <element ref="gml:defaultStyle"/>
    </sequence>
  </extension>
  </complexContent>
</complexType>
```

H.2.3 样式(Style)

gml:Style 对象是 gml:defaultStyle 特性的缺省的具体值。它是顶层样式对象,封装了所有其他的、部分的样式描述。它的定义如下:

```
<element name="Style" type="gml:StyleType" substitutionGroup="gml:AbstractStyle"/>
<complexType name="StyleType">
    <complexContent>
        <extension base="gml:AbstractStyleType">
            <sequence>
                <element ref="gml:featureStyle"minOccurs="0"maxOccurs="unbounded"/>
                <element ref="gml:graphStyle" minOccurs="0"/>
            </sequence>
        </extension>
    </complexContent>
</complexType>
```

gml:Style 对象的内容模型是通过扩展 gml:AbstractStyleType 派生。该类型用作抽象的基本类型,以便扩展,即创建用户的样式对象,它从 gml:AbstractGMLType 派生,并没有添加任何新的内容。

```
<element name="AbstractStyle" type="gml:AbstractStyleType" abstract="true"
substitutionGroup="gml:AbstractGML"/>
```

```
〈complexType name="AbstractStyleType" abstract="true"〉
  〈complexContent〉
   〈extension base="gml:AbstractGMLType"/〉
  〈/complexContent〉
〈/complexType〉
```

然而,由于 gml:Style 提供了很强的描述样式的能力,所以并不认为创建用户的样式对象是有益的尝试。

前面文字中给出的对象 gml:Style 的定义本身就是一个合适的例子,展示了如何使用扩展机制及这些规则在模式中如何应用。

——具体的样式对象的内容模型必须从 gml:AbstractStyleType 派生。

——具体的样式对象可以替代 gml:AbstractStyle。

gml:Style 对象中的样式元素的函数,即 gml:FeatureStyle 和 gml:GraphStyle,用来描述 GML 数据两个方面的样式:单个要素和构成要素集合的拓扑图。需要注意的是,描述要素特定方面的样式,即要素样式、图形样式、几何样式、拓扑样式和标签样式的元素经常叫做样式描述符。

H.3 要素样式

H.3.1 要素样式(FeatureStyle)

要素样式描述符用 gml:featureStyle 特性指定到 gml:Style 元素。像其他 GML 特性一样,它允许内联或指定远程值。

```
〈element name="featureStyle" type="gml:FeatureStylePropertyType"/〉
〈complexType name="FeatureStylePropertyType"〉
    〈sequence minOccurs="0"〉
        〈element ref="gml:FeatureStyle"/〉
    〈/sequence〉
    〈attribute name="about" type="anyURI"/〉
    〈attributeGroup ref="gml:AssociationAttributeGroup"/〉
〈/complexType〉
```

它的值是一个 gml:FeatureStyle——要素样式描述符。要素样式描述符描述了一组要素实例的样式信息。这组信息通过作为样式描述符中的一部分的选择机制定义。样式独立地应用到每个要素——组要素之间可能不存在关系,这一点很重要。

注 1:相反的情况是图形样式,它是应用于整个要素集的。

要素样式描述符的定义如下:

```
〈element name="FeatureStyle" type="gml:FeatureStyleType"
substitutionGroup="gml:AbstractGML"/〉
〈complexType name="FeatureStyleType"〉
    〈complexContent〉
        〈extension base="gml:AbstractGMLType"〉
            〈sequence〉
                〈element name="featureConstraint" type="string" minOccurs="0"/〉
                〈element ref="gml:geometryStyle" minOccurs="0" maxOccurs="unbounded"/〉
                〈element ref="gml:topologyStyle" minOccurs="0" maxOccurs="unbounded"/〉
                〈element ref="gml:labelStyle" minOccurs="0"/〉
            〈/sequence〉
```

```
        〈attribute name="featureType" type="string"/〉
        〈attribute name="baseType" type="string"/〉
        〈attribute name="queryGrammar" type="gml:QueryGrammarEnumeration"/〉
    〈/extension〉
  〈/complexContent〉
〈/complexType〉
```

应用该样式的要素实例是通过使用属性 featureType 或 baseType 和 gml:featureConstraint 元素选择。这两个属性只能使用其中之一，元素 gml:featureConstraint 可有可无。

注 2：在修订时，gml:featureConstraint 特性元素可能改变为一属性。

H.3.2 要素类型(featureType)

把要素和样式联系起来的最简单且最常用的方式是使用此属性。它的值是要素声明的名称，需要样式化的实例。

例：如果值是 exp:Road，则 gml:FeatureStyle 对象将简单地应用于所有的 Road 要素。此属性的值通常是声明该要素的应用模式中的元素名。

H.3.3 基本类型(baseType)

选取应用该样式的要素实例的另一种方法是，指定作为属性值的基本类型的名称，要素或要素集从该类型中继承。该名称总是 XML 模式复杂类型的名称。可使用继承链中的任何复杂类型；应用于任何要素实例的样式最终从该类型继承。

例：如果使用 gml:AbstractFeatureType 作为属性的值，则样式会应用到数据集中所有的要素实例。

H.3.4 要素约束(featureConstraint)

该特性用于进一步约束应用该样式的要素实例。它是可选的，值是 XPath 表达式。如果特性不存在，样式将应用到所有的通过属性 featureType 或 baseType 选择的要素实例。

H.3.5 查询语法(queryGrammar)

定义为枚举的这个特性值规定了用在 gml:featureConstraint 元素内容中的语法。枚举允许的值有三个："Xpath"，"Xquery"和"other"。

样式化要素是指对要素的特定的一个或多个方面进行样式化。可以样式化要素几何、拓扑或显示任意文字。要素样式包括三种用于不同目的的样式描述符：gml:GeometryStyle，gml:TopologyStyle 和 gml:LabelStyle。

H.4 几何样式

gml:geometryStyle 特性值是 gml:GeometryStyle 描述符，它描述了一个要素的几何样式。一个要素样式可指定任何数量的几何样式描述符。这通常要求要素具多几何特性。

```
〈element name="geometryStyle" type="gml:GeometryStylePropertyType"/〉
〈complexType name="GeometryStylePropertyType"〉
    〈sequence minOccurs="0"〉
        〈element ref="gml:GeometryStyle" /〉
    〈/sequence〉
    〈attribute name="about" type="anyURI"/〉
    〈attributeGroup ref="gml:AssociationAttributeGroup"/〉
〈/complexType〉
〈element name="GeometryStyle" type="gml:GeometryStyleType"
substitutionGroup="gml:AbstractGML"/〉
```

```
<complexType name="GeometryStyleType">
    <complexContent>
        <extension base="gml:BaseStyleDescriptorType">
            <sequence>
                <choice>
                    <element ref="gml:symbol"/>
                    <element name="style" type="string"/>
                </choice>
                <element ref="gml:labelStyle" minOccurs="0"/>
            </sequence>
            <attribute name="geometryProperty" type="string"/>
            <attribute name="geometryType" type="string"/>
        </extension>
    </complexContent>
</complexType>
```

gml:geometryStyle 与其他的 GML 特性的定义方式相同，允许内联或引用远程值。

gml:GeometryStyle 描述符上的 geometryProperty 属性指定了应用几何样式描述符的要素几何特性的名称。由于几何特性的应用模式允许各种不同的几何作为它的值，因此通过属性 geometryType 指定几何类型也是必要的。

特性 gml:symbol 在 H.7.2 中描述。

特性*style* 已不赞成使用。

H.5 拓扑样式

gml:topologyStyle 的值是 gml:topologyStyle 描述符，它描述了拓扑特性的样式。与 gml:Geometry 样式类似，一个要素可以拥有多个拓扑特性，因此，在一个要素样式内可指定多个拓扑样式描述符。

```
<element name="topologyStyle" type="gml:TopologyStylePropertyType"/>
<complexType name="TopologyStylePropertyType">
    <sequence minOccurs="0">
        <element ref="gml:TopologyStyle"/>
    </sequence>
    <attribute name="about" type="anyURI"/>
    <attributeGroup ref="gml:AssociationAttributeGroup"/>
    </complexType>
<element name="TopologyStyle" type="gml:TopologyStyleType"
substitutionGroup="gml:AbstractGML"/>
<complexType name="TopologyStyleType">
    <complexContent>
        <extension base="gml:BaseStyleDescriptorType">
            <sequence>
                <choice>
                    <element ref="gml:symbol"/>
                    <element name="style" type="string"/>
                </choice>
```

```
            <element ref="gml:labelStyle" minOccurs="0"/>
          </sequence>
          <attribute name="topologyProperty" type="string"/>
          <attribute name="topologyType" type="string"/>
      </extension>
    </complexContent>
</complexType>
```

gml: topologyStyle 与其他的 GML 特性的定义方式相同,允许内联或引用远程值。

gml:TopologyStyle 描述符上的 topologyProperty 属性指定了应用该拓扑样式描述符的要素拓扑特性的名称。由于拓扑特性的应用模式允许各种不同的拓扑作为它的值,因此通过属性 topologyType 指定拓扑类型是必要的。

元素 gml:symbol 在 H.7.2 中描述。

特性*style* 已不赞成使用。

H.6 标签样式

gml:labelStyle 特性值是 gml:labelStyle 描述符,它描述了与要素的图形表示一起显示的文字的样式。标签的内容不一定要在 GML 数据集内。更精确地说,内容可以是样式本身指定的静态文字,也可以是 GML 数据集中的文字。

标签样式有两个元素:指定样式的 gml:style 和构成标签内容的 gml:Label。

```
<element name="labelStyle" type="gml:LabelStylePropertyType"/>
<complexType name="LabelStylePropertyType">
    <sequence minOccurs="0">
        <element ref="gml:LabelStyle"/>
    </sequence>
    <attribute name="about" type="anyURI"/>
    <attributeGroup ref="gml:AssociationAttributeGroup"/>
</complexType>
<element name="LabelStyle" type="gml:LabelStyleType" substitutionGroup="gml:AbstractGML"/>
<complexType name="LabelStyleType">
    <complexContent>
        <extension base="gml:BaseStyleDescriptorType">
            <sequence>
                <element name="style" type="string"/>
                <element name="label" type="gml:LabelType"/>
            </sequence>
      </extension>
    </complexContent>
</complexType>
```

gml:labelStyle 与其他的 GML 特性的定义方式相同,允许内联或引用远程值。

gml:style 元素用来指定表现文本的样式。这个元素的类型是 string,而且用 CSS2(Cascading Style Sheet Version 2.0,层叠式样式表版本 2.0)样式表示语法来表示图形特性。

例 1:下面的要素样式说明了 gml:style 元素在几何样式中的使用:

```
<gml:FeatureStyle featureType="exp:City">
```

```
    <gml:GeometryStyle>
        <gml:style>fill:blue;stroke:white</gml:style>
    </gml:GeometryStyle>
</gml:FeatureStyle>
```

正如刚才说明的，gml:LabelStyle 描述符上的 gml:LabelStyle 特性带有标签的内容，它可以是静态文本，也可以是从 GML 数据中提取的文本。

```
<complexType name="LabelType" mixed="true">
  <sequence>
  <element name="LabelExpression" type="string" minOccurs="0" maxOccurs="unbounded"/>
  </sequence>
  <attribute ref="gml:transform"/>
</complexType>
```

内容模型是混合型的，这样既可允许文字内容，又可允许不定数量的 gml:LabelExpression 元素。元素 gml:LabelExpression 是 XPath 表达式，用于选取要素的某些属性值。

例 2：考虑 GML 数据片段和相应的 gml:label 样式：

```
<exp:City>
  <gml:name>Belgrade</gml:name>
  <exp:size>1,700,000</exp:size>
  <gml:extentOf>
  ...
  </gml:extentOf>
</exp:City>
<gml:FeatureStyle featureType="exp:City">
  <gml:LabelStyle>
   <gml:style>font-family:Verdana;font-size:16;fill:red</gml:style>
   <gml:label>
     City:
     <gml:LabelExpression>//City/name</gml:LabelExpression>
     ,Size:
     <gml:LabelExpression>//City/size</gml:LabelExpression>
   </gml:label>
  </gml:LabelStyle>
</gml:FeatureStyle>
```

应用标签样式后的文字效果如下：

City：Belgrade，Size：1,700,000

H.7 公共样式元素

H.7.1 概述

在多个样式描述符中使用了一些公共样式元素。几何和拓扑样式描述符使用了元素 gml:symbol。在 gml:BaseStyleDescriptorType 中声明了 spatialResolution、styleVariation 和 animation 属性，并派生了几何、拓扑、标签和图形样式描述符。

H.7.2 符号(symbol)

符号元素指定了用于渲染几何或拓扑的图形符号。符号是对图形对象的图形属性的描述，没有特殊隐含的意义。它可以是对直线、圆、多边形或其他更复杂的绘图对象的描述。使用符号元素，可以通过两种方式指定一个特殊的符号：

——远程：像其他远程特性一样，符号特性有属性 gml:AssociationAttributeGroup，它允许指定指向远程对象的连接。

——内联：特性 gml:symbol 的值是任一指示符。这允许为符号确定任意的语法。

这个元素还有其他两个属性：symbolType 和 transform。symbolType 属性是枚举型的，取值为“svg”,“xpath”或“other”三者之一。应用中可依照此属性值来决定如何解释符号。

transform 属性允许指定一个转换表达式，该表达式在渲染阶段应用于符号。它的类型是 string，其值在 SVG 规范(转换属性)中指定。

H.7.3 样式变化(styleVariation)

元素 gml:styleVariation 的功能是多方面的：

——样式化标签：标签样式没有关联的符号，因为标签内容没有图形，它只是文字的。使用该特性，可以指定它的样式属性。

——样式化符号变量：一个符号稍加修改后，经常用于不同的情况。创建和管理大量本质相同的符号是非常烦人的；创建和使用一个符号，而用此特性描述符号的轻微变化，则容易得多。

——参数化的样式：参数化的样式，指的是该样式的属性依赖于要素的某些特性。例：城市可依赖于它的人口数量赋予不同的样式。特性 styleVariation 允许指定这样的依赖关系。

该特性的内容模型定义如下：

```
〈complexType name="StyleVariationType"〉
 〈simpleContent〉
  〈extension base="string"〉
   〈attribute name="styleProperty" type="string" use="required"/〉
   〈attribute name="featurePropertyRange" type="string" use="optional"/〉
  〈/extension〉
 〈/simpleContent〉
〈/complexType〉
```

它有两个属性：styleProperty 和 featurePropertyRange。styleProperty 的值是 SVG 样式属性名，如“stroke”,“fill”等。它指定了该特性设置或替换了什么样式属性。元素 styleVariation 的值是由 styleProperty 指定的样式属性的值。值可以是常量表达式或 XPath 表达式。

属性 featurePropertyRange 定义了应用该变量的要素的子集。其值是一个 XPath 表达式。

例：下面显示了要素 City 的符号样式的两种变量。要素用一个圆符号样式化。圆半径依赖于城市人口数量，根据该城市人口数量是否大于 200 万而有不同的计算方式。

```
〈gml:FeatureStyle featureType="exp:City"〉
 〈gml:GeometryStyle〉
  〈gml:styleVariation
    styleProperty="r"
    featurePropertyRange="population &gt;= 2000000"〉population div 1000000〈/gml:styleVariation〉
  〈gml:styleVariation
    styleProperty="r"
    featurePropertyRange="population &lt; 2000000"〉population div 1000000〈/gml:styleVariation〉
  〈gml:symbol xlink:href="http://www.opengis.org/symbols/City.xml#City"/〉
 〈/gml:GeometryStyle〉
〈/gml:FeatureStyle〉
```

H.7.4 空间分辨率(spatialResolution)

gml:spatialResolution 特性元素的值是一个 gml:MeasureType。在 GML 缺省样式中,该元素的意义基于 GB/T 19710—2005 中相应的定义,其中,空间分辨率定义为一个因子,它提供了对数据集中空间数据的密度的一般理解。除此非正式的定义外,GML 没有指定该属性的确切使用方法。应用开发人员可以不同的方式使用 spatialResolution。

例 1:可用作地图比例的分母(1∶50 000,1∶25 000 等)。

例 2:应用程序也可以根据该值来决定如何以不同的比例绘制要素。例如,在大比例的地图上,一个城市及其要素会绘制出很多细节;而在小比例的地图上,它也许仅表现为一个符号。再如,在大比例的地图上,海岸线会绘制出很多细节;而在小比例的地图上,应用程序会忽略掉某些点,以获得较好的效果。

H.7.5 动画(animation)

属性 animation 用于描述几何、拓扑、标签或图的动画行为。在 W3C SMIL 规范(SMIL2.0 基本动画元素)中定义了这些属性,见表 H.1。

表 H.1 用于动画的属性

属性	用于
animate	一般属性动画
animateMotion	沿路径移动元素
animateColor	动画颜色属性
set	设置属性值在规定期限内

H.8 图形样式

gml:FeatureStyle 描述符的 gml:graphStyle 特性值是 gml:graphStyle 描述符,它描述了一组要素形成的图形样式属性。下面是图形样式特性和描述符的定义:

```
<element name="graphStyle" type="gml:GraphStylePropertyType"/>
<complexType name="GraphStylePropertyType">
    <sequence minOccurs="0">
        <element ref="gml:GraphStyle"/>
    </sequence>
    <attribute name="about" type="anyURI"/>
    <attributeGroup ref="gml:AssociationAttributeGroup"/>
</complexType>
<element name="GraphStyle" type="gml:GraphStyleType" substitutionGroup="gml:AbstractGML"/>
<complexType name="GraphStyleType">
    <complexContent>
        <extension base="gml:BaseStyleDescriptorType">
            <sequence>
                <element name="planar" type="boolean" minOccurs="0"/>
                <element name="directed" type="boolean" minOccurs="0"/>
                <element name="grid" type="boolean" minOccurs="0"/>
                <element name="minDistance" type="double" minOccurs="0"/>
                <element name="minAngle" type="double" minOccurs="0"/>
                <element name="graphType" type="gml:GraphTypeType" minOccurs="0"/>
```

```
            <element name="drawingType" type="gml:DrawingTypeType" minOccurs="0"/>
            <element name="lineType" type="gml:LineTypeType" minOccurs="0"/>
            <element name="aestheticCriteria" type="gml:AesheticCriteriaType"
                minOccurs="0" maxOccurs="unbounded"/>
          </sequence>
        </extension>
    </complexContent>
</complexType>
<simpleType name="GraphTypeType">
    <restriction base="string">
        <enumeration value="TREE"/>
        <enumeration value="BICONNECTED"/>
    </restriction>
</simpleType>
<simpleType name="DrawingTypeType">
    <restriction base="string">
        <enumeration value="POLYLINE"/>
        <enumeration value="ORTHOGONAL"/>
    </restriction>
</simpleType>
<simpleType name="LineTypeType">
    <restriction base="string">
        <enumeration value="STRAIGHT"/>
        <enumeration value="BENT"/>
    </restriction>
</simpleType>
<simpleType name="AesheticCriteriaType">
    <restriction base="string">
        <enumeration value="MIN_CROSSINGS"/>
        <enumeration value="MIN_AREA"/>
        <enumeration value="MIN_BENDS"/>
        <enumeration value="MAX_BENDS"/>
        <enumeration value="UNIFORM_BENDS"/>
        <enumeration value="MIN_SLOPES"/>
        <enumeration value="MIN_EDGE_LENGTH"/>
        <enumeration value="MAX_EDGE_LENGTH"/>
        <enumeration value="UNIFORM_EDGE_LENGTH"/>
        <enumeration value="MAX_ANGULAR_RESOLUTION"/>
        <enumeration value="MIN_ASPECT_RATIO"/>
        <enumeration value="MAX_SYMMETRIES"/>
    </restriction>
</simpleType>
```

gml:graphStyle 与其他的 GML 特性的定义方式相同，允许内联或引用远程值。

图形样式描述符描述了图形作为整体的样式，而不是单个的图形元素的样式。它继承了在H.7描述的公共样式特性的基本内容模型。

该描述符将用于图形样式化的一组特性添加到基本内容模型中——这些特性根据具体的特征描述了图形。它们在表H.2中描述。

表 H.2 图形样式中使用的元素

元 素	类 型	使 用
planar	boolean	图形没有(与平面图)交叉，则为真；交叉则为假
directed	boolean	图形是有方向的，则为真；无方向的则为假
grid	boolean	顶点、交叉和弯曲的坐标是整数值则为真；如果是浮点型的值则为假
minDistance	double	顶点与非关联边的最小距离推荐值
minAngle	double	连续关联边间的最小角度(即角度分辨率)推荐值
graphType	enumeration	图形的类型。取值可以是：TREE 或 BICONNECTED
drawingType	enumeration	关于边的正交性的绘制类型。值可以是：POLYLINE 或 ORTHOGONAL
lineType	enumeration	决定是否有任何弯曲的边。值可以是：STRAIGHT 或 BENT
aestheticCriteria	enumeration	根据特殊的美学标准制定的图形的概要推荐。值可以是：MIN_CROSSINGS, MIN_AREA, MIN_BENDS, MAX_BENDS, UNIFORM_BENDS, MIN_SLOPES, MIN_EDGE_LENGTH, MAX_EDGE_LENGTH, UNIFORM_EDGE_LENGTH, MAX_ANGULAR_RESOLUTION, MIN_ASPECT_RATIO 或 MAX_SYMMETRIES

附 录 I
（资料性附录）
与早期 GML 版本的向后兼容性

I.1 概述

本附录规定了不赞成使用的模式组件和它们的替代者(见 5.3)。

I.2 基本模式组件

I.2.1 远程模式(remoteSchema)

提供属性*remoteSchema* 以指明包含由 xlink 引用的远程资源的描述的模式。这个属性已不赞成使用,*xlink:role* (见 8.1)可以用于同样的目的。

<attribute name="remoteSchema" type="anyURI"/>

I.2.2 成员(member)

名为“*member*”的具体特性要素先前声明如下:

<element name="member" type="gml:AssociationRoleType"/>

应该由应用模式中定义的特性元素替代。

I.2.3 数组关联类型(ArrayAssociationType)

对于仅能内置编码的特性,特性类型模板明确编码如下:

<complexType name="ArrayAssociationType">

<sequence>

<element ref="gml:AbstractObject" minOccurs="0" maxOccurs="unbounded"/>

</sequence>

<attributeGroup ref="gml:OwnershipAttributeGroup"/>

</complexType>

这个类型用*gml:AbstractMemberType* (见 7.2.5.1)的派生类型代替。

I.2.4 成员集合(members)

名为"*members*"的具体特性要素先前声明如下:

<element name="members" type="gml:ArrayAssociationType"/>

应该由应用模式中定义的特性元素替代。

I.2.5 要素特性,要素成员,要素成员集合(featureProperty,featureMember,featureMembers)

具体元素*gml:featureMember* 和*gml:featureProperty* 在它们的内容模型中使用*gml:AssociationRoleType* 模板,并且声明如下:

<element name="featureMember" type="gml:FeaturePropertyType"/>

<element name="featureProperty" type="gml:FeaturePropertyType"/>

具体的*gml:featureMembers* 元素包含要素数组,并且声明如下:

<element name="featureMembers" type="gml:FeatureArrayPropertyType"/>

这些特性元素被定义在应用模式中的元素取代。

I.2.6 字符串或引用类型(StringOrRefType)

gml:StringOrRefType 是被提供的一个包含扩展文本值的类型。定义如下:

<complexType name="StringOrRefType">

<simpleContent>

```
        <extension base="string">
            <attributeGroup ref="gml:AssociationAttributeGroup"/>
        </extension>
    </simpleContent>
</complexType>
```

这种类型中使用远程引用已不赞成使用。该类型先前用于需要“*text*”类型的特性。它是字符串类型，因此文本可以内置的方式包含进去，但是也可以通过*xlink:href* 属性远程引用该值。如果提供了远程引用，则通过 *link* 获得的值也认为是有效的。

为了引用远程字符串值，应使用*gml:ReferenceType* 类型的元素的*xlink:href* 属性代替。

I.2.7　数组，数组类型，包，包类型(Array，ArrayType，Bag，BagType)

提供了两个具体的对象集合，但是已不赞成使用。相反，在应用模式中，GML 对象集合应按 7.2.5 中描述的那样构建。

gml:Bag 是一个普通的集合，不隐含成员对象的类型、顺序或唯一性：

```
<element name="Bag" type="gml:BagType" substitutionGroup="gml:AbstractGML"/>
<complexType name="BagType">
    <complexContent>
        <extension base="gml:AbstractGMLType">
            <sequence>
                <element ref="gml:member" minOccurs="0" maxOccurs="unbounded"/>
                <element ref="gml:members" minOccurs="0"/>
            </sequence>
        </extension>
    </complexContent>
</complexType>
```

gml:Array 用于成员对象是同构的集合，集合的顺序是重要的：

```
<element name="Array" type="gml:ArrayType" substitutionGroup="gml:AbstractGML"/>
<complexType name="ArrayType">
    <complexContent>
        <extension base="gml:AbstractGMLType">
            <sequence>
                <element ref="gml:members" minOccurs="0"/>
            </sequence>
        </extension>
    </complexContent>
</complexType>
```

I.2.8　元数据特性，元数据特性类型，抽象元数据，抽象元数据类型(metaDataProperty，MetaDataPropertyType，AbstractMetaData，AbstractMetaDataType)

在本条中规定的模式组件用 7.2.6 中定义的模式组件替换。

这个特性包含或引用了一个元数据包，它包含了先前 GML 版本编码中使用的元数据特性。这个元素已不赞成使用，并且用内容模型从*gml:AbstractMetadataPropertyType* 中派生的元素代替。更多详细信息见 7.2.6。

```
<element name="metaDataProperty" type="gml:MetaDataPropertyType"/>
<complexType name="MetaDataPropertyType">
```

```
    <sequence minOccurs="0">
        <element ref="gml:AbstractMetaData"/>
    </sequence>
    <attributeGroup ref="gml:AssociationAttributeGroup"/>
    <attribute name="about" type="anyURI"/>
</complexType>
```

可选的"about"特性带有 URI,URI 指向一个元素或一系列元素或引用元数据的其他资源。

metaDataProperty 的值是抽象元素gml:AbstractMetaData,充当"任何元数据特性包"的占位符,定义如下:

```
<element name="AbstractMetaData" type="gml:AbstractMetaDataType" abstract="true"
    substitutionGroup="gml:AbstractObject"/>
<complexType name="AbstractMetaDataType" abstract="true" mixed="true">
    <sequence/>
    <attribute ref="gml:id"/>
</complexType>
```

I.2.9 一般元数据,一般元数据类型(GenericMetaData,GenericMetaDataType)

为方便起见,GML 的先前版本提供了一般具体的元数据元素。这个元素已不赞成使用,并用7.2.6 中规定的模式组件代替。

```
<element name="GenericMetaData" type="gml:GenericMetaDataType" substitutionGroup="
gml:AbstractMetaData"/>
<complexType name="GenericMetaDataType" mixed="true">
    <complexContent mixed="true">
        <extension base="gml:AbstractMetaDataType">
            <sequence>
                <any processContents="lax" minOccurs="0" maxOccurs="unbounded"/>
            </sequence>
        </extension>
    </complexContent>
</complexType>
```

I.3 基本类型,空

gml:Null 用 8.2.3.2 中规定的nillable 和 nilReason 属性取代。

gml:Null 元素声明如下:

```
<element name="Null" type="gml:NilReasonType"/>
```

例:在数据实例文档中,这个元素可能出现如下:

```
<gml:Null>withheld</gml:Null>
<gml:Null>http://my.big.org/explanations/theDogAteIt</gml:Null>
```

第一个例子使用内联的Null 值。第二个例子包含引用一个在别处可得到的解释,引用由 URI 标识。

提供gml:Null 元素的目的如下:为了构建一个值可能会被忽略的内容模型,可能会用到在构建的 XML 模式中表达的基数约束minOccurs="0"。可是,这种方法带有风险,没有出现值的原因可能会曲解。可选地,元素gml:Null 可以作为一choice 组的成员包含进去和"正规"值数据类型的元素在一起。

例:模式片段描述的内容模型:

```
〈element name="footprint"〉
 〈complexType〉
  〈choice〉
   〈element ref="gml:Envelope"/〉
   〈element ref="gml:Null"/〉
  〈/choice〉
 〈/complexType〉
〈/element〉
```

允许下面数据实例的任一是有效的：

```
〈footprint〉
〈gml:Envelope〉…〈/gml:Envelope〉
〈/footprint〉
〈footprint〉
〈gml:Null〉inapplicable〈/gml:Null〉
〈/footprint〉
```

这允许假设元素“*footprint* ”出现在一实例文档中，可选地包含明确的标记符表明它没有值的原因，代替了由于缺值而臆断出的语义。

I.4 要素

I.4.1 位置，位置特性类型，位置关键词，位置字符串（location，LocationPropertyType，LocationKeyWord，LocationString）

gml:location 元素是一个方便使用的特性，描述了要素的一般位置。它定义如下：

```
〈element name="location" type="gml:LocationPropertyType"/〉
〈complexType name="LocationPropertyType"〉
  〈sequence 〉
   〈choice〉
    〈element ref="gml:AbstractGeometry"/〉
    〈element ref="gml:LocationKeyWord"/〉
    〈element ref="gml:LocationString"/〉
    〈element ref="gml:Null"/〉
   〈/choice〉
  〈/sequence〉
  〈attributeGroup ref="gml:AssociationAttributeGroup"/〉
〈/complexType〉
```

位置的值可以是几何，位置字符串，位置关键字，或空。

gml:location 和*gml:LocationPropertyType* 已不赞成使用。

注：位置特性的灵活的内容模型在实践中证明是很难实现的。

位置字符串是描述位置的文本，声明如下：

```
〈element name="LocationString" type="gml:StringOrRefType"/〉
```

gml:LocationKeyWord 已不赞成使用，并用*gml:locationName* 代替。

位置关键字常是从控制列表中挑选的代码。声明如下：

```
〈element name="LocationKeyWord" type="gml:CodeType"/〉
```

gml:LocationString 已不赞成使用，并用*gml: locationReference* 和 *gml: locationName* 代替

(见 9.4.2)。

I.4.2 优先位置,优先位置类型(priorityLocation,priorityLocationType)

gml:priorityLocation 特性提供给 GML 应用模式开发者,希望为要素提供优先位置。*gml:priorityLocation* 有以下的内容模型:

```
〈element name="priorityLocation" type="gml:PriorityLocationPropertyType"
        substitutionGroup="gml:location"/〉
〈complexType name="PriorityLocationPropertyType"〉
 〈complexContent〉
  〈extension base="gml:LocationPropertyType"〉
   〈attribute name="priority" type="string"/〉
  〈/extension〉
 〈/complexContent〉
〈/complexType〉
```

需要注意的是,这只是简单地在基本的*gml:location* 特性上增加了*priority* 字符串属性以指定不同位置的重要性级别。

I.4.3 边界要素类型(BoundedFeatureType)

先前提供的对*gml:AbstractFeatureType* 中简单的限制,使可选的*BoundedBy* 特性成为必须的。*gml:BoundedFeatureType* 定义如下:

```
〈complexType name="BoundedFeatureType" abstract="true"〉
   〈complexContent〉
      〈restriction base="gml:AbstractFeatureType"〉
         〈sequence〉
            〈group ref="gml:StandardObjectProperties"/〉
            〈element ref="gml:boundedBy"/〉
            〈element ref="gml:location" minOccurs="0"/〉
         〈/sequence〉
      〈/restriction〉
   〈/complexContent〉
〈/complexType〉
```

I.4.4 抽象要素集合类型,抽象要素集合,要素集合,要素集合类型(AbstractFeatureCollectionType,AbstractFeatureCollection,FeatureCollection,FeatureCollectionType)

GML 先前的版本中的 GML 要素集合从*gml:AbstractFeatureCollectionType* 通过扩展或限制派生,定义如下:

```
〈complexType name="AbstractFeatureCollectionType" abstract="true"〉
 〈complexContent〉
  〈extension base="gml:AbstractFeatureType"〉
   〈sequence〉
    〈element ref="gml:featureMember" minOccurs="0" maxOccurs="unbounded"/〉
    〈element ref="gml:featureMembers" minOccurs="0"/〉
   〈/sequence〉
  〈/extension〉
 〈/complexContent〉
〈/complexType〉
```

gml:featureMember 特性(但不是*gml:featureMembers* 特性)遵循联合模板,并且可能借助*xlink:ref* 属性引用"远程(remote)"要素。

组合特性*gml:featureMembers* 包含要素集合的一组成员,不考虑它们作为要素的语义类型。*gml:featureMember* 包含或引用单个要素实例。*gml:featureMember* 和*gml:featureMember* 特性可以出现在同一要素集合中,但是仅可有一个*gml:featureMembers* 特性。

GML 特性集合是自身有效的 GML 要素,并且可以有*gml:location* 和其他定义在 GML 应用模式中的特性。

〈element name="AbstractFeatureCollection" type="gml:AbstractFeatureCollectionType" abstract="true" substitutionGroup="gml:AbstractFeature"/〉

抽象元素*gml:AbstractFeatureCollection* 用作置换组的头,可以包含内容模型从*gml:AbstractFeatureType* 派生的任一元素。这可用作构建内容模型时的变量。

模式也提供了具体的要素集合:

〈element name="FeatureCollection" type="gml:FeatureCollectionType" substitutionGroup="gml:AbstractFeature"/〉

〈complexType name="FeatureCollectionType"〉

〈complexContent〉

〈extension base="gml:AbstractFeatureCollectionType"/〉

〈/complexContent〉

〈/complexType〉

具体的*gml:FeatureCollection* 的使用者应该注意它允许任一有效的 GML 要素作为成员。

在 GML 的先前版本中,GML 要素集合的内容模型从*gml:AbstractFeatureCollectionType* 派生。它又从*gml:AbstractFeatureType* 派生。因此,要素集合是要素,并且一般可以替换*gml:AbstractFeature*。

本条中规定的模式组件已不赞成使用,并用 9.9.1 中规定的 GML 要素集合的规则代替。

I.4.5 空间特性

一般来说,要素特性的定义是应用模式设计者的责任。GML 先前定义了一组预定义的空间特性元素,用于关联空间类型的实例和要素。这些已不赞成使用,并使用特定于应用模式的特性名称替换。

a) 描述性名称 它提供了一组特性名称,它们经常用在应用模式中。

这些是:

〈element name="centerOf" type="gml:PointPropertyType"/〉

〈element name="position" type="gml:PointPropertyType"/〉

〈element name="extentOf" type="gml:SurfacePropertyType"/〉

〈element name="edgeOf" type="gml:CurvePropertyType"/〉

〈element name="centerLineOf" type="gml:CurvePropertyType"/〉

〈element name="multiLocation" type="gml:MultiPointPropertyType"/〉

〈element name="multiCenterOf" type="gml:MultiPointPropertyType"/〉

〈element name="multiPosition" type="gml:MultiPointPropertyType"/〉

〈element name="multiCenterLineOf" type="gml:MultiCurvePropertyType"/〉

〈element name="multiEdgeOf" type="gml:MultiCurvePropertyType"/〉

〈element name="multiCoverage" type="gml:MultiSurfacePropertyType"/〉

〈element name="multiExtentOf" type="gml:MultiSurfacePropertyType"/〉

这些特性元素为地理要素的几何提供了公同的角色名称。可是,这些角色名称的具体语义没有定义。

b) 正式名称　它用基于几何或拓扑的方式说明空间特性，允许其作为一特性值。这些名称基于带有后缀“*Property* ”的空间类型名称。这些特性类型通常在 GML 模式本身内定义和使用。它们在应用模式中不用作特性元素。所有在 GML 模式自身内不使用的正式名称都已不赞成使用。

〈*element name*="*topoComplexProperty*" *type*="*gml*:*TopoComplexPropertyType*"/〉
〈*element name*="*multiPointProperty*" *type*="*gml*:*MultiPointPropertyType*"/〉
〈*element name*="*multiCurveProperty*" *type*="*gml*:*MultiCurvePropertyType*"/〉
〈*element name*="*multiSurfaceProperty*" *type*="*gml*:*MultiSurfacePropertyType*"/〉
〈*element name*="*multiSolidProperty*" *type*="*gml*:*MultiSolidPropertyType*"/〉
〈*element name*="*multiGeometryProperty*" *type*="*gml*:*MultiGeometryPropertyType*"/〉
〈*element name*="*pointArrayProperty*" *type*="*gml*:*PointArrayPropertyType*"/〉
〈*element name*="*curveArrayProperty*" *type*="*gml*:*CurveArrayPropertyType*"/〉
〈*element name*="*surfaceArrayProperty*" *type*="*gml*:*SurfaceArrayPropertyType*"/〉
〈*element name*="*solidArrayProperty*" *type*="*gml*:*SolidArrayPropertyType*"/〉

这些角色名称(例如“对象的*multiPointProperty* 是什么意思呢”)的具体语义没有定义。

I.5　坐标几何，几何单形

I.5.1　坐标(coordinates)

〈*element name*="*coordinates*" *type*="*gml*:*CoordinatesType*" /〉

gml:*coordinates* 元素已不赞成使用，用*gml*:*posList* 代替(见 10.1.4.2)。

I.5.2　范围类型(EnvelopeType)中的位置(pos)

使用*gml*:*EnvelopeType* 里面的*gml*:*lowerCorner* 和*gml*:*upperCorner* 特性替代(见 10.1.4.6)。

I.5.3　点表示(pointRep)

〈*element name*="*pointRep*" *type*="*gml*:*PointPropertyType*"/〉

该特性元素已不赞成使用。用*gml*:*pointProperty* 替代，见 10.3.2.。

I.5.4　多边形片(polygonPatches)

〈*element name*="*polygonPatches*" *type*="*gml*:*SurfacePatchArrayPropertyType*" *substitutionGroup*="*gml*:*patches*"/〉

gml:*polygonPatches* 封装了多面曲面的多边形面片。使用*gml*:*patches* 替代。

I.5.5　三角形片(trianglePatches)

〈*element name*="*trianglePatches*" *type*="*gml*:*SurfacePatchArrayPropertyType*" *substitutionGroup*="*gml*:*patches*"/〉

gml:*trianglePatches* 封装了三角形曲面的三角形。使用*gml*:*patches* 替代。

I.6　坐标参照系

I.6.1　基本地理坐标参照系(baseGeographicCRS)

〈*element name*="*baseGeographicCRS*" *type*="*gml*:*GeographicCRSPropertyType*"/〉

gml:*baseGeographicCRS* 是到由该投影 CRS 使用的地理坐标参照系的关联角色。这个特性元素已不赞成使用，用*gml*:*baseGeodeticCRS* 替代(见 12.3.3.15)。

I.6.2　地理坐标参照系(GeographicCRS)

〈*element name*="*GeographicCRS*" *type*="*gml*:*GeographicCRSType*"
substitutionGroup="*gml*:*AbstractSingleCRS*"/〉
〈*complexType name*="*GeographicCRSType*"〉

```
        〈complexContent〉
            〈extension base="gml:AbstractCRSType"〉
                〈sequence〉
                    〈element ref="gml:usesEllipsoidalCS"/〉
                    〈element ref="gml:usesGeodeticDatum"/〉
                〈/sequence〉
            〈/extension〉
        〈/complexContent〉
    〈/complexType〉
```

gml:GeographicCRS 是一个基于近似大地水准面的椭球面的坐标参照系；它为地球表面的大部分地理要素的几何提供了精确的表示。*gml:GeographicCRS* 已不赞成使用，用*gml:GeodeticCRS* 替代(见 12.3.3.4)。

```
〈complexType name="GeographicCRSPropertyType"〉
    〈sequence minOccurs="0"〉
        〈element ref="gml:GeographicCRS"/〉
    〈/sequence〉
    〈attributeGroup ref="gml:AssociationAttributeGroup"/〉
〈/complexType〉
```

gml:GeographicCRSPropertyType 是一个用于到地理坐标参照系的关联角色的特性类型，或引用或包含那个参照系的定义。这个特性类型已不赞成使用，用*gml:GeodeticCRSPropertyType* 替代(见 12.3.3.9)。

I.6.3　地心坐标参照系(GeocentricCRS)

```
〈element name="GeocentricCRS" type="gml:GeocentricCRSType"
substitutionGroup="gml:AbstractSingleCRS"/〉
〈complexType name="GeocentricCRSType"〉
    〈complexContent〉
        〈extension base="gml:AbstractCRSType"〉
            〈sequence〉
                〈choice〉
                    〈element ref="gml:usesCartesianCS"/〉
                    〈element ref="gml:usesSphericalCS"/〉
                〈/choice〉
                〈element ref="gml:usesGeodeticDatum"/〉
            〈/sequence〉
        〈/extension〉
    〈/complexContent〉
〈/complexType〉
```

gml:GeocentricCRS 是一个原点在地球质量近似中心的三维坐标参照系。地心 CRS 通过三维空间视图处理地球的曲率。

gml:GeocentricCRS 已不赞成使用，用*gml:GeodeticCRS* 替代(见 12.3.3.4)。

```
〈complexType name="GeocentricCRSPropertyType"〉
    〈sequence minOccurs="0"〉
        〈element ref="gml:GeocentricCRS"/〉
```

〈/sequence〉

〈attributeGroup ref="gml:AssociationAttributeGroup"/〉

〈/complexType〉

gml:GeocentricCRSPropertyType 是一个用于到地心坐标参照系的关联角色的特性类型，或引用或包含那个参照系的定义。这个特性类型已不赞成使用，用*gml:GeodeticCRSPropertyType* 替代(见12.3.3.9)。

I.6.4 度量单位(uom)

〈attribute name="uom" type="anyURI"/〉

Uom 属性为度量单位提供一个标识符，已不赞成使用。使用局部的uom 属性替代。

I.6.5 斜笛卡尔坐标系(ObliqueCartesianCS)

〈element name="ObliqueCartesianCS" type="gml:ObliqueCartesianCSType"

substitutionGroup="gml:AbstractCoordinateSystem"/〉

〈complexType name="ObliqueCartesianCSType"〉

〈complexContent〉

〈extension base="gml:AbstractCoordinateSystemType"/〉

〈/complexContent〉

〈/complexType〉

gml:ObliqueCartesianCS 是一个2维或3维的坐标系，其直轴可以不是正交的。*ObliqueCartesianCS* 应有两个或三个*gml:usesAxis* 关联。这个元素和类型已不赞成使用，用*gml:AffineCS* 和它的类型替代(见12.4.4.19)。

〈complexType name="ObliqueCartesianCSPropertyType"〉

〈sequence minOccurs="0"〉

〈element ref="gml:ObliqueCartesianCS"/〉

〈/sequence〉

〈attributeGroup ref="gml:AssociationAttributeGroup"/〉

〈/complexType〉

gml:ObliqueCartesianCSPropertyType 是一个用于到斜笛卡尔坐标系的关联角色的特性类型，或引用或包含坐标系的定义。这个特性类型已不赞成使用，用*gml:AffineCSPropertyType* 替代。

I.6.6 时间坐标系(TemporalCS)

〈element name="TemporalCS" type="gml:TemporalCSType" substitutionGroup="gml:AbstractCoordinateSystem"/〉

〈complexType name="TemporalCSType"〉

〈complexContent〉

〈extension base="gml:AbstractCoordinateSystemType"/〉

〈/complexContent〉

〈/complexType〉

gml:TemporalCS 是一维坐标系，包含了一个时间轴，用于描述从指定的时间原点开始，以特定的时间单位表示的一个点的时间位置。*TemporalCS* 应有一个*gml:usesAxis* 特性元素。这个元素和类型已不赞成使用，用*gml:TimeCS* 和它的类型替代(见12.4.4.7)。

〈complexType name="TemporalCSPropertyType"〉

〈sequence minOccurs="0"〉

〈element ref="gml:TemporalCS"/〉

〈/sequence〉

〈attributeGroup ref="gml:AssociationAttributeGroup"/〉

〈/complexType〉

gml:TemporalCSPropertyType 是一个用于到时间坐标系的关联角色的特性类型，或引用或包含坐标系的定义。这个特性类型不赞成使用。

I.6.7 格林威治经度(greenwichLongitude)

不赞成使用的*gml:AngleChoiceType* 在*gml:greenwichLongitude* 中去掉了(见 12.5.3.7)。

I.6.8 抽象操作(AbstractOperation)

〈element name="AbstractOperation" type="gml:AbstractCoordinateOperationType" abstract="true" substitutionGroup="gml:AbstractSingleOperation"/〉

gml:AbstractOperation 是一参数化的关于坐标的数学操作，它转换或变换坐标到其他坐标参照系。坐标操作使用了一个操作方法，通常带有关联的参数值。可是，操作方法和参数值直接和具体的子类型而不是该抽象类型关联。GML 应用模式不应扩展或限制这个抽象的复杂类型。这个元素已不赞成使用，用*gml:AbstractSingleOperation* 替代(见 12.6.2.7)。

〈complexType name="OperationPropertyType"〉

〈sequence minOccurs="0"〉

〈element ref="gml:AbstractOperation"/〉

〈/sequence〉

〈attributeGroup ref="gml:AssociationAttributeGroup"/〉

〈/complexType〉

gml:OperationPropertyType 是一个用于到抽象操作的关联角色的特性类型，或引用或包含那个操作的定义。这个特性类型已不赞成使用，用*gml:AbstractSingleOperationPropertyType* 替代(见 12.6.2.8)。

I.6.9 度分秒角度值(dmsAngleValue)

〈element name="dmsAngleValue" type="gml:DMSAngleType"/〉

gml:dmsAngleValue 是角度操作参数的值，或用度-分-秒格式或用单值格式。这个特性元素已不赞成使用。

I.6.10 重命名的特性元素

GML 的先前版本包含了许多使用不同的命名惯例而不是 ISO/TS 19103 推荐的命名定义的特性元素，它们在 GML 中的其他地方也使用，或因为特性名称在基本的概念模型中已经改变。这些特性元素已不赞成使用，使用置换组中提及的特性元素替代。

〈element name="methodFormula" type="gml:CodeType" substitutionGroup="gml:formula"/〉

〈element name="anchorPoint" type="gml:CodeType" substitutionGroup="gml:anchorDefinition"/〉

〈element name="generalOperationParameter" type="gml:AbstractGeneralOperationParameterPropertyType" substitutionGroup="gml:parameter"/〉

〈element name="valueOfParameter" type="gml:OperationParameterPropertyType" substitutionGroup="gml:operationParameter"/〉

〈element name="valuesOfGroup" type="gml:OperationParameterGroupPropertyType" substitutionGroup="gml:group"/〉

〈element name="includesParameter" type="gml:AbstractGeneralOperationParameterPropertyType" substitutionGroup="gml:parameter"/〉

〈element name="definedByConversion" type="gml:GeneralConversionPropertyType"

substitutionGroup="gml:conversion"/⟩
⟨element name="includesSingleCRS" type="gml:SingleCRSPropertyType"
substitutionGroup="gml:componentReferenceSystem"/⟩
⟨element name="usesEllipsoidalCS" type="gml:EllipsoidalCSPropertyType"
substitutionGroup="gml:ellipsoidalCS"/⟩
⟨element name="usesCartesianCS" type="gml:CartesianCSPropertyType"
substitutionGroup="gml:cartesianCS" /⟩
⟨element name="usesSphericalCS" type="gml:SphericalCSPropertyType"
substitutionGroup="gml:sphericalCS"/⟩
⟨element name="usesGeodeticDatum" type="gml:GeodeticDatumPropertyType"
substitutionGroup="gml:geodeticDatum"/⟩
⟨element name="usesVerticalCS" type="gml:VerticalCSPropertyType"
substitutionGroup="gml:verticalCS"/⟩
⟨element name="usesVerticalDatum" type="gml:VerticalDatumPropertyType"
substitutionGroup="gml:verticalDatum"/⟩
⟨element name="usesCS" type="gml:CoordinateSystemPropertyType"
substitutionGroup="gml:coordinateSystem" /⟩
⟨element name="usesEngineeringDatum" type="gml:EngineeringDatumPropertyType"
substitutionGroup="gml:engineeringDatum"/⟩
⟨element name="usesAffineCS" type="gml:AffineCSPropertyType"
substitutionGroup="gml:affineCS"/⟩
⟨element name="usesImageDatum" type="gml:ImageDatumPropertyType"
substitutionGroup="gml:imageDatum"/⟩
⟨element name="usesObliqueCartesianCS" type="gml:ObliqueCartesianCSPropertyType"/⟩
⟨element name="usesTimeCS" type="gml:TimeCSPropertyType"
substitutionGroup="gml:timeCS"/⟩
⟨element name="usesTemporalCS" type="gml:TemporalCSPropertyType"/⟩ (use
gml:timeCSinstead)
⟨element name="usesTemporalDatum" type="gml:TemporalDatumPropertyType"
substitutionGroup="gml:temporalDatum"/⟩
⟨element name="usesAxis" type="gml:CoordinateSystemAxisPropertyType"
substitutionGroup="gml:axis"/⟩
⟨element name="usesPrimeMeridian" type="gml:PrimeMeridianPropertyType"
substitutionGroup="gml:primeMeridian"/⟩
⟨element name="usesEllipsoid" type="gml:EllipsoidPropertyType"
substitutionGroup="gml:ellipsoid"/⟩
⟨element name="usesSingleOperation" type="gml:CoordinateOperationPropertyType"
substitutionGroup="gml:coordOperation"/⟩
⟨element name="usesOperation" type="gml:CoordinateOperationPropertyType"
substitutionGroup="gml:coordOperation"/⟩
⟨element name="usesMethod" type="gml:OperationMethodPropertyType"
substitutionGroup="gml:method"/⟩
⟨element name="usesValue" type="gml:AbstractGeneralParameterValuePropertyType"

substitutionGroup="gml:parameterValue"/〉
〈element name="usesParameter" type="gml:AbstractGeneralOperationParameterPropertyType"
substitutionGroup="gml:generalOperationParameter"/〉
〈element name="includesValue" type="gml:AbstractGeneralParameterValueType"
substitutionGroup="gml:parameterValue"/〉

I.6.11 ...Ref 特性元素

GML 的先前版本包含了坐标参照系模式文档中预定义的特性元素。这些特性元素已不赞成使用，特性要素应在应用模式中指定。

〈element name="crsRef" type="gml:CRSPropertyType"/〉
〈element name="singleCRSRef" type="gml:SingleCRSPropertyType"/〉
〈element name="compoundCRSRef" type="gml:CompoundCRSPropertyType"/〉
〈element name="verticalCRSRef" type="gml:VerticalCRSPropertyType"/〉
〈element name="projectedCRSRef" type="gml:ProjectedCRSPropertyType"/〉
〈element name="derivedCRSRef" type="gml:DerivedCRSPropertyType"/〉
〈element name="engineeringCRSRef" type="gml:EngineeringCRSPropertyType"/〉
〈element name="temporalCRSRef" type="gml:TemporalCRSPropertyType"/〉
〈element name="imageCRSRef" type="gml:ImageCRSPropertyType"/〉
〈element name="geocentricCRSRef" type="gml:GeocentricCRSPropertyType"/〉
〈element name="coordinateSystemAxisRef" type="gml:CoordinateSystemAxisPropertyType"/〉
〈element name="coordinateSystemRef" type="gml:CoordinateSystemPropertyType"/〉
〈element name="ellipsoidalCSRef" type="gml:EllipsoidalCSPropertyType"/〉
〈element name="cartesianCSRef" type="gml:CartesianCSPropertyType"/〉
〈element name="temporalCSRef" type="gml:TemporalCSPropertyType"/〉
〈element name="linearCSRef" type="gml:LinearCSPropertyType"/〉
〈element name="userDefinedCSRef" type="gml:UserDefinedCSPropertyType"/〉
〈element name="sphericalCSRef" type="gml:SphericalCSPropertyType"/〉
〈element name="polarCSRef" type="gml:PolarCSPropertyType"/〉
〈element name="cylindricalCSRef" type="gml:CylindricalCSPropertyType"/〉
〈element name="datumRef" type="gml:DatumPropertyType"/〉
〈element name="geodeticDatumRef" type="gml:GeodeticDatumPropertyType"/〉
〈element name="ellipsoidRef" type="gml:EllipsoidPropertyType"/〉
〈element name="primeMeridianRef" type="gml:PrimeMeridianPropertyType"/〉
〈element name="engineeringDatumRef" type="gml:EngineeringDatumPropertyType"/〉
〈element name="imageDatumRef" type="gml:ImageDatumPropertyType"/〉
〈element name="verticalDatumRef" type="gml:VerticalDatumPropertyType"/〉
〈element name="temporalDatumRef" type="gml:TemporalDatumPropertyType"/〉
〈element name="coordinateOperationRef" type="gml:CoordinateOperationPropertyType"/〉
〈element name="singleOperationRef" type="gml:SingleOperationPropertyType"/〉
〈element name="referenceSystemRef" type="gml:CRSPropertyType"/〉
〈element name="generalConversionRef" type="gml:GeneralConversionPropertyType"/〉
〈element name="generalTransformationRef" type="gml:GeneralTransformationPropertyType"/〉
〈element name="concatenatedOperationRef" type="gml:ConcatenatedOperationPropertyType"/〉
〈element name="passThroughOperationRef" type="gml:PassThroughOperationPropertyType"/〉

```
<element name="conversionRef" type="gml:ConversionPropertyType"/>
<element name="transformationRef" type="gml:TransformationPropertyType"/>
<element name="abstractGeneralOperationParameterRef"
type="gml:AbstractGeneralOperationParameterPropertyType"/>
<element name="operationParameterGroupRef"
type="gml:OperationParameterPropertyType"/>
<element name="operationParameterRef" type="gml:OperationParameterPropertyType"/>
<element name="operationMethodRef" type="gml:OperationMethodPropertyType"/>
<element name="obliqueCartesianCSRef" type="gml:ObliqueCartesianCSPropertyType"/>
<element name="verticalCSRef" type="gml:VerticalCSPropertyType"/>
<element name="operationRef" type="gml:OperationPropertyType"/>
```

I.7 时间信息和动态要素

I.7.1 持续类型(SuccessionType)

一个时间的非线性图是由时间边组成的网络。它提供了描述要素实例连续性的框架,或由"*substitution*"、"*division*"、"*fusion*"和"*initiation*"描述的要素特性值。为了支持应用模式需要的这种能力,在GML的先前版本中提供了*gml:SuccessionType*以保证一致的术语。可是,因为它是一个孤立的概念,该类型已不赞成使用。它定义如下:

```
<simpleType name="SuccessionType">
  <restriction base="string">
    <enumeration value="substitution"/>
    <enumeration value="division"/>
    <enumeration value="fusion"/>
    <enumeration value="initiation"/>
  </restriction>
</simpleType>
```

I.7.2 移动对象状态(MovingObjectStatus)

*gml:MovingObjectStatus*是*gml:AbstractTimeSlice*可能怎样扩展的一个例子。这个元素提供了一种方法来记录移动对象状态。它声明如下:

```
<element name="MovingObjectStatus" type="gml:MovingObjectStatusType"
substitutionGroup="gml:AbstractTimeSlice"/>
<complexType name="MovingObjectStatusType">
 <complexContent>
  <extension base="gml:AbstractTimeSliceType">
   <sequence>
    <choice>
     <element name="position" type="gml:GeometryPropertyType"/>
     <element ref="gml:pos"/>
     <element ref="gml:locationName"/>
     <element ref="gml:locationReference"/>
     <element ref="gml:location"/>
    </choice>
    <element name="speed" type="gml:MeasureType" minOccurs="0"/>
```

```
        〈element name="bearing" type="gml:DirectionPropertyType" minOccurs="0"/〉
        〈element name="acceleration" type="gml:MeasureType" minOccurs="0"/〉
        〈element name="elevation" type="gml:MeasureType" minOccurs="0"/〉
        〈element ref="gml:status" minOccurs="0"/〉
        〈element ref="gml:statusReference" minOccurs="0"/〉
      〈/sequence〉
    〈/extension〉
  〈/complexContent〉
〈/complexType〉
```

gml:MovingObjectStatus 元素允许用户描述一个特定的时间片内对象当前的位置，速度，方位，加速度和高程。

对象当前状态的其他信息可以用*gml:status* 或 *gml:statusReference* 特性元素记录，声明如下：

```
〈element name="status" type="gml:StringOrRefType"/〉
〈element name="statusReference" type="gml:ReferenceType"/〉
```

I.7.3 跟踪(track)

gml:track 特性元素已不赞成使用，使用*gml:history*（见 14.5.7)替换。它在模式中声明如下：

```
〈element name="track" type="gml:HistoryPropertyType" substitutionGroup="gml:history"/〉
```

I.8 定义和字典

I.8.1 定义集合(DefinitionCollection)

```
〈element name="DefinitionCollection" type="gml:DictionaryType"
substitutionGroup="gml:Definition"/〉
```

字典的别名，*gml:DefinitionCollection*，已不赞成使用，使用*gml:Dictionary*（见 15.2.2)替代。

对于引用远程定义，应使用*gml:dictionaryEntry*。*gml:indirectEntry* 已不赞成使用。如果包含在一个字典内的定义对象使用了*descriptionReference* 特性引用远程定义，则在本地字典内能够包含远程定义，并在本地字典中具有一个句柄和标识。

I.8.2 定义成员(definitionMember)

```
〈element name="definitionMember" type="gml:DictionaryEntryType"
substitutionGroup="gml:dictionaryEntry"/〉
```

别名*gml:definitionMember* 已不赞成使用，使用*gml:dictionaryEntry* 替代(见 15.2.3)。

I.8.3 间接条目，间接条目类型，定义代理，定义代理类型(indirectEntry，IndirectEntryType，DefinitionProxy，DefinitionProxyType)

如果定义通过引用包含在当前集合中，则已不赞成使用在 GML 的先前版本中使用的*gml:indirectEntry* 特性元素。这个元素声明如下：

```
〈element name="indirectEntry" type="gml:IndirectEntryType"/〉
〈complexType name="IndirectEntryType"〉
〈sequence〉
  〈element ref="gml:DefinitionProxy"/〉
〈/sequence〉
〈/complexType〉
〈element name="DefinitionProxy" type="gml:DefinitionProxyType"
substitutionGroup="gml:Definition"/〉
〈complexType name="DefinitionProxyType"〉
```

```
〈complexContent〉
  〈extension base="gml:DefinitionType"〉
   〈sequence〉
    〈element ref="gml:definitionRef"/〉
   〈/sequence〉
  〈/extension〉
〈/complexContent〉
〈/complexType〉
```

gml:DefinitionProxy 带有必须的句柄(*gml:id*),并包含了对在别处表示的定义的引用。这个条目应该是方便的,允许 XML 文档中多样的元素包含简略的(简略的 XPointer)引用,它们分解在同一XML 文档的字典元素中提供的外部定义。

引用由*gml:definitionRef* 元素具有,声明如下:

```
〈element name="definitionRef" type="gml:ReferenceType"/〉
```

这里使用到*gml:ReferenceType* 。引用的远程条目可以在同一或不同的 XML 文档的字典中。

I.9 单位,度量和值

I.9.1 度分秒角度(dmsAngle)

gml:dmsAngle 元素用于记录度-分-秒或度-分格式的角度值,但是已不赞成使用,包括所有依赖的模式组件,因为对于机器对机器的通信,应该使用十进制的度数表达(见 16.3.3)。它使用下列模式声明:

```
〈element name="dmsAngle" type="gml:DMSAngleType"/〉
〈complexType name="DMSAngleType"〉
  〈sequence〉
    〈element ref="gml:degrees"/〉
    〈choice minOccurs="0"〉
    〈element ref="gml:decimalMinutes"/〉
     〈sequence〉
       〈element ref="gml:minutes"/〉
       〈element ref="gml:seconds" minOccurs="0"/〉
     〈/sequence〉
    〈/choice〉
  〈/sequence〉
〈/complexType〉
〈element name="degrees" type="gml:DegreesType"/〉
〈complexType name="DegreesType"〉
  〈simpleContent〉
    〈extension base="gml:DegreeValueType"〉
     〈attribute name="direction"〉
       〈simpleType〉
        〈restriction base="string"〉
         〈enumeration value="N"/〉
         〈enumeration value="E"/〉
         〈enumeration value="S"/〉
```

```
        〈enumeration value="W"/〉
        〈enumeration value="+"/〉
        〈enumeration value="-"/〉
       〈/restriction〉
      〈/simpleType〉
     〈/attribute〉
    〈/extension〉
   〈/simpleContent〉
  〈/complexType〉
  〈simpleType name="DegreeValueType"〉
   〈restriction base="nonNegativeInteger"〉
    〈maxInclusive value="359"/〉
   〈/restriction〉
  〈/simpleType〉
  〈element name="decimalMinutes" type="gml:DecimalMinutesType"/〉
  〈simpleType name="DecimalMinutesType"〉
   〈restriction base="decimal"〉
    〈minInclusive value="0.00"/〉
    〈maxExclusive value="60.00"/〉
   〈/restriction〉
  〈/simpleType〉
  〈element name="minutes" type="gml:ArcMinutesType"/〉
  〈simpleType name="ArcMinutesType"〉
   〈restriction base="nonNegativeInteger"〉
    〈maxInclusive value="59"/〉
   〈/restriction〉
  〈/simpleType〉
  〈element name="seconds" type="gml:ArcSecondsType"/〉
  〈simpleType name="ArcSecondsType"〉
   〈restriction base="decimal"〉
    〈minInclusive value="0.00"/〉
    〈maxExclusive value="60.00"/〉
   〈/restriction〉
  〈/simpleType〉
```

I.9.2 度(degrees)

degrees 元素是一个有角度方向标识的整数度数。这个元素用于地理位置中，并具有可以有值的 XML 属性 direction。

对于纬度来说，“N”或“S”意味着赤道的北或南；

对于经度来说，“E”或“W”意味着本初子午线的东或西；

对于其他角度来说，“+”或“-”意味着从指定的参照方向到另一指定的方向旋转。

I.9.3 小数分(decimalMinutes)

用在度-分的角度值中的表示弧度分数的十进制数字。

I.9.4 分(minutes)

用在度-分-秒的角度值中的表示弧度分数的整数数字。

I.9.5 秒(seconds)

用在度-分-秒的角度值中表示弧度秒数的数字。

I.9.6 角度选择类型(AngleChoiceType)

为了支持在内容模型中选择使用角度编码,提供了方便使用的类型*gml:AngleChoiceType* 。这个元素包含另一元素,或是*angle* 或是*dmsAngle* 。在模式中声明如下:

```
〈complexType name="AngleChoiceType"〉
 〈choice〉
   〈element ref="gml:angle"/〉
   〈element ref="gml:dmsAngle"/〉
 〈/choice〉
〈/complexType〉
```

I.10 方向

在*gml:DirectionVectorType* 中的*gml:horizontalAngle* 和*gml:verticalAngle* 特性已不赞成使用,用*gml:vector* 替代(见 10.1.4.5)。

I.11 覆盖

I.11.1 映射规则(MappingRule)

gml:CoverageMappingRule (见 19.3.12)用于替换不赞成使用的*gml:MappingRule*:

```
〈element name="MappingRule" type="gml:StringOrRefType"/〉
```

I.11.2 增量方向(IncrementOrder)

不赞成使用的特性*gml:order* 的内容模型(限于 2 维覆盖)如下:

```
〈simpleType name="IncrementOrder"〉
  〈restriction base="string"〉
   〈enumeration value="+x+y"/〉
   〈enumeration value="+y+x"/〉
   〈enumeration value="+x-y"/〉
   〈enumeration value="-x-y"/〉
  〈/restriction〉
〈/simpleType〉
```

这个枚举值表明用于前 2 个轴方向的次序,也就是"+x−y"意味着第一轴上的点依次由最低到最高,第二个轴上的点依次由最高到最低。除前两个轴外的其他轴(如果有的话)上的点被认为依次由最低到为最高。

如果次序属性被忽略,缺省为"+x+y"值。

这个元素用*gml:axisOrder* 替代(见 19.3.14)。

I.11.3 域集特性

```
〈element name="multiPointDomain" type="gml:DomainSetType"
substitutionGroup="gml:domainSet"/〉
〈element name="multiCurveDomain" type="gml:DomainSetType"
substitutionGroup="gml:domainSet"/〉
〈element name="multiSurfaceDomain" type="gml:DomainSetType"
```

substitutionGroup="gml:domainSet"/〉

〈element name="multiSolidDomain" type="gml:DomainSetType"

substitutionGroup="gml:domainSet"/〉

〈element name="gridDomain" type="gml:DomainSetType"

substitutionGroup="gml:domainSet"/〉

〈element name="rectifiedGridDomain" type="gml:DomainSetType"

substitutionGroup="gml:domainSet"/〉

这些特性不赞成使用，因为在特性元素中所有先前通过限制派生的用法都移去了。见 21.2.6 中注释。应使用*gml:domainSet* 替代。

附 录 J
（资料性附录）
模块化和依赖性

本标准中描述的GML模式是模块化的，参考性信息列在附录C中，以帮助用户创建专用标准，其中对于特定的应用仅需要GML的部分子集。例如，GML2.1应用模式移植到本标准时不需要添加新的定义专用标准的能力，只需包含模式文档feature.xsd。这个专用标准不包含新定义在本标准中的坐标参照系、拓扑、覆盖、动态要素和观测，但是它包含所有GML2.1以后增加的基本类型。

GML模式缺省的模块化创建了GML基本模式之间的依赖性，如图J.1所示。图中的虚线箭头表示箭头尾部的模式依赖于箭头头部的模式。如果在“gml”命名空间中一个模式包含了另一个模式，则存在依赖。比如，feature.xsd包含geometryBasic2d.xsd。对于不是“gml”命名空间的另一个命名空间，如果一个模式导入另一个模式，则也存在依赖。比如，gmlBase.xsd导入了来自"xlink"命名空间的xlinks.xsd。

在GML上面有7个模式文档，其他的GML模式文档不依赖于它们。这些顶层的模式是GML模式文档的根，GML模式文档形成有部分重叠的层次结构。

——observation.xsd

——dynamicFeature.xsd

——coverage.xsd

——topology.xsd

——defaultStyle.xsd

——coordinateReferenceSystems.xsd

——temporalReferenceSystems.xsd

对于需要从多个GML部分模式子集层次中的定义的专用标准，可以通过多个〈include〉包含适当的模式文档使用定制的顶层模式文档，并排除不需要的GML类型定义。

但是，如果一个应用模式用于没有CPU、内存和/或I/O带宽的处理环境中，比如，在可移动的手持设备上，通常需要导入绝对小的GML模式组件。上面描述的使用定制的顶层GML模式文档的方法可能产生不可接受的大量的不需要的定义，它们来自专用标准定制的顶层GML模式所包含的每个GML模式。解决方法就是创建一个单独的仅仅包含所需的GML类型和元素定义的GML模式子集。但是，使用文本或XML编辑器剪切和粘贴工具由手工创建这样一个GML子集是乏味的且容易出错的过程，因为它依赖于许多GML模式文档的类型定义。建议使用自动的方法。GML模式子集创建工具的一个参考性的例子实现包含在附录G中，但是创建的模式子集是第20章中描述的GML专用标准。

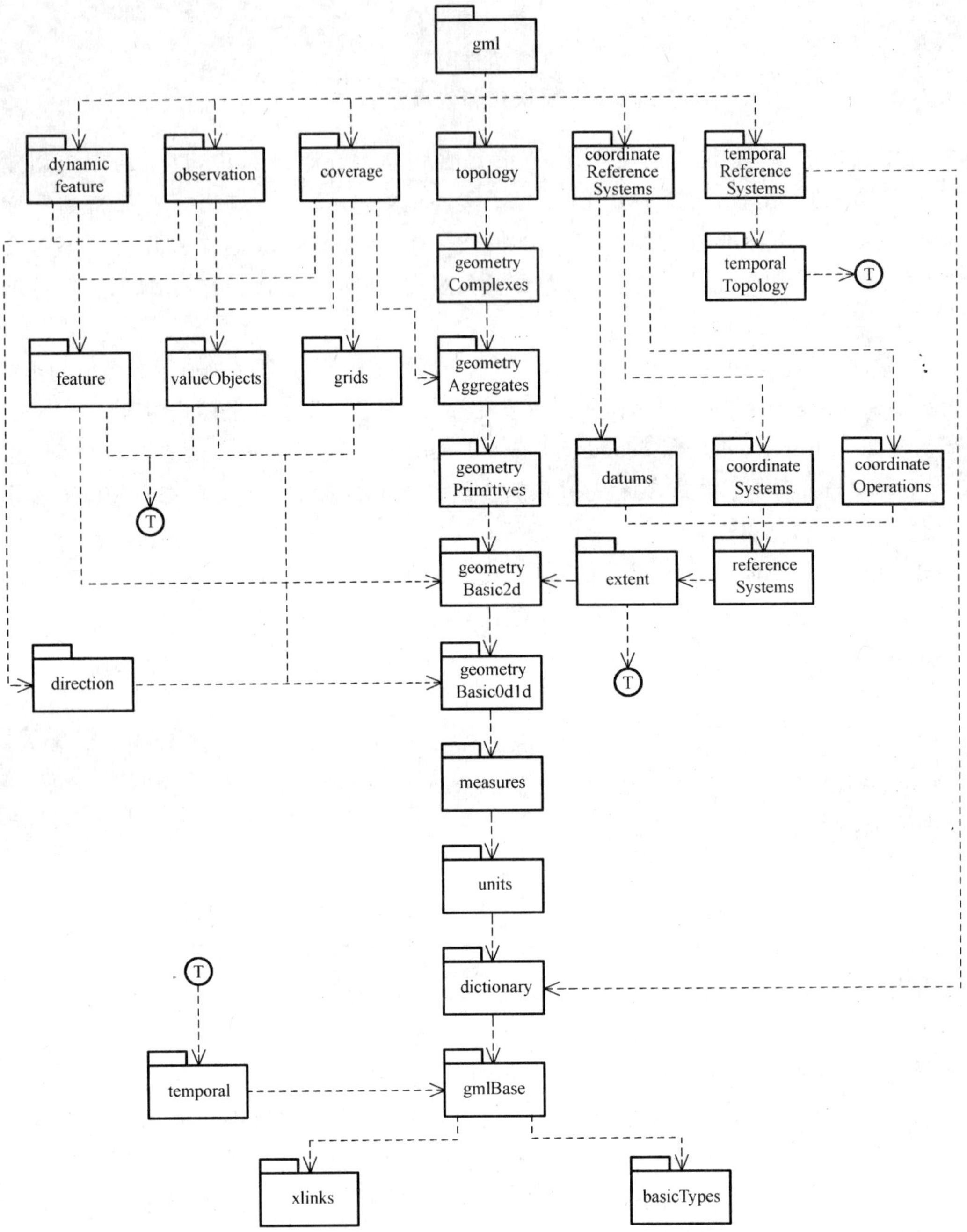
gml
dynamic feature
observation
coverage
topology
coordinate Reference Systems
temporal Reference Systems
geometry Complexes
temporal Topology
T
feature
valueObjects
grids
geometry Aggregates
geometry Primitives
datums
coordinate Systems
coordinate Operations
T
geometry Basic2d
extent
reference Systems
direction
geometry Basic0d1d
T
measures
units
T
dictionary
temporal
gmlBase
xlinks
basicTypes

图 J.1 模式依赖性

附 录 NA
（资料性附录）
典型应用模式的建立过程

NA.1 面向城市市政道路及其附属设施管理的 GML 表达

NA.1.1 城市市政道路及其附属设施管理的分类及内容

市政道路及其附属设施的管理主要面向以道路、路段、机动车道、非机动车道、人行道、盲道、桥梁、隧道、交通广场、道路附属设施、路灯为主的几类对象。其分类与内容见表 NA.1。

表 NA.1 市政道路及其附属设施分类与主要属性

对象名称	主要属性
道路(Road)	道路名称(RoadName)、道路全长(RoadLength)、道路面积(RoadArea)
路段(RoadSegment)	路段名称(RoadSegmentName)、路段起点(RoadSegmentFromPoint)、路段终点(RoadSegmentEndPoint)、路段长度(RoadSegmentLength)、路段面积(RoadSegmentArea)
机动车道(Motorway)	所属道路(SSDL)、机动车道长度(MotorwayLength)、机动车道面积(MotorwayArea)
非机动车道(NonMotorway)	所属道路(SSDL)、非机动车道长度(NonMotorwayLength)、非机动车道面积(NonMotorwayArea)
人行道(Sidewalk)	所属道路(SSDL)、人行道长度(SidewalkLength)、人行道面积(SidewalkArea)
盲道(MD)	所属道路(SSDL)、盲道长度(MDLength)、盲道面积(MDArea)
桥梁(Bridge)	桥梁名称(BridgeName)、桥梁总长(BridgeLength)、桥面面积(BridgeArea)
隧道(Tunnel)	隧道名称(TunnelName)、隧道类型(TunnelForm)、全长(Length)
交通广场(JTGC)	广场名称(Name)、面积(Area)
道路附属设施(DLFFSS)	设施名称(Name)、所属道路(SSDL)
路灯(Lamp)	所属道路(SSDL)、类型(Type)、杆号(Number)、杆高(Height)

其中道路附属设施包含路名牌(LMP)、占道灯箱(ZDD)、广告牌(GGP)、宣传栏(XCL)、自动售货亭(ZDSHT)、报刊亭(BKT)、邮箱(YX)、电话亭(DHT)、报刊栏(BKL)、消防栓(XFS)。

NA.1.2 城市市政道路及其附属设施管理的 GML 表达

本标准针对如图 NA.1 所示的城市市政道路，采用 GML 来表达道路及其附属设施，建立了 GML 应用模式，生成了相应的 GML 实例数据。

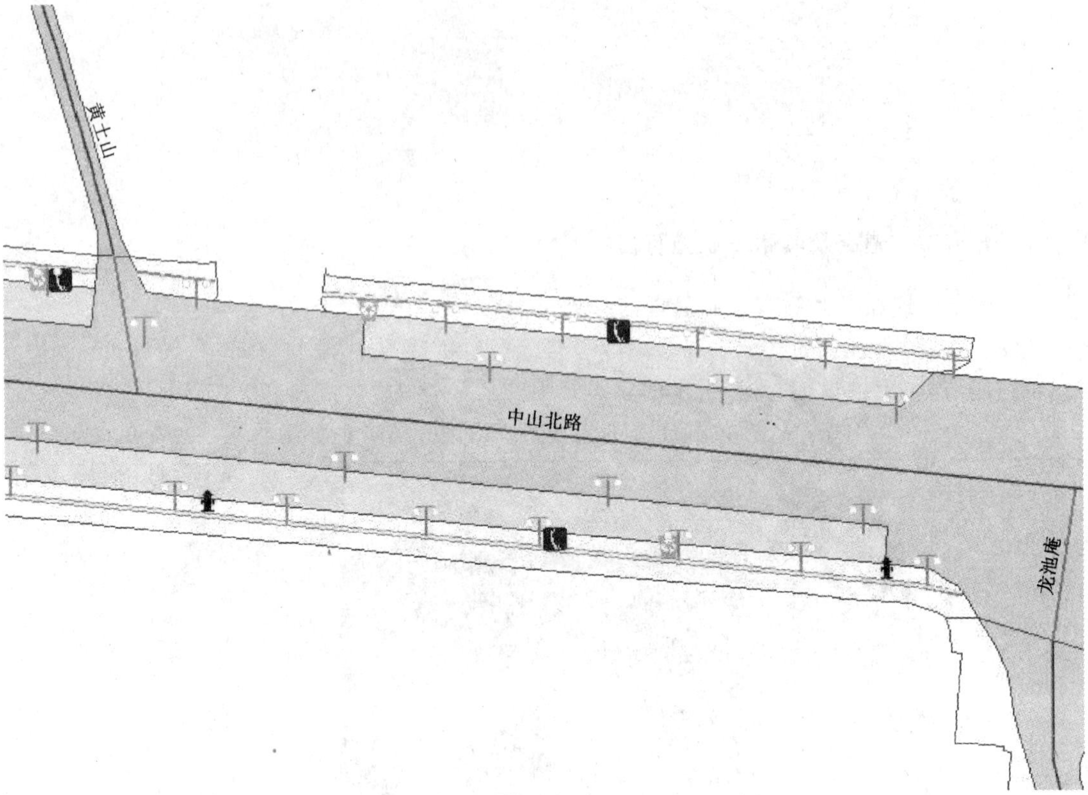

图 NA.1

NA.1.2.1 GML 应用模式

```
〈? xml version="1.0" encoding="UTF-8"?〉
〈schema targetNamespace="http://www.szjcss.com" xmlns:gml="http://www.opengis.net/gml/3.2" xmlns="http://www.w3.org/2001/XMLSchema" xmlns:sz="http://www.szjcss.com" elementFormDefault="qualified" attributeFormDefault="unqualified" version="3.2.1"〉
    〈import namespace="http://www.opengis.net/gml/3.2" schemaLocation="feature.xsd"/〉
    〈element name="SZJCSS" type="sz:SZJCSSType" substitutionGroup="gml:AbstractFeature"/〉
    〈complexType name="SZJCSSType"〉
        〈complexContent〉
            〈extension base="gml:AbstractFeatureType"〉
                〈sequence〉
                    〈element ref="sz:Road"/〉
                    〈element ref="sz:Motorway"/〉
                    〈element ref="sz:NonMotorway"/〉
                    〈element ref="sz:Sidewalk"/〉
                    〈element ref="sz:MD"/〉
                    〈element ref="sz:Bridge"/〉
                    〈element ref="sz:Tunnel"/〉
                    〈element ref="sz:JTGC"/〉
                    〈element ref="sz:LMP"/〉
                    〈element ref="sz:ZDD"/〉
                    〈element ref="sz:GGP"/〉
                    〈element ref="sz:XCL"/〉
```

```
                〈element ref="sz:ZDSHT"/〉
                〈element ref="sz:BKT"/〉
                〈element ref="sz:YX"/〉
                〈element ref="sz:DHT"/〉
                〈element ref="sz:BKL"/〉
                〈element ref="sz:XFS"/〉
                〈element ref="sz:Lamp"/〉
            〈/sequence〉
        〈/extension〉
    〈/complexContent〉
〈/complexType〉
〈element name="Road" type="sz:RoadType" substitutionGroup="gml:AbstractFeature"/〉
〈complexType name="RoadType"〉
    〈complexContent〉
        〈extension base="gml:AbstractFeatureType"〉
            〈sequence〉
                〈element name="RoadName" type="string"/〉
                〈element name="RoadLength" type="float"/〉
                〈element name="RoadArea" type="float"/〉
                〈element name="segment" type="sz:RoadMemberType" minOccurs="0"
                maxOccurs="unbounded"/〉
            〈/sequence〉
        〈/extension〉
    〈/complexContent〉
〈/complexType〉
〈complexType name="RoadMemberType"〉
    〈complexContent〉
        〈extension base="gml:AbstractFeatureMemberType"〉
            〈sequence〉
                〈element ref="sz:RoadSegment"/〉
            〈/sequence〉
        〈/extension〉
    〈/complexContent〉
〈/complexType〉
〈element name="RoadSegment" type="sz:RoadSegmentType"
substitutionGroup="gml:AbstractFeature"/〉
〈complexType name="RoadSegmentType"〉
    〈complexContent〉
        〈extension base="gml:AbstractFeatureType"〉
            〈sequence〉
                〈element name="RoadSegmentName" type="string"/〉
                〈element name="RoadSegmentFromPoint" type="string"/〉
                〈element name="RoadSegmentEndPoint" type="string"/〉
```

```
                ⟨element name="RoadSegmentLength" type="float"/⟩
                ⟨element name="RoadSegmentArea" type="float"/⟩
                ⟨element ref="gml:surfaceProperty"/⟩
            ⟨/sequence⟩
        ⟨/extension⟩
    ⟨/complexContent⟩
⟨/complexType⟩
⟨element name="Motorway" type="sz:MotorwayType" substitutionGroup="gml:AbstractFeature"/⟩
⟨complexType name="MotorwayType"⟩
    ⟨complexContent⟩
        ⟨extension base="gml:AbstractFeatureType"⟩
            ⟨sequence⟩
                ⟨element name="SSDL" type="string"/⟩
                ⟨element name="MotorwayLength" type="float"/⟩
                ⟨element name="MotorwayArea" type="float"/⟩
                ⟨element ref="gml:surfaceProperty"/⟩
            ⟨/sequence⟩
        ⟨/extension⟩
    ⟨/complexContent⟩
⟨/complexType⟩
⟨element name="NonMotorway" type="sz:NonMotorwayType" substitutionGroup="gml:Ab-
stractFeature"/⟩
⟨complexType name="NonMotorwayType"⟩
    ⟨complexContent⟩
        ⟨extension base="gml:AbstractFeatureType"⟩
            ⟨sequence⟩
                ⟨element name="SSDL" type="string"/⟩
                ⟨element name="NonMotorwayLength" type="float"/⟩
                ⟨element name="NonMotorwayArea" type="float"/⟩
                ⟨element ref="gml:surfaceProperty"/⟩
            ⟨/sequence⟩
        ⟨/extension⟩
    ⟨/complexContent⟩
⟨/complexType⟩
⟨element name="Sidewalk" type="sz:SidewalkType" substitutionGroup="gml:AbstractFeature"/⟩
⟨complexType name="SidewalkType"⟩
    ⟨complexContent⟩
        ⟨extension base="gml:AbstractFeatureType"⟩
            ⟨sequence⟩
                ⟨element name="SSDL" type="string"/⟩
                ⟨element name="SidewalkLength" type="float"/⟩
                ⟨element name="SidewalkArea" type="float"/⟩
                ⟨element ref="gml:surfaceProperty"/⟩
```

```
            </sequence>
        </extension>
    </complexContent>
</complexType>
<element name="MD" type="sz:MDType" substitutionGroup="gml:AbstractFeature"/>
<complexType name="MDType">
    <complexContent>
        <extension base="gml:AbstractFeatureType">
            <sequence>
                <element name="SSDL" type="string"/>
                <element name="MDLength" type="float"/>
                <element name="MDArea" type="float"/>
                <element ref="gml:surfaceProperty"/>
            </sequence>
        </extension>
    </complexContent>
</complexType>
<element name="Bridge" type="sz:BridgeType" substitutionGroup="gml:AbstractFeature"/>
<complexType name="BridgeType">
    <complexContent>
        <extension base="gml:AbstractFeatureType">
            <sequence>
                <element name="BridgeName" type="string"/>
                <element name="BridgeLength" type="float"/>
                <element name="BridgeArea" type="float"/>
                <element ref="gml:surfaceProperty"/>
            </sequence>
        </extension>
    </complexContent>
</complexType>
<element name="Tunnel " type="sz:TunnelType " substitutionGroup="gml:AbstractFeature"/>
<complexType name="TunnelType">
    <complexContent>
        <extension base="gml:AbstractFeatureType">
            <sequence>
                <element name="TunnelName" type="string"/>
                <element name="TunnelForm" type="string"/>
                <element name="Length" type="float"/>
                <element ref="gml:surfaceProperty"/>
            </sequence>
        </extension>
    </complexContent>
</complexType>
```

```
<element name="JTGC" type="sz:JTGCType" substitutionGroup="gml:AbstractFeature"/>
<complexType name="JTGCType">
    <complexContent>
        <extension base="gml:AbstractFeatureType">
            <sequence>
                <element name="Name" type="string"/>
                <element name="Area" type="float"/>
                <element ref="gml:surfaceProperty"/>
            </sequence>
        </extension>
    </complexContent>
</complexType>
<element name="LMP" type="sz:DLFFSSType" substitutionGroup="gml:AbstractFeature"/>
<element name="ZDD" type="sz:DLFFSSType" substitutionGroup="gml:AbstractFeature"/>
<element name="GGP" type="sz:DLFFSSType" substitutionGroup="gml:AbstractFeature"/>
<element name="XCL" type="sz:DLFFSSType" substitutionGroup="gml:AbstractFeature"/>
<element name="ZDSHT" type="sz:DLFFSSType" substitutionGroup="gml:AbstractFeature"/>
<element name="BKT" type="sz:DLFFSSType" substitutionGroup="gml:AbstractFeature"/>
<element name="YX" type="sz:DLFFSSType" substitutionGroup="gml:AbstractFeature"/>
<element name="DHT" type="sz:DLFFSSType" substitutionGroup="gml:AbstractFeature"/>
<element name="BKL" type="sz:DLFFSSType" substitutionGroup="gml:AbstractFeature"/>
<element name="XFS" type="sz:DLFFSSType" substitutionGroup="gml:AbstractFeature"/>
<complexType name="DLFFSSType">
    <complexContent>
        <extension base="gml:AbstractFeatureType">
            <sequence>
                <element name="Name" type="string"/>
                <element name="SSDL" type="string"/>
                <element name="Material" type="string"/>
                <element ref="gml:pointProperty"/>
            </sequence>
        </extension>
    </complexContent>
</complexType>
<element name="Lamp" type="sz:LampType" substitutionGroup="gml:AbstractFeature"/>
<complexType name="LampType">
    <complexContent>
        <extension base="gml:AbstractFeatureType">
            <sequence>
                <element name="SSDL" type="string"/>
                <element name="Type" type="string"/>
                <element name="Number" type="string"/>
                <element name="Height" type="float"/>
```

```
                〈element ref="gml:pointProperty"/〉
            〈/sequence〉
        〈/extension〉
    〈/complexContent〉
〈/complexType〉
〈/schema〉
```

NA.1.2.2 实例

```
〈?xml version="1.0" encoding="UTF-8"?〉
〈SZJCSS xmlns="http://www.szjcss.com" xmlns:sz="http://www.szjcss.com"
xmlns:xsi="http://www.w3.org/2001/XMLSchema-instance"
xsi:schemaLocation="http://www.szjcss.com
F:\GML 规范\SCHEMAS_OPENGIS_NET\gml\3.2.1\sz.xsd"〉
    〈sz:Road id="CJZXSXDX40701010121385487537"〉
        〈sz:RoadName〉中山北路〈/sz:RoadName〉
        〈sz:RoadLength uom="#metres"〉6102.4〈/sz:RoadLength〉
        〈sz:RoadArea uom="#square metres"〉228790〈/sz:RoadArea〉
        〈sz:segment〉
            〈sz:RoadSegment id="CJZXSXDX40701010222300318 71"〉
                〈sz:RoadSegmentName〉中山北路(龙池庵路,黄土山路)〈/sz:RoadSegmentName〉
                〈sz:RoadSegmentFromPoint〉龙池庵路〈/sz:RoadSegmentFromPoint〉
                〈sz:RoadSegmentEndPoint〉黄土山路〈/sz:RoadSegmentEndPoint〉
                〈sz:RoadSegmentLength uom="#metres"〉145.53〈/sz:RoadSegmentLength〉
                〈sz:RoadSegmentArea uom="#square metres"〉5749.399〈/sz:RoadSegmentArea〉
                〈gml:surfaceProperty〉
                    〈gml:CompositeSurface〉
                        〈gml:surfaceMember〉
                            〈gml:Surface xlink:herf="#JDCD03245"/〉
                        〈/gml:surfaccMember〉
                        〈gml:surfaceMember〉
                            〈gml:Surface xlink:herf="#JDCD03257"/〉
                        〈/gml:surfaceMember〉
                        〈gml:surfaceMember〉
                            〈gml:Surface xlink:herf="#FJDCD04677"/〉
                        〈/gml:surfaceMember〉
                        〈gml:surfaceMember〉
                            〈gml:Surface xlink:herf="#FJDCD04645"/〉
                        〈/gml:surfaceMember〉
                        〈gml:surfaceMember〉
                            〈gml:Surface xlink:herf="#RXD03455"/〉
                        〈/gml:surfaceMember〉
                        〈gml:surfaceMember〉
                            〈gml:Surface xlink:herf="#RXD03434"/〉
                        〈/gml:surfaceMember〉
```

```
                〈/gml:CompositeSurface〉
            〈/gml:surfaceProperty〉
        〈/sz:RoadSegment〉
    〈/sz:segment〉
        …
    〈/sz:Road〉
〈sz:Motorway id="JDCD03245"〉
    〈sz:SSDL〉中山北路(龙池庵路,黄土山路)〈/sz:SSDL〉
    〈sz:MotorwayLength uom="#metres"〉145.53〈/sz:MotorwayLength〉
    〈sz:MotorwayArea uom="#square metres"〉1510.456〈/sz:MotorwayArea〉
    〈sz:direction〉左〈/sz:direction〉
    〈gml:surfaceProperty〉
        〈gml:Surface id="JDCD03245"〉
            …
            〈/gml:Surface〉
    〈/gml:surfaceProperty〉
〈/sz:Motorway〉
〈sz:Motorway id="JDCD03257"〉
    〈sz:SSDL〉中山北路(龙池庵路,黄土山路)〈/sz:SSDL〉
    〈sz:MotorwayLength uom="#metres"〉145.53〈/sz:MotorwayLength〉
    〈sz:MotorwayArea uom="#square metres"〉1441.544〈/sz:MotorwayArea〉
    〈sz:direction〉右〈/sz:direction〉
    〈gml:surfaceProperty〉
        〈gml:Surface id="JDCD03257"〉
            …
            〈/gml:Surface〉
    〈/gml:surfaceProperty〉
〈/sz:Motorway〉
〈sz:NonMotorway id="FJDCD04677"〉
    〈sz:SSDL〉中山北路(龙池庵路,黄土山路)〈/sz:SSDL〉
    〈sz:NonMotorwayLength uom="#metres"〉139.45〈/sz:NonMotorwayLength〉
    〈sz:NonMotorwayArea uom="#square metres"〉650.019〈/sz:NonMotorwayArea〉
    〈sz:direction〉左〈/sz:direction〉
    〈gml:surfaceProperty〉
        〈gml:Surface id="FJDCD04677"〉
            …
            〈/gml:Surface〉
    〈/gml:surfaceProperty〉
〈/sz:NonMotorway〉
〈sz:NonMotorway id="FJDCD04645"〉
    〈sz:SSDL〉中山北路(龙池庵路,黄土山路)〈/sz:SSDL〉
    〈sz:NonMotorwayLength uom="#metres"〉110.34〈/sz:NonMotorwayLength〉
    〈sz:NonMotorwayArea uom="#square metres"〉610.453〈/sz:NonMotorwayArea〉
```

```
    〈sz:direction〉右〈/sz:direction〉
    〈gml:surfaceProperty〉
        〈gml:Surface id="FJDCD04645"〉
            …
        〈/gml:Surface〉
    〈/gml:surfaceProperty〉
〈/sz:NonMotorway〉
〈sz:Sidewalk id="RXD03455"〉
    〈sz:SSDL〉中山北路(龙池庵路,黄土山路)〈/sz:SSDL〉
    〈sz:SidewalkLength uom="#metres"〉141.346〈/sz:SidewalkLength〉
    〈sz:SidewalkArea uom="#square metres"〉732.261〈/sz:SidewalkArea〉
    〈sz:direction〉左〈/sz:direction〉
    〈gml:surfaceProperty〉
        〈gml:Surface id="RXD03455"〉
            …
        〈/gml:Surface〉
    〈/gml:surfaceProperty〉
〈/sz:Sidewalk〉
〈sz:Sidewalk id="RXD03434"〉
    〈sz:SSDL〉中山北路(龙池庵路,黄土山路)〈/sz:SSDL〉
    〈sz:SidewalkLength uom="#metres"〉138.435〈/sz:SidewalkLength〉
    〈sz:SidewalkArea uom="#square metres"〉702.467〈/sz:SidewalkArea〉
    〈sz:direction〉右〈/sz:direction〉
    〈gml:surfaceProperty〉
        〈gml:Surface id="RXD03434"〉
            …
        〈/gml:Surface〉
    〈/gml:surfaceProperty〉
〈/sz:Sidewalk〉
〈sz:DHT id="DHT1"〉
    〈sz:Name〉电话亭〈/sz:Name〉
    〈sz:SSDL〉中山北路〈/sz:SSDL〉
    〈sz:Material〉玻璃钢瓦〈/sz:Material〉
    〈gml:pointProperty〉
        〈gml:Point id="DHT1" srsName="#wgs84"〉
            〈gml:pos〉126386.88 151643.76〈/gml:pos〉
        〈/gml:Point〉
    〈/gml:pointProperty〉
〈/sz:DHT〉
〈sz:XFS id="XFS1"〉
    〈sz:Name〉消防栓〈/sz:Name〉
    〈sz:SSDL〉中山北路〈/sz:SSDL〉
    〈sz:Material〉水泥〈/sz:Material〉
```

```
        〈gml:pointProperty〉
            〈gml:Point id="XFS1" srsName="#wgs84"〉
                〈gml:pos〉126332.79 151649.67〈/gml:pos〉
            〈/gml:Point〉
        〈/gml:pointProperty〉
    〈/sz:XFS〉
    〈sz:Lamp id="D1"〉
        〈sz:Type〉步道灯〈/sz:Type〉
        〈sz:Number〉中山北路 049〈/sz:Number〉
        〈sz:Height uom="#metres"〉3.5〈/sz:Height〉
        〈gml:pointProperty〉
            〈gml:Point id="D1" srsName="#wgs84"〉
                〈gml:pos〉126366.71 151645.38〈/gml:pos〉
            〈/gml:Point〉
        〈/gml:pointProperty〉
    〈/sz:Lamp〉
        …
〈/SZJCSS〉
```

参 考 文 献

[1] ISO 31 (all parts), Quantities and units

[2] ISO 1000 SI units and recommendations for the use of their multiples and of certain other units

[3] ISO/IEC TR 10000-1:1998 Information technology—Framework and taxonomy of International Standardized Profiles—Part 1: General principles and documentation framework

[4] ISO 19105:2000 Geographic information—Conformance and testing

[5] ISO 19106:2004 Geographic Information—Profiles

[6] ISO 19110:2005 Geographic Information—Methodology for feature cataloguing

[7] ISO 19117:2005 Geographic Information—Portrayal

[8] Cover Pages Technology Report, available at〈http://xml. coverpages. org/geographyML. html〉

[9] LANGRAN, G. Time in Geographic Information Systems. London: Taylor & Francis Ltd. 1992

[10] KAUFMAN, M. & WAGNER D. Drawing Graphs, Springer LNCS 2025, 1998

[11] BATTISTA, G., EADES P., TAMASSIA R. & TOLLIS I. Graph Drawing, Prentice Hall 1999

[12] OpenGIS® Abstract Specification Topic 5, The OpenGIS Feature, OGC document 99-105r2

[13] OpenGIS® Abstract Specification Topic 6, The Coverage Type, OGC document 00-106

[14] OpenGIS® Abstract Specification Topic 8, Relationships between Feature, OGC document 99-108r2

[15] OpenGIS® Abstract Specification Topic 10, Feature Collections, OGC document 99-110

[16] OGC Best Practice, Observations and Measurements, OGC document 05-087r4

[17] UCUM, Unified Code for Units of Measure, Schadow, G. and McDonald, C. J. (eds.), available at〈http://aurora. rg. iupui. edu/UCUM〉

[18] W3C SMIL, Synchronized Multimedia Integration Language (SMIL 2.0). W3C Recommendation (07 August 2001)

[19] W3C SVG, Scalable Vector Graphics (SVG) 1. W3C Recommendation (14 January 2003)

ICS 07.040
A 76

中华人民共和国国家标准

GB/T 23709—2009

区域似大地水准面精化基本技术规定

Basic specifications for region quasi-geoid determination

2009-05-06 发布　　2009-10-01 实施

中华人民共和国国家质量监督检验检疫总局
中国国家标准化管理委员会　发布

前　言

本标准的附录 A、附录 B、附录 C、附录 D 都是资料性附录。

本标准由国家测绘局提出。

本标准由全国地理信息标准化技术委员会归口。

本标准主要起草单位：国家测绘局测绘标准化研究所，国家测绘局大地测量数据处理中心，国家基础地理信息中心。

本标准主要起草人：郭春喜、肖学年、王斌、章磊。

引 言

区域似大地水准面精化的目的是综合利用重力资料、地形资料、重力场模型与GPS/水准成果，采用物理大地测量理论与方法，应用移去-恢复技术确定区域性精密似大地水准面。通过似大地水准面精化，利用GPS技术结合高精度高分辨率似大地水准面模型，已成为高程测量的一种方式。

本标准依据国家强制性标准GB 22021—2008《国家大地测量基本技术规定》中规定的国家、省级、城市似大地水准面的精度和基本技术指标，结合我国已有的似大地水准面精化工程成果的经验，参考国内外该领域的研究成果，制定了本标准，用于规范和指导我国的区域似大地水准面精化。

区域似大地水准面精化基本技术规定

1 范围

本标准规定了我国国家、省级和城市区域似大地水准面精化的精度、布测原则、数据处理、精度检查等内容。

本标准适用于我国国家、省级和城市等区域似大地水准面精化。

2 规范性引用文件

下列文件中的条款通过本标准的引用而成为本标准的条文。凡是注日期的引用文件，其随后所有的修改单(不包括勘误的内容)或修订版均不适用于本标准，然而，鼓励根据本标准达成协议的各方研究是否可使用这些文件的最新版本。凡是不注日期的引用文件，其最新版本适用于本标准。

GB/T 12897 国家一、二等水准测量规范

GB/T 12898 国家三、四等水准测量规范

GB/T 17944 加密重力测量规范

GB/T 18314 全球定位系统(GPS)测量规范

CH 1002 测绘产品检查验收规定

CH 1003 测绘产品质量评定标准

CH/T 1004 测绘技术设计规定

3 术语和定义

下列术语和定义适用于本标准。

3.1

似大地水准面 quasi-geoid

从地面点沿正常重力方向至正常高端点所构成的曲面。

3.2

似大地水准面分辨率 resolution of quasi-geoid

似大地水准面模型采用的格网尺寸。

3.3

高程异常 height anomaly

似大地水准面相对于地球椭球面的高度。

3.4

高程异常控制点 control point of height anomaly

GPS/水准点 GPS/levelling point

大地高由 GPS 测定、正常高由水准测量测定的大地点。

3.5

平均重力异常分辨率 resolution of average gravity anomaly

平均重力异常数字模型采用的格网。

3.6

重力似大地水准面 gravity quasi-geoid

先利用地球重力场模型、数字地形模型和地面重力资料获得该地区高分辨率剩余重力异常，然后利

用移去-恢复技术确定的区域似大地水准面称为重力似大地水准面，其实质是利用重力观测数据和数字地形模型改进由地球重力场模型确定的模型似大地水准面。

4 总则

4.1 区域似大地水准面的参考基准

大地坐标系：2000 国家大地坐标系。

高程基准：1985 国家高程基准。

重力基准：2000 国家重力基本网。

4.2 似大地水准面精度与分辨率

4.2.1 似大地水准面的精度由格网平均高程异常相对于本区域内各高程异常控制点的高程异常平均中误差表示。

4.2.2 似大地水准面的分辨率由似大地水准面模型采用的等角格网间距表示。

4.2.3 我国似大地水准面按范围和精度，分为国家似大地水准面、省级似大地水准面和城市似大地水准面。各级似大地水准面的精度和分辨率应不低于表 1 的规定。

表 1 各级似大地水准面精度和分辨率

等级	似大地水准面精度		似大地水准面分辨率
	平地、丘陵地	山地、高山地	
国家	±0.3 m	±0.6 m	15′×15′
省级	±0.1 m	±0.3 m	5′×5′
城市	±0.05 m		2.5′×2.5′

4.2.4 地理区域较小的城市或局部的似大地水准面的精度和分辨率在满足表 1 中城市似大地水准面要求的前提下，可根据应用需要设计。

4.3 格网平均重力异常及分辨率

4.3.1 在似大地水准面计算时，应利用已有的或通过实测重力资料确定的格网平均重力异常，作为重力似大地水准面计算的基础数据。

4.3.2 格网平均重力异常的分辨率应与似大地水准面分辨率及该区域内重力点的密度相匹配。每个平均重力异常格网中宜有一个实测重力点，其精度应不低于加密重力点的精度。

4.3.3 各级似大地水准面计算采用的格网平均重力异常分辨率应不低于表 2 的规定。

表 2 各级似大地水准面格网平均重力异常分辨率

级别	平均重力异常分辨率	
	平地、丘陵地	山地、高山地
国家	5′×5′	15′×15′
省级	2.5′×2.5′	5′×5′
城市	2.5′×2.5′	

4.3.4 格网平均重力异常的精度以格网平均重力异常的代表误差表示，格网平均重力异常的代表误差计算如公式(1)：

$$\delta g = 2.7c\sqrt{\lambda} \qquad \cdots\cdots(1)$$

式中：

δg——格网平均重力异常代表误差，单位为毫伽($10^{-5}ms^{-2}$)；

λ——平均重力异常格网分辨率，单位为角分(′)；

c——平均重力异常代表误差系数，各种地形类别对应平均重力异常代表误差系数按表 3 规定执行。

表3 地形类别与格网平均重力异常代表误差系数

地形类别	重力异常代表误差系数
平原	0.54
丘陵	0.81
山地	1.08
高山地	1.50

4.4 数字高程模型(DEM)的分辨率和精度

4.4.1 所采用的数字高程模型分辨率应不低于表4的规定。

表4 各级似大地水准面数字高程模型分辨率

级别	数字高程模型分辨率
国家	30″×30″
省级	3″×3″
城市	3″×3″

4.4.2 数字高程模型应使用精度不低于国家1∶50 000比例尺数字高程模型的数据，其格网间距不大于25 m×25 m，格网高程中误差不大于表5的要求。

表5 基础数据格网高程中误差

类别	格网高程中误差
平原	±4 m
丘陵	±7 m
山地	±11 m
高山地	±19 m

4.5 高程异常控制点测量精度

4.5.1 用于精化国家似大地水准面的高程异常控制点，其坐标和高程精度应不低于B级GPS网点和国家二等水准网点的精度。

4.5.2 用于精化省级似大地水准面的高程异常控制点，其坐标和高程精度应不低于C级GPS网点和国家三等水准网点的精度。

4.5.3 用于精化城市似大地水准面的高程异常控制点，其坐标和高程精度应不低于C级GPS网点和国家三等水准网点的精度。

4.6 仪器的技术要求

似大地水准面精化所用仪器应经过法定计量检定部门检验合格后，在有效期内使用。其检验方法和技术要求按相关标准执行。

5 高程异常控制点的布设

5.1 技术设计

5.1.1 技术设计的基本要求

高程异常控制点布测前应进行技术设计，以得到最优的布测方案。技术设计书的格式、内容、要求与审批程序按照CH/T 1004执行。

5.1.2 技术设计准备

a) 根据需要，收集测区范围已有的大地测量成果和资料。

b) 搜集测区范围内有关的地形图、交通图等资料；必要时，还应搜集有关的地震、地质资料等。

c）技术设计前，应对上述资料进行分析研究，必要时进行实地勘察，然后进行图上设计。

5.1.3 高程异常控制点位布设

a）高程异常控制点应均匀分布于似大地水准面精化区域；

b）高程异常控制点应具有代表性，点位分布应顾及平原、丘陵和山地等不同的地形类别区域，点位在不同地形类别均应占有一定的比例，在可能的情况下，对丘陵和山地等地形变化剧烈地区应适当加大高程异常控制点分布密度；

c）各级似大地水准面的高程异常控制点宜利用不低于4.5规定精度的大地控制网点和水准网点；

d）相邻高程异常控制点最大间距不宜大于公式(2)计算结果。

$$d = 7.19 m_{\zeta} c^{-1} \lambda^{-\frac{1}{2}} \quad \cdots\cdots(2)$$

式中：

d——相邻高程异常控制网点最大间距，单位为千米(km)；

m_{ζ}——似大地水准面的精度，单位为厘米(cm)；

c——平均重力异常代表误差系数，按表3规定执行；

λ——平均重力异常格网分辨率，单位为角分(′)。

5.1.4 技术设计完成后应编写并上交技术设计书。

5.2 高程异常控制点选点与埋石

高程异常控制点的选点与埋石应符合以下要求：

a）高程异常控制点应满足GB/T 18314规定的相应等级大地控制点点位要求，以及GB/T 12897或GB/T 12898规定的相应等级的水准点点位要求；

b）新埋设的高程异常控制点，其标石可采用GB/T 18314规定的天线墩，其上埋设满足GPS和水准测量的标志；

c）当利用已有大地控制点和水准点时，应检查该点的稳定性、可靠性和完好性，符合要求方可利用；

d）选点与埋石工作结束后应上交选点工作总结、高程异常控制点选点图、点之记、选点搜集的各种资料等。

6 外业观测

6.1 GPS观测

高程异常控制点GPS测量等级按4.5规定执行，GPS观测的技术要求、观测的作业要求、外业成果记录整理、外业数据质量检核以及成果验收与上交资料，应符合GB/T 18314的相关规定。

6.2 水准测量

6.2.1 高程异常控制点的正常高程应以国家一等或二等水准点作为起算点，其点位应保存完好、观测资料与成果齐全且地质条件稳定。

6.2.2 高程异常控制点水准测量等级按4.5规定执行，水准观测的技术要求和外业成果的记录整理应符合GB/T 12897或GB/T 12898的相关规定。

6.3 重力测量

采用加密重力测量方法实测重力点，其技术要求按GB/T 17944执行；采用航空重力测量方法获取的地面平均重力异常值应满足公式(1)的要求。

7 数据处理

7.1 高程异常控制点数据处理

7.1.1 高程异常控制点GPS测量数据处理按照GB/T 18314的要求执行。

7.1.2 高程异常控制点水准测量数据处理按照 GB/T 12897 或 GB/T 12898 的要求执行。

7.1.3 计算高程异常控制点的高程异常，按公式(3)执行。

$$\zeta_{GPS} = H - h \qquad \cdots\cdots(3)$$

式中：

ζ_{GPS}——高程异常，单位为米(m)；

H——大地高，由 GPS 测量方法获得，单位为米(m)；

h——正常高，由水准测量方法获得，单位为米(m)。

7.2 似大地水准面计算

7.2.1 似大地水准面计算流程

似大地水准面计算流程见图 1。

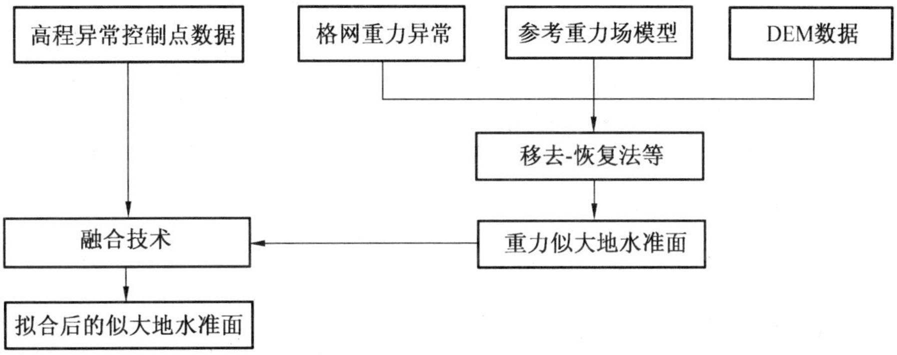

图 1 似大地水准面计算流程

7.2.2 收集似大地水准面精化区域的重力资料与数字高程模型资料，并按格网平均重力异常计算要求对数据进行整理。

7.2.3 可采用地形均衡重力归算等方法完成重力点重力归算与格网平均重力异常计算。重力归算与格网平均重力异常计算可参照附录 B。

7.2.4 根据不同情况选择适当的参考重力场模型，采用移去-恢复技术，完成重力似大地水准面计算。重力似大地水准面计算可参照附录 C。

7.2.5 采用融合技术消除或削弱高程异常控制点与对应的重力似大地水准面的不符值，完成与国家高程系统一致的似大地水准面计算。重力似大地水准面与高程异常控制点的多项式与多面函数拟合法参见附录 D。

8 似大地水准面精度检验

8.1 检验点布设原则

a) 检验点的点位应分布均匀，在平原、丘陵和山区等不同的地形类别以及有效区域边缘地区均应布设检验点；应采用未参加似大地水准面计算的实测高程异常点作为检验点。

b) 国家似大地水准面检验点的间距不宜超过 300 km，检验点总数不应少于 200 个；省级似大地水准面相邻检验点的间距不宜超过 100 km，检验点总数不应少于 50 个；城市似大地水准面相邻检验点的间距不宜超过 30 km，检验点总数不应少于 20 个。

c) 检验点与用于区域似大地水准面精化的高程异常控制点间的距离应不小于似大地水准面格网间距。

d) 检验点应满足 GPS 观测与水准联测条件。

e) 在利用旧点作为检验点时，应检查旧点的稳定性、可靠性和完好性，以及是否满足 GPS 观测与水准观测，符合要求方可利用。

8.2 检验点观测

a） 检验点的测量精度应不低于区域似大地水准面精化时高程异常控制点的测量精度；

b） 检验点的外业观测与区域似大地水准面精化时高程异常控制点的测量要求一致。

8.3 检验点数据处理

a） GPS 数据处理按照 GB/T 18314 的要求执行；

b） 水准数据处理按照 GB/T 12897 和 GB/T 12898 的要求执行；

c） 按公式(3)计算检验点的实测高程异常；

d） 利用检验点的大地坐标和拟合后似大地水准面模型计算各检验点的高程异常。

8.4 似大地水准面精度评定

由似大地水准面模型计算的各检验点高程异常与其实测高程异常不符值计算的中误差，作为似大地水准面精度。

9 成果检查验收

9.1 区域似大地水准面精化成果应采用二级检查一级验收制。

9.2 GPS 测量、水准测量、重力测量等成果检查验收按 CH 1002 和 CH 1003 执行。

10 成果上交

区域似大地水准面精化工作完成后应上交成果，主要包括：

a） 技术设计书；

b） 数据处理方案；

c） GPS 观测数据及成果；

d） 水准观测数据及成果；

e） 高程异常控制点成果表；

f） 区域似大地水准面模型成果；

g） 技术总结；

h） 精度检验报告；

i） 检查验收报告。

附 录 A
（资料性附录）
相邻高程异常控制点的最大间距计算

根据似大地水准面精化的精度要求，按公式(2)计算的相邻高程异常控制点的最大间距见表 A.1，供似大地水准面精化设计时参考。

表 A.1 相邻高程异常控制点的最大间距

地形类别	m_ζ/m	高程异常控制点的最大间距/km		
		$\lambda=15'$	$\lambda=5'$	$\lambda=2.5'$
平地	0.3	103	179	253
	0.2	69	119	168
	0.1	34	60	84
	0.05	17	30	42
丘陵地	0.3	69	119	168
	0.2	46	79	112
	0.1	23	40	56
	0.05	12	20	28
山地	0.6	103	179	253
	0.5	86	149	211
	0.4	69	119	168
	0.3	51	89	126
	0.2	34	60	84
	0.1	17	30	42
	0.05	9	15	21
高山地	0.6	74	129	182
	0.5	62	107	152
	0.4	50	86	121
	0.3	37	64	91
	0.2	25	43	61
	0.1	12	21	30
	0.05	6	11	15

注 1：m_ζ 表示似大地水准面的精度；

注 2：λ 表示平均重力异常格网分辨率。

附 录 B
（资料性附录）
重力归算与格网平均重力异常计算

B.1 重力观测值归算

根据我国地形和重力分辨率情况，在重力归算时一般采用地形均衡异常归算方法。

空间重力异常的定义为式(B.1)：

$$\Delta g = g - \gamma + \delta g_1 \qquad \cdots\cdots(\text{B.1})$$

式中：

g——重力观测值，单位为毫伽(10^{-5}ms^{-2})；

γ——椭球面上正常重力值，单位为毫伽(10^{-5}ms^{-2})；

δg_1——空间改正，单位为毫伽(10^{-5}ms^{-2})。

且

$$\delta g_1 = 0.308\,6h - 0.72 \times 10^{-7} h^2$$

式中：

h——海拔高程，单位为米(m)。

布格重力异常的定义为式(B.2)：

$$\begin{aligned}\Delta g_{\text{B}} &= g - \gamma + \delta g_1 + \delta g_2 \\ &= \Delta g + \delta g_2\end{aligned} \qquad \cdots\cdots(\text{B.2})$$

式中：

δg_2——层间改正，单位为毫伽(10^{-5}ms^{-2})。

且

$$\delta g_2 = -2\pi G\rho h = -0.111\,9h$$

式中：

G——地心引力常数；

ρ——地壳密度。

地形均衡重力异常的定义为式(B.3)：

$$\begin{aligned}\Delta g_{IS} &= g - \gamma + \delta g_1 + \delta g_2 + \delta g_{TC} + \delta g_{IS} \\ &= \Delta g_{\text{B}} + \delta g_{TC} + \delta g_{IS}\end{aligned} \qquad \cdots\cdots(\text{B.3})$$

式中：

δg_{TC}——局部地形改正，单位为毫伽(10^{-5}ms^{-2})；

δg_{IS}——均衡改正，单位为毫伽(10^{-5}ms^{-2})。

地形及均衡改正采用四棱柱法计算，其形式为式(B.4)：

$$\delta g = G\rho \int_{X_1}^{X_2}\int_{Y_1}^{Y_2}\int_{Z_1}^{Z_2} \frac{z\text{d}x\text{d}y\text{d}z}{(x^2+y^2+z^2)^{3/2}} \qquad \cdots\cdots(\text{B.4})$$

积分后变为式(B.5)：

$$\delta g = -G\rho \left\{ x\ln(y+r) + y\ln(x+r) + z\arctan\frac{zr}{xy} \right\} \Bigg|_{x_1}^{x_2} \Bigg|_{y_1}^{y_2} \Bigg|_{z_1}^{z_2} \qquad \cdots\cdots(\text{B.5})$$

式(B.5)中，令 $z_1=0$，$z_2=H-H_0=\Delta h$ 就是地形改正 δg_{TC}。

式(B.5)中,令 $z_1=-(H_0+T)$,$z_2=-(H_0+T+4.45H)$,并用补偿密度 $\Delta\rho$ 代替 ρ,即为均衡改正 δg_{IS},T 为均衡深度。

B.2 格网地形及均衡改正计算

可采用传统积分法与谱方法相结合的组合法完成计算。

格网地形改正的计算公式为:

$$\delta g_{TC}=\delta g_{TC0}+\delta g_{TC1} \qquad \text{(B.6)}$$

式中:

δg_{TC0}——中央区部分格网地形改正,可采用四棱法计算,单位为毫伽($10^{-5}\mathrm{ms}^{-2}$);

δg_{TC1}——积分区域内中央区以外部分格网地形改正,可采用谱方法计算,单位为毫伽($10^{-5}\mathrm{ms}^{-2}$)。

格网均衡改正的计算公式为:

$$\delta g_{IS}=\delta g_{IS0}+\delta g_{IS1} \qquad \text{(B.7)}$$

式中:

δg_{IS0}——最小计算区域内(一般取 $1°\times1°$ 区域)公共山根部分对均衡改正的影响(一个计算区域计算一次),用四棱柱法计算,单位为毫伽($10^{-5}\mathrm{ms}^{-2}$);

δg_{IS1}——公共山根以外区域的影响,采用谱方法计算,单位为毫伽($10^{-5}\mathrm{ms}^{-2}$)。

B.3 重力异常拟合计算

利用离散点的均衡重力异常值作为已知值,可采用线性移动拟合或 Shepard 拟合等方法计算格网均衡异常。

B.4 格网平均异常的计算实施

在格网平均空间异常计算时,可按以下步骤实施:

a) 利用数字地形模型完成格网点的层间改正、局部地形改正和均衡改正计算;
b) 完成离散点重力观测值的布格、均衡异常归算;
c) 利用离散点的均衡重力异常值作为已知值,采用线性移动拟合法计算格网点的均衡异常;
d) 由格网点的均衡异常恢复格网点的空间异常;
e) 由格网点的空间异常,计算格网平均空间异常。

附 录 C
（资料性附录）
重力似大地水准面计算

C.1 利用地球重力场模型计算模型似大地水准面

由地球重力场模型计算扰动位的球谐表达式为：

$$T(\gamma,\theta,\lambda)=\frac{GM}{r}\sum_{n=2}^{N_{\max}}\left(\frac{a}{r}\right)^{n}\sum_{m=0}^{n}(\bar{C}_{nm}\cos m\lambda+\bar{S}_{nm}\sin m\lambda)P_{nm}(\cos\theta) \quad\cdots\cdots\cdots\cdots(\text{C}.1)$$

式中：

r,θ,λ——计算点的地心距离、余纬和经度；

GM——地心引力常数与地球质量的乘积；

a——参考椭球长半轴，单位为米(m)；

$\bar{C}_{nm},\bar{S}_{nm}$——完全规格化位系数；

$P_{nm}(\cos\theta)$——完全规格化缔合 Legendre 函数；

$N_{\max}$——地球重力场模型展开的最高阶数。

已知位系数，根据 Bruns 公式来确定模型似大地水准面，即

$$\zeta_{\text{M}}(r,\theta,\lambda)=\frac{T}{\gamma}=\frac{GM}{r\gamma}\sum_{n=2}^{N_{\max}}\left(\frac{a}{r}\right)^{n}\sum_{m=0}^{n}(\bar{C}_{nm}\cos m\lambda+\bar{S}_{nm}\sin m\lambda)P_{nm}(\cos\theta) \quad\cdots\cdots\cdots(\text{C}.2)$$

式中：

γ——计算点正常重力。

C.2 利用地球重力场模型计算模型重力异常

重力异常 Δg 与扰动位 T 关系为：

$$\Delta g=-\frac{\partial T}{\partial r}-\frac{2T}{r} \quad\cdots\cdots\cdots\cdots\cdots\cdots\cdots\cdots\cdots\cdots(\text{C}.3)$$

将式(C.1)代入式(C.3)可得：

$$\Delta g(r,\theta,\lambda)=\frac{GM}{r^{2}}\sum_{n=2}^{N_{\max}}\left(\frac{a}{r}\right)^{n}(n-1)\sum_{m=0}^{n}(\bar{C}_{nm}\cos m\lambda+\bar{S}_{nm}\sin m\lambda)P_{nm}(\cos\theta) \quad\cdots\cdots(\text{C}.4)$$

C.3 由移去-恢复(remove-restore)技术计算重力似大地水准面

似大地水准面的计算公式：

$$\zeta=\frac{R}{4\pi\gamma_{\text{V}}}\int S(\varphi)(\Delta g_{\text{res}}+TC)\mathrm{d}\sigma-\frac{1}{\gamma_{\text{N}}}h(\Delta g-\pi G\rho h)-\frac{1}{\gamma_{\text{N}}}\pi G\rho\delta h^{2}+\zeta_{\text{M}} \quad\cdots\cdots\cdots(\text{C}.5)$$

式中：

$S(\varphi)=\frac{1}{s}-6s-4+10s^{2}-3(1-2s^{2})\ln(s+s^{2})$

$s=\sin(\varphi/2)$

$\delta h^{2}=0.453-0.018\sin(B)+0.087\cos(B)\cos(L)+0.204\cos(B)\sin(L)$

$\gamma_{\text{N}}=\gamma_{0}-0.3086h$

TC——地形改正，单位为毫伽(10^{-5}ms^{-2})；

h——计算点高程，单位为米(m)；

γ_0——椭球面上的正常重力，单位为毫伽（10^{-5}ms^{-2}）。

R——地球的平均曲率半径，单位为米（m）；

γ_N——地球平均正常重力，单位为毫伽（10^{-5}ms^{-2}）；

Δg_{res}——剩余空间异常（实际值与模型值的差值），单位为毫伽（10^{-5}ms^{-2}）；

$d\sigma$——单位球面 σ 上的面元；

Δg——重力异常，单位为毫伽（10^{-5}ms^{-2}）；

G——地心引力常数；

ρ——地球平均密度；

ζ_M——利用重力场模型计算的模型似大地水准面；

$S(\varphi)$——Stokes 函数；

φ——球面角距；

B——大地纬度；

L——大地经度。

附　录　D
（资料性附录）
重力似大地水准面与高程异常控制网的多项式与多面函数拟合

完成与似大地水准面分辨率一致的规则格网重力似大地水准面计算后，需要利用高程异常控制网成果作为控制，对重力似大地水准面进行拟合，获得适配于该区域与国家正常高系统定义一致的拟合似大地水准面。拟合方法如下：

D.1　高程异常控制点重力似大地水准计算

在完成规则格网重力似大地水准面计算后，可采用 Shepard 插值法、双线性内插等方法内插各高程异常控制点的重力似大地水准面。

D.2　拟合模型

重力似大地水准面与高程异常控制网的拟合时，可根据实际情况选择多项式、多面函数等拟合方法。

a)　三次多项式数学模型见式(D.1)和式(D.2)：

$$\Delta\zeta = \alpha_0 + \alpha_1(\varphi-\varphi_m) + \alpha_2(\lambda-\lambda_m) + \alpha_3(\varphi-\varphi_m)^2 + \alpha_4(\varphi-\varphi_m)(\lambda-\lambda_m) + \alpha_5(\lambda-\lambda_m)^2 + \alpha_6(\varphi-\varphi_m)^3 + \alpha_7(\varphi-\varphi_m)^2(\lambda-\lambda_m) + \alpha_8(\varphi-\varphi_m)(\lambda-\lambda_m)^2 + \alpha_9(\lambda-\lambda_m)^3 \quad \cdots\cdots(D.1)$$

$$\Delta\zeta = \zeta_{GPS} - \zeta_G \quad \cdots\cdots(D.2)$$

式中：

$\alpha_0, \alpha_1, \cdots, \alpha_9$——为多项式拟合系数；

$\Delta\zeta$——实测高程异常与重力似大地水准面之差，单位为米(m)；

ζ_{GPS}、ζ_G——分别为实测高程异常和重力似大地水准面高，单位为米(m)；

φ_m, λ_m——分别为拟合区的中心纬度和经度。

b)　多面函数方程的一般形式为式(D.3)：

$$\theta = \sum_{i=1}^{n} \alpha_i q(x, y, x_i, y_i) \quad \cdots\cdots(D.3)$$

式中：

α_i——待定系数；

$q(x, y, x_i, y_i)$——x, y 的二次函数。

D.3　拟合方案

重力似大地水准面与高程异常控制网的拟合时，一般可采用以下三种拟合方案：

a)　全网一次性拟合，求解一套全区域拟合系数。

该方案适用于全区高程异常控制点分布均匀，重力似大地水准面与高程异常控制网分辨率和精度大致一致，且全区范围不是过大(如一般城市)。

b)　将全网适当分成若干个子区域，分区求解各区拟合系数。

该方案适用于全区高程异常控制点的分布有地区性差异，重力似大地水准面与高程异常控制网的分辨率和精度都有明显的分区特点，且全区范围很大，全区用一个拟合多项式难于描述这种区域性差异。

当采用分区拟合时，对于接边问题的处理，采取对每个分区向邻区扩大一个重叠宽度，所求解的拟合系数规定只属于本区，这样可以避免或减弱边界两边拟合系数的突变现象，形成平滑过渡。

c） 为避免分区拟合出现的相邻区的接边问题，以一个点为中心，确定一个适当的球冠或方块形拟合区域，其中分布有必要数量的高程异常控制点，将求解的拟合系数定义为中心点的转换参数。

该方案适用于中等大小区域的拟合。

D.4 拟合系数求解

a） 由高程异常控制点上的重力似大地水准面高与实测高程异常的差值，组成不符值序列；

b） 由不符值序列和相应高程异常控制点的坐标组成多项式拟合“观测方程”，其中未知参数为多项式系数；

c） 按最小二乘原理求解拟合多项式系数。

D.5 推算拟合后的似大地水准面格网值

由拟合多项式系数和格网中心点坐标，对重力似大地水准面进行拟合纠正，获得与国家正常高系统定义一致的格网似大地水准面模型。

ICS 65.120
B 46

中华人民共和国国家标准

GB/T 23710—2009

饲料中甜菜碱的测定　离子色谱法

Determination of betaine in feeds—Ion chromatography

2009-06-12 发布　　2009-12-01 实施

中华人民共和国国家质量监督检验检疫总局
中国国家标准化管理委员会　发布

前　言

本标准的附录A为资料性附录。

本标准由全国饲料工业标准化技术委员会提出并归口。

本标准负责起草单位：中国农业科学院农业质量标准与检测技术研究所［国家饲料质量监督检验中心（北京）］。

本标准参加起草单位：中国农业科学院饲料研究所。

本标准主要起草人：闫惠文、索德成、张萍、刘庆生。

饲料中甜菜碱的测定　离子色谱法

1　范围

本标准规定了离子色谱法测定配合饲料、浓缩饲料、预混合饲料、饲料添加剂甜菜碱(或盐酸盐)和复合甜菜碱中甜菜碱(或盐酸盐)的方法。

本标准适用于配合饲料、浓缩饲料、预混合饲料、饲料添加剂甜菜碱(或盐酸盐)和复合甜菜碱中甜菜碱(或盐酸盐)含量的测定。

本标准定量限为 200 mg/kg。

2　规范性引用文件

下列文件中的条款通过本标准的引用而成为本标准的条款。凡是注日期的引用文件,其随后所有的修改单(不包括勘误的内容)或修订版均不适用于本标准,然而,鼓励根据本标准达成协议的各方研究是否可使用这些文件的最新版本。凡是不注日期的引用文件,其最新版本适用于本标准。

GB/T 6682　分析实验室用水规格和试验方法

GB/T 14699.1　饲料　采样

GB/T 20195　动物饲料　试样的制备

3　原理

用水溶解或提取试样中的甜菜碱,溶液经过液-液萃取净化,将提取液稀释至合适的浓度后,使用阳离子交换柱和非抑制型电导检测器分离测定。

4　采样

按 GB/T 14699.1 执行。

5　试样的制备

按 GB/T 20195 制备样品。

6　试剂和溶液

除非另有说明,在分析中仅使用优级纯或色谱纯试剂。

6.1　水:符合 GB/T 6682 一级用水的规定。

6.2　甲磺酸(纯度≥99%)。

6.3　三氯甲烷。

6.4　流动相:1.5 mmol/L 甲磺酸水溶液。

称取 2.88 g 甲磺酸(精确至 0.01 g),用水定容至 1 000 mL,该溶液浓度为 30 mmol/L。取 50 mL 该溶液,用水定容至 1 000 mL(pH=2.8～3.0)。

6.5　甜菜碱(或甜菜碱盐酸盐)标准品:纯度大于 98%。

6.6　甜菜碱标准储备液:

准确称取 0.100 0 g 于 105 ℃干燥过的甜菜碱(或 0.131 2 g 于 105 ℃干燥过的甜菜碱盐酸盐)标准品于 100 mL 容量瓶中,用水定容。该标准溶液中甜菜碱的浓度为 1 mg/mL。4 ℃冰箱保存,有效期两个月。

6.7 甜菜碱标准工作液：

准确吸取25.0 mL、5.0 mL、2.5 mL、0.5 mL甜菜碱标准储备液(6.6)于50 mL容量瓶中，用水定容。该标准工作液的浓度分别为：0.5 mg/mL、0.1 mg/mL、0.05 mg/mL、0.01 mg/mL。该溶液用时现配。

7 仪器设备

7.1 振荡器(或超声波提取器)：水平方向振荡，频率250 r/min～300 r/min。

7.2 离心机。

7.3 离子色谱系统，由下述部件组成：

——泵(无脉冲)；

——电子电导检测器：适合阳离子测定；

——分析柱：阳离子交换分离柱或性能相当的其他分析柱。

7.4 电子天平：感量为0.000 1 g。

8 分析步骤

8.1 提取和净化

8.1.1 饲料样品

称取浓缩饲料和预混合饲料试样2 g、配合饲料试样5 g，精确至0.000 1 g，置于100 mL容量瓶中，加入大约80 mL水，混合后置于振荡器上剧烈振荡或超声提取30 min，静置10 min，定容，离心或过滤。取2 mL滤液于离心管中，加入2 mL三氯甲烷，剧烈震摇后放置10 min，5 000 r/min离心10 min，移取上层清液，过0.45 μm滤膜后上机测定。

8.1.2 甜菜碱(或盐酸盐)和复合甜菜碱样品

称取添加剂甜菜碱(或盐酸盐)试样0.1 g、复合甜菜碱试样1 g，精确至0.000 1 g，置于100 mL容量瓶中，加入大约80 mL水，混合后置于振荡器上剧烈振荡或超声提取30 min，静置10 min，定容，离心或过滤，滤液用水稀释至适当的浓度后过0.45 μm滤膜，上机测定。

8.2 测定

8.2.1 色谱条件

流速：1.0 mL/min。

柱温：40 ℃。

进样量：10 μL～20 μL。

8.2.2 测定

向离子色谱(IC)分析仪连续注入甜菜碱标准工作液，直至得到基线平稳，峰形对称且峰面积能够重现的色谱峰。

依次注入标准、试样溶液，积分得到峰面积，用标准系列进行单点或多点校准。参见附录A。

9 结果计算

试样中甜菜碱的含量 X_1 以毫克每千克(mg/kg)表示，按式(1)计算：

$$X_1 = \frac{c \times V \times 1\,000}{m} \qquad \cdots\cdots(1)$$

式中：

c——由标准曲线查得的试样测定液中甜菜碱的浓度，单位为毫克每毫升(mg/mL)；

V——定容体积，单位为毫升(mL)；

m——试样质量，单位为克(g)。

试样中甜菜碱盐酸盐的含量 X_2 以毫克每千克(mg/kg)表示,按式(2)计算:

$$X_2 = \frac{c \times V \times 1\ 000}{m} \times 1.311\ 7 \qquad \cdots\cdots(2)$$

式中:

c——由标准曲线查得的试样测定液中甜菜碱的浓度,单位为毫克每毫升(mg/mL);

V——定容体积,单位为毫升(mL);

m——试样质量,单位为克(g);

1.311 7——由甜菜碱换算成甜菜碱盐酸盐的系数。

每个试样取两份试料进行平行测定,以两次平行测定的算术平均值为测定结果,结果保留三位有效数字。

10 重复性

两个平行试料测定值的相对偏差不大于5%。

附 录 A
（资料性附录）
甜菜碱标准色谱图和典型样品色谱图

A.1 甜菜碱标准色谱图见图A.1。

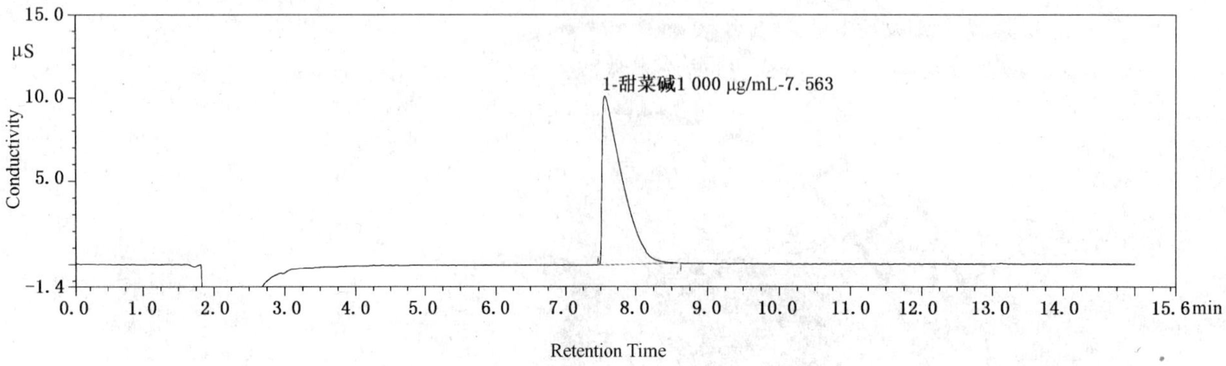

图 A.1 甜菜碱标准色谱图

A.2 配合饲料中甜菜碱标准色谱图见图A.2。

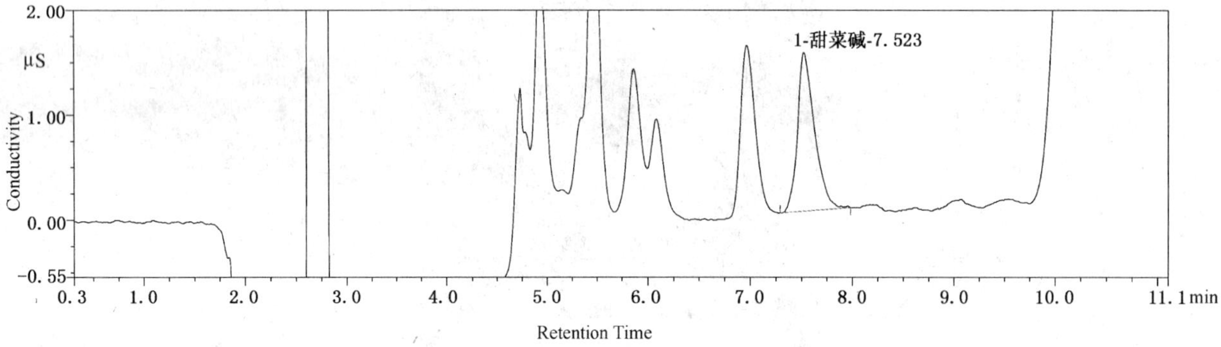

图 A.2 配合饲料中甜菜碱色谱图

ICS 71.120;83.140
G 94

中华人民共和国国家标准

GB/T 23711.1—2009

氟塑料衬里压力容器　电火花试验方法

Spark test method for pressure vessels lined with fluoroplastics

2009-04-29 发布　　2010-01-01 实施

中华人民共和国国家质量监督检验检疫总局
中国国家标准化管理委员会　发布

前言

本部分的附录A为资料性附录。

本部分由中国石油和化学工业协会提出。

本部分由全国非金属化工设备标准化技术委员会归口。

本部分起草单位:温州赵氟隆有限公司、天华化工机械及自动化研究设计院、温州市氟塑设备制造厂、温州市超星钢塑复合厂、温州市质量技术监督检测院、温州特种塑料研究所。

本部分主要起草人:赵炜、陈国龙、张俊科、林瑞华、赵君、胡俊、陈烈、应仁爱。

氟塑料衬里压力容器　电火花试验方法

1　范围

GB/T 23711.1 的本部分规定了氟塑料(ETFE、FEP、PFA、PTFE、PVDF)衬里压力容器的衬里层电火花试验方法。

本部分适用于氟塑料衬里压力容器的衬里层电火花试验。

2　规范性引用文件

下列文件中的条款通过 GB/T 23711 的本部分的引用而成为本部分的条款。凡是注日期的引用文件，其随后所有的修改单(不包括勘误的内容)或修订版均不适用于本部分，然而，鼓励根据本部分达成协议的各方研究是否可使用这些文件的最新版本。凡是不注日期的引用文件，其最新版本适用于本部分。

TSG R0001:2004　非金属压力容器安全技术监察规程

3　原理

给电火花检测仪设定一个规定的电压，其探头扫描氟塑料衬里；当衬里存在裂纹等缺陷时，在额定电压下会击穿形成短路；电火花检测仪则放出声音或火花等报警信号。电火花检测仪有直流和交流两种，直流需接成回路，交流则不需要。

注：电火花检测仪又名针孔检测仪。

4　试验仪器

试验仪器为 5 kV～20 kV 电火花检测仪。如果试样长度较长，电火花检测仪的探头不够长，可使用加长杆的探头；如果试样面积较大，宜选用耙式探头。

5　试样

5.1　氟塑料衬里压力容器的试样须符合 TSG R0001:2004 的要求。

5.2　电火花试验是每一台氟塑料衬里压力容器出厂的必检项目，所以每一台衬里压力容器即是试样，不需要抽样或制作专门试样。

6　试验方法

6.1　电火花检测仪试验电压要考虑氟塑料衬里压力容器的最终用途、衬里厚度。测试电压最低不小于 5 kV，最高不大于 20 kV。在室温下，各种氟塑料衬里的最低检验电压应符合表 1 的规定。

表 1　最低检验电压

<table>
<tr><th rowspan="2">氟塑料衬里厚度/mm</th><th colspan="5">最低检验电压/kV</th></tr>
<tr><th>ETFE</th><th>FEP</th><th>PFA</th><th>PTFE</th><th>PVDF</th></tr>
<tr><td>0.5～1</td><td colspan="5">5</td></tr>
<tr><td>1(不含)～1.5</td><td colspan="5">6.5</td></tr>
<tr><td>1.5(不含)～2</td><td colspan="5">8</td></tr>
<tr><td>2(不含)～2.5</td><td colspan="2">9</td><td colspan="2">10</td><td>9</td></tr>
<tr><td>2.5(不含)～4</td><td colspan="2">10</td><td colspan="2">11.5</td><td>10</td></tr>
<tr><td>4(不含)～6</td><td colspan="2">12</td><td colspan="2">13</td><td>12</td></tr>
<tr><td>6(不含)～8</td><td colspan="5">15</td></tr>
</table>

6.2 在试验时，应确保衬里层表面干燥和洁净，并做好电火花检测仪接地等安全措施。

6.3 接通电火花检测仪电源，根据试验需要设定电压值；移动探头，在氟塑料衬里表面层上以 50 mm/s～200 mm/s 的速度均匀扫描，观察有无报警的火花或听到声音。

6.4 重点扫描试样圆角、尖角等形状急剧变化处；不要长时间在同一个部位反复扫描。如有缺陷，在缺陷处做出标记。

7 试验结果的判定

7.1 额定电压下，衬里没有被击穿(没有出现击穿的火花，没有报警声音)，则判为合格。

7.2 如有个别衬里部位被额定电压击穿，允许修补，修补后根据 7.1 进行复验。

7.3 衬里的同一位置修补次数不允许超过 3 次，修补 3 次仍被击穿，判定为不合格，并不得再行修补。

8 试验报告

8.1 试验报告的内容应包括以下各项：

a) 衬里压力容器的生产厂名；产品名称、型号、规格尺寸；

b) 衬里材料名称、衬里厚度、试验依据的标准、检验电压、扫描速度；

c) 试验仪器型号；

d) 衬里被电火花击穿位置示意图，修补后衬里电火花复检位置示意图；

e) 试验结论，有关试验人员的签名。

8.2 试验报告的格式参见附录 A。

附　录　A
（资料性附录）
电火花试验报告

电火花试验报告

报告编号：　　　　　　　　　　　　　　　　　　　　　　　　制造厂名称：

<table>
<tr><td>产品名称</td><td></td><td>产品型号</td><td></td><td colspan="2">产品规格尺寸</td><td></td></tr>
<tr><td>衬里材料名称</td><td colspan="3">ETFE:□　FEP:□　PFA:□　PTFE:□　PVDF:□</td><td colspan="2">衬里厚度
mm</td><td></td></tr>
<tr><td>试验依据的标准
代号和名称</td><td colspan="6"></td></tr>
<tr><td>电火花检测仪
制造商或商标</td><td colspan="2"></td><td>电火花检测仪
型号</td><td colspan="3"></td></tr>
<tr><td>检验电压
kV</td><td></td><td>扫描速度
mm/s</td><td></td><td colspan="2">试验时环境温度
℃</td><td></td></tr>
<tr><td rowspan="7">衬里被电火花击穿
位置示意图</td><td rowspan="7" colspan="3"></td><td>序号</td><td>击穿位置标记</td><td>试验结果</td></tr>
<tr><td>1</td><td></td><td></td></tr>
<tr><td>2</td><td></td><td></td></tr>
<tr><td>3</td><td></td><td></td></tr>
<tr><td>4</td><td></td><td></td></tr>
<tr><td>5</td><td></td><td></td></tr>
<tr><td>6</td><td></td><td></td></tr>
<tr><td rowspan="7">修补后衬里电火花
复检位置示意图</td><td rowspan="7" colspan="3"></td><td>序号</td><td>击穿位置标记</td><td>试验结果</td></tr>
<tr><td>1</td><td></td><td></td></tr>
<tr><td>2</td><td></td><td></td></tr>
<tr><td>3</td><td></td><td></td></tr>
<tr><td>4</td><td></td><td></td></tr>
<tr><td>5</td><td></td><td></td></tr>
<tr><td>6</td><td></td><td></td></tr>
<tr><td colspan="7">结论：
本产品衬里经　　　　　　kV 电火花试验，没有出现击穿的火花；没有报警声音。
试验结论：合格。

检查员：　　　　　　　　　　日期：

检验责任师：　　　　　　　　日期：

监检员：　　　　　　　　　　日期：

试验单位(章)：　　　　　　　日期：</td></tr>
</table>

ICS 71.120;83.140
G 94

中华人民共和国国家标准

GB/T 23711.2—2009

氟塑料衬里压力容器耐低温试验方法

Low temperature test method for pressure vessels lined with fluoroplastics

2009-04-29 发布　　　　2010-01-01 实施

中华人民共和国国家质量监督检验检疫总局
中国国家标准化管理委员会　发布

前　言

本部分的附录A为资料性附录。

本部分由中国石油和化学工业协会提出。

本部分由全国非金属化工设备标准化技术委员会归口。

本部分起草单位:温州赵氟隆有限公司、天华化工机械及自动化研究设计院、温州市氟塑设备制造厂、温州市超星钢塑复合厂、温州市质量技术监督检测院、温州特种塑料研究所。

本部分主要起草人:赵君、陈招、张俊科、程秀萍、陈国龙、李国林、陈烈、应仁爱。

氟塑料衬里压力容器 耐低温试验方法

1 范围

GB/T 23711 的本部分规定了氟塑料(ETFE、FEP、PFA、PTFE、PVDF)衬里压力容器耐低温试验所用的装置、试样、步骤及试验报告的要求。

本部分适用于氟塑料衬里压力容器衬里层的耐低温试验。

2 规范性引用文件

下列文件中的条款通过 GB/T 23711 的本部分的引用而成为本部分的条款。凡是注日期的引用文件,其随后所有的修改单(不包括勘误的内容)或修订版均不适用于本部分,然而,鼓励根据本部分达成协议的各方研究是否可使用这些文件的最新版本。凡是不注日期的引用文件,其最新版本适用于本部分。

GB/T 23711.1—2009 氟塑料衬里压力容器 电火花试验方法

3 试验装置

采用低温恒温箱进行低温试验。

4 试样

耐低温试验是氟塑料衬里压力容器型式试验项目,试样的选择由制造商根据材料、产品和工艺情况而定,或与用户、检验方共同商定;在一般情况下,应采用在钢制压力容器基体相同的钢板上衬贴材质及加工工艺相同的衬里片材而制成的小样品,小样品试样的尺寸大小应根据低温恒温箱的空间大小来确定。其试验目的是考核所选衬里材料的耐低温性。只有用户对衬里压力容器有特殊要求时,才考虑用整体压力容器做为试样。

5 试验步骤

5.1 小样品试样和较小的衬里压力容器直接放在低温恒温箱内。

5.2 将试样冷却,温度从室温到低温,不同氟塑料的低温试验温度参见表1。

表 1 低温试验温度

氟塑料	ETFE	FEP	PFA	PTFE	PVDF
温度[a,b]/℃	≤−18				

[a] 表中各种温度是为每种氟塑料推荐的通常温度;制造商可以根据不同材料、产品和工艺情况(如将氟塑料进行改性),规定不同于表中的温度值。

[b] 该温度是基于非腐蚀条件和无压力情况下测试的,在具体工况中该氟塑料的耐温性可能有变动。具体工况中的温度限制应由用户与制造商共同商定,或由制造商根据实际经验来修正该试验值。如氟塑料通过胶黏剂来衬里,同时要考虑胶黏剂的耐低温能力。

5.3 在试验温度下保持 24 h,然后加热试样至 16 ℃以上。

5.4 对试样按 GB/T 23711.1—2009 的规定做电火花试验。

6 试验结果判定

6.1 肉眼观察衬里，如有明显变形、开裂等现象被视为失效。

6.2 肉眼观察试样无缺陷、同时对试样按 GB/T 23711.1—2009 的规定做电火花试验，如电火花试验合格，则认定在该测试温度下的试验合格。

6.3 如果选用做过高温的试样，那么认定在该测试温度下的耐高低温能力同时合格。

7 试验报告

7.1 试验报告的内容应包括以下各项：

a) 衬里压力容器的生产厂名，产品名称、型号、规格尺寸；

b) 衬里材料名称、衬里厚度、试验依据的标准、试验温度；

c) 低温恒温箱型号、温度仪精度；

d) 冷却方法和过程描述，冷却、升温曲线图；

e) 试验结论，有关试验人员的签名。

7.2 试验报告的的格式参见附录 A。

附 录 A
（资料性附录）
耐低温试验报告

耐低温试验报告

报告编号：　　　　　　　　　　　　　　　　　　　　　　　　　　　　　　　制造厂名称：

<table>
<tr><td>产品名称</td><td></td><td>产品型号</td><td></td><td>产品规格尺寸</td><td></td></tr>
<tr><td>衬里材料名称</td><td colspan="3">ETFE:□　FEP:□　PFA:□　PTFE:□　PVDF:□</td><td>衬里厚度
mm</td><td></td></tr>
<tr><td>试验依据的标准代号和名称</td><td colspan="5"></td></tr>
<tr><td>温度仪精度</td><td></td><td>温度仪量程</td><td></td><td>试验温度值
℃</td><td></td></tr>
<tr><td>低温恒温箱名称</td><td></td><td>低温恒温箱型号</td><td></td><td>试验时环境温度
℃</td><td></td></tr>
<tr><td>冷却方法和过程描述</td><td colspan="5"></td></tr>
<tr><td>冷却、升温曲线图</td><td colspan="5"></td></tr>
<tr><td colspan="6">结论：
本产品衬里层经　　　℃低温试验，肉眼观察衬里无明显变形，无开裂。
后经　　　kV 电火花试验，没有出现击穿的火花，没有报警声音。
试验结论：合格。
检查员：　　　　　　　　　　日期：
检验责任师：　　　　　　　　日期：
监检员：　　　　　　　　　　日期：
试验单位（章）：　　　　　　日期：</td></tr>
</table>

ICS 71.120;83.140
G 94

中华人民共和国国家标准

GB/T 23711.3—2009

氟塑料衬里压力容器 耐高温试验方法

High temperature test method for pressure vessels lined with fluoroplastics

2009-04-29 发布　　2010-01-01 实施

中华人民共和国国家质量监督检验检疫总局
中国国家标准化管理委员会　发布

前　言

本部分的附录 A 为资料性附录。

本部分由中国石油和化学工业协会提出。

本部分由全国非金属化工设备标准化技术委员会归口。

本部分起草单位:温州赵氟隆有限公司、天华化工机械及自动化研究设计院、温州市氟塑设备制造厂、温州市超星钢塑复合厂、温州市质量技术监督检测院、温州特种塑料研究所。

本部分主要起草人:赵炜、应仁爱、林瑞华、张俊科、陈国龙、何胜伟、陈烈、韩显光。

氟塑料衬里压力容器
耐高温试验方法

1 范围

GB/T 23711 的本部分规定了氟塑料(ETFE、FEP、PFA、PTFE、PVDF)衬里压力容器耐高温试验所用的装置、试样、步骤和试验报告的要求。

本部分适用于氟塑料衬里压力容器的衬里层耐高温试验。

2 规范性引用文件

下列文件中的条款通过 GB/T 23711 的本部分的引用而成为本部分的条款。凡是注日期的引用文件,其随后所有的修改单(不包括勘误的内容)或修订版均不适用于本部分,然而,鼓励根据本部分达成协议的各方研究是否可使用这些文件的最新版本。凡是不注日期的引用文件,其最新版本适用于本部分。

GB/T 23711.1—2009 氟塑料衬里压力容器 电火花试验方法

3 试验装置

3.1 试验装置:对于尺寸较小的衬里压力容器,或者与衬里压力容器材质及加工工艺相同的衬里试样,可放进高温烘箱(试验箱、恒温箱)中加热。如有特殊要求必须对整体衬里压力容器检验时,可直接在衬里压力容器里面通电利用空气加热,也可通入热水或蒸汽直接加热。

3.2 温度仪精度:±3 ℃。

4 试样

耐高温试验是氟塑料衬里压力容器型式试验项目,试样的选择由制造商根据材料、产品和工艺情况而定,或与用户、检验方共同商定。在一般情况下,应采用在钢制压力容器基体相同的钢板上衬贴材质及加工工艺相同的衬里片材而制成的小样品,小样品试样的尺寸大小应根据高温烘箱的空间大小来确定。其试验目的是考核所选衬里材料的耐高温性。只有用户对衬里压力容器有特殊要求时,才考虑用整体压力容器做为试样。

5 试验步骤

5.1 小样品试样和较小的衬里压力容器直接放在高温烘箱内整体加热到额定温度即可。对于较大压力容器可直接在衬里压力容器里面通电,通热水、蒸汽等加热。试验人员应根据具体压力容器的特点,采用适宜的加热介质和方法,以保障被测样品能加热到试验所规定的温度。

5.2 根据试验的温度高低选用适宜的温度仪。

5.3 将试样加热,温度从室温升到高温,不同氟塑料的高温试验温度参见表 1。

表 1 高温试验温度

氟塑料	ETFE	FEP	PFA	PTFE	PVDF
温度[a,b]/℃	149±3	149±3	260±3	260±3	135±3

[a] 表中各种温度是为每种氟塑料推荐的通常温度，制造商可以根据不同材料、产品和工艺情况(如将氟塑料进行改性)，规定不同于表中的温度值。

[b] 该温度是基于非腐蚀条件和无压力情况下测试的，在具体工况中该氟塑料的耐高温性可能有变动。具体工况中的温度限制应由用户与制造商共同商定，或由制造商根据实际经验来修正该试验值。如氟塑料通过胶黏剂来衬里，同时要考虑胶黏剂的耐高温能力。

5.4 在试验温度下保持 2 h，自然冷却试样至 50 ℃以下。

5.5 重复 5.3、5.4，进行 3 次循环试验。

5.6 对试样按 GB/T 23711.1—2009 的规定做电火花试验。

6 试验结果判定

6.1 肉眼观察衬里，如有明显变形、开裂等现象被视为失效。

6.2 肉眼观察试样无缺陷、同时对试样按 GB/T 23711.1—2009 的规定做电火花试验，如电火花试验合格，则认定在该测试温度下的试验合格。

6.3 如果选用做过低温的试样，那么同时认定在该测试温度下的耐高低温能力同时合格。

7 试验报告

7.1 试验报告的内容应包括以下各项：

a) 衬里压力容器的生产厂名，产品名称、型号、规格尺寸；

b) 衬里材料名称、衬里厚度、试验依据的标准，试验温度；

c) 烘箱型号、温度仪精度；

d) 加热方法和过程描述，加热、冷却曲线图；

e) 试验结论，有关试验人员的签名。

7.2 试验报告的格式参见附录 A。

附　录　A
（资料性附录）
耐高温试验报告

耐高温试验报告

报告编号：　　　　　　　　　　　　　　　　　　　　　　　　制造厂名称：

<table>
<tr><td>产品名称</td><td></td><td>产品型号</td><td></td><td>产品规格尺寸</td><td></td></tr>
<tr><td>衬里材料名称</td><td colspan="3">ETFE：□ FEP：□ PFA：□ PTFE：□ PVDF：□</td><td>衬里厚度
mm</td><td></td></tr>
<tr><td>试验依据的标准代号和名称</td><td colspan="5"></td></tr>
<tr><td>温度仪精度</td><td></td><td>温度仪量程</td><td></td><td>试验温度值
℃</td><td></td></tr>
<tr><td>烘箱名称</td><td></td><td>烘箱型号</td><td></td><td>试验时环境温度
℃</td><td></td></tr>
<tr><td>加热方法和过程描述</td><td colspan="5"></td></tr>
<tr><td>加热、冷却曲线图</td><td colspan="5"></td></tr>
<tr><td colspan="6">结论：
本产品衬里层经　　　　℃高温试验，肉眼观察衬里无明显变形，无开裂。
后经　　　　kV电火花试验，没有出现击穿的火花，没有报警声音。
试验结论：合格。

检查员：　　　　　　　　　　　　日期：
检验责任师：　　　　　　　　　　　　日期：
监检员：　　　　　　　　　　　　日期：
试验单位(章)：　　　　　　　　　　　　日期：</td></tr>
</table>

ICS 71.120;83.140
G 94

中华人民共和国国家标准

GB/T 23711.4—2009

氟塑料衬里压力容器　耐真空试验方法

Vacuum test method for pressure vessels lined with fluoroplastics

2009-04-29 发布　　2010-01-01 实施

中华人民共和国国家质量监督检验检疫总局
中国国家标准化管理委员会　发布

前　言

本部分的附录 A 为资料性附录。

本部分由中国石油和化学工业协会提出。

本部分由全国非金属化工设备标准化技术委员会归口。

本部分起草单位：温州赵氟隆有限公司、天华化工机械及自动化研究设计院、温州市氟塑设备制造厂、温州市超星钢塑复合厂、温州市质量技术监督检测院、温州特种塑料研究所。

本部分主要起草人：陈国龙、赵君、程秀萍、张俊科、陈招、胡俊、陈烈、应仁爱。

氟塑料衬里压力容器　耐真空试验方法

1　范围

GB/T 23711 的本部分规定了氟塑料(ETFE、FEP、PFA、PTFE、PVDF)衬里压力容器的衬里耐真空试验所用的装置、试样、步骤和及试验报告的要求。

本部分适用于氟塑料衬里压力容器衬里层的耐真空试验。

2　规范性引用文件

下列文件中的条款通过 GB/T 23711 的本部分的引用而成为本部分的条款。凡是注日期的引用文件,其随后所有的修改单(不包括勘误的内容)或修订版均不适用于本部分,然而,鼓励根据本部分达成协议的各方研究是否可使用这些文件的最新版本。凡是不注日期的引用文件,其最新版本适用于本部分。

GB/T 23711.1—2009　氟塑料衬里压力容器　电火花试验方法

3　试验装置

衬里耐真空试验装置包括:

a)　真空泵;

b)　真空表精度:1.6 级;

c)　温度仪精度:±3 ℃。

4　试样

衬里耐真空试验是氟塑料衬里压力容器型式试验项目,试样的选择由制造商根据材料、产品和工艺情况而定,或与用户、检验方共同商定,也可以专门制作小试样。其试验目的是考核所选衬里材料的产品的耐真空能力。

5　试验步骤

5.1　安装试样:将试样便于观察的 1～2 个管口安装带视镜的法兰,另一个管口安装法兰连接真空泵。

5.2　在待检压力容器上选择适宜的管口,安装温度仪,使其能准确测量待检压力容器中的介质温度。

5.3　开启真空泵抽真空;一般选择常温进行试验,维持一定的负压值 1 h,如无破坏发生,继续增加负压值,重复这些过程直至衬里破坏或达到全真空。

5.4　衬里产品通常在常温下进行试验。当用户有特殊要求时,也可进行在高温下或某个适宜的温度下(参见表 1)进行耐真空试验。

表 1　耐真空试验最高温度

氟塑料	ETFE	FEP	PFA	PTFE	PVDF
温度[a,b]/℃	149±3	149±3	260±3	260±3	135±3

[a] 表中各种温度是为每种氟塑料推荐的通常温度;制造商可以根据不同材料、产品和工艺情况(如对氟塑料进行改性),规定不同于表中的温度值。

[b] 该温度是基于非腐蚀条件情况下测试的,在具体工况中该氟塑料的耐真空能力可能有变动。具体工况中的温度和真空限制应由用户与制造商共同商定,或由制造商根据实际经验来修正该试验值。如氟塑料通过胶黏剂来衬里,同时要考虑胶黏剂的耐温能力。

5.5 试样在抽真空时，试样内部温度会降低的情况忽略不计。

5.6 如试样不合格，或不能通过上述中的某个步骤，则纠正损坏原因，或降低试验条件，重新做试验。

6 试验结果的判定

6.1 肉眼观察衬里，如有扭曲、抽瘪以及明显变形、开裂等现象被视为失效。

6.2 肉眼观察试样无失效，再对试样按 GB/T 23711.1—2009 的规定做电火花试验，如电火花试验合格，则认定试样在该测试温度(常温、或高温)下的耐真空能力为合格。

7 试验报告

7.1 试验报告的内容应包括以下各项：

a) 衬里压力容器的生产厂名，产品名称、型号、规格尺寸；

b) 衬里材料名称、衬里厚度、试验依据的标准，试验的真空度；

c) 真空泵型号、真空表精度、温度仪精度；

d) 加热、抽真空方法和过程描述，加热、抽真空曲线图；

e) 试验结论，有关试验人员的签名。

7.2 试验报告的格式参见附录 A。

附 录 A
（资料性附录）
耐真空试验报告

耐真空试验报告

报告编号： 制造厂名称：

产品名称		产品型号		产品规格尺寸	
衬里材料名称	ETFE:□ FEP:□ PFA:□ PTFE:□ PVDF:□			衬里厚度 mm	
试验依据的标准代号和名称					
真空泵型号		真空表精度		试验的真空度 MPa	
温度仪量程		温度仪精度		试验温度 ℃	常温:□____ 高温:□____
加热、抽真空方法和过程描述					
加热、抽真空曲线图					

结论：

本产品衬里层经　　℃高温(室温)，抽　　MPa负压的真空试验，肉眼观察衬里无明显变形，无开裂。

后经　　kV电火花试验，没有出现击穿的火花，没有报警声音。

试验结论：合格。

检查员：　　　　日期：

检验责任师：　　　　日期：

监检员：　　　　日期：

试验单位(章)：　　　　日期：

ICS 71.120;83.140
G 94

中华人民共和国国家标准

GB/T 23711.5—2009

氟塑料衬里压力容器
热胀冷缩试验方法

Expansion and contraction test method for pressure vessels lined with fluoroplastics

2009-04-29 发布　　2010-01-01 实施

中华人民共和国国家质量监督检验检疫总局
中国国家标准化管理委员会　发布

前　言

本部分的附录 A 为资料性附录。

本部分由中国石油和化学工业协会提出。

本部分由全国非金属化工设备标准化技术委员会归口。

本部分起草单位：温州赵氟隆有限公司、天华化工机械及自动化研究设计院、温州市氟塑设备制造厂、温州市超星钢塑复合厂、温州市质量技术监督检测院、温州特种塑料研究所。

本部分主要起草人：陈招、赵君、陈烈、张俊科、陈国龙、李国林、林瑞华、应仁爱。

氟塑料衬里压力容器
热胀冷缩试验方法

1 范围

GB/T 23711 的本部分规定了氟塑料(ETFE、FEP、PFA、PTFE、PVDF)衬里压力容器热胀冷缩试验所用的装置、试样、步骤及试验报告的要求。

本部分适用于氟塑料衬里压力容器衬里层的热胀冷缩试验。

2 规范性引用文件

下列文件中的条款通过 GB/T 23711 的本部分的引用而成为本部分的条款。凡是注日期的引用文件,其随后所有的修改单(不包括勘误的内容)或修订版均不适用于本部分,然而,鼓励根据本部分达成协议的各方研究是否可使用这些文件的最新版本。凡是不注日期的引用文件,其最新版本适用于本部分。

GB/T 23711.1—2009 氟塑料衬里压力容器 电火花试验方法

3 试验装置

冷热循环耐压试验机示意图见图 1。

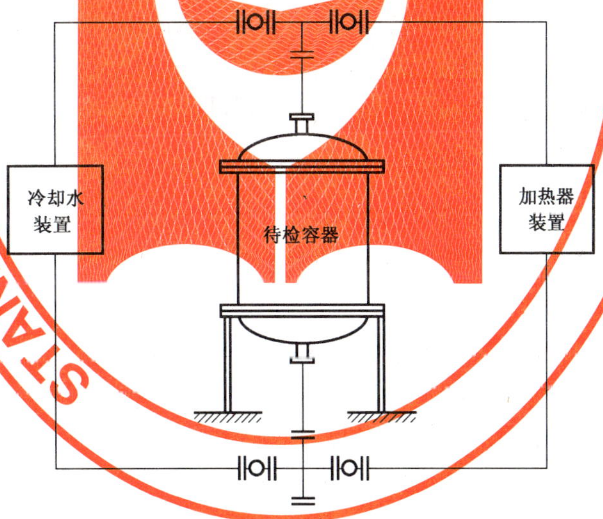

图 1 冷热循环耐压试验机示意图

4 试样

热胀冷缩试验是氟塑料衬里压力容器型式试验项目,试样的选择由制造商根据不同材料、产品、工艺和工况而定,或与用户、检验方共同商定。其试验目的是考核所选衬里材料耐骤冷骤热的能力。

5 试验步骤

5.1 安装试样:衬里压力容器可安放在冷热循环耐压试验机外,通过管子与试验机连接。

5.2 在待检压力容器上选择适宜的管口,安装温度计,使其能准确测量待检压力容器中的介质温度。

5.3 将试样加热、加压:温度从室温升到高温,对高于 100 ℃采用蒸汽加热,等于或低于 100 ℃直接用水加热。加热温度和蒸汽压力参见表1。

表1 加热温度和蒸汽压力

氟塑料	ETFE	FEP	PFA	PTFE	PVDF
温度[a,b]/℃	149	149	260	260	135
蒸汽压力/kPa	300±20	300±20	862±35	862±35	207±15

[a] 表中各种温度是为每种氟塑料推荐的通常温度;制造商可以根据不同材料、产品和工艺情况(如将氟塑料进行改性),规定不同于表中的温度值。

[b] 该温度是基于非腐蚀条件情况下测试的,在具体工况中该氟塑料的耐高低温变化、耐骤冷骤热的能力可能有变动。具体工况中的温度限制应由用户与制造商共同商定,或由制造商根据实际经验来修正该试验值。如氟塑料通过胶黏剂来衬里,同时要考虑胶黏剂的耐温能力。

5.4 进行热循环:用表1规定的蒸汽压力和温度,对试样加热,因压力容器内的温度均衡有一个过程,应注意观察温度计并记录试样里加热介质的温度变化,直至试样里加热介质的温度达到设定的试验温度。

5.5 达到设定的试验温度后,关闭蒸汽。

5.6 将低于25 ℃的冷却水,快速流过试样进行冷却。蒸汽加热时,试样里的温度冷却至50 ℃以下;热水加热时,试样里的温度冷却至30 ℃以下。

5.7 重复5.4～5.6的步骤,进行10次循环试验。

6 试验结果的判定

6.1 肉眼观察衬里,如有明显变形、开裂等现象被视为失效。

6.2 肉眼观察试样无失效,再对其按GB/T 23711.1—2009的规定做电火花试验;如电火花试验合格,则认定试样在该测试温度下的热胀冷缩试验为合格。

注:10次循环结束后,在PFA、PTFE、FEP表面上产生的水泡不能视为失效。这些表面的水泡是因衬里吸收水汽凝结形成的,这些水泡不影响衬里的性能。

7 试验报告

7.1 试验报告的内容应包括以下各项:

a) 衬里压力容器的生产厂名,产品名称、型号、规格尺寸;

b) 衬里材料名称、衬里厚度、试验依据的标准,试验温度范围;

c) 冷热循环耐压试验机型号、温度仪精度;

d) 加热、冷却方法和过程描述,加热、冷却曲线图;

e) 试验结论,有关试验人员的签名。

7.2 试验报告的格式参见附录A。

附　录　A
（资料性附录）
热胀冷缩试验报告

热胀冷缩试验报告

报告编号：　　　　　　　　　　　　　　　　　　　　　制造厂名称：

<table>
<tr><td>产品名称</td><td></td><td>产品型号</td><td></td><td>产品规格尺寸</td><td></td></tr>
<tr><td>衬里材料名称</td><td colspan="3">ETFE:□　FEP:□　PFA:□　PTFE:□　PVDF:□</td><td>衬里厚度
mm</td><td></td></tr>
<tr><td>试验依据的标准
代号和名称</td><td colspan="5"></td></tr>
<tr><td>冷热循环耐压试验机名称</td><td></td><td>冷热循环耐压
试验机型号</td><td></td><td>试验温度范围
℃</td><td></td></tr>
<tr><td>温度仪量程</td><td></td><td>温度仪精度</td><td></td><td>蒸汽压力
kPa</td><td></td></tr>
<tr><td>加热、冷却方法
和过程描述</td><td colspan="5"></td></tr>
<tr><td>加热、冷却曲线图</td><td colspan="5"></td></tr>
<tr><td colspan="6">结论：
本产品衬里层经　　℃～　　℃热胀冷缩试验，肉眼观察衬里无明显变形，无开裂。
后经　　　　kV 电火花试验，没有出现击穿的火花，没有报警声音。
试验结论：合格。

检查员：　　　　　　　　　　　　日期：

检验责任师：　　　　　　　　　　日期：

监检员：　　　　　　　　　　　　日期：

试验单位（章）：　　　　　　　　日期：</td></tr>
</table>

ICS 71.120;83.140
G 94

中华人民共和国国家标准

GB/T 23711.6—2009

氟塑料衬里压力容器
压力试验方法

Hydrostatic pressure test method for pressure vessels lined with fluoroplastics

2009-04-29 发布 2010-01-01 实施

中华人民共和国国家质量监督检验检疫总局
中国国家标准化管理委员会 发布

前　言

本部分的附录 A 为资料性附录。

本部分由中国石油和化学工业协会提出。

本部分由全国非金属化工设备标准化技术委员会归口。

本部分起草单位:温州赵氟隆有限公司、天华化工机械及自动化研究设计院、温州市氟塑设备制造厂、温州市超星钢塑复合厂、温州市质量技术监督检测院、温州特种塑料研究所。

本部分主要起草人:陈国龙、赵炜、张俊科、陈烈、赵君、蔡勇、程秀萍、应仁爱。

氟塑料衬里压力容器
压力试验方法

1 范围

GB/T 23711的本部分规定了氟塑料(ETFE、FEP、PFA、PTFE、PVDF)衬里压力容器压力试验方法。

本部分适用于氟塑料衬里压力容器的压力试验。

2 规范性引用文件

下列文件中的条款通过GB/T 23711的本部分的引用而成为本部分的条款。凡是注日期的引用文件,其随后所有的修改单(不包括勘误的内容)或修订版均不适用于本部分,然而,鼓励根据本部分达成协议的各方研究是否可使用这些文件的最新版本。凡是不注日期的引用文件,其最新版本适用于本部分。

GB/T 23711.1—2009 氟塑料衬里压力容器 电火花试验方法

TSG R0001:2004 非金属压力容器安全技术监察规程

3 试验装置

3.1 选用能满足所测压力范围的电动或手动试压泵。

3.2 压力试验装置必须装有两只量程相同并经检定合格的压力表,所用压力表精度应不低于1.6级,压力表量程极限值为最高试验压力的1.5~3倍,量程是试验压力的2倍左右为宜。压力表的表盘直径不得小于100 mm。压力表的安装位置应便于观察。

3.3 根据试验的压力范围选择合适的压力管道及密封装置,确保试验过程中能顺利升压并保持压力。

3.4 待试验氟塑料衬里压力容器的顶部应设排气孔,以便试验前进行充液时,能够将其内的气体排净。

3.5 耐压试验场地应有可靠的安全防护设施,并应经单位技术负责人和安全部门检查认可。

4 试样

4.1 氟塑料衬里压力容器的试样须符合TSG R0001:2004的要求。

4.2 压力试验是每一台氟塑料衬里压力容器出厂前的必检项目,所以每一台容器即是试样,不需要抽样或制作专门试样。其试验目的是检验产品的承压强度和密封性能。

5 试验方法

5.1 安装试样:在室温下将试样的端口用法兰盖紧固密封,形成一个封闭腔。注意法兰上螺栓时,法兰要装正,密封要压牢,螺栓要上匀和对角逐步拧紧。

5.2 压力试验前对试样的组装质量和试验的准备工作进行全面检查。在整个试验过程中,需将压力容器观测表面处理干净,并保持干燥。

5.3 试验用液体采用洁净水,水温不得低于5 ℃。

5.4 向试样内注入洁净水,排尽封闭腔内空气。

5.5 试样注满水后,缓慢升压,当压力升至试验压力的30%~50%时,应停止升压,进行初步检查;当压力升至工作压力时,应停止升压,检查有无异常情况;无异常时方可升压至试验压力。在试验压力下,人不得靠近试样。

5.6 试验压力应取设计压力的1.25倍,试验压力保压时间不少于30 min。然后将压力降至试验压力的80%,至少保持30 min以上。

5.7 试验过程中要随时观察压力表,注意可能产生的渗漏,特别要观察连接部位及密封处。

5.8 保压过程中,压力应保持不变,不得采用连续加压来维持试验压力不变。

5.9 试样压力试验完成后,卸除压力,放净封闭腔内的水。放水时,特别注意先打开试验时试样位置上方的管口,再打开下方放水口;放水时应防产生真空吸瘪衬里。

5.10 衬里压力试验完成后,最后对试样按GB/T 23711.1—2009做电火花试验。

6 试验结果的判定

6.1 在达到试验压力的过程中,肉眼观察试样应无水珠渗出、衬里无渗漏及破裂现象,试样无可见的变形,试验过程中无异常的响声。

6.2 在保持压力期间试样应无水珠渗出、衬里无渗漏及破裂现象,同时压力表的数值无明显下降。

注:由于试验装置系统的原因而引起的压力表数值稍许下降是允许的。

6.3 符合6.1、6.2要求,则判定试样为合格。

6.4 如试样的法兰处个别部位泄漏,则泄压后再拧紧法兰上的紧固件,根据6.1、6.2进行复验。

7 试验报告

7.1 试验报告的内容应包括以下各项:

a) 衬里压力容器的生产厂名,产品名称、型号、规格尺寸;

b) 衬里材料名称、衬里厚度、试验依据的标准,试验压力、试验介质;

c) 试压泵型号、压力表精度;

d) 设计要求压力试验曲线图,实际压力试验曲线图;

e) 试验结论,有关试验人员的签名。

7.2 试验报告的格式参见附录A。

附　录　A
（资料性附录）
压力试验报告

压力试验报告

报告编号：　　　　　　　　　　　　　　　　　　　　　　　　制造厂名称：

产品名称		产品型号		产品规格尺寸	
衬里材料名称	ETFE:□　FEP:□　PFA:□　PTFE:□　PVDF:□			衬里厚度 mm	
试验依据的标准代号和名称					
压力表精度		压力表量程		压力表编号	
压力表检定日期		试验介质		试验时环境温度 ℃	
试压泵型号		试压泵制造商		试压泵名称	
设计要求压力试验曲线图					
实际压力试验曲线图					

结论：

木产品经　　　　MPa 水压试验，无渗漏，无可见的异常变形，无异常响声。

试验结论：合格。

检查员：　　　　　　　　日期：

检验责任师：　　　　　　日期：

监检员：　　　　　　　　日期：

试验单位（章）：　　　　日期：

ICS 29.020
J 09

中华人民共和国国家标准

GB 23712—2009

工业机械电气设备 电磁兼容 机床发射限值

Electrical equipment of industrial machines—Electromagnetic compatibility—Emission limits for machine tools

2009-04-21 发布

2010-02-01 实施

中华人民共和国国家质量监督检验检疫总局
中国国家标准化管理委员会 发布

前　　言

本标准除附录D和附录E以及条款中"注"为非强制性条款外，其余条款均为强制性。

本标准等同采用欧洲标准EN 50370-1:2005《电磁兼容(EMC)　机床产品类标准　第1部分:发射限值》(英文版)。

为便于使用，本标准做了下列编辑性修改：

——将适用于欧洲标准的表述改为适用于我国标准的表述(包括标点符号)；

——将EN 50370-1:2005标准名称《电磁兼容(EMC)　机床产品类标准　第1部分:发射限值》改为本标准名称的《工业机械电气设备　电磁兼容　机床发射限值》。

——删去EN标准的前言。

——第1章范围的脚注为采用说明。

本标准的附录A、附录B、附录C是规范性附录，附录D、附录E是资料性附录。

本标准由中国机械工业联合会提出。

本标准由全国工业机械电气系统标准化技术委员会(SAC/TC 231)归口。

本标准负责起草单位:固高科技(深圳)有限公司和北京机床研究所。

本标准主要参加起草单位:北京凯恩帝数控技术有限公司、国家机床质量监督检验中心、杭州机床集团有限公司。

本标准主要起草人:吴宏、龚小云、黄祖广、杨洪丽、陈建明、黄麟、赵钦志、阮志斌。

本标准为首次发布。

工业机械电气设备
电磁兼容　机床发射限值

1　范围[1)]

本标准规定了用于工业环境或类似用途，线间额定电压不超过 1 000 V a.c. 或者 1 500 V d.c. 的机床的电磁发射限值，但不包括电火花加工机床(EDM)。

注：机床可装有电动机、加热元件或它们的组合，可以包括：电气或电子电路，可由电力网或其他电源驱动。

本标准涉及电磁发射的频率范围为 9 kHz～400 GHz。其他频率不在本标准考虑之列。

2　规范性引用文件

下列文件中的条款通过本标准的引用而成为本标准的条款。凡是注日期的引用文件，其随后所有的修改单(不包括勘误的内容)或修订版均不适用于本标准，然而，鼓励根据本标准达成协议的各方研究是否可使用这些文件的最新版本。凡是不注日期的引用文件，其最新版本适用于本标准。

GB 4824—2004　工业、科学和医疗(ISM)射频设备　电磁骚扰特性　限值和测量方法(CISPR 11：2003，IDT)

GB 9254—2008　信息技术设备的无线电骚扰限值和测量方法(IEC/CISPR 22：2006，IDT)

GB/T 6113.101—2008　无线电骚扰和抗扰度测量设备和测量方法规范　第 1-1 部分：无线电骚扰和抗扰度测量设备　测量设备(CISPR 16-1-1：2006，IDT)

GB/T 6113.102—2008　无线电骚扰和抗扰度测量设备和测量方法规范　第 1-2 部分：无线电骚扰和抗扰度测量设备　辅助设备　传导骚扰(CISPR 16-1-2：2006，IDT)

GB/T 6113.103—2008　无线电骚扰和抗扰度测量设备和测量方法规范　第 1-3 部分：无线电骚扰和抗扰度测量设备　辅助设备　骚扰功率(CISPR 16-1-3：2004，IDT)

GB/T 6113.104—2008　无线电骚扰和抗扰度测量设备和测量方法规范　第 1-4 部分：无线电骚扰和抗扰度测量设备　辅助设备　辐射骚扰(CISPR 16-1-4：2005，IDT)

GB/T 6113.105—2008　无线电骚扰和抗扰度测量设备和测量方法规范　第 1-5 部分：无线电骚扰和抗扰度测量设备　30 MHz～1 000 MHz 天线校准用试验场地(CISPR 16-1-5：2003，IDT)

GB/T 21067—2007　工业机械电气设备　电磁兼容　通用抗扰度要求

3　术语和定义

下列术语和定义适用于本标准。

3.1

机床　machine tool；MT

非手提式操作的机械，由外部电源驱动，用于加工固态金属产品，包括车削、铣削、磨削、钻削、机械加工等有切屑的切削加工，也包括诸如弯曲、锻造等无切屑的成形加工。

机床通常配备有电源、动力和控制用电气和电子设备，也配备有一个或多个动力驱动装置使活动元件或部件运动。

---

1)　EN 50370-1 是欧盟电磁兼容指令的协调标准。

如果为出口机床到欧盟而采用本标准，请注意：本标准不包括 2004/108/EC 电磁兼容指令所定义的固定设施。

3.2

组件(模块)　module

由机械、气动、液压、电气和/或电子零部件(例如:机座、刀架、传感器、主轴单元,以及包含 NC 控制器、人机界面、可编程序逻辑控制器(PLC)和动力传动装置等的电柜)组成的装置,预期只用于为装入设备或系统的工业组合操作。元件也可认为是组件。

3.3

电磁相关元件或组件　electromagnetically relevant component/module

与发射方面有关的电磁相关元件或组件是指,由于其电磁特性容易引起电磁骚扰使其影响可能装入这些元件或组件的典型装置的发射特性。

3.4

端口　port

规定的设备与外部环境的特定界面。

[GB/T 21067—2007 中 3.1.1]

注:在本标准中,"端口"为指定的机床或组件与电磁环境作用的特定界面。界面指整台机床或组件的物理界限。

3.5

电源接口　power interface

机床范围内用于配电所需要的连接。

注:组件端口可以连接到机床的端口上,或可以形成机床内其他组件的接口。

3.6

整套电气系统(装置)　entire electrical set

把与机床机械结构相分离的各个与电磁有关的组件装配起来,以便在标准试验场上进行试验的装置。

3.7

型式试验　type test

对某设计制造的一台或多台设备进行试验,以证明设计符合相应的技术规范。

[IEV 151-04-15]

3.8

设备　equipment

通用术语,涉及整台机床、整套电气系统(装置)或电气/机电组件。

4　系统配置和试验方法

4.1　系统基本配置

系统的基本配置由以下部分组成(见图 1):

——供电部分;

——控制电路、保护电路和设备;

——一个或多个执行电能控制和/或转换的基本动力调节单元(例如:传动组件);

——一个或多个操动器及其相关联变换器;

——控制和程序系统,例如:NC 控制器、可编程序逻辑控制器(PLC)及其关联外围设备、编程和调试工具、试验设备和人机接口等;

——外围设备 (包括变换器、操作站、紧急停止器件等);

——通过操动器驱动的装置和运动部件。

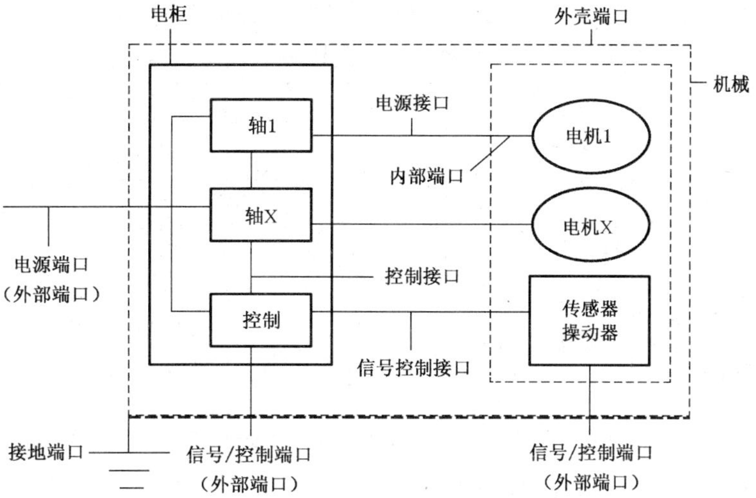

图 1 系统配置和端口示例

4.2 试验方法

机床成品的型式试验是合格评定的标准方法。但是，在常规的 EMC 试验场，进行整台机床的全部试验，只是技术上可行，而经济上只对数目有限的机床可行。可进行型式试验的机床和由于机床重量、尺寸、操作或试验成本过高、试验延迟等原因，不能在常规 EMC 试验场进行整台型式试验的机床，两者间应区分。

此外，需要考虑机床的单台生产、型号繁多，以及扩充和改装情况。

应区分并注意下列情况：

——可以进行型式试验的机床；

——不可以进行型式试验的机床；

——多种型号机床；

——改装、添加和扩充的机床。

合格评定的每个试验程序是基于以下一项试验或不同的试验组合：

——在 EMC 试验场进行的型式试验；

——对整台机床进行目视检查；

——对整台机床进行附加试验。[2)]

5 电磁发射测量

电磁发射测量应按 GB 4824—2004 和 GB/T 6113—2008 的要求进行。

这里不再重复上述标准的内容。本产品标准给出了在具体应用中有关测量程序所需修改或附加信息。

注：只要符合 GB 4824—2004 和 GB/T 6113—2008 规定的测量方法，这些条件也包含在现场测量中。

5.1 分类和测量程序

电磁发射测量程序在下列条款中给出。综述测量程序的流程图见附录 E。

5.1.1 不含电磁相关元件或组件的机床

若机床不含有电磁相关元件或组件，则无需试验。

例如：仅含有诸如鼠笼式电动机和机电开关之类零部件的机床。

5.1.2 含有电磁相关元件或组件的机床

若机床含有电磁相关元件或组件，例如电子控制装置和电力零部件（分装置和子系统等），应执行

2） 这种试验通常在制造商生产现场进行。

表1中规定的其中一个程序。试验程序由制造商根据机床的特性选定。

表1 测量程序

试验程序	试验程序 A（适用于整台机床）	试验程序 B（适用于整套电气系统）	试验程序 C（适用于电气或机电组件）
型式试验	要求	要求	要求
目视检查整台机床	不要求	要求	要求
机床的附加试验[a]	不要求	不要求	要求
[a] 这些试验通常在制造商的生产场地上执行。			

5.1.2.1 **试验程序 A**

机床应按本标准的电磁发射要求进行测量（见5.2～5.4和附录A中的表A.1）。

在试验期间，应按制造商的规定操作机床。

5.1.2.2 **试验程序 B**

当模拟制造商规定的功能时，应按本标准规定的电磁发射要求进行机床的整套电气系统试验（见5.2～5.4、表A.1和附录B）。

5.1.2.3 **试验程序 C**

机床应由制造商适当地拆分为组件后才能执行试验程序C。

把机床拆分为组件后，就机床的电磁发射而言，制造商应把各个组件分类为与电磁相关或不相关的组件。

与电磁不相关的组件无需试验。

对于与电磁相关的组件，按照以下步骤试验：

a) 确定机床哪些电源端口与组件的哪个端口或接口相连接（附录C中的表C.1）；

b) 将用作整台机床的外部端口的所有组件的电源端口，都应进行试验；

c) 所有组件的外壳端口要与机床的外壳端口相连接；

d) 组件试验应根据本标准规定的电磁发射要求（见5.2～5.4、表A.1和附录C）或按照与电磁发射相关的标准进行。

注：组件制造商声明其组件符合EMC规定，机床制造商不必重复试验。

5.2 受试设备配置

试验期间，不使用的外部端口（信号/控制端口）应连接到1.5 m长的电缆上。

只有试运转、保养和维修目的易接近的外部端口，在测量时不必考虑。

注：当使用GB 4824—2004中6.4.1的互连电缆时，也应作上述考虑。

按照5.1.2.1～5.1.2.3及相应附录的要求，要对机床或组件的相关端口进行测量。

当机床或组件为其操作所必须连接的辅助设备的配置为最小时，应对机床或组件进行测量。

辅助设备不是机床的组成部件，而是为机床的操作所必须的设备，例如编程设备。

在测量期间，要开动所有安装在机床内并且会影响机床电磁发射的装置（例如：自动换刀装置、整体式工件装卸装置等）。

注：所有与试验无关的设备，例如切屑输送装置、冷却设备、自动棒料装载机和送料系统，目前不需要试验。

应在特定的或典型的环境范围内以及在机床额定的电源电压和频率下进行测量。

应使用低于最大值的基准设置，优先选用大约50%水平的设置。

5.2.1 设备配置—— 程序 A

机床应完全配置好，并装配好。就最坏情况配置的意义而言，选用的机床装有数量最多的坐标轴、主轴、转塔刀架，以及其他适于模块化机床可用的组件。

测试期间，机床应做好使用的准备，包括要完全安装并闭合机床的底座，关闭电控箱和工作区的防护装置。

测试期间，机床应该以空载方式，运行典型加工程序(例如：程序步、循环时间、速度、功率、转矩、绝对温度和增量温度加热元件)，以重复的方式运转。某些机床(例如激光加工机床)要在加工条件下运转才能满足要求。

工作循环内，应选通机床的每个与EMC有关的组件以及驱动器。此外，还要模拟机床的实际切削条件。不能使用假定的或不实际的进给率，及特定的NC试验模式(例如“空运行”)。

注：通常试验循环是机床制造商提供的零件程序，为了检查机床的精度或功能，该程序根据机床制造商的丰富实践经验编制，并可长期使用。

5.2.2 设备配置——程序B

测试期间，当要按照通常的操作来模拟制造商描述的特定功能时，以确定的典型工作模式来操作机床的整套电气系统(装置)。

典型机床试验条件如下所示：

——执行模拟循环操作是为了使用所有与电磁相关的元件或组件；

——不同功能水平的设置，例如：程序步、循环时间、速度、功率、转矩、绝对温度和增量温度加热元件。

电缆敷设的型式和长度以及电缆护套的连接应与实际机床的相一致。

5.2.3 设备配置——程序C

组件的测试条件应与组件执行的主要功能相适应。

零部件的配置和装载应合理(见试验计划)。

测试期间所使用的电缆应是在单独设备要求中所规定的类型。

5.3 不同配置机床的型式试验

根据所要执行的任务不同，机床有不同的配置。这些配置是完全或复杂配置的衍生式。制造商(装配者或集成商)可以通过以下方法，在完全符合本标准的情况下来简化他们的工作。

制造商应尝试定义最可能引起最大电磁发射的EMC配置。典型配置应按照第5.1所示的分类和试验方法定义，以便其他可能的配置包括在适用范围内。本测试评定应有技术文件支持(例如显示电气和机电组件以及相关互连的框图)。

如果上述的典型配置，按5.1.2和5.2所述的试验程序和试验安排进行试验后符合本标准的要求，那么要被评定的其他配置，也可视为符合本标准的要求，无需另外检验。

当制造商改装已评定过的机床配置，则应按表2要求对机床新的衍生配置进行评定，看其是否可作为新的典型配置。

表2 评定不同机床配置的方法

机床的状况	处理方式
单一配置或不同配置的机床	按5.1和5.2要求试验典型配置机床(EMC最坏情况的配置)
用与电磁不相关的元件改装过的机床	机床被认为满足相关电磁发射试验要求，无需试验
用与电磁相关的元件改装过的机床	重新评定典型配置的有效性。如果无效，那么按5.1和5.2试验新的典型配置机床

“最坏情况”可以用不同组合、有限的试验或两者皆有的简单条件识别。“最坏情况”通常是最复杂的衍生。

5.4 试验计划和试验报告

5.4.1 试验计划

建议根据各方同意的EMC试验计划来进行EMC试验。

EMC试验计划是就特定的产品、服务、合同或项目等活动的作法、资源和操作顺序而制定的文件。

受试设备(EUT)和辅助设备的配置、操作和性能是计划和执行EMC试验的基本信息。此外,在试验开始前,应制定操作EUT的职责(见附录D)。

5.4.2 试验报告

试验报告应至少包括以下信息:

——制造商或其代表,以及受试产品的标识;

——已被评定的机床的功能;

——对于试验程序C已评定过且与电磁相关的组件的功能;

——分为信号、控制和电源三种类别端口的标识;

——运行条件;

——适合于试验条件所采用的模拟循环;

——环境条件;

——所使用的试验设施和仪器的说明;

——天线的试验距离、位置和参考点;

——试验配置的描述(例如照片);

——EUT、电缆(型号、长度和连接器)以及辅助设备的说明;

——EUT的运行方式;

——试验结果。

6 产品文件

为确保满足电磁兼容性(EMC)的要求,应提供有关安装、操作或维修所需措施的资料。例如使用接地、屏蔽或专用电缆和最长的电缆长度,以及正确地连接。

机床主要用于工业环境,为用户提供的文件应说明,应注意到在其他环境中无线电频率保护,还面临着潜在的困难。

根据本标准所选择的试验程序(A、B或C)应在本产品文件中说明。

附 录 A
(规范性附录)
型式试验要求

表 A.1 型式试验要求

端口	频率范围	极限值(>16 A 每相)	极限值(≤16 A 每相)	基础标准
外壳	30 MHz~230 MHz	50 dB(μV/m)准峰值 测量距离 10 m	40 dB(μV/m)准峰值 测量距离 10 m	GB 4824—2004
	230 MHz~1 000 MHz	50 dB(μV/m)准峰值 测量距离 10 m	47 dB(μV/m)准峰值 测量距离 10 m	
交流电源	0.15 MHz ~0.50 MHz	100 dB(μV)准峰值 90 dB(μV)平均值	79 dB(μV)准峰值 66 dB (μV)平均值	GB 4824—2004
	0.50 MHz~5 MHz	86 dB(μV)准峰值 76 dB(μV)平均值	73 dB(μV)准峰值 60 dB(μV)平均值	GB 4824—2004
	5 MHz~30 MHz	90 dB(μV),准峰值, 在频率范围内可减小至 70 dB; 80 dB(μV),平均值, 在频率范围内可减小至 60 dB	60 dB(μV)准峰值 60 dB(μV)平均值	GB 4824—2004
按 GB 9254—2008 的定义,电信或网络端口应符合 GB 9254—2008 的规定。				

附 录 B
（规范性附录）
整套电气系统（装置）

当模拟特定的功能时，应遵循基础标准的测量和试验方法来对整套电气系统（如 3.6 定义）进行型式试验。

此外，制造商应编制装配指南以总装机床。

为了检验机床是否符合设计规则，应进行目视检查。

试验报告应对选择的程序 B 作为试验方法及试验符合要求进行说明。

附　录　C
（规范性附录）
机 床 组 件

机床与外部环境的接口是对机床进行型式试验的测量点。应恰当地选定机床组件。有关试验见表C.1。

此外，制造商应编制装配指南来总装机床。为了检验机床是否符合设计规则，还应进行目视检查。编制试验方案，说明对典型成品机床进行试验的类型和位置。

如果机床制造商偏离了组件制造商安装指南中规定的措施，则应根据附加试验和/或计算结果和/或以往经验来说明偏离的原因。

制造商应记录所有这些数据，包括组件的技术规格、装配指南、目视检查结果、所选择的试验类型和分析结果。

试验报告应对选择的试验程序C作为试验方法及试验符合要求进行说明。

制造商的证明文件中应做出以下声明："本机床是用经试验过的组件装配的"。

表C.1　机床的电磁发射测量——按附录A的试验程序进行试验的端口和接口一览表

端口	组件端口	机床端口	机床的附加试验
RF-场强	外壳	外壳	不要求
传导电压	交流电源	交流电源	按附录A的要求
按GB 9254—2008的定义，电信或网络端口应符合GB 9254—2008的规定。			

附　录　D
（资料性附录）
试验计划

EMC 试验计划可以包括以下内容：

——EUT 的描述；

——外围设备(包括在 EUT/辅助设备中)的说明；

——EUT 配置(硬件和软件)；

——EUT 使用说明书；

——试验顺序；

——试验中各有关当事方的职责；

——说明各端口的配置和加载情况(程序 C)。

附 录 E
（资料性附录）
试验程序流程图

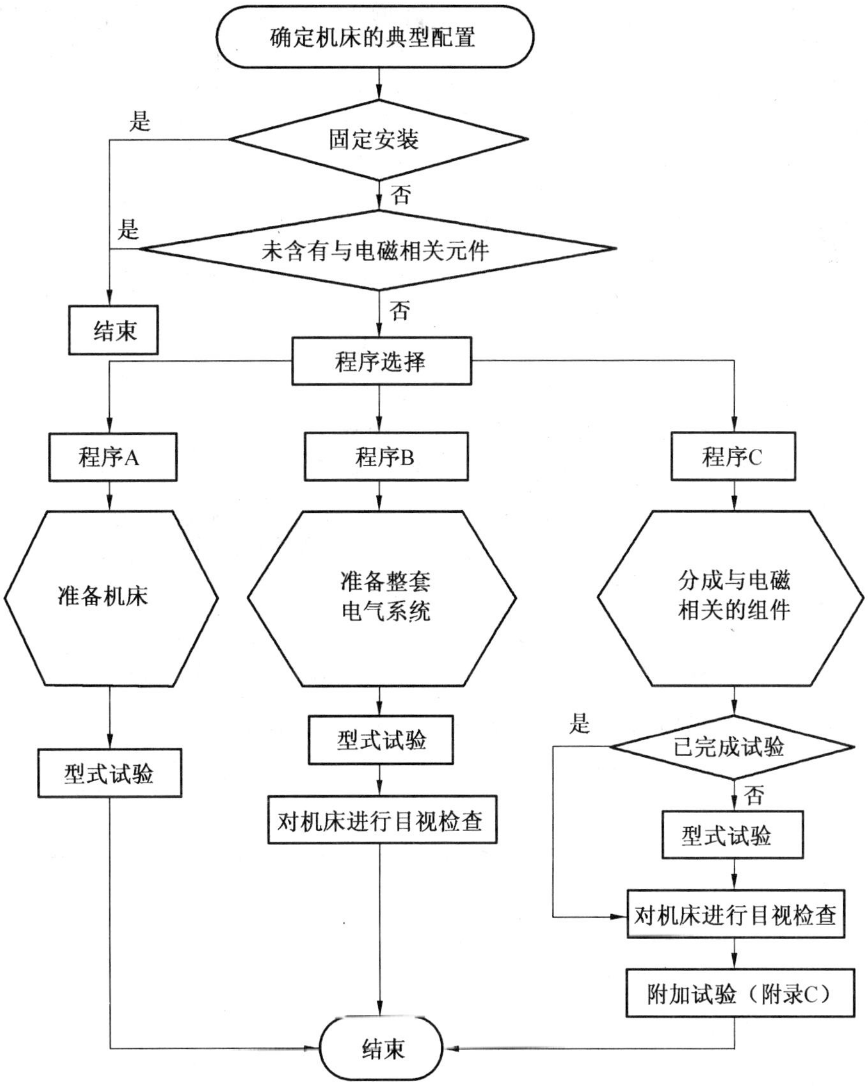

ICS 17.160
J 04

中华人民共和国国家标准

GB/T 23713.1—2009/ISO 13381-1:2004

机器状态监测与诊断　预测
第1部分:一般指南

Condition monitoring and diagnostics of machines—Prognostics—Part 1:General guidelines

(ISO 13381-1:2004,IDT)

2009-04-24 发布　　2009-12-01 实施

中华人民共和国国家质量监督检验检疫总局
中国国家标准化管理委员会　发布

前　　言

GB/T 23713《机器状态监测与诊断　预测》，由以下部分组成：

——第1部分：一般指南。

后续部分将包括适用于预测的建模方法和技术。

本部分等同采用 ISO 13381-1:2004《机器状态监测与诊断　预测　第1部分：一般指南》(英文版)。

本部分等同翻译 ISO 13381-1:2004。

为了便于使用，本部分做了下列编辑性修改：

——用“本部分”代替“国际标准 ISO 13381 本部分”；

——删除了国际标准前言，重新编写了本部分的前言；

——对 13381-1:2004 引用的其他国际标准，有被等同采用为我国标准的，用我国标准代替相应的国际标准，未被等同采用为我国标准的直接引用国际标准。

本部分的附录 A 和附录 B 为规范性附录，附录 C 为资料性附录。

本部分由全国机械振动、冲击与状态监测标准化技术委员会(SAC/TC 53)提出并归口。

本部分起草单位：中国船舶重工集团公司第七一一研究所、浙江大学、北京北重汽轮电机有限公司、南阳防爆集团有限公司、湖北省电力试验研究院。

本部分主要起草人：周英、李森、张泉南、陈章位、安胜利、王泽威、张大国。

引　言

机器状态监测的完整过程包括以下五个明显阶段：

——发现问题(偏离正常状态)；

——故障及其原因的诊断；

——未来故障进展的预报；

——推荐措施；

——后处理。

就机器健康状态的预报而言(预言机器未来的完整性和劣化程度)，在需要统计和鉴定的过程中不可能采取精确的方法。因此，预报机器健康状态的标准化更侧重于指南、方法和概念，而不侧重于程序和标准操作法。

未来故障进展的预报需要预知可能的失效模式和机器未来所要承担的任务，并透彻理解失效模式和运行状态之间的关系。这就要求在推测、预测及预报之前就要把以前积累的功能参数、附加功能参数以及目前的状态参数、性能参数收集起来。

同时，有越来越多的损伤起始和损伤进展模型。预报过程需要提供这些模型和未来分析损伤模型。

当计算能力不断提高以及多参数分析成为事实时，如果已知给定工况下的未来特性，并且可用一组参数值来表达相应模式下的起始准则，那么能够预报失效模式的起始就可能成为现实。

机器状态监测与诊断　预测
第1部分:一般指南

1　范围

GB/T 23713的本部分为预报过程的开发提供指南,它旨在:

——让状态监测和诊断系统的用户和制造商能够分享机器故障预报领域的一般概念;

——使用户确定所需的数据、特性和必要性能,以获得准确的预报;

——概括预报开发的一般方法;

——引入预报的概念,以促进未来系统的开发和培训。

2　规范性引用文件

下列文件中的条款通过GB/T 23713的本部分的引用而成为本部分的条款。凡是注日期的引用文件,其随后所有的修改单(不包括勘误的内容)或修订版均不适用于本部分,然而,鼓励根据本部分达成协议的各方研究是否可使用这些文件的最新版本。凡是不注日期的引用文件,其最新版本适用于本部分。

GB/T 20921　机器状态监测与诊断　词汇(GB/T 20921—2007,ISO 13372:2004,IDT)

GB/T 22393　机器状态监测与诊断　一般指南(GB/T 22393—2008,ISO 17359:2003,IDT)

3　术语和定义

GB/T 20921确定的以及下述术语和定义适用于本部分。

3.1

预报　prognosis

预估一个或多个现有和未来失效模式的失效时间和风险。

3.2

置信度　confidence level

表示诊断/预测的正确程度的质量准则。

注1:它以百分率来表示。

注2:这个值实质上是一个数字,它表示误差源对输出结果精度的最终可靠性或置信程度的累积影响,可以通过计算或者加权评估系统来确定。

3.3

根本原因　root cause

导致失效模式产生的事件序列开始时发生的一组状态和/或作用。

3.4

失效模式效应分析　failure modes effects analysis

FMEA

帮助确定机器失效的途径并评估这个失效所产生的相关效应的试验设计和开发过程。

注:FMEA程序在BS 5760-5中有所描述。

3.5

失效模式效应危害度分析　failure modes effects criticality analysis

FMECA

帮助确定维修管理决策的过程,它比FMEA增加了经济、财政和/或安全的成分。

注:FMECA程序在IEC 60812中有所描述。

3.6

失效模式症状分析　failure modes symptoms analysis

FMSA

基于FMECA的过程，它为了开发和优化监测程序，为每个模式所产生的症兆和最有效的检测和监测方法提供文件资料。

注：此过程在ISO 13379中有所描述。

3.7

预估失效时间　estimated time to failure

ETTF

预估从当前时刻到被监测机器处于失效状态时刻的时间。

4　要求的先决数据

状态监测的一般概念见GB/T 22393，这些构成预报过程的基础和必要前提。预报需要收集可以提供证明的数据，包括：

a)　被观测的车间、机器及部件的总数。

b)　所有监测参数和描述符。

c)　历史运行数据、维修数据和失效数据。

d)　未来运行和维修的环境、要求和计划表。

e)　起始诊断，包括所有现有失效模式的识别。

f)　失效建模程序，包括统计数据、现有和未来失效模式的影响因子、起始准则、所有参数和描述符的失效定义点。

g)　曲线拟合、预测和重叠技术。

h)　报警限值。

i)　跳车(停机)限值。

j)　失效调查结果。

k)　可靠性、有效性、可维修性和安全性数据。

l)　损伤起始数据。

m)　损伤进展数据。

收集当前状态和机器现场性能的可靠性数据，具体目的是：

——提供实际可靠性调查，做出项目的可靠性特性预估，并与现场数据和损伤模式进行比较，进而提高对未来的预测；

——为提高当前项目和未来进展的可靠性提供数据。

收集机器当前现场工作数据和累积工作数据，具体目的是：

——为今后将损伤起始和具有现场数据的进展模式进行对比，提供关于实际可靠性与已开展工作之间关系的调查；

——为提高当前项目和未来发展的损伤预估模式提供数据；

——为扩展损伤预估模式的应用范围提供数据。

收集监测设备及其使用、生产损耗、附件损坏损耗、维修活动和库存的费用数据，具体目的是：

——为各种不同维修活动的利润率提供调查；

——改进未来维修决策；

——为减少当前项目和未来具体设备的运行和维修成本提供数据；

——为所有维修活动(状态维修、计划预防性维修、改造维修、服务人员、备件库存等)的优化组织和管理提供费用数据(监测数据、性能数据以及现场工作数据)。

5 预报概念

5.1 基本概念

预报是预估一个或多个现有和未来失效模式的失效时间和风险，一般是凭直觉并基于经验的。预报通常对具有已知量、关于使用年限、渐进劣化、最简单线性的故障和失效模式有效，对随机失效模式的预测最为困难。

失效是由监测参数/描述符来定义的。要进行预报，只监测数据本身是不够的。预报过程的基本概念是：

a) 定义结束点(通常是跳车设置点)；

b) 建立当前的严酷程度；

c) 确定/评估参数的性能和预期的劣化率；

d) 确定预估失效时间(ETTF)。

诊断的本质是追溯过去，关注给定时刻的现有数据，理解这一点非常重要。

但是，预报关注未来，应考虑以下几个方面：

——现有失效模式和劣化率；

——未来失效模式的起始准则；

——现有失效模式对未来失效模式起始的作用；

——现有和未来失效模式与它们的劣化率之间的相互影响；

——通过当前监测技术得到的现有和未来失效模式的检测和变化灵敏度；

——为了适应上述内容而对监测策略进行的设计和改进；

——维修活动的作用和/或运行工况，确保预报有效的条件和假设。

基本的关系概念可以用因果关系树模型表示，见图1(FM 代表失效模式)。

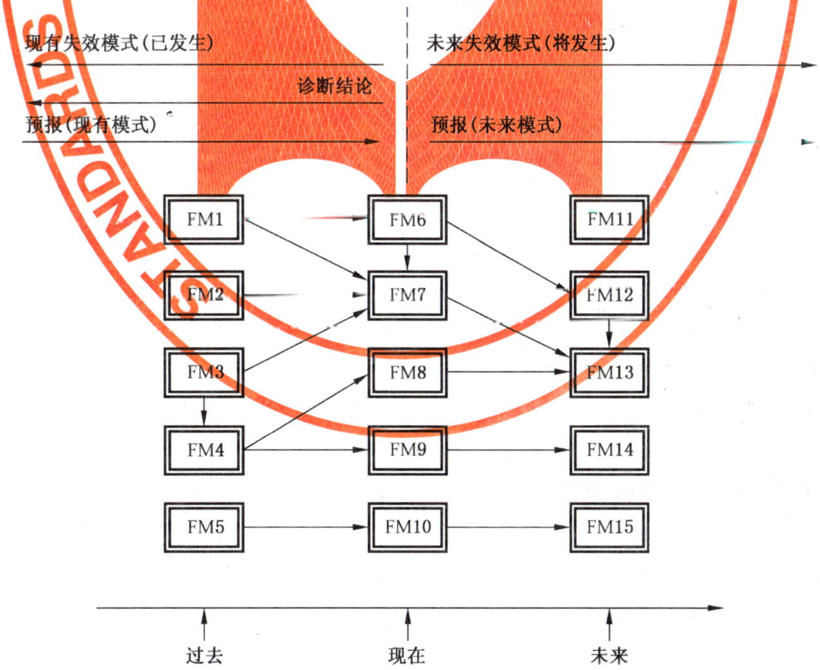

图1 因果关系树

5.2 影响因子

影响因子是影响失效模式劣化率的参数，例如温度、黏度、间隙、负载和速度等。每个影响因子都可以被看成是现有失效模式的症状，在图1中用实线表示出来，它与现有失效模式的趋势相关联。影响因子同样也会影响其他现有或未来故障的起始或进展(见图 2)。图 2 中描述了振动起始参数的例子,由于润滑油泵轴承的故障(一级失效模式),导致密封失效的起始(二级失效模式),它的劣化率比轴承的快。当密封失效时,由于泄漏,引起油传递压力的损失,导致泵叶轮失效的起始(三级失效模式),它有较慢的劣化率。

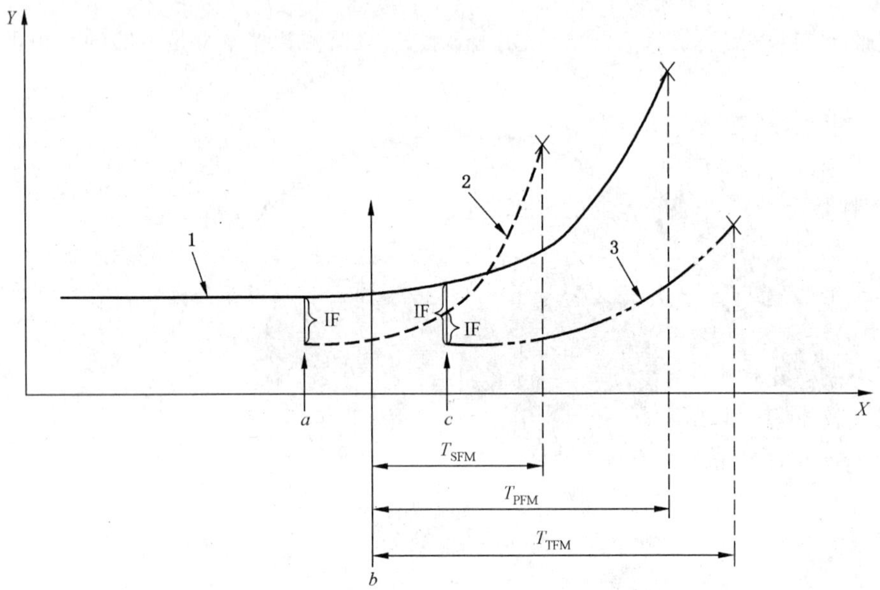

注:X——时间;

Y——参数的严酷程度;

1——PFM:一级失效模式(实线);

2——SFM:二级失效模式(虚线);

3——TFM:三级失效模式(点划线);

IF——影响因子;

T_{PFM}——一级失效模式(PFM)的预估失效时间;

T_{SFM}——二级失效模式(SFM)的预估失效时间;

T_{TFM}——三级失效模式(TFM)的预估失效时间;

a——二级失效模式起始时间;

b——现在时间;

c——三级失效模式起始时间。

图 2 影响因子

5.3 设置预警、报警及跳车(停机)限值

参数/描述符的失效定义设置点是产品失效时的最终值,一般由失效历史数据来确定。

跳车设置点是机器停机时参数/描述符的值,它一般小于失效设置点。这个值通常可以通过标准、制造说明书以及经验确定下来。通常它定义失效状态,但不反映完全失效状态,因为它是为防止后续损伤或灾难性失效的较低设置点。

预警和报警限值一般小于跳车(停机)限值,这个值通常取决于维修所需的提前时间。但在确定这个预警值时,应已知以下参数值:

a) 预报的置信度;

b) 未来产品的需求;

c） 备件的提前交货时间；

d） 必要的维修计划的提前时间；

e） 必要的对故障进行纠正的工作范围；

f） 趋势推测及预测。

趋势推测与趋势预测的基本区别是：预测需要根据曲线拟合来评估未来数据，而推测曲线仅仅是现有数据的拟合（见图 3）。实际上大多数当前的曲线拟合是由现有数据推测出来的。

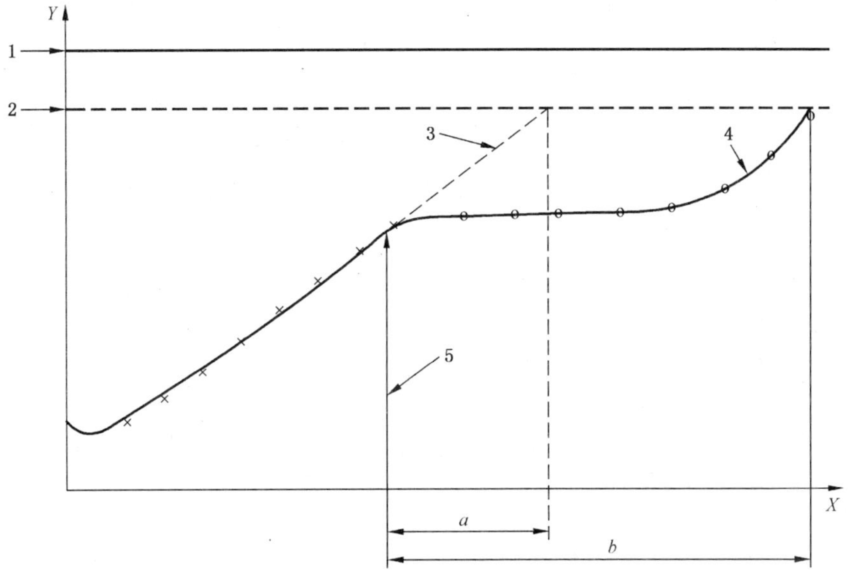

注：X——时间；

Y——参数值；

×——已知点；

o——状态点；

1——失效值；

2——跳车设置点；

3——推测；

4——预测；

5——现在时间；

a——预估失效时间 ETTF（推测）；

b——预估失效时间 ETTF（预测）。

图 3 推测与预测的关系曲线

这个过程需要已知给定失效模式和给定工况的一系列参数的性能。趋势预测需要数学方程式来表示给定工况下给定失效模式的劣化变量的变化率。

举一个上述概念的例子，给出一个方程，它描述转子试验台的总加速度的变化率，轴台安装 6316 型深沟球轴承，轴以 3 000 r/min 的速度运转，使用黏度为 220 cSt（厘斯）的矿物油润滑，在 80 ℃的温度下工作。如果这个方程已知，则未来的数据性能也已知，那么趋势预测得到的结果会比趋势推测精确得多。

5.4 多参数分析

预报可以应用单参数分析或多参数分析来完成。多参数分析是在一个系统里所有数据同时显示，不仅参数本身而且参数之间的关系都可以被观测到，这个概念对预测非常重要。这对不同的但可能相互关联的参数特别重要，例如轴承温度和油的黏度（见图 4）。

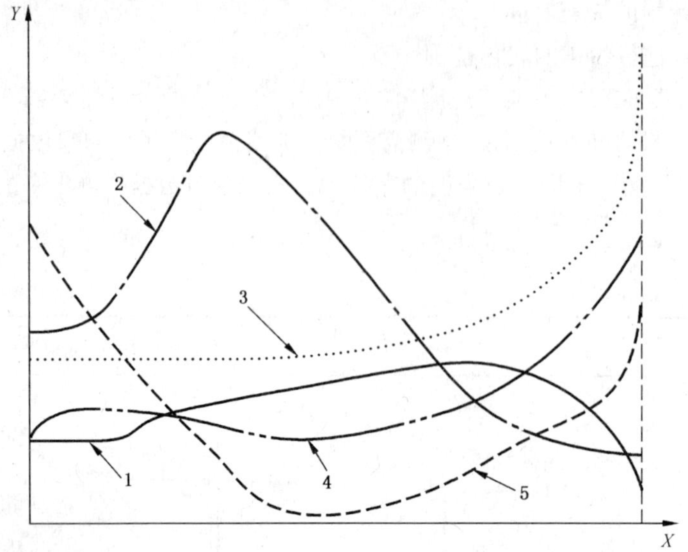

注：X——独立参考值；
Y——参数值；
1——参数 1；
2——参数 2；
3——参数 3；
4——参数 4；
5——参数 5。

图 4 多参数显示

多参数分析的一个原则就是参数(未经滤波的/未经处理的变量)和描述符(滤波后的/处理过的数据)必须同时进行趋势分析。使用窄带滤波器可以把频谱分解成离散元素，这些离散元素的频带幅值可用于多参数趋势分析。

每个窄带的失效定义设置点是每个频带给定的最大允许幅值，它能够根据其他振动描述符、油样分析结果、过程参数和性能值画出每个窄带振幅曲线，从而识别和建立它们彼此之间的关系。

多参数分析方法表达的困难是每个变量都有不同的测量单位。如果在部件的生命周期里，变量能够不止一次地获得相同的值(见图 4)，那么这就是复合的多参数分析。在失效状态下变量值(例如流量和压力)为零时，多参数趋势分析和报警都很困难。

为监测进行的标准多参数分析与为预报进行的多参数分析之间的关键差别在于，预报需要一个公共的严酷程度坐标轴。

简单来讲，它可以被设置为一个寿命使用率，当机器没有运行过时寿命使用率为 0%，当机器处于失效状态时寿命使用率为 100%。当机器处于失效状态时，那些可能逼近零的数据(例如流量和压力)必须反过来影响“寿命使用率”。

当执行基于多参数分析的预报时，对于用到的每个参数或描述符，了解以下内容非常重要：

——代表 100%使用寿命或新状态的开始值；

——代表 0%使用寿命或失效状态的结束值；

——参数或描述符的性能怎样反应失效模式的进展以及使用寿命的相应减少。

5.5 起始准则

对于未来失效模式，这些影响因子必须首先被描述为起始准则，因为同一个参数既可以是现有模式的影响因子又可以是未来模式的起始准则。这里引入了起始准则数据组的概念，失效模式的根本原因可以由一组不同的参数值来描述出来，这些参数值可以直接或间接地测量到失效的发生(见图5)。

直接测量能够测得结构外形，例如阀的位置；间接测量是测出变化的症状，例如温度。

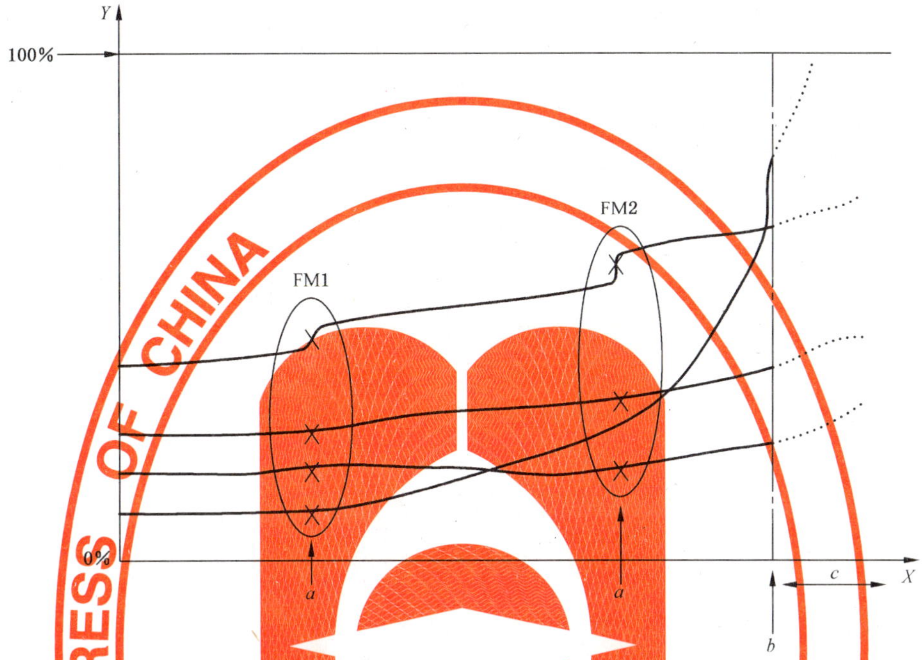

注：X——时间；

Y——寿命使用率(100%=失效；0%=全寿命)；

FM1——作用；

FM2——状态和作用；

a——起始准则组；

b——现在时间；

c——预估推测。

图5 失效模式起始准则

5.6 失效模式起始的预报

失效模式的起始总要追溯根本原因。其自身的根本原因可以用一组状态和作用来描述，状态通常会产生稳定的变化率，作用通常会导致阶跃变化(见图5)。

利用多参数分析方法，作用的迹象、状态以及它们的相互关系都可以很容易地被观测出来。由全部被监测参数的一组值来表述的失效模式起始准则，一旦这些值被达到或被超过，就可能因此被用来触发报警，这标志着失效模式已经开始。

给出一组已知的起始准则和趋势预测方法，可以完成失效模式起始的预报。预报的精确度很大程度上取决于是否应用了趋势推测或趋势预测(见图6)。

这个方法需要透彻理解以下内容：

——失效模式起始准则，它可以随时间历史和/或统计地生成；

——对大量监测参数充分的多参数分析；

——透彻理解失效模式之间的关系和相互影响；

——了解失效起始时的运行状态；

——不同工况和影响下的参数性能。

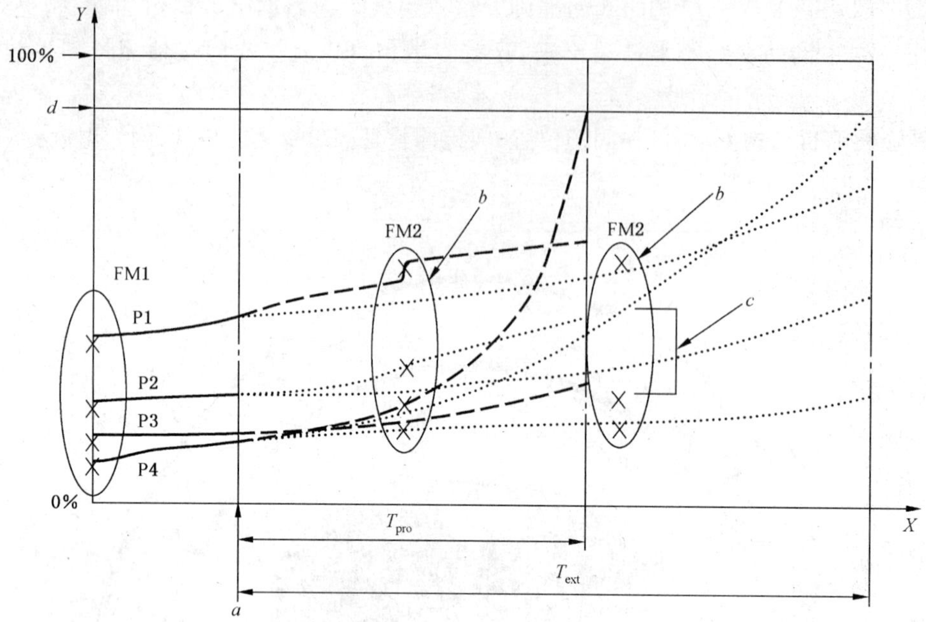

注：X——时间；

Y——寿命使用率(100%＝失效；0%＝全寿命)；

----预测；

……推测；

P——参数；

FM——失效模式；

T_{pro}——预估失效时间 ETTF(预测)；

T_{ext}——预估失效时间 ETTF(推测)；

a——现在时间；

b——起始准则；

c——超出部分；

d——跳车设置点。

图6　起始预报：预测与推测的关系曲线

6　预测的失效和劣化模型

6.1　失效模式状态的建模概念

预报需要一个方法论，在概念上包括以下现有失效模式状态模型的应用：

a)　失效模式效应及危害度分析(FMECA)；

b)　因果关系/故障树分析；

c)　风险和危害评估方法；

d)　损伤起始和进展模型；

e)　趋势推测和预测。

这个方法论为失效模式和它们的相互关系、严酷程度和风险、劣化率及预报数据提供原始数据。

一旦故障被检测和/或诊断出来，主要问题之一就是预估失效时间(ETTF)。预估失效时间(ETTF)一般是由专家意见来确定，也可以应用一些推理模型。专家通常通过直觉和/或经验来估计预估失效时间(ETTF)，同时会用到各种模型的某些要素。

一些信息源通常用来确定预估失效时间(ETTF)，例如：

——监测数据；

——试验数据；

——寿命持续时间；

——可靠性/可用性数据；

——制造商的数据；

——历史事件；

——运行数据。

6.2 建模类型

尽管预报通常由专家来完成，但存在不同类型的模型并且不同程度地被应用。用于诊断的经典推理模型可以应用于预报。在未来事件被假设的情况下，分析的深度更重要。

7 一般预报过程

7.1 预报置信度

一般状态监测过程，包括预报，在附录A中给出概要介绍。在这个流程图里有很多概念需要子过程，例如确定置信度和迭代证明过程。

置信度是一个质量准则(百分率)，它表示诊断/预报正确的程度。

这个值实质上是一个数字，它表示误差源对输出结果精度的最终可靠性或置信程度的累积影响。它可以通过计算或加权评估系统来确定。

这个系统应包括由于下列相关信息的错误或缺失所带来的负面影响的加权评估，但相关信息不限于以下所列：

a) 维修历史；

b) 设计和失效模式评估；

c) 分析所用的技术参数(检测和变化灵敏度)；

d) 应用的严酷程度限值；

e) 测量间隔；

f) 数据库建立；

g) 数据采集；

h) 严酷程度评估过程；

i) 趋势评估；

j) 诊断过程；

k) 预报过程。

应该注意的是，每个置信因子准则的赋值权重在诊断和预报之间是不同的，因为每个准则对每个过程的结果都有不同的影响。附录B中给出了一个简单的确定预报置信度的例子。

7.2 预报过程

7.2.1 概述

一般的过程包括四个基本阶段：预处理、现有失效模式预报、未来失效模式预报、后行为预报。这些过程基本上是连续的，在7.2.2～7.2.5中详细介绍。

7.2.2 预处理

预处理过程如下：

a) 为识别全部现有失效模式进行诊断。

b) 识别现有失效模式之间的影响因子。

c) 定义当前所有症兆、参数和描述符的失效定义和跳车设置点。

d) 确定可能的未来失效模式、他们的起始准则和失效定义设置点。

e) 选择一个合适的失效模式模型(见附录C)。

7.2.3 现有失效模式的预报过程

现有失效模式的预报过程如下:

a) 对照跳车设置点,评估所有测得的失效模式和它们的参数/描述符的严酷程度。

b) 预测所有失效模式参数/描述符对跳车设置点的趋势。

c) 选择具有最短预估失效时间(ETTF)的现有失效模式。

d) 可能的话,运行一个迭代证明过程,直到预估失效时间(ETTF)的置信度可以接受为止。

7.2.4 未来失效模式预报过程

未来失效模式预报过程如下:

a) 评估未来失效模式起始准则并确定最可能的未来失效模式。

b) 确定所有现有和未来失效模式之间的影响因子。

c) 考虑所有影响因子和跳车设置点,预估每个未来失效模式的起始点、趋势和预估失效时间(ETTF)。

d) 选择最关键、有最短预估失效时间(ETTF)的未来失效模式,进行一个与置信度和有效条件相关的"起始预测"。

这可能需要产生一个或多个供选措施。在特定环境下,例如对不关键的机器,可采取的最简单的措施也就是不立刻执行任何行动。这种情况的预报与"起始预报"是等同的。

如果风险发生概率高或有突发风险,起始预报应该说明关键现有失效模式、预估失效时间(ETTF)、置信度及关键未来失效模式、预估失效时间(ETTF)及置信度。预报宜附上一项声明,详细说明预报有效的条件。

7.2.5 后行为预报

后行为预报过程如下:

a) 识别一个或多个会延迟、停止或消除关键现有失效模式进展的行为,并预防未来失效模式起始。

b) 考虑所有维修活动所产生的影响,修正失效模式并重复预报过程[7.2.2b)至7.2.4b)]。

c) 进行具有相关置信度和有效条件的"后行为预测"。

考虑中间过程的维修活动会缓和失效模式的进展,并且会防止未来失效模式的发生,这是很有利的。这些中间过程活动一般是无影响的(例如再次润滑轴承)。

最终解决方案的选择应该认真考虑。这些活动通常是有影响的(例如大修机器或替换零件)。这项选择的后行为预报一般基于历史可靠性数据。

如果发生风险概率高或有突发风险,后行为预报应说明关键现有失效模式、预估失效时间(ETTF)和置信度(中间维修活动后的)以及关键未来失效模式、预估失效时间(ETTF)和置信度。

预报宜附上一项声明,详细说明预报有效的条件。

考虑费用、环境、安全以及其他形式的风险或影响,关于任何措施(开始、中间过程或最后结果)的建议实质上都是基于风险的决策过程。

8 预报报告

完整的预报报告应该包括GB/T 22394中规定的诊断报告的要求,至少要包括以下内容:

a) 机器标识码或编号;

b) 机器说明书;

c) 机器测量时的运行工况说明;

d) 在预报过程中,所有测点、参数和用到的测量仪器的清单或目录;

e) 诊断结论,包括所有已识别的失效模式;

f） 起始预报（现有和未来模式）、置信度、有效条件和相关风险（无影响的）；

g） 为提高置信度而需要的所有附加试验；

h） 所有推荐的活动，包括相关的预报（现有和未来模式）、置信度、有效条件和相关风险；

i） 所有供选措施以及相关的预报（现有及未来模式）、置信度、有效条件和相关风险。

总之，报告可以包括异议初始表，简单地详述了论据，但只列出报警的机器或部件。这部分可以在更详细的段落之前，详细段落将详述每个单独报警条件、诊断结论、需要的附加试验、推荐的供选措施、可能的未来失效模式和相关预报以及其他相关信息。

在表格部分包含严酷程度指示或趋势指示非常有益，这可以在下一组读数之前，将接近报警的严重程度和/或变化的状态立刻识别出来。

附 录 A
(规范性附录)
状态监测流程图

状态监测流程图见图 A.1。

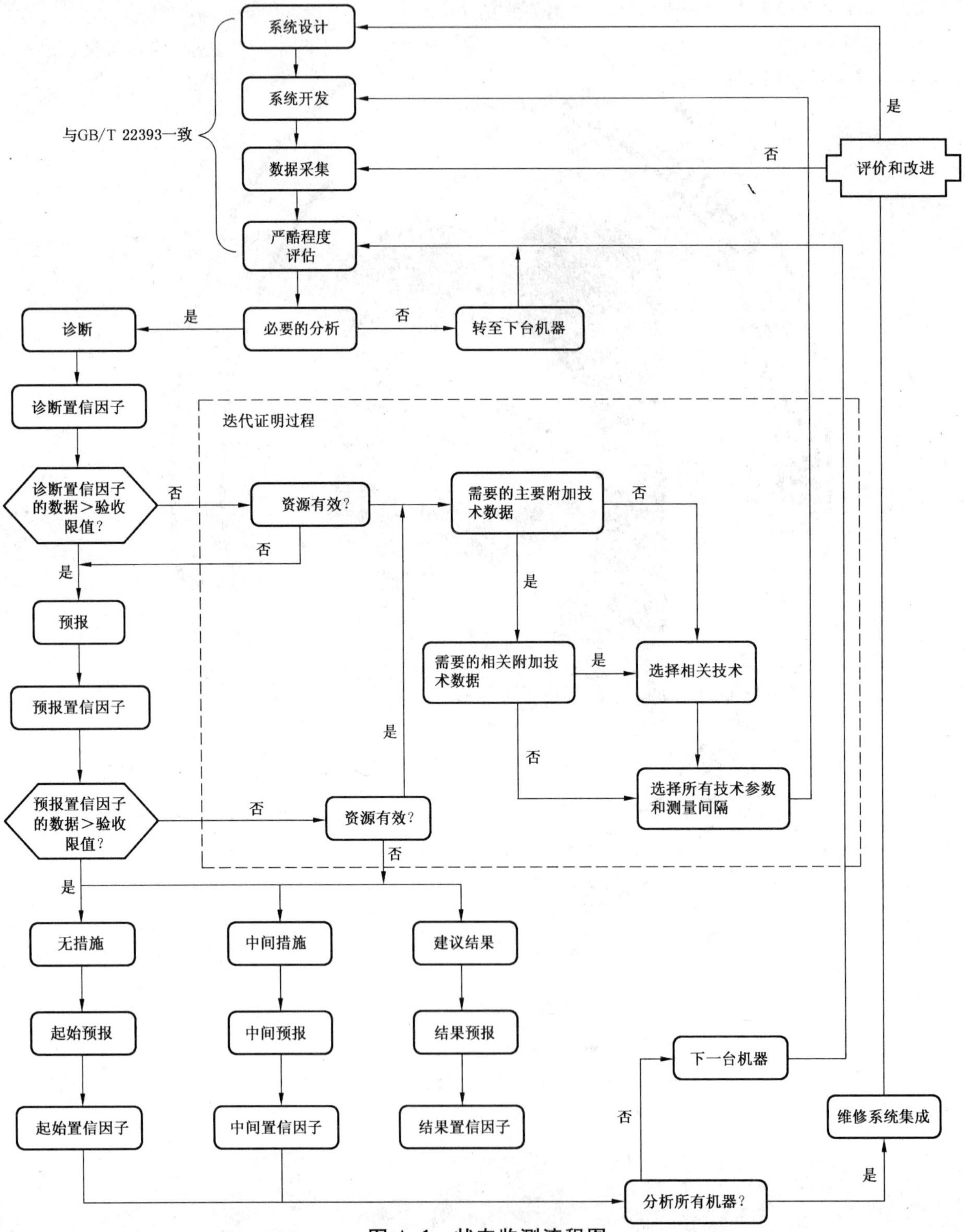

图 A.1 状态监测流程图

附　录　B
（规范性附录）
确定预报置信度的例子

表 B.1　预报综合置信度

过程活动阶段	误差来源	权重	赋值置信度值/%	合成置信度值/%
1	维护历史	0.15		
2	设计与失效模式分析	0.10		
3	所用的分析技术参数	0.15		
4	应用的严酷程度限值	0.10		
5	测量间隔	0.10		
6	数据库建立	0.5		
7	数据采集	0.5		
8	严酷程度评估过程	0.5		
9	诊断过程	0.10		
10	预报过程	0.15		
综合置信度＝合成置信度值之和				
注：合成置信度值是权重和赋值置信度值的乘积。				

附　录　C
（资料性附录）
失效建模技术

C.1　数学/使用寿命模型

数学/使用寿命模型是：

——性能；

——统计；

——概率；

——人工神经网络。

C.2　寿命期望模型

机器单独部件的寿命持续时间可以通过在检查期间的劣化风险以及在运行期间的失效风险来预估，寿命期望模型是：

——基于可靠性；

——基于劣化（统计的、确定的、专家判断的、方程式的、测试的、有限单元法损伤模型的）。

C.3　基于知识的模型

基于知识的模型是：

——基于规律的症状/故障模式；

——因果关系树模型（GB/T 22394—2008 有描述）；

——基于案例的推理。

后一个原则是根据已经知道的或已经解决的案例与观测到的情况的相似性来类推的（例如这个失效类似其他案例）。这个模型需要基于丰富经验的知识面，即基于很多详细描述的案例。

C.4　数学模型

数学模型是：

——性能（原则上是用自然规律来模拟性能，模拟可以是定量的或定性的）；

——统计（佩瑞多方法，即应用统计的直方图评估一个或多个失效模式发生的可能性）；

——概率（基于起始失效模式的概率来计算失效模式可能性的建模过程）；

——神经网络（基于计算机系统，用神经网络方法计算发生的可能性）。

注：基本思路是通过当前状态的数值描述，计算一个估计的结果。针对建模来说，学习阶段十分必要。

C.5　可靠性模型

这些模型提供有关时间概率值的相关可靠性信息。这个功能计算可以提供失效平均时间（MTTF）值。

当部件老化或“早期死亡”（例如在资产寿命早期阶段就发生了失效），考虑失效率的加快，可以使用威布尔分析方法。

关于监测数据和运行工况，可以调整可靠性因子。这使可靠性因子被赋予给定的机器。

C.6　劣化模型

这些模型一般用于预估劣化（损伤）的起始和进展（例如磨损、裂缝、腐蚀）。

它们基于以前类似机器的检测结果，可以模拟一些劣化状态。这些模型可以结合“优良状态模型”预测未来的劣化。

C.7 模型确认

这个模型的目的是与一些已知的和/或量化的劣化状态联系起来，这些劣化状态是在模拟过程预测出的条件下检测出来的。这个确认过程也包括核实所有具有物理损伤迹象的被测参数/描述符的值。

参 考 文 献

[1] GB/T 19873.1—2005 机器状态监测与诊断 振动状态监测 第1部分：总则.

[2] GB/T 22394—2008 机器状态监测与诊断 数据判读和诊断技术的一般指南.

[3] ISO 13374-1,Condition monitoring and diagnostics of machines—Data processing,communication and presentation—Part 1:General guidelines.

[4] ISO 13380,Condition monitoring and diagnostics of machines—General guidelines on using performance parameters.

[5] IEC 60812,Analysis techniques for system reliability—Procedure for failure mode and effects analysis (FMEA).

[6] BS 5760-5:1991,Reliability of systems,equipment and components—Part 5:Guide to failure modes,effects and criticality analysis (FMEA and FMECA).

ICS 17.160;91.120.25
J 04

中华人民共和国国家标准

GB/T 23714—2009/ISO 16587:2004

机械振动与冲击　结构状态监测的性能参数

Mechanical vibration and shock—Performance parameters for condition monitoring of structures

(ISO 16587:2004,IDT)

2009-04-24 发布　　2009-12-01 实施

中华人民共和国国家质量监督检验检疫总局
中国国家标准化管理委员会　发布

前　　言

本标准等同采用 ISO 16587:2004《机械振动与冲击　结构状态监测的性能参数》(英文版)。

本标准等同翻译 ISO 16587:2004。

为便于使用,本标准做了下列编辑性修改:

——用"本标准"代替"本国际标准";

——删除了国际标准前言,重新编写了本标准的前言;

——对 ISO 16587:2004 引用的其他国际标准,有被等同采用为我国标准的,用我国标准代替对应的国际标准,未被等同采用为我国标准的直接引用国际标准。

本标准的附录 A 为资料性附录。

本标准由全国机械振动、冲击与状态监测标准化技术委员会(SAC/TC 53)提出并归口。

本标准负责起草单位:郑州机械研究所。

本标准参加起草单位:清华大学、交通部公路研究所、国电北京电力建设研究院、大连理工大学。

本标准主要起草人:韩国明、王宗纲、刘文峰、杨细望、朱彤。

引　　言

本标准提供应用参数进行结构状态监测的指南，这些参数通常用于测量或监测结构的性能，如位移、应变、振动、沉降、转动、温度和基础孔隙水压力。

本标准编写与GB/T 20471和GB/T 22393(ISO 17359)协调一致。

本标准中提供的信息将由ISO 18431补充，ISO 18431将分成若干部分发布。

机械振动与冲击　结构状态监测的性能参数

1　范围

本标准给出了评估结构状态的性能参数，包括测量的类型、设定允许性能限值的因素、为建造统一的数据库进行的参数数据采集以及国际上接受的测量指南（例如术语、传感器校准、传感器安装和认同的传递函数技术）。

本方法与结构的在役监测有关，而且包括了结构作为一个整体运作必需的所有部件和子组件。监测可在结构的整个寿命周期内持续进行。

注1：图1是一个流程图，显示了本标准如何使用户由最初对结构状态监测的需求，直到定出相应的性能参数的过程。后续标准将涉及这些参数的测量与处理。

本标准假定已经存在对结构状态监测的“高级”需求。

注2：关于运用资产标识和可靠性/关键性审核来识别这种需求的指南包括在GB/T 22393(ISO 17359)中。

本标准适用的行业领域包括：

——建筑工程；

——地下结构；

——运输；

——发电；

——石油和天然气；

——休闲和娱乐业。

本标准适用的固定结构，如：

——建筑物；

——桥梁与隧道；

——塔、桅杆和天线；

——油罐与筒仓；

——护堤墙与坝；

——栈桥和其他岸边结构；

——近海钻井平台；

——压力容器；

——管道。

本标准不适用于非固定结构（如自推进船只）和移动结构（如自升式近海钻井平台）。

2　规范性引用文件

下列文件中的条款通过本标准的引用而成为本标准的条款。凡是注日期的引用文件，其随后所有的修改单（不包括勘误的内容）或修订版均不适用于本标准，然而，鼓励根据本标准达成协议的各方研究是否可使用这些文件的最新版本。凡是不注日期的引用文件，其最新版本适用于本标准。

ISO 2041:1990　振动与冲击　词汇

3 术语和定义

ISO 2041 中给出的以及下述术语和定义适用于本标准。

3.1

缺陷 defect

结构缺陷 structural defect

结构的任何部件或组件的状态劣化或出现反常行为。

注：它可能导致结构失效。

3.2

失效 failure

结构失效 structural failure

结构丧失完成其要求功能的能力。

注：它一般发生在结构的一个或更多部件处于缺陷状态时(或是服役极限状态，或是最终极限状态)。也就是说，失效是区别于故障的事件，故障是一种状态。

3.3

性能参数 performance parameter

结构性能参数 structural performance parameter

一个或多个特征量，如位移、速度、沉陷、转动和加速度。

注：性能是由一个或多个参数的测量和计算导出的。这些参数可以单独地或共同地提供特征量的信息。依据经受的载荷类型，性能可以用静态、准静态或动态参数描述。

3.4

基线值 baseline values

在具体的载荷配置和规定的环境条件下测定的参数值或导出量，它可以存储或保存作为基准值或特性图。

注：基线值通常强烈地依赖于温度。

3.5

结构 structure

固定结构 stationary structure

固定的工程人工制成品。

举例：

——陆地结构，如建筑物或桥梁；

——海岸结构，如栈桥；

——近海结构，如固定式石油生产平台和管道。

3.6

极限状态 limit state

区域的边界，在其中结构被认为是满足设计准则的。

注：极限状态分为最终极限状态和服役极限状态。

3.7

最终极限状态 ultimate limit state

与倒塌或其他形式的结构失效有关的状态，它可能危及结构的安全。

注：最终极限状态的前景被认为会引起失效。

3.8

服役极限状态 service limit state

为了正常使用与确定的服役准则有关的状态。

注：在永久性损坏或永久性非容许变形的情况下，服役极限状态的第1前景是不可逆的，并被认为会引起失效。在其他情况下（如暂时的损坏、暂时的变形或振动），服役极限状态的前景是可逆的，从而服役极限状态的前景不会总引起失效。

4 监测参数和限值

4.1 性能参数的类型

为验收试验和全寿命监测建立性能准则时，需要测量大量的性能参数。要考虑的是那些能指示缺陷状态的综合测量值的增加或减少以及特征值的某些变化。这些参数的性质可以是准静态（随时间相对缓慢变化）或者是动态的（随时间相对快速变化）。它们可以借助可靠性/关键性评审来识别。如位移、应变、振动、温度和应力波。

结构的状态监测通常在服役极限状态进行。任何超过最终极限状态性能的外推都需要谨慎考虑。

4.2 测量与诊断的类型

在附录A中，给出了对一些结构类型有用的性能参数、测量传感器和测量系统的例子。测量传感器和系统应适当地校准（如按照GB/T 13823或GB/T 20485的相关部分）、安装（如按照GB/T 14412）和试验确定（如按照GB/T 11349）。当监测结构时，特征必须从测量的性能参数提取。它们可以是综合值，或者是简单的时间平均值。在大多数情况下，这些简单的特征或描述符不能用作发生缺陷的症状。可能需要信号处理技术来揭示由于发生缺陷引起的变化。这些数据处理技术，包括窄带振动分析、传递函数（即机械导纳）分析、宽带振动分析、结构阻尼分析（时间域和空间域）、机械功率流、复波数分析等，实际上就是诊断。

状态监测系统可以有多种形式。它们可以使用永久安装的、半永久的或便携式的测量仪器系统，或可以包括遥控的或本地的分析方法。

4.3 监测参数的测量不确定度

对用于结构状态监测与诊断的监测参数要求的测量不确定度（准确度），不像性能测量要求的不确定度（准确度）那么严格。当测量的重复性比测量的绝对不确定度（准确度）更重要时，采用数值趋势分析可能是有效的。被测参数的修正（如对压力和温度的标准状态）不再像例行状态监测要求的那么必要。当有这种要求时，在合适的验收试验标准中会给出建议。应当注意到某些参数受温度的影响很大。

4.4 误差源和不确定度

测量值和基线也可能由于维修工作（包括更换部件、调整或改变功能）以及受温度变化的影响而发生变化。在某些情况下，可能需要随着这些变化而重新建立基线。

应当注意，测量值的变化也可能是由于运行工况正常的或受控的变化引起的，并且可能不一定指示缺陷状态。

误差和不确定度的例子包括校准不确定度、传感器安装引起的不确定度、仪器系统测量不确定度和校准时环境对测量系统影响的不确定度。正确应用GB/T 13823、GB/T 20485、GB/T 14412和GB/T 11349可使这些误差和不确定度减至最小。

4.5 影响限值设定的因素

由图1可以看出容许的限值应当由适合的有经验的人员依据如下方面选取：

——设计、建造、运行和维修的规程、标准和准则；

——载荷的类型和大小；

——服役极限状态和最终极限状态特性；

——基于经验或有限元模型预期的结构失效模式。

许多选取的限值可能是初步的，而且经过一段监测后可能必须反复改进（“反复试验”）。

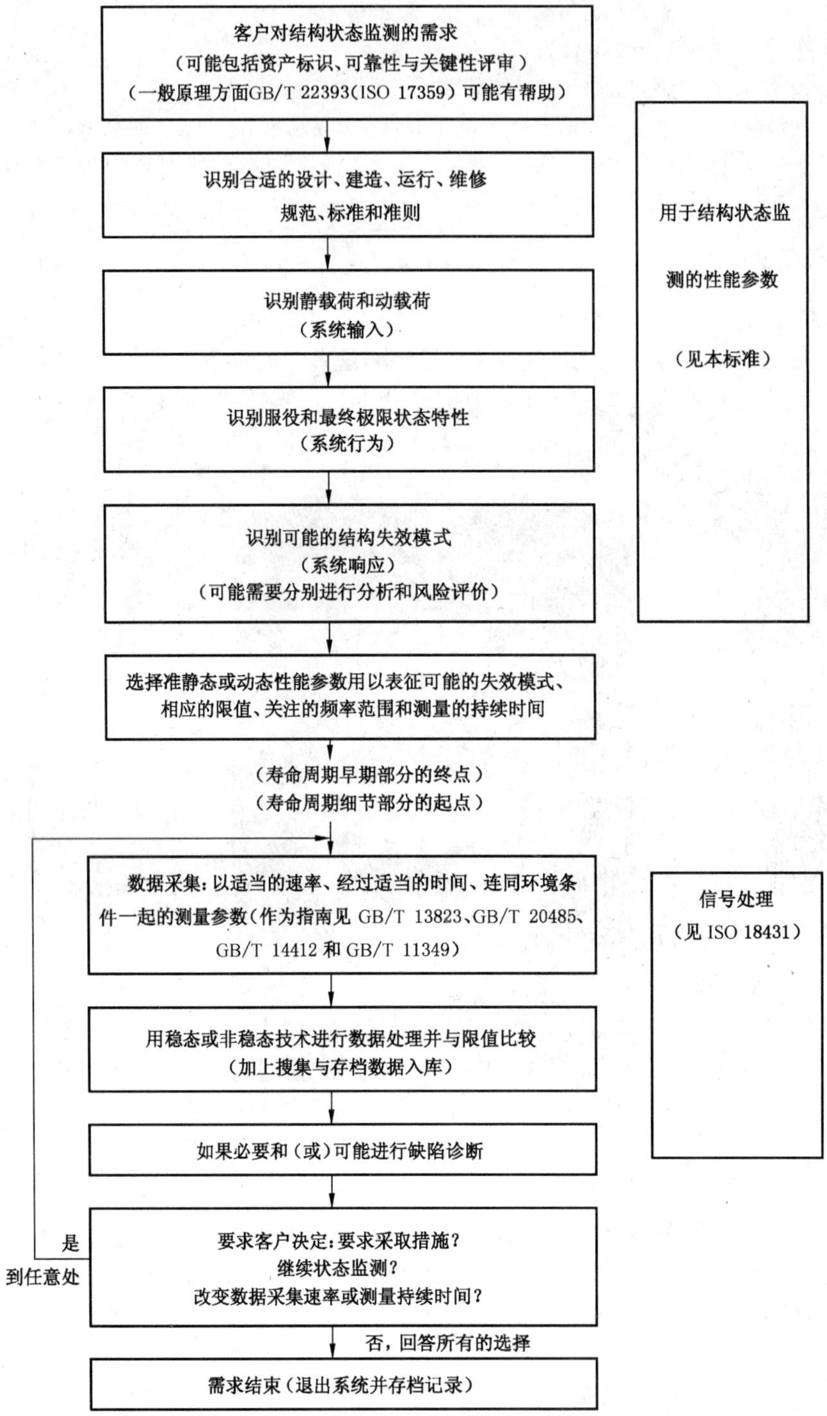

图 1 理想的状态监测寿命周期流程图

5 测量方法和数据处理

5.1 测量技术

对于认为适用的、可测量的具体参数可能有一种或多种合适的测量技术。对选择的具体技术应当评估实施的实用性和需要的状态监测系统的类型。这里应当遵循现行国家标准规定的测量技术(例如GB/T 11349 系列标准就规定了进行机械导纳测量的适用技术)。

5.2 测量的可行性

应当考虑采集测量结果的可行性，包括容易存取、需要的数据采集系统的复杂性、要求的数据处理的水平、安全要求、费用以及是否已经可用的测量关注的参数的监视或控制系统。

5.3 测量时的环境条件

不同参数的测量宜同时或在同样的环境条件下进行。对于可变负荷(功能)的情况，用改变范围、转速和/或载荷强度的办法有可能达到相似的测量条件。应当考虑由于环境条件如风、波浪、温度和湿度引起的载荷。

当结构已达到预先确定的环境条件，如季节正午温度(从夏季到冬季是变化的)、规定的水位高度(如高潮汐)和地基条件(如规定的地下水位)，如果可能应当监测。这些也是为具体结构建立基线时可能要用到的条件。许多工程结构和它们的基线参数受温度影响很大，因此测量应当在相同的温度条件下进行或者应当知道基线参数对温度的依赖关系。随后的测量应当与基线值比较，以检测出变化。测量值的趋势分析对揭示缺陷的发展有用。

5.4 数据采集速率

对于稳态工况，数据采集速率应当足够快，能在状态改变之前捕捉到一组完整的数据，而且应当覆盖关注的频率范围。对于瞬态工况，则可能需要高速数据采集系统。应当考虑测量持续时间、测量之间的间隔以及是否要求周期性或连续采样。应当根据结构表现的状态特性、缺陷的类型以及它们的扩展速率进行预评估。如果结构性能与预期的显著不同，进行监测时，可能需要修正测量持续时间。

5.5 监测参数的记录

监测参数记录至少应当包括以下信息：

——描述结构的基本数据；

——测量位置；

——被测定量的单位和处理方法；

——日期和时间信息；

——测量时的环境条件详述。

其他用于许可比较的信息，包括使用的测量系统的详细内容和测量不确定度。建议将结构的构造细节和任何部件的变化也都包括进去。

5.6 测量位置

为了尽可能给缺陷定位，应当选择测量位置。确定这些位置的好方法是使用数值模型。测点应唯一地标识。推荐使用永久性标牌或标识记号。

确定测量位置时应考虑的因素有：

——安全性；

——对缺陷状态变化的高灵敏度；

——降低对其他影响因素的灵敏度；

——测量的可重复性；

——信号的衰减或损失；

——可接近性；

——环境；

——费用。

如果合适，宜用结构系统的动态分析方法(如有限元建模、统计能量分析建模和边界元建模)来识别结构中关键的高应力位置。为尽早警告，宜对这些位置进行周期性监测。

6 缺陷诊断

6.1 缺陷诊断方法

实现缺陷诊断的可能性取决于结构类型、配置和环境条件。缺陷可以用一个或多个基线值(它们是统计意义的)的变化来指示。

6.2 缺陷诊断准则

下述方法可用于缺陷诊断:

——类似结构的经验;

——实际统计的和/或其他数值模型;

——对要求的最大值或最小值的偏差的研究;

——建设者(建造者)与用户(操作者)之间讨论。

注:当情况允许时,结构类型和用性能参数监测显示缺陷的例子可以包含在本标准中。到那时,缺陷参数识别能由经验、数值建模或计算结果得到。

附 录 A
（资料性附录）
性能参数和测量传感器及系统举例

性能参数和测量传感器及系统举例见表 A.1。

表 A.1 结构性能参数和测量系统

性能参数	适用的结构	适用的载荷条件	仪器系统	设备类型	备注
位移	无限制	静态、动态	线性电压位移传感器(LVDT)	电	要求安装在刚性支架上
位移	无限制	静态、动态	引伸计	电	快速装配、非常有效的数据记录
位移	无限制	静态	指针式位移计	机械	手动记录并要求刚性安装
相对位移	无限制	静态、动态	激光经纬仪系统	激光	适合两维位移
应变	无限制	静态	振弦式应变计	声波	容易粘接、精确、可能对温度敏感
应变	金属、混凝土、复合材料	静态、动态	电阻(ER)应变计	电	精确、可靠但昂贵，要求专门技巧
应变	砖石、金属、木材	静态、动态	可拆卸的电阻(ER)应变计	电	精确、可靠，但应用不广泛
应变	金属	静态、动态	可移动的应变传感器	电	与变位杆系统一起使用
应变	无限制	静态	Demec 计	机械	容易使用，但误差可能很大
振动(位移、速度或加速度)	无限制	动态	加速度传感器(和速度传感器)	电	如果在传感器的频响曲线内正确使用，结果精确
温度	无限制	静态、动态	热电偶和热像仪	电	容易制造并在现场使用
转动	无限制	静态、动态	地面倾斜仪和倾斜指示器	电	如使用正确，结果精确
应力波(声发射)	金属、复合材料	静态、动态	声发射监测	电	要求专门的技巧
其他的	选定的结构和基础	静态、动态	光纤、GPS 和/或孔隙水压力系统	其他的	发展中的技术

参 考 文 献

[1] GB/T 13823(所有部分),振动与冲击传感器的校准方法(ISO 5347,MOD).

[2] GB/T 14412—2005,机械振动与冲击 加速度计的机械安装 (ISO 5348:1998,IDT).

[3] GB/T 11349(所有部分),振动与冲击 机械导纳的试验确定(ISO 7626,IDT).

[4] GB/T 20921—2007,机器状态监测与诊断 词汇(ISO 13372:2004, IDT).

[5] GB/T 19873.1—2005,机器状态监测与诊断 振动状态监测与诊断 第1部分:总则(ISO 13373-1,IDT).

[6] GB/T 20471—2006,机器状态监测与诊断 基于应用性能参数的一般指南(ISO 13380:2002,IDT).

[7] GB/T 20485(所有部分),振动与冲击传感器的校准方法(ISO:16063,IDT).

[8] GB/T 22393—2008,机器状态监测与诊断 一般指南(ISO 17359:2003,IDT).

[9] ISO 18431(所有部分),机械振动与冲击 信号处理.

[10] BS 5760-0,系统、设备和部件的可靠性 可靠性引导指南.

[11] RAO,B. K. N. *Handbook of Condition Monitoring*. Elservier Science,1996.

[12] *DTA Condition Monitoring Primer*. Dynamic Testing Agency. London,1995.

[13] Moss,R. M. and MATTHEWS,S. L. In-service structural monitoring:a state of the art review. *The Structural Engineer*,7(23),1995,23-31.

[14] Moss,R. M. and MATTHEWS,S. L. In-service structural monitoring:a state of the art review[discussion]. *The Structural Engineer*,73(13),1995,214-217.

[15] Federation internationale de la Precontrainte. *Inspection and maintenance of Reinforced and Prestressed Concrete Structures:FIP Guide to Good Practice*. Thomas Telford , London,1986.

[16] *Appraisal of Existing Structures*. Institution of Structural Engineers,London,1996.

[17] American Society of Civil Engineers, A S C E Standard 11-90. *Guideline for Condition Assessment of Existing Buildings*,1991(ISBN 0-87262-824-8).

[18] MAGUIRE,J. R. Condition monitoring of structures: a briefing note for clients and owners. *Proc. Institution of civil Eng. Structures & Buildings Journal*,134(Aug.), 1999,279-280.

[19] Rucker,W. F. ,Said,S. ,Rohrmann,R. G and Schmid,W. Load and condition monitoring of highway bridge in continuous manner. *Proc. of the IABSE Symposium on Extending the lifespan of structures*, San Francisco, CA, USA,1995.

[20] COLLACOTT,R. A. *Structural integrity Monitoring*. Chapman & Hall,1985(ISBN 0-412-21920-4).

[21] Norwegian Petroleum Directorate: *Regulations for instrumentation, recording and processing of E(environmental)and P(platform)data*(ISBN 82-7257-003-3).

[22] UK Department of Energy. *Offshore installations: Guidance on design and construction. Chapter 2: Surveys and Inspections* HMSO, London.

[23] NORSOK Standard N-005: *Condition monitoring of load bearing structures* Rev. 1Dec. 1997 (Available in English at http://www.nts.no/norsok).

[24] NORSOK Standard N-002:*Collection of Metocean Data* Rev. 1 Sep. 1997(Available in English at http://www.nts.no/norsok).

[25] NORSOK Standard N-003: *Actions and Action Effects*. Rev. 1,Feb. 1999(Available in English at http://www.nts.no/norsok).

ICS 17.160;01.040.17
J 04

中华人民共和国国家标准

GB/T 23715—2009/ISO 15261:2004

振动与冲击发生系统　词汇

Vibration and shock generating systems—Vocabulary

(ISO 15261:2004,IDT)

2009-04-24 发布　　2009-12-01 实施

中华人民共和国国家质量监督检验检疫总局
中国国家标准化管理委员会　发布

前　言

本标准等同采用 ISO 15261:2004《振动与冲击发生系统　词汇》(英文版/俄文版)。

本标准等同翻译 ISO 15261:2004。

为便于使用,本标准对 ISO 15261:2004 做了如下编辑性修改:

——用“本标准”代替“本国际标准”;

——删除了 ISO 15261:2004 的前言,重新编写了本标准前言;

——对 ISO 15261:2004 引用的其他国际标准,有被等同采用为我国标准的,用我国标准代替相应的国际标准;未被等同采用为我国标准的直接引用国际标准;

——增加了中文索引;

——将“范围”列为第 1 章,后续各章按照国际标准的章的序号加 1 排列;

——删去国际标准俄文部分的表述。

本标准由全国机械振动、冲击与状态监测标准化技术委员会(SAC/TC 53)提出并归口。

本标准负责起草单位:北京机械工业自动化研究所。

本标准参加起草单位:长春试验机研究所有限公司、苏州试验仪器总厂、苏州东菱振动试验仪器有限公司。

本标准主要起草人:朱晓民、王晓华、王卫群、王学智、武元桢、江运泰。

振动与冲击发生系统　词汇

1　范围

本标准定义了关于振动冲击发生系统的术语。

本标准的一般术语已经在 ISO 2041 中给出定义。但是为了使用方便，这些术语在本标准作了复述。

2　一般术语

2.1

振动发生器系统　vibration generator system

振动发生器和必需的附属设备。

[ISO 2041:1990，定义 2.91]

注：该系统由信号发生、控制、放大、测量、监测部分以及基于该系统的尺寸和复杂性而配置的辅助设备组成。该系统用来产生给定精度的振动信号，用于试验、校准或者其他目的。

2.2

单个振动发生器系统　single vibration generator system

只包含一个振动发生器的振动发生器系统。

2.3

多振动发生器系统　multiple vibration generator system

包含两个或两个以上振动发生器的振动发生器系统，在该系统中由控制系统调整这些振动发生器的运动。

2.4

单轴振动发生器系统　single-axis vibration generator system

只在一个方向产生振动的振动发生器系统。

2.5

多轴振动发生器系统　multi-axis vibration generator system

在两个或者三个方向同时产生振动的振动发生器系统。

2.6

振动试验系统　vibration test system

用于环境试验或者结构试验而设计的振动发生器系统，但是这种系统也可用于需要做振动模拟的其他目的。

2.7

振动校准系统　vibration calibration system

用于校准加速度计等设备而设计的振动发生器系统。

2.8

冲击试验机　shock testing machine

对系统施加可控的和可再现的机械冲击的试验设备。

[ISO 2041:1990，定义 2.23]

2.8.1

重力冲击发生器　gravity shock generator

使用重力作为动力源的冲击发生器。

2.8.2

冲击发生器　shock generator

有源冲击发生器　powered shock generator

用非重力作为动力源的冲击试验机。

2.8.2.1

空气炮冲击发生器　gas gun shock generator

由气体膨胀能量驱动的冲击发生器。

2.8.2.2

爆炸冲击发生器　pyrotechnic shock generator

由爆炸力驱动的冲击发生器。

2.9

无回弹模式　non-rebounding mode

一种冲击试验机的运行方式，此时由于脉冲波形器产生非弹性形变，在经受冲击之后，这种试验机的工作台不会回弹离开砧座。

2.10

回弹模式　rebounding mode

一种冲击试验机的运行方式，此时由于脉冲波形器产生弹性形变，在经受冲击之后，这种试验机的工作台会回弹离开砧座。

2.11

碰撞试验机　bump testing machine

一种试验机，该试验机产生重复性机械冲击，用于模拟诸如汽车碰撞的情况。

2.12

地震试验台　seismic testing machine

用于模拟地下扰动(例如地震)的试验台。

3　部件

3.1

振动发生器　vibration generator

振动台　vibration machine

专门设计用于产生振动并将其传递到其他结构或设备上的机器。

[ISO 2041:1990，定义 2.90]

注：振动发生器直接将各种形式的能量转换成振动能量。

3.2

有工作台的振动发生器　vibration generator with table

配置了工作台的振动发生器，该工作台用来安装试验对象。

3.3

有力输出端的振动发生器　vibration generator with force take-off

配置了取力装置代替工作台的振动发生器，它能使试验对象或其他装置(例如辅助工作台)产生振动。

3.4

电动振动发生器　electrodynamic vibration generator

由固定磁场和位于其中并通以适当交变电流的可动线圈的相互作用而产生激振力的振动发生器。

注：摘自 ISO 2041:1990，定义 2.92。

3.5

液压伺服振动发生器　servohydraulic vibration generator

通过合适的驱动装置,利用液压产生激振力的振动发生器。

3.6

气动振动发生器　pneumatic vibration generator

用由气动装置控制的压缩气体压力作为激振力的振动发生器。

3.7

电磁振动发生器　electromagnetic vibration generator

由电磁铁和铁磁性材料的相互作用产生激振力的振动发生器。

[ISO 2041:1990,定义 2.93]

3.8

压电振动发生器　piezoelectric vibration generator

由压电换能器产生激振力的振动发生器。

[ISO 2041:1990,定义 2.98]

3.9

磁致伸缩振动发生器　magnetostrictive vibration generator

由磁致伸缩换能器产生激振力的振动发生器。

[ISO 2041:1990,定义 2.99]

3.10

机械振动发生器　mechanical vibration generator

通过运动机构将旋转机械运动的能量变成振动的振动发生器。

3.10.1

直接驱动振动发生器　direct-drive vibration generator

通过硬连接使振动台面受迫振动并保持其位移振幅基本恒定,而与运行负载或操作频率无关的振动发生器。

[ISO 2041:1990,定义 2.94]

3.10.2

反作用式振动发生器　reaction-type vibration generator

不平衡质量块振动发生器　unbalanced mass vibration generator

由不平衡质量的旋转或往复运动产生激振力的振动发生器。

[ISO 2041:1990,定义 2.96]

3.11

共振振动发生器　resonance vibration generator

由处于共振状态的振动系统来产生激振力的振动发生器。

[ISO 2041:1990,定义 2.97]

3.12

运动系统　moving system

在振动发生器或者辅助工作台中的一种机械装置。当激励的时候,可以使得试验对象振动。

注:一个悬挂系统的运动部件是运动系统的组成部分。

3.13

悬挂系统　suspension system

振动发生器的组成部分之一,用以保证它的机械稳定性和振动发生器或者辅助工作台的运动系统相对于非运动系统的正确方位。

3.14

工作台 table

试验台面 test table

振动台面 vibration table

振动发生器或者辅助工作台的运动系统的一部分，试验对象紧固在它上面。

3.15

辅助工作台 auxiliary table

用于将一个或者多个振动发生器的振动传递给试验对象的整体的或者分离的机械系统。

3.16

控制系统 control system

保证振动发生器系统按照给定的运动运行的系统。

3.16.1

闭环控制系统 closed-loop control system

用反馈来保证系统保持给定运动的自动控制系统。

3.16.2

开环控制系统 open-loop control system

给定并保持输入的控制系统。其输出不像闭环控制系统那样用来控制或者修正输入。

3.17

信号源 signal source

用于产生适当的电压或者电流波形的装置，这种电压或者电流用来生成振动台上所要求的振动。

3.18

闭环处理器 loop processor

控制系统的一部分，它保证了在控制点测得的振动与期望的振动一致。

3.19

信号多路转换器 signal multiplexer

控制系统中的硬件设备，该设备能将几个输入通道的信号送给一个 ADC(模数转换器)。

注：多路转换器依次逐个选择被送到公共输出端的输入信号。在此情况下，这个公共输出端是一个 ADC。用简单的术语说，就是一个电子开关。

3.20

抗迭混滤波器 anti-aliasing filter

在模数转换之前使用的模拟量低通滤波器，用于避免超出采样频率一半的信号传输到低频分析范围。

3.21

控制软件 control software

用于实现振动试验控制器功能的程序。

注：它可以包括操作界面、试验管理功能(试验持续时间、级别大小、频率范围、曲线形状)和安全保护功能。

3.22

功率放大器 power amplifier

〈电动振动系统〉振动系统的一部分，它向振动发生器提供所需的电流和电压。

3.23

安全系统 safety system

它是辅助部件和(或)文档，用来保证操作人员、振动发生器系统和被试件的安全。

注：它可以包括急停按钮、警示标签、振动监测设备和系统互锁。

3.24

试验质量块 test mass

试验质量块具有特定形状和质量，用来测试振动发生器或者冲击试验机的性能。

注：试验质量块应有规定的刚度或者在试验的频率范围内不应产生共振。

3.25

负载支撑系统 load support system

振动发生器系统或者辅助工作台的辅助设备，它用于将运动系统定位到它的中间位置，以防止因试验负载重力的作用而使运动系统偏离中间位置。

注：负载支撑系统可以被集成到振动发生器中或者在其外部。负载支撑系统可以自动进行位置补偿或者手动进行位置调整。

3.26

辅助部分 auxiliary component

〈振动发生器系统〉振动发生器系统的一部分，它使振动发生器系统使用更加方便，但不直接参与振动的生成。

注：它可以包括监测和控制设备或者用于系统性能监测的装置。

例如：冷却系统，励磁电源，减小工作台上的漏磁的消磁设备，（载荷支撑系统中的）载荷补偿设备，温度、电压和电流记录系统和定时仪表。

3.27

工作台〈冲击试验机〉 table〈shock testing machine〉

冲击试验机的一部分，确保试验对象能安全安装在它上面。

3.28

砧座 anvil

冲击试验机上承受工作台撞击的固定的或柔性悬挂的部件。

3.29

释放机构 release mechanism

冲击试验机的一部分，它允许工作台从初始位置运动，以使试验开始。

3.30

刹车装置 braking device

冲击试验机的一部分，用于使工作台和（或）砧座受冲击之后减速。

3.31

脉冲波形器 pulse-shaping device

冲击试验机的部件（一次性或可重复使用），它被放在工作台和砧座之间，用于形成脉冲波形。

注：材料的类型和它的形状决定其减速的性能，即脉冲的形状。

4 特性

4.1

再现误差 reproduction error

在振动发生器系统和冲击试验机测试期间，控制点处获得的实际振动参数或冲击参数与规定值之间的差。

4.2

控制点 control point

工作台或者试验质量块上用来安装测量传感器的点。该传感器用于测量试验期间由振动发生器系统或者冲击（碰撞、地震）试验设备再现的振动、冲击、碰撞或者地震的参数。

4.3

工作轴　operating axis

〈振动发生器〉激励力的方向，运动系统设计成沿该方向运动。

4.4

载荷　load

静态载荷　static load

试验对象以及确保试验对象稳定安装到振动试验台面上的相关设备的总质量。

4.5

名义质量　nominal mass

〈运动系统〉与沿着振动发生器工作轴方向振动的任意刚体质量相对应的运动系统质量的部分。

注1：名义质量 m 是单自由度系统的质量：

——若系统具有弹性系数 k，阻尼系数 c，在力 $F(t)$ 作用下，系统遵循公式：

$$m\ddot{x}+c\dot{x}+kx=F(t)$$

——模拟运动系统的振动。

因此，它可能不等于运动系统各部分质量之和。

注2：名义质量常常被误称作有效质量。后者是频响特性参数(见 ISO 2041)，而前者不依赖于频率。

4.6

额定力　rated force

〈振动发生器〉在制造商给定的各种标称工作条件下，振动发生器产生的所有激励力的最小值。

4.7

额定正弦力　rated sinusoidal force

正弦振动的额定力。

4.8

额定宽带随机力　rated broad-band random force

宽带随机振动的额定力。

4.9

额定速度　rated velocity/额定位移　rated displacement

制造商规定的可再现的速度/位移的最大值。

4.10

失真　distortion

波形中不希望有的变化。

注1：失真用谐波失真 d 来定量表示：

$$d=\frac{\sqrt{x_2^2+x_3^2+\cdots+x_n^2}}{x_1}$$

式中：

x_1——对应于给定的正弦振动的信号；

$x_2,\cdots x_n$——第2阶，…，第 n 阶谐波。

注2：谐波失真通常表示成百分比的形式。

4.11

均匀度　uniformity ratio

试验台面上某点加速度(速度、位移)和控制点加速度(速度、位移)的差除以控制点加速度(速度、位移)得到的商的最大绝对值。

注1：均匀度用来描述工作台的非平面平行运动。均匀度值越小，工作台的性能越好。

注2：均匀度通常用百分比表示。

4.12

横向运动率 transverse motion ratio

沿垂直于工作轴方向运动的加速度(速度、位移)与工作轴方向加速度(速度、位移)的最大比值。

注：横向运动率通常用百分比表示。

4.13

悬挂系统的共振频率 resonance frequency of the suspension system

悬挂运动系统沿着工作轴方向振动时,低的机械共振频率。

4.14

运动系统的共振频率 resonance frequency of the moving system

运动系统的机械共振频率。

注：该频率不包括悬挂系统的共振频率。

4.15

运动系统的电谐振频率 electrical resonance frequency of the moving system

〈电动振动发生器〉运动线圈中的电流与电压同相位时的频率。

4.16

额定行程 rated travel

运动系统允许行程的最大值,在该范围内振动发生器制造商保证实现振动发生器的规定参数。该值通常被振动发生器上的专用装置限制。

4.17

力-电流比 force-to-current ratio

〈电动振动发生器〉激励力与运动线圈中电流的比值。

注：该比值会随着频率的变化而变化。

参 考 文 献

［1］ ISO 2041:1990,振动与冲击 词汇.

中 文 索 引

英 文 索 引

ICS 13.160
J 04

中华人民共和国国家标准

GB/T 23716—2009/ISO 8041:2005

人体对振动的响应　测量仪器

Human response to vibration—Measuring instrumentation

(ISO 8041:2005,IDT)

2009-04-24 发布　　2009-12-01 实施

中华人民共和国国家质量监督检验检疫总局
中国国家标准化管理委员会　发布

前　言

本标准等同采用 ISO 8041:2005《人体对振动的响应　测量仪器》(英文第 2 版)。

本标准等同翻译 ISO 8041:2005。

为便于使用,本标准做了如下编辑性修改:

——用“本标准”代替“本国际标准”;

——用小数点“.”代替国际标准英文版中的小数点符号“,”;

——删除了 ISO 8041:2005 的前言,重新编写了本标准的前言;

——对 ISO 8041:2005 中引用的其他国际标准,有被等同采用为我国标准的,用我国标准代替对应的国际标准,其他则直接引用国际标准。

本标准的附录 A、附录 G 和附录 H 为规范性附录,附录 B 至附录 F 为资料性附录。

本标准由全国机械振动、冲击与状态监测标准化技术委员会(SAC/TC 53)提出并归口。

本标准起草单位:中国计量科学研究院、杭州爱华仪器有限公司、浙江大学分析测试中心、国营 4380 厂嘉兴分厂和浙江省电力试验研究院。

本标准主要起草人:于梅、杨丽峰、张绍栋、陈锋、刘爱东、舒国华、刘敏。

人体对振动的响应　测量仪器

1　范围

本标准规定了用于评价人体对振动响应的振动测量仪器的性能规范和允差限。它包括型式评价、周期检定和现场检查的要求，以及用于现场检查的振动校准器的规范。

本标准规定的振动测量仪器可以是单一的仪器、仪器组合或基于计算机的采集分析系统。

本标准规定的振动测量仪器可应用于以下一种或多种用途的振动测量：

——手传振动（参见 ISO 5349-1）；

——全身振动（参见 GB/T 13441.1—2006，GB/T 13441.2—2008，ISO 2631-4）；

——在 0.1 Hz～0.5 Hz 频率范围的低频全身振动（参见 GB/T 13441.1—2007）。

可以根据每种应用中所定义的一个或多个频率计权设计振动测量仪器。

在本标准中定义了三个等级的性能试验：

a)　型式评价，根据本标准规定的规范进行的仪器全性能试验；

b)　周期检定，用以保证仪器的性能规范在要求的范围内所进行的一组中间试验；

c)　现场检查，表明仪器在要求的性能规范范围内运行所需要的最低等级试验。

2　规范性引用文件

下列文件中的条款通过本标准引用而成为本标准的条款。凡是注日期的引用文件，其随后所有的修改单（不包括勘误的内容）或修订版均不适用于本标准。然而，鼓励根据本标准达成协议的各方研究是否可使用这些文件的最新版本。凡是不注日期的引用文件，其最新版本适用于本标准。

GB/T 13441.1—2007　机械振动与冲击　人体暴露于全身振动的评价　第 1 部分：一般要求（ISO 2631-1:1997，IDT）

GB/T 13441.2—2008　机械振动与冲击　人体暴露于全身振动的评价　第 2 部分：建筑物内的振动（1 Hz～80 Hz）（ISO 2631-2:2003，IDT）

GB/T 14412—2005　机械振动与冲击　加速度计的机械安装（ISO 5348:1998，IDT）

GB/T 17799.2—2003　电磁兼容　通用标准　工业环境中的抗扰度试验（IEC 61000-6-2:1999，IDT）

GB/T 20485.1—2008　振动与冲击传感器校准方法　第 1 部分：基本概念（ISO 16063-1:1998，IDT）

GB/T 20485.11—2006　振动与冲击传感器校准方法　第 11 部分：激光干涉法振动绝对校准（ISO 16063-11:1999，IDT）

GB/T 20485.12—2008　振动与冲击传感器校准方法　第 12 部分：互易法振动绝对校准（ISO 16063-12:2002，IDT）

GB/T 20485.13—2007　振动与冲击传感器校准方法　第 13 部分：激光干涉法冲击绝对校准（ISO 16063-13:2001，IDT）

GB/T 20485.21—2007　振动与冲击传感器校准方法　第 21 部分：振动比较法校准（ISO 16063-21:2003，IDT）

GB/T 20485.22—2008　振动与冲击传感器校准方法　第 22 部分：冲击比较法校准（ISO 16063-22:2005，IDT）

ISO 2041　振动与冲击　术语

ISO 2631-4　机械振动与冲击　人体暴露于全身振动的评价　第 4 部分：振动和旋转运动对固定

轨道运输系统中乘客及乘务员舒适影响的评价指南

ISO 5347(现行有效的所有部分)　振动与冲击传感器的校准方法

ISO 5349-1:2001　机械振动　手传振动的测量与评价　第1部分:一般要求

IEC 61000-4-2:2001　电磁兼容(EMC)　第4-2部分:试验和测量技术　静电放电抗扰性试验

IEC 61000-4-3:2002　电磁兼容(EMC)　第4-3部分:试验和测量技术　辐射、射频、电磁场抗扰性试验

IEC 61000-4-6　电磁兼容(EMC)　第4-6部分:试验和测量技术　射频场感应的传导骚扰抗扰性试验

CISPR 22:2003　信息技术设备　无线电干扰限值和测量方法

GUM 测量不确定度表示指南,BIPM,IEC,IFCC,ISO,IUPAC,IUPAP,OIML,1993

3　术语、定义和符号

3.1　术语和定义

本标准使用 ISO 2041 的术语和定义,以及下面给出的术语和定义。

3.1.1

振动加速度　vibration acceleration

使用标准规定的测量轴方向上的加速度分量。

3.1.2

带限频率计权　band-limited frequency weighting

由高通和低通带限滤波器确定的频率计权分量。

3.1.3

带限频率范围　band-limited frequency range

由频率计权带限确定的频率范围。

3.1.4

标称频率范围　nominal frequency range

相关测量标准规定的、关注的频率范围。

3.1.5

频率计权值　frequency-weighting values

3.1.5.1

时间平均计权加速度值　time-averaged weighted acceleration value

在指定轴方向上的频率计权振动加速度均方根值,单位为米每二次方秒(m/s^2)或弧度每二次方秒(rad/s^2)。其表达式为:

$$a_W = \left(\frac{1}{T}\int_0^T a_W^2(\xi)\mathrm{d}\xi\right)^{\frac{1}{2}} \qquad \cdots\cdots(1)$$

式中:

$a_W(\xi)$——在指定轴方向上,作为时间 ξ 函数的直线或旋转计权振动加速度,单位为米每二次方秒(m/s^2)或弧度每二次方秒(rad/s^2);

T——测量时间。

3.1.5.2

时间平均计权加速度级　time-averaged weighted acceleration level

频率计权均方根振动加速度级,单位为分贝(dB),其表达式为:

$$L_W = 20\lg\frac{a_W}{a_0} \qquad \cdots\cdots(2)$$

式中：

a_W——见 3.1.5.1 中的定义；

a_0——参考加速度(ISO 1683 定义为 10^{-6} m/s^2)。

3.1.5.3

运行均方根加速度值 running r. m. s. acceleration value

频率计权的运行均方根振动加速度，单位为米每二次方秒(m/s^2)，其表达式为：

$$a_{W,\theta}(t)=\left(\frac{1}{\theta}\int_{t-\theta}^{t}a_W^2(\xi)\mathrm{d}\xi\right)^{\frac{1}{2}} \qquad \cdots\cdots(3)$$

式中：

$a_W(\xi)$——时间 ξ 时的频率计权瞬时振动加速度，单位为米每二次方秒(m/s^2)；

θ——测量的积分时间；

t——时间。

注：对于运行的均方根法，可以使用指数平均作为线性平均的近似值。指数平均被定义为：

$$a_{W,\tau}(t)=\left(\frac{1}{\tau}\int_{-x}^{t}a_W^2(\xi)\exp\left(\frac{\xi-t}{\tau}\right)\mathrm{d}\xi\right)^{\frac{1}{2}} \qquad \cdots\cdots(4)$$

式中 τ 为时间常数。

3.1.5.4

最大瞬时振动值 MTVV maximum transient vibration value

当积分时间等于 1 s 时，运行均方根振动加速度的最大值。

3.1.5.5

运动病剂量值 MSDV motion sickness dose value

计权瞬时振动加速度 $a_W(t)$ 二次方的积分的二次方根，单位为米每 1.5 次方秒(m/s$^{1.5}$)，其表达式为：

$$\mathrm{MSDV}=\left(\int_0^{\phi}a_W^2(\xi)\mathrm{d}\xi\right)^{\frac{1}{2}} \qquad \cdots\cdots(5)$$

式中：

ϕ —运动发生的总时间。

注 1：频率计权均方根振动加速度值乘以 $\phi^{1/2}$ 可获得运动病剂量值。

注 2：对于测量仪器，可以认为暴露时间 ϕ 等于测量时间 T，除非另有说明。

3.1.5.6

振动剂量值 VDV vibration dose value

计权瞬时振动加速度 $a_W(t)$ 四次方的积分的四次方根，单位为米每 1.75 次方秒(m/s$^{1.75}$)，其表达式为：

$$\mathrm{VDV}=\left(\int_0^{\phi}a_W^4(\xi)\mathrm{d}\xi\right)^{\frac{1}{4}} \qquad \cdots\cdots(6)$$

式中：

ϕ——暴露发生的总时间(每日)。

注 1：振动剂量值对峰值比均方根值更灵敏。

注 2：对于测量仪器，可以认为暴露时间 ϕ 等于测量时间 T，除非另有说明。

3.1.5.7

振动总值 vibration total value

三轴向直线振动的合成振动，其表达式为：

$$a_{Wv} = \sqrt{k_x a_{Wx}^2 + k_y a_{Wy}^2 + k_z a_{Wz}^2} \quad \cdots\cdots (7)$$

式中：

a_{Wx}、a_{Wy}、a_{Wz}——x、y、z 三个正交坐标轴的振动值；

k_x、k_y、k_z——由测量应用确定的常倍数。

3.1.5.8

振动峰值　peak vibration value

频率计权加速度的瞬时(正和负)峰值的最大模。

3.1.5.9

波峰因数　crest factor

在一个测量周期内，具有相同频率计权的振动加速度峰值与均方根值的比值。

3.1.6

线性工作范围　liner operating range

在每一个量程上，线性误差在本标准规定的使用允差限内的下限和上限之间的范围。

3.1.7

过载　overload

出现超过线性工作范围上限的状态。

3.1.8

欠量程　under-range

出现振动值在线性工作范围下限以下的状态。

3.1.9

参考测量量程　reference measurement range

规定用于振动测量仪器特性试验的振级量程。

注：这个量程用于测量参考振动。

3.1.10

参考振动信号　reference vibration signal

正弦振动信号。本标准规定了用于人体振动计机电性能试验的正弦振动信号的幅值和频率。

注：根据仪器的应用情况规定不同的参考振动信号。

3.1.11

校准核查频率　calibration check frequency

用于检查仪器振动灵敏度所规定的频率。

3.1.12

纯音猝发音　tone burst

在波形零点交叉处开始和结束的一个或多个完整周期正弦信号。

3.1.13

信号猝发音　signal burst

在波形零点交叉处开始和结束的一个或多个完整的周期信号(如锯齿波)。

3.1.14

振动测量仪器　vibration measuring instrumentation

振动传感器、信号处理和显示器的组合。可以是测量人体振动响应相关参数的任何一种单个仪器或者仪器的组合。

注：参见图1。

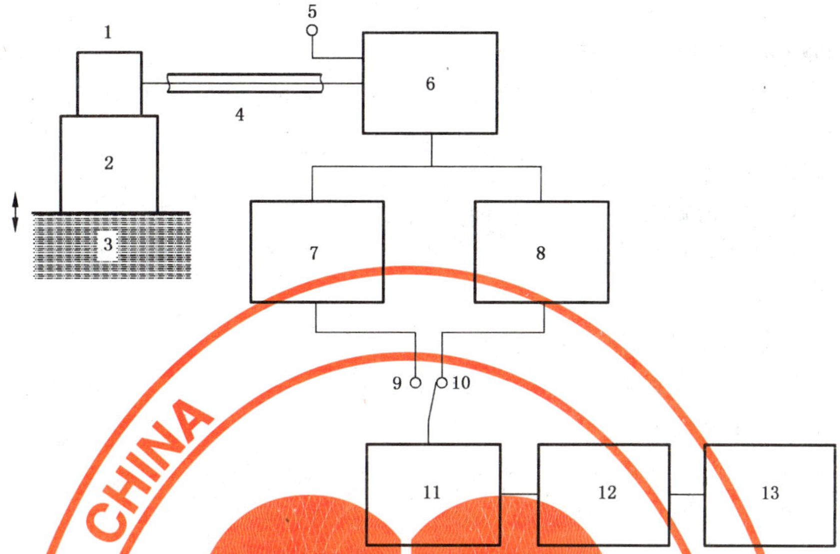

1——传感器；
2——安装系统；
3——振动表面；
4——电缆；
5——电输入；
6——信号调理；
7——频带限制；
8——频率计权(包括带限)；
9——带限输出；
10——频率计权输出；
11——时间计权；
12——辅助处理；
13——显示。

a) 时域信号处理

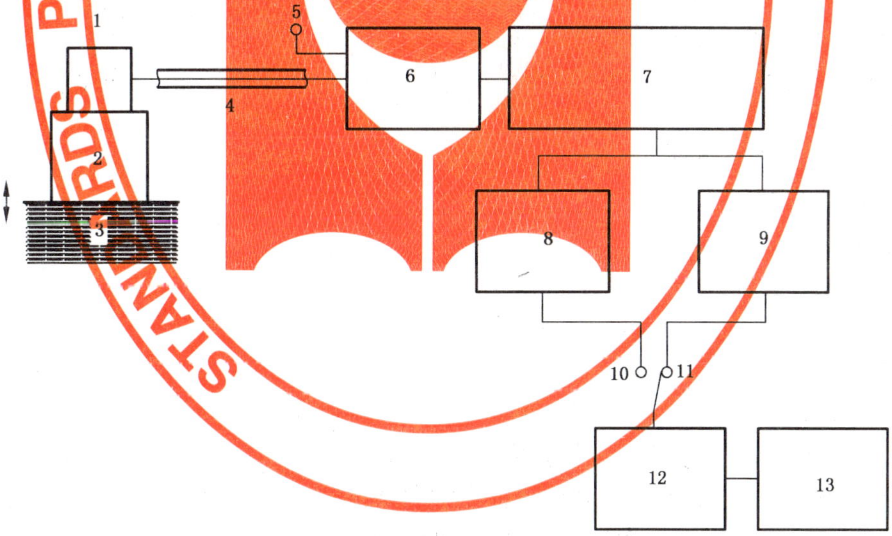

1——传感器；
2——安装系统；
3——振动表面；
4——电缆；
5——电输入；
6——信号调理；
7——频率分析，时间计权，时间平均；
8——频带限制(计算)；
9——频率计权-包括带限(计算)；
10——带限输出；
11——频率计权输出；
12——频带的累积；
13——显示。

b) 频域信号处理(不适用于 VDV 处理)

图 1 振动测量仪器或测量系统基本功能路径输出框图

3.1.15

仪器文件 instrument documentation

安装手册、操作程序或为用户使用振动测量仪器提供的其他文件。

3.2 符号

下列符号和简略术语适用于本标准。

a_W——时间平均频率计权的单轴向振动加速度；

$a_W(t)$,$a_W(\xi)$——在时间 t 或 ξ 处,瞬时频率计权直线或旋转的单轴振动加速度；

f——频率；

H——总频率计权函数；

k_i——用于 i 轴的全身频率计权加速度值的常倍数；

n——1/3 倍频程频带数；

t 或 ξ——瞬时时间；

T——测量持续时间；

s——拉普拉斯变换的变量；

W_x——x 频率计权；

ϕ——暴露持续时间；

$\Delta\varphi$——相位误差；

τ——指数平均时间常数；

θ——线性平均时间；

MTVV——最大的瞬时振动值；

MSDV——运动病剂量值；

VDV——振动剂量值。

4 参考环境条件

确定振动计性能的参考环境条件：

——空气温度:23 ℃；

——相对湿度:50%。

5 性能规范

5.1 一般特性

本章的性能规范适用于参考环境条件。

人体振动测量仪器至少应提供下列显示功能：

——整个测量持续时间内的时间平均计权振动加速度值；

——整个测量持续时间内的带限时间平均振动加速度值；

——测量的持续时间。

人体振动测量仪器还应给出一种方法以指示在测量期间内的任何时刻是否产生过载。

人体振动测量器应提供设置和调整振动灵敏度的方法。

人体振动测量仪器可以包括本标准给定性能规范的部分或所有的设计特性。仪器提供的设计特性应与应用的性能规范一致。

如果测量仪器有一个以上的测量量程,仪器文件应对所涉及的测量量程和测量量程控制器的操作进行描述。仪器文件还应明确参考测量量程。

参考振动信号的频率和幅值见表1。

表 1　参考振动值和频率

应用	频率计权	附录中表（资料性）	标称频率范围/Hz	参考		在参考频率点的计权因子	在参考频率和加速度（r.m.s.）处的计权加速度/（m/s^2）
				频率	加速度（r.m.s.）/（m/s^2）		
手传	W_h	B.6	8～1 000	500 rad/s（79.58 Hz）	10	0.202 0	2.020
全身	W_b	B.1	0.5～80	100 rad/s（15.915 Hz）	1	0.812 6	0.812 6
	W_c	B.2				0.514 5	0.514 5
	W_d	B.3				0.126 1	0.126 1
	W_e	B.4				0.062 87	0.062 87
	W_j	B.7				1.019	1.019
	W_k	B.8				0.771 8	0.771 8
	W_m	B.9	1～80			0.336 2	0.336 2
低频全身	W_f	B.5	0.1～0.5	2.5 rad/s（0.397 9 Hz）	0.1	0.388 8	0.038 88

如果仪器能够测量振动的最大值(如 MTVV)和峰值，应提供“保持”功能。仪器文件应描述保持特性的操作和清除保持显示的方法。

本标准中的许多指标和试验都要求使用电信号替代振动传感器信号。仪器文件应规定与振动传感器信号等效的电信号替代方法，以及在没有振动传感器的整个仪器上进行电试验的方法。如果适合，仪器文件可以说明人体振动计试验具体操作的可供选择的两种方法。

注：人体振动计制造商可为进行仪器电试验提供一个输入试验点，或一个具有特定电阻抗的虚拟振动传感器，或一个等效输入适配器(电或非电)。

仪器文件应规定振动传感器的振动最大峰值和在电输入设备上能够施加的最大峰峰值信号(如电荷或电压)。最大振动值和最大峰峰电压不应造成仪器的损坏。

本标准给出的允差限包括相关测量的扩展不确定度，它遵循 GUM 导则评定得到，包含因子 $k=2$，置信水平约为 95%。

5.2 信号幅值的显示

5.2.1 概述

对于能够显示一个以上测量参量的仪器，应当提供一种方法明确地表明显示值所表示的参量，最好用标准缩写词或字母符号表示。

在仪器文件中应对每台显示设备上对应的显示值和人体振动计能够显示的参量一起进行描述。

仪器应显示频率计权的加速度值。它还可按照 GB/T 13441.1—2007 规定显示乘以 k 因子的频率计权加速度值。使用相乘因子时，应在仪器上清楚表明，并且仪器能够显示相乘因子。

显示组合轴向输出，如式(7)振动总值时，仪器应能够显示所使用的相乘因子数值。

当测量结果以数字形式输出时，仪器文件应说明将数字数据传输或下载到外部数据存储器或显示设备的方法。仪器文件应明确计算机软件以及接口硬件。

推荐使用与国际标准兼容的接口总线。

仪器文件中规定的满足本标准规范的每一个可选择的显示信号值的设备被认为是该仪器的组成部分。这些可选设备应作为符合本章性能规范和第 7 章使用环境规范要求的组成部分。可供选择显示设备的例子包括电平记录仪或带有显示屏的计算机。

对于使用显示设备量程小于 5.7 规定的线性工作范围的仪器，仪器文件应说明超出显示器量程的线性度试验方法。

5.2.2 分辨率和更新速率

仪器文件规定显示器的分辨率应为显示值的1%或更高。

如果仪器只有一个连续显示的模拟或类比模拟的显示器,其显示应是振动值的对数。模拟显示器的区域应包括至少2个十进位的显示,并且每个十进位至少是10 mm宽。对显示量程未覆盖仪器整个线性范围的情况,应可转换显示量程以观测整个要显示的线性范围。

如果使用一个数字指示器,并且所显示的测量量是振动参数,应以一定的时间间隔更新显示。更新的时间间隔应与所显示的测量相适应。数字显示范围应至少覆盖线性工作范围。

对于带可定期进行更新的数字显示器的仪器,每次显示更新后的指示值应是显示更新时用户选择的参量示值。在仪器文件中可以明确显示更新时其他的显示模式,此时在仪器文件中应对这些模式的操作做出说明。仪器文件应说明哪些模式符合本标准的规范要求,哪些不符合。

5.2.3 稳定性、测量开始和显示时间

在一般的环境条件下,仪器开机到稳定和准备使用所要求的时间间隔应不大于2 min。

当仪器开机后准备使用、改变量程或改变滤波器选择时,显示器应显示。

用户初始化测量和测量开始之间的时间应不大于0.5 s。

注:可能需要一个初始化过程,特别是对低频全身振动。即:保证在前一个测量结束后,仪器处于测量开始前的工作状态。

在获得测量结果前,仪器显示器应明确地指示测量是否在进行中,或是否初始化正在进行中。

5.3 电输出

如果提供交流电输出,仪器文件应说明输出信号的特性。其特性应包括:

——电压峰峰值的范围,其值应不低于1 V;

——输出端的内部电阻抗;

——最小负载阻抗;

——用于输出信号的频率计权。

无存储电能的无源阻抗与电输出的连接(包括短路),对正在进行的任何测量的影响应不大于2%。

5.4 振动灵敏度

仪器文件至少应规定一种模式的振动现场校准器,作为检查和保持人体振动计机械灵敏度的工具。振动现场校准器应满足附录A给出的要求。

振动测量仪器的文件应说明通过使用规定的振动校准器,将所指示的振动调整到符合本标准规范的程序。该调整应适用于仪器文件中推荐振动计使用的各种型号的振动传感器,还应适用于振动计制造商为振动传感器与振动计连接所提供的任何电缆、连接器和其他附件。

5.5 在参考条件下参考频率点指示的准确度

显示结果允差的要求见表2。示值的允差是指在表1中规定的适当参考频率和参考振动值处,当仪器置于参考测量量程,将正弦机械振动施加到振动传感器或规定的安装设备基座上时的允差。在按5.4进行调整和经过规定的稳定时间后,这些要求适用于本标准规定的所有频率计权。

表2 在参考频率和振动值处示值的允差

参数	允差
在参考环境条件下,参考频率点示值的允差	±4%(对于手传和全身振动)
	±5%(对于低频全身振动)
任一频率计权测量参量的示值与相应的带限测量值乘以合适的计权因子的示值之间的差值(在参考频率和参考振动值处输入一个稳定的正弦振动信号)	±3%
在任一测量时间内,具有带限频率计权的运行均方根振动示值和具有线性时间平均均方根值的带限频率计权振动示值之间的差值(对在参考频率和参考振动值处的一个稳定的正弦振动输入信号)	±2%

5.6 频率计权和频率响应

5.6.1 参数

人体振动计应有的一个或多个频率计权(见表 1),包括合适带限的计权。频率计权由公式(8)～公式(12)定义,并在表 3 中给出参数。

表 3 频率计权的参数和传递函数

计权	带限				a-v 变换			高阶				增益
	f_1/Hz	Q_1	f_2/Hz	Q_2	f_3/Hz	f_4/Hz	Q_4	f_5/Hz	Q_5	f_6/Hz	Q_6	K
W_b	0.4	$1/\sqrt{2}$	100	$1/\sqrt{2}$	16	16	0.55	2.5	0.9	4	0.95	1.024
W_c	0.4	$1/\sqrt{2}$	100	$1/\sqrt{2}$	8	8	0.63	∞	1	∞	1	1
W_d	0.4	$1/\sqrt{2}$	100	$1/\sqrt{2}$	2	2	0.63	∞	1	∞	1	1
W_e	0.4	$1/\sqrt{2}$	100	$1/\sqrt{2}$	1	1	0.63	∞	1	∞	1	1
W_f	0.08	$1/\sqrt{2}$	0.63	$1/\sqrt{2}$	∞	0.25	0.86	0.062 5	0.80	0.10	0.80	1
W_h	$10^{8/10}$	$1/\sqrt{2}$	$10^{31/10}$	$1/\sqrt{2}$	$100/(2\pi)$	$100/(2\pi)$	0.64	∞	1	∞	1	1
W_j	0.4	$1/\sqrt{2}$	100	$1/\sqrt{2}$	∞	∞	1	3.75	0.91	5.32	0.91	1
W_k	0.4	$1/\sqrt{2}$	100	$1/\sqrt{2}$	12.5	12.5	0.63	2.37	0.91	3.35	0.91	1
W_m	$10^{-0.1}$	$1/\sqrt{2}$	100	$1/\sqrt{2}$	$1/(0.028\times2\pi)$	$1/(0.028\times2\pi)$	0.5	∞	1	∞	1	1

注 1：对于 W_b 计权,ISO 2631-4:2001 表 A.1 对参数 Q_1 值四舍五入到第 2 个小数位,此表规定的参数是其精确值。

注 2：对于 W_h 计权,ISO 5349-1:2001 表 A.1 对参数 f_1、f_2、f_3 和 f_4 值四舍五入到 5 位有效数字,参数 Q_1 值到第 2 个小数位,此表规定的参数是其精确值。

角频率 ω_1、…、ω_6($\omega_i=2\pi f_i$,f_i 是表 3 中的 f_1、…、f_6)和谐振品质因数 Q_1、Q_2、Q_4、Q_5 和 Q_6 是公式(8)～公式(12)中传递函数的参数,它们决定总的振动加速度频率计权。总频率计权函数是带限、a-v 变换和高阶滤波器的乘积。

5.6.2 带限滤波器

带限组件是高通和低通二阶巴特沃斯(Butterworth)滤波器特性的组合。其组件的定义如下：

a) 高通

$$H_h(s)=\frac{1}{1+\frac{\omega_1}{Q_1 s}+\left(\frac{\omega_1}{s}\right)^2} \qquad \cdots\cdots(8)$$

b) 低通

$$H_l(s)=\frac{1}{1+\frac{s}{Q_2\omega_2}+\left(\frac{s}{\omega_2}\right)^2} \qquad \cdots\cdots(9)$$

$H_h(s)$和 $H_l(s)$的乘积表示带限传递函数。

5.6.3 *a-v* 变换滤波器

a-v 变换滤波器在较低频率与加速度成正比,在较高频率与速度成正比：

$$H_t(s)=\frac{\left(1+\frac{s}{\omega_3}\right)K}{1+\frac{s}{Q_4\omega_4}+\left(\frac{s}{\omega_4}\right)^2} \qquad \cdots\cdots(10)$$

注：当 f_3 和 f_4(ω_3 和 ω_4)都等于无穷大时,$H_t(s)=1$。

5.6.4 高阶滤波器

高阶滤波器有一个近似每倍频程 6 dB 陡度，与加加速度成正比：

$$H_s(s)=\frac{1+\frac{s}{Q_5\omega_5}+\left(\frac{s}{\omega_5}\right)^2}{1+\frac{s}{Q_6\omega_6}+\left(\frac{s}{\omega_6}\right)^2}\left(\frac{\omega_5}{\omega_6}\right)^2 \qquad (11)$$

注：当 f_5 和 f_6(ω_5 和 ω_6)都等于无穷大时，$H_s(s)=1$。

5.6.5 总频率计权

每一个计权 W_x 的总频率计权函数是带限、a-v 变换和高阶滤波器的乘积，即：

$$H(s)=H_h(s)\times H_l(s)\times H_t(s)\times H_s(s) \qquad (12)$$

对这些公式的最通用的解释是在频域。频率计权的模(幅值)和相位被描述为虚数角频率的函数：$s=j2\pi f$。

注 1：有时用字母 p 替代 s。

注 2：s 也可被视为拉普拉斯(Laplace)变换的变量。

附录 B 给出的表格和计权曲线举例说明了公式(8)～公式(12)所定义的、作为频率 f 函数的频率计权的幅值和相位。

如果人体振动计提供一个或多个可供选择的频率响应，仪器文件应说明设计目标的频率响应和可保持在设计目标值附近的允差限。如果某个标准中规定了一个可选择的频率响应，设计目标频率响应应满足该标准的规定。

可以通过简单模拟滤波器的组合，实现表 3 和公式(8)～公式(12)定义的滤波器。附录 C 给出了在时域和频域用数字计算法实现频率计权的实例。

5.6.6 允差

频率计权的允差应满足表 4 和表 5 的要求。表 5 中的允差限适用于在所有测量范围内包括相应带限的计权。允差限应包括适用的最大测量扩展不确定度。

对不是基于均方根平均值的测量参数，如峰值、MTVV 和 VDV，振动测量仪器的相位响应是重要的。公式(8)～公式(12)给出了相位响应。但是，由相位响应误差引入的测量误差取决于相位误差随频率变化的速率，而不取决于绝对相位误差本身。因此，使用特性相位偏差($\Delta\varphi_0$)评定相位响应，定义为：

$$\Delta\varphi_0=\left|\frac{f_n\Delta\varphi_{n+1}-f_{n+1}\Delta\varphi_n}{f_{n+1}-f_n}\right| \qquad (13)$$

式中：

f_n——1/3 倍频程频带指数 n 时的中心频率；

$\Delta\varphi_n$——相对 1/3 倍频程频带指数 n 时频率点的相位误差。

表 4 用于频率计权允差的转换频率

计权	允差转换频率/Hz			
	f_{t1}	f_{t2}	f_{t3}	f_{t4}
W_b	$10^{-6/10}$ (0.251 2)	$10^{-2/10}$ (0.631)	$10^{18/10}$ (63.1)	$10^{22/10}$ (158.5)
W_c	$10^{-6/10}$ (0.251 2)	$10^{-2/10}$ (0.631)	$10^{18/10}$ (63.1)	$10^{22/10}$ (158.5)
W_d	$10^{-6/10}$ (0.251 2)	$10^{-2/10}$ (0.631)	$10^{18/10}$ (63.1)	$10^{22/10}$ (158.5)
W_e	$10^{-6/10}$ (0.251 2)	$10^{-2/10}$ (0.631)	$10^{18/10}$ (63.1)	$10^{22/10}$ (158.5)

表 4（续）

计权	允差转换频率/Hz			
	f_{t1}	f_{t2}	f_{t3}	f_{t4}
W_f	$10^{-13/10}$ (0.050 12)	$10^{-9/10}$ (0.125 9)	$10^{-4/10}$ (0.398 1)	$10^{0/10}$ (1)
W_h	$10^{6/10}$ (3.981)	$10^{10/10}$ (10)	$10^{29/10}$ (794.3)	$10^{33/10}$ (1 995)
W_j	$10^{-6/10}$ (0.251 2)	$10^{-2/10}$ (0.631)	$10^{18/10}$ (63.1)	$10^{22/10}$ (158.5)
W_k	$10^{-6/10}$ (0.251 2)	$10^{-2/10}$ (0.631)	$10^{18/10}$ (63.1)	$10^{22/10}$ (158.5)
W_m	$10^{-3/10}$ (0.501 2)	$10^{1/10}$ (1.259)	$10^{18/10}$ (63.1)	$10^{22/10}$ (158.5)

表 5　频率计权的允差

频率/Hz	幅值允差	特性相位偏差 $\Delta\varphi_0$
$f \leqslant f_{t1}$	+26%，−100%	$\pm\infty$
$f_{t1} < f < f_{t2}$	+26%，−21%	±12°
$f_{t2} \leqslant f \leqslant f_{t3}$	+12%，−11%	±6°
$f_{t3} < f < f_{t4}$	+26%，−21%	±12°
$f_{t4} \leqslant f$	+26%，−100%	$\pm\infty$
注：特性相位偏差只适用于不是基于均方根值测量参数的仪器。		

5.7　幅值线性

在整个测量范围内，显示的信号值应是振动传感器上的机械振动的线性函数。该设计目标适用于在任何给定的频率计权或频率响应下仪器的频率范围内任一频率点。线性指标适用于包括传感器在内的整个仪器，以及所有测量的振动参数。

在所有测量量程所覆盖的完整区域内，线性误差应不超过输入值的 6%。在参考测量量程和参考频率点，线性工作范围应至少为 60 dB。

注：对于手臂振动，可能需要一个较大的线性范围以测量高冲击振动信号。

仪器文件应说明在没有欠量程或过载指示情况下，线性误差不超过 6% 的振动值范围。该要求适用于在标称频率范围内任一频率点的稳定正弦信号。

对于具有多级手动选择测量量程的仪器，在相邻的测量量程振动示值的重叠应至少是 40 dB。

对于每一个测量量程，仪器文件应说明在没有欠量程或过载指示情况下，能够测量的振动值范围，即线性工作范围的上下限。

5.8　仪器噪声

对于时间平均的频率计权振动，仪器文件应说明当仪器的振动传感器被安装在一个不会明显增加示值的无振动物体上时，在显示设备上观察到的典型示值。至少对于参考环境条件，显示值应相当于推荐的人体振动计中的振动传感器和其他部件组合的总的本底噪声。

5.9　信号猝发音响应

人体振动测量仪对信号猝发音响应的要求，通过参考频率锯齿波信号的响应给出。图 2 说明了锯齿波试验信号。使用具有表6给出特性的锯齿波猝发音进行试验。表7～表9给出的响应对应于1 m/s^2 的幅值信号,并应与实际试验信号的幅值相乘。

注1:用滤波器特性的数字模拟来确定对锯齿波信号猝发音的响应。

注2:为了保证信号猝发音包含有已知相位关系的频率组合,选择了锯齿波形状。因此锯齿波猝发音试验保证了在不同的频率进行频率计权的相关相位响应试验。

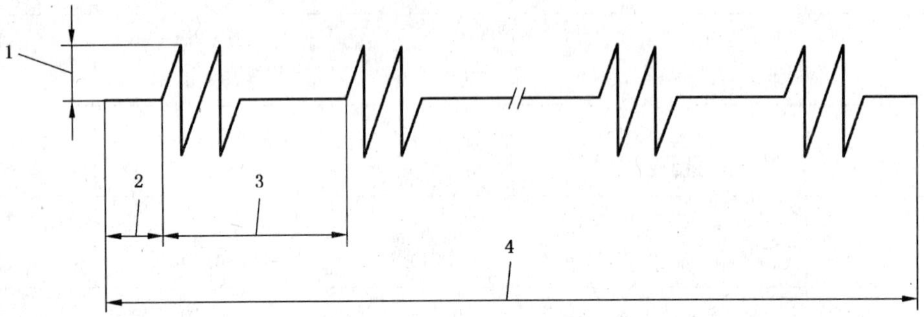

1——幅值;

2——开始时间;

3——重复时间;

4——持续时间。

图2 锯齿波猝发音试验信号(2个周波猝发音图示)

表6 锯齿波信号猝发音试验特性

应用	计权	角频率/(rad/s)	开始时间/s	周波数	重复时间/s	持续时间/s
手臂	W_h	500(79.58 Hz)	0.2	1,2,4,8和16	2	12
全身	$W_b, W_c, W_d, W_e, W_j, W_k, W_m$	100(15.915 Hz)	1		10	60
低频全身	W_f	2.5(0.397 9 Hz)	40		400	2 400

表7 用于手臂振动测量仪的锯齿波信号猝发音响应

计权	每个猝发音的锯齿波周波数	均方根	允差/%
带限	1	0.044 8	10
	2	0.063 3	10
	4	0.089 5	10
	8	0.127	10
	16	0.179	10
	连续	0.565	10
W_h	1	0.010 3	10
	2	0.013 3	10
	4	0.016 8	10
	8	0.022 4	10
	16	0.030 9	10
	连续	0.094 6	10

表 8　用于全身振动测量仪的锯齿波信号猝发音响应

计权	每个猝发音的锯齿波周波数	均方根	允差/%	VDV	允差/%	MTVV 线性	允差/%	MTVV 指数	允差/%
带限	1	0.043 3	10	0.498	12	0.137	10	0.135	10
	2	0.061 2	10	0.593	12	0.193	10	0.188	10
	4	0.086 5	10	0.705	12	0.274	10	0.258	10
	8	0.122	10	0.838	12	0.387	10	0.344	10
	16	0.173	10	0.994	12	0.547	10	0.437	10
	连续	0.546	10	1.77	12	0.547	10	0.549	10
W_b	1	0.031 4	10	0.342	12	0.099 1	10	0.096 8	10
	2	0.043 5	10	0.403	12	0.137	10	0.132	10
	4	0.061 4	10	0.482	12	0.194	10	0.182	10
	8	0.086 7	10	0.575	12	0.274	10	0.243	10
	16	0.123	10	0.685	12	0.387	10	0.309	10
	连续	0.387	10	1.22	12	0.388	10	0.388	10
W_c	1	0.022 2	10	0.244	12	0.070 3	10	0.068 4	10
	2	0.029 2	10	0.275	12	0.092 3	10	0.088 5	10
	4	0.039 7	10	0.318	12	0.126	10	0.117	10
	8	0.055	10	0.374	12	0.174	10	0.153	10
	16	0.077	10	0.445	12	0.243	10	0.192	10
	连续	0.24	10	0.788	12	0.243	10	0.242	10
W_d	1	0.006 69	10	0.077 9	12	0.021 2	10	0.019 7	10
	2	0.009 06	10	0.085 2	12	0.028 6	10	0.026 4	10
	4	0.011 6	10	0.092 3	12	0.036 6	10	0.033	10
	8	0.014 8	10	0.101	12	0.046 9	10	0.04	10
	16	0.019 7	10	0.115	12	0.061 1	10	0.048 1	10
	连续	0.059	10	0.197	12	0.061 1	10	0.059 4	10
W_e	1	0.003 42	10	0.040 9	12	0.010 8	10	0.009 92	10
	2	0.004 78	10	0.045 2	12	0.015 1	10	0.013 5	10
	4	0.006 37	10	0.049 3	12	0.020 1	10	0.017 6	10
	8	0.008 16	10	0.053 5	12	0.025 5	10	0.021 4	10
	16	0.010 2	10	0.059 2	12	0.031 1	10	0.024 4	10
	连续	0.029 5	10	0.098 7	12	0.031 1	10	0.029 7	10
W_j	1	0.043 5	10	0.517	12	0.138	10	0.135	10
	2	0.061 6	10	0.609	12	0.195	10	0.189	10
	4	0.087 4	10	0.723	12	0.277	10	0.261	10
	8	0.124	10	0.859	12	0.392	10	0.349	10
	16	0.175	10	1.02	12	0.554	10	0.443	10
	连续	0.554	10	1.81	12	0.555	10	0.557	10

表 8（续）

计权	每个猝发音的锯齿波周波数	均方根	允差/%	VDV	允差/%	MTVV 线性	允差/%	MTVV 指数	允差/%
W_k	1	0.029 9	10	0.323	12	0.094 4	10	0.092 2	10
	2	0.041 1	10	0.38	12	0.13	10	0.125	10
	4	0.057 7	10	0.455	12	0.182	10	0.171	10
	8	0.081 4	10	0.543	12	0.257	10	0.228	10
	16	0.115	10	0.648	12	0.363	10	0.289	10
	连续	0.362	10	1.15	12	0.364	10	0.363	10
W_m	1	0.014 9	10	0.165	12	0.047 2	10	0.045 6	10
	2	0.019 7	10	0.185	12	0.062 3	10	0.059 4	10
	4	0.026 4	10	0.211	12	0.083 6	10	0.077 5	10
	8	0.036 3	10	0.247	12	0.115	10	0.101	10
	16	0.050 7	10	0.294	12	0.16	10	0.126	10
	连续	0.158	10	0.52	12	0.16	10	0.159	10

表 9　用于低频全身振动测量仪的锯齿波信号猝发音响应

计权	每个猝发音的锯齿波周波数	均方根	允差/%	MSDV	允差/%
带限	1	0.034 1	10	1.671	10
	2	0.048 7	10	2.386	10
	4	0.069	10	3.38	10
	8	0.098 2	10	4.811	10
	16	0.139	10	6.81	10
	连续	0.439	10	21.51	10
W_f	1	0.019 7	10	0.965 1	10
	2	0.023 6	10	1.156	10
	4	0.030 4	10	1.489	10
	8	0.041 6	10	2.038	10
	16	0.057 1	10	2.797	10
	连续	0.176	10	5.622	10

5.10　过载指示

人体振动计应有一个每次显示都有效的过载显示器，并且可以检测出振动信号通道中所有临界点处的过载状态。应通过合适的方法（如选择适合预期测量的传感器、选择组装在传感器中的电子过载检测器、使用机械滤波器）避免传感器过载。

当信号值增大到规定的上限范围以上，在超过线性允差限或信号猝发音响应允差之前应显示过载。该要求适用于标称频率范围内的任何频率。

过载显示器应对正、负两个半周信号起作用。引起过载显示的正、负两个半周信号的差值应不大于15%。

当使用振动计测量时间平均振动值时，过载显示器应在发生过载状态时能够锁定。锁定状态应保留至测量结果被复位。该要求也适用于测量最大振动值、峰值振动值或测量期间计算或测量后显示的其他量值。

当使用振动计测量运行均方根时间计权振动值时，在存在过载期间和过载影响示值测量的任何周期中(一个周期等于线性运行均方根加速度值的积分时间，或两倍于指数平均的积分时间)，过载显示器都应保持显示的状态。过载后，显示器对于手臂振动应保持大于 1 s 时间；对于全身和低频全身振动应保持大于 8 s 时间。

仪器文件应对过载显示的工作状态做出说明，并给出清除锁定显示的方法。

5.11 欠量程指示

如果时间计权人体振动或时间平均人体振动低于线性工作范围的下限，在超过线性允差下限之前，欠量程指示应起作用。只要欠量程或影响示值的测量状态存在，欠量程指示就应保持。对于手臂振动，显示的最短时间为 1 s；对于全身和低频全身振动，显示的最短时间为 8 s。

5.12 时间平均

仪器应允许用户选择或控制时间平均计权加速度值的测量持续时间。

5.13 运行均方根加速度

对于提供运行均方根加速度的仪器，应检查时间常数。应在输入端输入稳定的参考频率正弦电信号，然后突然切断信号。在切断信号之前，对线性时间平均应施加至少 5 倍积分时间的稳定信号；对指数时间平均则施加 20 倍积分时间的稳定信号。有关线性和指数运行的均方根时间平均的详细内容，可参见附录 D。

对于线性时间平均，显示的输出信号值应以表 10 规定的速率衰减；对于指数时间平均(如果应用)，应以表 11 规定的速率衰减。应从衰减开始到显示值小于初始值 10%的时间来测量衰减速率。该要求适用于参考测量量程。

表 10 时间计权衰减速率，线性时间平均

时间常数/s	到初始信号值 10%的时间/s
0.125	0.124±0.005
1	0.99±0.05
8	7.92±0.2

表 11 时间计权衰减速率，指数时间平均

时间常数/s	到初始信号值 10%的时间/s	等效衰减速率/(dB/s)
0.125	0.58±0.03	31～40
1	4.61±0.25	3.8～4.9
8	36.8±2	0.48～0.62

5.14 复位

对于所有给定的频率计权，用于测量时间平均人体振动、最大瞬态振动值和振动剂量值的仪器，应包括清除数据存储设备和重新初始化测量的功能。仪器文件应说明复位功能是否清除过载显示。仪器文件也应描述复位功能的作用，并且说明手动或远程复位功能的操作和测量初始化之间的标称延迟时间。

复位功能的使用不应使显示设备上出现虚假的显示。

5.15 计时功能

测量时间平均人体振动的仪器应显示自积分开始后经历的持续时间。也可提供间隔为 1 s 增量的预置积分时间的能力。

指示经历时间的允差限是 0.1%。经历时间的显示分辨力应为 1 s 或更高。

仪器文件应对显示设备量程内，测量任何信号值的时间平均振动值的最小和最大积分时间做出说明。

5.16 电串扰

当一台仪器同时对一个以上的振动轴(或通道)提供输入信号时,任何一个通道对其他任何输入通道信号的响应应小于输入信号幅值的0.5%。

5.17 振动传感器的特性

应根据测量的应用选择振动传感器的特性,附加指南参见附录E。

5.18 电源

对于电池供电的仪器,应给出确认电源足以保证仪器在本标准规范内进行工作的指示。电源状态的检查不应对任何正在进行的测量造成干扰。

对振动传感器施加振动校准信号时,如果振动测量仪器的电源电压从标称值降至仪器文件规定的最小电压值,信号指示值的变化量不应超过3%。

如果用内部电池为人体振动计供电,仪器文件应推荐允许使用的电池型号,并说明在参考环境条件下,安装满容量电池时,预期仪器的相应连续工作时间。

对于设计能够在超过电池标称寿命的持续时间内测量振动值的电池供电仪器,仪器文件应说明用外部电源驱动仪器的适用方法,包括电源的适用电压范围和纹波含量(包括高频尖脉冲信号)指标。

6 安装

如果需要或提供一个特定的机械滤波器、安装系统或电缆,仪器文件应说明只有当安装了规定的器械时,仪器才满足可应用的频率计权要求。

随仪器提供或为使用推荐的安装方法应满足GB/T 14412—2005的通用要求。试验安装系统指南可参见附录F。

仪器文件应对提供的任何安装系统所适用的应用范围做出说明,并且应对使用安装系统可能导致较大测量不确定度的环境作出规定。

7 环境和电磁标准

7.1 概述

各种工作环境下的所有灵敏度技术指标都应以参考环境条件下和校准核查频率点的机械灵敏度为参考。仪器文件应对环境条件变化后振动计稳定所需典型时间间隔加以说明。

一次性使用的振动测量仪可能有一个受限的环境应用范围。应在仪器文件中说明所适用的受限范围。

注:一次性(One-off)使用的系统是由独立的信号处理、分析(记录)和显示单元组成的系统,系统的每一个单元都按照相关标准或制造商的指标进行过型式评价。

7.2 空气温度

在−10 ℃~50 ℃温度范围内,规定空气温度的变化对机械灵敏度的影响。在规定的温度范围内空气温度变化对振动灵敏度的影响应不超过±5%。

空气温度变化的影响指标适用于整个振动计或通常暴露在温度变化较大的环境中的振动计组件。

对于那些在仪器文件中指定要放置在受控环境范围内(如室内)的振动计组件,可以将温度范围限制在5 ℃~30 ℃。该温度限制范围不适用于整个振动计。

在规定的空气温度范围内,参考频率点的线性误差和参考测量量程上线性工作范围的大小应保持在5.7给定的允差限内。

7.3 表面温度

在−10 ℃~50 ℃表面温度范围内,规定测量表面温度变化对振动灵敏度的影响。在规定的温度范围内,表面温度变化量对振动灵敏度的影响应不超过±4%。

表面温度变化量影响的指标适用于加速度计、电缆和与振动表面直接接触的安装系统。

在本章给出的表面温度范围内，在参考频率点的线性误差和参考测量量程内线性工作范围的大小应在5.7规定的允差限内。

7.4 静电放电

应尽可能减少静电放电对振动计或振动计系统应用组件工作的影响。

暴露在高达±4 kV静电电压接触放电或高达±8 kV静电电压空气放电之后，振动计应能继续正常工作。静电电压的极性是相对于大地而言。

除非仪器文件中可能做出了规定，否则暴露在本章规定的静电放电中不应引起振动计技术指标的降低或功能的丧失。仪器文件可以规定由于静电放电，振动计的性能或功能可以降低或丧失。规定的功能降低或丧失不应包括工作状态、设置的改变，任何存储数据的毁坏或丢失，以及工作性能的永久性的降低。

7.5 射频发射和公共电源干扰

应尽可能地降低振动测量仪器的射频发射。

如果人体振动计允许用接口或连接电缆连接，仪器文件应推荐典型的电缆长度，并应说明电缆可以连接的所有设备的特性。

仪器外壳端子发射的射频场强度在频率为30 MHz至230 MHz时，应不超过30 dB(相对于1 μV/m)，频率大于230 MHz至1 GHz时不超过37 dB。仪器文件应说明仪器和其他连接设备产生最大射频场发射的工作模式。

传导到公共电源的最大干扰，在交流电源端的准峰值和平均电压限值应在表12规定的范围内。当使用准峰值测量设备时，如果振动测量仪器符合传导干扰的平均电压限，就应认为人体振动计同时满足准峰值和平均电压限的要求。

表12 对公共电源电压传导干扰的限值

频率范围/MHz	干扰电压的限值/dB(相对于1 μV)	
	准峰值	平均
0.15～0.50	66～56	56～46
0.50～5	56	46
5～30	60	50

注1：准峰值测量接收机的特性参见CISPR 16-1-1。

注2：转换频率点使用较低的电压限。

注3：在0.15 MHz～0.50 MHz范围内，电压限随频率的对数呈线性降低。

7.6 对工频场和射频场的抗扰度

整台仪器(或仪器文件指定可使用的部件)暴露在规定的工频场和射频场中，应不引起任何工作状态、设置的改变，或任何存储数据的毁坏或丢失。这个要求适用于与正常工作一致的任何工作模式。仪器文件应说明仪器和任何连接设备对工频场和射频场的最小抗扰度(最灵敏)的工作模式。

对工频场的抗扰度适用于暴露在频率为50 Hz和60 Hz、强度为80 A/m(均方根)的均匀磁场中。在放置振动计之前，建立均匀的磁场强度。振动计在磁场中的方位应是仪器文件规定的对工频场最灵敏的方位。

对射频场的抗扰度适用于26 MHz～1 GHz载频范围。射频场载频信号采用仪器的参考频率(或多个频率)的正弦信号进行调幅，调制深度为80%。当未调制和未放置振动计时，射频场应有一个10 V/m(均方根)的均匀电场强度。

注：仪器文件可以说明振动计在大于10 V/m的未调制均方根电场强度下符合本标准规范。

当使用工频场或射频场时，振动示值的变化量应不超过±10%。

对于带有交流输入电源口或交流输出电源口的振动计，射频共轭干扰的抗扰度适用于0.15 MHz～80 MHz频率范围。

对于带有信号或控制接口的振动计，当系统各部分之间相互连接的电缆长度超过3 m时，对射频共轭干扰的抗扰度适用于0.15 MHz～80 MHz频率范围。

7.7 防水和防尘

振动计应能够防水和防尘。制造商应规定仪器的IP等级。仪器的IP等级应与设计的应用相符(如：在工厂对人体振动暴露进行评价可能要求等级为IP65；实验室条件下测量可以只要求等级为IP42)。

注：IEC 60529规定了仪器外壳的IP防护等级。

8 使用辅助设备的规定

如果振动计制造商所提供的可选延长电缆能够连接加速度计和振动计的其他部件，仪器文件应详细给出对采用本方式所得测量结果进行修正的方法。

仪器文件应给出由振动计制造商提供的可选附件影响的数据。数据应适用于由附件安装导致的所有振动计相关特性。可选附件包括加速度计安装装置和机械滤波器。仪器文件应给出对灵敏度和频率响应典型影响的数据。

仪器文件应对安装可选附件后振动计是否符合本标准要求的规范做出说明。

如果连接外部滤波器，仪器文件应说明怎样进行连接和如何使用仪器测量经过外部滤波的振动信号。

仪器文件应详细说明有关辅助设备与振动计连接、以及这些设备对仪器电特性的影响(如果有)。辅助设备包括打印机、计算机和磁带记录仪。

9 仪器标识

对符合本标准所有规范的仪器应做出标识，或用参考标准的编号和出版日期来表示。标识应注明对整个仪器技术规范负责的供应商的名称和商标。另外，标识应包括型号名称和序列号。

如果仪器由几个独立的单元组成，每个重要单元或组件应尽可能的按照本章的要求进行标注。组成完整仪器的所有重要单元应统一标识。

10 仪器文件

应对符合本标准技术规范的振动计或类似仪器提供仪器文件。

如果仪器由几个独立的单元组成，仪器文件应对整个振动计的组合是有效的。仪器文件应对所有必要的组件以及它们相互间的影响做出说明。

所有仪器技术指标应以SI单位给出。

仪器文件应包含附录G中规定的涉及仪器的信息。

11 试验和校准

本标准定义了三个等级的性能试验：

a) 型式评价(对象为制造商)：对某型号仪器抽样完成的全部试验。型式评价可以用于振动测量仪器的产品型式试验或型式批准。这些试验的目的是证明仪器设计能够满足本标准规定的技术规范。

b) 周期检定(对象为制造商和用户)：

——为了确定技术指标是否维持在本标准规定的技术规范内，定期(如购置前或购置时，以及其后的1年或2年)进行的一组中间试验；

——为了验证一次性使用的仪器系统满足本标准要求所进行的一组中间试验；

——在进行可能会影响仪器性能的改进和修理后所进行的一组中间试验。

c) 现场检查(对象为用户)：表示仪器可能在所要求的性能规范内运行的最低等级的试验。在测量前和测量后应立即进行这些试验。

设计这些试验用以评价工作特性和第5章～第10章确定的规范。表13给出规范和相关试验章节之间的关系。

表13 工作特性和试验要求一览表

技术要求		试验类型		试验条款		
条款	性能特性	电	机械	型式评价	检定试验	现场检查
5.1	一般特性			12.5	13.5	14.2
5.2	信号幅值的显示			12.5	13.5	
5.3	电输出	●		12.17		
5.4	振动灵敏度		●	12.7	13.7	14.3
5.5	在参考条件下参考频率点示值的准确度	●		12.7	13.7	
5.6	频率计权和频率响应	●	●	12.11 附录H	13.10 附录H	
5.7	幅值线性	●	●	12.10	13.9	
5.8	仪器噪声		●	12.12	13.11	
5.9	信号猝发音响应	●		12.13	13.12	
5.10	过载指示	●	●	12.10,12.14	13.9,13.12	
5.11	欠量程指示	●	●	12.10	13.9	
5.12	时间平均	●		12.13	12.12	
5.13	运行均方根加速度	●		12.13	13.12	
5.14	复位			12.15	13.14	
5.15	计时功能			12.18		
5.16	电串扰	●		12.8	13.8	
5.2	组合轴输出	●		12.16		
5.17	振动传感器特性		●	12.9		
5.18	电源			12.19		
6	安装			附录F		
7	环境和电磁标准			12.20		
8	使用辅助设备的规定	●		12.5,12.17	13.5	
9	仪器标识			12.4	13.4	
10	仪器文件			12.4	13.4	
注：●表示需做的试验项目。						

12 型式评价

12.1 概述

本章给出了验证振动测量仪器与本标准所有强制性技术规范的符合性所需试验项目细节和使用的试验方法。

当计入检测实验室实际测量的扩展不确定度后，偏离设计目标的测量结果如果完全位于规定的允差限内，则证明振动测量仪器符合本标准规范。

应依据 GUM 确定测量不确定度。由检测实验室计算实际的扩展不确定度，其包含因子不小于 2。

本章给出的测量扩展不确定度是用于在本章验证与本标准规范符合性的最大允许值。如果实际测量的扩展不确定度超过了最大允许值，则检测实验室不应进行验证与本标准符合性的试验。

本章中规定的试验不应省略，除非仪器不具备拟试验的功能。

如果不是另有规定，本章中描述的所有试验均适用于多通道测量仪的每一个通道。

12.2 试验要求

用于型式评价并影响试验结果不确定度的仪器应在有效的校准周期内，并可溯源到国家标准。

输入信号频率的偏差应在要求值的±0.2%范围内。

机械输入信号幅值的偏差应在要求值的±0.2%范围内。

注 1：目前 GB/T 20485 已出版的部分未提供 0.4 Hz 以下的校准方法。

试验时的主要环境条件应在以下范围内：

——空气温度：20 ℃～26 ℃；

——相对湿度：10%～75%(无凝露)。

正弦机械振动试验输入的总失真度 d 应不大于 5%。

正弦电试验输入的总失真度 d 应不大于 0.1%。

注 2：ISO 2041 中定义的用百分数表示的总失真度 d 为：

$$d=\frac{\sqrt{a_{\mathrm{tot}}^2-a_1^2}}{a_1}\times 100\% \qquad (14)$$

式中：

a_1——激励频率处的均方根加速度值；

a_{tot}——总的带限均方根加速度值(包含 a_1)。

12.3 提交试验的物品

应提交用于试验的振动测量仪器，连同仪器文件和仪器文件中规定作为常规使用配置中整个仪器组成部分的所有附件或辅助设备。作为附加附件或辅助设备的典型例子，包括加速度计、安装装置和电缆。

12.4 振动计标识和仪器文件信息

应确认按照第 9 章的规范对仪器作了标识。

在进行任何试验之前，应确认仪器文件中包含第 10 章要求的所有信息，且这些信息适用于振动计具有的功能。完成所有试验后，应该对信息进行审查，以保证其正确性和在合适的允差限内。

12.5 强制性功能和一般要求

应确认振动计满足 5.1 的要求。

对于具有多个测量量程的仪器，应确认其重叠的测量量程满足 5.7 的技术要求。

应确认仪器的显示功能满足 5.2 的技术要求。

若仪器文件中规定使用特殊型号和类型的电池，则应使用这种电池。

若仪器不满足本条列出的要求，就不应进行验证仪器符合本标准性能规范的试验。

12.6 仪器试验前准备

进行试验前，应为仪器提供在制造商规定的工作极限内的电源。应对仪器、传感器和振动校准器进行外观检查，并进行所有控制操作的检查，以保证它们处于正常状态。

应按照仪器文件中给定的程序设置仪器校准核查频率点的振动灵敏度。在参考环境条件下，应该使用5.4要求的和仪器文件中规定的调整方法，将振动计的灵敏度调整到显示正确的振动值。

12.7 参考条件下参考频率点的示值

参考频率点(见表1)的参考加速度示值的误差，用同一测量点上仪器显示的振动值与经合适方法校准过的参考振动传感器测得的对应振动值之间的偏差确定。

试验测量值 a_{test} 的误差 ε 可以用参考振动传感器测量值 a_{ref} 的百分比表示，即：

$$\varepsilon = \frac{a_{test} - a_{ref}}{a_{ref}} \times 100\% \qquad \cdots\cdots (15)$$

在使用振动计测量振动幅值之前，应使用参考振动传感器测量在参考振动幅值和参考频率下产生的机械振动输入值。在进行这些测量的过程中，应将振动计设置到参考测量量程、带限频率计权、线性时间平均，测量时间的设置对于手臂振动、全身振动及低频全身振动分别不小于30 s、1 min和5 min。输入信号值加上本底噪声应至少为本底噪声值的10倍。

应通过三次测量获得示值误差的最小值。对于每一次测量，在记录示值以前，应允许仪器有不小于仪器文件中规定的稳定时间，以使仪器达到与常规环境条件平衡。三次测量中最大值与最小值之间的偏差应不大于3%。

测量的示值误差的算术平均值应在表2给出的适用允差限内。最大测量扩展不确定度为2%。

对于每一个给定的频率计权，应对电输入装置施加相应参考频率的稳定正弦电信号。用带限频率计权，将输入信号调整到在参考测量量程显示参考振动值，频率计权的振动示值等于带限计权的振动示值与合适的计权因子(见表1)的乘积，其示值应在表2允差限内。最大测量扩展不确定度为2%。

对于提供时间计权的仪器，应对电输入装置施加参考频率的稳定正弦电信号。振动测量仪器设置为带限频率计权，将输入信号的幅值调整到在参考测量量程显示参考振动值。用相同的输入信号，在每一个时间计权上的振动示值都应等于参考振动示值，并在表2允差限内。最大测量扩展不确定度为2%。

12.8 电串扰

对于多通道的测量仪器(如三轴向测量仪)，应进行通道间电串扰试验。

所有通道都应设置为参考测量量程。应依次向每一个通道输入参考频率电信号；其他所有通道的输入端应用替代阻抗进行端子连接。试验信号的幅值应在参考量程上端的5 dB内。在试验过程中，应该对所有通道的输出进行监测。

所有通道的输出不应超出5.16中的要求。

12.9 振动传感器

加速度振动传感器的特性(附录E)应按照ISO 5347和GB/T 20485的相关部分进行试验。

12.10 幅值线性度和欠量程指示

12.10.1 幅值线性度的电试验

在表14中列出的频率点，用稳定的正弦电信号进行仪器幅值线性度的电试验。测量幅值线性度时，仪器应设置为带限频率计权的时间平均测量方式。

表14 幅值线性度试验频率和加速度值的增量

应用	试验频率[a]/Hz	加速度增量/dB	
		过载和欠量程5 dB内	所有其他值
手臂	8,80,800	1	5
全身	1,4,16,63	1	5
低频全身	0.2,0.4	1	5

[a] 所示为标称中心频率。应使用准确的1/3倍频带的中心频率(例如："8 Hz"代表的频带中心频率为 $10^{9/10}$ Hz≈7.943 Hz)。

对指定的电输入装置应施加参考频率信号，开始幅值线性度试验。应将输入信号调整到振动计在参考测量量程内显示参考振动示值。

在任一频率点上，任一测量量程幅值线性度试验的起始点应是参考振动值与标称衰减系数的乘积值，该衰减系数是由相对于参考测量量程的测量量程控制器所确定。

在参考测量量程内，应以表14规定的增量，将试验频率的输入信号值从该测量量程规定的下限开始递增，直到显示第一次过载。然后将信号值从引起第一次过载显示开始，以表14规定的增量减小，直到规定的测量量程下限。对于每一个输入信号值，都应记录仪器显示设备的示值和输入信号值。

对于每一个试验频率的输入信号值，从规定的参考测量量程的下限直到显示第一次过载，幅值线性度偏差应在5.7适用的允差限内。参考测量量程的参考频率线性工作范围应满足5.7对规定的上下限标称振动幅值间线性工作范围的要求。最大测量扩展不确定度为2%。

在完成参考测量量程试验后，应在所有其他的测量量程内进行幅值线性度试验。对于每一个测量量程，试验应在规定的频率点，并以表14中规定的增量，从低于测量量程下限的起始点直到测量量程的上限进行试验。

在振动测量仪的每一个附加测量量程内，当在仪器文件规定的整个线性工作范围和直到出现第一次过载显示时，幅值线性度误差都应在5.7适用的允差限内。最大测量扩展不确定度为2%。

对于测量时间计权振动值且线性工作范围大于显示器显示范围的仪器，在输入信号超过显示器显示范围上限时，可以使用纯音猝发音测量幅值线性度。

对于具有时间平均功能且线性工作范围大于显示器显示范围的振动计，超过显示范围上限的线性度误差可以使用从稳定的输入信号中提取的纯音猝发音来测量。对于手臂振动，纯音猝发音的持续时间应不小于30 s；全身振动应不小于5 min（该试验方法对低频全身振动不适用）。积分时间应大于纯音猝发音的持续时间。

对于每一个测量量程的每一个试验频率，当显示的信号值大于或等于规定的测量量程下限时，欠量程指示器应不显示。在每一个测量量程和每一个试验频率点，当信号值比规定的测量量程下限低1 dB时，欠量程指示器应有显示。

12.10.2 幅值线性度的机械试验

振动计幅值线性度的机械试验应使用表14所列频率的稳定正弦机械信号。测量幅值线性度时，仪器应设置为带限频率计权的时间平均测量方式。幅值线性度由显示器的示值减去经适当方法校准的参考振动传感器测量的振动值来确定。振动传感器校准时应按照GB/T 20485.21—2007的要求进行安装。

在任一频率点上，任一测量量程幅值线性度试验的起始点应是参考振动值与标称衰减系数的乘积值，该衰减系数是由相对于参考测量量程的测量量程控制器所确定。

应将参考频率信号施加到振动传感器基座，开始幅值线性度试验。调整输入信号使振动计在参考测量量程显示参考振动示值。

幅值线性度机械试验应在不小于40 dB的测量范围内进行。

在参考测量量程，应以表14中规定的增量，将试验频率的输入信号值从测量量程规定的下限递增到以下三种情况中的最小值：

——试验仪器出现第一次过载的显示值；

——输入装置能够产生的最大振动值；

——参考传感器线性振动幅值范围的最大值。

然后，应以表14中规定的增量，将信号从引起第一次过载显示递减到以下三种情况中的最大值：

——试验仪器规定的下限值；

——输入设备能够产生的最小振动值；

——参考传感器线性振动幅值范围的最小值。

对于每一个输入信号值，都应记录仪器显示设备的示值和参考传感器的测量值。

当在不同振幅下产生恒定的振动值时，应考虑实验室参考振动传感器的幅值线性度。

对于每一个试验频率的输入信号值，从规定的参考测量量程的下限直到显示第一次过载，幅值线性度偏差应在5.7适用的允差限内。参考测量量程的参考频率线性工作范围应满足5.7对规定的上下限标称振动幅值间线性工作范围的要求。最大测量扩展不确定度为3%。

在完成参考测量量程试验后，应在所有其他的测量量程进行幅值线性度试验。对于每一个测量量程，试验应在规定的频率点，并以表14中规定的增量，从低于测量量程下限的起始点直到测量量程的上限进行试验。

在每一个附加测量量程，当在仪器文件规定的整个线性工作范围和直到出现第一次过载显示时，幅值线性度误差都应在5.7适用的允差限内。最大测量扩展不确定度为4%。

12.11 频率计权和频率响应

12.11.1 概述

在此描述的评价频率计权和频率响应特性的程序是假设振动测量仪器没有电输出端。如果有电输出端并用于试验，应做一些初步试验以确定仪器显示的频率计权振动值与输出端的电压值之间的对应关系。在任何频率计权试验中不考虑线性度误差。

对于振动测量仪器提供的每一种频率计权应用(手臂、全身和低频全身)，应选择一种频率计权方式进行正弦机械信号和电信号两种试验。其他频率计权应采用机械或电信号进行试验。

如果可能，频率计权和频率响应试验应在参考测量量程进行。而当实验室认为测量量程控制器的调节可能会影响仪器与规定的频率计权或频率响应符合性能力时，则应做附加试验。所有测量应在线性度误差满足5.7给定允差限的测量量程进行。

频率响应试验应在表15规定的频率范围，以不大于1/3倍频程的频率间隔进行试验。

表15 机械和电频率响应试验的试验频率

应用	1/3倍频程带宽试验频率范围[a]	
	电试验	机械试验
手臂	4 Hz～2 000 Hz	8 Hz～2 000 Hz
全身	0.25 Hz～160 Hz	0.5 Hz～160 Hz
低频全身	0.05 Hz～1 Hz	0.4 Hz和0.5 Hz

a 所示为标称中心频率。应使用准确的1/3倍频带的中心频率(例如："8 Hz"代表的频带中心频率为$10^{9/10}$ Hz≈7.943 Hz)。

注：频率计权的相位频率响应试验方法由附录H给出。

12.11.2 频率响应的机械试验

振动仪器的机械频率响应应通过与校准过的实验室参考振动加速度计测得的非计权加速度值的比较来确定。频率响应误差应该是振动测量仪器的频率计权加速度示值减去实验室参考传感器测得的振动值与合适的频率计权因子的乘积。加速度计校准应按照GB/T 20485.21—2007的要求进行安装。

应在参考频率点调整输入的机械振动，使试验仪器在规定的线性范围下限以上20 dB产生非计权振动示值。该输入信号的非计权加速度值a_{in}应被用作后续试验的参考输入值。

应在每个试验频率点调整输入信号，由实验室参考振动传感器测量给出相同的输入振动值a_{in}。在表15中对机械试验规定的每一个试验频率点，都应记录输入振动加速度值和振动仪器的示值a_{ind}。

在频率f处的频率响应误差$\varepsilon(f)$为：

$$\varepsilon(f)=a_{ind}-a_{in}(f)w(f) \quad \cdots\cdots(16)$$

式中：

$w(f)$——频率 f 处的频率计权因子。

当在不同频率点产生恒定振动值时，应考虑实验室参考振动传感器的频率响应。

如果不能在整个频率范围内保持恒定的振动值，对于实验室参考振动传感器在试验频率和参考频率下所测得的振动值之间的偏差，应根据需要修正仪器显示的信号值。

对于在合适的标称频率范围内的所有频率点，最大测量扩展不确定度为4.5%。

注：当对振动传感器和振动仪器的电部分分别进行试验时，在频率 f 处的频率计权误差 ε 为：

$$\varepsilon(f)=\varepsilon_t(f)+\varepsilon_e(f) \qquad (17)$$

式中：

ε_t——振动传感器响应的误差；

ε_e——仪器电单元的误差。

两种情况下，误差是测量结果的视在误差 ε_m 与测量扩展不确定度 u_m 的合成，即：

$$\varepsilon_t=\sqrt{\varepsilon_m^2+u_m^2} \qquad (18)$$

附录F给出了应与仪器一起提供的安装系统的试验信息。

12.11.3 频率响应的电试验

正弦电信号施加到仪器的电输入端。

应在参考频率 f_{ref} 处对输入的电信号进行调整，以使试验仪器在规定的线性范围下限以上20 dB产生带限振动示值。该输入信号的频率计权示值 a_{ind} 应被用作后续试验的参考值。

在每个试验频率，应将输入信号的均方根值 u_{in} 调整到与频率计权示值 a_{ind} 相同的示值。在表15中对电试验规定的每一个试验频率，都应记录输入信号值与振动仪器的示值。

在频率 f 处电单元的频率响应误差 $\varepsilon_e(f)$ 为：

$$\varepsilon_e(f)=a_{ind}-\frac{u_{in}(f)}{S}w(f) \qquad (19)$$

式中：

$w(f)$——频率 f 处的频率计权因子；

S——灵敏度，即：

$$S=\frac{u_{in}(f_{ref})}{a_{ind}} \qquad (20)$$

在任一频率点，输入信号加上仪器噪声的均方根值应至少为仪器噪声均方根值的10倍。

如果在整个频率范围内不能保持相同的振动示值，对于在试验频率和参考频率输入电信号的振动值之间存在的偏差，应根据需要对仪器的示值进行修正。对于试验频率示值与参考频率示值之间存在的非线性误差，也应根据需要对仪器的示值进行修正。

在合适的标称频率范围内的所有频率处，最大测量扩展不确定度为3%。

12.11.4 符合性

对于那些采用机械试验的频率计权试验，通过试验可直接给出频率计权误差，即公式(16)中的 $\varepsilon(f)$。对于仅使用电试验的频率计权试验，则总频率计权误差必须计入振动传感器的频率响应误差 $\varepsilon_t(f)$。$\varepsilon_t(f)$ 值是通过从频率计权的机械试验的结果 $\varepsilon(f)$ 中减去偏差 $\varepsilon_e(f)$ 得出的。

例：仪器有两种全身计权方式：w_d 和 w_k。选择 w_d 进行机械和电两种频率响应试验。由 w_d 的机械和电试验结果之间的偏差给出振动传感器的响应。该振动传感器的响应加到 w_k 的电响应上，给出仪器 w_k 的总频率响应。

对于所有可用的频率计权方式，仪器的总频率响应误差应在5.6规定的适用允差限内。在适用的标称频率范围内的所有频率，最大测量扩展不确定度为5%。

其他可供选择的频率响应应满足仪器文件中表明的设计指标和允差限。

12.12 仪器噪声

将仪器的振动传感器安装在一个不会明显增大振动示值的无振动物体上，由十次测量的算术平均值确定仪器噪声的典型值。对于时间平均和时间计权振动，都应进行此项试验。对于时间平均人体振动，应说明平均时间。手臂振动平均时间应至少 1 min，全身振动至少 5 min，低频全身振动至少 30 min。

12.13 信号猝发音响应

仪器设置为参考测量量程和适用的带限计权，施加表 6 规定频率的稳定正弦电信号，并调整信号值以获得在给定线性工作范围上限 50%处的示值。然后对所有适用的时间计权和频率计权施加表 6 规定的猝发音信号。

锯齿波信号的下降时间应不大于 $1/(5f_2)$，其中 f_2 为表 3 定义的适用频率计权带限组成的上限频率。

当产生锯齿波时，可能会引起高频切换瞬变。为避免由此影响试验，在信号发生器与被测仪器间连接一阶低通滤波器可能是必要的。该滤波器的截止频率应足够高(如 $100f_2$)，以避免对试验结果产生影响。

应以 10 倍率递减稳定的输入信号，直到输入信号值给出比仪器规定的线性工作范围下限至少大 3 倍的示值，重复进行信号猝发音响应的测量。

增加猝发音信号幅值直到第一个过载指示，重复单周波猝发音响应的测量。

根据实际应用情况，与输入信号的振动幅值有关的信号猝发音响应振动示值应符合表 7～表 9 的规定。信号猝发音响应的误差应在表 7～表 9 给定的允差限内。最大测量扩展不确定度为 3%。

12.14 过载指示

施加参考频率和表 14 规定频率的正、负半周正弦电信号进行过载指示试验。仪器设置为参考测量量程和带限频率计权，并使用正半周信号，增加信号直到出现第一个过载指示。用负半周信号重复以上操作。在每一种情况下，都应将引起第一个过载指示的最小输入信号值记录下来。引起第一次过载指示的两个输入信号的差应不超过 5.10 给定的允差限。最大测量扩展不确定度为 2%。

注：除了在本章中规定的频率点所要求的试验外，还可以在实验室所选择的其他频率点进行过载指示试验。

在输入信号大于引起过载指示的最小输入信号值直到仪器文件给定的最大输入信号值，过载指示都应工作。

在测量时间平均振动值或最大振动值时，按照 5.10 的规定，一旦发生过载，过载指示就应处于锁定状态。而当使用振动测量仪器测量时间计权振动幅值时，应按 5.10 的规定指示过载。

12.15 复位

如有复位功能，应确认复位操作能删除先前显示的示值，并且其操作不会引起任何显示设备上出现虚假示值。

12.16 组合轴的输出

当显示组合轴输出(如平方和的二次方根的总振动值或总 VDV)时，本试验保证多轴向输入的组合是按照适用的测量标准进行的。

应将仪器设置到参考测量量程。依次对每一个轴输入参考振动值时的电输入信号。每一个轴的示值都应记录下来，并用以根据相应的国际标准(ISO 5349-1，GB/T 13441.1—2007，GB/T 13441.2—2008 和 ISO 2631-4)计算组合轴的结果。然后，应同时向三个输入通道施加输入信号，组合轴的示值应等于计算结果，其偏差在±3%以内。

将一个通道上的信号反接(即 180°倒相)。信号倒相后示值的变化量应不大于 2%。

对于全身振动，用于 x、y、z 轴的计权和用于合成单轴向数据的乘积系数 k 值均取决于应用(如健康、舒适和感知)。应采用 GB/T 13441.1—2007 来确定期望的输出。

12.17 交流输出

在参考测量量程上，对仪器施加一个与参考频率点的参考幅值相对应的电信号，并应记录示值。然后，短路交流输出端，记录仪器示值。振动示值间的偏差应不超过 5.3 规定的允差限。

12.18 计时功能

验证时间平均振动值测量的最小平均时间，其值应不大于仪器文件规定的最小平均时间。验证时间平均振动值测量的最大平均时间，其值应不小于仪器文件规定的最大平均时间。

测量时间应在 2 000 s 以上进行，其经历时间的误差应在±2 s(即±0.1%)内。最大测量扩展不确定度应为 0.01%。

12.19 电源

随振动计提供的振动现场校准器作用于加速度计上，在标称电源电压下，记录参考测量量程的振动信号示值；然后电源电压降低到仪器文件规定的最小电压，记录振动信号示值。该信号示值应在 5.18 规定的允差限内。

注：所谓电源包括电池。

12.20 环境、静电和射频试验

12.20.1 概述

整个振动计应满足本章中应用于该仪器规定用途的所有规范。为满足本章规范，应根据仪器文件中说明的常规操作模式，将加速度计连接到仪器上。

对工作环境敏感的每一项规范都适用于开机状态的仪器，并设置为典型模式进行测量。

在进行环境、静电和射频试验之前，而非试验期间，应使用 5.4 规定的振动现场校准器在校准频率点进行校验，必要时，调整仪器使其显示参考环境条件下的参考振动值。调整应按仪器文件中给定的程序。

相对于参考环境条件下产生的振动值，按仪器文件中给定的程序，计算环境条件对振动校准器产生的幅值的影响。

应将示值检验时的环境条件记录下来。在进行环境试验时，使用振动现场校准器提供一个已知的振动信号。应将振动计设置为进行频率计权、线性时间平均均方根振动幅值的典型测量。

对于每一种试验条件，都应记录振动计对振动现场校准器信号响应的时间平均振动示值。

12.20.2 环境试验条件测量的扩展不确定度

空气温度测量的实际扩展不确定度应不超过 0.5 ℃，相对湿度测量的实际扩展不确定度应不超过 10%。

12.20.3 空气温度和相对湿度影响试验的环境适应性要求

应将振动现场校准器和振动计(或相关部件)放置在环境试验箱中，进行空气温度和相对湿度对测振仪影响的试验。

对于空气温度和相对湿度的影响试验，在适应环境期间，应从振动现场校准器上移去加速度计，并关断两个仪器的电源。

允许振动现场校准器和振动测量仪器在参考环境条件下至少放置 12 h，以适应新的环境。

在完成环境适应期后，应将加速度计安装在振动现场校准器上，并开启两个仪器的电源。

12.20.4 空气温度和相对湿度的综合影响试验

在完成 12.20.3 中描述的环境适应性程序后，在下列空气温度和相对湿度综合条件下，应记录振动测量仪器对振动现场校准器响应的振动示值。对于所有组成部分都能在 7.2 要求所覆盖的任一空气温度和相对湿度综合条件下工作的振动测量仪器，试验条件为：

——参考空气温度和参考相对湿度；

——空气温度为－10 ℃和相对湿度为 65%；

——空气温度为 5 ℃和相对湿度为 25%；

——空气温度为 40 ℃和相对湿度为 90%；

——空气温度为 50 ℃和相对湿度为 50%。

对于每一个试验条件，振动测量仪器的示值相对于参考空气温度和参考相对湿度下振动示值的偏差应不超过 7.2 的规定值。

12.20.5 表面温度的影响

在参考空气温度和湿度以及下列环境适应性条件下，应记录下列表面温度时测振仪对参考幅值和频率的振动信号响应的振动示值。应将在规定的安装装置上的加速度计直接安装在温度可控制在±5 ℃范围内的一个表面上。使用如下表面温度：

——参考温度；

——表面温度为−10 ℃；

——表面温度为 5 ℃；

——表面温度为 40 ℃；

——表面温度为 50 ℃。

对于每一个试验条件，振动测量仪器示值与在参考空气温度和参考相对湿度条件下的振动示值的偏差应不超过 7.3 的规定值。

12.20.6 静电放电的影响

确定静电放电对测振仪工作影响所需的设备应符合 IEC 61000-4-2:2001 第 6 章的要求。试验设置和试验程序应依据 IEC 61000-4-2:2001 第 7 章和第 8 章给出的要求。

应对处于工作状态的振动测量仪器进行静电放电试验，并通过预先的试验将其调整到对静电放电最为敏感的状态。加速度计应连接到所有输入通道。如果在仪器文件中规定的常规工作模式配置中不需要的仪器连接装置，则在静电放电试验中不应连接电缆。应记录试验时仪器的配置。

不应对凹进连接器或测振仪表面的电接线插脚进行静电电压放电。

应通过接触放电和空气放电两种方式，分别施加 10 次 7.4 规定电压和极性的静电放电。应对试验实验室认为是适用的振动计的任何一点施加放电，见 IEC 61000-4-2。这些点应限定为在正常使用过程中易受影响的那些点。如果使用者需要接近振动计内的一些点，试验就应包括这些点，除非仪器文件规定在进入仪器内部的过程中应预防由静电放电造成仪器的损坏。

在重复施加放电以前，应保证完全消除了放电对被测仪器造成的所有影响。

振动测量仪器设置为参考测量量程，接触放电和空气放电的电压应是最大正电压和最大负电压。

放电后，振动测量仪器应恢复到放电前相同的工作状态。放电后不应改变放电前仪器储存的任何数据。施加放电时允许仪器性能发生非实质性的变化。

12.20.7 射频发射和公共电源干扰

在 7.5 规定的频率范围内，用准峰值检波器测量射频场强发射级(dB，以 1 μV/m 为参考)。测量接收器、天线和试验程序应符合 CISPR 22:2003 中第 10 章的规定。所有的发射级应符合 7.5 规定的要求。应记录试验时的主要环境条件。振动计进行射频发射试验时，应使用优选电源供电，并按仪器文件规定设置为产生最强射频发射的模式工作。

所有用来固定测振仪位置的工作夹具和配件的设计都应使对仪器射频发射测量的影响可忽略不计。

首先将振动计置于参考方位，测量 7.5 中规定频率范围内的射频发射级。用合适电缆连接的加速度计放置在仪器箱上方，高度约 250 mm 的中心位置。如果电缆长度大于 250 mm，则应将其折叠成 8 字形均等长度的偶数折，并在折线的尾端和其中心处将所有部分固定在一起。

当保持本章中规定的加速度计-电缆-仪器-箱的排列方式时，至少应在另一个平面上测量射频发射级。其他平面应与参考方位的主平面近似垂直，并在用以测量射频发射级的系统确定的范围内。

如果振动计有准许带接口附件或连接电缆的任何连接装置，则应该连同连接到所有可用到的连接装置的电缆进行射频发射级的测量。电缆应采用仪器文件推荐的长度。电缆端不应空置，而且应按照

CISPR 22:2003 中 8.1 的描述进行排列,除非振动计制造商也提供了通过电缆可与振动计连接的装置,在这种情况下,应将所有装置连接在一起进行射频发射级的测量。

对相同的连接装置可以有几种连接方式的情况,应用仪器文件中规定产生最大射频发射级的配置测量射频发射级。可以在仪器文件中以相应配置的表格形式,提出包括具有相同或较小射频发射级的其他配置,如果被测的设备配置完全符合 7.5 的规定,将不需要做另外的试验。

对于用公共电源供电的振动计,对公共电源的干扰应按照 CISPR 22:2003 第 9 章描述的方法进行测量,并应符合 7.5 的要求和表 12 给出的传导干扰的限值。

12.20.8 对工频场和射频场的抗扰度

对工频场和射频场抗扰度的试验,仪器应由优选电源供电,并处于工作状态。

任何振动计对工频场和射频场的抗扰度,应通过振动传感器与人体振动计相连接来验证。机械振动施加到振动传感器。该振动应是参考频率正弦振动。在没有施加工频场和射频场的情况下,该试验信号的带限时间平均振动值应符合表 16 给出的数据。如果提供了多个测量量程,应在下限最接近但不超过表 16 所给数据的测量量程上显示振动值。

表 16 对工频场和射频场的抗扰度试验值

应用	振动信号值/(m/s^2)	测量量程下限的最大值/(m/s^2)
手臂振动	2	1
全身	0.2	0.1
低频全身	0.2	0.1

应以不干扰工频场和射频场的方式,对加速度计施加振动信号。而且这种施加振动信号的方法应不干扰振动计的正常工作,或不干扰仪器对工频场和射频场的敏感度。

当施加工频场或射频场时,振动示值的变化应不超过±10%。

对于带有交流输入电源口或交流输出电源口的仪器,应在 0.15 MHz~80 MHz 频率范围内对射频共模干扰的抗扰度进行验证。由测量所用的参考频率正弦信号对射频场进行 80%的幅值调制。未进行调制时,从 150 Ω 的信号源发射出的射频电压的均方根值为 10 V。根据 GB/T 17799.2—2003 表 4 的要求,电源快速瞬变的抗扰度试验应施加峰值电压为 2 kV 和重复频率为 5 kHz 的信号。对于电压暂降、电压中断和电压浪涌抗扰度的其他要求应按照 GB/T 17799.2—2003 表 4 的规定。

对于带信号和控制端口的仪器,当系统任一部分之间的连接电缆超过 3 m 时,按 GB/T 17799.2—2003 表 2 的要求,采用非调制时电压均方根值为 10 V,频率范围为 0.15 MHz~80 MHz,进行射频共模干扰的抗扰度试验。对公共电网系统快速瞬变的抗扰度指标应按照 GB/T 17799.2—2003 表 2 的要求,采用峰值电压 1 kV 和重复频率 5 kHz 的信号进行试验。

根据 IEC 61000-4-6,对于手持振动计,在规定的频率范围内进行共模射频干扰的抗扰度验证试验中,应将一只人造手放置在仪器周围。

仪器文件可以说明在小于表 16 给出振动示值上,测振仪满足对暴露于工频场和射频场的要求。在这种情况下,对所有小于表 16 给出的试验值直至所标明的较小振动值,振动计都应满足适用允差限。这一要求适用于全部规范的所有测量范围。仪器文件应规定较小值,并适用于仪器所有的工作模式。

12.21 试验报告

应在试验报告中详细给出有关试验设置、试验仪器方位、试验条件和试验结果,包括相应的实际测量扩展不确定度的所有信息。试验报告应说明被检的整个仪器是否符合本标准的规范。

试验报告应包括 IEC 61000-4-3:2002 第 8 章规定的附加试验信息。在静电放电、工频场试验或射频场试验结束后,应在报告中给出所记录的所有性能降低、功能损坏或数据丢失的信息。

13 检定试验

13.1 概述

本章给出了振动测量仪器与本标准规范符合性检定所必需的试验细节和使用的试验方法。

在计入检测实验室实际测量的扩展不确定度后，偏离设计目标的测量结果如果完全位于规定的允差限内，则证明振动测量仪器检定符合本标准规范。

应依据 GUM 确定测量不确定度。由检测实验室计算实际的扩展不确定度，其包含因子不小于 2。

本章给出的测量扩展不确定度是用于在本章验证与本标准规范符合性的最大允许值。如果实际测量的扩展不确定度超过了最大允许值，则检测实验室不应进行验证与本标准符合性的试验。

本章中规定的试验不应省略，除非仪器不具备拟试验的功能，或者试验不合适。

当一次性(One-off)系统有限定的环境应用范围时，应对其作出说明。

如果不是另有规定，本章中描述的所有试验均适用于多通道测量仪的每一个通道。

13.2 试验要求

用于检定试验并影响试验结果不确定度的仪器应保持在有效的校准周期内，并可溯源到国家标准。

输入信号频率的偏差应在要求值的±0.2%范围内。

机械输入信号幅值的偏差应在要求值的±3%范围内。

试验时的主要环境条件应在以下范围内：

——空气温度：19 ℃～27 ℃；

——相对湿度：≤90%(无凝露)。

正弦机械振动试验输入的总失真度应不大于 5%。

正弦电试验输入的总失真度应不大于 0.1%。

13.3 提交试验的物品

推荐与振动仪器一起使用的某一型号的振动传感器应随振动测量仪器一起提供。

如果其他振动传感器与提供试验的传感器技术指标类似，不同于提供验证试验的其他振动传感器可以与振动仪器一起使用。

13.4 振动计标识和仪器文件信息

应确认按照第 9 章的规范对仪器作了标识。

在进行任何试验之前，应确认仪器文件中包含第 10 章要求的所有信息，且这些信息适用于振动计具有的功能。完成所有试验后，应该对信息进行审查，以保证其正确性和在合适的允差限内。

13.5 强制性功能和一般要求

应确认振动计满足 5.1 的要求。

对于具有多个测量量程的仪器，应确认其重叠的测量量程符合 5.7 的技术要求。

应确认仪器的显示功能满足 5.2 的技术要求。

若仪器文件中规定使用特殊型号和类型的电池，则应使用这种电池。

对于检定试验，应确认振动计至少有一个带限计权滤波器。

若仪器不满足本条列出的要求，就不应进行验证仪器符合本标准性能规范的试验。

13.6 仪器试验前准备

进行试验前，应为仪器提供在制造商规定的工作极限内的电源。应对仪器、传感器和振动校准器机械外观检查，并机械所有控制操作的检查，以保证它们处于正常状态。

应按照仪器文件中给定的程序设置仪器校准核查频率点的振动灵敏度。在参考环境条件下，应该使用 5.4 要求的和仪器文件中规定的调整方法，将振动计的灵敏度调整到显示正确的振动值。

13.7 参考条件下参考频率点的示值

参考频率点的参考加速度示值的误差，用同一测量点上仪器显示的振动值与经合适方法校准过的参考振动传感器测得的对应振动值之间的偏差确定。

试验测量值 a_{test} 的误差 ε 可以用参考振动传感器测量值 a_{ref} 的百分比表示，见公式(15)。

在使用振动计测量振动幅值之前，应使用参考振动传感器测量在参考振动幅值和参考频率下产生的机械振动输入值。在进行这些测量的过程中，应将振动计设置到参考测量量程、带限频率计权、线性时间平均，测量时间的设置对于手臂振动、全身振动及低频全身振动分别不小于 30 s、1 min 和 5 min。输入信号值加上本底噪声应至少为本底噪声值的 10 倍。

应通过三次测量获得示值误差的最小值。对于每一次测量，在记录示值以前，应允许仪器有不小于仪器文件中规定的稳定时间，以使仪器达到与常规环境条件平衡。三次测量中最大值与最小值之间的偏差应不大于 3%。

测量的示值误差的算术平均值应在表 2 给出的适用允差限内。最大测量扩展不确定度为 2%。

对于每一个给定的频率计权，应对电输入装置施加相应参考频率的稳定正弦电信号用带限频率计权，将输入信号调整到在参考测量量程显示参考振动值，频率计权的振动示值等于带限计权的振动示值与合适的计权因子(见表 1)的乘积，其示值应在表 2 允差限内。最大测量扩展不确定度为 2%。

对于提供时间计权的仪器，应对电输入装置施加参考频率的稳定正弦电信号。振动测量仪器设置为带限频率计权，将输入信号的幅值调整到在参考测量量程显示参考振动值。用相同的输入信号，在每一个时间计权上的振动示值都应等于参考振动示值，并在表 2 允差限内。最大测量扩展不确定度为 2%。

13.8 电串扰

对于多通道的测量仪器(如三轴向测量仪)，应进行通道间电串扰试验。

所有通道都应设置为参考测量量程。应依次向每一个通道输入参考频率电信号。试验信号的幅值应在参考量程上端的 5 dB 内。在试验过程中，应该对所有通道的输出进行监测。

所有通道的输出不应超出 5.16 中的要求。

13.9 幅值线性度和欠量程指示

应在参考频率点用稳定的正弦电信号进行仪器幅值线性度的试验。测量幅值线性度时，仪器应设置为带限频率计权的时间平均测量方式。

对指定的电输入装置应施加信号，开始幅值线性度试验。应将输入信号调整到振动计在参考测量量程内显示参考振动示值。

任一测量量程内幅值线性度试验的起始点应是参考振动值与标称衰减系数的乘积值，该衰减系数是由相对于参考测量量程设置的测量量程控制器所确定。

在参考测量量程内和参考频率点，试验频率的输入信号值应以表 14 规定的增量，从该测量量程规定的下限开始递增，直到显示第一次过载。然后该信号值应从引起第一次过载显示开始，以表 14 规定的增量减小，直到规定的测量量程下限。对于每一个输入信号值，都应将仪器显示设备的示值和输入信号值记录下来。

对于每一个参考频率点的输入信号值，从规定的参考测量量程的下限直到显示第一次过载，幅值线性度偏差应在 5.7 适用的允差限内。参考测量量程的参考频率线性工作范围应满足 5.7 对规定的上限和下限标称振动幅值间的线性工作范围的要求。在参考频率点的电频率计权值与在参考测量量程上参考振动幅值的示值是一致的。最大测量扩展不确定度为 2%。

在完成参考测量量程试验后，应附加进行最高和最低测量量程的幅值线性度试验。对于每一个测量量程，试验应在规定的参考频率点，并以表 14 中规定的增量，从低于测量量程下限的起始点直到测量量程的上限进行试验。

在每一个被测的附加测量量程，当在仪器文件规定的整个线性工作范围和直到出现第一次过载显示时，幅值线性度误差都应在 5.7 适用的允差限内。最大测量扩展不确定度为 2%。

对于测量时间计权振动值且线性工作范围大于显示器显示范围的仪器，在输入信号超过显示器显示范围上限时，可以使用纯音猝发音测量幅值线性度。

对于具有时间平均功能且线性工作范围大于显示器显示范围的振动计，超过显示范围上限的线性度误差可以使用从稳定的输入信号中提取的纯音猝发音来测量。对于手臂振动，纯音猝发音的持续时间应不小于 30 s；全身振动应不小于 5 min(该试验方法对低频全身振动不适用)。积分时间应大于纯音猝发音的持续时间。

对于每一个测量量程的每一个试验频率，当显示的信号值大于或等于规定的测量量程下限时，欠量程指示器应不显示。在每一个测量量程和每一个试验频率点，当信号值比规定的测量量程下限低 1 dB 时，欠量程指示器应有显示。

13.10 频率计权和频率响应

13.10.1 概述

在此描述的评价频率计权和频率响应特性的程序是假设振动测量仪器没有电输出端。如果有电输出端并用于试验，应做一些初步试验以确定仪器显示的频率计权振动值与输出端的电压值之间的对应关系。在任何频率计权试验中不考虑线性度误差。

对于振动测量仪器提供的每一种频率计权应用(手臂、全身和低频全身)，应选择一种频率计权方式进行正弦机械信号和电信号两种试验。其他频率计权应采用机械或电信号进行试验。

频率计权和频率响应试验应在参考测量量程进行。而当实验室认为测量量程控制器的调节可能会影响仪器与规定的频率计权或频率响应符合性能力时，则应做附加试验。所有测量应在线性度误差满足 5.7 给定允差限的测量量程进行。

频率响应试验应在表 15 规定的频率范围，以不大于倍频程的频率间隔进行试验。

注：频率计权的相位频率响应试验方法由附录 H 给出。

13.10.2 频率响应的机械试验

振动仪器的机械频率响应应通过与校准过的实验室参考振动加速度计测得的非计权加速度值的比较来确定。频率响应误差应该是振动测量仪器的频率计权加速度示值减去实验室参考传感器测得的振动值与合适的频率计权因子的乘积。加速度计校准时应按照 GB/T 20485.21—2007 的要求进行安装。

应在参考频率点调整输入的机械振动，使试验仪器在规定的线性范围下限以上 20 dB 产生非计权振动示值。该输入信号的非计权加速度值 a_{in} 应被用作后续试验的参考输入值。

应在每个试验频率点调整输入信号，由实验室参考振动传感器测量给出相同的输入振动值 a_{in}。在表 15 中对机械试验规定的每一个试验频率点，都应记录输入振动加速度值和振动仪器的示值 a_{ind}。

在频率 f 处的频率响应误差 $\varepsilon(f)$ 由公式(16)给出。

当在不同频率点产生恒定振动值时，应考虑实验室参考振动传感器的频率响应。

如果不能在整个频率范围内保持恒定的振动值，对于实验室参考振动传感器在试验频率和参考频率下所测得的振动值之间的偏差，应根据需要修正仪器显示的信号值。对于试验频率示值与参考频率示值之间存在非线性时，应根据需要修正仪器显示的信号值。

对于在合适的标称频率范围内的所有频率点，最大测量扩展不确定度为 5%。

附录 F 给出了应与仪器一起提供的安装系统的试验信息。

13.10.3 频率响应的电试验

正弦电信号施加到仪器的电输入端。

应在参考频率 f_{ref} 处对输入的电信号进行调整，以使试验仪器在规定的线性范围下限以上 20 dB 产生带限振动示值。该输入信号的频率计权示值 a_{ind} 应被用作后续试验的参考值。

在每个试验频率，应将输入信号的均方根值 u_{in} 调整到与频率计权示值 a_{ind} 相同的示值。在表 15 中对电试验规定的每一个试验频率，都应记录输入信号值与振动仪器的示值。

在频率 f 处电单元频率响应误差 $\varepsilon_e(f)$ 由公式(19)给出。

在任一频率点，输入信号加上仪器噪声的均方根值应至少为仪器噪声均方根值的 10 倍。

如果在整个频率范围内不能保持相同的振动示值，对于在试验频率和参考频率输入电信号的振动值之间存在的偏差，应根据需要对仪器的示值进行修正。对于试验频率示值与参考频率示值之间存在非线性误差时，也应根据需要对仪器的示值进行修正。

在合适的标称频率范围内的所有频率处，最大测量扩展不确定度为3%。

13.10.4 符合性

对于那些采用机械试验的频率计权试验，通过试验可直接给出频率计权误差，即公式(16)中的 $\varepsilon(f)$。对于仅使用电试验的频率计权试验，则总频率计权误差必须计入振动传感器的频率响应误差 $\varepsilon_t(f)$。$\varepsilon_t(f)$ 值是通过从频率计权的机械试验的结果 $\varepsilon(f)$ 中减去偏差 $\varepsilon_e(f)$ 得出的。

例：仪器有两种全身计权方式：w_d 和 w_k。选择 w_d 进行机械和电两种频率响应试验。由 w_d 的机械和电试验结果之间的偏差给出振动传感器的响应。该振动传感器的响应加到 w_k 的电响应上，给出仪器 w_k 的总频率响应。

对于所有可用的频率计权方式，仪器的总频率响应误差应在5.6规定的适用允差限内。在适用的标称频率范围内的所有频率，最大测量扩展不确定度为5%。

其他可供选择的频率响应应按照仪器文件规定的设计指标和允差限进行检定。

13.11 仪器噪声

将仪器的振动传感器安装在一个不会明显增大振动示值的无振动物体上，由十次测量的算术平均值确定仪器噪声的典型值。对于时间平均振动应进行此项试验。对于时间平均人体振动，应说明平均时间。手臂振动平均时间应至少1 min，全身振动至少5 min，低频全身振动至少30 min。

13.12 信号猝发音响应

仪器设置为参考测量量程和适用的带限计权，施加表6规定频率的连续锯齿波电信号，并调整信号值以获得在给定线性工作范围上限50%处的示值。然后对所有适用的频率计权和时间计权施加表6规定的8个周期的猝发音信号。

锯齿波信号的下降时间应不大于 $1/(5f_2)$，其中 f_2 为表3定义的适用频率计权带限组成的上限频率。

当产生锯齿波时，可能会引起高频切换瞬变。为避免由此影响试验，在信号发生器与被测仪器间连接一阶低通滤波器可能是必要的。该滤波器的截止频率应足够高(如 $100f_2$)，以避免对试验结果产生影响。

应以100倍率递减稳定的输入信号，直到输入信号值给出比仪器规定的线性工作范围下限至少大3倍的示值，重复进行信号猝发音响应的测量。

根据实际应用情况，与输入信号的振动幅值有关的信号猝发音响应振动示值应符合表7～表9的规定。信号猝发音响应的误差应在表7～表9给定的允差限内。最大测量扩展不确定度为3%。

13.13 过载指示

施加参考频率正、负半周的正弦电信号进行过载指示试验，仪器设置为带限频率计权和参考测量量程，并使用正半周信号，增加信号直到出现第一个过载指示。用负半周信号重复以上操作。在每一种情况下，都应将引起第一个过载指示的最小输入信号值记录下来。引起第一次过载指示的两个输入信号的差应不超过5.10给定的允差限。最大测量扩展不确定度为2%。

注：除了在本章中规定的频率点所要求的试验外，还可以在实验室所选择的其他频率点进行过载指示试验。

在输入信号大于引起过载指示的最小输入信号值直到仪器文件给定的最大输入信号值，过载指示都应工作。

在测量时间平均振动值或最大振动值时，按照5.10的规定，一旦发生过载，过载指示就应处于锁定状态。而当使用振动测量仪器测量时间计权振动幅值时，应按5.10的规定指示过载。

13.14 复位

如有复位功能，应确认复位操作能删除先前显示的示值，并且其操作不会引起任何显示设备上出现虚假示值。

13.15 组合轴的输出

当显示组合轴输出(总振动值)时,本试验保证多轴向输入的组合是按照适用的测量标准进行的。

应将仪器设置到参考测量量程。依次对每一个轴输入参考振动值时的电输入信号。每一个轴的示值都应记录下来,并用以根据相应的国际标准(ISO 5349-1,GB/T 13441.1—2007,GB/T 13441.2—2008 和 ISO 2631-4)计算组合轴的结果。然后,应同时向三个输入通道施加输入信号,组合轴的示值应等于计算结果,其偏差在±3%以内。

将一个通道上的信号反接(即 180°倒相)。信号倒相后示值的变化量应不大于 2%。

对于全身振动,用于 x、y、z 轴的计权和用于合成单轴向数据的乘积系数 k 值均取决于应用(如健康、舒适和感知)。应采用 GB/T 13441.1—2007 来确定期望的输出。

13.16 试验报告

应在试验报告中详细给出有关试验设置、试验条件和试验结果,包括相应的实际测量扩展不确定度的所有信息。试验报告应说明被检的整个仪器已按本标准的规范通过检定,或者没有通过检定。

14 现场检查

14.1 概述

现场检查用于在一次测量或一系列测量之前和之后进行的现场试验。其作用是对仪器的基本校准和功能性的检查。

仪器文件中应包括常规现场检查的操作指南。

14.2 初始检查

仪器文件应规定外观检查,以确认仪器的物理完整性,该检查应包括以下内容:

——加速度计、电缆和仪器外壳的外观应无明显物理损坏痕迹;

——加速度计、电缆和仪器间的连接,以及振动仪器部件间的其他连接都应是可靠的。

14.3 振动灵敏度(现场校准)

仪器文件应规定振动灵敏度的现场检查。检查应包括以下内容:

——使用规定的振动校准器,在参考测量量程上的参考振动值和校准检验频率点,对振动仪器的机械振动灵敏度进行检查的程序。

——在正常使用时,可能产生的振动灵敏度最大变化示值(即振动灵敏度调整的预期范围;当调整超过该范围时,可能出现仪器故障的显示)。

——记录现场校准结果的推荐程序;它应包括试验日期和时间、测振仪和现场校准器的设置、初始灵敏度和对灵敏度调整的详细信息。

附　录　A
（规范性附录）
振动现场校准器规范

A.1　概述

振动现场校准器提供产生具有规定特征的机械振动。这个振动可提供给振动传感器进行振动灵敏度现场检查。

机械校准器应有一个安装振动传感器的耦合平面（振动台面）。

A.2　技术要求

现场机械校准器应满足下列要求：

振动矢量方向	相对于耦合平面的法线
横向轴/横向振动	在规定的有效负载范围内<10%
空间定位	任意
预热时间	从开机到符合制造厂和本标准规定要求之间的时间<10 s
频率	校准器应工作在表 A.1 给出的一个或多个频率点，也可以提供其他频率
幅值	见表 A.1，也可提供其他振动幅值
负载能力，允许质量	足以承载被校振动传感器（如果适用，包含连接件），但是不小于 70 g（使用标准传感器检定所需的质量）。应在仪器文件中指出最小和最大负载能力
总失真	在规定的负载范围内<5%
台面的平面度	通常是平坦的，以使测量不受基座应变影响，失真度在允差范围内
（带内螺纹的）安装孔	90°±1°
在任何方向靠近振动传感器的交变磁场强度	<1 mT
电磁兼容	按照 IEC 61000-4-3 规定的试验水平 2 级
防尘、防水保护等级	根据应用情况，必须在仪器文件中给出
温度范围	0 ℃～40 ℃
相对湿度范围	10%～90%，无凝露

随现场校准器提供的技术数据（以校准证书或者仪器文件的形式）应列出校准器可选频率和幅值所有组合的计权加速度（振动计的所有适用模式）的预期读数。

表 A.1　现场机械校准器的优选值和误差限

特性	测量类型			
	手臂		全身	低频全身
频率	500 rad/s±0.5% （79.577 Hz）	1 000 rad/s±0.5% （159.155 Hz）	100 rad/s±0.5% （15.915 Hz）	2.5 rad/s±0.5%[a] （0.397 9 Hz）
均方根加速度	10 m/s^2±3%	10 m/s^2±3%	1 m/s^2±3%	0.1 m/s^2±5%

[a] 现场校准器通常不适用于如此低的频率，拾振器的校准标准目前还不能提供在该频率点的有效校准方法。为了进行低频全身振动可靠的测量，在测量的频率范围内的某个频率点进行校准检查是必要的。另一种办法是进行静态加速度检查（即传感器倒置提供 2 g 的加速度变化）或者在比测量范围高得多的频率点进行测试。但是这两种选择都不理想。

A.3 型式评价和检定试验

现场校准器(包括现场使用的便携式校准器)的型式评价和检定应基于与 GB/T 20485.21—2007 范围内的参考振动传感器比较试验的方法进行验证。

试验方法采用与直接安装在现场校准器耦合面上的参考传感器比较。测量校准器产生的加速度均方根值和频率。应确认现场校准器产生表 A.1 给出相关应用频率和幅值的振动信号。根据 GB/T 20485.21—2007 附录 A 计算的测量扩展不确定度。

附 录 B
（资料性附录）
频率计权

表 B.1～表 B.9 给出和图 B.1～图 B.18 表示的频率计权值和允差值是由表 3、表 4、表 5 和公式(8)～公式(12) 所定义的设计目标计算得到。

表中给出的频率计权值是基于准确的 1/3 倍频程中心频率 f_c。

$$f_c(n) = 10^{n/10}\ \text{Hz} \qquad \text{(B.1)}$$

式中：

n——根据 IEC 61260 给出的频带指数。

中心频率按 IEC 61260 规定，使用 $\log_{10}$ 计算 1/3 倍频程中心频率。

给出的标称中心频率通常仅仅被用作描述各个频带，当把频率计权因子用于 1/3 倍频程频带数据时，总是使用准确中心频率的计权因子。

注 1：一些测量标准已经根据标称的中心频率将频率计权制成表格。在本标准中频率计权是基于实际的中心频率。这样可能导致某些计权因子不同于那些测量标准。

本附录中以表格形式表示的计权滤波器是总频率计权（由公式 12 定义的），即表列的计权包括带限。给出的允差适用于带限和计权滤波器。

注 2：对于本附录中的信息，计权因子、相位和准确的中心频率以四位有效数字表示，分贝计权级给出两位小数。这些表列值的准确度并不表示仪器所要求的准确度。

表 B.1 频率计权 W_b，基于 ISO 2631-4，用于垂直向全身振动，z 轴，坐姿、立姿或卧姿的人

n	频率/Hz		带限			计权 W_b			允差		
	标称值	准确值	因子	dB	相位/(°)	因子	dB	相位/(°)	%	dB	$\Delta\varphi_0$/(°)
−10	0.1	0.1	0.062 38	−24.10	159.3	0.024 94	−32.06	160	+26/−100	+2/−∞	+∞/−∞
−9	0.125	0.125 9	0.098 57	−20.12	153.6	0.039 41	−28.09	154.5	+26/−100	+2/−∞	+∞/−∞
−8	0.16	0.158 5	0.155 1	−16.19	146.3	0.061 98	−24.15	147.4	+26/−100	+2/−∞	+∞/−∞
−7	0.2	0.199 5	0.241 5	−12.34	136.6	0.096 45	−20.31	138.1	+26/−100	+2/−∞	+∞/−∞
−6	0.25	0.251 2	0.366 9	−8.71	124.1	0.146 4	−16.69	126	+26/−100	+2/−∞	+∞/−∞
−5	0.315	0.316 2	0.53	−5.51	108.3	0.211 3	−13.50	110.7	+26/−21	+2/−2	+12/−12
−4	0.4	0.398 1	0.703 7	−3.05	90.06	0.28	−11.06	93.14	+26/−21	+2/−2	+12/−12
−3	0.5	0.501 2	0.843 4	−1.48	71.76	0.334 7	−9.51	75.73	+26/−21	+2/−2	+12/−12
−2	0.63	0.631	0.927 9	−0.65	55.78	0.366 6	−8.72	60.94	+12/−11	+1/−1	+6/−6
−1	0.8	0.794 3	0.969 3	−0.27	43.01	0.380 8	−8.39	49.84	+12/−11	+1/−1	+6/−6
0	1	1	0.987 4	−0.11	33.15	0.385 3	−8.29	42.42	+12/−11	+1/−1	+6/−6
1	1.25	1.259	0.994 9	−0.04	25.54	0.386 4	−8.26	38.51	+12/−11	+1/−1	+6/−6

表 B.1（续）

n	频率/Hz		带限			计权 W_b			允差		
	标称值	准确值	因子	dB	相位/(°)	因子	dB	相位/(°)	%	dB	$\Delta\varphi_0$/(°)
2	1.6	1.585	0.998	−0.02	19.58	0.391 6	−8.14	38.27	+12/−11	+1/−1	+6/−6
3	2	1.995	0.999 2	−0.01	14.84	0.416 8	−7.60	41.76	+12/−11	+1/−1	+6/−6
4	2.5	2.512	0.999 7	0.00	10.97	0.496	−6.09	46.57	+12/−11	+1/−1	+6/−6
5	3.15	3.162	0.999 9	0.00	7.74	0.665 3	−3.54	45.79	+12/−11	+1/−1	+6/−6
6	4	3.981	0.999 9	0.00	4.941	0.885	−1.06	34.64	+12/−11	+1/−1	+6/−6
7	5	5.012	1	0.00	2.416	1.026	0.22	17.75	+12/−11	+1/−1	+6/−6
8	6.3	6.31	1	0.00	0.024 4	1.054	0.46	1.77	+12/−11	+1/−1	+6/−6
9	8	7.943	1	0.00	−2.366	1.026	0.23	−11.94	+12/−11	+1/−1	+6/−6
10	10	10	0.999 9	0.00	−4.887	0.974 5	−0.22	−24.56	+12/−11	+1/−1	+6/−6
11	12.5	12.59	0.999 9	0.00	−7.679	0.904 2	−0.87	−37.1	+12/−11	+1/−1	+6/−6
12	16	15.85	0.999 7	0.00	−10.9	0.814 4	−1.78	−49.93	+12/−11	+1/−1	+6/−6
13	20	19.95	0.999 2	−0.01	−14.75	0.708 8	−2.99	−62.89	+12/−11	+1/−1	+6/−6
14	25	25.12	0.998	−0.02	−19.47	0.597 3	−4.48	−75.75	+12/−11	+1/−1	+6/−6
15	31.5	31.62	0.995	−0.04	−25.4	0.490 6	−6.18	−88.55	+12/−11	+1/−1	+6/−6
16	40	39.81	0.987 7	−0.11	−32.97	0.395	−8.07	−101.7	+12/−11	+1/−1	+6/−6
17	50	50.12	0.969 9	−0.27	−42.78	0.311 8	−10.12	−116	+12/−11	+1/−1	+6/−6
18	63	63.1	0.929 1	−0.64	−55.49	0.238 9	−12.44	−132.2	+12/−11	+1/−1	+6/−6
19	80	79.43	0.845 7	−1.46	−71.41	0.173 4	−15.22	−150.9	+26/−21	+2/−2	+12/−12
20	100	100	0.707 1	−3.01	−89.68	0.115 4	−18.75	−171.3	+26/−21	+2/−2	+12/−12
21	125	125.9	0.533 6	−5.46	−107.9	0.069 29	−23.19	−191.3	+26/−21	+2/−2	+12/−12
22	160	158.5	0.369 9	−8.64	−123.8	0.038 18	−28.36	−208.5	+26/−100	+2/−∞	+∞/−∞
23	200	199.5	0.243 6	−12.27	−136.4	0.019 99	−33.98	−222.2	+26/−100	+2/−∞	+∞/−∞
24	250	251.2	0.156 5	−16.11	−146.1	0.010 2	−39.82	−232.8	+26/−100	+2/−∞	+∞/−∞
25	315	316.2	0.099 5	−20.04	−153.5	0.005 154	−45.76	−240.8	+26/−100	+2/−∞	+∞/−∞
26	400	398.1	0.062 97	−24.02	−159.2	0.002 591	−51.73	−247.1	+26/−100	+2/−∞	+∞/−∞

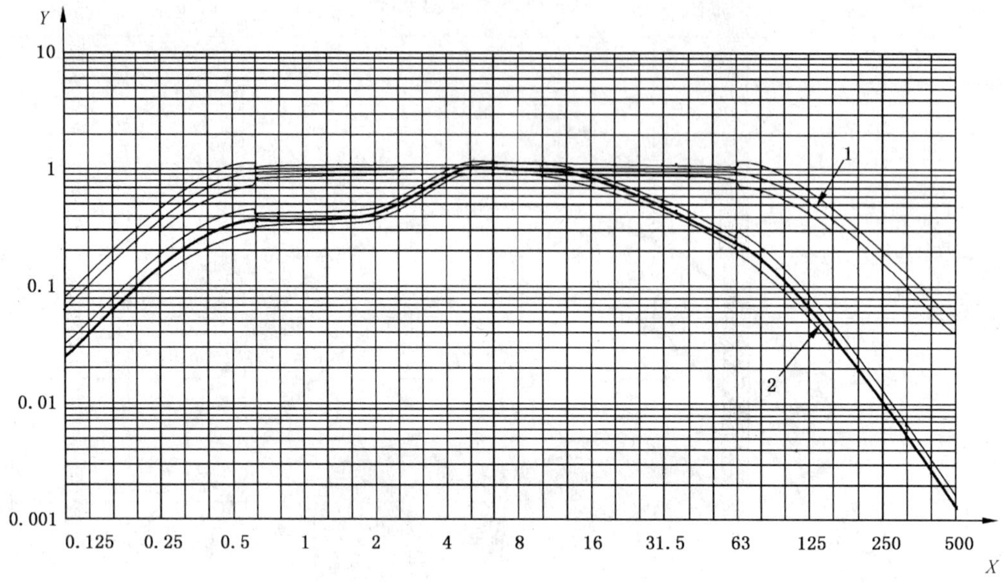

X——频率,Hz;
Y——计权因子;
1——带限;
2——计权。

图 B.1 频率计权 W_b 的幅值,基于 ISO 2631-4,用于垂直向全身振动,z 轴,坐姿、立姿或卧姿的人

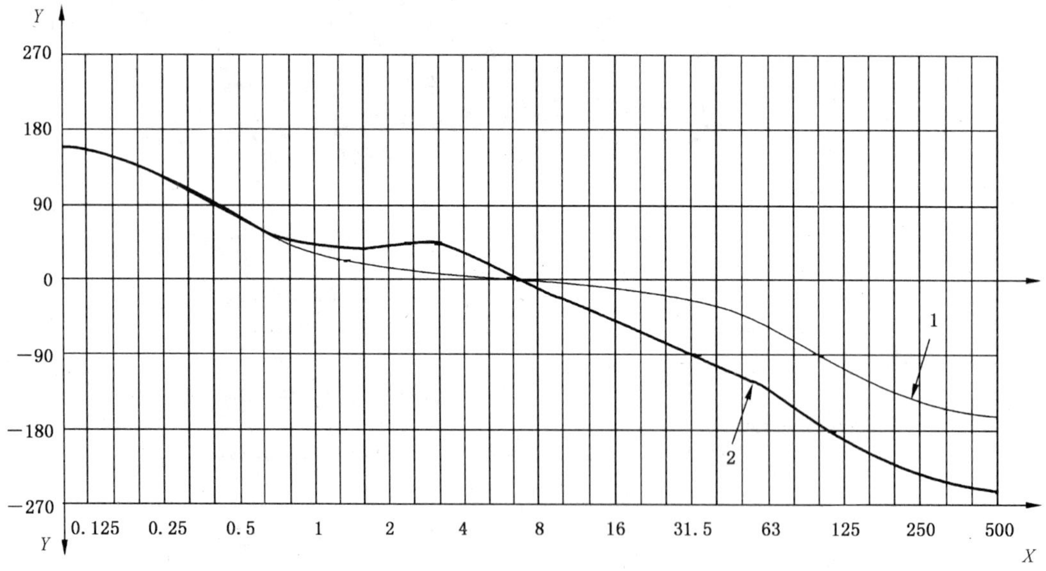

X——频率,Hz;
Y——相位(°);
1——带限;
2——计权。

图 B.2 频率计权 W_b 的相位,基于 ISO 2631-4,用于垂直向全身振动,z 轴,坐姿、立姿或卧姿的人

表 B.2　频率计权 W_c，基于 GB/T 13441.1，用于水平全身振动，x 轴，座椅-靠背，坐姿的人

n	频率/Hz		带限			计权 W_c			允差		
	标称值	准确值	因子	dB	相位/(°)	因子	dB	相位/(°)	%	dB	$\Delta\varphi_0$/(°)
−10	0.1	0.1	0.062 38	−24.10	159.3	0.062 38	−24.10	158.8	+26/−100	+2/−∞	+∞/−∞
−9	0.125	0.125 9	0.098 57	−20.12	153.6	0.098 58	−20.12	153.1	+26/−100	+2/−∞	+∞/−∞
−8	0.16	0.158 5	0.155 1	−16.19	146.3	0.155 1	−16.19	145.6	+26/−100	+2/−∞	+∞/−∞
−7	0.2	0.199 5	0.241 5	−12.34	136.6	0.241 5	−12.34	135.8	+26/−100	+2/−∞	+∞/−∞
−6	0.25	0.251 2	0.366 9	−8.71	124.1	0.366 9	−8.71	123	+26/−100	+2/−∞	+∞/−∞
−5	0.315	0.316 2	0.53	−5.51	108.3	0.530 2	−5.51	107	+26/−21	+2/−2	+12/−12
−4	0.4	0.398 1	0.703 7	−3.05	90.06	0.704 2	−3.05	88.38	+26/−21	+2/−2	+12/−12
−3	0.5	0.501 2	0.843 4	−1.48	71.76	0.844 2	−1.47	69.65	+26/−21	+2/−2	+12/−12
−2	0.63	0.631	0.927 9	−0.65	55.78	0.929 2	−0.64	53.11	+12/−11	+1/−1	+6/−6
−1	0.8	0.794 3	0.969 3	−0.27	43.01	0.971 6	−0.25	39.64	+12/−11	+1/−1	+6/−6
0	1	1	0.987 4	−0.11	33.15	0.991	−0.08	28.88	+12/−11	+1/−1	+6/−6
1	1.25	1.259	0.994 9	−0.04	25.54	1	0.00	20.11	+12/−11	+1/−1	+6/−6
2	1.6	1.585	0.998	−0.02	19.58	1.006	0.06	12.66	+12/−11	+1/−1	+6/−6
3	2	1.995	0.999 2	−0.01	14.84	1.012	0.10	5.957	+12/−11	+1/−1	+6/−6
4	2.5	2.512	0.999 7	0.00	10.97	1.017	0.15	−0.531 8	+12/−11	+1/−1	+6/−6
5	3.15	3.162	0.999 9	0.00	7.74	1.023	0.19	−7.327	+12/−11	+1/−1	+6/−6
6	4	3.981	0.999 9	0.00	4.941	1.024	0.21	−15	+12/−11	+1/−1	+6/−6
7	5	5.012	1	0.00	2.416	1.013	0.11	−24.1	+12/−11	+1/−1	+6/−6
8	6.3	6.31	1	0.00	0.024 4	0.973 9	−0.23	−34.91	+12/−11	+1/−1	+6/−6
9	8	7.943	1	0.00	−2.366	0.894 1	−0.97	−47.06	+12/−11	+1/−1	+6/−6
10	10	10	0.999 9	0.00	−4.887	0.776 2	−2.20	−59.37	+12/−11	+1/−1	+6/−6
11	12.5	12.59	0.999 9	0.00	−7.679	0.642 5	−3.84	−70.7	+12/−11	+1/−1	+6/−6
12	16	15.85	0.999 7	0.00	−10.9	0.516 6	−5.74	−80.61	+12/−11	+1/−1	+6/−6
13	20	19.95	0.999 2	−0.01	−14.75	0.409 8	−7.75	−89.43	+12/−11	+1/−1	+6/−6
14	25	25.12	0.998	−0.02	−19.47	0.323 6	−9.80	−97.78	+12/−11	+1/−1	+6/−6
15	31.5	31.62	0.995	−0.04	−25.4	0.254 9	−11.87	−106.4	+12/−11	+1/−1	+6/−6
16	40	39.81	0.987 7	−0.11	−32.97	0.200 2	−13.97	−115.9	+12/−11	+1/−1	+6/−6
17	50	50.12	0.969 9	−0.27	−42.78	0.155 7	−16.15	−127.3	+12/−11	+1/−1	+6/−6
18	63	63.1	0.929 1	−0.64	−55.49	0.118 2	−18.55	−141.2	+12/−11	+1/−1	+6/−6
19	80	79.43	0.845 7	−1.46	−71.41	0.085 38	−21.37	−158	+26/−21	+2/−2	+12/−12
20	100	100	0.707 1	−3.01	−89.68	0.056 65	−24.94	−177	+26/−21	+2/−2	+12/−12
21	125	125.9	0.533 6	−5.46	−107.9	0.033 94	−29.39	−195.8	+26/−21	+2/−2	+12/−12
22	160	158.5	0.369 9	8.46	−123.8	0.018 68	−34.57	−212.1	+26/−100	+2/−∞	+∞/−∞
23	200	199.5	0.243 6	−12.27	−136.4	0.009 772	−40.20	−225.1	+26/−100	+2/−∞	+∞/−∞
24	250	251.2	0.156 5	−16.11	−146.1	0.004 987	−46.04	−235	+26/−100	+2/−∞	+∞/−∞
25	315	316.2	0.099 5	−20.04	−153.5	0.002 518	−51.98	−242.6	+26/−100	+2/−∞	+∞/−∞
26	400	398.1	0.062 97	−24.02	−159.2	0.001 266	−57.95	−248.5	+26/−100	+2/−∞	+∞/−∞

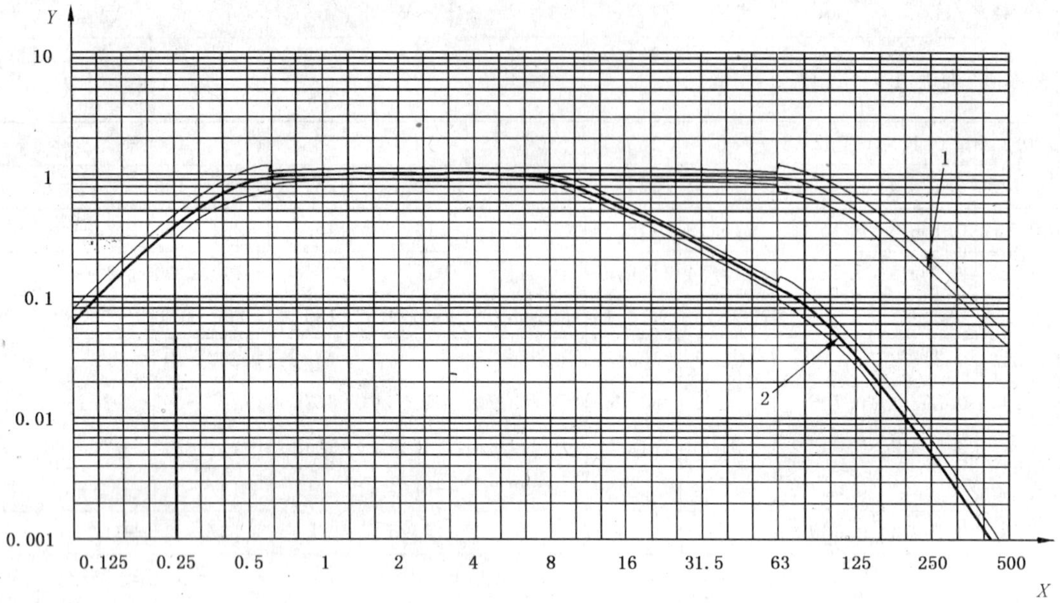

X——频率,Hz;
Y——计权因子;
1——带限;
2——计权。

图 B.3　频率计权 W_c 的幅值,基于 GB/T 13441.1,用于水平向全身振动,x 轴,座椅-靠背,坐姿的人

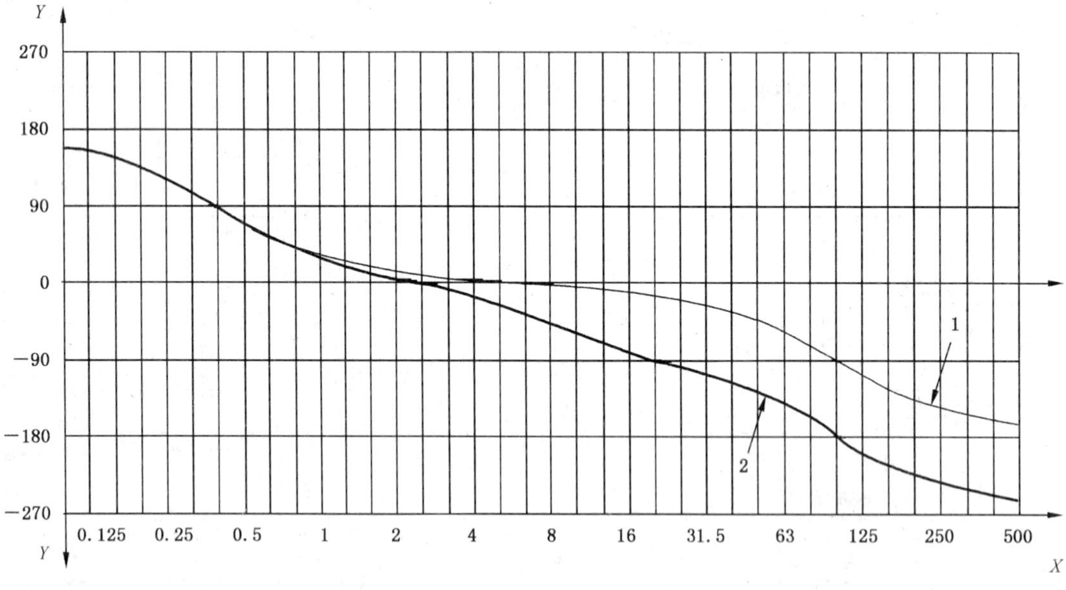

X——频率,Hz;
Y——相位(°);
1——带限;
2——计权。

图 B.4　频率计权 W_c 的相位,基于 GB/T 13441.1,用于水平向全身振动,x 轴、座椅-靠背,坐姿的人

表 B.3　频率计权 W_d，基于 GB/T 13441.1，用于水平向全身振动，x 轴或 y 轴，坐姿、立姿或卧姿的人

n	频率/Hz		带限			计权 W_d			允差		
	标称值	准确值	因子	dB	相位/(°)	因子	dB	相位/(°)	%	dB	$\Delta\varphi_0$/(°)
−10	0.1	0.1	0.062 38	−24.10	159.3	0.062 42	−24.09	157.6	+26/−100	+2/−∞	+∞/−∞
−9	0.125	0.125 9	0.098 57	−20.12	153.6	0.098 67	−20.12	151.5	+26/−100	+2/−∞	+∞/−∞
−8	0.16	0.158 5	0.155 1	−16.19	146.3	0.155 3	−16.18	143.6	+26/−100	+2/−∞	+∞/−∞
−7	0.2	0.199 5	0.241 5	−12.34	136.6	0.242	−12.32	133.2	+26/−100	+2/−∞	+∞/−∞
−6	0.25	0.251 2	0.366 9	−8.71	124.1	0.368 2	−8.68	119.8	+26/−100	+2/−∞	+∞/−∞
−5	0.315	0.316 2	0.53	−5.51	108.3	0.533	−5.47	102.8	+26/−21	+2/−2	+12/−12
−4	0.4	0.398 1	0.703 7	−3.05	90.06	0.709 7	−2.98	83.11	+26/−21	+2/−2	+12/−12
−3	0.5	0.501 2	0.843 4	−1.48	71.76	0.854	−1.37	62.84	+26/−21	+2/−2	+12/−12
−2	0.63	0.631	0.927 9	−0.65	55.78	0.944 3	−0.50	44.21	+12/−11	+1/−1	+6/−6
−1	0.8	0.794 3	0.969 3	−0.27	43.01	0.991 4	−0.08	27.86	+12/−11	+1/−1	+6/−6
0	1	1	0.987 4	−0.11	33.15	1.011	0.10	13.09	+12/−11	+1/−1	+6/−6
1	1.25	1.259	0.994 9	−0.04	25.54	1.007	0.06	−1.131	+12/−11	+1/−1	+6/−6
2	1.6	1.585	0.998	−0.02	19.58	0.970 7	−0.26	−15.55	+12/−11	+1/−1	+6/−6
3	2	1.995	0.999 2	−0.01	14.84	0.891 3	−1.00	−30.06	+12/−11	+1/−1	+6/−6
4	2.5	2.512	0.999 7	0.00	10.97	0.773 3	−2.23	−43.71	+12/−11	+1/−1	+6/−6
5	3.15	3.162	0.999 9	0.00	7.74	0.639 8	−3.88	−55.44	+12/−11	+1/−1	+6/−6
6	4	3.981	0.999 9	0.00	4.941	0.514 3	−5.78	−64.89	+12/−11	+1/−1	+6/−6
7	5	5.012	1	0.00	2.416	0.408 1	−7.78	−72.34	+12/−11	+1/−1	+6/−6
8	6.3	6.31	1	0.00	0.024 4	0.322 6	−9.83	−78.34	+12/−11	+1/−1	+6/−6
9	8	7.943	1	0.00	−2.366	0.255	−11.87	−83.39	+12/−11	+1/−1	+6/−6
10	10	10	0.999 9	0.00	−4.887	0.201 7	−13.91	−87.9	+12/−11	+1/−1	+6/−6
11	12.5	12.59	0.999 9	0.00	−7.679	0.159 7	−15.93	−92.2	+12/−11	+1/−1	+6/−6
12	16	15.85	0.999 7	0.00	−10.9	0.126 6	−17.95	−96.59	+12/−11	+1/−1	+6/−6
13	20	19.95	0.999 2	−0.01	−14.75	0.100 4	−19.97	−101.3	+12/−11	+1/−1	+6/−6
14	25	25.12	0.998	−0.02	−19.47	0.0795 8	−21.98	−106.8	+12/−11	+1/−1	+6/−6
15	31.5	31.62	0.995	−0.04	−25.4	0.062 99	−24.01	−113.3	+12/−11	+1/−1	+6/−6
16	40	39.81	0.987 7	−0.11	−32.97	0.049 65	−26.08	−121.3	+12/−11	+1/−1	+6/−6
17	50	50.12	0.969 9	−0.27	−42.78	0.038 72	−28.24	−131.4	+12/−11	+1/−1	+6/−6
18	63	63.1	0.929 1	−0.64	−55.49	0.029 46	−30.62	−144.4	+12/−11	+1/−1	+6/−6
19	80	79.43	0.845 7	−1.46	−71.41	0.021 3	−33.43	−160.6	+26/−21	+2/−2	+12/−12
20	100	100	0.707 1	−3.01	−89.68	0.014 14	−36.99	−179	+26/−21	+2/−2	+12/−12
21	125	125.9	0.533 6	−5.46	−107.9	0.008 478	−41.43	−197.4	+26/−21	+2/−2	+12/−12
22	160	158.5	0.369 9	−8.64	−123.8	0.004 668	−46.62	−213.4	+26/−100	+2/−∞	+∞/−∞
23	200	199.5	0.243 6	−12.27	−136.4	0.002 442	−52.24	−266.1	+26/−100	+2/−∞	+∞/−∞
24	250	251.2	0.156 5	−16.11	−146.1	0.001 246	−58.09	−235.8	+26/−100	+2/−∞	+∞/−∞
25	315	316.2	0.099 5	−20.04	−153.5	0.000 629 3	−64.02	−243.3	+26/−100	+2/−∞	+∞/−∞
26	400	398.1	0.062 97	−24.02	−159.2	0.000 316 4	−70.00	−249	+26/−100	+2/−∞	+∞/−∞

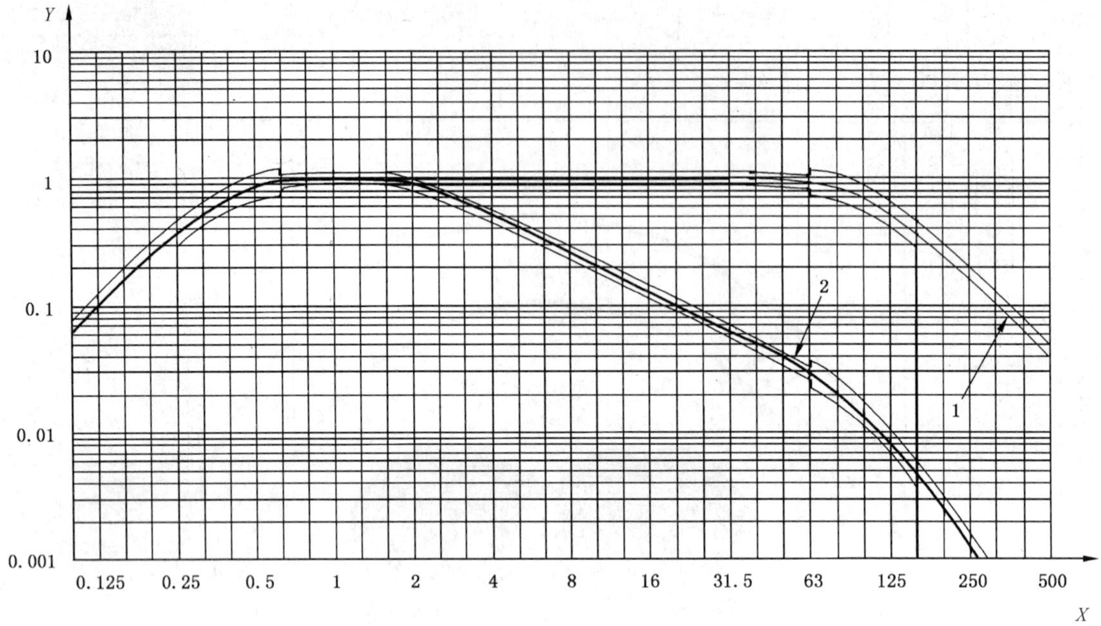

X——频率，Hz；
Y——计权因子；
1——带限；
2——计权。

图 B.5 频率计权 W_d 的幅值，基于 GB/T 13441.1，用于水平向全身振动，x 轴或 y 轴，坐姿、立姿或卧姿的人

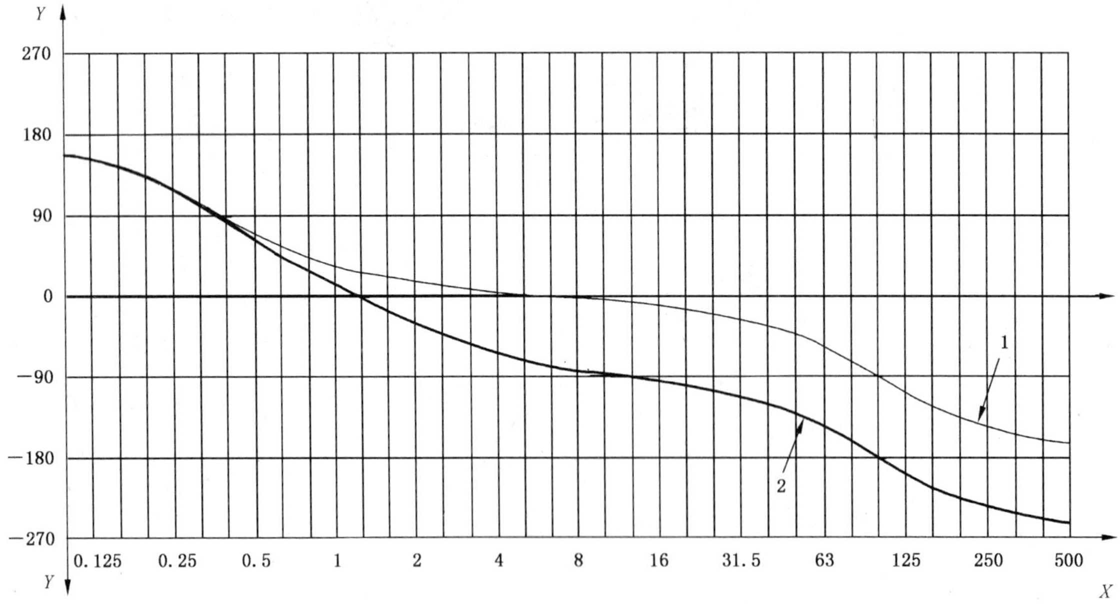

X——频率，Hz；
Y——相位(°)；
1——带限；
2——计权。

图 B.6 频率计权 W_d 的相位，基于 GB/T 13441.1，用于水平向全身振动，x 轴或 y 轴，坐姿、立姿或卧姿的人

表 B.4 频率计权 W_e,基于 GB/T 13441.1,用于旋转全身振动,所有方向,坐姿的人

n	频率/Hz		带限			计权 W_e			允差		
	标称值	准确值	因子	dB	相位/(°)	因子	dB	相位/(°)	%	dB	$\Delta\varphi_0$/(°)
−10	0.1	0.1	0.062 38	−24.10	159.3	0.062 52	−24.08	155.9	+26/−100	+2/−∞	+∞/−∞
−9	0.125	0.125 9	0.098 57	−20.12	153.6	0.098 93	−20.09	149.3	+26/−100	+2/−∞	+∞/−∞
−8	0.16	0.158 5	0.155 1	−16.19	146.3	0.156	−16.14	140.8	+26/−100	+2/−∞	+∞/−∞
−7	0.2	0.199 5	0.241 5	−12.34	136.6	0.243 5	−12.27	129.7	+26/−100	+2/−∞	+∞/−∞
−6	0.25	0.251 2	0.366 9	−8.71	124.1	0.371 5	−8.60	115.1	+26/−100	+2/−∞	+∞/−∞
−5	0.315	0.316 2	0.53	−5.51	108.3	0.539 4	−5.36	96.68	+26/−21	+2/−2	+12/−12
−4	0.4	0.398 1	0.703 7	−3.05	90.06	0.719 8	−2.86	74.87	+26/−21	+2/−2	+12/−12
−3	0.5	0.501 2	0.843 4	−1.48	71.76	0.863 5	−1.27	51.65	+26/−21	+2/−2	+12/−12
−2	0.63	0.631	0.927 9	−0.65	55.78	0.938 9	−0.55	29.04	+12/−11	+1/−1	+6/−6
−1	0.8	0.794 3	0.969 3	−0.27	43.01	0.942 3	−0.52	7.786	+12/−11	+1/−1	+6/−6
0	1	1	0.987 4	−0.11	33.15	0.879 8	−1.11	−11.85	+12/−11	+1/−1	+6/−6
1	1.25	1.259	0.994 9	−0.04	25.54	0.768 3	−2.29	−29.24	+12/−11	+1/−1	+6/−6
2	1.6	1.585	0.998	−0.02	19.58	0.637 2	−3.91	−43.67	+12/−11	+1/−1	+6/−6
3	2	1.995	0.999 2	−0.01	14.84	0.512 7	−5.80	−55.05	+12/−11	+1/−1	+6/−6
4	2.5	2.512	0.999 7	0.00	10.97	0.407	−7.81	−63.83	+12/−11	+1/−1	+6/−6
5	3.15	3.162	0.999 9	0.00	7.74	0.321 8	−9.85	−70.66	+12/−11	+1/−1	+6/−6
6	4	3.981	0.999 9	0.00	4.941	0.254 3	−11.89	−76.11	+12/−11	+1/−1	+6/−6
7	5	5.012	1	0.00	2.416	0.201 2	−13.93	−80.61	+12/−11	+1/−1	+6/−6
8	6.3	6.31	1	0.00	0.024 4	0.159 4	−15.95	−84.51	+12/−11	+1/−1	+6/−6
9	8	7.943	1	0.00	−2.366	0.126 3	−17.97	−88.06	+12/−11	+1/−1	+6/−6
10	10	10	0.999 9	0.00	−4.887	0.100 2	−19.98	−91.49	+12/−11	+1/−1	+6/−6
11	12.5	12.59	0.999 9	0.00	−7.679	0.079 54	−21.99	−94.99	+12/−11	+1/−1	+6/−6
12	16	15.85	0.999 7	0.00	−10.9	0.063 14	−23.99	−98.77	+12/−11	+1/−1	+6/−6
13	20	19.95	0.999 2	0.01	−14.75	0.050 11	−26.00	−103.1	+12/−11	+1/−1	+6/−6
14	25	25.12	0.998	−0.02	−19.47	0.039 75	−28.01	−108.1	+12/−11	+1/−1	+6/−6
15	31.5	31.62	0.995	−0.04	−25.4	0.031 47	−30.04	−114.3	+12/−11	+1/−1	+6/−6
16	40	39.81	0.987 7	−0.11	−32.97	0.024 81	−32.11	−122.1	+12/−11	+1/−1	+6/−6
17	50	50.12	0.969 9	−0.27	−42.78	0.019 35	−34.26	−132.1	+12/−11	+1/−1	+6/−6
18	63	63.1	0.929 1	−0.64	−55.49	0.014 73	−36.64	−145	+12/−11	+1/−1	+6/−6
19	80	79.43	0.845 7	−1.46	−71.41	0.010 65	−39.46	−161	+26/−21	+2/−2	+12/−12
20	100	100	0.707 1	−3.01	−89.68	0.007 071	−43.01	−179.3	+26/−21	+2/−2	+12/−12
21	125	125.9	0.533 6	−5.46	−107.9	0.004 239	−47.46	−179.7	+26/−21	+2/−2	+12/−12
22	160	158.5	0.369 9	−8.64	−123.8	0.002 334	−52.64	−213.6	+26/−100	+2/−∞	+∞/−∞
23	200	199.5	0.243 6	−12.27	−136.4	0.001 221	−58.27	−226.2	+26/−100	+2/−∞	+∞/−∞
24	250	251.2	0.156 5	−16.11	−146.1	0.000 623 2	−64.11	−236	+26/−100	+2/−∞	+∞/−∞
25	315	316.2	0.099 5	−20.04	−153.5	0.000 314 7	−70.04	−243.4	+26/−100	+2/−∞	+∞/−∞
26	400	398.1	0.062 97	−24.02	−159.2	0.000 158 2	−76.02	−249.1	+26/−100	+2/−∞	+∞/−∞

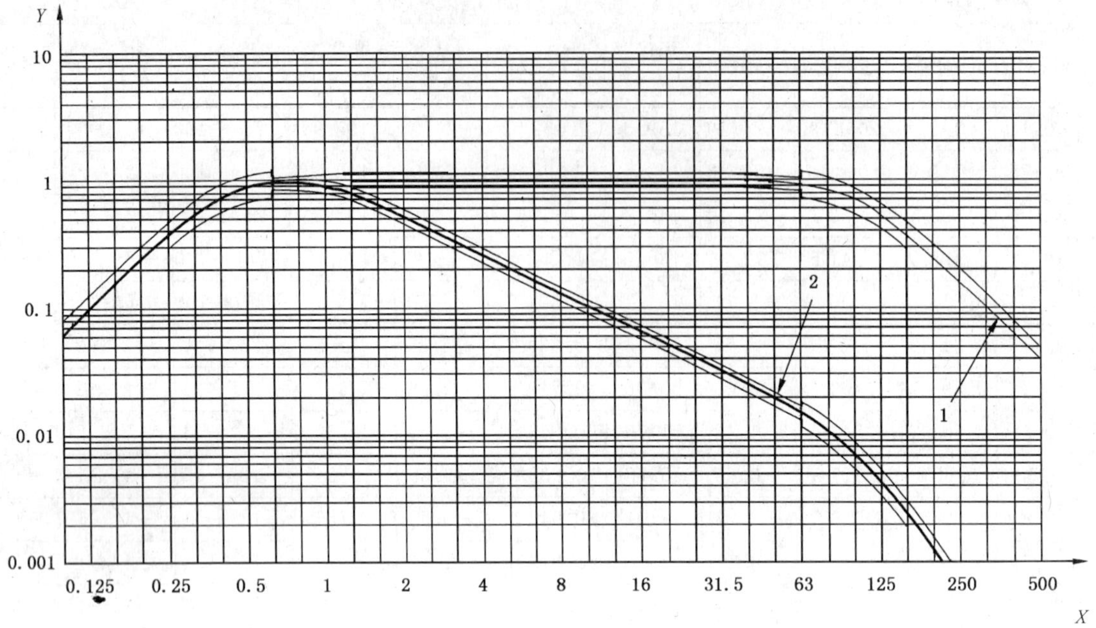

X——频率，Hz；
Y——计权因子；
1——带限；
2——计权。

图 B.7　频率计权 W_e 的幅值，基于 GB/T 13441.1，用于旋转全身振动，所有方向，坐姿的人

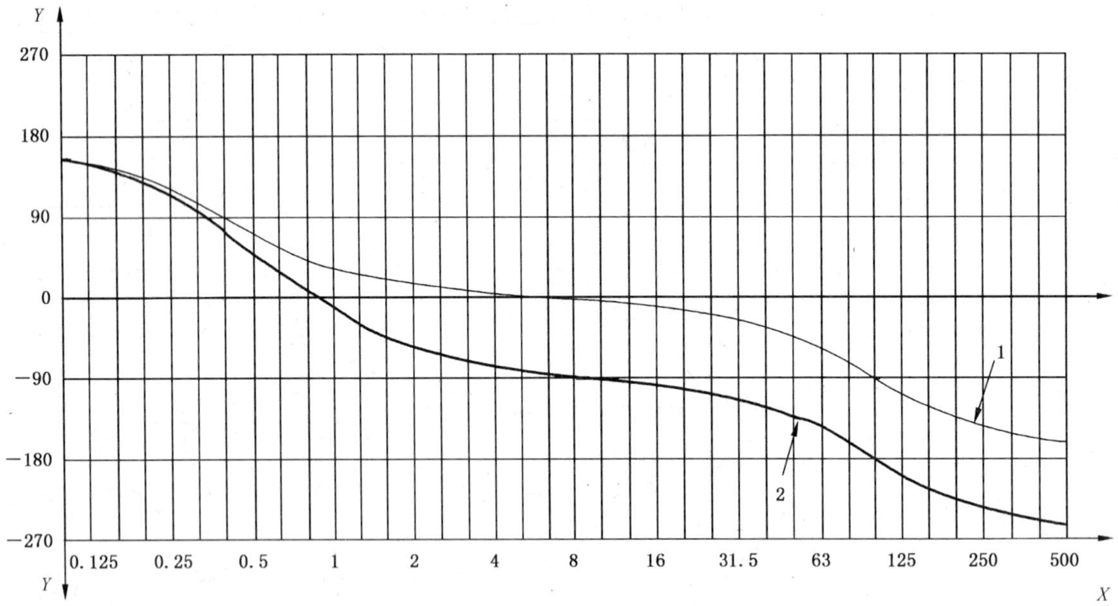

X——频率，Hz；
Y——相位(°)；
1——带限；
2——计权。

图 B.8　频率计权 W_e 的相位，基于 GB/T 13441.1，用于旋转全身振动，所有方向，坐姿的人

表 B.5　频率计权 W_f，基于 GB/T 13441.1，用于垂向全身振动，z 轴，运动病，坐姿或立姿的人

n	频率/Hz		带限			计权 W_f			允差		
	标称值	准确值	因子	dB	相位/(°)	因子	dB	相位/(°)	%	dB	$\Delta\varphi_0$/(°)
−17	0.02	0.019 95	0.062 08	−24.14	156.8	0.024 07	−32.37	160.9	+26/−100	+2/−∞	+∞/−∞
−16	0.025	0.025 12	0.098 11	−20.17	150.5	0.038 03	−28.40	156.2	+26/−100	+2/−∞	+∞/−∞
−15	0.031 5	0.031 62	0.154 4	−16.23	142.4	0.060 21	−24.41	150.6	+26/−100	+2/−∞	+∞/−∞
−14	0.04	0.039 81	0.240 4	−12.38	131.8	0.096 19	−20.34	143.7	+26/−100	+2/−∞	+∞/−∞
−13	0.05	0.050 12	0.365 3	−8.75	118	0.157 5	−16.06	134.8	+26/−100	+2/−∞	+∞/−∞
−12	0.063	0.063 1	0.528 2	−5.54	100.6	0.267 5	−11.45	121.4	+26/−21	+2/−2	+12/−12
−11	0.08	0.079 43	0.702	−3.07	80.31	0.453 7	−6.86	99.53	+26/−21	+2/−2	+12/−12
−10	0.1	0.1	0.842	−1.49	59.38	0.695 1	−3.16	68.36	+26/−21	+2/−2	+12/−12
−9	0.125	0.125 9	0.926 5	−0.66	40.04	0.9	−0.92	32.06	+12/−11	+1/−1	+6/−6
−8	0.16	0.158 5	0.967 1	−0.29	22.97	1.004	0.04	−5.596	+12/−11	+1/−1	+6/−6
−7	0.2	0.199 5	0.982 4	−0.15	7.579	0.992 8	−0.06	−44.61	+12/−11	+1/−1	+6/−6
−6	0.25	0.251 2	0.982 6	−0.15	−7.217	0.850 1	1.41	−85.43	+12/−11	+1/−1	+6/−6
−5	0.315	0.316 2	0.967 7	−0.29	−22.58	0.614 9	−4.22	−125.5	+12/−11	+1/−1	+6/−6
−4	0.4	0.398 1	0.927 9	−0.65	−39.6	0.388 4	−8.22	−162.1	+12/−11	+1/−1	+6/−6
−3	0.5	0.501 2	0.844 7	−1.47	−58.89	0.222 5	−13.05	−195.6	+26/−21	+2/−2	+12/−12
−2	0.63	0.631	0.705 9	−3.02	−79.79	0.115 7	−18.73	−226.8	+26/−21	+2/−2	+12/−12
−1	0.8	0.794 3	0.532 4	−5.47	−100.1	0.054 34	−25.30	−254.6	+26/−21	+2/−2	+12/−12
0	1	1	0.368 9	−8.66	−117.6	0.02352	−32.57	−277.7	+26/−100	+2/−∞	+∞/−∞
1	1.25	1.259	0.242 9	−12.29	−131.5	0.009 705	−40.26	−295.8	+26/−100	+2/−∞	+∞/−∞
2	1.6	1.585	0.156 1	−16.13	−142.2	0.003 916	−48.14	−309.8	+26/−100	+2/−∞	+∞/−∞
3	2	1.995	0.099 2	−20.07	−150.4	0.001 566	−56.11	−320.6	+26/−100	+2/−∞	+∞/−∞

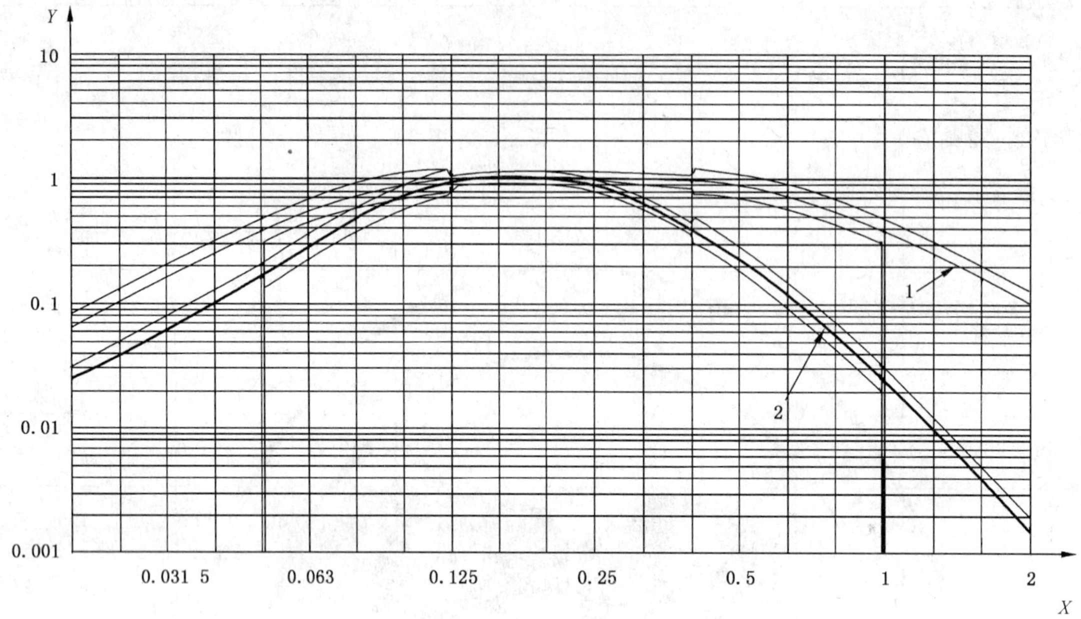

X——频率,Hz;

Y——计权因子;

1——带限;

2——计权。

图 B.9　频率计权 W_f 幅值,基于 GB/T 13441.1,用于垂直向全身振动,z 轴,运动病,坐姿或立姿的人

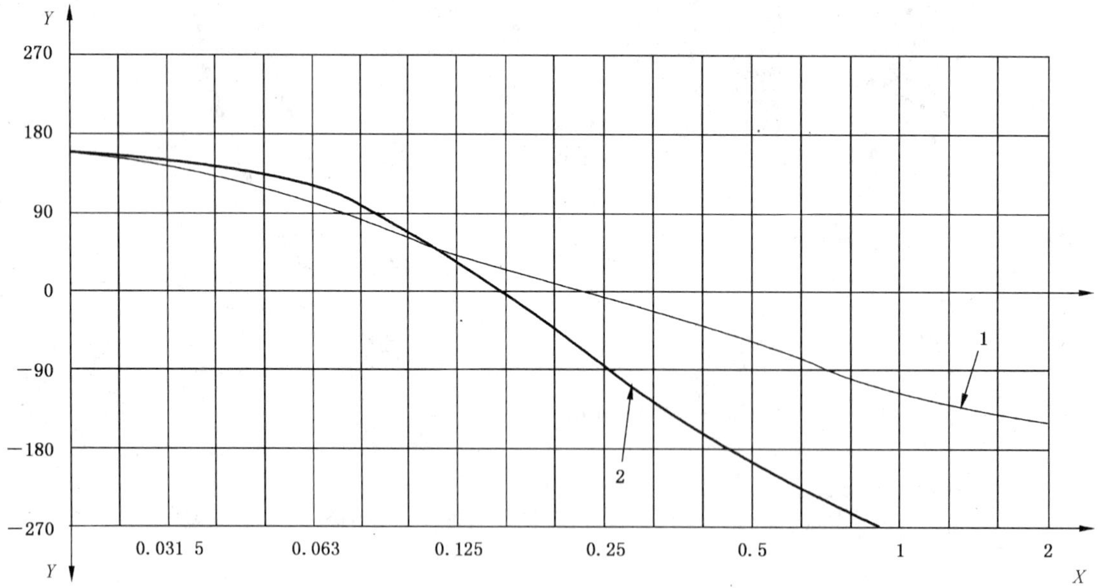

X——频率,Hz;

Y——相位(°);

1——带限;

2——计权。

图 B.10　频率计权 W_f 相位,基于 GB/T 13441.1,用于垂直向全身振动,z 轴,运动病、坐姿或立姿的人

表 B.6 频率计权 W_h，基于 ISO 5349-1，用于手臂振动，所有方向

n	频率/Hz		带限			计权 W_h			允差		
	标称值	准确值	因子	dB	相位/(°)	因子	dB	相位/(°)	%	dB	$\Delta\varphi_0$/(°)
−1	0.8	0.794 3	0.015 85	−36.00	169.7	0.015 86	−36.00	168.1	+26/−100	+2/−∞	+∞/−∞
0	1	1	0.025 11	−32.00	167	0.025 14	−31.99	165	+26/−100	+2/−∞	+∞/−∞
1	1.25	1.259	0.039 78	−28.01	163.5	0.039 85	−27.99	161	+26/−100	+2/−∞	+∞/−∞
2	1.6	1.585	0.062 97	−24.02	159.1	0.063 14	−23.99	155.9	+26/−100	+2/−∞	+∞/−∞
3	2	1.995	0.099 5	−20.04	153.4	0.099 92	−20.01	149.3	+26/−100	+2/−∞	+∞/−∞
4	2.5	2.512	0.156 5	−16.11	146.1	0.157 6	−16.05	140.8	+26/−100	+2/−∞	+∞/−∞
5	3.15	3.162	0.243 6	−12.27	136.4	0.246 1	−12.18	129.7	+26/−100	+2/−∞	+∞/−∞
6	4	3.981	0.369 9	−8.64	123.7	0.375 4	−8.51	115.2	+26/−100	+2/−∞	+∞/−∞
7	5	5.012	0.533 6	−5.46	107.9	0.545	−5.27	96.7	+26/−21	+2/−2	+12/−12
8	6.3	6.31	0.707 1	−3.01	89.59	0.727 2	−2.77	74.91	+26/−21	+2/−2	+12/−12
9	8	7.943	0.845 7	−1.46	71.3	0.873 1	−1.18	51.74	+26/−21	+2/−2	+12/−12
10	10	10	0.929 1	−0.64	55.36	0.951 4	−0.43	29.15	+12/−11	+1/−1	+6/−6
11	12.5	12.59	0.969 9	−0.27	42.62	0.957 6	−0.38	7.81	+12/−11	+1/−1	+6/−6
12	16	15.85	0.987 7	−0.11	32.76	0.895 8	−0.96	−12.05	+12/−11	+1/−1	+6/−6
13	20	19.95	0.995	−0.04	25.14	0.782	−2.14	−29.71	+12/−11	+1/−1	+6/−6
14	25	25.12	0.998	−0.02	19.15	0.647 1	−3.78	−44.37	+12/−11	+1/−1	+6/−6
15	31.5	31.62	0.999 2	−0.01	14.34	0.519 2	−5.69	−55.89	+12/−11	+1/−1	+6/−6
16	40	39.81	0.999 7	0.00	10.38	0.411 1	−7.72	−64.78	+12/−11	+1/−1	+6/−6
17	50	50.12	0.999 9	0.00	7.027	0.324 4	−9.78	−71.7	+12/−11	+1/−1	+6/−6
18	63	63.1	0.999 9	0.00	4.065	0.256	−11.83	−77.27	+12/−11	+1/−1	+6/−6
19	80	79.43	1	0.00	1.33	0.202 4	−13.88	−81.94	+12/−11	+1/−1	+6/−6
20	100	100	1	0.00	−1.33	0.160 2	−15.91	−86.06	+12/−11	+1/−1	+6/−6
21	125	125.9	0.999 9	0.00	−4.065	0.127	−17.93	−89.92	+12/−11	+1/−1	+6/−6
22	160	158.5	0.999 9	0.00	−7.027	0.100 7	−19.94	−93.75	+12/−11	+1/−1	+6/−6
23	200	199.5	0.999 7	0.00	−10.38	0.079 88	−21.95	−97.8	+12/−11	+1/−1	+6/−6
24	250	251.2	0.999 2	−0.01	−14.34	0.063 38	−23.96	−102.3	+12/−11	+1/−1	+6/−6
25	315	316.2	0.998	−0.02	−19.15	0.050 26	−25.97	−107.5	+12/−11	+1/−1	+6/−6
26	400	398.1	0.995	−0.04	−25.14	0.039 8	−28.00	−113.8	+12/−11	+1/−1	+6/−6
27	500	501.2	0.987 7	−0.11	−32.76	0.031 37	−30.07	−121.7	+12/−11	+1/−1	+6/−6
28	630	631	0.969 9	−0.27	−42.62	0.024 47	−32.23	−131.8	+12/−11	+1/−1	+6/−6
29	800	794.3	0.929 1	−0.64	−55.36	0.018 62	−34.60	−144.7	+12/−11	+1/−1	+6/−6
30	1 000	1 000	0.845 7	−1.46	−71.3	0.013 46	−37.42	−160.8	+26/−21	+2/−2	+12/−12
31	1 250	1 259	0.707 1	−3.01	−89.59	0.008 94	−40.97	−179.2	+26/−21	+2/−2	+12/−12
32	1 600	1 585	0.533 6	−5.46	−107.9	0.005 359	−45.42	−197.5	+26/−21	+2/−2	+12/−12
33	2 000	1 995	0.369 9	−8.64	−123.7	0.002 95	−50.60	−213.5	+26/−100	+2/−∞	+∞/−∞
34	2 500	2 512	0.243 6	−12.27	−136.4	0.001 544	−56.23	−226.2	+26/−100	+2/−∞	+∞/−∞
35	3 150	3 162	0.156 5	−16.11	−146.1	0.000 787 8	−62.07	−235.9	+26/−100	+2/−∞	+∞/−∞
36	4 000	3 981	0.099 5	−20.04	−153.4	0.000 397 8	−68.01	−243.3	+26/−100	+2/−∞	+∞/−∞

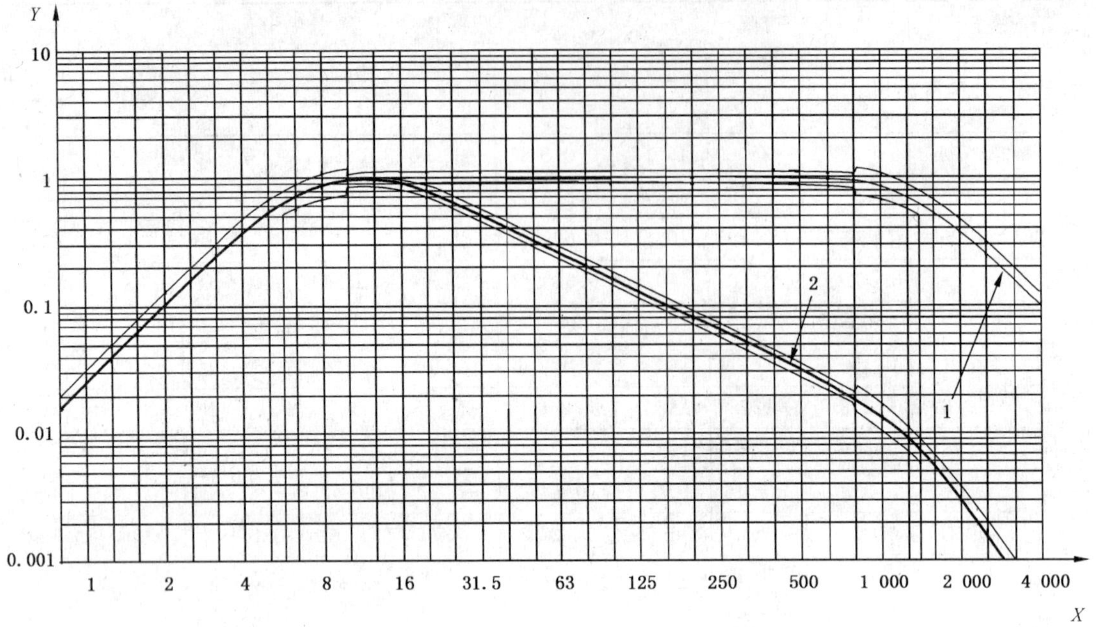

X——频率,Hz;
Y——计权因子;
1——带限;
2——计权。

图 B.11　频率计权 W_h 的幅值,基于 ISO 5349-1,用于手臂振动,所有方向

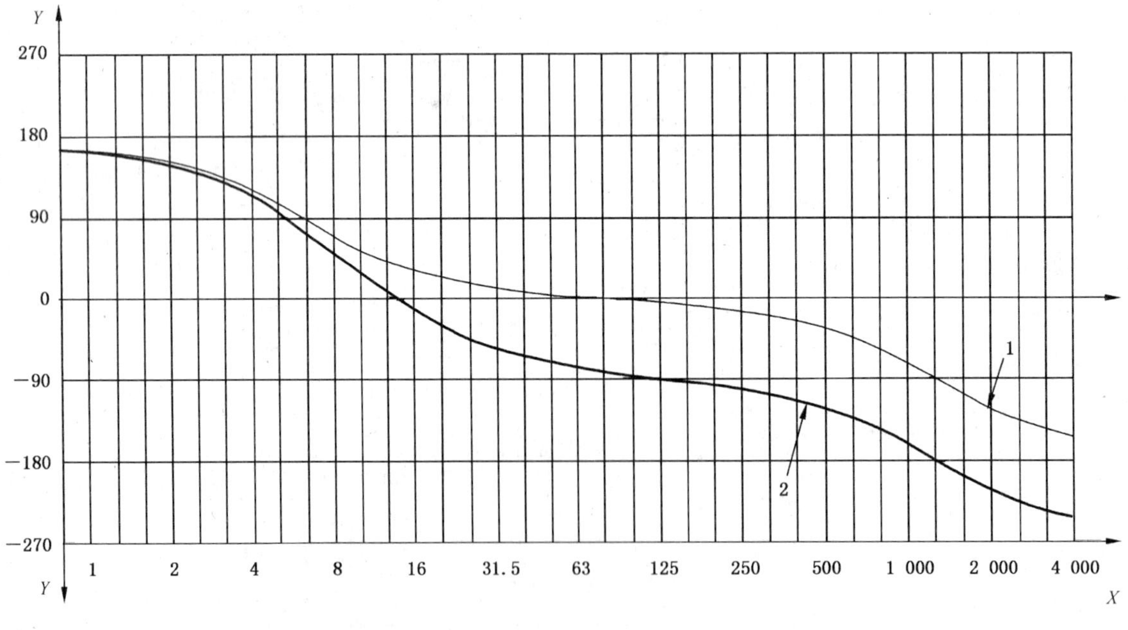

X——频率,Hz;
Y——相位(°);
1——带限;
2——计权。

图 B.12　频率计权 W_h 的相位,基于 ISO 5349-1,用于手臂振动,所有方向

表 B.7 频率计权 W_j，基于 GB/T 13441.1，用于垂向头振动，x 轴，卧姿的人

n	频率/Hz		带限			计权 W_j			允差		
	标称值	准确值	因子	dB	相位/(°)	因子	dB	相位/(°)	%	dB	$\Delta\varphi_0$/(°)
−10	0.1	0.1	0.062 38	−24.10	159.3	0.030 99	−30.18	159.8	+26/−100	+2/−∞	+∞/−∞
−9	0.125	0.125 9	0.098 57	−20.12	153.6	0.048 97	−26.20	154.2	+26/−100	+2/−∞	+∞/−∞
−8	0.16	0.158 5	0.155 1	−16.19	146.3	0.077 03	−22.27	147	+26/−100	+2/−∞	+∞/−∞
−7	0.2	0.199 5	0.241 5	−12.34	136.6	0.119 9	−18.42	137.6	+26/−100	+2/−∞	+∞/−∞
−6	0.25	0.251 2	0.366 9	−8.71	124.1	0.182 1	−14.79	125.3	+26/−100	+2/−∞	+∞/−∞
−5	0.315	0.316 2	0.53	−5.51	108.3	0.263	−11.60	109.9	+26/−21	+2/−2	+12/−12
−4	0.4	0.398 1	0.703 7	−3.05	90.06	0.348 9	−9.15	92.06	+26/−21	+2/−2	+12/−12
−3	0.5	0.501 2	0.843 4	−1.48	71.76	0.417 6	−7.58	74.31	+26/−21	+2/−2	+12/−12
−2	0.63	0.631	0.927 9	−0.65	55.78	0.458 5	−6.77	59.02	+12/−11	+1/−1	+6/−6
−1	0.8	0.794 3	0.969 3	−0.27	43.01	0.477 6	−6.42	47.18	+12/−11	+1/−1	+6/−6
0	1	1	0.987 4	−0.11	33.15	0.484 4	−6.30	38.57	+12/−11	+1/−1	+6/−6
1	1.25	1.259	0.994 9	−0.04	25.54	0.485 1	−6.28	32.71	+12/−11	+1/−1	+6/−6
2	1.6	1.585	0.998	−0.02	19.58	0.483 2	−6.32	29.31	+12/−11	+1/−1	+6/−6
3	2	1.995	0.999 2	−0.01	14.84	0.481 9	−6.34	28.42	+12/−11	+1/−1	+6/−6
4	2.5	2.512	0.999 7	0.00	10.97	0.488 9	−6.22	30.41	+12/−11	+1/−1	+6/−6
5	3.15	3.162	0.999 9	0.00	7.74	0.524 6	−5.60	35.14	+12/−11	+1/−1	+6/−6
6	4	3.981	0.999 9	0.00	4.941	0.625 1	−4.08	39.31	+12/−11	+1/−1	+6/−6
7	5	5.012	1	0.00	2.416	0.794 8	−1.99	36.78	+12/−11	+1/−1	+6/−6
8	6.3	6.31	1	0.00	0.024 4	0.947	−0.47	27.42	+12/−11	+1/−1	+6/−6
9	8	7.943	1	0.00	−2.366	1.016	0.14	17.07	+12/−11	+1/−1	+6/−6
10	10	10	0.999 9	0.00	−4.887	1.03	0.26	8.688	+12/−11	+1/−1	+6/−6
11	12.5	12.59	0.999 9	0.00	−7.679	1.026	0.22	2.043	+12/−11	+1/−1	+6/−6
12	16	15.85	0.999 7	0.00	−10.9	1.019	0.16	−3.729	+12/−11	+1/−1	+6/−6
13	20	19.95	0.999 2	−0.01	−14.75	1.012	0.10	−9.33	+12/−11	+1/−1	+6/−6
14	25	25.12	0.998	−0.02	−19.47	1.006	0.06	−15.31	+12/−11	+1/−1	+6/−6
15	31.5	31.62	0.995	−0.04	−25.4	1	0.00	−22.16	+12/−11	+1/−1	+6/−6
16	40	39.81	0.987 7	−0.11	−32.97	0.991 1	−0.08	−30.43	+12/−11	+1/−1	+6/−6
17	50	50.12	0.969 9	−0.27	−42.78	0.972	−0.25	−40.78	+12/−11	+1/−1	+6/−6
18	63	63.1	0.929 1	−0.64	−55.49	0.930 4	−0.63	−53.9	+12/−11	+1/−1	+6/−6
19	80	79.43	0.845 7	−1.46	−71.41	0.846 5	−1.45	−70.15	+26/−21	+2/−2	+12/−12
20	100	100	0.707 1	−3.01	−89.68	0.707 5	−3.01	−88.68	+26/−21	+2/−2	+12/−12
21	125	125.9	0.533 6	−5.46	−107.9	0.533 8	−5.45	−107.1	+26/−21	+2/−2	+12/−12
22	160	158.5	0.369 9	−8.64	−123.8	0.37	−8.64	−123.2	+26/−100	+2/−∞	+∞/−∞
23	200	199.5	0.243 6	−12.27	−136.4	0.243 7	−12.26	−135.9	+26/−100	+2/−∞	+∞/−∞
24	250	251.2	0.156 5	−16.11	−146.1	0.156 5	−16.11	−145.7	+26/−100	+2/−∞	+∞/−∞
25	315	316.2	0.099 5	−20.04	−153.5	0.099 51	−20.04	−153.2	+26/−100	+2/−∞	+∞/−∞
26	400	398.1	0.062 97	−24.02	−159.2	0.062 97	−24.02	−158.9	+26/−100	+2/−∞	+∞/−∞

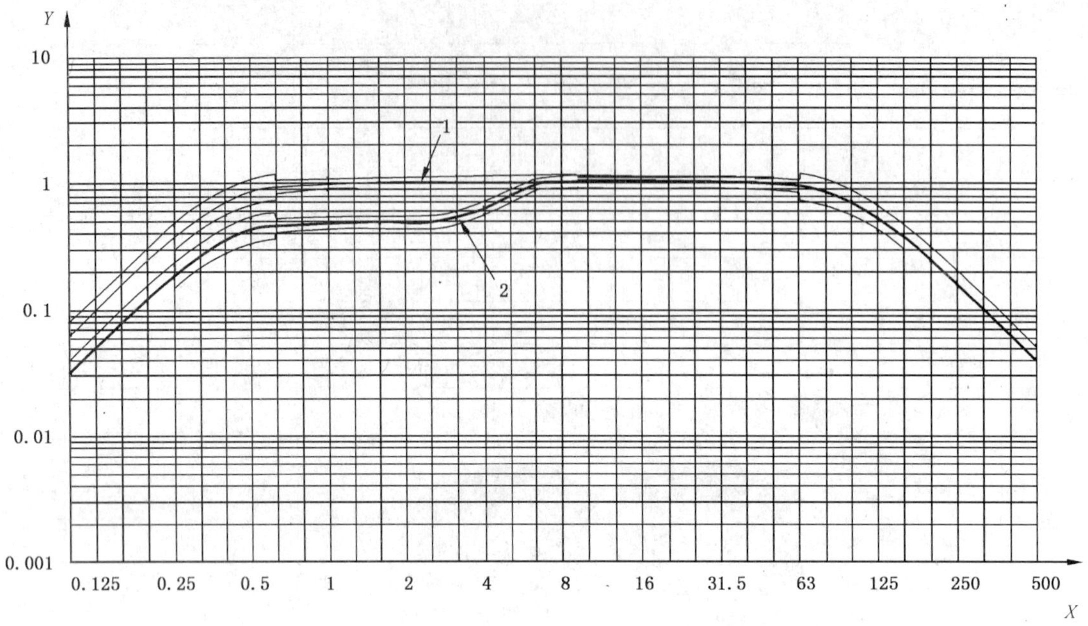

X——频率,Hz;
Y——计权因子;
1——带限;
2——计权。

图 B.13 频率计权 W_j 的幅值,基于 GB/T 13441.1,用于垂直向头部振动,x 轴,卧姿的人

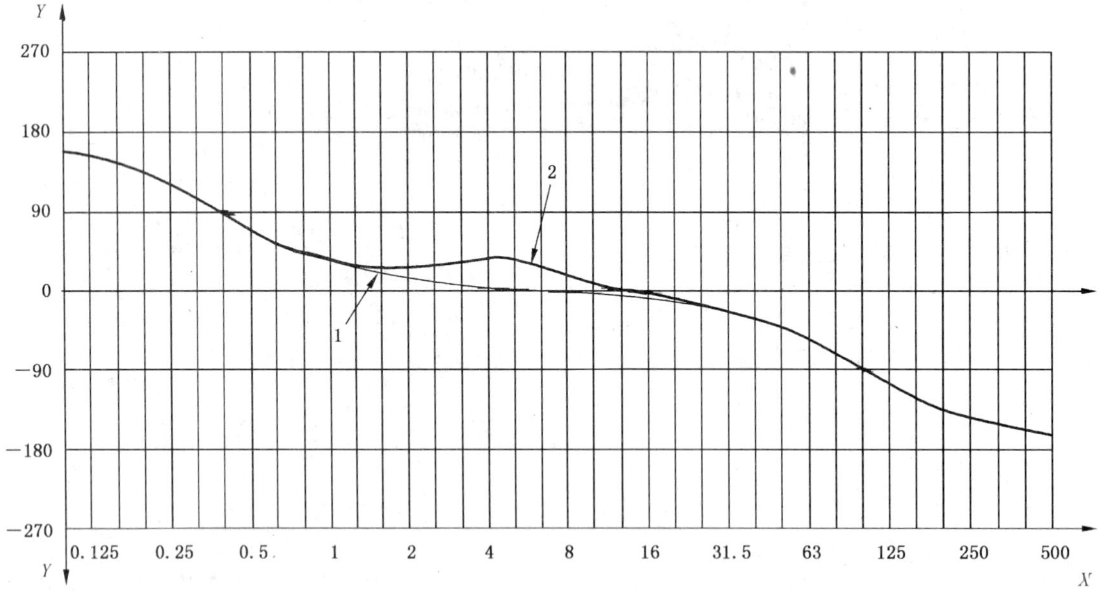

X——频率,Hz;
Y——相位(°);
1——带限;
2——计权。

图 B.14 频率计权 W_j 的相位,基于 GB/T 13441.1,用于垂直向头部振动,x 轴,卧姿的人

表 B.8　频率计权 W_k，基于 GB/T 13441.1，用于垂直向全身振动，z 轴，坐姿、立姿或卧姿的人

n	频率/Hz		带限			计权 W_k			允差		
	标称值	准确值	因子	dB	相位/(°)	因子	dB	相位/(°)	%	dB	$\Delta\varphi_0$/(°)
−10	0.1	0.1	0.062 38	−24.10	159.3	0.031 21	−30.11	159.8	+26/−100	+2/−∞	+∞/−∞
−9	0.125	0.125 9	0.098 57	−20.12	153.6	0.049 31	−26.14	154.3	+26/−100	+2/−∞	+∞/−∞
−8	0.16	0.158 5	0.155 1	−16.19	146.3	0.077 56	−22.21	147.1	+26/−100	+2/−∞	+∞/−∞
−7	0.2	0.199 5	0.241 5	−12.34	136.6	0.120 7	−18.37	137.7	+26/−100	+2/−∞	+∞/−∞
−6	0.25	0.251 2	0.366 9	−8.71	124.1	0.183 2	−14.74	125.4	+26/−100	+2/−∞	+∞/−∞
−5	0.315	0.316 2	0.53	−5.51	108.3	0.264 4	−11.55	109.9	+26/−21	+2/−2	+12/−12
−4	0.4	0.398 1	0.703 7	−3.05	90.06	0.350 4	−9.11	92.2	+26/−21	+2/−2	+12/−12
−3	0.5	0.501 2	0.843 4	−1.48	71.76	0.418 8	−7.56	74.54	+26/−21	+2/−2	+12/−12
−2	0.63	0.631	0.927 9	−0.65	55.78	0.458 8	−6.77	59.44	+12/−11	+1/−1	+6/−6
−1	0.8	0.794 3	0.969 3	−0.27	43.01	0.476 7	−6.44	47.96	+12/−11	+1/−1	+6/−6
0	1	1	0.987 4	−0.11	33.15	0.482 5	−6.33	40.06	+12/−11	+1/−1	+6/−6
1	1.25	1.259	0.994 9	−0.04	25.54	0.484 6	−6.29	35.55	+12/−11	+1/−1	+6/−6
2	1.6	1.585	0.998	−0.02	19.58	0.493 5	−6.13	34.48	+12/−11	+1/−1	+6/−6
3	2	1.995	0.999 2	−0.01	14.84	0.530 8	−5.50	36.45	+12/−11	+1/−1	+6/−6
4	2.5	2.512	0.999 7	0.00	10.97	0.633 5	−3.97	37.98	+12/−11	+1/−1	+6/−6
5	3.15	3.162	0.999 9	0.00	7.74	0.807 1	−1.86	32.73	+12/−11	+1/−1	+6/−6
6	4	3.981	0.999 9	0.00	4.941	0.964 8	−0.31	20.35	+12/−11	+1/−1	+6/−6
7	5	5.012	1	0.00	2.416	1.039	0.33	6.309	+12/−11	+1/−1	+6/−6
8	6.3	6.31	1	0.00	0.024 4	1.054	0.46	−6.841	+12/−11	+1/−1	+6/−6
9	8	7.943	1	0.00	−2.366	1.037	0.32	−19.73	+12/−11	+1/−1	+6/−6
10	10	10	0.999 9	0.00	−4.887	0.988 4	−0.10	−33.3	+12/−11	+1/−1	+6/−6
11	12.5	12.59	0.999 9	0.00	−7.679	0.898 9	−0.93	−47.62	+12/−11	+1/−1	+6/−6
12	16	15.85	0.999 7	0.00	−10.9	0.774 3	−2.22	−61.84	+12/−11	+1/−1	+6/−6
13	20	19.95	0.999 2	−0.01	−14.75	0.637 3	−3.91	−75.03	+12/−11	+1/−1	+6/−6
14	25	25.12	0.998	−0.02	−19.47	0.510 3	−5.84	−87.02	+12/−11	+1/−1	+6/−6
15	31.5	31.62	0.995	−0.04	−25.4	0.403 1	−7.89	−98.35	+12/−11	+1/−1	+6/−6
16	40	39.81	0.987 7	−0.11	−32.97	0.316	−10.01	−109.9	+12/−11	+1/−1	+6/−6
17	50	50.12	0.969 9	−0.27	−42.78	0.245 1	−12.21	−122.7	+12/−11	+1/−1	+6/−6
18	63	63.1	0.929 1	−0.64	−55.49	0.185 7	−14.62	−137.6	+12/−11	+1/−1	+6/−6
19	80	79.43	0.845 7	−1.46	−71.41	0.133 9	−17.47	−155.2	+26/−21	+2/−2	+12/−12
20	100	100	0.707 1	−3.01	−89.68	0.088 73	−21.04	−174.8	+26/−21	+2/−2	+12/−12
21	125	125.9	0.533 6	−5.46	−107.9	0.053 11	−25.50	−194.1	+26/−21	+2/−2	+12/−12
22	160	158.5	0.369 9	−8.64	−123.8	0.029 22	−30.69	−210.7	+26/−100	+2/−∞	+∞/−∞
23	200	199.5	0.243 6	−12.27	−136.4	0.015 28	−36.32	−224	+26/−100	+2/−∞	+∞/−∞
24	250	251.2	0.156 5	−16.11	−146.1	0.007 795	−42.16	−234.2	+26/−100	+2/−∞	+∞/−∞
25	315	316.2	0.099 5	−20.04	−153.5	0.003 935	−48.10	−241.9	+26/−100	+2/−∞	+∞/−∞
26	400	398.1	0.062 97	−24.02	−159.2	0.001 978	−54.08	−247.9	+26/−100	+2/−∞	+∞/−∞

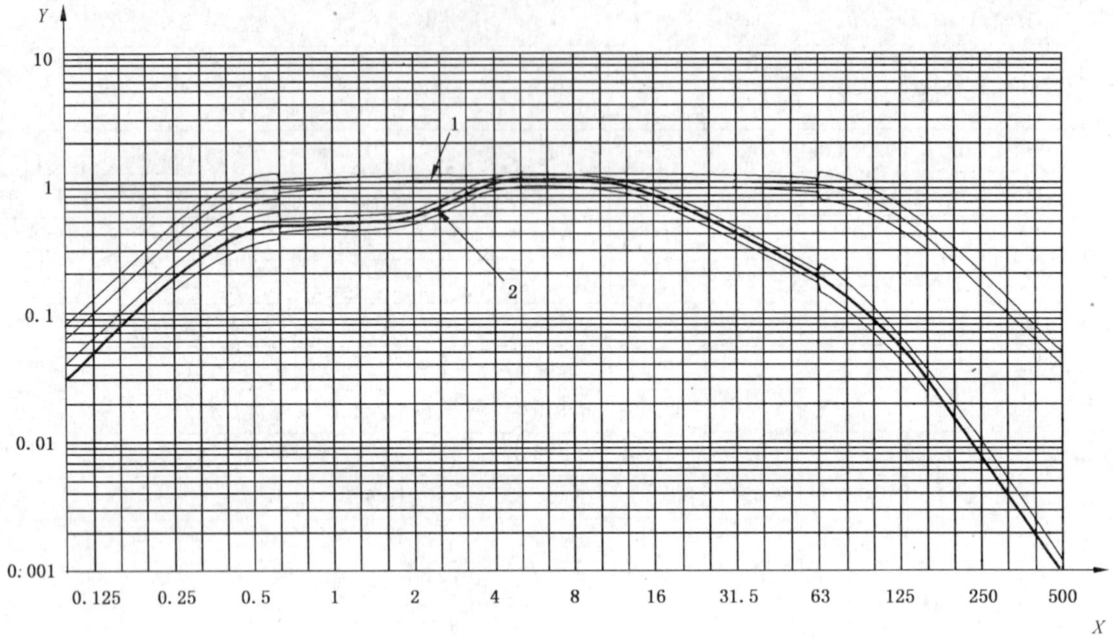

X——频率,Hz;

Y——计权因子;

1——带限;

2——计权。

图 B.15 频率计权 W_k 的幅值,基于 GB/T 13441.1,用于垂直向全身振动,z 轴,坐姿、立姿或卧姿的人

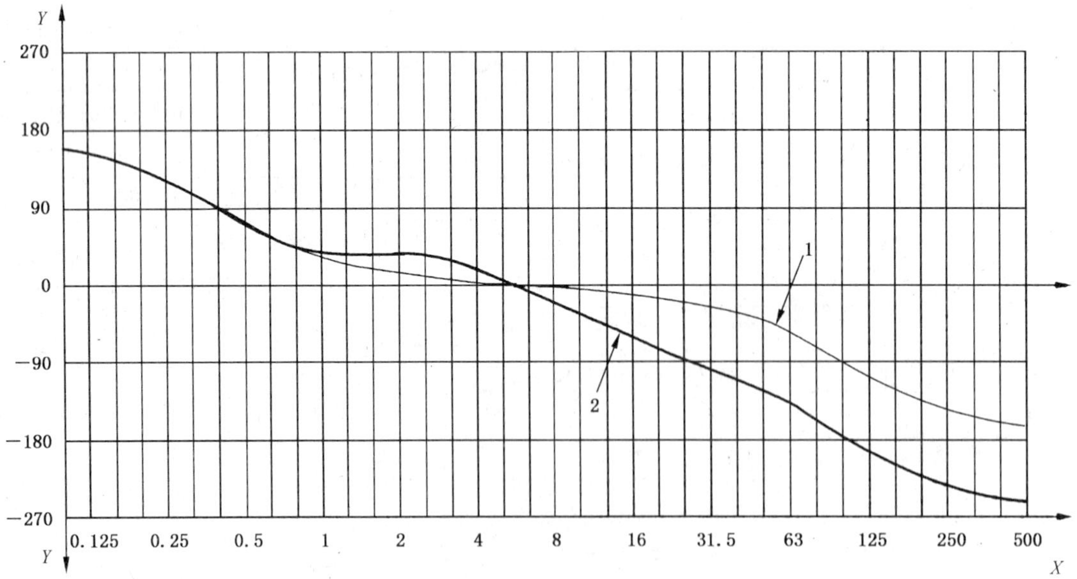

X——频率,Hz;

Y——相位(°);

1——带限;

2——计权。

图 B.16 频率计权 W_k 的相位,基于 GB/T 13441.1,用于垂直向全身振动,z 轴,坐姿、立姿或卧姿的人

表 B.9　频率计权 W_m，基于 GB/T 13441.2，用于建筑物内的全身振动，所有方向

n	频率/Hz		带限			计权 W_m			允差		
	标称值	准确值	因子	dB	相位/(°)	因子	dB	相位/(°)	%	dB	$\Delta\varphi_0$/(°)
−10	0.1	0.1	0.015 85	−36.00	169.7	0.015 84	−36.00	168.7	+26/−100	+2/−∞	+∞/−∞
−9	0.125	0.125 9	0.025 11	−32.00	166.9	0.025 1	−32.00	165.7	+26/−100	+2/−∞	+∞/−∞
−8	0.16	0.158 5	0.039 78	−28.01	163.5	0.039 76	−28.01	161.9	+26/−100	+2/−∞	+∞/−∞
−7	0.2	0.199 5	0.062 97	−24.02	159.1	0.062 93	−24.02	157.1	+26/−100	+2/−∞	+∞/−∞
−6	0.25	0.251 2	0.099 5	−20.04	153.4	0.099 41	−20.05	150.8	+26/−100	+2/−∞	+∞/−∞
−5	0.315	0.316 2	0.156 5	−16.11	146	0.156 3	−16.12	142.8	+26/−100	+2/−∞	+∞/−∞
−4	0.4	0.398 1	0.243 6	−12.27	136.3	0.243	−12.29	132.2	+26/−100	+2/−∞	+∞/−∞
−3	0.5	0.501 2	0.369 9	−8.64	123.6	0.368 4	−8.67	118.6	+26/−100	+2/−∞	+∞/−∞
−2	0.63	0.631	0.533 6	−5.46	107.7	0.530 4	−5.51	101.3	+26/−21	+2/−2	+12/−12
−1	0.8	0.794 3	0.707 1	−3.01	89.36	0.700 3	−3.09	81.4	+26/−21	+2/−2	+12/−12
0	1	1	0.845 7	−1.46	71	0.832 9	−1.59	61.03	+26/−21	+2/−2	+12/−12
1	1.25	1.259	0.929 1	−0.64	54.98	0.907 1	−0.85	42.49	+12/−11	+1/−1	+6/−6
2	1.6	1.585	0.969 9	−0.27	42.14	0.934 2	−0.59	26.56	+12/−11	+1/−1	+6/−6
3	2	1.995	0.987 7	−0.11	32.17	0.931 9	−0.61	12.83	+12/−11	+1/−1	+6/−6
4	2.5	2.512	0.995	−0.04	24.39	0.910 1	−0.82	0.545 9	+12/−11	+1/−1	+6/−6
5	3.15	3.162	0.998	−0.02	18.2	0.872 1	−1.19	−10.89	+12/−11	+1/−1	+6/−6
6	4	3.981	0.999 2	−0.01	13.15	0.818 4	−1.74	−21.86	+12/−11	+1/−1	+6/−6
7	5	5.012	0.999 7	0.00	8.884	0.749 8	−2.50	−32.52	+12/−11	+1/−1	+6/−6
8	6.3	6.31	0.999 9	0.00	5.135	0.669 2	−3.49	−42.85	+12/−11	+1/−1	+6/−6
9	8	7.943	0.999 9	0.00	1.68	0.581 9	−4.70	−52.73	+12/−11	+1/−1	+6/−6
10	10	10	0.999 9	0.00	−1.68	0.494 1	−6.12	−62.07	+12/−11	+1/−1	+6/−6
11	12.5	12.59	0.999 9	0.00	−5.135	0.411 4	−7.71	−70.84	+12/−11	+1/−1	+6/−6
12	16	15.85	0.999 7	0.00	−8.884	0.337 5	−9.44	−79.15	+12/−11	+1/−1	+6/−6
13	20	19.95	0.999 2	−0.01	−13.15	0.273 8	−11.25	−87.25	+12/−11	+1/−1	+6/−6
14	25	25.12	0.998	−0.02	−18.2	0.220 3	−13.14	−95.45	+12/−11	+1/−1	+6/−6
15	31.5	31.62	0.995	−0.04	−24.39	0.176	−15.09	−104.2	+12/−11	+1/−1	+6/−6
16	40	39.81	0.987 7	−0.11	−32.17	0.139 6	−17.10	−114	+12/−11	+1/−1	+6/−6
17	50	50.12	0.969 9	−0.27	−42.14	0.109 3	−19.23	−125.7	+12/−11	+1/−1	+6/−6
18	63	63.1	0.929 1	−0.64	−54.98	0.083 36	−21.58	−139.8	+12/−11	+1/−1	+6/−6
19	80	79.43	0.845 7	−1.46	−71	0.060 36	−24.38	−156.9	+26/−21	+2/−2	+12/−12
20	100	100	0.707 1	−3.01	−89.36	0.040 13	−27.93	−176.1	+26/−21	+2/−2	+12/−12
21	125	125.9	0.533 6	−5.46	−107.7	0.024 07	−32.37	−195.1	+26/−21	+2/−2	+12/−12
22	160	158.5	0.369 9	−8.64	−123.6	0.013 26	−37.55	−211.5	+26/−100	+2/−∞	+∞/−∞
23	200	199.5	0.243 6	−12.27	−136.3	0.006 937	−43.18	−224.6	+26/−100	+2/−∞	+∞/−∞
24	250	251.2	0.156 5	−16.11	−146	0.003 541	−49.02	−234.7	+26/−100	+2/−∞	+∞/−∞
25	315	316.2	0.099 5	−20.04	−153.4	0.001 788	−54.95	−242.3	+26/−100	+2/−∞	+∞/−∞
26	400	398.1	0.062 97	−24.02	−159.1	0.000 899	−60.92	−248.3	+26/−100	+2/−∞	+∞/−∞

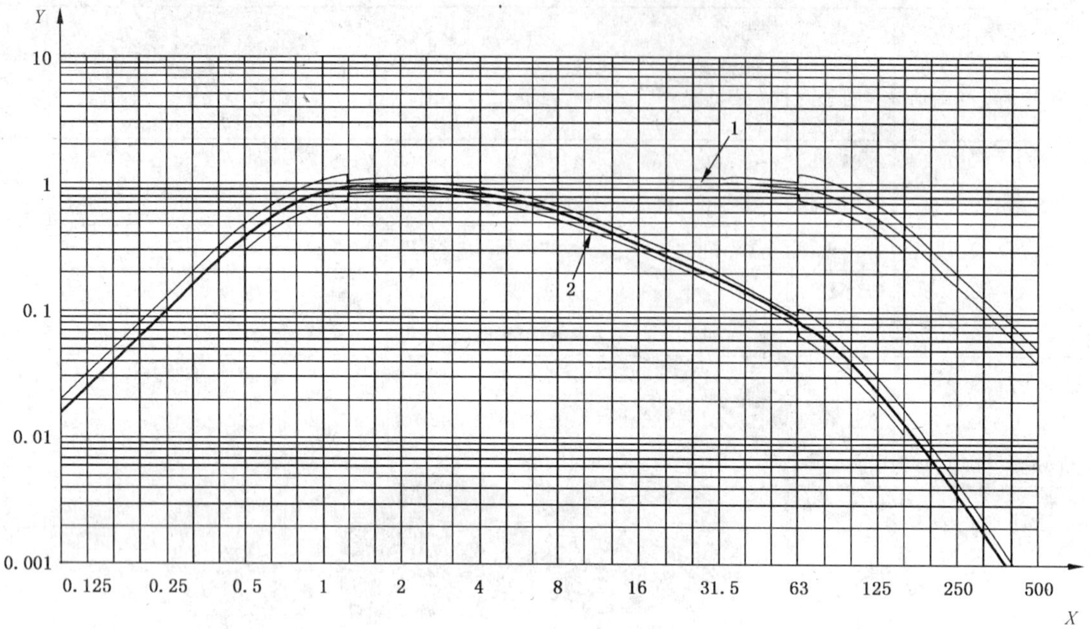

X——频率，Hz；

Y——计权因子；

1——带限；

2——计权。

图 B.17　频率计权 W_m 的幅值，基于 GB/T 13441.2，用于建筑物内的全身振动，所有方向

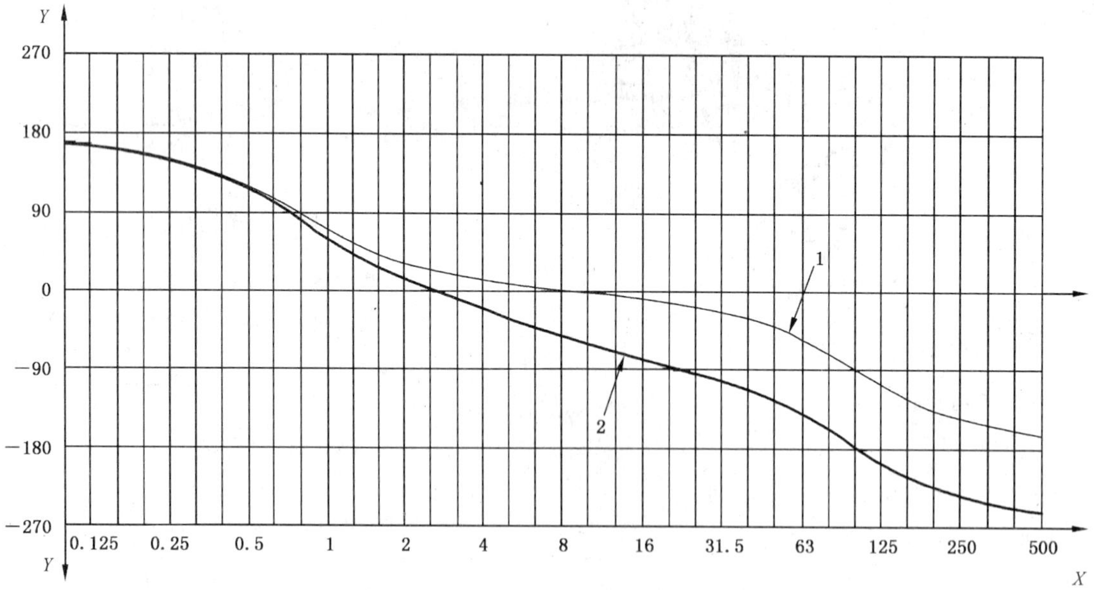

X——频率，Hz；

Y——相位(°)；

1——带限；

2——计权。

图 B.18　频率计权 W_m 的相位，基于 GB/T 13441.2，用于建筑物内的全身振动，所有方向

附 录 C
（资料性附录）
频率计权滤波器的实现

C.1 频域

C.1.1 总则

可以使用模拟或数字、实时、1/3 倍频程或 FFT 分析等任何一种频率分析形式，通过计权频谱分量 a_i(r.m.s.)的平方和平方根得到频率计权均方根加速度值：

$$a_w = \left[\sum_i (w_i a_i)^2\right]^{1/2} \quad \cdots\cdots (C.1)$$

式中 w_i 为第 i 个频带的计权因子。

注：频率分析不能用于 VDV。频率分析不能用于本标准要求的运行均方根值测量，这是由于短(1 s)的平均时间(或时间常数)与滤波器带宽的倒数有关。

C.1.2 1/3 倍频程频带分析

对于 1/3 倍频程频带，使用表 B.1～表 B.9 规定的中心频率。1/3 倍频程频带范围至少比频率带限(表 3 中的 f_1 和 f_2)高一个倍频程和低一个倍频程。

由公式(C.1)求出平方和之前，用振动加速度值乘以 5.6 计算出的相应频率计权因子(由表 B.1～表 B.9 给出)。

C.1.3 快速傅立叶变换(FFT)

加速度计权均方根值可以使用公式(C.1)由 FFT 均方根频谱分量得到；或使用公式(C.2)由功率谱密度分量(P_i)得到。但是，计权因子 w 应通过公式(8)～公式(12)得出，而不是由表 B.1～表 B.9 得出。

$$a_w = \left[\sum_i w_i^2 p_i \Delta f\right]^{1/2} \quad \cdots\cdots (C.2)$$

在功率谱求和的过程中，应该考虑由时间窗函数引起的谱重叠。对于宽带谱，用由(C.2)计算得到的频率计权加速度 a_w 除以与等效理想滤波器带宽对应的因子，该理想滤波器通过与白噪声源相同的功率。参见表 C.1。

表 C.1 时间窗函数及其有效带宽

时间窗函数[a]	噪声带宽因子	应用
汉宁窗	1.5	一般目的、非平稳随机过程
平顶窗	3.77	周期或正弦信号(如校准)
[a] 可以使用其他的窗函数，而且可能更适合特殊应用。		

通常，应在 FFT 分析仪的功率谱函数中考虑时间窗函数噪声带宽因子。

FFT 的频率分辨率应小于标称频率范围内最低频率的 40%，最好是 20%。采样频率应至少是标称频率范围内最高频率的 5 倍。

C.2 时域

C.2.1 概述

有关人体响应的振动加速度信号的评价包括使用 5.6 规定的一种滤波器的频率计权。对于线性时间平均，频率计权可以使用在一个时间历程的均方根值平均之前或均方根值平均谱计算之后，两种方法会得到相同的结果。但是，对于像 MTVV 这样的参数(见公式 3 和公式 4)，需要运行均方根信号的最大值(见附录D)。在这种情况下,由定义应在积分之前对时间历程进行频率计权,然后确定计权加速度的最大值。

时域中数字滤波的应用替代了模拟滤波器,否则成本昂贵、体积较大,特别是对多通道系统将更突出。

C.2.2 频域到时域滤波器的转换

拉普拉斯(Laplace)变换适用于频域中模拟滤波器的设计,而 z 变换通常用于以软件实现的数字滤波器。数字滤波器的传递函数可以用它的 z 变换 $H(z)$ 表示。在 z 域里,通过以下乘积公式,建立数字滤波器输出的变换 $Y(z)$ 与输入信号的变换 $X(z)$ 间的联系。

$$Y(z)=H(z)\cdot X(z) \qquad\cdots\cdots(\text{C.3})$$

$H(z)$ 可以表示为:

$$H(z)=\frac{\sum_{i=0}^{M}b_i z^{-i}}{1+\sum_{i=1}^{N}a_i z^{-i}} \qquad\cdots\cdots(\text{C.4})$$

式中:

a_i 和 b_i——系数;

M 和 N——分别是零点和极点个数。

时域的等效表达式为:

$$y(t_i)=\sum_{k=0}^{M}b_k x(t_{i-k})-\sum_{j=1}^{N}a_j y(t_{i-j}) \qquad\cdots\cdots(\text{C.5})$$

式中 $x(t_i)$ 和 $y(t_i)$ 分别为 t_i 时刻采样得到的输入和输出信号。

C.2.3 滤波器系数的计算

滤波器系数 a_i 和 b_i 可以通过双线性变换法或冲激响应不变法(参见参考文献[8])得到。双线性变换法最适合于5.6描述的高通和低通巴特沃斯(Butterworth)滤波器。二阶滤波器的 z 变换可通过代替拉普拉斯变量 s,由5.6中传递函数的拉普拉斯形式获得:

$$s=\frac{z-1}{T_s(z+1)} \qquad\cdots\cdots(\text{C.6})$$

式中:

T_s——采样间隔。

对于 a-v 变换和高阶滤波器,可以使用类似的方法,或用冲激响应不变法。

C.2.4 滤波器的应用

单独的滤波器应用于按公式(C.5)的IIR滤波技术(无限冲激响应)以连续序列方式的采样时间数据。

例如,图C.1给出了 W_k 滤波器的MATLAB®代码,它利用了内置函数'filter.m'和信号分析工具箱中的'butter.m'与'bilinear.m'[1)]。

注:为了获得满足本标准要求允差范围的滤波器,图C.1中的MATLAB®代码要求采样率至少为上限频率 f_2(表3)的9倍。可以修改MATLAB代码以允许采用较低的采样率,例如使用余切变换:

$$s=\frac{2\pi f_c}{\tan(\pi f_c T_s)}\cdot\frac{z-1}{z+1} \qquad\cdots\cdots(\text{C.7})$$

式中:

f_c——截止频率。

1) MATLAB®是已商业化的适用产品的例子。给出这个信息是为了方便本标准的用户,并不说明ISO认可该产品。

```
function y = isofilwk(x,fs)
% ISOFILWK
% Filter ISO 8041 Wk, whole body, vertical direction
% y = isofilwk(x,fs)
% y output signal, acceleration
% x input signal, acceleration
% fs sampling frequency Hz
% bilinear transformation algorithm is used
f1 = 0.4;
f2 = 100;
f3 = 12.5;
f4 = 12.5;
Q4 = 0.63;
f5 = 2.37;
Q5 = 0.91;
f6 = 3.35;
Q6 = 0.91;
% Note that in the function "butter" the variables Q1 and Q2 are
% effectively set to equal to 1/sqrt(2), therefore they don't need
% to be explicitly set here.
w3 = 2 * pi * f3;
w4 = 2 * pi * f4;
w5 = 2 * pi * f5;
w6 = 2 * pi * f6;
nyq = fs/2;                                              % Nyquist frequency
% determine parameters for band limiting high pass and low pass
[b1,a1] = butter(2,f1/nyq,'high');                       % High pass
[b2,a2] = butter(2,f2/nyq);                              % Low pass
% determine parameters for a-v transition
B3 = [1/w3 1];
A3 = [1/w4/w4 1/Q4/w4 1];
[b3,a3] = bilinear(B3,A3,fs);
% determine parameters for upward step
B4 = [1/w5/w5 1/Q5/w5 1] * w5 * w5/w6/w6;
A4 = [1/w6/w6 1/Q6/w6 1];
[b4,a4] = bilinear(B4,A4,fs);
% Apply filter to input signal vector x (output to signal vector y)
y = filter(b2,a2,x); % Apply low-pass band limiting
y = filter(b1,a1,y); % Apply high-pass band limiting
y = filter(b3,a3,y); % Apply a-v transition
y = filter(b4,a4,y); % Apply upward step
```

图 C.1　用于时间信号的频率计权 W_k 的代码实例

附　录　D
（资料性附录）
运行均方根时间平均

D.1　线性运行均方根时间平均

由于可以采用低成本大容量的数据(信号采样)储存,由公式(3)计算的线性运行均方根加速度在实践中可用数字信号处理的方式实现。见图D.1。

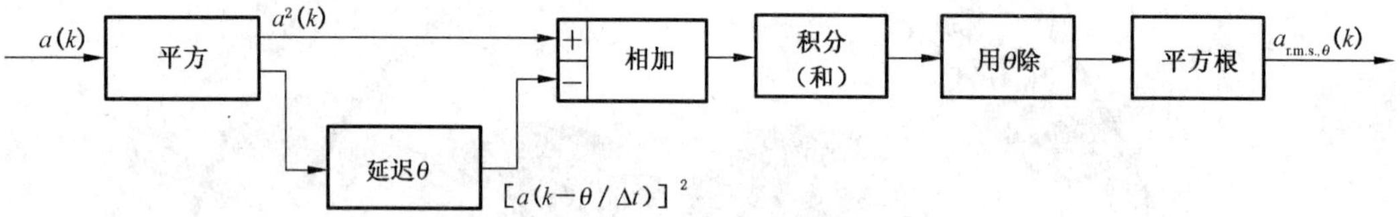

k——采样数;
Δt——采样间隔;
θ——积分时间。

图 D.1　获得线性均方根平均值的方法

D.2　指数运行均方根时间平均

在声学测量和人体振动测量领域,长期以来使用公式(4)指数运行均方根评估方法。首先,将声级计时间计权"慢"(时间常数为1 s)和"快"(时间常数为0.125 s)进行标准化,后来用于人体振动计(ISO 8041:1990)。指数时间计权也称为"指数平均"、"指数时间计权均方根"或"带指数时间窗的运行均方根"。图D.2给出了如何获得指数运行均方根加速度平均值的方法。

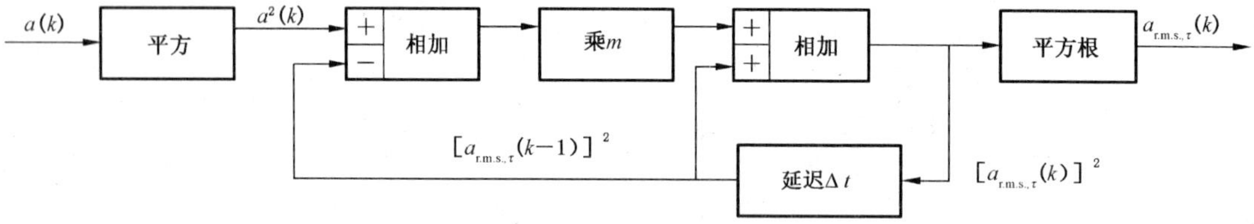

$m=1-\exp(-\Delta t/\tau)$;
τ——时间常数。

图 D.2　获得指数均方根平均值的方法

D.3　线性和指数运行均方根时间平均值的比较

公式(3)和公式(4)给出的均方根平均的结果可能有较大的差别。根据应用情况和信号的类型,有以下两种主要的等同准则可用以比较方法的影响。

a)　等同准则1(图D.3):最适合于脉冲信号(冲击)的运行均方根的最大值(如MTVV)。线性平均的积分时间应近似等于指数平均的时间常数。但是可能会出现较大的差别,这取决于冲击的持续时间和波形。

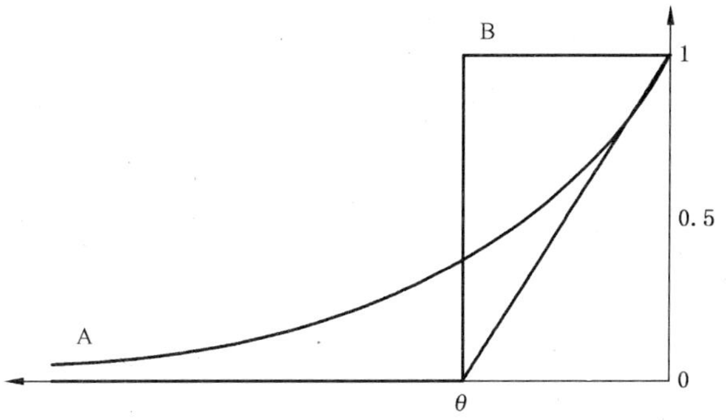

A——指数;

B——线性。

图 D.3 近似等于脉冲信号最大运行均方根值的等效时间窗

b) 等同准则 2(图 D.4):最适合于随机信号运行均方根的方差和置信水平(或其他统计参数),线性平均的积分时间应是指数平均时间常数的两倍。在脉冲串和周期信号情况下的波动可用同样的方法处理。然而,对于后者和线性平均,可能会引起严重的干扰影响,这取决于平均时间与周期的持续时间的关系。

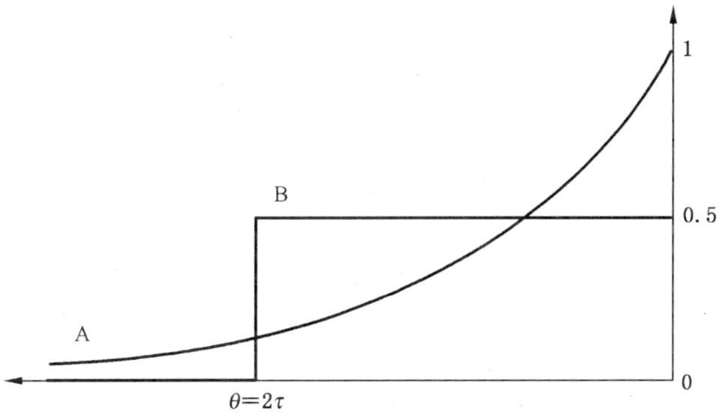

A——指数;

B——线性。

图 D.4 近似等于均方根平均值或其他统计参数的等效时间窗

附录 E
（资料性附录）
振动传感器的特性

E.1 概述

人体振动响应测量的振动传感器的选择取决于诸多因素，例如：

——一般应用，即手臂、全身或低频全身振动；

——特殊应用，如用于健康、舒适和感知目的的测量；

——环境条件，如热、潮湿或灰尘环境；

——安装限制，如固定在轻型结构上，受可用空间的限制。

本附录给出了评价典型健康影响所用振动传感器的典型技术规范。其他的一些应用可能要求较少的技术规范；而另一些应用则可能要求更加严格的技术规范。

注：本标准的说明是基于振动加速度作为传感器检测到的量值。在满足全部要求的条件下，可以使用测量其他振动量（如振动速度）的传感器。相应地可以修改电信号试验的要求。

E.2 技术要求

表 E.1 给出了对振动传感器推荐的最低技术要求（这些技术要求不可能适用于所有情况）。

表 E.1 振动传感器技术要求

特性	测量问题——对测量不确定度的影响	手臂振动	全身振动		低频全身振动
			车辆	建筑物	
最大总质量（所有振动传感器和安装系统）	小于振动结构有效质量的 10%	30 g	座位上 450 g，其他地方 50 g	1 kg	1 kg
振动传感器的最大质量		5 g	50 g	200 g	200 g
最大总尺寸（所有振动传感器和安装系统）	不显眼且对正常活动影响最小	边长为 25 mm 的立方体	座位上：ϕ300 mm×12 mm（半刚性的圆盘，见 F.2） 其他位置：边长为 30 mm 的立方体	200 mm×200 mm×50 mm（高）	200 mm×200 mm×100 mm（高）
最大安装高度	振动传感器安装在振动表面的上方（如安装块上）使之成一直线，测量平行该振动面的振动。振动传感器测量轴和安装面间的距离应尽可能的小。这样可将旋转加速度分量的幅值减到最小。	10 mm	10 mm	25 mm	50 mm
温度范围		−10 ℃～50 ℃	−10 ℃～50 ℃	−10 ℃～50 ℃	−10 ℃～50 ℃
电磁场（50 Hz 或 60 Hz 处 30 mT）		< 30 $m \cdot s^{-2}/T$	<5 $m \cdot s^{-2}/T$	<2 $m \cdot s^{-2}/T$	<2 $m \cdot s^{-2}/T$

表 E.1（续）

特性	测量问题——对测量不确定度的影响	手臂振动	全身振动 车辆	全身振动 建筑物	低频全身振动
声灵敏度		<0.05 $m\cdot s^{-2}/kPa$	<0.01 $m\cdot s^{-2}/kPa$	<0.01 $m\cdot s^{-2}/kPa$	<0.01 $m\cdot s^{-2}/kPa$
横向灵敏度	单轴向传感器对沿着与主轴方向成 90°的轴振动的灵敏度。参见注 1 和注 2。	<5%	<5%	<5%	<5%
最大无计权的冲击加速度	虽然提供了测量频率范围内的准确信息，但是振动传感器还需具有承受无计权高冲击加速度的能力。	30 000 m/s^2（气锤可能到 50 000 m/s^2）	1 000 m/s^2	500 m/s^2	500 m/s^2
相位响应	对非均方根值参数 VDV、MTVV 和峰值的测量是重要的。	对振动仪器，在特性相位偏差要求范围内（在标称频率范围内相位不随频率快速变化）			
最低共振频率	应约大于标称上限频率的 10 倍	10 kHz	800 Hz	800 Hz	5 Hz
最低的密封要求	推荐的密封要求以防水防尘。某些应用可能需要其他要求（如：基于实验室环境的测量可能不需要任何 IP 防护要求，而暴露在大气中的测量则需要较高的 IP 防护等级）。	IP55	IP55	无	IP55

注 1：横向灵敏度取决于轴向、可能的频率和幅值；通常给出单一值表示最差情况。

注 2：在做多轴向（3 或 6 轴）测量时，可以利用提供的相关详细信息，修正振动传感器横向灵敏度对测量结果的影响。

附 录 F
(资料性附录)
安装系统的试验

F.1 手臂测量

F.1.1 概述

应为手臂振动测量提供轻、小、刚性的安装固定系统，以确保振动传感器能准确复现振动表面的振动加速度值。

本附录给出了用于单轴向和三轴向安装固定系统的可选基本试验程序。

F.1.2 试验程序

试验应在图 F.1 安装的加速度计上进行。参考振动传感器应满足本标准对加速度计的要求。试验安装系统和试验加速度计应是与按照本标准评价的仪器配套使用所规定的试验安装系统和传感器。

试验棒应为直径 25 mm、长 125 mm 的刚性圆柱体。应在如图 F.1 所示的方向上对棒施加振动。试验棒可通过不影响试验安装系统的任何一点或多点支撑，如果合适，也可采用手持方式。应沿着振动输入轴进行所有的测量。

对于设计成手持式的安装，应使用松紧适当的握紧力进行手持试验。如果在仪器文件中规定了附加固定，应该使用它进行这些试验。

注：理想的是在整个测量过程中能够监测和控制握紧力。测量中握紧力的改变可能会影响安装系统的视在响应。

如图 F.1 所示，施加一个单轴白噪声输入振动谱。谱的频率范围应不小于 31.5 Hz～1 250 Hz，总的 W_h 计权均方根值为 10 m/s^2。在试验棒的参考点上测量时，白噪声谱的允差应在±20％范围之内。

以频率增量不大于 8 Hz，覆盖的频率范围不小于 31.5 Hz～1 250 Hz，对参考加速度计和安装试验加速度计的输出进行双通道分析(窄带参数测量的附加信息参见附录 C)。

进行三次重复测量，测量时间不小于 30 s。在每次测量之间，重新拆装安装系统。

在所有频率点，参考振动传感器和安装的被测振动传感器之间的频响函数应是 1.0，允差不超过±15％。在 31.5 Hz～1 250 Hz 范围内的所有频率点，频率响应函数的相干性应优于 0.8。

如果不能进行双通道分析，对安装的被测传感器和参考振动传感器同步进行谱的测量。在 31.5 Hz～1 250 Hz 范围内的所有频率点，被测加速度计的谱与参考振动传感器谱的差值应在 15％之内。

如果可能，应该将试验加速度计直接安装(即刚性安装，用螺钉或胶，不用试验安装系统)在试验棒上进行初始试验。这些附加试验可为最终试验结果的规格化提供基本数据。

F.1.3 试验报告

仪器文件应包括以下信息：

a) 参考传感器的型号和序列号；

b) 频率分析的频率增量；

c) 对 x、y、z 轴的每一个试验，与参考频谱频率和幅值的最大偏差(以参考值的百分比表示)。

也可选择提供试验频响函数的打印输出。

F.2 全身振动测量

ISO 10326-1 规定了在坐着人的椅盘或靠背上进行人体全身振动测量的安装方式。

ISO 10326-1 规定，对于车辆座椅振动的实验室试验，加速度计应固定在一个直径为(250±50)mm 的安装圆盘的中心。圆盘应尽可能薄，高度应不超过 12 mm。这个半刚性的安装圆盘由邵氏硬度约为 80 HSA～90 HSA 的橡胶或者塑料模压制成，它应有一个放置加速度计的中心空腔。加速度计应连接到厚度为 1.5 mm±0.2 mm、直径为 75 mm±5 mm 的金属薄圆盘上。

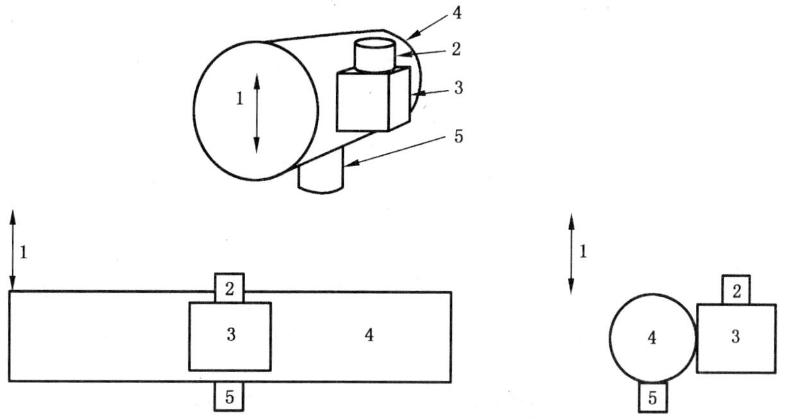

a) x 轴

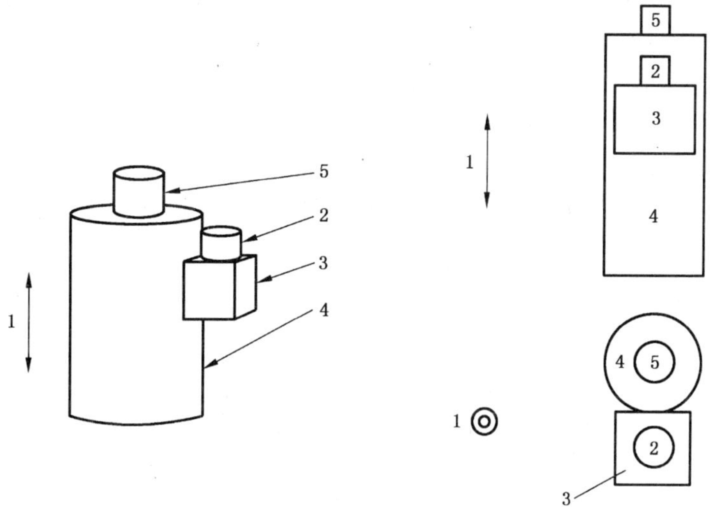

b) y 轴

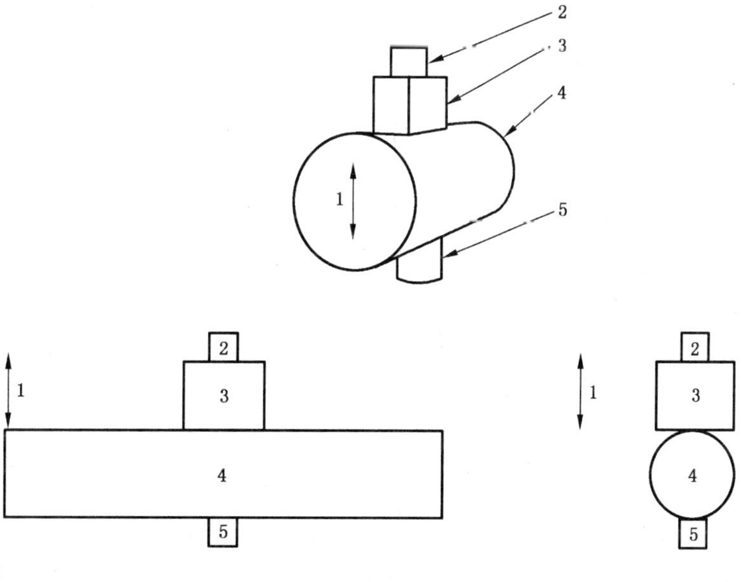

1——输入振动轴；
2——被测传感器；
3——试验安装系统；
4——试验棒；
5——参考传感器。

c) z 轴

图 F.1 试验结构

附 录 G
（规范性附录）
仪 器 文 件

G.1 基本信息

应给出下列信息：

a） 参考本标准；

b） 型式评价的日期和试验量值具有向国家计量标准的溯源性；

c） 对于正常操作模式下整台仪器结构配置的描述，如果使用，包括延长电缆、安装系统、机械滤波器或相关装置；

d） 推荐与仪器配套使用的加速度计的说明；

e） 对于多通道仪器，说明每个通道的特性和工作方式；

f） 为了符合规范的要求，仪器可能需要的所有附件的识别（如机械滤波器，安装系统或电缆；专用软件也可以是仪器的组成部分）；

g） 特殊应用要求的可替代附件的识别，以及这些附件使用的场合（如用于高冲击环境的安装固定装置或振动传感器）。

G.2 设计特性

应给出下列信息：

a） 以分别或组合的形式，说明仪器能够测量的参量（如时间计权振动值，时间平均振动值，振动剂量值）；

b） 说明符合本标准规范的频率计权和带限计权；

c） 单轴数据合成方法的说明，包括频率计权和提供组合轴数据时所用相乘因子的识别；

d） 对于仪器能够测量、但本标准未给出性能规范的参量，设计目标特性和应满足的允差限信息；特性包括频率计权和频率响应；

e） 时间计权说明；

f） 测量范围和测量量程控制器操作说明；

g） 所有显示设备的说明，包括数字显示设备的工作模式和每台显示仪器上显示的测量参量的识别，如果提供的显示设备不只是一台，关于这些设备符合本标准规范或用于其他目的的声明（见注）；

h） 整台仪器常规工作模式说明；

i） 提供可选功能的识别和本标准对其给出的性能规范；

j） 在每个测量量程内，参考频率点的线性工作范围上限和下限处的标称振动值的说明；

k） 对于给定的每一个频率计权和频率响应，作为频率的函数并在适用允差限内可测量的标称振动值总范围上下限的说明；

l） 任何保持特性的操作和清除保持显示方法的说明；

m） 对于时间平均振动值、最大振动值、振动剂量值、最大瞬态振动值测量的复位功能操作的说明，有关复位功能的操作是否清除过载指示的说明，以及复位功能的操作和测量开始之间的标称延迟时间的说明；

n） 有关过载和欠量程显示的操作和判读，以及清除过载和欠量程方法的说明；

o） 仪器运行所需的任何计算机程序软件的唯一性标识，以及软件安装和使用程序；

p) 获得符合本标准所需的任何外部软件版本或内部固件的识别。

注：只有交流、直流或数字输出的接口并不是显示设备。

G.3 振动灵敏度

应给出下列信息：

a) 用于确定仪器振动灵敏度的振动校准器的标识；

b) 校准核查的频率(一个或多个)；

c) 在参考测量量程内的参考振动值和校准核查频率点，推荐的检查和调整仪器振动灵敏度的程序；

d) 在正常工作条件下灵敏度漂移的预测速率的说明；

e) 现场试验程序(见第14章)。

G.4 环境条件变化的灵敏度

应给出下列信息：

a) 当实际温度和湿度与参考环境条件不同时，温度和湿度影响测量结果的调整程序。

b) 满足本标准对环境条件变化灵敏度适用规范的振动计部件的识别。

c) 环境条件变化后，振动计稳定需要的典型时间间隔的说明。

d) 静电放电对振动计工作影响的说明；如果有，对暴露在静电放电中导致振动计性能和功能降低或功能丧失的说明；如果需要，对用户维修需要触及仪器内部多处电路的仪器，有关使用预防静电放电造成损坏的措施的规定说明。

e) 仪器符合本标准对交流工频和射频场抗扰度要求的技术规范的说明。

f) 对交流工频和射频场具有最小抗扰度(即最灵敏)的仪器和任何连接设备的工作模式。

g) 对交流工频场最大灵敏度的方位。

h) 符合射频发射规范的说明。

G.5 电源

应给出下列信息：

a) 对于由内部电池供电的仪器，推荐允许使用的电池型号，以及装有满容量电池时，在参考环境条件下连续工作的标称持续时间；

b) 推荐的检查电源状态方法的说明；

c) 对于电池供电的仪器，推荐由外部电源为仪器供电的方法；

d) 对于使用公共交流电网供电的仪器，说明电源的标称电压和频率。

G.6 振动传感器

应给出下列信息：

a) 频率响应(加速度计型号的典型响应的举例，或提供的振动传感器的实际响应)；

b) 振动传感器的质量和提供的任何安装系统的质量；

c) 振动传感器和安装系统的尺寸；

d) 振动传感器轴相对于安装点的位置；

e) 温度范围和温度灵敏度；

f) 电磁场灵敏度；

g) 声灵敏度；

h) 横向灵敏度；

i) 最大冲击加速度；
j) 谐振频率；
k) 防止湿气和灰尘侵入的能力。

G.7 附件

应给出下列信息：
a) 当在加速度计和振动计其他组件间使用可选择的延长电缆时，对测量结果进行的修正；
b) 推荐的加速度计和振动仪器之间连接电缆的最大长度；
c) 对于交流电输出，可使用的输出电压范围、输出端的内部电阻抗、推荐的负载阻抗范围，以及对输出端信号的允差限；
d) 当配置外部滤波器时，与振动计使用有关的信息；
e) 振动计与辅助设备连接以及这些辅助设备对仪器电特性影响的有关信息；
f) 对于允许通过接口或者连接电缆连接的振动计，推荐的典型电缆长度和电缆可以连接的所有仪器特性的说明。

G.8 仪器的操作

应给出下列信息：
a) 打开电源后，在通常的环境条件中可使用仪器测量振动值的初始时间。
b) 在一次测量完成后，显示读数前的时间间隔。
c) 最小和最大平均时间的说明。
d) 预置积分时程程序的说明。
e) 推荐的传输或下载数据到外部数据存储器或显示设备的方法说明；完成这些工作的计算机软件和硬件的识别。
f) 至少对于参考环境条件，由推荐的振动传感器和仪器其他组件组合的本底噪声相对应的典型示值（对于所有可用的频率计权，应以规定积分时间的时间平均振动值给出典型示值）。

G.9 试验的附加信息

应给出下列信息：
a) 对于本标准条款未覆盖的试验程序，证明符合本标准或者仪器文件给定规范所推荐的实施试验的程序和方法。
b) 参考测量量程及其下限指标的识别。
c) 加速度计等效电阻抗的说明；推荐取代等效加速度计信号的电信号的方法；对电信号输入装置的说明。
d) 加速度计的最大振动加速度值和电信号输入设备的最大峰峰电压的说明。
e) 可使振动计满足本标准规范的最小电源电压值的说明。
f) 对暴露在射频场影响试验的参考方位的说明。
g) 振动计和任何连接装置产生最大射频发射的工作模式的说明；产生相同或较低射频发射的仪器配置表。
h) 空气温度变化对振动灵敏度影响的说明。

G.10 补充信息

就原理而论，可将人体振动计视为一个对外部激振具有明确反应（或抗扰度等级）的黑匣子。但是好的技术文件也应为用户、校准和服务人员提供仪器内部的相关信息。

通过提供所采用技术的基本说明和给出整台仪器的主要功能部分或子单元的方框图,可以解答有关仪器使用和维修方面的许多问题。

同样强烈推荐提供下列超出本附录规定要求的信息,例如:

a) 传感器的类型,即用以感应振动的物理效应。

b) 如果是通过导线的模拟传输,用作从传感器传输到仪器的信号载体的物理量或参数,可选择的无线传输和/或数字传输的基本参数。

c) 矢量和以及均方根检测的顺序,尤其是在数字信号处理的情况下。

d) 预滤波的频率带宽,低通(抗混)和高通滤波器的类型。

e) A/D转换器的字长和采样速率;在降低采样速率情况下,低采样后主信号处理前的字长和采样速率。

f) 用作带限和计权的信号处理类型,例如:

1) 使用模拟滤波器直接处理;

2) 使用数字递归滤波器(无限冲激响应)直接处理;

3) 使用数字横向滤波器(有限冲激响应)直接处理;

4) 使用恒定百分比带宽数字滤波器(固定的滤波器类型和作为倍频程分数的带宽)进行谱分析;

5) 使用离散或快速傅立叶变换(固定的时间窗函数、重叠,分辨率和线数)进行谱分析,以及:

——频率计权(幅值和相位)后反变换到时域;

——频率计权(仅幅值)后在频率带宽内求取功率和。

附 录 H
（规范性附录）
非均方根值测量的相位响应要求

H.1 概述

诸如峰值、基于四次方的振动剂量值(VDV)和最大运行均方根值(MTVV)，这些非均方根值的测量都对相位误差比较灵敏。本附录旨在强调当进行振动信号处理以获得峰值和其他非均方根参数时存在的相位响应问题，并提供评价仪器相位响应的试验方法。

注：5.9 确定了非均方根参数对锯齿波信号总响应的设计目标。由于锯齿波信号主要由基波和二次谐波信号组成，因此锯齿波试验的实际响应对相位误差是灵敏的。但它不能实现所有频率点的相位响应试验。

如果测振仪(包括传感器)是根据 5.6 给定的复数频率计权函数设计的，由相位偏差引入误差的可能性相对要低一些。如果计权滤波器是由简单的模拟滤波器构成，则可自动地获得正确的相位响应。

当使用数字滤波器进行频率计权时，用采样频率足够高的递归数字滤波器可以获得正确的计权。但是，使用非递归(横向)数字计权滤波器(如零相移滤波器)或通过频率分析(带通滤波器或傅立叶变换 DFT 或 FFT)对信号计权，都可能引起非均方根值的较大误差。

H.2 相位响应的定义和评价

H.2.1 概述

由公式(8)～公式(12)定义相位响应的设计目标，并可由下式计算得出：

$$\tan(\varphi)=\frac{\mathrm{Im}[H(s)]}{\mathrm{Re}[H(s)]} \qquad \cdots\cdots (\text{H}.1)$$

式中 $H(s)$ 由公式(12)表示。表 B.1～表 B.9 中包括了相位角 φ 的值。

人体振动仪的相位响应应与相位响应的设计目标进行比较。但是，由相位偏差引起的误差并不完全与仪器响应和设计目标之间存在单一偏差关系；重要的因素是相位误差如何随频率变化。由于此原因，定义参数特征相位偏差($\Delta\varphi_0$，或 CPD)。它由实际和理想的相位响应函数之差得出：

$$\Delta\varphi_0(f)=|\Delta\varphi(f)-f\cdot\Delta\varphi'(f)| \qquad \cdots\cdots (\text{H}.2)$$

式中：

f——频率；

$\Delta\varphi(f)$——相位偏差；

$\Delta\varphi'(f)$——导数($\Delta\varphi(f)$曲线的斜率)。

如果规定相位偏差 $\Delta\varphi(f)$ 的允差，要想得到规定的非均方根值测量的准确度，则需要非常窄的允差限。对于相同的测量准确度，将其转换为 $\Delta\varphi_0(f)$ 使实际的相位响应更具有灵活性。

注 1：恒定的群延迟时间(与频率成比例的相位偏差，即响应曲线的恒定斜率)可能会远远超过相位偏差的允差限，但它既不影响要测量的振动参数，也不影响其特性相位偏差值。另一方面，取决于频率的群延迟时间(响应曲线的可变斜率)可能造成被测振动参数的显著偏差，而不超过相位偏差的允差限。

实际上对于离散的频率序列 f_n，选择 1/3 倍频程步长足以确定 $\Delta\varphi_0(f)$。公式(H.2)由公式(H.3)近似得到[即公式(13)]：

$$\Delta\varphi_0(f_n)=\left|\frac{f_{n+1}\cdot\Delta\varphi(f_n)-f_n\cdot\Delta\varphi(f_{n+1})}{f_{n+1}-f_n}\right| \qquad \cdots\cdots (\text{H}.3)$$

除了最高频率点之外，在每一个频率点 f_n 都可以计算 $\Delta\varphi_0(f_n)$。

表 5 和表 B.1～表 B.9 给出了推荐的特性相位偏差的允差值。

由 $\Delta\varphi_0(f)$ 引起的很可能是最大的峰值偏差 $\Delta PV_{\max}$，可由下式近似得到：

$$\Delta PV_{\max}\approx\pm\max\cdot\{0.48\times\sin[\Delta\varphi_0(f_n)]\}\times 100\% \qquad \cdots\cdots (\text{H}.4)$$

最大特性相位偏差为12°时，最大峰值偏差约为10%。

注2：公式(H.4)是对数字结果的近似，并仅适用于较小的 $\Delta\varphi_0$ 值(<30°)。根据信号波形，实际的峰值偏差通常小于 ΔPV_{max}，ΔPV_{max} 是以最不利的方式、由两个频率分量的幅值和零相位角合成的最坏情况的估计值。但是在有更多分量起不利作用的极不可能的情况下，实际的峰值偏差可能会变得更大。从统计学的角度讲，可以假定“最大”这个术语是一个非常低的百分点。虽然最初制定的这种方法用以峰值测量，但也可以用它作为VDV测量的第一估计值。

在本附录中规定了直接和间接试验特性相位偏差的两个程序。第一个试验程序假定在提取信号参数之前，即刻使用频率计权信号(模拟或数字)，这样在信号通道中就不会产生进一步的相移。如果不能取得该信号，而又组合了峰值测量，则推荐使用第二个双音频程序。

H.2.2　相位响应的直接试验

如果频率计权信号(模拟或数字)可以在提取信号参数之前即刻使用(以致在信号通道中不会产生进一步的相移)，根据GB/T 20485.21—2007(比较法)，使用已校准过相位响应的参考振动传感器，就可以进行振动测量仪器的相位响应试验。根据GB/T 20485.11—2006(激光干涉法)或GB/T 20485.12—2008(互易法)可以进行参考传感器的相位响应校准。

H.2.3　相位响应的双音频法试验

H.2.3.1　双音频试验的条件

如果频率计权信号不易在提取信号参数之前获得，而组合了峰值测量的模式，则推荐使用双音频法间接测量其相位响应。

H.2.3.2　双音频试验的原理

用参数 f_{fu}、r_{fu}、φ_{fu} 和 f_{ha}、r_{ha}、φ_{ha}(其中 f 为频率，r 为均方根值，φ 为正弦函数的零相位角；下标fu代表基波，ha代表谐波)表示的两个谐波振动叠加在一起，并通过振动台施加到被测的振动计上。选择参数 f_{fu}、r_{fu}、f_{ha}、r_{ha} 的值，以使所显示的峰值对信号通道中不希望的微小相移最为灵敏。例如：

$f_{fu}/f_{ha}=1/3$ 和 $r_{fu}/r_{ha}=3$

当改变谐波的零相位角 φ_{ha} 时，在 $\varphi_{ha}=3\varphi_{fu}$ 处，峰值经过一个比较锐利的极小值，此时曲线的两个波峰改变了它们作为最大点的作用。该点必须通过移相器和人体振动计本身的显示器找到。

在最小值附近，峰值的微分偏差用1.75%每度逼近它的最大绝对值。峰值本身的最小值等于 $0.943r_{fu}$。

图H.1表示 $\varphi_{ha}=15°$ 和 $\varphi_{fu}=0°$ 时的信号波形，图H.2表示当 $\varphi_{fu}=0$ 时峰值与 φ_{ha} 的关系曲线。

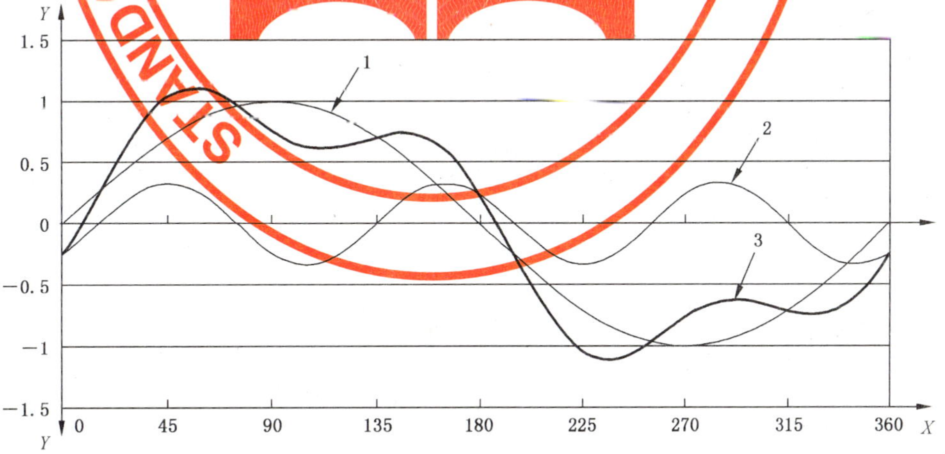

X——基波相位(°)；

Y——波形的幅值；

1——基波；

2——谐波(15°相移)；

3——合成波形。

图H.1　函数曲线图

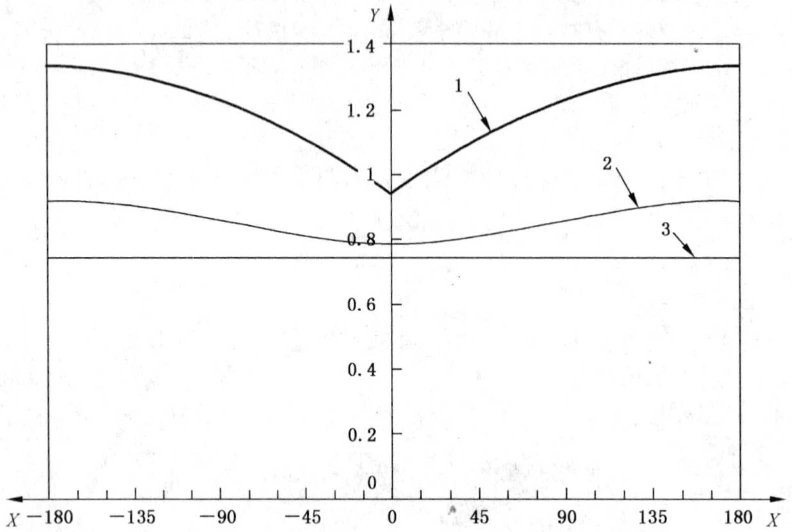

X——谐波信号的相移(°)；

Y——振动值；

1——最大峰值，m/s^2；

2——VDV，$m/s^{1.75}$；

3——r. m. s. 均方根值，m/s^2。

图 H.2　峰值和 VDV 值与谐波相移的关系曲线(幅值恒定的基波和谐波的正弦波形)

此方法也给出了在该特殊情况下由相移引入的峰值误差的范围。当使用任意波形信号时，此影响可能较小(幅值和/或频率的其他比值)或较大(陡沿信号或短脉冲)。

H.2.3.3　必需设备

双音频法所需要的大多数设备是实验室配备进行频率响应校准用的设备，如：

a) 一台可提供调谐相关输出信号的双音频信号发生器/振荡器(至少提供 1∶3 频率比)，或一台单音频信号发生器加上一台倍频器或分频器；

b) 如果信号发生器不能提供可调的幅值和零相位角，则需：

——两台幅值控制器(可调放大器或衰减器，尽可能组合为一个混合控制器)；

——一台相移控制器(相位电桥，延迟线)。

c) 如果信号混合器不是其他仪器的一部分，则需要一个信号混合器(加法放大器或混合控制器)；

d) 一台带功率放大器的振动激励器(振动台)；

e) 一只校准过幅值和相位响应的参考振动传感器；

f) 一台能够测量相移或调谐相关正弦信号之间的相位延迟时间的相位计；

g) 被测的人体振动计。

推荐的附加设备是：

h) 一台 FFT 分析仪；

i) 一台示波器。

图 H.3 为整个试验安装的框图。

以下的工作指南描述了本方法。为实现程序自动化，推荐使用计算机控制的仪器。

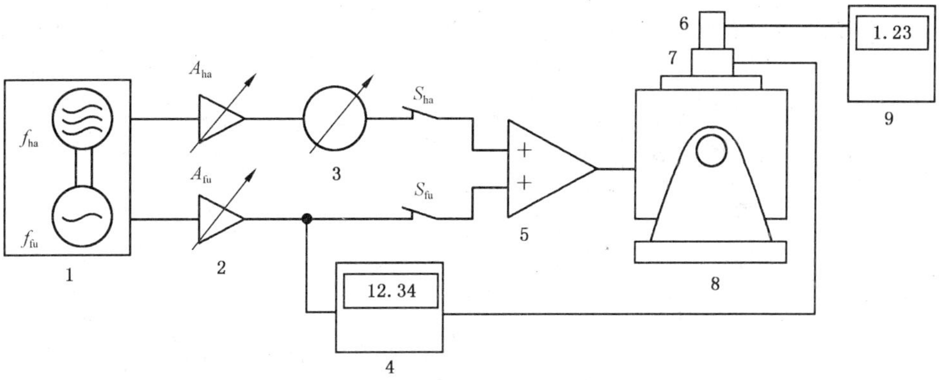

1——双音频相位耦合信号发生器；

2——幅值控制器；

3——移相器；

4——相位计；

5——求和及功率放大器；

6——人体振动计(HVM)的传感器；

7——参考传感器；

8——振动激励器；

9——人体振动计(HVM)。

图 H.3 双音频法框图

H.2.3.4 试验程序

将人体振动计(HVM)设置为指示频率计权振动的峰值，按照以下程序进行操作：

a) 调节信号发生器的频率到被测频率范围的中间(如对于全身振动，设置 f_{fu} 和 f_{ha} 分别为 9 Hz 和 27 Hz)。

b) 接通 S_{fu} 和切断 S_{ha}，调节幅值控制器 A_{fu} 使人体振动计的 $a_{peak,fu}$ 指示合适的示值(如满量程的 60%)。从相位计读取 ϕ_{fu} 值。

c) 切断 S_{fu} 和接通 S_{ha}，以同样的方式调节幅值控制器 A_{ha} 使人体振动计的 $a_{peak,ha}$ 示值等于 $a_{peak,fu}$ 的 1/3，即 $a_{peak,ha}=a_{peak,fu}/3$。

调节移相器使相位计的示值(按 f_{fu} 计算的)约等于步骤 b)的示值，同时还需修正参考传感器不同的相位延迟时间。相位计将指示(按 f_{fu} 计算的)：

$$\phi_{ha}=\phi_{fu}-\phi_{tr,fu}+\phi_{tr,ha}\frac{f_{ha}}{f_{fu}} \qquad \cdots\cdots(H.5)$$

式中：

$\phi_{tr,fu}$——参考传感器在频率 f_{fu} 处的相移；

$\phi_{tr,ha}$——参考传感器在频率 f_{ha} 处的相移；

f_{ha}/f_{fu}——按 f_{fu} 计算转换得到的因子 $\phi_{tr,ha}$。

当两信号叠加时，该调整将在振动台台面上产生相等的零相位角的振动。

注 1：假设相移以较低频率显示，因此 $\phi_{tr,ha}$ 必须由因子 f_{ha}/f_{fu} 转换。所有的相位量都可以被转换为相位延迟时间(除以 $2\pi f$)，以便对它们进行比较或合成。在这种情况下，可将相位计转换到直接显示相位延迟时间。

注 2：相移控制设备可能会影响幅值，反之亦然，因此应进行反复检查。如果必要可重新调整。幅值适度的变化对相位测量影响较小。

d) 接通 S_{fu} 和 S_{ha}，调整相移使人体振动计指示最小峰值。

这意味着人体振动计峰值检波器的基波和谐波具有相等的零相位角，即它们为同相。

检查幅值，读取人体振动计的示值，它应等于 $0.943r_{fu}$。移相到人体振动计的最大指示，它应等于

$1.333r_{fu}$。返回到最小示值。

e) 切断 S_{fu} 和接通 S_{ha}，从相位计读取 ϕ_{ha+}。计算步骤 d)加到移相器的附加相移，即该差值为：

$$\Delta\phi = \phi_{ha+} - \phi_{ha}$$

由步骤 c)得到 ϕ_{ha}，由步骤 e)得到 ϕ_{ha+}，两个值都根据 f_{fu} 计算。

计算相位延迟时间的相应偏差：

$$\Delta\theta = \frac{\Delta\phi}{2\pi f_{fu}}$$

它等于人体振动计在 f_{ha} 和 f_{fu} 处的固有相位延迟时间之差。

f) 通过因子 3 向上或向下改变两个频率，重复步骤 b)到 e)，直到两个频率覆盖本标准规定的整个频率范围(如对于全身振动：1 Hz/3 Hz，3 Hz/9 Hz，9 Hz/27 Hz，27 Hz/81 Hz)

g) 从最低频率开始，分别累加相位延迟时间差值 $\Delta\theta$。除了对每一个采样都相等的未知固定延迟时间以外，作为频率函数的累加相位延迟时间差值的数据序列将代表连续函数(曲线)的离散采样。

h) 为了增加中间采样点，通过因子 $3^{0.2}$ 向上或向下改变两个频率(相当于 1/3 倍频程的 95%)，重复步骤 b)至 g)。

i) 重复步骤 h)4 次，每次用新的采样序列结束。组合 5 组序列构成一个大的序列，在对数坐标上频率点是等间距的。对于每一个初始序列，由未知的固定延迟时间引起的、在对数坐标系上作为纵坐标所绘制的关联延迟时间将显示出激烈的振荡。

j) 平滑曲线(函数)，即使用适当的程序，通过一个接一个地调整固定的延迟时间，排列采样的序列以达到最佳拟合状态。它可通过绘图或数值的方式实现，例如，在双对数坐标中，采用迭代法，对连接序列所有相邻采样点的多边形曲线的边长进行极小化处理。

k) 由本标准规定的相移设计目标，计算人体振动计相位延迟时间对频率的理论频率响应函数，即用以度表示的该值除以$-(360°\times f)$。在除以前，为避免出现负的相位延迟时间，相移必须减去 180°(相当于信号反相)。

该函数对应于反正切函数的主值，但是在表 B.1～B.9 和与之对应的图 B.2～图 B.18(仅为偶数)中已经加上了 180°。

注：所有频率成分在 180°相移后信号波形不变，但是会在试图应用 CPD 准则时造成严重的后果。这是不矛盾的。由于引入的 CPD 准则只用于评价相位响应与设计目标的偏差，因此它不应使信号反相。信号反相是信号处理中的一种独特形式，它需要采用自己的试验程序，在振动方向对测试结果非常重要的情况下(如正峰，负峰，冲击响应谱)进行极性试验。这不属于本标准所涉及的情况。

l) 调整实验数据保持固定的延迟时间，同步骤 j)，使由实验获得的所有采样组合序列的排列尽可能地与步骤 k)的理论函数曲线相一致。

如果相位响应有一固有特性，这将相对简单。在这种情况下，双对数坐标中的曲线在宽频带范围内将是相对线性的。对本标准中定义的所有计权函数它都是正确的。

m) 转换人体振动计相位延迟时间的频率响应函数，根据步骤 l)排列，返回到相位域[乘以$(360°\times f)$]，生成相移频率响应函数。

n) 将 CPD 准则(H.2.1 中定义的)应用于由步骤 m)建立的相移频率响应函数。CPD 准则相对于延迟时间是不变的。因此，任何保持的固定延迟时间(除 180°以外)不会对测量结果造成任何影响。

参 考 文 献

［1］ ISO 1683 Acoustics—Preferred reference quantities for acoustic levels.

［2］ ISO 10326-1 Mechanical vibration—Laboratory method for evaluating vehicle seat vibration—Part 1：Basic requirements.

［3］ IEC 60529 Degrees of protection provided by enclosures (IP code).

［4］ IEC 61260 Electroacoustics—Octave-band and fractional-octave-band filters.

［5］ IEC 61672-1 Electroacoustics—Sound level meters—Part 1：Specifications.

［6］ CISPR 16-1-1 Specification for radio disturbance and immunity measuring apparatus and methods—Part 1-1：Radio disturbance and immunity measuring apparatus；Measuring apparatus.

［7］ DIN 45662 Schwingungsmesseinrichtungen—Allgemeine Anforderungen und Prüfung.

［8］ PARKS T. W. and BURNS C. S. Digital filter design. John Wiley & Sons，New York，1987.

ICS 17.160;91.120.25
J 04

中华人民共和国国家标准

GB/T 23717.1—2009/ISO/TS 10811-1:2000

机械振动与冲击 装有敏感设备建筑物内的振动与冲击 第1部分:测量与评价

**Mechanical vibration and shock—
Vibration and shock in buildings with sensitive equipment—
Part 1:Measurement and evaluation**

(ISO/TS 10811-1:2000,IDT)

2009-04-24 发布 2009-12-01 实施

中华人民共和国国家质量监督检验检疫总局
中国国家标准化管理委员会 发布

前　言

GB/T 23717《机械振动与冲击　装有敏感设备建筑物内的振动与冲击》由下面两部分组成：

——第1部分：测量与评价；

——第2部分：分级。

本部分为GB/T 23717的第1部分。

本部分等同采用ISO/TS 10811-1:2000《机械振动与冲击　装有敏感设备建筑物内的振动与冲击　第1部分：测量与评价》(英文版)。

本部分等同翻译ISO/TS 10811-1:2000。

为便于使用，本部分作了如下编辑性的修改：

——用"本部分"代替"ISO/TS 10811-1"；

——删除了ISO/TS 10811-1:2000的前言，重新编写了本部分的前言；

——用小数点符号"."代替作为小数点的"，"；

——对ISO/TS 10811-1:2000引用的其他国际标准，有被等同采用为我国标准的用我国标准代替对应的国际标准，未被等同采用为我国标准的直接引用国际标准。

本部分的附录A和附录B是资料性附录。

本部分由全国机械振动、冲击与状态监测标准化技术委员会(SAC/TC 53)提出并归口。

本部分起草单位：大连理工大学、同济大学、清华大学。

本部分主要起草人：朱彤、施卫星、王宗纲。

引　　言

本部分提出了一种规定和评价装有敏感设备建筑物内的振动与冲击的建筑物性态的新方法，目的是鼓励敏感设备的用户和制造商用这种新方法收集资料以便于信息交换和评估这种方法的实用性。

机械振动与冲击 装有敏感设备建筑物内的振动与冲击 第1部分:测量与评价

1 范围

GB/T 23717 的本部分定义了内部含有对振动与冲击敏感设备的建筑物的测量、分析计算以及振动与冲击资料数据报告的编写方法,该方法适用于将要建造的建筑物的量化研究和已有建筑物的评价。

当评价的振动涉及到制造商采用的标准和通用振动标准时,获得准确的振动数据、分析方法和采用统一的报告编写方法是必要的。预期的振动水平可查阅 IEC 60721,设备的检测过程可查阅 IEC 60068。

注:从测量手段出发按照本部分建立的环境振动条件分级体系,可以作为设计人员、振动与冲击敏感设备的制造商和用户以及建筑开发商的使用指南(见 GB/T 23717.2)。

考虑的振动与冲击类型包括从地板、桌子、墙壁、天花板或孤立的系统传递到设备部件的作用,没有明确地考虑部件里面的单个机械或电子零件的冲击与振动响应。

精密设备的类型包括(并不仅限于以下类型):

a) 静止的计算机系统,包括外围设备;

b) 静止的通讯设备;

c) 静止的试验设备,如电子显微镜、利用扫描探测技术的设备、应用生物仪器、质谱仪等;

d) 高精度机械仪器(工具),如微电子生产设备;

e) 高精度光学仪器,再成像系统;

f) 轨道交通控制中心的机电系统;

g) (火灾侵入时的)安全设备,通道控制设备。

本部分所考虑的振动与冲击类型由下列因素引起:

——外部振源,例如交通(公路、铁路或航空)或是建筑物的建造和施工活动(爆破、打桩和振动密实),还包括天气原因引起的振动以及声音轰鸣和声学激励引起的振动响应;

——户内使用的设备,如冲床、锻造锤、旋转设备(空气压缩机、空调系统等)和在建筑物内运输或运行的重型设备;

——与维修和操作设备相关的人员活动,例如人的走动,尤其是在垫起的地板上。

本部分在测量和评价振动与冲击对建筑物内精密仪器的影响时,并没有直接考虑人工操作者在观察、操作和维护仪器时的影响。关于人员活动的振动影响见 GB/T 13441。

通常所关注的频率范围为 2 Hz~200 Hz。一般的特征频率均小于 100 Hz,因为它表现的是建筑物内各要素的响应。当有特殊目的时,可选取其他频率范围,同时相应地改变频率范围的数值。

振幅和持续时间主要依赖于振源与精密仪器之间的距离和建筑物内各要素(包括精密仪器)的响应。当体现为振动速度时,考虑的范围在 0.001 mm/s 和 10 mm/s 之间。

本部分仅涉及最大振动幅值的概念,不涉及振动的其他量化概念(如疲劳寿命的估计等)。

2 规范性引用文件

下列文件中的条款通过 GB/T 23717 的本部分的引用而成为本部分的条款。凡是注日期的引用文件,其随后所有的修改单(不包括勘误的内容)或修订版均不适用于本部分,然而,鼓励根据本部分达成协议的各方研究是否可使用这些文件的最新版本。凡是不注日期的引用文件，其最新版本适用于本部分。

GB/T 14412 机械振动与冲击 加速度计的机械安装(GB/T 14412—2005，ISO 5348:1998，IDT)

3 振动波类型

能够对建筑物内精密仪器产生影响的振动波类型可以是任何形式：正弦波、随机波或瞬态波。因此，对振动进行有效的测量和分析应针对以上三种类型的所有运动。对于不同波型的典型振源可举例如下：

a) 旋转机械产生的正弦振动；

b) 公路上大量交通工具产生的随机振动；

c) 单个交通工具、打桩、冲击和爆炸产生的瞬态振动。

振动的频率不仅由振源决定，同时也受建筑物的动力特性影响。

本部分的主要目的是制定可以用于任何类型振动波的测量和分析方法。

4 测量与分析

4.1 一般规定

为了确定可能有设备暴露的振动与冲击状态，应在此区域进行精确和全面的测量。

振动测量的测点布置应尽可能靠近设备或其支座与地面或墙壁的接触点。对于大型设备，可能需要布置多个测点。

应当对三个正交方向上的振动时程进行记录和分析(一般应选取一个铅垂方向和两个彼此正交的水平方向)。

实际中的振动测量应该在对振动与冲击敏感的设备所在的地点进行，或者在与该设备具有相同质量和近似动力特性的模型上进行(在垫起的地板或桌子上的设备的有效质量将显著改变响应的大小和频率。在这些设备的共振频率处，将会像动力消振器一样，使振动响应减小)。

建议在对精密设备(包括轴对称系统)进行测量的时候，应该同时对其运行和非运行状态进行检测，从而区别不同的可能振源。

4.2 测试仪器要求

可以采用速度或加速度传感器。由于振动的幅值通常较小，因此采用的传感器应该具有较高的灵敏度。

根据不同的应用，传感器灵敏度需达到 100 $mV/(m/s^2)$(对于加速度传感器)和 25 mV/(mm/s)(对于速度传感器)。传感器的安放需要依据 GB/T 14412 的规定执行。

任何情况下，在 2 Hz～200 Hz 范围内的测量噪声(包括电磁干扰)的均方根应小于测量振动峰值的 5%。因此，为了避免电源电缆干扰，推荐采用以电池供电的测量仪器。

测试系统的频率范围应该在 1 Hz～315 Hz(各－3 dB)之间，两端外各有每倍频程 12 dB 的衰减。这可用在低端采用一个截止频率为 1 Hz 的二阶高通巴特沃斯滤波器和在高端采用一个截止频率为 315 Hz 的二阶低通巴特沃斯滤波器来实现。对于数字化系统，建议的采样频率至少为 2 000 Hz，同时配以适当截止频率的抗混滤波器。

4.3 分析

时间历程应该采用与响应峰值速度等效的一套滤波器进行分析，该方法的基本原理和滤波器的描述见附录 A。每一个滤波器与一个具有确定共振频率和 Q 值的单自由度系统的虚拟速度响应标准化的 Q 值相对应。此方法给出与所研究的振动有相同的最大相对位移响应的正弦波幅值，分析结果以速度峰值与共振频率的关系曲线来描述。

滤波器组的(共振)频率数目在每十倍频对数坐标单位下应该是 40 个。可能的话,适当的 Q 值应该从仪器制造厂商处获得。如果缺乏这样的信息,建议取以下三个 Q 值进行分析:5、10 和 20。如果只使用一个 Q 值,建议采用 10。

滤波时程的数值算法在附录 B 中给出。

注:如果将时程信号输入滤波器的话,在开始的时候将产生一个瞬态响应。建议计算最大响应时,应在初始瞬态响应消失后进行。

4.4 与其他分析方法的比较

4.4.1 功率谱密度

本方法的思想是根据加速度谱密度,用给定的功率谱密度计算随机信号的等效速度峰值响应。以 f_n 为共振频率和 Q 值的等效速度峰值响应滤波器的噪声频带宽为:

$$\frac{1}{4Q \cdot 2\pi f_n} \qquad \cdots\cdots(1)$$

如果在频率 f_n 点的功率谱密度为 $P(m/s^2)^2/Hz$,以该谱密度馈给滤波器的随机振动速度均方根值为:

$$\sqrt{\frac{P}{4Q \cdot 2\pi f_n}} \qquad \cdots\cdots(2)$$

计算期望最大值,需要估计测试时间(或者试验时间)。指定 C 为峰值因数(即最大值与均方根值之比),均值 C 的期望可表示为:

$$C = C_1 + \frac{0.5772}{C_1} \qquad \cdots\cdots(3)$$

式中:

$C_1 = \sqrt{2\ln(f_n \cdot T)}$

f_n——共振频率,单位为赫兹(Hz);

T——测试时间,单位为秒(s)。

对关心的每个频率都要计算其 C 值。

4.4.2 三分之一倍频带谱

如果谱以均方根值给定(平均值而非峰值),在 4.4.1 中给出的速度均方根值中的最大值的估计可以应用于该谱的每一个频率。如果是周期性振动,系数可为 1.4,计算结果用振动速度表示。

4.5 统计分析

根据 4.3,任一振动事件(例如由列车通过、爆破、打桩、或者旋转机械等振动得到的记录)将产生一个等效峰值速度响应谱。进行分析的事件样本数应该满足声学工程判定的要求。建议对完整的事件循环(例如以一日间和一夜间为一个循环周期)进行处理,然后,根据由谱分析得到的每阶频率的最大谱值计算出最后结果。

4.6 校准与准确度

所有的仪器在购买时或者至少是每年定期地进行可溯源的校准。推荐进行有效期衔接的校准,即传感器必须接收已知(简谐)振动并按 4.3 中的方法对结果进行分析。

另外,在开始试验程序之前,最好先行馈给传感器一个已知或者参考振动以确定整个测试系统的准确度。无论何时,在仪器受到冲击或掉落后,建议要重新校准仪器。

对于整个系统,在 2 Hz～200 Hz 频率范围内响应不平滑度应该限制在±10%以内。

5 测试报告

报告中数据和信息如下:

a) 敏感设备安装的描述,包括:

——场地位置；

——建筑物结构，楼层，房间尺寸和布置；

——设备的制造和型号；

——设备的安装；

——隔振器(如果有)。

b) 设备失效和故障的定义。

c) 结构的活动性、交通和其他振动与冲击源的情况描述。

d) 测试仪器的振动与冲击的描述，包括仪器的型号和生产厂商、校准设备、传感器、放大器、记录仪和分析仪。

e) 传感器的安放位置和拾振轴向。

f) 分析结果。

附 录 A
（资料性附录）
等效峰值速度响应谱的定义

考虑对单自由度机械系统(图 A.1)的基础加速度响应 a_1，系统的参数定义如下：

m——质量，kg(也可表示为 Ns^2/m)；

c——阻尼系数，Ns/m；

k——弹簧刚度系数，N/m。

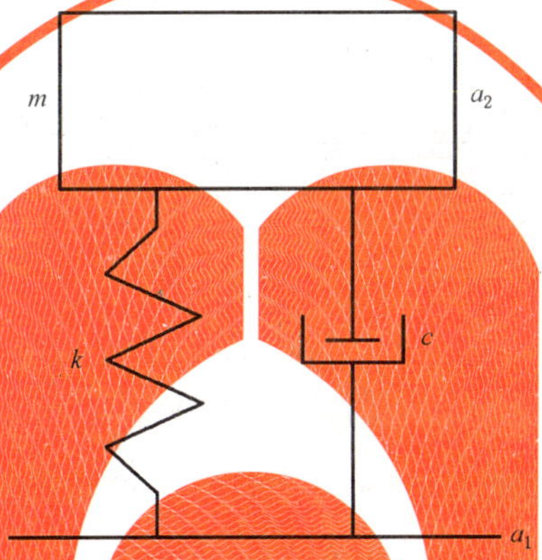

图 A.1 单自由度系统

如果在质点测得的响应加速度为 a_2，则传递函数为：

$$\frac{a_2}{a_1}=\frac{cs+k}{ms^2+cs+k} \qquad \cdots\cdots(A.1)$$

式中：

s——拉普拉斯变量(复频率)，单位为弧度每秒(rad/s)。

单自由度系统通常用共振频率 f_0 和共振增益因子 Q 表示其特征：

$$f_0=\frac{1}{2\pi}\sqrt{\frac{k}{m}} \qquad \cdots\cdots(A.2)$$

$$Q=\sqrt{\frac{km}{c}} \qquad \cdots\cdots(A.3)$$

传递函数可以改写为：

$$\frac{a_2}{a_1}=\left(\frac{\omega_0 s}{Q}+\omega_0^2\right)\Big/\left(s^2+\frac{\omega_0 s}{Q}+\omega_0^2\right) \qquad \cdots\cdots(A.4)$$

式中：

$\omega_0=2\pi f_0$ 是共振角频率，单位为弧度每秒(rad/s)。

图 A.2 给出了频率传递函数的曲线，其中以共振频率为 1 Hz，$Q=10$ 为例。注意 Q 在共振时的增益。

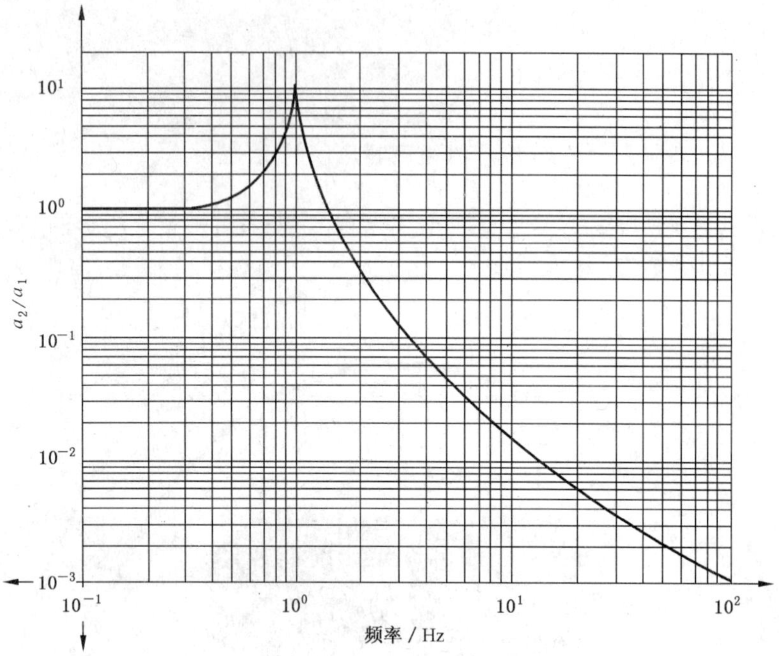

图 A.2　单自由度系统的传递函数($f_0=1$ Hz,$Q=10$)

对于运动敏感设备，最好采用相对位移误差来评估机械故障的危险。一个机械系统可能有许多共振点，但是通常使用单自由度模型，每次只考虑单个振型。为了阐明外界共振的严重性，需要在几种不同的共振频率下计算模型基础和质点之间的相对位移。

如果响应用相对位移 d_2-d_1 来计算，并给出基础加速度 a_1，则可以按下式计算传递函数：

$$\frac{d_2-d_1}{a_1}=-1/\left(s^2+\frac{\omega_0 s}{Q}+\omega_0^2\right) \quad \cdots\cdots\cdots\cdots (A.5)$$

如果相对位移传递函数乘以 ω_0，结果就变成拟速度传递函数：

$$\frac{d_2-d_1}{a_1}\times\omega_0=-\omega_0/\left(s^2+\frac{\omega_0 s}{Q}+\omega_0^2\right) \quad \cdots\cdots\cdots\cdots (A.6)$$

图 A.3 给出了拟速度传递函数(滤波函数)随频率变化的曲线。共振时增益仍然为 Q。

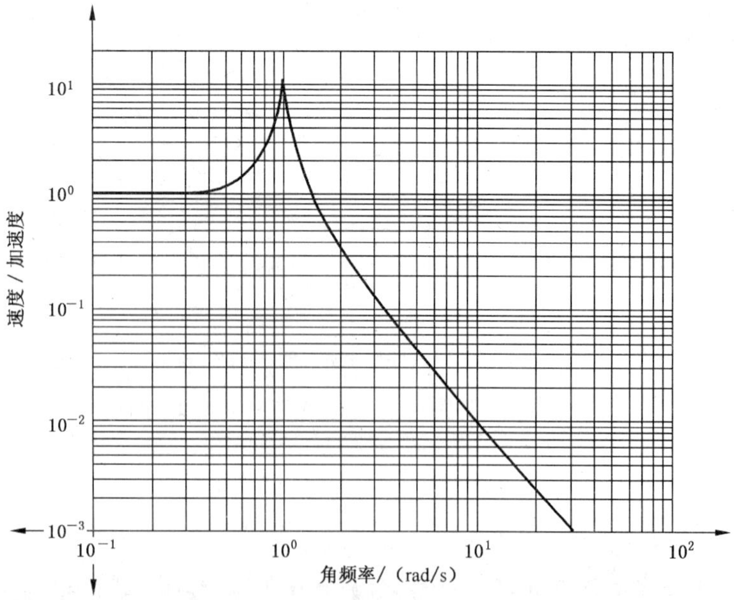

图 A.3　具有加速度输入的拟速度传递函数($f_0=1$ Hz,$Q=10$)

为了得到最大响应等于1的滤波函数，用拟速度反应函数除以增益 Q，具有加速度 $H_a(s,\omega_0,Q)$ 输入的传递函数结果变成：

$$H_a(s,\omega_0,Q)=\frac{-\omega_0}{Q}\Big/\left(s^2+\frac{\omega_0 s}{Q}+\omega_0^2\right) \qquad (A.7)$$

图A.4给出了归一化滤波函数。

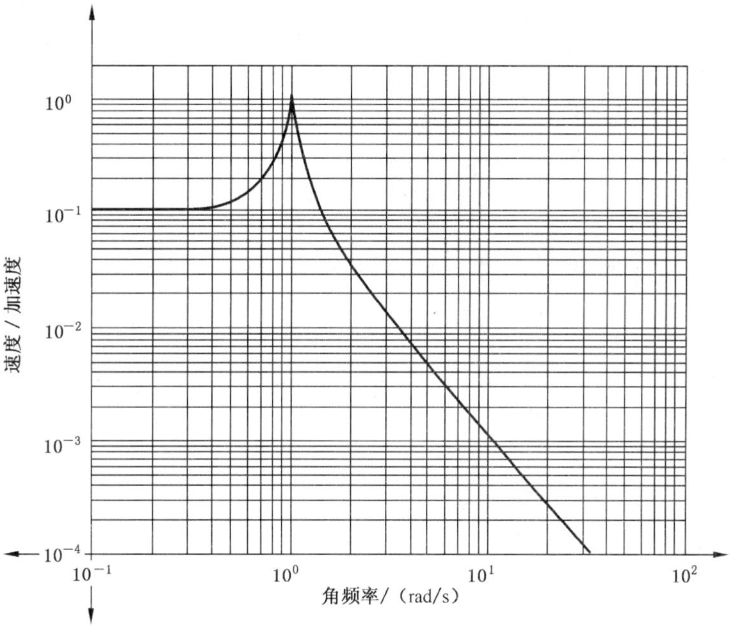

图 A.4 加速度输入的归一化拟速度传递函数($f_0=1$ Hz)

由于归一化滤波函数的增益为1，当采用具有峰值速度 v_{max} 的正弦振动(频率等于共振频率)作为激励时，滤波器 v_{max} 对于提供的激励的最大响应将与激励相同，这是使用这种方法的基本原理，和采用峰值速度响应等效值的理由。

为了分析给定的基础加速度，将时间历程输入到以上定义的一套滤波器组中，每个滤波器产生一个最大响应(响应的最大绝对值)。滤波器组的(共振)频率数目在以十倍频率单位内应该是40个，并且在2 Hz～200 Hz之间呈对数分布，此时表现为每十倍频为一组，即每组中应该有40个(共振)频率。由图A.4可以看出，最大响应与共振频率曲线就是等效峰值速度响应谱。

根据设计，结果谱的详细论述如下。如果一条具有谱给定频率函数的缓慢扫频正弦峰值速度的振动波作用于任一单自由度系统，其最大响应将和振动分析的结果相同。如果初振采用速度来度量，滤波器必须作出相应的改变。那么以速度输入的等效峰值速度响应的传递函数为：

$$H_v(s,\omega_0,Q)=\frac{-s\omega_0}{Q}\Big/\left(s^2+\frac{\omega_0 s}{Q}+\omega_0^2\right) \qquad (A.8)$$

图A.5给出了归一化拟速度传递函数。

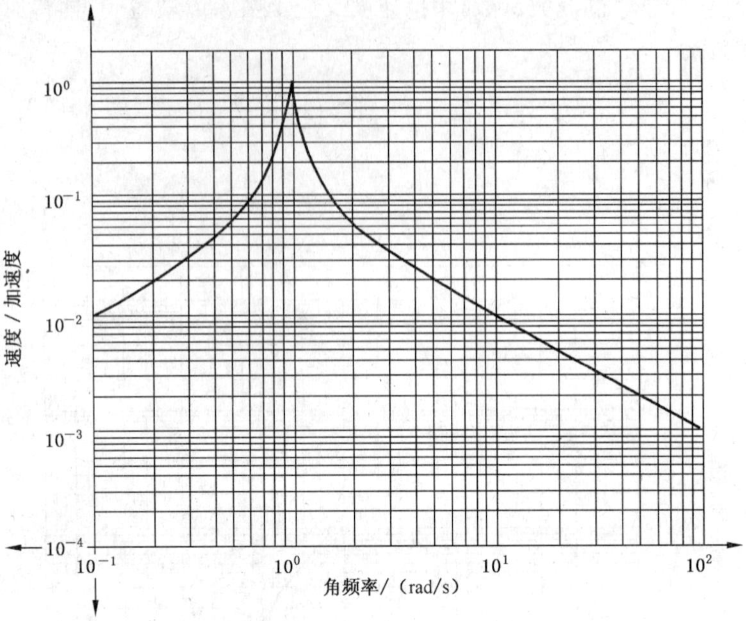

图 A.5 速度输入的归一化拟速度传递函数($f_0=1$ Hz)

再以 20 Hz 的振动谱的计算举例，速度幅值设定为 1 mm/s 或者加速度幅值设定为 125.7 mm/s^2。产生的等效峰值速度响应谱如图 A.6 所示。

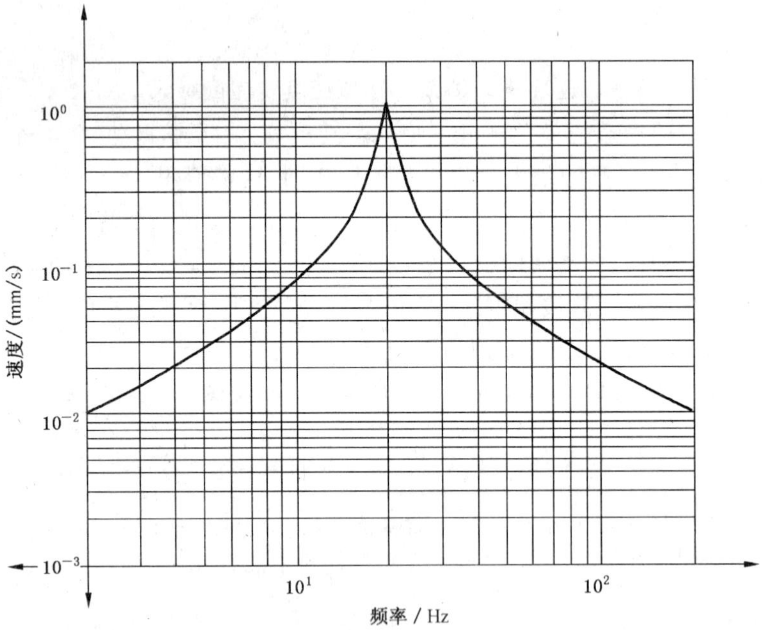

图 A.6 速度幅值为 1 mm/s，频率为 20 Hz 的正弦波等效峰值速度响应谱

附 录 B
（资料性附录）
滤 波 算 法

B.1 概述

现有的很多方法可以将模拟滤波转换为数字滤波，这里给出基于双线性变换的简单表达式。关于另一种广泛应用的变换——斜率不变量变换，参见参考文献[9]。

所有的方法都有它的局限性，因此推荐对所采用的方法和算法的准确度进行结果对结果的校准检验。

B.2 输入加速度算法

由输入加速度时间序列 x_n 引起的响应时间序列 y_n 可通过如下差分方程计算：

$$y_n = b_0 \cdot x_n + b_1 \cdot x_{n-1} + b_2 \cdot x_{n-2} - a_1 \cdot y_{n-1} - a_2 \cdot y_{n-2} \qquad \cdots\cdots\cdots\cdots(\text{B.1})$$

各系数定义如下：

$b_0 = \dfrac{A}{2Q \cdot B \cdot f_s}$；

$b_1 = 2b_0$；

$b_2 = b_0$；

$a_1 = \dfrac{2A^2 - 2}{B}$；

$a_2 = \left(1 - \dfrac{A}{Q} + A^2\right)/B$。

其中：

$A = \tan\left(\pi \times \dfrac{f_0}{f_s}\right)$；

$B = 1 + \dfrac{A}{Q} + A^2$；

f_0——为共振频率，单位为赫兹(Hz)；

f_s——为采样频率，单位为赫兹(Hz)；

Q——为共振增益(Q 因子)。

B.3 输入速度算法

由输入速度时间序列 x_n 引起的响应时间序列 y_n 可通过如下差分方程计算：

$$y_n = b_0 \cdot v_n + b_1 \cdot v_{n-1} + b_2 \cdot v_{n-2} - a_1 \cdot y_{n-1} - a_2 \cdot y_{n-2} \qquad \cdots\cdots\cdots\cdots(\text{B.2})$$

各系数定义如下：

$b_0 = \dfrac{A}{Q \cdot B}$；

$b_1 = 0$；

$b_2 = -b_0$；

$a_1 = \dfrac{2A^2 - 2}{B}$；

$$a_2=\left(1-\frac{A}{Q}+A^2\right)/B。$$

其中：

$$A=\tan\left(\pi\times\frac{f_0}{f_s}\right);$$

$$B=1+\frac{A}{Q}+A^2;$$

f_0——为共振频率，单位为赫兹(Hz)；

f_s——为采样频率，单位为赫兹(Hz)；

Q——为共振增益(Q因子)。

参 考 文 献

[1] ISO 2041 Vibration and shock—Vocabulary(GB/T 2298).

[2] ISO 2631(all parts) Mechanical vibration and shock—Evaluation of Human exposure to whole-body vibration[GB/T 13441(所有部分)].

[3] ISO 4866 Mechanical vibration and shock—Vibration of buildings—Guidelines for the measurement of vibrations and evaluation of their effects on buildings. (GB/T 14124).

[4] ISO 8569 Mechanical vibration and shock—Measurement and evaluation of shock and vibration effects on sensitive equipment in buildings(GB/T 14125).

[5] GB/T 23717.2 机械振动与冲击 装有敏感仪器的建筑物中的振动与冲击 第2部分：分级.

[6] ISO 14964 Mechanical vibration and shock—Vibration of stationary structures—Specific requirements for quality management in measurement and evaluation of vibration. (GB/T 19875).

[7] IEC 60068 (all parts) Environmental testing.

[8] IEC 60721 (all parts) Classification of environmental conditions.

[9] SMALLWOOD, D. O. An Improved Recursive Formula for Calculating Shock Response Spectra. 51st Shock and Vibration Bulletin, 1980.

ICS 17.160;91.120.25
J 04

中华人民共和国国家标准

GB/T 23717.2—2009/ISO/TS 10811-2:2000

机械振动与冲击 装有敏感设备建筑物内的振动与冲击 第2部分:分级

Mechanical vibration and shock—Vibration and shock in buildings with sensitive equipment—Part 2:Classification

(ISO/TS 10811-2:2000,IDT)

2009-04-24 发布　　2009-12-01 实施

中华人民共和国国家质量监督检验检疫总局
中国国家标准化管理委员会　发布

前　言

GB/T 23717《机械振动与冲击　装有敏感设备建筑物内的振动与冲击》由下面两部分组成：

——第1部分：测量与评价；

——第2部分：分级。

本部分为GB/T 23717的第2部分。

本部分等同采用ISO/TS 10811-2:2000《机械振动与冲击　装有敏感设备建筑物内的振动与冲击　第2部分：分级》(英文版)。

本部分等同翻译ISO/TS 10811-2:2000。

为便于使用，本部分作了如下编辑性的修改：

——用“本部分”代替“ISO/TS 10811-2”；

——删除了ISO/TS 10811-2:2000的前言，重新编写了本部分的前言；

——用小数点符号“.”代替作为小数点的“,”；

——对ISO/TS 10811-2:2000引用的其他国际标准，有被等同采用为我国标准的，用我国标准代替对应的国际标准，未被等同采用为我国标准的直接引用国际标准。

本部分的附录A是资料性附录。

本部分由全国机械振动、冲击与状态监测标准化技术委员会(SAC/TC 53)提出并归口。

本部分起草单位：大连理工大学、同济大学、清华大学。

本部分主要起草人：朱彤、施卫星、王宗纲。

引　言

本部分提供了一种用由三个数值描述简明频谱度量数据的量测分级的简化方法，其分级的基本思想是使测量值与简明的恒位移/恒速度/恒加速度频谱相匹配。简明频谱由三个数值描述：一个速度均方根值和两个转折频率值。

机械振动与冲击 装有敏感设备建筑物内的振动与冲击 第2部分:分级

1 范围

GB/T 23717的本部分定义一种方法,这种方法依据GB/T 23717.1测得的数据对作用于建筑物上的振动与冲击进行分级。环境振动条件的分级体系可以作为设计人员、振动与冲击敏感设备的制造商和用户以及建筑开发商的使用指南。

考虑的振动与冲击类型包括从地板、桌子、墙壁、天花板或孤立的系统传递到设备部件的作用,它们可能由以下方面产生:

a) 外部振源,例如交通(公路、铁路或航空)或是建筑物的建造和施工活动(爆破、打桩和振动密实),还包括天气原因引起的振动以及声音轰鸣和声学激励引起的振动响应;

b) 室内使用的设备,如冲床、锻造锤、旋转设备(空气压缩机、空调系统等)和在建筑物内运输或运行的重型设备;

c) 与维修和操作设备相关的人员活动,例如人的走动,尤其是在垫起的地板上。

通常所关注的频率范围为2 Hz~200 Hz。一般的特征频率均小于100 Hz,因为它表现的是建筑物内各要素的响应。

本部分仅从最大振幅的角度来处理振动。不涉及振动的其他量化概念(如疲劳寿命的估计等)。

2 规范性引用文件

下列文件中的条款通过GB/T 23717的本部分的引用而成为本部分的条款。凡是注日期的引用文件,其随后所有的修改单(不包括勘误的内容)或修订版均不适用于本部分,然而,鼓励根据本部分达成协议的各方研究是否可使用这些文件的最新版本。凡是不注日期的引用文件,其最新版本适用于本部分。

GB/T 23717.1 机械振动与冲击 装有敏感设备建筑物内的振动与冲击 第1部分:测量与评价(GB/T 23717.1—2009,ISO/TS 10811-1:2000,IDT)

IEC 61260 电声学 倍频程带宽和分数倍频程带宽滤波器

3 振动波类型

能够对建筑物内精密仪器产生影响的振动波类型可以是任何形式:正弦波、随机波或瞬态波。因此,对振动进行有效的测量和分析应针对以上三种类型的所有运动。对于不同波型的典型振源可举例如下:

a) 旋转机械产生的正弦振动;

b) 公路上大量交通工具产生的随机振动;

c) 单个交通工具、打桩、冲击和爆炸产生的瞬态振动。

振动的频率不仅由振源决定,同时也受建筑物的动力特性影响。本部分所描述的测量和分析方法可以用于任何类型的振动波型。

4 分级

4.1 一般规定

与 GB/T 23717.1 中的定义一样，分级的基础是等效峰值速度响应谱。该频谱可以由几个事件计算得到，如几趟通过的列车等。如果同时考虑几个频谱，则应取每个频率下的最大值。考虑不同类型的事件产生的频谱，可采用相同的原理。

一个典型的等效峰值速度响应谱曲线在低频段有每倍频程 6 dB 的斜度，而在高频段则为每倍频程 −6 dB 的斜度(见图 A.2 双对数坐标表示的示例)。每倍频程 6 dB 的斜度对应于恒位移-频率关系曲线，而每倍频程 −6 dB 的斜度对应于恒加速度-频率关系曲线。

单位为 mm/s 的速度均方根值从 1×10^n，2×10^n，5×10^n 数序列中选出，这里 n 为正整数或者负整数。转折频率根据 IEC 61260(参见表 1 或表 2)中的倍频程带宽中心频率选出。

表 1 位移线值

单位为微米

速度值 mm/s	转折频率/Hz						
	2	4	8	16	31.5	63	125
1	80	40	20	10	5	2.5	1.25
2	160	80	40	20	10	5	2.5
5	400	200	100	50	25	12.5	6.3

表 2 加速度线值

单位为毫米每二次方秒

速度值 mm/s	转折频率/Hz						
	2	4	8	16	31.5	63	125
1	12.5	25	50	100	200	400	800
2	25	50	100	200	400	800	1 600
5	63	125	250	500	1 000	2 000	4 000

4.2 分级流程

该流程(可以由人或电脑程序执行)由以下步骤组成：

a) 让一条恒速度水平线在双对数坐标的实测频谱图上向下方移动，使用上文定义的数序列，直到至少两个频谱点位于水平线上方，然后取上一级的速度均方根值。

b) 让一条恒位移线(每倍频程 6 dB)在实测频谱图上向下方移动，直到两个频谱点位于斜线上方。

c) 让一条恒加速度线(每倍频程 −6 dB)在实测频谱图上向下方移动，直到两个频谱点位于斜线上方。

d) 该流程通常产生两个转折点。对分级而言，从表 1 选择得到低频的转换点(位移)是第一个低于或等于低频转折点的频率点。用同样的方式从表 2 中寻找频率得到高频转换点(加速度)是下一个高于或等于转折点水平线的频率。可选择的最低转折频率是 2 Hz，如果高转折频率超过 125 Hz，应取 200 Hz。

e) 一个自动的流程可以在某些情况下生成一个选定的位移转折频率，而该频率高于选出的加速度转折频率。在这种情况下，这两个频率应该互相交换。

附录 A 解释了这个过程，也给出了说明选择的转折频率相等的特例。

5 位移和加速度线的数值

以下的近似值可以用来画出位移和加速度线。表1和表2中分别给出了位移和加速度值,在表中列出1 mm/s、2 mm/s和5 mm/s的速度值,对于其他速度值,可由简单的缩放比例得到。

6 建筑物内环境振动状态标识

根据GB/T 23717.1,由下列三个数值标识建筑物内环境振动状态,即:

——速度值;

——选择的位移转折频率;

——选择的加速度转折频率。

环境振动状态应依据本GB/T 23717.1标识为:…mm/s,…Hz,…Hz。

7 与IEC 60721和VC曲线的关系

7.1 在IEC 60721-3-3中,振动值由正弦型的环境振动给出。在2 Hz~9 Hz频率范围内的振幅以位移幅值给出,在9 Hz~200 Hz频率范围内以加速度幅值给出。这个分级图解与本部分中给出的非常相似。

7.2 VC(振动准则)曲线[IEST-RP-CC012.13]广泛应用于微电子设施和类似场所。从8 Hz~100 Hz范围内曲线有恒速度值(以三分之一倍频程带宽均方根值给出)。低于8 Hz,VC曲线给出恒加速度。

表3给出了恒速度范围的数值。依据GB/T 23717.1,相应的峰值速度可以由正弦波和随机振动估算。表3给出了正弦值;评价随机振动,由十分钟暴露时间得到,并且给出两个数值,一个对应于8 Hz的三分之一倍频程带宽,一个对应于100 Hz的三分之一倍频程带宽。

如果考虑多种不同振动情况,本部分的方法将给出一个恒速度的宽频范围,在这种情况下分级将与VC曲线接近。

表3 VC曲线速度值

VC曲线	均方根速度 μm/s	正弦波峰值速度 mm/s	随机振动峰值速度(10 min) mm/s	
			8 Hz	100 Hz
A	50	0.071	0.22	0.25
B	25	0.035	0.11	0.12
C	12.5	0.018	0.056	0.062
D	6	0.008 5	0.027	0.030
E	3	0.004 2	0.013	0.015

附　录　A
（资料性附录）
分级过程的实例

图 A.1 给出爆破的时间历程图。

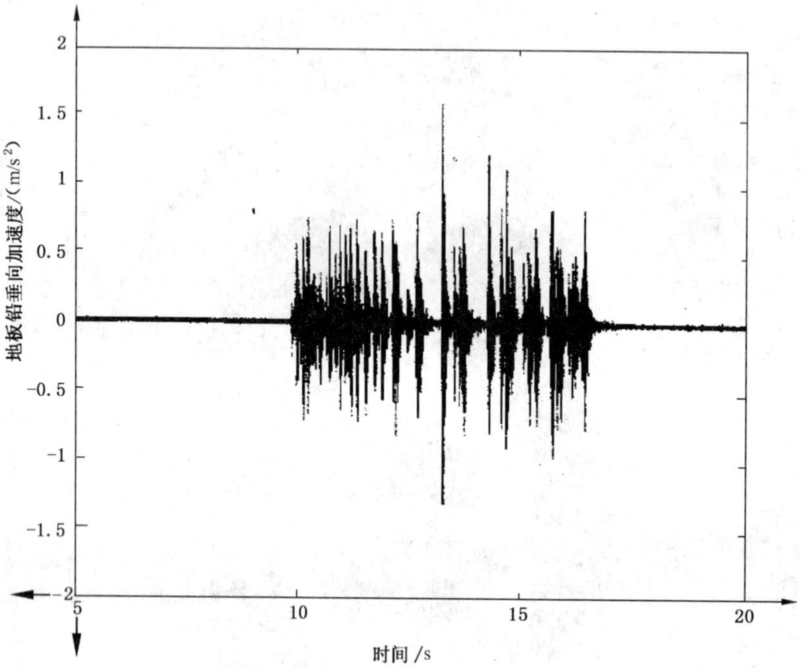

图 A.1　爆破加速度时间历程

图 A.2 给出 $Q=10$ 时以 GB/T 23717.1 为依据的等效峰值速度响应谱。

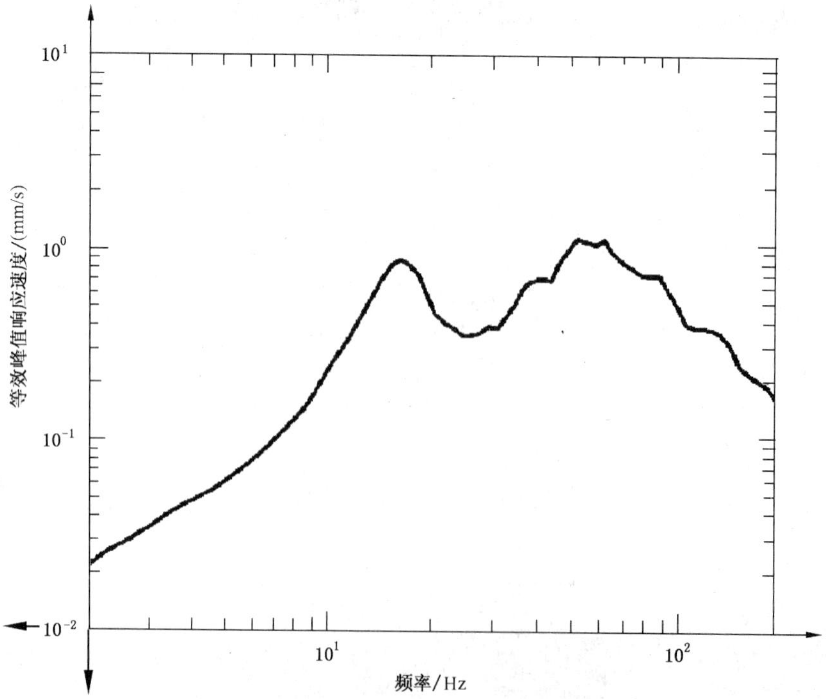

图 A.2　等效峰值速度响应谱

首先找到速度值,见 4.2 中步骤 a),为 2mm/s。见图 A.3。

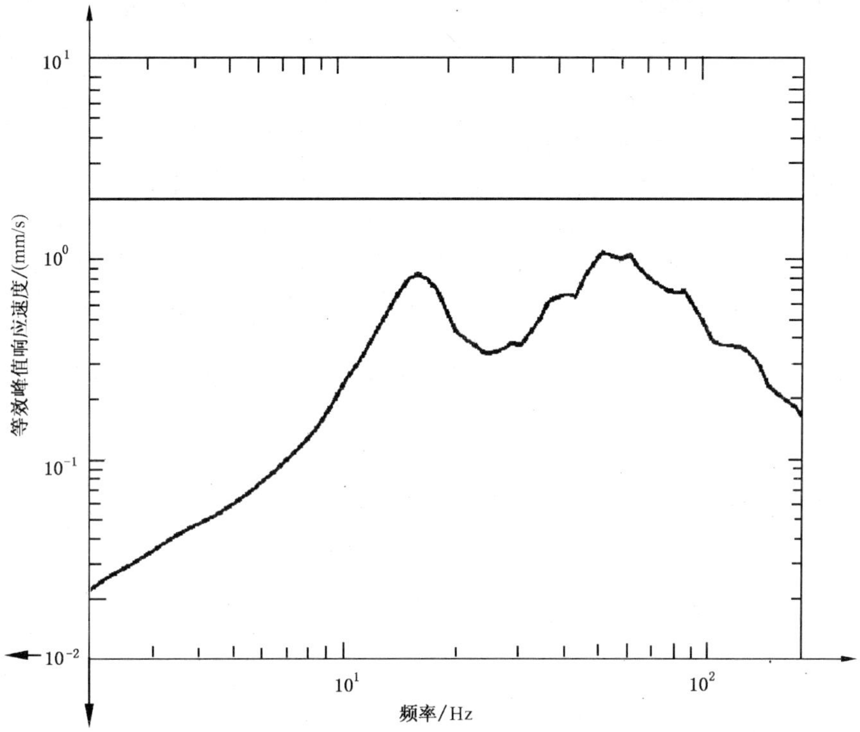

图 A.3 确定速度均方根值

随后确定位移线,见 4.2 中步骤 b),得出一个 38 Hz 的转折频率。见图 A.4。

然后确定加速度线,见 4.2 中步骤 c),得到一个 31 Hz 的转折频率。见图 A.4。

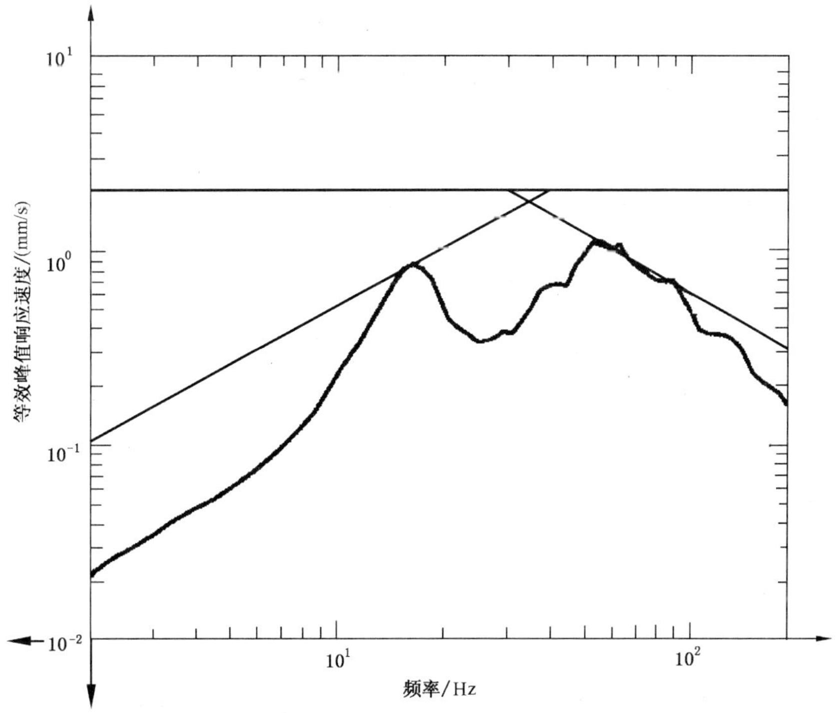

图 A.4 位移和加速度线

根据 4.2 中步骤 d)，低频(位移)转折点依照表 1 被分级为 31.5 Hz，然而高频(加速度)转折点依据表 2 也被分级为 31.5 Hz。在此特殊情况下，两个被选的转折频率都变成 31.5 Hz，结果绘制在图 A.5 上。

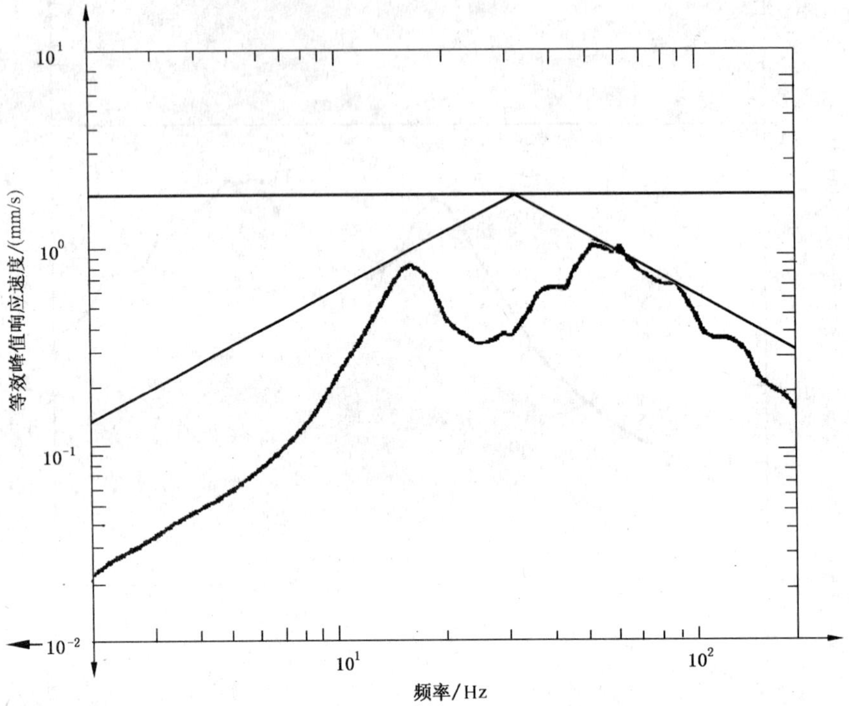

图 A.5　完成的分级：2 mm/s，31.5 Hz，31.5 Hz

参 考 文 献

[1] ISO 2041 Vibration and shock Vocabulary.(GB/T 2298).

[2] ISO 4866 Mechanical vibration and shock Vibration of buildings Guidelines for the measurement of vibrations and evaluation of their effects on buildings.(GB/T 14124).

[3] IEC 60068(全部) Environmental testing.

[4] IEC 60721-3-3:1994 Classification of environmental conditions Part 3: Classification of groups of environmental parameters and their severities Section 3: Stationary use at weatherprotected locations.

ICS 17.160;23.100.30
J 04

中华人民共和国国家标准

GB/T 23718.1—2009/ISO 18436-1:2004

机器状态监测与诊断 人员培训与认证的要求 第1部分:对认证机构和认证过程的要求

Condition monitoring and diagnostics of machines—
Requirements for training and certification of personnel—
Part 1:Requirements for certifying bodies and the certification process

(ISO 18436-1:2004,IDT)

2009-05-11 发布　　2009-12-01 实施

中华人民共和国国家质量监督检验检疫总局
中国国家标准化管理委员会
发布

前　言

GB/T 23718《机器状态监测与诊断　人员培训与认证的要求》由以下部分组成：

——第1部分：对认证机构和认证过程的要求；

——第2部分：振动状态监测与诊断；

——第3部分：对培训机构和培训过程的要求；

——第4部分：现场润滑分析；

——第5部分：润滑实验室技术员/分析师；

——第6部分：声发射；

——第7部分：热成像；

——第8部分：超声；

——第9部分：状态监测专家。

本部分是GB/T 23718的第1部分。

本部分等同采用ISO 18436-1:2004《机器状态监测与诊断　人员培训与认证的要求　第1部分：对认证机构和认证过程的要求》(英文版)及其勘误ISO 18436-1:2004/Cor 1:2006。

本部分等同翻译ISO 18436-1:2004，包括勘误ISO 18436-1:2004/Cor 1:2006。

为了便于使用，本部分编辑性修改内容如下：

——用"本部分"代替"国际标准ISO 18436本部分"；

——删除了国际标准前言；

——对ISO 18436-1:2004引用的其他国际标准，有被等同采用为我国标准的，用我国标准代替对应的国际标准，未被等同采用为我国标准的直接引用国际标准；

——根据勘误ISO 18436-1:2004/Cor 1:2006对其有关内容进行了修改。

本部分的附录A和附录B为规范性附录。

本部分由全国机械振动、冲击与状态监测标准化技术委员会(SAC/TC 53)提出并归口。

本部分负责起草单位：郑州机械研究所。

本部分参加起草单位：北京北重汽轮电机有限责任公司、南阳防爆集团有限公司、中国石化扬子石油化工有限公司、华北电力大学。

本部分主要起草人：韩国明、安胜利、王泽威、宋颖坚、付忠广。

引　言

机器状态监测与诊断是有效的维修方案的组成部分。用于机器状态监测与故障诊断的非干扰式技术,包括:振动、红外热成像、润滑、油液分析、声和超声分析以及电流分析。在许多情况下,这些技术可作为互补的状态分析工具。进行测量与数据分析的专业人员的技巧和专业技能,对这些技术的有效应用起着决定性作用。

本部分规定了在非干扰式机器状态监测、诊断和修复技术方面对认证机构的要求。本部分包括对认证机构人员的一般要求。对状态监测与诊断人员的具体要求放在本系列标准的后续部分中。

机器状态监测与诊断 人员培训与认证的要求 第1部分:对认证机构和认证过程的要求

1 范围

GB/T 23718 的本部分规定了对机器状态监测、识别机器故障和推荐修复措施的人员进行认证的机构的要求,规定了状态监测与诊断人员认证的程序。这些要求是对GB/T 27024—2004/ISO/IEC 17024:2003 的要求的补充。

注:涉及具体技术的后续部分将要制定。

2 规范性引用文件

下列文件中的条款通过 GB/T 23718 的本部分的引用而成为本部分的条款。凡是注日期的引用文件,其随后所有的修改单(不包括勘误的内容)或修订版均不适用于本部分,然而,鼓励根据本部分达成协议的各方研究是否可使用这些文件的最新版本。凡是不注日期的引用文件,其最新版本适用于本部分。

GB/T 27024—2004 合格评定 人员认证机构通用要求(ISO/IEC 17024:2003,IDT)

3 术语和定义

在 GB/T 27024 中确定的以及下列术语和定义适用于本部分。

3.1

证书 certificate

证实某个人满足本系列标准的相关部分所规定的关于某项具体技术的要求的书面证明。

3.2

认证机构 certification body

符合 GB/T 27024 对认证机构要求的组织。

3.3

考试中心 examination centre

由认证机构授权与监督管理的中心,负责组织书面考试或实践资格考试。

3.4

监考人 invigilator

监督书面考试的人员,但不评价应试者的能力。

3.5

技术委员会 technical committee

由指定的认证机构组织的、指导认证技术方面工作的委员会。

3.6

重要中断 significant interruption

证书的持有人在有效期内未从事相关认证范围职责的实践活动:

a) 连续超过 365 天;

b) 两个或更多时段的总时间超过认证总有效期的 2/5。

4 认证机构

4.1 授权

认证过程应由认证机构管理，该过程包括为证明某人满足本部分(以及本系列标准的后续部分)规定的要求，并给予资格证书而采取的所有步骤。

4.2 要求

认证机构

a) 应符合本部分(以及发布后的本系列标准的后续部分)对从事机器状态监测与诊断人员的要求；

b) 应与 GB/T 27024—2004 第 4 章的要求一致；

c) 应有指导考试和管理考试中心的行政资源；

d) 应与任何商业利益无关；

e) 在认证体系管理中应采用非歧视性的方针和程序；

f) 应遵守所有适用的国家法律和国际法律。

4.3 一般条款

认证资格鉴定不应依据限制性条件，如非法的经济承诺、由特定组织培训或者是任何特定组织的成员。但是为了确认符合要求，可以要求指定特定的培训课目，包括标准课程在内。

任何级别认证的人数应不受限制。

认证机构应对授予、保持、更新、扩大、限制和撤销证书负责。

4.4 职责

认证机构应当符合下列要求：

a) 启动、维护推进认证程序，以说明执行机器状态监测与诊断任务的个人资格鉴定可得到资格证书；

b) 按照本部分的要求和严格的道德规范(见附录 A)管理认证程序与操作，包括批准申请证书持有人；

c) 对包括技术与管理要求的认证程序最终负责；

d) 确保本系列标准的后续部分(当发布后)的每个技术规范中规定的培训课程；

e) 适当地配备职员，装备考试中心，并定期监督；

f) 拟订和(或)审定合适的认证考题；

g) 审定应试人员的资格；

h) 批准考试的时间和地点、考试中心、每次考试的监考人或考官；

i) 准备与发布考试内容给考试中心；

j) 回收与评阅已完成的考试；

k) 通知应试者考试的结果；

l) 颁发认证证书；

m) 保存认证操作的适当记录；

n) 根据应试者的书面要求提供考试结果的评述；

o) 制定与执行再认证的程序与要求；

p) 监督所有被授权的功能。

4.5 认证机构的组织结构

认证机构应当有一个面向公众的组织结构，邀请和准许所有关注并且符合 GB/T 27024—2004 要求的人员参与。

4.6 考试中心

4.6.1 总则

考试中心可包括技术组织、供方、公司、独立的培训组织等，是一个符合4.6.2的要求并负有4.6.3职责的机构。

4.6.2 要求

考试中心应当由认证机构选定，并且至少：

a) 应在认证机构的指导下工作；

b) 应有合适的经鉴定合格的职员组织与指导资格考试；

c) 应有足够的财力和物力主办考试；

d) 应遵照本部分的要求。

4.6.3 职责

考试中心：

a) 应当由授权的监考人(见附录B)按照认证机构规定的程序指导考试；

b) 应当仅使用认证机构提供的现行原本考卷；

c) 应当将全部原本考卷(包括未用过的考卷)返还给认证机构；

d) 应当保证考试的公正不受任何损害。

4.7 技术委员会

4.7.1 总则

技术委员会是由认证机构委派的团体，它符合4.7.2的要求并负有4.7.3的职责。

4.7.2 要求

独立的技术委员会应当由认证机构建立，以监督与指导有关认证的技术工作。技术委员会至少应要求它的成员具有委员会所代表的认证水平，或者在创始阶段具有同等能力。

4.7.3 职责

技术委员会：

a) 应提出或修改考题；

b) 应确保本系列标准的后续部分(当发布后)对每一认证级别规定的精通的技术范围。

5 对认证机构人员的要求

5.1 一般条款

为了保证认证过程有效、统一地进行，对整个过程中参与人员的能力要求应由认证机构规定，并由负责的委员会批准(见GB/T 27024—2004)。

认证机构应要求它的(内部的或外部的)人员签订合同或其他文件，承诺遵守认证机构规定的规则，包括有关保密的规则，有关独立于商业或其他利益的规则以及在过去和(或)现在都与应试人员没有会损害公正性的关系的规则。

清楚地描述人员的义务与职责的指导文件应当是有效的。这些指导文件应保持最新状态。参与认证活动的所有人员都应具有适当的教育、经验和专业知识，以满足针对确定的任务所规定的能力准则。他们应接受针对其特定工作职责的培训，并应了解认证工作的重要意义。

认证机构应当建立与保存关于每位人员的相关资格的鉴定、培训和经历的最新有效文件。应可查阅有关人员相关的信息，包括：

a) 姓名和地址；

b) 参加的组织和担任的职务；

c) 教育资格和专业状况；

d) 在认证机构权限的领域内的经验与培训经历；

e) 在认证机构内的具体职责与义务;

f) 表现评价;

g) 最近更新记录的日期。

5.2 考官的附加准则

考官应满足认证机构根据适用的标准和规范性文件确定的要求。

当为具体的考试或部分考试选择考官时,认证机构应保证考官有足够的能力完成每项任务。

考官应做到:

a) 熟悉相关的认证体系;

b) 通晓相关的考试方法和考试文件;

c) 在考试的领域内具有适宜的技术知识;

d) 书面和口头(需要时通过翻译)均能熟练地使用考试语言进行有效的交流;

e) 不受任何利益影响,以便他们就能做到公正、无歧视性的判断(评估)。

认证机构应做好准备,以保证考试不受损害。当教员培训过的应试人员测试时,如果存在需要教员参加的情况,该教员作为监考人不应评估这场考试。应试人员应得到密封的考卷,并将密封的答卷还给监考人,监考人不应参加资格鉴定过程。

6 人员的分级

6.1 总则

按照本系列标准的各部分认证的个人,应依据他们的资格划分成若干级别。他们应证明在机器状态监测与诊断方面的能力,其分级在本系列标准的后续部分(当发布后)针对具体技术阐述。

6.2 级别

建议每项技术依据其技术难度的自然界限一般划分为三级(初级、中级和高级)。如需要时,一项技术也可分为较少或更多级别。

6.3 雇主

雇主应为应试人员向认证机构提出申请,并应出具文件证明提供的个人信息的有效性,包括成为合格应试人员所需的培训和经验的申述,但不直接包含认证程序本身。雇主应对授权执行机器状态监测与诊断以及工作结果的质量与有效性负责。如果应试人员是自我雇用,他们应承担雇主的全部职责。

7 应试人员的合格条件

7.1 总则

应试人员应该通过教育、培训和经历相结合,以确保他们懂得在已选择的、应用于机器状态监测与诊断技术的原理和方法。

7.2 教育

本系列标准有关每项技术的部分,将规定每级认证所要求的或推荐的正规教育。

例如:中学、技术学校和(或)大学。

7.3 培训

本系列标准的后续部分针对不同的技术,将要制定推荐的或要求的最短的培训期限,见表1的举例。培训可以采用授课、演示和实际练习的形式。培训课程的题目和对不同技术的要求将在本系列标准的后续部分的附录中给出。概述将指明每一级认证培训的学时和主要课程的范围。主要课程范围将被划分成详细的题目表,每一级认证将给出授课的学时。见GB/T 23718.2—2009/ISO 18436-2:2003的附录A对振动状态监测与诊断人员培训的要求。

表 1 累计最短培训期限

单位为小时

技术级别Ⅰ	技术级别Ⅱ	技术级别Ⅲ	技术级别Ⅳ
A	A+B	A+B+C	A+B+C+D
注：每一技术级别将确定其具体方案的培训学时。			

将针对每一认证级别，在本系列标准的各个部分的附录中提供对不同技术推荐的技术信息来源。

要求培训包括考试，以保证已经理解课程的内容。为取得圆满地完成学业的信誉，应试人员应当满足认证机构的要求：

a) 他们已圆满地完成在本系列标准相关部分明文规定的课目的培训或等效的自学；
b) 用于每项题目的时间符合有关科目范围的附录中规定的时间；
c) 培训与所申请认证级别的范围一致；
d) 以认证机构可接受的方式，用文件证明自学所选择的、每项技术所要求的科目范围，或者由已通过审定的培训机构提供的课程考试。

7.4 经验

为申请认证合格，应试人员应该提供在机器状态监测与诊断领域的工作经历的书面证明。在本系列标准的相关部分将规定最短的工作经历要求。见 GB/T 23718.2—2009/ISO 18436-2:2003 对振动状态监测与诊断人员的要求。表 2 是一般举例。

表 2 最短的累计工作经历要求

单位为月

技术级别Ⅰ	技术级别Ⅱ	技术级别Ⅲ	技术级别Ⅳ
A	A+B	A+B+C	A+B+C+D

8 资格考试

8.1 考试类型与内容

对每一认证级别，应试人员要在规定时间内回答一定数量的问题。考试应该闭卷，但是允许认证机构提供公式图表或标准原文资料。考试可以部分口试或演示，取决于本系列标准的相关部分的要求。

在本系列标准的后续部分将包括考试的细节。见 GB/T 23718.2—2009/ISO 18436-2:2003 对振动状态监测与诊断人员的细节。包括该信息的一个例子示于表 3。本系列标准各个部分的课目所涉及的考题从现有的考题库中选出。考题应该是实践性的；也要测验应试人员进行机器状态评估所要求的概念和原理。考题可以包括对图表和曲线的判读，可以要求简单的数学计算。

表 3 考试细节举例

分类	问题数目	时间/h	通过等级/%
级别Ⅰ	48	2	75
级别Ⅱ	100	3	75
级别Ⅲ	100	4	75
级别Ⅳ	60	5	75

8.2 考试的管理

所有考试应在批准的考点由认证机构管理，并符合下列要求：

a) 考试时，应试人员应持有本人的有效身份证件和考试通知书，按要求向监考人出示。
b) 考试应闭卷，认证机构提供的材料（如常用公式摘要）除外；但对最高一类的考试，认证机构可以斟酌开卷。

c) 应试人员可以使用简单的绘图仪器和基本的不带可编程序的计算器。

d) 禁止用铅笔回答问题或使用修改液,他们可以在考卷上做任何初始的更正。

e) 考试开始时,标有应试人员姓名和考题的密封袋由监考人分发给考生。

f) 依监考人指令,应试人员打开袋子,并回答问题。

g) 考试结束时,应试人员应将他们的考卷放入袋中,密封并签名,送给监考人,监考人应直接送至认证机构。

h) 考试期间,任何应试人员不遵守考试规则,行骗或同谋者,应被拒绝参加下一步的考试(见8.4)。

8.3 评分

所有考试均由认证机构授权的人员评分。为获得认证,应试人员应得到的正确答案的百分比示于表3。考试分数应取得认证机构确任。

8.4 重考

未通过认证等级要求的应试人员,可以进行任意次的重考,只要重考在前一次考试后不少于30天。认证机构可以做出判断,如果认证机构同意可以接受进一步的培训,则允许提前重考。由于不道德的行为而被排除的应试人员,重新申请至少要等12个月。

9 认证

9.1 管理

应试人员满足指定级别的认证的全部要求之后,认证机构宜公布认证结果,并颁发符合本部分认证的证书。

9.2 证书

证书和(或)相应的证卡至少应包括:

a) 被认证人的姓名;

b) 认证的日期;

c) 认证期满的日期;

d) 认证级别;

e) 适用的机器状态监测技术(如机器振动状态监测与诊断);

f) 认证机构的名称;

g) 唯一的身份证编号;

h) 被认证人在证卡上的签名;

i) 被认证人的照片;

j) 证卡的防伪装置(用过塑封);

k) 指定的认证机构的代表在证书上签名;

l) 认证机构的印章。

在证书或者证卡上预留出专门的地方用于限制说明和雇主签名盖章,简述授权证书持有者进行操作并对测试结果负责。

注:通过颁发证书,认证机构证实某个人在本系列标准某个技术部分规定的资格,但并没有授权进行机器振动测量或分析。

10 认证的有效与更新

10.1 认证的有效

有效期从证书或证卡上注明的认证日期算起不超过5年。到期之前:

a) 如果本人因身体和(或)智力原因不能履行职责;

b) 依照认证机构之意见,对不道德的行为取证之后该认证将变为无效。

10.2 认证的更新

在认证有效期的最后6个月内,只要证书持有人提供可证实的连续满意工作而无重要中断的证明,认证机构就可以对更新的5年加上未到期的期限的认证更新。如果不符合更新的标准,这个人应依照新的应试人员的步骤申请再认证。

11 文件

认证机构应保存下列文件:

a) 每一级别所有已认证人员的最新一览表。

b) 距申请或考试日期(无论哪个最迟)至少3年内,每个尚未认证的应试人员的个人文档。

c) 每个已认证的个人或认证已失效或撤销的个人的文档,包括:

  1) 申请表;

  2) 考试文档,包括考题和分数;

  3) 更新文档,包括连续活动和重要中断的证明;

  4) 认证撤销或作废的原因。

每份文件都应按照GB/T 27024—2004中4.6的要求,在合适的安全与谨慎的条件下保存。

12 过渡期

当认证机构最初实施认证方案时,可以指定人员作为考官,考官任职不超过5年。他们应当符合下列要求:

a) 应具有机器状态监测与诊断原理的知识;

b) 应具有运用机器状态监测与诊断的实践经历;

c) 应具有指导考试的能力;

d) 应能解释考试中的询问和结果。

附 录 A
（规范性附录）
道德规范

依照本部分认证的个人应当承认依照国际法则的个人诚实和专业技能的规则，因此认证的个人：

a） 履行他们的专业职责时应真正重视自然环境、安全、健康和公共福利；

b） 应当仅承担靠他们的培训和经验能够完成的测量与分析，他们被授权能做到对专职的人员要求，圆满地完成任务，签订或协商聘约；

c） 应办事认真，与同事、顾客和合伙人共事公平公正；

d） 应最大限度地保护与公共福利有关的、雇主、顾客、同事或公众成员信任而给与他们的任何信息；

e） 应当制止可能损害基于本部分认证方案的不公平的说法和不道德的行为；

f） 应向雇主或顾客讲明，非技术当局滥用技术决策可能引起的任何不利后果；

g） 应避免与任何雇主或顾客的利益冲突，如在工作中出现这种冲突，应迅速把情况通知受影响的人；

h） 应努力按照正确完成机器状态监测测量与分析的要求，更新他们的技术知识，精通业务。

附　录　B
（规范性附录）
监考人与考官的资格

资格鉴定考试的考官：

a)　应当有比测试的级别至少高一级的，或他们指导的考试现有最高级别的认证。

b)　否则，应由认证机构批准。

所有的考官和监考人都应签署声明，他们接受并执行正确指导考试的一系列规则。

参 考 文 献

［1］ GB/T 23718.2—2009 机器状态监测与诊断 对人员培训与认证的要求 第2部分:振动状态监测与诊断(ISO 18436-2:2003,IDT).

［2］ ISO/IEC Guide 61:1996 对认证/注册机构的评估与认可的通用要求.

ICS 17.160;03.100.30
J 04

中华人民共和国国家标准

GB/T 23718.2—2009/ISO 18436-2:2003

机器状态监测与诊断 人员培训与认证的要求 第2部分:振动状态监测与诊断

Condition monitoring and diagnostics of machines—Requirements for training and certification of personnel—Part 2: Vibration condition monitoring and diagnostics

(ISO 18436-2:2003,IDT)

2009-05-11 发布　　2009-12-01 实施

中华人民共和国国家质量监督检验检疫总局
中国国家标准化管理委员会　发布

前　言

GB/T 23718《机器状态监测与诊断　人员培训与认证的要求》由以下部分组成：

——第 1 部分：对认证机构和认证过程的要求；

——第 2 部分：振动状态监测与诊断；

——第 3 部分：对培训机构和培训过程的要求；

——第 4 部分：现场润滑分析；

——第 5 部分：润滑实验室技术员/分析师；

——第 6 部分：声发射；

——第 7 部分：热成像；

——第 8 部分：超声；

——第 9 部分：状态监测专家。

本部分是 GB/T 23718 的第 2 部分。

本部分等同采用 ISO 18436-2:2003《机器状态监测与诊断　人员培训与认证的要求　第 2 部分：振动状态监测与诊断》(英文版)。

本部分等同翻译 ISO 18436-2:2003。

为便于使用，本部分编辑性修改内容如下：

——用“本部分”代替“国际标准 ISO 18436 本部分”；

——删除了国际标准前言，国际标准引言用我国的语言方法表述；

——对 ISO 18436-2:2004 引用的其他国际标准，有被等同采用为我国标准的，用我国标准代替对应的国际标准，未被等同采用为我国标准的直接引用国际标准。

本部分的附录 A 和附录 B 为规范性附录。

本部分由全国机械振动、冲击与状态监测标准化技术委员会(SAC/TC 53)提出并归口。

本部分负责起草单位：郑州机械研究所。

本部分参加起草单位：西安热工研究院有限公司、东方电机股份有限公司、中国石化扬子石油化工有限公司。

本部分主要起草人：韩国明、张学延、陈昌林、宋颖坚。

引　　言

用测量振动分析来监测机器状态和诊断故障已成为大多数产业在预测维修方案中关键的活动。其他的非干扰技术，包括红外热成像、声发射、润滑油分析和电机电流分析等都作为补充的状态分析工具。在努力坚持应用这些技术的制造业中已体验到，投资的回报远远超过对它们的期望。但是，这些技术的效能取决于完成测量与分析数据的个人的能力。

本部分规定了对用振动分析进行非干扰的机器状态监测与诊断的技术人员进行认证的要求和对其进行测试的方法。振动分析认证的合格评定由 GB/T 23718.3(ISO 18436-3)要求的机构来执行。

机器状态监测与诊断
人员培训与认证的要求
第2部分:振动状态监测与诊断

1 范围

GB/T 23718 的本部分规定了对实施机器状态监测与诊断的振动分析人员的一般要求。本部分的认证将提供对使用便携式或固定安装的传感器和设备进行机器振动测量和分析的个人的资格和能力的承认。

本部分包括一个基于本技术领域的四级认证方案。

2 规范性引用文件

下列文件中的条款通过 GB/T 23718 的本部分的引用而成为本部分的条款。凡是注日期的引用文件,其随后所有的修改单(不包括勘误的内容)或修订版均不适用于本部分,然而,鼓励根据本部分达成协议的各方研究是否可使用这些文件的最新版本。凡是不注日期的引用文件,其最新版本适用于本部分。

GB/T 6075.1 在非旋转部件上测量和评价机器的机械振动 第1部分:总则(GB/T 6075.1—1999,idt ISO 10816-1:1995)

GB/T 6075.2 在非旋转部件上测量和评价机器的机械振动 第2部分:50 MW 以上、额定转速 1 500 r/min,1 800 r/min,3 000 r/min 和 3 600 r/min 陆地安装的汽轮机和发电机(GB/T 6075.2—2007,ISO 10816-2:2001,IDT)

GB/T 6075.3 在非旋转部件上测量和评价机器的机械振动 第3部分:额定功率大于 15 kW 额定转速在 120 r/min 至 15 000 r/min 之间的在现场测量的工业机器(GB/T 6075.3—2001,idt ISO 10816-3:1998)

GB/T 6075.4 在非旋转部件上测量和评价机器的机械振动 第4部分:不包括航空器类的燃气轮机驱动装置(GB/T 6075.4—2001,idt ISO 10816-4 1998)

GB/T 6075.5 在非旋转部件上测量和评价机器的机械振动 第5部分:水力发电厂和泵站机组(GB/T 6075.5—2002,idt ISO 10816-5:2000)

GB/T 6075.6 在非旋转部件上测量和评价机器的机械振动 第6部分:功率大于 100 kW 的往复式机器(GB/T 6075.6—2002,idt ISO 10816-6:1995)

GB/T 6444 机械振动 平衡词汇(GB/T 6444—2008,ISO 1925:2001,IDT)

GB/T 6557 挠性转子机械平衡的方法与准则(GB/T 6557—2008,ISO 11342:1998/Cor.1,IDT)

GB/T 9239.1 机械振动 恒态(刚性)转子平衡品质要求 第1部分:规范与平衡允差检验(GB/T 9239.1—2006,ISO 1940-1:2003,IDT)

GB/T 9239.2 机械振动 恒态(刚性)转子平衡品质要求 第2部分:平衡误差(GB/T 9239.2—2006,ISO 1940-2:1997,IDT)

GB/T 11348.1 旋转机械转轴径向振动的测量和评价 第1部分:总则(GB/T 11348.1—1999,idt ISO 7919-1:1996)

GB/T 11348.5 旋转机械转轴径向振动的测量和评价 第5部分:水力发电厂和泵站机组(GB/T 11348.5—2008,ISO 7919-5:2005,IDT)

GB/T 14125 机械振动与冲击 振动与冲击对建筑物内敏感设备影响的测量和评价(GB/T 14125—2008,ISO 8569:1996,IDT)

GB/T 14412 机械振动与冲击 加速度计的机械安装(GB/T 14412—2005,ISO 5348:1998,IDT)

GB/T 19873.1 机器状态监测与诊断 振动状态监测与诊断 第1部分:总则(GB/T 19873.1—2005,ISO 13373-1:2002,IDT)

GB/T 20921 机器状态监测与诊断 词汇(GB/T 20921—2007,ISO 13372:2004,IDT)

GB/T 22394 机器状态监测与诊断 数据判读和诊断技术的一般指南(GB/T 22394—2008,ISO 13379:2003,IDT)

GB/T 22393 机器状态监测与诊断 一般指南(GB/T 22393—2008,ISO 17359:2003,IDT)

GB/T 23718.1 机器状态监测与诊断 人员培训与认证的要求 第1部分:对认证机构和认证过程的要求(GB/T 23718.1—2009,ISO 18436-1:2004,IDT)

ISO 2017-1 机械振动与冲击 弹性安装系统 第1部分:主动与被动隔离的应用

ISO 2041 振动与冲击 词汇

ISO 2954 旋转与往复式机器的振动 对振动烈度测量仪的要求

ISO 7919-2 非往复式机器的机械振动 在旋转轴上测量和评价准则 第2部分:50 MW以上,额定转速1 500 r/min,1 800 r/min,3 000 r/min,3 600 r/min陆地安装的汽轮机和发电机

ISO 7919-3 非往复式机器的机械振动 在旋转轴上测量和评价准则 第3部分:耦合的工业机器

ISO 7919-4 非往复式机器的机械振动 在旋转轴上测量和评价准则 第4部分:燃气轮机组

ISO 8528-9 往复式内燃机驱动的交流发电机组 第9部分:机械振动的测量与评价

ISO 14694 工业风机 平衡品质与振动水平技术要求

ISO 14695 工业风机 风机振动的测量方法

3 术语和定义

在GB/T 20921、GB/T 23718.1和ISO 2041中确定的以及下列术语和定义适用于本部分。

3.1

分析 analysis

使用信号处理技术和设备知识来评价机器故障和状态的过程。

3.2

路径 route

按机器的次序、测量或设备的布局列表所组成的机器测量位置的序列。

3.3

学员 trainee

正在培训成为具有认证资质的人员。

3.4

振动诊断 vibration diagnostics

用以确定机器故障的振动数据判读。

3.5

振动监测 vibration monitoring

振动数据测量、趋势分析和判读的过程。

4 机器振动状态监测与诊断的人员分级

4.1 总则

按照本部分认证的人员，应根据他们的资格将其划分为若干级别。他们必须证明其在机器振动状态监测与诊断方面的能力，按照附录A所示级别分级，并符合附录B所列的标准。

4.2 Ⅰ级

符合Ⅰ级要求的人员，有资格完成依据GB/T 22393和GB/T 19873.1用单一通道进行机器振动状态监测与诊断的活动。除对照预先规定的预警值识别预警状态外，他们不负责传感器的选择或进行任何分析，也不负责测试结果的评价。

他们应该能胜任：

a) 按照预先设计或预先安排的路径操作便携式仪器；

b) 从固定安装的仪器采集读数；

c) 将结果输入数据库，并从计算机下载；

d) 按照预先规定的方法进行稳态运行工况的测试；

e) 能识别有无信号出现；

f) 能依照预先确定的预警设置，对比单一的或综合的振动测量值。

4.3 Ⅱ级

符合Ⅱ级要求的人员，能按照已确定的或公认的方法，使用或不使用相位触发信号，用单一通道进行工业机器的振动测量与基本振动分析。认证Ⅱ级的人员除具备Ⅰ级人员的所有知识和技能外，还应该能胜任：

a) 选择合适的机器振动测量技术；

b) 设置仪器的振幅、频率和时间的基本分辨率；

c) 使用谱分析完成机器和部件(如轴、轴承、齿轮、风机、泵和电机)的基本振动分析；

d) 维护结果和趋势分析的数据库；

e) 完成基本的(单通道)冲击试验，以确定固有频率；

f) 按照适用的技术规范和标准，对测试结果(包括验收试验)进行分类、判读和评估；

g) 推荐简易的修复措施；

h) 懂得基本的单平面现场平衡的概念；

i) 知道异常的测量数据的原因和影响。

4.4 Ⅲ级

符合Ⅲ级资格要求的人员，有资格按照GB/T 22393和GB/T 19873.1进行和(或)指导和(或)建立机器振动状态监测与诊断的方案。认证Ⅲ级的人员除具备Ⅰ级和Ⅱ级人员的所有知识和技能之外，还应该能胜任：

a) 选择合适的机器振动分析技术；

b) 为便携式和固定安装的系统确定合适的振动仪器硬件和软件；

c) 在稳态和非稳态运行工况下，用或不用相位触发测量，并进行单通道频谱和时域图(如波形与轨迹)的测量和诊断；

d) 建立振动监测方案，包括确定周期性或连续性监测的机器、测试周期、路径规划；

e) 为新机器的振动水平和验收准则的规范制定方案；

f) 测量与分析基本的运行工况下的形变；

g) 理解并能指导使用可选用的状态检测技术(如声发射、热成像、电机电流分析和油液分析)；

h) 推荐现场修复措施，如平衡、对中和更换机器零部件；

i) 能使用加速度包络(解调)；

j) 进行基本的单平面现场平衡；

k) 向管理方报告有关计划目标、预算、费用合理性和人员配置；

l) 为相关人员准备机器状态的报告，推荐修复措施，并报告修理的效果；

m) 为振动培训学员提供教学和技术指导。

4.5 Ⅳ级

符合Ⅳ级资格要求的人员，有资格按照 GB/T 22393 和 GB/T 19873.1 进行和(或)指导机器振动状态监测与诊断以及所有类型的机器振动测量和分析。认证Ⅳ级的人员除具备认证Ⅰ级、Ⅱ级和Ⅲ级人员的所有知识和技能之外，还应该能胜任：

a) 应用振动理论和技术，包括多通道谱分析结果(如频率响应函数、相位和相干)的测量和判读；

b) 懂得并进行信号分析，包括懂得频率域和时间域处理，如轨迹和它们的界限；

c) 测定系统、部件和组件的固有频率、振型和阻尼；

d) 测定机器和连接结构的运行工况下的形变，并推荐修复方法；

e) 使用公认的先进技术进行振动分析、参数识别和故障诊断；

f) 将转子-轴承动力学的基本原理应用于振动诊断；

g) 指导基本的双平面现场平衡；

h) 推荐先进的双平面影响系数或静/力偶平衡方法；

i) 推荐修复措施和(或)设计修改，包括更换或修理部件、隔离、改变阻尼、刚度和质量；

j) 为振动培训学员提供技术指导；

k) 解读和评价已发布的国家标准、国际标准和规范；

l) 认识在往复式机器和螺杆压缩机等机器中的气体脉动引起的振动，测量必需的参数并推荐修复方法；

m) 推荐对弹性安装和其他紧固方法以及基础问题的修复措施。

5 应试人员的合格条件

5.1 总则

候选人员应该通过教育、培训和实践结合，保证他们懂得应用于机器振动测量和分析的原理和方法。候选人员应遵守 GB/T 23718.1 规定的道德规范。

5.2 教育

为取得合格的应试条件，申请认证的候选人员不一定提供正式的教育证明。可是，建议Ⅰ级和Ⅱ级候选人员至少应具有中学毕业文凭或同等学历。Ⅲ级和Ⅳ级候选人员应该能够处理简单的代数方程，使用基本的科学计算器(含三角函数和对数函数)，并熟悉个人计算机的操作。特别建议申请Ⅲ级和Ⅳ级认证的候选人员，应在认可的学院、大学或技术学校成功地修满两年或两年以上的机械技术或机械工程课程。

5.3 培训

5.3.1 基础培训

为符合本部分认证提出的申请合格条件，候选人员应该提供圆满地完成由认证机构根据附录 A 的要求批准的培训的证明。推荐的培训的最短期限示于表 1。批准的培训宜采用授课、演示和实习的形式。技术信息的来源列于参考文献中。建议培训应包括考试，以保证已经理解课目内容。建议圆满修完学业的候选人员应当满足认证机构的要求：

a) 已圆满地完成培训。

b) 完成每项题目的时间符合附录 A 的规定，并与所申请的认证等级一致。或者出示的自学时间和题目的记录与表 1 和附录 A 要求的一致。

c) 已通过了由认证机构批准的教员提供的培训课程考试。

5.3.2 关于机器知识的附加培训

除了示于表1和附录A的细目的培训课时外，推荐候选人员参加机器和部件知识培训的时间至少是表1所示时间的一半。

表1 推荐的累计培训的最短期限

单位为小时

Ⅰ级	Ⅱ级	Ⅲ级	Ⅳ级
32	70	110	174

5.4 经验

为符合本部分认证提出的申请合格条件，候选人员应该提供在机器振动状态监测与诊断领域的工作经历的证明。推荐基本的经历要求示于表2。认证Ⅰ级不是认证Ⅱ级的前提条件。而认证Ⅲ级和Ⅳ级的人员则要求有较低一级的认证。每个高一级别的人员的经验的广度和深度比低一级别的要求更高。

表2 推荐的累计工作经历的最少期限

单位为月

Ⅰ级	Ⅱ级	Ⅲ级	Ⅳ级
6	18	36	60
注：给出的月数代表对每一级别的累计经历的总月数。 月工作经历是按常规的每周40 h(175 h/月)。			

6 资格考试

6.1 考试内容

在每一级别的认证时，候选人员要在规定时间内回答由认证机构规定的示于表3列举的若干考题。这些考题覆盖附录A中的题目，考试时从现有的考题数据库中选出。考题应该是实践性的，也要测试候选人员进行机器振动分析所要求的概念和原理。这些问题可以包括对图表和曲线的判读。可同时提供与考题有关的常用公式；要求用计算器进行简单的数学计算。由适当的认证机构的技术委员会拟定和(或)审定这些考题。

6.2 重考

未通过认证等级要求的候选人员，可以进行任意次数的重考，只要重考在前次考试后不少30天。认证机构可以做出判断，在重考之前，允许认证机构同意的进一步培训。由于不道德的行为而被排除的候选人员，重新申请至少要等待12个月。

表3 考试详情举例

级别	问题数目	时间/h	通过率/%
Ⅰ级	50	2	75
Ⅱ级	100	3	75
Ⅲ级	100	4	75
Ⅳ级	60	5	75

附 录 A
（规范性附录）
机器振动状态监测与诊断人员培训课程要求

表 A.1 概述

课 目	培训学时			
	级别			
	Ⅰ级	Ⅱ级	Ⅲ级	Ⅳ级
1.振动原理	6	4	2	4
2.数据采集	8	4	2	2
3.信号处理	2	4	3	8
4.状态监测	2	4	3	1
5.故障分析	2	4	8	6
6.修复措施	2	4	6	16
7.设备知识	8	4	4	—
8.验收测试	2	2	2	—
9.设备测试与诊断	—	2	3	4
10.参照标准	—	2	2	2
11.报告与文档	—	2	2	4
12.故障严酷等级确定	—	2	3	3
13.转子/轴承动力学	—	—	—	14
等级培训总学时	32	38	40	64

表 A.2 授课内容及学时详表

课 目	级 别			
	Ⅰ	Ⅱ	Ⅲ	Ⅳ
1.振动原理	6	4	2	4
基本运动	●	●	●	
周期、频率	●	●	●	
振幅:峰值、峰峰值、均方根值(r.m.s)	●	●	●	
参数:位移、速度、加速度	●	●	●	
单位、单位转换	●	●	●	
时间域和频率域	●	●	●	
矢量、调制			●	●
相位		●	●	●
固有频率、共振、临界转速	●	●	●	●
力、响应、阻尼、刚度			●	●
不稳定性、非线性系统				●

表 A.2（续）

课　　目	级　　别			
	Ⅰ	Ⅱ	Ⅲ	Ⅳ
2. 数据采集	8	4	2	2
测试设备	●	●	●	●
动态范围、信噪比			●	●
传感器	●	●	●	
传感器安装、安装固有频率	●	●	●	
F_{max}、采样时间		●	●	
趋近式传感器		●	●	
触发		●	●	
测试计划		●	●	●
测试步骤	●	●	●	●
数据格式		●	●	
计算机数据库上传/下载	●			
异常数据识别	●	●	●	
3. 信号处理	2	4	3	8
均方根值/峰值检测				●
模/数转换				●
模拟采样/数字采样		●	●	●
FFT 计算			●	●
FFT 应用	●	●		
时间窗：均匀、汉宁窗、平顶		●	●	
滤波：低通、高通、带通、跟踪		●	●	●
抗迭混		●	●	●
带宽、分辨率		●	●	●
降噪				●
平均：线性、同步时间、指数		●	●	●
动态范围		●	●	●
信噪比				●
谱图			●	●
4. 状态监测	2	4	3	1
计算机数据库建立与维护			●	
设备评估与优先次序排列		●		
监测方案设计		●	●	●
报警设置：窄带、包络			●	
基线评估、趋势分析		●	●	
路径规划		●	●	
可选用的技术：油液分析、红外热成像、电机电流分析和声发射			●	●
故障状态认识	●	●		

表 A.2（续）

课　　目	级　　别			
	Ⅰ	Ⅱ	Ⅲ	Ⅳ
5.故障分析	2	4	8	6
谱分析、谐波、边带		●	●	●
时间波形分析			●	●
相位分析			●	●
瞬态分析			●	●
轨迹分析			●	●
轴中心线分析			●	●
包络			●	●
质量不平衡		●	●	
不对中		●	●	
机械松动		●	●	
摩擦、不稳定			●	●
轴承缺陷:滚动元件、轴颈		●	●	
电动机缺陷		●	●	●
流体诱发振动、空气动力学与液体			●	●
齿轮箱分析		●	●	
共振与临界转速		●	●	●
涡轮机械			●	●
一般故障识别	●			
6.修复措施	2	4	6	16
轴对中		●	●	
现场平衡		●	●	●
更换机器零部件			●	
流量控制			●	●
隔离与阻尼			●	●
共振控制			●	●
基本维修措施	●	●	●	
7.设备知识	8	4	4	—
电动机、发电机和装置	●	●	●	
泵、风机	●	●	●	
汽轮机、燃气轮机		●	●	
压缩机	●	●	●	
往复式机械		●	●	
轧钢机、造纸机、其他加工设备	●	●	●	
机床	●	●	●	
结构物、管道	●	●	●	
齿轮箱	●	●	●	
滚动轴承		●	●	
滑动轴承		●	●	
传动装置		●	●	
联轴器、皮带		●	●	

表 A.2（续）

课目	级别			
	Ⅰ	Ⅱ	Ⅲ	Ⅳ
8. 验收测试	2	2	2	—
测试方法	●	●		
技术规范和标准		●	●	
报告		●	●	
9. 设备测试与诊断	—	2	3	4
冲击试验		●	●	●
受迫响应测试		●	●	●
瞬态分析			●	●
传递函数				●
阻尼评估				●
相关通道的相位、相干				●
运行工况下的形变			●	●
模态分析				●
扭转振动				●
10. 参照标准	—	2	2	2
ISO		●	●	●
IEC		●	●	●
相关的国家标准		●	●	●
11. 报告与文档	—	2	2	4
状态监测报告		●	●	
振动诊断报告		●	●	●
12. 故障严酷等级确定	—	2	3	3
谱分析		●	●	●
时间波形分析、轨迹分析			●	●
水平：综合、窄带、分量		●	●	
严酷等级图表、图像和公式		●	●	●
13. 转了-轴承动力学		—	—	14
转子特性				●
轴承特性				●
转子平衡				●

注 1：符号●表示在分配的时间内覆盖的内容。

注 2：Ⅱ级包含Ⅰ级的知识；Ⅲ级包含Ⅰ级和Ⅱ级的知识；Ⅳ级包含较低级别的知识。

注 3：对于同一个课目，如果符号●出现在大于一个级别上，则应理解为在 X 级要求的知识比（X-1）级要求的要深一些。

附 录 B
（规范性附录）
适用的国际标准（国家标准）

ISO 引用标准	级别			
	Ⅰ	Ⅱ	Ⅲ	Ⅳ
ISO 1925 机械振动 平衡 词汇(GB/T 6444)		●	●	●
ISO 1940-1 机械振动 恒态(刚性)转子平衡品质要求 第1部分：规范与平衡允差检验(GB/T 9239.1)		●	●	●
ISO 1940-2 机械振动 恒态(刚性)转子平衡品质要求 第2部分：平衡误差(GB/T 9239.2)			●	●
ISO 2017-1 机械振动与冲击 弹性安装系统 第1部分：主动与被动隔离的应用				●
ISO 2041 振动与冲击 词汇(GB/T 2298)		●	●	●
ISO 2954 旋转与往复机器的机械振动 对振动烈度测量仪的要求(GB/T 13824)				●
ISO 5348 机械振动与冲击 加速度计的机械安装 (GB/T 14412)		●	●	●
ISO 7919-1 非往复式机器的机械振动 转轴径向振动的测量与评定 第1部分：总则(GB/T 11348.1)	●	●	●	●
ISO 7919-2 机械振动 旋转机械转轴径向振动的测量与评定 第2部分：50 MW 以上、额定转速 1 500 r/min，1 800 r/min，3 000 r/min 和 3 600 r/min 陆地安装的汽轮机和发电机(GB/T 11348.2)		●	●	●
ISO 7919-3 非往复式机器的机械振动 转轴径向振动的测量与评定 第3部分：耦合的工业机器(GB/T 11348.3)		●	●	●
ISO 7919-4 非往复式机器的机械振动 转轴径向振动的测量与评定 第4部分：燃气轮机组(GB/T 11348.4)		●	●	●
ISO 7919-5 机械振动 转轴径向振动的测量与评定 第5部分：水力发电厂和泵站机组(GB/T 11348.5)		●	●	●
ISO 8528-9 往复式内燃机驱动的交流发电机组 第9部分：机械振动的测量与评价(GB/T 2820.9)		●	●	●
ISO 8569 机械振动与冲击 振动与冲击对室内敏感设备影响的测量与评价 (GB/T 14125)			●	●
ISO 10816-1 机械振动 在非旋转部件上测量和评价机器的机械振动 第1部分：总则 (GB/T 6075.1)	●	●	●	●
ISO 10816-2 机械振动 在非旋转部件上测量和评价机器的机械振动 第2部分：50 MW 以上、额定转速 1 500 r/min，1 800 r/min，3 000 r/min 和 3 600 r/min 陆地安装的汽轮机和发电机(GB/T 6075.2)		●	●	●

ISO 引用标准	级别			
	Ⅰ	Ⅱ	Ⅲ	Ⅳ
ISO 10816-3 机械振动 在非旋转部件上测量和评价机器的机械振动 第3部分:额定功率大于15 kW额定转速在120 r/min至15 000 r/min之间在现场测量的工业机器(GB/T 6075.3)		●	●	●
ISO 10816-4 机械振动 在非旋转部件上测量和评价机器的机械振动 第4部分:不包括航空器类的燃气轮机驱动装置(GB/T 6075.4)		●	●	●
ISO 10816-5 机械振动 在非旋转部件上测量和评价机器的机械振动 第5部分:水力发电厂和泵站机组(GB/T 6075.5)		●	●	●
ISO 10816-6 机械振动 在非旋转部件上测量和评价机器的机械振动 第6部分:功率大于100 kW的往复式机器(GB/T 6075.6)		●	●	●
ISO 11342 机械振动 挠性转子机械平衡的方法与准则(GB/T 6557)				●
ISO 13372 机器状态监测与诊断 词汇(GB/T 20921)	●	●	●	●
ISO 13373-1 机器的状态监测与诊断 振动状态监测与诊断 第1部分:总则(GB/T 19873.1)	●	●	●	●
ISO 13379 机器状态监测与诊断 数据判读与诊断的一般指南(GB/T 22394)			●	●
ISO 14694 工业风机 平衡品质与振动水平技术要求	●	●	●	●
ISO 14695 工业风机 风机振动的测量方法			●	●
ISO 17359 机器的状态监测与诊断 一般指南(GB/T 22393)	●	●	●	●
ISO 18436-1 机器的状态监测与诊断 人员培训与认证的要求 第1部分:对认证机构和认证过程的要求(GB/T 23718.1)				●

参 考 文 献

[1] ISO 4867 船舶振动数据测量与报告规程(GB/T 14696).

[2] GB/T 11349.1/ISO 7626-1 振动与冲击 机械导纳的试验确定 第1部分:基本定义与传感器.

[3] GB/T 11349.2/ISO 7626-2 振动与冲击 机械导纳的试验确定 第2部分:用激振器作单点平动激励测量.

[4] GB/T 11349.3/ISO 7626-5 振动与冲击 机械导纳的试验确定 第5部分:用不与结构连接的激振器作冲击激励测量.

[5] GB/T 6404.2/ISO 8579-2 齿轮装置的验收规范 第2部分:验收试验中齿轮装置机械振动的测定.

[6] GB/T 16908/ISO 8821 机械振动 轴与配合件平衡的键准测.

[7] GB/T 19874/ISO 10814 机械振动 机器不平衡敏感度和不平衡灵敏度.

[8] GB/T 21487.1/ISO 10817-1 转轴振动测量系统 第1部分:相对和绝对径向振动的检测.

[9] Crawford,A.R. The Simplified Handbook of Vibration Analysis. Vols. Ⅰ and Ⅱ,CSI,1992.

[10] Ehrch,F.F. Handbook of Rotor Dynamics. Kreiger,1998.

[11] Eisenmann,Sr.,R.C. Machinery Malfunction Diagnosis and Correction. Prentice Hall,1992.

[12] Eishleman, R.L. Basic Machinery Vibration Analysis. Ⅳ Press,Clarendon Hills, IL,1999.

[13] Ewins, D. J. Modal Testing—Theory and Practice. McGraw Hill,1992.

[14] Harris, C. M. Shock and Vibration Handbook. McGraw Hill, 1988.

[15] McConnell, K. G. Vibration Testing—Theory and Practice. John Wiley, NY, 1995.

[16] Mitchell,J.S. An Introduction to Machinery Analysis and Monitoring. PennWell, 1993.

[17] Piotrowski, J. Shaft Alignment Handbook. Marcel Dekker, 1986.

[18] Tayor, J.I. The Gear Analysis Handbook. VCI, 2000.

[19] Tayor, J.I. The Vibration Analysis Handbook. VCI, 1994.

[20] Wowk, V. Machinery Vibration Measurement and Analysis. McGraw Hill, 1991.